中国传统建筑与中国文化大系

礼制建筑体系文化艺术史论

赵玉春 著

中国艺术研究院『中国传统建筑与中国文化大系』课题
丛书主编◎赵玉春

中国艺术研究院基本科研业务费项目
项目编号：2019-1-4

中国建材工业出版社

图书在版编目（CIP）数据

礼制建筑体系文化艺术史论／ 赵玉春著．-- 北京：
中国建材工业出版社，2022.6
（中国传统建筑与中国文化大系／ 赵玉春主编）
ISBN 978-7-5160-3426-2

Ⅰ．①礼… Ⅱ．①赵… Ⅲ．①宗教建筑－建筑艺术史
－研究－中国Ⅳ．①TU－098.3

中国版本图书馆CIP数据核字（2021）第264332号

礼制建筑体系文化艺术史论
Lizhi Jianzhu Tixi Wenhua Yishu Shilun

赵玉春　著

出版发行：中国建材工业出版社
地　　址：北京市海淀区三里河路11号
邮　　编：100831
经　　销：全国各地新华书店
印　　刷：北京天恒嘉业印刷有限公司
开　　本：787mm×1092mm　1/16
印　　张：39.5
字　　数：690千字
版　　次：2022年6月第1版
印　　次：2022年6月第1次
定　　价：480.00元

本社网址：www. jccbs. com，微信公众号：zgjcgycbs

序言

“中国传统建筑与中国文化大系”是中国艺术研究院所属建筑与公共艺术研究所承担的院级重点科研项目，内容涉及中国传统建筑体系，包括宫殿、礼制、寺观、民居、公共、园林、陵墓等七个主要类型，以及与之相关的传统营造技艺。

中国学者研究中国传统建筑文化的历史可追溯至中国营造学社创立之际。该学社是以建筑文化研究为主旨的，在述及学社缘起时，社长朱启钤在“中国营造学社开会演词”中说：“吾民族之文化进展，其一部分寄之于建筑，建筑于吾人生活最密切，自有建筑，而后有社会组织，而后有声名文物，其相辅以彰者……”因此，“研求营造学，非通全部文化史不可，而欲通文化史，非研求实质之营造不可”。早期营造学社虽然有此初心，但囿于历史条件，实际的研究工作还是侧重于建筑考古和实例调查方面，重点是“营造法式”的诠释和考证，解译“法式”与“则例”的密码。早期除寻访佛寺遗存外，逐渐将调研范围扩展到宫殿、陵墓，而后又将园林、民居等纳入了研究的视野，研究对象基本涵盖了传统建筑的主要类型。至于对中国建筑史作整体性、贯通性的研究，主要还是在中华人民共和国成立以后的事情，如国家建设部门在20世纪50年代和80年代两次集中全国学术力量，组织撰写了中国古代建筑史，其中对建筑体系类型的研究继续成为传统建筑研究的重点，如对各朝代的建筑体系论述基本还是以类型来进行的。与此同时，对古代建筑体系的研究范围和视角也有了更广泛的扩展，如建筑技术、建筑艺术、建筑空间，以及各种建筑专题研究等，如《中国建筑技术史》《中国建筑艺术史》《中华艺术通史》之“建筑艺术”部分等。从营造学社开启的中国传统建筑与文化研究迄今已近百年，人们对研究的内容和取向越来越持开放的态度，建筑文化也越来越成为共同的话题，其中的一个重要趋向就是由对物的研究转向对人的研究，这既是一种研究的深化，也是当代社会文化发展的现实反映，表明了人们对人自身的关注和反思，实质也就是对文化的普遍关注。

建筑是文化的容器，缘于建筑是人们生活的空间。容器也罢，空间也好，其主角是人的活动，人的活动应包括设计、建造、使用、思想、赋义等在内，由此也构成了建筑文化的全部。古人将中国传统建筑分为屋顶、屋身、台基三段，所谓上、中、下三分，并将其对应天、地、人“三才”。汉字“堂”原指高大的台基，象征高大的房屋，若从象形角度看，其中也隐含着建筑基本构成的意味，上为茅顶，下为土阶，“口”居中间代表人，并以“口”为尚，表示对人及活动的重视。汉字“室”也有相近含义，强调建筑是人的归宿及建筑的居住功能。“堂”“室”二字常常连用表达建筑的社会功能和空间划分，如生活中常说的“前堂后室”“登堂入室”等。再如古汉字（京），与堂一样也具有高大、尊贵的含义，杨鸿勋先生考证其原指干栏建筑，上为人字形屋顶，中为代表人的“口”，或指人活动的空间，下为架空的基座。由此可见，无论是南方干栏木屋，还是北方茅茨土阶，建筑的构成都是反映了古人意念中的天、地、人之同构关系。古人把建筑比同宇宙，而“宇宙”二字都含有代表建筑屋顶的宝盖，所谓“上栋下宇，以待风雨”“四方上下曰‘宇’，古往今来曰‘宙’”等。反过来古人又把自然的天地看成一座大房子，天塌地陷也可以如房子一样修补，如女娲以石补天，表明了古代中国人对建筑与宇宙空间统一性的思考。

对建筑文化研究而言，需要厘清什么是建筑，什么是文化，什么是建筑文化等基本问题，以及三者的关系等。建筑文化研究不是单纯的建筑研究，也不是抽象的文化研究，不是历史钩沉，也不是艺术鉴赏。在叙事层面，是以建筑阐释文化，还是以文化阐释建筑，还是将建筑文化作为客观存在的本体，这又将涉及如何定义“建筑文化”，进而确定建筑文化研究的对象、范围、特征、方法等，以及研究的价值和意义。就像对文化有多种不同的解释一样，关于建筑文化也会有多种不同的解释，但归根结底，建筑文化离不开建筑营造与使用，离不开围绕在建筑内外和营造过程中的人与人的活动等。梁思成先生在其《平郊建筑杂录》等著作中的很多观点都值得我们特别关注，如“建筑之规模、形体、工程、艺术之嬗递演变，乃其民族特殊文化兴衰潮汐之映影……今日之治古史者，常赖其建筑之遗迹或记载以测其文化，其故因此。盖建筑活动与民族文化之动向实相牵连，互为因果者也。”“中国建筑之个性乃即我民族之性格，即我艺术及思想特殊之一部，非但在其结构本身之材质方法而已。”即一个建筑体系之形成，不但有其物质技术上的原因，也“有缘于环境思想之趋向”。相应于其他艺术作品中蕴涵的“诗意”或“画意”，梁思成先生还创造性地提出了“建筑意”的用语，即存在于建筑艺术作品中的“这些美的存在，在建筑审美者的眼里，都能引起特异的感觉，在‘诗意’和‘画意’之外，还使他感到一种‘建筑意’的愉快。”

以宫殿建筑体系文化研究而论，宜以皇帝起居、朝政运行、仪礼制度为中心，分析宫殿布局、空间序列、建筑形态、建筑色彩、装饰细节、景观气象等。在这种视角中，宫殿作为彰显皇权至上的最高殿堂，是弘扬道统的器物，宋《营造法式》中说过："从来制器尚象，圣人之道寓焉……规矩准绳之用，所以示人以法天象地，邪正曲直之辨，故作宫室。"《易传》中将阴阳天道、刚柔地道和仁义人道合而为一，转化成了中国宫殿建筑的设计之道。礼制化、伦理化、秩序化、系统化，成为中国宫殿建筑设计与审美的最高标准。反过来，建筑的礼制化又加强了礼制的社会效应，二者相辅相成；以园林建筑体系文化而论，园主的社会地位、经济实力、文化身份等，往往是园林形态与旨趣的决定因素，园林虽然可以地域风格等划分，更可根据园主不同身份、地位、认知等进行分类，如此可有皇家、贵胄、文人、僧道、富贾等园林，表达各种不同人群不同的生活方式与理想等；以民居建筑体系文化而论，表现了人伦之轨模。以其文化为锁钥，可以将民居类型视为社会生活的外在形式，如在中国传统合院式住宅的功能关系就是人际关系以及各式人等活动规律的反映。中国重情知礼的人本精神渗透在中国社会各个阶层生活之中，建筑作为社会生活的文化容器，从布局、功能、环境，到构造、装修、陈设等莫不浸染着这种文化精神……

再以营造技艺为例，其研究对象不等同于建筑技术，二者虽有关联但也有区别，区别之关键就是文化。对于中国不同地域风格的建筑，现在多是按照行政区划分别加以归类和论述，但实际上很多建筑风格是跨地区传播的，如藏式建筑就横跨西藏、青海、甘肃、四川、内蒙古，且藏族建筑本身也有多种不同风格类型，按行政区划归类显然完全不适合营造技艺的研究。基于地域建筑的文化差异，陆元鼎先生曾倡导进行建筑谱系研究，借鉴民俗学方法，追踪古代族群迁徙、文化地理、文化传播等因素，由此涉及族系、民系、语系等知识，有助于对传统建筑地域特征、流行区域、分布规律等有更准确的把握。按民俗学研究成果，一般将汉民族的亚文化群体分为 16 个民系，其中较典型的有八大民系，即北方民系（包括东北、燕幽、冀鲁、中原、关中、兰银等民系）、晋绥民系、吴越民系、湖湘民系、江右民系、客家民系、闽海民系（包括闽南、潮汕民系等）、粤海民系。由于建筑文化的传播并非与民系分布完全重合，实际上还有材料、结构、环境、历史等多重因素制约。基于建筑自身结构技术体系和形成环境原因，朱光亚先生提出了亚文化圈区分方法，如京都文化、黄河文化、吴越文化、楚汉文化、新安文化、粤闽文化、客家文化圈七个建筑文化圈，加上少数民族建筑圈如蒙古族、维吾尔族、朝鲜族、傣族、藏族文化圈共 12 个建筑文化圈。

营造是人的建造活动，就营造技艺研究而言，围绕着以工匠为核心的人来展开研究，应该更切合非物质遗产研究的特点，例如以匠系及其人文环境为主要研究对象，探讨其形成演变过程及规律，以求为技艺特点和活态存续做出合理的解读。从近年来申报国家非遗项目中的传统营造技艺类项目来看，项目类型大多与传统民居有关，说明民居建筑营造技艺与地域、民族、自然、人文环境的关系更为密切，也反映出活态传承的根基在民间。立足于代表性的营造技艺现在活态传承实际情况，同时结合文化地理、民俗学（民系）、建筑谱系研究的成果，也可尝试按照活态匠艺传承的源流，将较典型、影响较大且至今仍存续的中国传统营造技艺划分为北方官式、中原系、晋绥系、吴越系、兰银系、闽海系、粤海系、湘赣系、客家系、西南族系、藏羌系等匠系。此外，在匠系之下，又有匠帮之别。匠帮不同于匠系，匠帮是相对独立的工匠群体、团体，并有相对流动、交融、传播的特征。匠系强调源流、文脉、体系，而匠帮较强调技术、做法、传承。匠帮是匠系的活态载体，匠系则是匠帮依附的母体。只有历史、地域文化、工艺传统共同作用才能产生匠帮，他们在营造历史上留下鲜活的身影，如香山帮、徽州帮、东阳帮、宁绍帮、浮梁帮、山西帮、北京帮、关中帮、临夏帮等。

中国建筑文化可以同时表现为精神文化与物质文化两种形态，并存于典章制度、思想观念、物化形态和现实生活当中；也可以表现为精英文化与草根文化，前者光耀乎庙堂，后者植根于民间，二者相互依存、交融，都是中华文化的重要组成部分，是中华文化的血脉和基因，共同构成了中国建筑文化的整体。从文化角度而言，建筑虽有类型体系之分，而并无高下之别，宫殿、礼制、寺观、民居、园林等建筑体系类型，都是人们应因自然环境和社会文化等而结成的经验之树和智慧之花，都需要我们细心体察。如果说结构是建筑的骨架，造型是建筑的体肤，空间是建筑的血脉，那么文化可以说是建筑的精气神。执此观念并将其表达在建筑文化叙事中，或可成为这套《中国传统建筑与中国文化大系》的初衷，也是这套丛书区别于一般建筑史或建筑类型研究的特色。同时，这套丛书主要也是以文化艺术史论的形式，对中国传统建筑相关的文化内容等进行较全面的阐释，适合建筑学专业的研习者、设计师、大学生和传统建筑与文化爱好者阅读。由于各种体系的传统建筑营造目的多有不同，其历史信息和文化内涵也自然会有所不同，因此《中国传统建筑与中国文化大系》中每一本专著的体例和字数等也会有所不同，如此或更适于不同的读者进行选择。

刘　托

2021 年 4 月于北京

目 录

下卷 礼制建筑体系的演变历程与文化艺术 153

上卷

礼制建筑体系的前置性问题

礼制建筑体系文化艺术史论

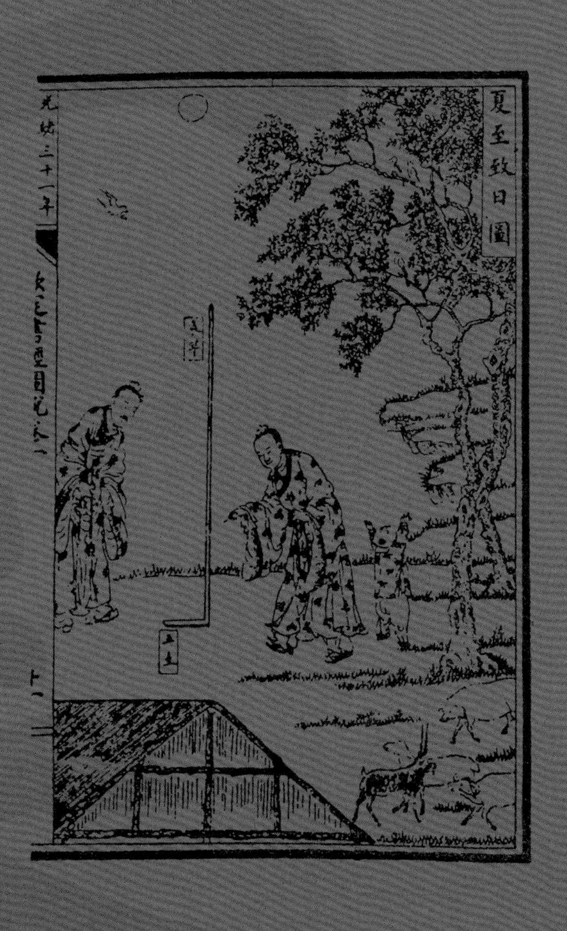

第一章　礼制文化与礼制建筑体系概述

第一节　礼制文化概述

一、礼制文化的基本内容

中国传统的礼制建筑体系属于一种非常特殊的建筑体系，在下一篇分类阐释不同的礼制建筑的发展与相应的文化艺术等的关系及特点之前，有必要首先阐释和介绍清楚与礼制文化和礼制建筑等相关的一些基本问题，也包括一些大多数读者不熟悉的属于边缘科学和交叉科学的问题，并把这类问题作为本专著的前置性问题。

礼制文化，简单地讲就是有关礼仪制度的文化（详见后面详细阐释）。这一文化是中国古代社会普遍的文化现象，既有显性的也有隐性的，既是意识形态的又是行为活动的，总之是中国古代社会最核心的文化内容。我们今天对“礼”较完整的了解，多见于汉儒的总结，但“礼”既不是儒家的创造，更不是儒家的专利，只是在汉武帝“罢黜百家，独尊儒术”之后，儒家进一步垄断了“正统”的“礼”。其实，上古时期（注 1）一切方术之士均可称为“儒”。在有文字记载的殷商时期，他们的职业类似于宗教组织中的僧侣，熟悉礼乐，比如担任宾祭大典的司仪等，最高职位者为巫祝。《汉书•卷三十•艺文志•诸子略》总结说，在孔子之后，狭义的“儒”才为“游文于六经之中，留意于仁义之际。祖述尧舜，宪章文武，宗师仲尼”类型的知识分子。

作为意识形态的“礼”，在阶级出现以后就注入了明显的等级观念，最著名的就是“绝地天通”思想（将在以后章节中详细阐述）。从有限的文献记载来看，西周时期也强调“礼”与“德”相结合，在《尚书》的《大诰》《康诰》《酒诰》《多士》《无逸》《多方》诸篇中都包含了“德政”的观点，即“惟命不于常”，而“道善则得之”，因此必须“敬德”，其中的“命”就是“天命”，是上帝赐予的“命运”。作为意识形态的“礼”发展到春秋时期，在孔子的思想体系中又与“仁”结合。《论语•八佾》中载孔子说：“人而不仁，如礼何？人而不仁，如乐何？”他主张“道之以德，齐之以礼”的德政。到了战国时期，孟子把仁、义、礼、智、信儒家的“五常”看作基本的道德规范，“礼”为“辞让之心”，成为人的德行之一。荀子比孟子更为重视“礼”，他著有《礼论》，认为“礼”使社会上每个人在贵贱、长幼、贫富等的等级制度中都有恰当的地位……

中国礼制文化的萌芽至晚可以追溯到旧石器时代的中晚期，如对死者的祭祀与对祖先的崇拜等，其中既包含人们对自身、自然、自身与自然之间的关系、自身与他人之间的关系等一系列问题的认识与联想，即所谓非理性的“原始思维”，也包含着对死者的尊重和对祖先与神祇的敬畏，等等。《孔子家语•卷一•问礼》说：“丘闻之，民之所以生者，礼为大。非礼则无以节事天地之神焉，非礼则无以辨君臣上下长幼之位焉，非礼则无以别男女父子兄弟婚姻亲族疏数之交焉。是故君子此之为尊敬，然后以其所能教顺百姓，不废其会节。既有成事，而后治其文章黼黻（fǔ fú，华美），以别尊卑上下之等。其顺之也，而后言其丧祭之纪，宗庙之序。品其牺牲，设其豕腊，修其岁时，以敬其祭祀，别其亲疏，序其昭穆。而后宗族会燕，即安其居，以缀恩义。卑其宫室，节其服御，车不雕玑，器不影镂，食不二味，心不淫志，以与万民同利。古之明王行礼也如此。”

依据殷商甲骨文的相关记录，历史学家认为殷商社会无疑确切地就属于依靠“礼法制”统治的社会，若根据新石器时代的考古发现，又会把这一制度大大提前（详见第二章中的相关内容）。所谓“礼法制”，也就是礼制与其他法律制度相结合。所谓“礼制”，即“礼仪制度”，或称为“礼乐制度”，也就是社会的“典章制度”和“道德规范”，因此礼制本身也隐含了某种法制的因素。总之，同样作为“典章制度”的礼制，它是社会政治制度的体现，是维护上层建筑以及与之相适应的人与人交往中的各类礼节仪式。作为“道德规范”的礼制，它又是统治阶级、贵族乃至庶民等一切行为的标准和要求。

礼制文化的思想内涵在其形成之际和发展的中后期是有很大区别的，这一转变的动因就是私有制的产生与阶级的出现。《礼记•乐记》说：“天高地下，万物散殊，而礼制行矣。”唐代的经学家孔颖达注疏：“礼者，别尊卑，定万物，是礼之法制行矣。”《国语•楚语下》说：“明等级以导之礼。”《汉书•成帝纪》说：“圣王明礼制以序尊卑，异车服以章有德。”可见这些对于“礼”的解释，并非都如我们今天一般所理解的“礼仪之邦”之中的“礼”那样，似乎完全代表着正面的意义。中国古代社会中后期礼制文化的主要目的，就是有意识地通过社会大众对文化和规则的自觉认同，来规定或暗示人与人之间的关系、差别，并以此来维护一个稳定的社会统治秩序，最终目的是维护统治者的统治。即通过树立统治者的绝对权威，从而达到巩固统治的目的，亦即用较小的社会成本，掌控较大规模的领土、人口和财富等。但如果从历史的角度看，即便是在私有制、阶级和国家出现之后的历史阶段，礼制文化的这一目的依然有着整体的正面的社会意义，如通过非暴力手段实现的统一政令，一般总要好于通过直接的大规模流血冲突而达到目的的方式，其结果可以直接减少社会成本。另外，某些淡化了阶级等级差异的礼制文化内容，在人与人之间交往的社会关系中的作用无疑也是正面的，这也是人类文明进化的标志之一。还有，某些社会救助或缓和社会矛盾的善举，也属于礼制文化的范畴，同样具有正面的社会意义。

基于现有的历史文献，史学界倾向于把西周时期确定为礼制文化的成熟期，也因此作为一个重要的参考点。西周建立了可能是我国历史上最早的、地域广大的“国家联盟”组织（区别于秦以后的中央集权专制国家形态），实施了一套最早最完整的国家制度体系，即政治制度——封建制度、社会制度——宗法制度、经济制度——井田制度、文化制度——礼乐制度。其中的“宗法制度”和“礼乐制度”一直延续到清朝结束，且某些内容一直影响到现在。礼乐制度即是与本专著礼制建筑内容直接关联的文化制度。当然就这些制度的具体内容来看，并不完全是西周的首创，其中的某些内容，如宗法制度中的嫡长子继承制度，至晚在殷商中后期便已经实施了，更有很多礼制文化的内容来源于更早的历史时期，西周只是早期的这些制度的集大成者。

我们翻检西周初年的历史，便可看出礼仪或礼乐制度对于当时维护国家与社会稳定的重要性。西周推翻殷商政权和保障国家政治稳定的基本理论纲领可以总结为“君权天授”“替天行道”。如，《尚书·牧誓》载周武王姬发在伐纣前的誓师大会上就明确地喊出“今予发维恭行天之罚”。但仅有理论纲领是不够的，政权的取得和进一步巩固还必须依靠强大的硬实力作为后盾，特别是在步入阶级社会以及统治较大的地域范围以后，理论纲领必须与硬实力相结合。但为了尽量减少社会成本，还需要有进一步的理论跟进或精神控制手段。周武王在灭商二年后便去世了，年轻的西周政权便马上陷入了危机，也就有了《尚书·大传》所说的周公旦辅政坎坷的历程：

“一年救乱、二年克殷、三年践奄”——周武王死后，他的弟弟管叔、蔡叔勾结商纣王的儿子武庚并联合东夷部族叛乱。周公举兵东征，前后用了三年时间平定了“三监”的叛乱，诛斩管叔、武庚，流放蔡叔。封武王的弟弟康叔于卫，又收服殷之遗民并封主动投诚的微子（纣王的庶兄）于宋，让他奉行殷之祭祀；然后乘胜向东方进军，灭掉了奄（今山东曲阜）等地五十多个东夷部族，从此周的势力延伸到海边；又平定淮夷及东部其他地区，原殷属诸侯都归顺于周。《逸周书·作洛解》说：

“凡所征熊盈族十有七国，俘维九邑。俘殷献民，迁于九毕。”“熊”族南迁后为楚（顾颉刚先生认为“熊”即祝融），“盈”即“嬴”，西迁后为秦和赵国的祖先。

“四年建侯卫、五年营成周”——“卜都定鼎（中原）”（凡引文括号中的字皆为笔者注、添、校等，以下同），建都洛邑，实行封土建国以及相关的政治、军事、经济等方面的政策。“（内）城方千七百二十丈，郛（fú，外城）方七十里。南系于洛水，北因于郏（jiá）山（邙山），以为天下之大凑（聚集）。”“设丘兆（“兆”即“垗”，祭坛）于南郊……建大社于国中……”城内有太庙、宗庙（文王庙）、考宫（武王庙）、路寝、明堂等“五宫”；在建造洛邑城的同时先后建置七十一个封国，把周武王的十五个兄弟和十六个功臣分封到封国去做诸侯，作为捍卫王室的屏藩。《荀子•儒效》说：“立七十一国，姬姓独居五十三人。”另外，周公建东都洛邑，也有通过建都于天下之中央而暗示垄断祭祀权的考虑。《尚书•召诰》引周公之语说：“其作大邑，其自时配皇天，毖祀（谨慎祭祀）于上下，其自时中乂（yì，安定、治理），王厥有成命治民。”即在天下之中建都，便于祭祀皇天上帝和上下鬼神，以获得天命保佑，治理民众更易于成功。

“六年制礼乐、七年致政成王”——东都洛邑建成之后，周公召集天下诸侯举行盛大庆典，正式册封天下诸侯，宣布各种典章制度。后者主要有宗法制、分封制、畿（jī）服制、爵谥制、官制、兵制、法制、乐制等。其中的“畿服制”是指西周的王畿（靠近国都的地方）以镐京为中心，向四周延伸各四百里。王畿内有封国、采邑。拥有畿内采邑者多为周王朝的公卿大夫，他们也可称为“诸侯”。畿内封国、采邑对维护周王的统治、保障王室的财政收入极为重要。而王畿以外的诸侯，少数为周王的亲戚和功臣，多数为殷商旧国或先王先臣之后。畿外诸侯国是王朝管辖区域内的行政组织，其主要职责是拱卫王室，防止外敌入侵。畿内、畿外诸侯都要服事于周天子；在继承据说是源于夏代《万》舞的基础上，周公主持制作了歌颂武王武功的武舞《象》和表现周公、召公分职而治的文舞《酌》，合称《大武》；先后给卫康叔《康诰》《酒诰》《梓材》三篇文告，向殷顽民发布《多士》；最后在一切安排妥当后归政于周成王。

武王克商的战争是残酷的，《尚书•武成》说：“会于牧野，罔有敌于我师，前徒倒戈，攻于后以北，血流漂杵。”周初政权的巩固即周公辅政也同样是充满了血腥。为了减少社会成本，使新建立的政权帝祚永延，周公不得不采取包括缓和社会矛盾在内的各种治国措施，即强化相应的封建制度——分封诸侯（“周天子”以下有各等公侯和大夫共三等）、封土建国（“周天下”以下有封国和采邑共三等）。

理论上周天子对周天下拥有名义上的主权和治权，但从实际的能力来看，只是对周王国拥有治权，而诸侯和大夫对自己的封国和采邑拥有实际的治权。这样既保障了一个大一统的政治局面，又保障了不同政治集团的利益均沾。但利益又必须是有差别的，而人的本性又往往是欲壑难填，因此就必须建立相应的宗法制度——嫡长子继承制，其本质就是规定了延续性的等级差别，既包含了集团之间的差别，也包含了个人之间的差别，也是试图在法理上杜绝觊觎与僭越。社会的稳定需要每个人自觉地承认差别和遵守秩序，这就又要建立相应的文化制度——礼乐制度，为的是不断地、无时无刻地在人的思想和行为层面对“规则”进行强化宣传、示范和暗示，即“礼乐教化”。《论语•八佾》载孔子赞美西周的“礼”是“周监于二代，郁郁乎文哉”（“周礼是借鉴于夏、商二代的基础上演变发展而建立起来的，是多么丰富而完备啊！”）。“礼”本身也是差别的具体体现，所以对待个人的欲望要“克己复礼”，《礼记•曲礼上》所说的“礼不下庶人、刑不上大夫”也是差别的具体体现。而巧妙地体现礼的差别性的最严肃的宣示，就是掌握最高祭祀权。《国语•鲁语上》说：“夫祀，国之大节也，而节，政之所成也。故慎制祀以为国典。”《周易大传•象》说得更直白：“圣人以神道设教，而天下服矣。”与礼关联的“乐”代表了秩序与和谐，其作用就是调和，就是进一步稳定人心。礼强调的是“别”，即所谓“尊尊”；乐的作用是“和”，即所谓“亲亲”。《逸周书•度训》说：“众非和不聚，和非中不立，中非礼不慎，礼非乐不履。”因此乐也是礼的具体内容之一，因此乐也必然是有等级差别的，进而可以成为潜移默化地宣扬等级差别最好的形式之一。春秋时期鲁国季氏“八佾（行与列）舞于庭”僭越了等级，因此周礼的崇拜者孔子愤愤然：“是可忍，孰不可忍！”再有，因为“乐”毕竟属于娱乐、陶冶情操的内容，也可以成为某些礼中的重要组成部分。如，在祭祀活动中要有乐，或独立演奏或作为“颂”的伴奏等，既创造了或神秘，或威严，或欢快等气氛，又可以“以乐娱神”。《汉书•艺文志》后来总结儒家经典时说：“《乐》以和神，仁之表也；《诗》以正言，义之用也；《礼》以明体，明者著见，故无训也；《书》以广听，知之术也；《春秋》以断事，信之符也。五者，盖五常之道，相须而备，而《易》为之原。故曰‘《易》不可见，则乾坤或几乎息矣’，言与天地为终始也。”

总之，周公制礼乐是在国家危急时刻采取的应急措施之一，目的就是希望有差别的秩序能成为普遍的社会信仰和伦理道德规范。社会的每个人最好能做到如后世《论语•颜渊》中所说的“非礼勿视、非礼勿听、非礼勿言、非礼勿动”。只有这样，“周天下”才能够帝祚永延。因此，就是最基本的经济制度——井田制也是要“井井有条”“井然有序”。

礼要深入到社会生活的每一个层面，因而礼的名目极为繁冗。《礼记•中庸》说：“礼仪三百，威仪三千。”《尚书•尧典》说舜东巡守，到达岱宗时曾经“修五礼”。《尚书•皋陶谟》也有“天秩有礼，自我五礼有庸哉”。但都没有说是哪“五礼”。据说西汉末期，刘向、刘歆父子在校理秘府所藏的文献时发现《周官》一书并加以整理，刘歆十分推崇此书，认为是“周公致太平之迹”，因此向朝廷推荐。汉成帝年间，王莽把《周官》易名为《周礼》。但因《周官》在西汉的突然出现，对于其叙述的是汉之前哪一个时代的历史，甚至是不是伪书，至今也没有定论。《周礼•春官•大宗伯》将五礼坐实为“吉礼”“凶礼”“军礼”“宾礼”“嘉礼”。由于《周礼》在汉代已经取得权威地位，所以其五礼分类法为古代社会所普遍接受。后世修订礼典，大体都依吉、凶、军、宾、嘉为纲，如北宋礼典就称《政和五礼新仪》。实际上，《明会典》《大清会典》也是如此，只是没有冠以“五礼”的名称。

汉代还有一部关于礼的重要典籍《仪礼》，原名《礼》。《史记》和《汉书》都认为其出自孔子的整理，今本通行十七篇。因汉儒以人所必习的礼节称之为《士礼》，又叫《礼经》。晋代人认为其所讲的并非礼的意义，而是具体的礼节形式，故称之为《仪礼》。汉及以后历朝礼典的制定，大多以《仪礼》为重要依据，对后世的社会生活影响至深。《周礼》《仪礼》与西汉礼学家戴德和他的侄子戴圣编辑的解释《仪礼》的著作《礼记》合称“三礼”。五礼的具体内容如下：

（一）吉礼

吉礼就是祭祀之礼，因古人祭祀的最基本的目的是求吉祥和得到护佑等，故称“吉礼”。祭祀本身又有崇拜、崇敬、孝敬之意。《说文》：“吉，善也。”《周礼•春官•大宗伯》：“以吉礼祀邦国之鬼、神、示。”即将祭祀对象主要分为人鬼、天神、地祇（qí，地神）三大类，每类之下再细分为若干等级。祭祀是国家的头等大事之一，其本身也在于暗示和强化对身份的认证和对差别的认同，因此《左传•成公•成公十三年》中说“国之重事，在祀在戎（军事）”。因此祭祀又必须是有选择的，“神不歆（xīn，喜爱）非类，民不祀非族”。对身份的认证和对差别的认同还包括如祭祀的礼器，周天子九鼎八簋（盛食物的器具，圆口，若有双耳则低于沿口）、诸侯七鼎六簋、大夫五鼎四簋、士三鼎二簋；如祭祀的乐舞，天子八佾、诸侯六佾、大夫四佾、士二佾；如祭祀的礼服，天子十二旒（liú，冕前后悬垂的玉串）、诸侯九旒、上大夫七旒、下大夫五旒……当然还包括礼制建筑和由谁带领祭祀等。因礼制建筑与具体的祭祀活动本身直接相关，本书以下章节阐述的“礼”，均以吉礼为主。

天神：《周礼·春官·大宗伯》把受祭的天神依照尊卑不同分为三等：第一等是昊天上帝，或称“天皇大帝”，为百神之君、天神之首；第二等是日月星辰；第三等是凡职有所司、有功于民的列星（贤德之人死后升天而成），如司中、司命、风师、雨师等。

地祇：《周礼·春官·大宗伯》把受祭的地祇依照尊卑不同分为三等：第一等是社稷、五祀、五岳；第二等是山林、川泽；第三等是四方百物。

人鬼：主要是“升天”的祖先和先贤。但帝王“升天”的祖先又与凡人的不同，往往与天神或地祇相混或相关联，这类人鬼与天神或地祇等在不同时期又互有转换。

实际受祭的还有一些“灵物”，有些是与天神、地祇、人鬼有关联，如“灵石”可以认为与地祇有关联；另有一些可以称为动物类神祇，但表面上的同一动物神，如“虎神”，在不同的祭祀或文化中又会有完全不同的属性。在阴阳五行理论体系中，虎神或白虎主要体现为“阴神”属性，但在腊祭中虎神仅为动物神的一种。也可以理解为有两种完全不同的虎神，仅是名称相同罢了。这类神祇可称之为“杂神”。

从上述“吉礼”即祭祀文化的主要内容来讲，它的基础内容无疑是与原始崇拜即原始宗教相关，所谓“原始宗教”也是相对于今天依然存在的显性的佛教和道教等来讲。然而这类“原始宗教”的主要内容并非一直停留在“原始”，而是一直延续到清王朝的结束，因此也可以把它称为“隐性的宗教”。又因在中国古代历史的前期，也可能并没有形成完全独立的宗教组织，而始终是以政权系统和宗族组织系统为替代。即以天神、地祇崇拜和祖先、先贤崇拜为主体，以其他多种鬼神崇拜为羽翼，形成相对稳固的郊祭制度、宗庙制度以及其他祭祀制度。天子主祭天地，族长或家长主祭祖先，即“敬天法祖”。它既具有国家宗教性质，又带有全民性，并且是与具体的法律制度相结合，因此又可以称之为“宗法性宗教”。

（二）凶礼

《周礼·春官·大宗伯》：“以凶礼哀邦国之忧。”即凶礼是指救患分灾的礼仪，包括丧礼、荒礼、吊礼、禬礼、恤礼五种。

丧礼：丧礼也是礼仪中最为重要的礼仪之一，其核心是通过对死者遗体的处置，来表达对死者的敬爱之礼。与丧礼密不可分的是丧服制度，根据与死者的亲疏关系，有斩衰（以最粗的生麻布制作，断处外露不缉边，丧服上衣叫“衰”，因此称“斩衰”）、齐衰（以粗疏的生麻布制作，缘边部分缝缉整齐）、大功（以细麻布制作，色白）、小功（以更细的麻布制作，色白）、缌（sī）麻（以最细的麻布制作，色白）等五种丧服，以及从三年到三月不等的服丧时间。如“斩衰”是三年丧，即服期三年，但实际上是两周年，而“缌麻”仅为三月丧。某国诸侯新丧，则兄弟亲戚之国要依礼为之服丧，以志哀悼，还要派使者前往吊唁，赠送助丧用的钱物等都有特定的礼仪。

荒礼：荒是指年谷不熟，也就是通常说的荒年，还包括瘟疫流行在内。由西汉刘向编校的先秦典籍《逸周书·籴匡》（籴，dí，买进粮食）中，将农业的丰歉分为成年、年俭、年饥、大荒等四种情况。荒礼指当邻国出现灾荒或传染病，民众面临生存危机时，应该用一定的方式表示同忧之礼。在受灾的国内又具体采取“散礼”“薄征”“缓刑”“劝分（劝导人们相济）”“移民通财（流通财货）”等一系列措施。如《礼记·曲礼》：“岁凶，年谷不登，君膳不祭肺，马不食谷，驰道不除，祭事不县，大夫不食粱（粱，精美饭食），士饮酒不乐。”东汉郑玄注：“礼食杀牲则祭先，有虞氏以首，夏后氏以心，殷人以肝，周人以肺。不祭肺，则不杀也。”《国语·鲁语》有：“国有饥馑，卿出告籴，古之制也。”《左传·襄公二十九年》载，郑国发生饥荒，郑子皮“饩（xì，赠送）国人粟，户一钟。”《孟子·梁惠王上》载：“河内凶，则移其民于河东，移其粟于河内。河东凶亦然。”

荒礼的具体实施在《汉书》《后汉书》的“皇帝本纪”中有很多记载，如汉高祖二年（公元前205年）六月，关中大饥，米价每斛万钱，民人相食。政府于是移民通财，“令民就食蜀汉”；汉文帝曾颁令，凡遇大灾，百姓可蠲（juān，免除）免租税，称为“灾蠲”；汉成帝开“入粟助赈者赐爵”的先例；建武五年（公元29年）夏四月，旱灾、蝗灾并起，迫于饥饿而触犯法律者甚多，刘秀便下诏宽赦缓刑，以示哀矜，“令中都官、三辅、郡、国出系囚，罪非犯殊死，一切勿案，见徒免为庶人”；汉顺帝永建三年（公元128年）正月，京师洛阳地震，汉阳郡（今甘肃甘谷东南）土地陷裂。顺帝令核查地震死难百姓，七岁以上者，每人赐钱二千。全家遭难者，郡县负责收殓尸体。又令免收汉阳当年田租、口赋。四月，顺帝又使光禄大夫巡行汉阳郡、河内郡（今河南武陟西南）、魏郡（今河北临漳西南）、陈留郡（今河南开封东南）、东郡（濮阳，今河南濮阳西南）等地，赈济灾民。

吊礼：即邻国遭遇水火之灾，派使者前往吊问之礼。《左传·（鲁）庄公十一年》载，该年秋，宋国发大水，鲁君派人前往慰问，说：“天作淫雨，害于粢（zī，谷物）盛，若之何不吊？”

禬（guì）礼：春秋时诸侯聚合财物接济盟国之礼，即当盟国发生祸难和重大物质损失时，兄弟之国凑集钱财、物品以相救助。《左转·（宋）襄公三十年》载：“冬十月，葬蔡景公。晋人、齐人、宋人、卫人、郑人、曹人、莒人、邾人、滕子、薛人、杞人、小邾人会于澶渊，宋灾故。”《谷梁传·（宋）襄公》：“会不言其所为，其曰宋灾故何也？不言灾故，则无以见其善也。其曰人何也？救灾以众，何救焉？更宋之所丧财也。”后一句的意思是说补充宋国因灾祸而丧失的财物，使之尽快恢复正常的社会生活。

恤礼：恤是忧的意思。邻国发生外患内乱，派遣使者前往存问安否之礼。

（三）军礼

军礼主要是军事活动相关的礼节仪式。军队的组建和管理等也离不开礼的原则。周代制度规定天子拥六军，根据礼有等级差别的原则，诸侯大国三军、次国二军、小国一军。当时的军力往往用战车的多少来衡量，所以又有天子万乘、诸侯千乘、大夫百乘的说法。军队必须按照礼的原则，严格训练、严格管理。《礼记·曲礼》：“班朝治军，莅官行法，非礼威严不行。”

《周礼·春官·大宗伯》中的军礼包括大师之礼、大均之礼、大田之礼、大役之礼、大封之礼五种。

大师之礼：周天子亲自出征的礼仪。天子御驾亲征，威仪盛大，是为了调动军民为正义而战的热情，所以《周礼·春官·大宗伯》有：“大师之礼，用众也。”郑玄注：“用其义勇也。”

大均之礼：据《周礼·地官·小司徒》，周代的军队建制，以五人为一伍，五伍（二十五人）为一两，四两（一百人）为一卒，五卒（五百人）为一旅，五旅（二千五百人）为一师，五师（一万二千五百人）为一军。国家根据这一建制，“以起军旅（征兵）”，同时“以令贡赋（分摊军赋）”。这种做法，是与当时兵农合一的社会状况相适应的，出则为兵，入则为农。大均之礼意在平摊军赋，使民众负担均衡。唐宋以后，随着社会的变化，军礼中不再有这一条。

大田之礼：至晚从殷商开始，诸侯每年都要亲自参加四时田猎，周代分别称为春蒐（sōu）、夏苗、秋猕、冬狩，故称大田之礼。田猎的主要目的是检阅战车与士兵的数量、作战能力，训练未来战争中的协同配合等。

大役之礼：营造宫邑、堤防、军事设施等而役使民众之礼。大役之礼要求根据民力的强弱分派任务，这也就是孔子所说的“射不主皮，为力不同科，古之道也”的思想，用今天的话来讲就是“比赛射箭，不在于穿透靶子，因为各人的力气大小不同，自古以来就是这样”。

大封之礼：指诸侯疆界有侵越，则以兵征定之。《周礼·春官·大宗伯》：“大封之礼合众也。”郑玄注：“正封疆沟涂之固，所以合聚其民。”唐贾公彦疏：“知大封为正封疆者，谓若诸侯相侵境界，民则随地迁移者，其民庶不得合聚，今以兵而正（征）之，则其民合聚，故云大封之礼合众也。”即当侵略一方受到征讨之后，要确认原有的疆界，聚集失散的居民。

另外，《礼记•王制》说天子出征前要举行“类乎上帝”“宜乎社”“造乎祢（nǐ）”“祃（mà）于所征之地”“受命于祖”“受成于学”等礼仪。“类”“宜”“造”“祃”“受”都是祭名。祭祀上帝、社、祢（父庙）和所征之地，是为了祈求各方神祇的保佑，确保战争的胜利。“受命于祖”即是“告庙”，并将神主请出，奉于军中作为守护神。“受成于学”是为了决定作战的计谋。

此外，军队的车马、旌旗、兵器、军容、营阵、行列、校阅，乃至坐与起、止与行、进退、击刺等，无不依一定的仪节进行。军队的日常训练，包括校阅、车战、舟师、马政等，都有严格的礼仪规定。得胜之后，又有凯旋、告庙、献俘、献捷、受降、饮至等仪节。

（四）宾礼

《周礼•春官•大宗伯》有“以宾礼亲邦国”。天子与诸侯之间大多有宗室关系，为了联络感情，彼此亲附，需要有定期的礼节性的会见，因此宾礼就是天子、诸侯接待宾客的礼仪。其中“春见曰朝，夏见曰宗，秋见曰觐，冬见曰遇”。六服之内的诸侯，按照季节顺序，轮流进京朝见天子。诸侯之间，也要定期相互“聘问”，即诸侯国与国之间遣使访问。相关的还有朝礼、相见礼、藩王来朝礼等。

朝礼：朝廷日常之礼和制度等。如建筑形制，有周天子五门制度，即外曰“皋门”，二曰“雉门”，三曰“库门”，四曰“应门”，五曰“路门”，后来也泛指皇宫之宫门。又如，三朝制度，即外朝（相当于明清故宫太和殿）、治朝（相当于明清故宫中和殿）、燕朝（相当于明清故宫保和殿）；朝位与朝服，即三公、九卿、大夫等在朝廷中站立的位置，朝服的冠冕、带韠（bì，一种遮蔽在身前的皮制服饰）、黼黻（fǔ fú，重要的服饰纹样）、佩玉等；还有君臣出入、揖让、登降、听朝等礼仪。

相见礼：人际交往的礼仪。《仪礼》中《士相见礼》记载有上古时代士相见，以及士见大夫、大夫相见、大夫庶人见于君、燕见（私见）于君、言视之法、侍坐于君子、士大夫侍食于君等礼节。以此为基础，历代的相见礼有所变化和发展。

藩王来朝礼：据《明集礼》，洪武初年制定藩王来朝礼。藩王来朝，到达龙江驿后，驿令要禀报应天府，再上达中书省和礼部。应天知府奉命前往龙江驿迎劳。藩王到达下榻的宾馆后，省部设宴款待。然后由司仪导引，到奉天殿朝见天子，到东宫拜见皇太子。朝见完毕，天子赐宴。接着，皇太子、省、府、台相继宴请。藩王返回，先后向天子、皇太子辞行，然后由官员慰劳并远送出境。其间的每一个程序都有“仪注”加以规范。

（五）嘉礼

《周礼·春官·大宗伯》：“以嘉礼亲万民。”嘉礼是饮食、冠笄（jī）、宾射、燕飨、脤膰（shèn fán）、贺庆之礼的总称。是按照人心之所善者制定的礼仪，故称嘉礼。

饮食之礼：《周礼·春官·大宗伯》有“以饮食之礼亲宗族兄弟”，《礼记·礼运》有“夫礼之初，始诸饮食”，即礼实际为国君与宗族兄弟、四方宾客等饮酒聚食，以联络和加深感情。

冠笄（jī）之礼：《周礼·春官·大宗伯》说“以婚冠之礼亲成男女”，即周代规定男子二十而冠、女子十五而笄。笄即簪子，指可以盘头许嫁，所以冠笄之礼也表示成年。

宾射之礼：《周礼·春官·大宗伯》说“以宾射之礼，亲故旧朋友”。周代乡有乡射礼，朝廷有大射礼。在射礼中，即使有天子参与，也必须立宾主，所以称宾射之礼。

燕飨之礼：《周礼·春官·大宗伯》说“以燕飨之礼，亲四方之宾客”。苏轼《策略五》说：“昔之有天下者，日夜淬厉其百官，抚摩其人民，为之朝聘会同燕享，以交诸侯之欢。”

脤膰之礼：《周礼·春官·大宗伯》说“以脤膰之礼，亲兄弟之国”。贾疏：“分而言之，则脤是社稷之肉，膰是宗庙之肉。”在社稷和宗庙祭祀结束后，将脤膰与兄弟之国或大臣分享，借以增进彼此的感情。历史上，曾有鲁国春祭大典后，鲁定公和季桓子便匆忙离开祭坛，回宫设宴饮酒、观看歌舞伎表演取乐，未把祭肉分给作为大司寇的孔子。孔子认为这是鲁定公怠慢自己的政治信号，因此辞去大司寇之职，开始周游列国。

贺庆之礼：《周礼·春官·大宗伯》说“以贺庆之礼，亲异姓之国”，即对于有婚姻甥舅关系的异姓之国，在他们有喜庆之事时，要致送礼物，以相庆贺。

巡守礼：《礼记·王制》说“天子五年一巡守”，《周礼·秋官·大行人》则说天子十二年“巡守殷国”。《易·观卦》说王者要“省方、观民、设教”。《尚书·尧典》说舜在巡守之年的二月，东巡守到达岱宗（泰山）；五月，南巡守到达南岳；八月，西巡守到达西岳；十一月，北巡守到达北岳。舜所到之处，要祭祀当地的名山大川，考察风俗民情，并听取诸侯的述职，考论政绩，施行赏罚。《后汉书·世祖本纪》说光武帝刘秀曾经于建武十七年南巡守、建武十八年西巡守、建武二十年东巡守。

即位改元礼：古人把甲子年、甲子月、甲子日、子夜为冬至之时称为“初元”或“上元”。《尚书》说，唐虞禅让，就选择在“正月上日”，上日就是朔日（看不到月亮的那一天）。《春秋》说，新君即位，必称元年。《公羊传》说：“元者何？君之始年也。”意在“体元居正”。因此政权的更迭或皇帝登位的日期往往选择元日，也称为“初元”。新君若不是在正月元日即位，都要继续沿用旧君的纪年，而到次年正月元日才告庙正式即位，这是为了使新君从“新元”开始纪年，有整齐王年的意义。汉武帝刘彻根据有司的提议，顺序使用建元、元光、元朔、元狩、元鼎、元封等年号，成为最早使用年号的帝王。史书有较详细记载举行即位大典的皇帝是东汉光武帝刘秀。

嘉礼的范围很广，除上述诸礼外，还包括正旦朝贺礼、冬至朝贺礼、圣节朝贺礼、皇后受贺礼、皇太子受贺礼、尊太上皇礼、学校礼、养老礼、职官礼、会盟礼，乃至观象授时礼、政区划分礼等。

凡以上诸礼，《周礼·春官·大宗伯》中概括得较为具体，现再把涉及吉礼的具体祭祀方法及步骤等直接翻译为白话文，以利读者对此有较全面的理解：

大宗伯的职责，是掌管建立王国对天神、人鬼、地神的祭祀之礼，以辅佐王建立和安定天下各国。用吉礼祭祀天下各国的人鬼、天神和地神。在高地上燃火放烟（“禋祀”），扬其光炎上达于天来祭祀昊天上帝；把牺牲放在柴上烧烤（“实柴”）来祭祀日、月、星、辰；同样把牺牲放在柴上烧烤（“槱燎”）来祭祀司中、司命、风师、雨师。

用血祭来祭祀社稷、五祀（门、户、井、灶、中溜）、五岳；用“埋”或“沉”来祭祀山林或川泽；用毁折牲体来祭祀四方和各种小神；或用经解割而煮熟的牲肉、牲血、生的牲肉，向地下灌香酒（“郁鬯”chàng）来祭祀先王，或用黍稷做的饭祭祀先王。以这样的礼节用“祠祭”在春季祭祀先王，用“禴（yuè）祭”在夏季祭祀先王，用“尝祭”在秋季祭祀先王，用“烝祭”在冬季祭祀先王。

……

用玉制作六种玉瑞，以区别诸侯的等级。王执镇圭，公执桓圭，侯执信圭，伯执躬圭，子执谷璧，男执蒲璧。用禽兽作六种见面礼，以区别臣的等级。公拿兽皮裹饰的束帛，卿拿羔羊，大夫拿鹅，士拿野鸡，庶人拿鸭，工商之人拿鸡。

用玉制作六种玉器，祭祀时用以进献天地四方。用苍璧进献天，用黄琮进献地，用青圭进献东方，用赤璋进献南方，用白琥进献西方，用玄璜进献北方。都有牺牲和束帛，牲、帛之色各依照所用玉器的颜色。

……

凡祭祀大天神、大人鬼、大地神，王事先率领有关官吏占卜祭祀的日期，祭前三日重申对百官的告诫，祭祀的前夕视察祭器是否洗涤干净，临视行祼（灌）礼用的圭瓒，察看煮牲体用的镬（huò，大锅），奉上盛黍稷用的玉敦，告诉太祝祭祀对象的大名号以便做祝祷辞，预习王所当行的祭祀礼仪，到祭礼时教王并协助王行礼。如果王因故不参加祭祀，就代王行祭礼。凡大祭祀，王后因故不参加时，就代王后进献和彻除豆、笾。招待大宾客时，代王向宾客行祼（灌）礼。诸侯朝觐王或王外出会同时，就担任上相。有王、王后或太子的丧事时，也担任上相。王哭吊死去的诸侯时也担任上相。王策命诸侯时，就导引被策命者进前受命。

国家有凶灾，就旅祭上帝和望祀四方名山大川。王大封诸侯，就先告祭后土。向各诸侯国、各采邑、各乡遂和公邑颁布所当遵循的祀典。

《周礼•春官•大宗伯》言，与祭祀活动紧密相连往往有卜筮活动，它们是某种完整程序不可分割的两个步骤。如征战之前既要卜筮又要祭祀，卜筮的目的是预知凶吉，祭祀的目的是寻求护佑。卜要使用龟甲或动物甚至是人骨，最常见的是在龟的腹甲上钻出圆窝，在圆窝旁凿出菱形的凹槽，并刻上欲知的内容，然后用火灼烧甲骨，最后根据甲骨反面裂出的“兆纹”判断欲知内容的凶吉，并把结果也刻在龟甲上。筮要使用蓍（shī）草、竹片和木片等，属于用数术预测吉凶的方法。《左传•僖公十五年》：“龟，象也；筮，数也。物生而后有象，象而后有滋（增长、成长），滋而后有数。”郑玄说：“大事卜、小事筮。”

卜筮与祭祀都属于“通神”活动。班固的《汉书•郊祀志》总结说：“《洪范》八政，三曰‘祀’。祀者，所以昭孝事祖，通神明也。旁及四夷，莫不修之；下至禽兽，豺獭有祭。是以圣王为之典礼。民之精爽不贰，齐（斋）肃聪明者，神或降之，在男曰‘觋（xí）’，在女曰‘巫’，使制神之处位，为之牲器；使先圣之后，能知山川，敬于礼仪，明神之事者，以为祝；能知四时牺牲，坛场上下，氏姓所出者，以为宗。故有神民之官，各司其序，不相乱也。民神异业，敬而不黩，故神降之嘉生，民以物序，灾祸不至，所求不匮。”这段文字也出现在《国语•楚语下》中，用来解释“绝地天通”。

《尚书•洪范》中的“觋”“巫”属于能通神者。“巫”通“舞”，表示能以舞降神的人。殷商时期负责卜筮的“巫”的行政名称为“贞”。在殷商前期及以前，巫（不一定是女性）的地位异常尊贵。

在周代的行政体系中，有“祝”“宗”“卜”“史”，他们的首长为“太祝”“太宗”“卜正”“太史”。在卜筮和祭祀活动中，祝的具体职责是代表祭祀者向被祭祀者致祝辞。宗的职责是管理祭祀的场所、器物，监管祭祀的程序。《周礼•春官•

大宗伯》："大宗伯之职，掌建邦之天神、人鬼、地祇之礼，以佐王建保邦国。"《周礼·春官·小宗伯》："小宗伯之职，掌建国之神位，右社稷、左宗庙。兆五帝于四郊，四望、四类，亦如之。"卜的职责是用甲骨占卜。史的职责是记录占卜的结果，在殷商的职位称作"册"。

《汉书·艺文志》把《山海经》《国朝》《宫宅地形》等列入《数术略·形法类》。《数术略》有："数术者，皆明堂、羲和、史、卜之职也。……春秋时，鲁有梓慎、郑有裨灶、晋有卜偃、宋有子韦；六国时楚有甘公、魏有石申夫；汉有唐都，庶得粗(粗略)。"这段文字是讲西周通神的祭祀和占卜活动在春秋和战国时期一直传承着，这些专门的人才在汉朝依然很知名，汉朝的唐都只是粗略地掌握这些本领的继承人。数术者分天文家、历谱家、五行家、蓍龟家、杂占家、形法家六大派，其中"羲和"专指天文及历谱家。

注1：本专著中历史年代的称谓采用白寿彝制定的中国历史年代分类法，即新石器时代及以前时期表述为"远古时期"（又经常被学术界称为"史前时期"）；夏、商、西周、春秋、战国时期表述为"上古时期"；秦至清表述为"中古时期"。

二、庞杂多变的祭祀内容

在上面列举的吉、凶、军、宾、嘉五礼中，仅作为五礼之首的吉礼与祭祀活动相关，祭祀的对象主要为天神、地祇和人鬼三大类，另外还有很多杂神等。相对于祭祀活动本身来讲，这些祭祀的对象无疑都属于各类神祇。因此，即使抛开以佛教和道教等为代表的后世的显性宗教内容，中国古代社会也是一个多神的社会。下面仅举两则正统史料中关于祭祀对象的记载，便可窥见这一基本特征，同时也可间接初步地了解中国礼制建筑内容的丰富性、复杂性与多变性。

《史记·封禅书》说："而雍有日、月、参、辰、南北斗、荧惑、太白、岁星、填星、辰星、二十八宿、风伯、雨师、四海、九臣、十四臣、诸布、诸严、诸逐之属，百有余庙。（陇）西亦有数十祠。于湖有周天子祠。于下邽（guī）有天神。丰、镐有昭明、天子辟池。于（杜）、亳有三社主之祠、寿星祠；而雍、菅庙祠亦有杜主。杜主，故周之右将军，其在秦中最小鬼之神者也。各以岁时奉祠。

唯雍四畤(zhì)上帝为尊，其光景动人民唯陈宝。故雍四畤，春以为岁祷，因泮冻，秋涸冻，冬塞祠，五月尝驹，及四仲之月月祠，陈宝节来一祠。春夏用骍(xīng，红色)，秋冬用骝（liú，黑鬣黑尾的红马）。畤驹四匹，木禺（偶）龙栾车一驷，木禺（偶）车马一驷，各如其帝色。黄犊羔各四，珪币各有数，皆生瘗埋，无俎豆之具。三年一郊。

秦以冬十月为岁首，故常以十月上宿郊见，通权火，拜于咸阳之旁，而衣上（尚）白，其用如经祠云。西畤、畦畤，祠如其故，上不亲往。

诸此祠皆太祝常主，以岁时奉祠之。至如他名山川诸鬼及八神之属，上过则祠，去则已。郡县远方神祠者，民各自奉祠，不领于天子之祝官。祝官有秘祝，即有灾祥，辄祝祠移过于下。”

“雍”在今陕西省凤翔县城南，是诸侯秦国历史上时间最长的都城。周平王东迁洛邑（今洛阳市），秦襄公因护送有功，被封为诸侯，赐岐西之地，岐西遂为秦族活动中心地带。秦德公元年（公元前677年），秦自平阳（今宝鸡县阳平）迁都于此，筑雍城，秦献公二年（公元前383）徙都栎阳（今临潼县境内）。雍城不仅在春秋战国时期，即便在秦汉时期也是祭祀活动的重要地区，它的面积不过十平方公里，而祭祀类建筑就有“百有余庙”“数十祠”等。为了便于对引文系统地理解，现把原文集中翻译如下，在下一章中还将进一步解释这些神祇的具体含义：

而雍有日、月、参、辰、南北斗、荧惑星、太白星、岁星、填星、辰星、二十八宿、风伯、雨师、四海、九臣、十四臣、诸布、诸严、诸逑之类，共一百多个祠庙。西县也有数十座祠庙。在湖县有周天子祠。在下邽有天神祠，丰县、镐县有昭明庙、天子辟池庙（辟雍）。在（杜）、亳二县有三个社主的祠庙、寿星祠；而雍城的草庙中也有杜主庙。杜主，原是周朝的右将军，在秦中地区，是小庙中最有灵验的庙宇。以上种种各自都按年岁、季节供奉和祭祀。

诸神祠中唯有雍州四畤的上帝祠地位最尊贵，祭祀场面最激动人心的要数陈宝祠。所以雍州四畤，春季举行岁祭，还有由于不封冻、秋季河川干涸、冬冷引起的冰雪塞途的祭祀，五月用马驹当祭品的郊祭，以及四仲月（每一季分孟、仲、季三月）举行的月祀，而陈宝祠只有陈宝应节降临时的一次祭祀。祭礼春夏季用红色的牛，秋冬季用马驹。每用马驹四匹，由四匹木偶龙拉的木偶栾车一乘，四匹木偶马拉的木偶马车一乘，颜色与各方帝（即青、赤、黄、白四帝）相应方位的颜色相同；黄牛犊和羔羊各四只，玉珪和币（即帛，亦即绸缎）各有定数，牛、羊等都是活埋于地下，没有俎豆等礼器。三年郊祭一次。秦以冬季十月为每年的开始，所以常以十月斋戒后郊祭上帝，由祭祀的地方以烽火直达宫禁，皇帝拜于咸阳宫旁，衣服崇尚白色，其他用具与通常祭祀相同。西畤、畦畤的祭祀与秦统一前相同，皇帝不亲身往祭。

此类祠庙都由太祝主持常务，按年岁季节加以祭祀。至于其他名山川、诸鬼神以及八神之类，天子路过它们的祠庙时就加祭祀，离去则停祭。郡县以及边远地区的神祠，百姓各自供奉祭祀，不归天子设置的祝官管辖。祝官中有一种秘祝，即遇有灾祸，每每祝祷祭祀，把过失转归到臣下身上。

我们再看看中国古代社会后期史书的记载，《明史·志第二十三·（吉）礼一》：

“大祀十有三：正月上辛祈谷、孟夏大雩、季秋大享、冬至圜丘皆祭昊天上帝，夏至方丘祭皇地祇，春分朝日于东郊，秋分夕月于西郊，四孟季冬享太庙，仲春仲秋上戊祭太社太稷；

中祀二十有五：仲春仲秋上戊之明日，祭帝社帝稷，仲秋祭太岁、风云雷雨、四季月将及岳镇、海渎、山川、城隍，霜降日祭旗纛（dào，军旗）于教场，仲秋祭城南旗纛庙，仲春祭先农，仲秋祭天神地祇于山川坛，仲春仲秋祭历代帝王庙，春秋仲月上丁祭先师孔子。

小祀八：孟春祭司户，孟夏祭司灶，季夏祭中霤，孟秋祭司门，孟冬祭司井，仲春祭司马之神，清明、十月朔祭泰厉，又于每月朔望祭火雷之神。至京师十庙、南京十五庙，各以岁时遣官致祭。其非常祀而间行之者，若新天子耕耤而享先农，视学而行释奠之类。嘉靖时，皇后享先蚕，祀高禖，皆因时特举者也。”

明朝皇家及中央政府层面的祭祀对象至少为 46 项 + 10 项，或 + 15 项，与秦朝时期的天神地祇类祭祀对象已经有了很多不同。到了清朝，《清史稿·志五十七·（吉）礼一》载“大祀十有三”“中祀十有二”“群祀五十有三”，计 78 项。

上述明清两朝皇帝及中央政府的祭祀对象都有专门的祭祀场地，某些最重要的目前依然较完好地保留着，如现北京的天坛、地坛、日坛、月坛、社稷坛、先农坛、先蚕坛、太庙、东岳庙等。

第二节　礼制建筑体系概述

一、礼制建筑体系的历史脉络

在中国传统建筑体系分类中，把与祭祀活动相关的建筑称为“礼制建筑”，其中很多陵墓建筑也有此类功能，但在本专著中，暂且排除商周以后的这类建筑。礼制建筑又称“坛庙建筑”，“坛”就是用于祭祀的夯土筑或还外砌石块的台子，“庙”（包括“祠”）就是用于祭祀的有顶的房子。前者侧重于祭祀天神和地祇，后者侧重于祭祀已经“升天”的祖先与先贤。但因很多种祭祀既有主祭、配祭，又必须有陪祭，就如同会客时有宾也必须有主相陪，所以有时祭祀内容与祭祀建筑形式的对应关系又互有交叉。如在有明确记载的中古时期，露天的天坛用于祭祀天神，但在祭祀时一般还要摆上皇帝祖先的牌位陪祭。在非祭祀期间，天神、地祇等的牌位还必须供奉于有顶的建筑中，也要有皇帝的祖先牌位陪供。另外，人格化的天神也要在有顶的建筑内祭祀。其实在远古时期，天神、地祇与人鬼之间本身就有着扯不清的关系，到了中古时期，对于“天（神）”与“（上）帝”之间的关系也存在着不同的理解，直到南宋的朱熹才把这类问题梳理清楚。还有一类用于祭祀的场地曰“墠”（shàn），就是一块临时打扫干净的平地，所以有些祭祀的形式也叫“除地而祭”，其中的“除”也就是我们常说的“扫除”。

古人普遍的祭祀活动至晚始于旧石器时代中晚期，从这一时期至殷商之间，历史文献空白期长达数千至万年之久（各个地区历史的发展速度不同）。在这一历史文献空白时期，相关礼制文化的滥觞与发展问题相当复杂，牵扯的内容也非常多，这类问题的阐释将在以下章节中逐步展开。仅就已经掌握的资料来看，与祭祀内容相关的礼制文化的发展以及礼制建筑的情况大致可以简单地分为远古与夏时期、商时期、西周与春秋战国时期、秦汉时期、汉以后时期等几个主要阶段。

目前已有很多远古及疑似夏代的与祭祀活动相关的遗址遗迹的考古发现，主要内容包括祭坛、神庙和疑似宗庙建筑等（夏是否存在及是否属于国家形态，目前国内外史学界还有争论）。更重要的内容是那些陵墓建筑，虽然不属于本专著所限定研究的礼制建筑，但其中的遗骸和随葬品等，是我们理解与推断相关礼制文化与祭祀活动等内容最直接的一手资料，并且有些祭坛与陵墓本来就是合一的。广义地讲，可供我们理解与推断的一手资料，几乎可以包括一切考古发现内容。尽管如此，我们目前对于这一阶段相关礼制文化和礼制建筑形制的认识大多也仅限于“合理推测”，正如我们对于其他内容的文化阐释也不得不依靠合理推测那样，例如，目前学术界对于远古时期玉琮的使用与文化性质的解释，就属于合理的推测（也无统一的结论）（图 1-1）。但有些推测、考证等就很明显地属于妄断。最著名的案例是仰韶文化遗址出土的一件陶缸上的彩绘《鹳鱼石斧》图，有一种观点竟认为其内涵表达了炎黄之战的结

图 1-1　成都金沙遗址玉琮

果（图 1-2）。但就上古和中古时期礼制文化和礼制建筑的多变性与多样性而言，很多内容正是依据不断地“合理推测”而创造并演化的。

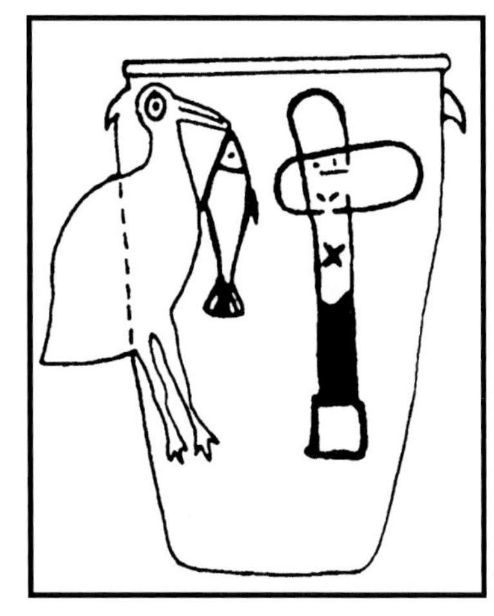

图 1-2　“鹳鱼石斧”图案展开图

商时期与祭祀活动相关的遗址遗迹的考古发现情况基本同上。这一时期虽有甲骨文和青铜祭器铭文可作为相关内容研究的直接参考，但我们目前对于这一时期相关礼制文化和礼制建筑形制的认识也大致是依靠推测，只是对其中部分大框架内容的认识可能比较接近于真实。在没有、也不可能掌握一套殷商甲骨文或金文完整的文字系统的前提下，对甲骨文和金文片段的完整正确解读也是根本不可能的（注 1）。在此我们可以参考目前学术界对殷商社会基本认识的状况，来说明我们对于同时期礼制文化的认识所面临的困境。

以往的历史知识告诉我们，商代的社会制度是我国奴隶制社会前期的典型代表。长期从事殷商考古研究的唐际根先生承担了国家社会科学基金重点课题“殷墟王陵区祭祀坑人骨与羌人的种族和文化”、社科院创新工程“殷墟布局研究”，他在 2015 年某中日考古界交流的论坛上公布了最新研究成果。主要内容有：作为商王朝后期都邑的安阳殷墟遗址，发现大量以人为“牺牲”的杀殉坑，多半死者身首分离，还发现了蒸煮人头的青铜器。利用同位素分析技术比较发现，祭祀坑人骨牙齿和肢骨的锶、氧、氮同位素水平与埋葬在安阳的殷商人“家族墓地”中墓主人的明显不同。这一结果显示，杀殉的死者与居住在都邑的殷商本族有区别，他们应该是殷商人从都邑以外地区尤其是西北地区抓来的俘虏，其中相当一部分是当时的羌人。这一结论对以往认为商王朝为奴隶社会的观点构成了挑战。

在论坛上，唐际根团队还展示了一张全新的殷墟布局图，图中显示，殷商晚期都邑通过至少 3 条宽 15 米至 20 米的东西大道和两条宽 20 米的南北大道联系在一起。还有一条西北—东南走向的两公里以上的宽大水渠，将洹河之水引入都邑腹地。水渠在下游分岔出多条支流，需要水源的铸铜、制陶、制骨作坊依渠而建。都邑内的居民点以家族为单位散布其间；殷商人不仅聚族而居，而且聚族而葬。同一墓地的墓葬主人是本族平民，并无成批的奴隶尸骨。另外，过去半个多世纪的考古工作，并没有提供商王朝存在众多奴隶从事社会生产的证据。因此唐际根先生谨慎地提出：“进入了成熟王国阶段，有着发达的等级制度却仍然以族氏为社会基本单元。这是考古提示出来的商王朝的本质。”

也就是说，以往对于商代社会历史认知中某些原本很“清晰”的问题，目前都有了不同的观点。同样，以往对于商代礼制文化的认识也必定会存在一些不足。

具体到与礼制文化和祭祀活动相关的问题上，以往学者从对甲骨文卜辞的解读得出的主流结论是，商王最初是把“帝”视为主宰世界的神祇，同人无任何血缘关系，商王对待这位主宰世界的神祇只是敬仰听命，用自己的虔诚信仰和隆重的祭祀换取护佑。自商祖庚开始，商王把“帝”与直系祖先联系在一起，在死去的直系亡父庙号前加一个“帝”字头衔，直至最后两位商王自称帝乙、帝辛（纣王）。进而认为，自从商王把直系祖先或自身与上帝拉上血缘关系，就标志着统治阶级法权理论和道德虚构的开始，而发生的时间上必然是在国家建立的时代（“社稷守”时代）。所谓“法权理论”和“道德虚构”有两大核心，一是统治者自称有天赐之德，可称为“先天性”或“天然性”，因此其统治权等是合理合法的；二是统治者自称祖上有德，自为“天子”，并且这种德能够延续到当下，因此其现在的统治权等也是合理合法的，可称为“继承性”。

但对比早于殷商时期的其他考古发现，这种法权理论和道德虚构或曰“统治权威性虚构”应该远远早于殷商中后期。例如从距今约6500年濮阳西水坡仰韶文化遗址一座墓葬“复杂”的形制和用蚌壳堆塑的“龙虎图”来分析、推断，墓主人生前肯定是自比天神或自比具有天神的禀赋。

总结礼制文化理论中“天子”产生的过程，大概有三类：

（1）某人因毕生的功德，在死后升天成为了天神，其后代自然也就有了“天”的血统，会得到“天”（祖先神）的护佑，其后代从某一代开始就成为了“代天而治”的“天子”。这种观点与早期的生殖崇拜有关。

（2）“天”（上帝）以某种感应的方式让“有德行”的人的妻子或其他某女性怀孕生子，这个孩子及其后代自然也就都有了“天”的血统，会得到“天”的护佑，因此其后代从某一代开始就成为了“代天而治”的“天子”，即所谓“奉天承运”。例如《诗经·商颂·玄鸟》：“天命玄鸟，降而生商。”《诗经·大雅·生民》：“厥初生民，时维姜嫄。生民如何？克禋克祀，以弗无子。履帝武敏歆，攸介攸止，载震载夙。载生载育，时维后稷。”

（3）某位“天子”直接就是“天”（上帝）的儿子，在其母亲怀孕或其出生时有明显的预兆。例如《史记·高祖本纪》载汉高祖刘邦：“其先刘媪尝息大泽之陂，梦与神遇。是时雷电晦冥，太公往视，则见蛟龙于其上。已而有身，遂产高祖。”这也可以看作第二种类型的“天子”在时间上的错位，直接省略了祖先的“故事”。

所以在礼制文化的理论体系中，“天子”并不是人间可以随意选择的，《论语·颜渊》

说："商闻之矣，生死有命，富贵在天。"因此天子对天下的统治也就有着天然的合理性与合法性，即所谓"法天而治"。"天子"虽为人类或半人半神，具有与神沟通的能力和资格，"天子"的执政行为，一般是得到了"天"的暗示，如"天垂象"，并会获得支持和护佑。但如果"天子"逆天而行或有重大失误，同样也会得到"天"的警告与惩戒，即也有"天垂象"，还有各类自然灾害等。因此至晚从周公开始，礼制文化也教育"天子"要行德政。而政权的更迭，既可能是因"天子"的无道，也可能是因"天运"的转移。"五帝"及"五行"的出现（详见下一篇中的相关内容），也是这种理论的一部分。在人间，新的"天子"讨伐旧的"天子"就是"惟恭行天之罚"，也就是"替天行道"。在"天子"以下，诸侯与卿大夫等是辅佐"天子"治理天下的助手，因此也应得到相应的权力与利益等，所以位居庶民等之上。需要说明的是，"天子"是有目的地被创造出来的，而"天"却是更早地"自然而然"被创造出来的，属于原始崇拜的产物，但其意义也是在不断的变化之中。

在商代时期的考古中已经发现有祭坛、神庙或宗庙等。重要墓葬的形式是在埋葬的墓口上方直接建造祭祀用的享堂，用于摆放牌位和献供之用，墓口上方没有封土，就是《礼记·檀弓上》所载的"古也，墓而不坟"。享堂也就是后世所称的"宗"，具体实例是殷墟妇好墓。

西周、春秋和战国时期与祭祀活动相关遗址遗迹的考古发现情况又与殷商时期相近，只是疑似宗庙建筑的形态更为具体。虽有甲骨文、青铜祭器铭文和其他更多的文献可以作为研究的参考，但也因为年代久远，文献相对缺失，其中一些文献内容又是经后人编辑附会的，因此我们也不可能完全确切地了解这些相关内容的全貌。例如，《周礼·春官·小宗伯》："小宗伯之职，掌建国之神位，右社稷、左宗庙。兆五帝于四郊，四望、四类，亦如之。"其中"兆五帝于四郊"就是在都城四郊设坛庙祭祀青、赤、白、黑、黄"五方帝"。但《史记·封禅书》载，刘邦东击项羽而还未入关时曾问其下臣："故秦时上帝祠何帝也？"下臣回答道："四帝，有白、青、黄、赤帝之祠。"刘邦又问道："吾闻天有五帝，而有四，何也？"下臣不能回答。刘邦说："吾知之矣，乃待我而具五也。""乃立黑帝祠，命曰'北畤'"。在《史记·封禅书》中也未见记载其他地区有五方帝的祭祀。但"雍旁故有吴阳武畤、雍东有好畤，皆废无祠。或曰：'自古以雍州积高，神明之隩（ào，同"墺"，可定居的地方），故立畤郊上帝，诸神祠皆聚云。盖黄帝时尝用事，虽晚周亦郊焉。'其语不经见，缙绅者不道。"后一句的意思是，从黄帝时期至晚周时期在这一带就有祭祀"五方帝"的传说，因为没有相关记载，西汉时期的官宦士大夫等并不认可。而刘邦说"吾闻天有五帝"也是事实。

因此，具体祭祀“五方帝”并有相关的建筑体系等始于何时，早在西汉时期便没有定论。

可能从西周开始，重要墓葬的形式是墓口之上有封土，并在封土上建造享堂，这种墓葬形式至少一直延续到战国时期。如，在河北省平山县战国中山王和王后的陵墓上遗有享堂的痕迹，国王墓中还出土了金银嵌错的铜版《兆域图》，该图内容就是这组陵墓的规划设计图（图 1-3 ～图 1-5）。

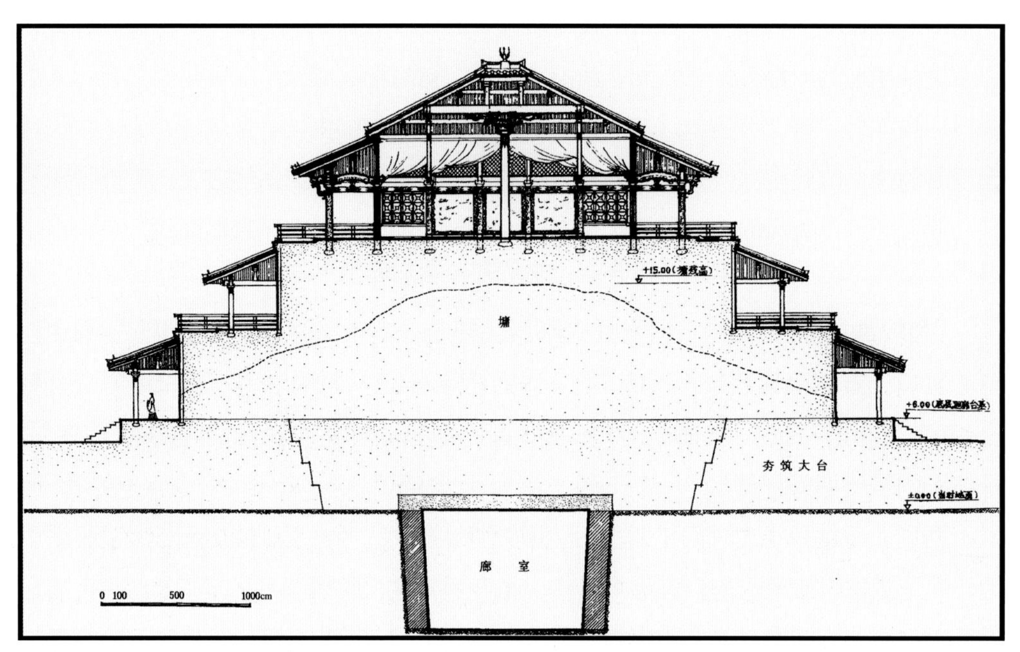

图 1-3　河北平山战国中山王陵 M1 享堂复原横剖面图（采自《宫殿考古通论》）

图 1-4　河北平山战国中山王陵复原总体鸟瞰图（采自《宫殿考古通论》）

图 1-5　河北平山战国中山王陵复原总体透视图（采自《傅熹年建筑史论文集》）

秦汉时期相对于礼制文化和礼制建筑来讲，是一个非常特殊且重要的历史时期，特别是汉代，可以说是礼制文化内容，特别是礼制建筑形制的重新整合与再创造的起始时期（在下一篇中将重点讲述这一整合与再创造的具体过程）。尽管这一时期的各家学说，包括儒家内的各派，对相关具体内容和其远古本意的争议依然很多，但同样也是从秦汉时期开始，历史文献中对这些内容的记载比较明确，也有相关考古发现可以互相印证。因此目前对这一时期主要礼制建筑形制的研究比较深入，结论也相对明确。这一时期礼制建筑最突出的内容是西汉长安明堂、辟雍、“王莽九庙”（实有十一庙），东汉洛阳辟雍、灵台等。

《后汉书·明帝纪》注引《汉官仪》载：“秦始皇起寝于墓侧，汉因而不改。”其中的“寝”就是享堂。就目前考古发现所知，这种形制一直延续到清末。另外，下一节我们还要进一步说明，这类享堂在分类上可归为“陵墓建筑类”，其内容不在本专著内重点阐述。

汉以后各个朝代的相关礼制文化和礼制建筑形制内容虽然是各有发展，但绝大多数内容是以汉儒的总结为依据，体系的发展也是相对清晰的，礼制建筑或有实物遗存或有较详细的记录可供推测，特别是明清时期某些最重要的皇家礼制建筑和部分地方性的礼制建筑遗存还相对完整。另外需要明确的是，汉以后各个朝代对相关内容的争论也一直没有停止过，最突出的争论是在唐和北宋时期，歧义和困惑的原因与我们今天所面对的一样，源头或交点不得不直指远古与夏商周时期。

至清朝灭亡，皇家与政府层面的传统祭祀内容随之彻底消失，唯一例外的是袁世凯于1914年冬至在天坛举行过一次祭天活动。之后渐行渐失的也只限于民间的祭祀活动，大型礼制建筑的建设活动已经停止。然近年来，又有政府官员在“继承非物质文化遗产”名义下，主持祭祀中华民族“先祖”的活动，为此也建设了一些相关的礼制建筑。

注1：目前已经发现的甲骨文约有4500个字，已经辨识的约有2500个字。

二、礼制建筑的属性分类

根据人类历史发展的一般性规律和解读中国历史文献的记载，以及参照相关的考古发现，历史学家把中国远古历史的社会组织形态分为“前神守”“神守”“社稷守”三大阶段。“守”作为动词有护卫的意思，作为名词指古代官名，也是领导者的意思。《国语•鲁语下》载孔子曾说：“山川之灵，足以纪纲天下者，其守为神；社稷之守为公侯，皆属于王者。”在这种分类中，吴锐秉承章太炎、杨向奎一脉，在其专著《中国思想的起源》中，把中国的“前神守”时期对应着旧石器时代（人人可以为“神”的时期）；“神守”时期对应着新石器时代（部落、部落至前社稷守）；“社稷守”时期对应着早期国家时期（夏、商、周公东征以前之周）、成熟国家时期（周公东征以后之周）和大一统帝国时期（秦至清）。认为“神守”时期就是神权至上的完全的政教合一时期，“守”即为大巫师（如司天之神）。从夏代开始，从“神守”中分化出“社稷守”，即早期国家。“社稷守”为君王，专司民事，而“神守”形态仍大量平行存在，专司祭祀。也就是从“神守”到“社会守”的转型，标志着社会文化和组织结构的转型（注1）。

对于上述中国古代社会组织形态划分的方法也有截然不同的观点，例如张京华先生在其论文《“山川群神”初探》（注2）中认为，中国远古史中没有“神守”到“社稷守”的时代划分，“神守”与“社稷守”只是因分管不同地域而（或）职责不同的官职。孔子所讲“神守”的“神”，不过是因贡献突出而得到后人的祭祀被当作了“神”，以及在传颂中“被神话”（“被神化”为笔者概括语）。甚至认为如《山海经》在内的神话中的“神”，也是先有史实，而后在祭祀和传颂中“被神化”。张京华先生对此的解释是因为最早记录《山海经》内容的载体是图画（还没有文字出现），所以在以后用文字解读图画过程中便出现了不得不“被神话”的情况。

笔者以为，可以把“神守”和“社稷守”看作在不同社会形态中，统治者在执政过程中原始宗教手段所占比例或方式的不同。那么从“神守”到“社稷守”的角色转换，一定是有着复杂多样的过程，甚至会有不断的反复过程。更何况中国地域广博，即便历史发展到西周时期也并未真正地实现大一统，华、戎分别控制的地域间隔混杂的情况非常普遍。抛开夏代的历史轨迹（如果其存在），在商代本身就存在过从“神守”到“社稷守”转换的痕迹。吴锐也同意，商是联合了众多氏族部落建立起来的联合政权，灭夏就得益于“诸侯群后”（也有不同的观点）。早期各部族首领“候”“后”皆可称为“王”“帝”，与商王几乎无差别（注3）。商人以“率民以事神”著称，宗教与王权的结合是保持社会稳定的基础，同时宗教与王权也代表着不同的政治势力。在殷商的前期，有着不可忽视实力的部族首领往往通过掌握神权与王权互相制约，甚至有“摄行政为国”（如伊尹），直到殷商王权独大。这一进程可以从负责占卜和祭祀的贞人政治地位的变化中显现出来。在殷商前期，贞人占卜的范围包括祭祀本身、任免、征伐、田猎、垦殖、赋役、旬夕祸福、年成丰歉、王的行止祸福、王妇生育、王室贵族疾病生死，等等。占卜的内容要由贞人划定，王或其代理人必须在贞人占卜的基础上判断吉凶，有时还由贞人发布卜辞。在卜辞中可考知的贞人超过百位，著名的有二三十位，如巫咸、巫贤等。又如，巫阳为殷商之前著名的九巫之一，以帝使的身份受到敬奉，并且地位在直系先王之上，而巫觋集团死后受祭的地位在直系与旁系先王之间；后期贞人占卜的内容仅限卜旬、卜夕、田猎、征伐等有限的几项。卜辞内容多由王选定，有不少卜辞只是王的行止记录。后期卜辞多无贞人之名，仅剩屈指可数的数人，并且都在帝乙和帝辛（纣王）时期；商王在最初的名号上本没有“帝”字，最早从第23位商王祖庚开始才在其直系的先王庙号前加“帝”字，且在30个商王中仅最后两位自称为“帝乙”和“帝辛”。可见贞人从前期颐指气使的宗教领袖到后期逐渐变为了例行公事的“官吏”，表现为神权的衰落。但我们也应该看到，在周武王伐纣前的政治动员《牧誓》中，列举商纣王的罪行之一便是“昏弃厥肆祀弗答”，用现在的话来说就是“轻蔑地抛弃了对神祇的祭祀而不闻不问”（实际上商纣王的祭祀活动是相对人性化的，如已经很少以人作为牺牲）。笔者以为，这虽然也恰恰显示着在这一时期及之前，商代祭祀的职责与权力是由贞人向古帝王转移，但同时也表明“政教合一”的政权形式，不过是从分权转变为了专权，其本质也是古帝王软硬实力增加的具体体现。这类社会现象在古埃及也出现过，表现为法老王与大祭司所代表的利益集团软硬实力的此消彼长。或许这类政教合一形式的来回转变，在远古历史时期一直是重复着的。

礼制文化中的祭祀活动，与后世的以佛教和道教为代表的宗教活动所诉求的内容有某些相似之处，如祈福等。明显的区别之一是在后世礼制建筑体系中，不需要如僧、道一样的神职人员。在前述商后期和有较明确记载的西周时期，相关的“神职”

人员已经演化为技术性的、服务性的和表演性的官员，也就是古代版的“国家公务员”，如“太祝”“太宗”“卜正”“太史”，或可称为“技术性官僚”。而在所谓的“神守”时期，或许礼制建筑就是那个时期的宗教建筑。明显的区别之二是后世的祭祀文化本身不需要如后世宗教宣讲信仰义理专门的经书，当然也不需要从各方面来讲属于专一且平等的信众即教徒。

确切地讲，有记载的殷商、西周及之后以皇帝为核心的统治集团主要的祭祀活动，也是延续了远古时代“政教合一”政治体制遗风的具体体现。远古时期“政教合一”的“教”，是指在旧石器时代中晚期便开始逐步形成的巫术、原始崇拜即“原始宗教”，但“政教合一”的政治体制本性从一开始便一直延续到了清末，只是其中宗教的主宰或许不同，且具体的形态与具体的内容等相对于我们熟悉的佛教和道教等，显得更加抽象，也就越来越隐蔽。或许我们可以把延续到中国古代历史中后期的这个“教”，定义为“从显性发展至隐性的国教”。与后世宗教还有一点是比较容易区别的，即后世以佛教和道教为代表的宗教崇拜的神祇是“普世”的，例如少有人试图去证明佛教或道教的神祇是他或他们的直系祖先（例外的是唐朝的几位皇帝），而原始宗教崇拜的主要神祇，在大多数时期甚至是一直与崇拜者之间有着“天然的血缘”关系。因此我们也可以认为，中国古代社会中后期一直并行存在着两类宗教，一种是大众信仰的“显性宗教”，如佛教和道教等；另一种就是其核心内容被以皇帝为核心的统治阶层所垄断的明显带有等级色彩的“隐性宗教”。

基于以上阐释可以认为，中国古代的礼制建筑，依据其功能属于一种奇特的建筑类型，是一种介于后世以佛教和道教建筑为代表的宗教建筑与其他世俗建筑之间，但确有宣教职能的建筑。礼制建筑中祭祀与供奉的主要是天神、地祇和已经“升天”的祖先和先贤等，与祭祀活动相关的内容还有一套完整的敬神的仪轨和节日，即各种祭祀活动都有相关的规范内容，包括时间、地点、人员、等级、规模、服饰、器具、祭品、音乐等。如果以历史发展的轨迹系统地总结古人祭祀与供奉的主要目的，可以分为三个层次：一是如三国时期哲学家杨泉在《物理论》中所说：“古者尊祭重神，祭宗庙，追养也；祭天地，报往也。”就是寄托对祖先养育恩情的感激与追念，报答自然神祇护佑的恩泽。二是为今人祈求福祉，确保平安。三是前面已经提到的，起到表达某种政治目的的宣示作用，比如对血统、特权等宗法制度合理性的明示或暗示等。前两者是表面性的，又为世俗性的。后者才是相关礼制文化在其成熟之后，统治集团祭祀活动真正的本意与核心内容，这也是中国古代社会祭祀活动异常庞杂并不断演进的真正原因。也因此，中国礼制文化中的吉礼，既具有普遍性又具有垄断性的特征。后者表现为那些对重要神祇的祭祀，在阶级产生之后无疑就会成为古帝王和后来的皇帝的专利，而他们通过以此为表征的“道德虚构”，便成为了“天”（上帝）的代言人亦即“天人之际”的桥梁，因此那些最重要的礼制建筑就必须极具象征性，并成为“天人之际的交点”。“极具象征性”，必然要求这一建筑体系必须具有特殊的内容与形式等。这类内容将在下卷的各个章节中具体阐释。

总之，因中国古代社会中后期的祭祀活动属于原始宗教活动的变相继承与延续，但无论内容或形式，都与后世以佛教和道教为代表的纯粹的宗教活动有所不同，因此相关的建筑在分类上也就不属于后世纯粹的宗教建筑，在属性上被单列为“礼制建筑”。

本专著所限定的“礼制建筑”也容易与陵墓建筑相混，因为某些祭祀活动，特别是远古时期的某些祭祀活动离不开陵墓，帝王祭祀祖先神祇的“宗庙”可能就源于早期建于陵墓之上的享堂，很多与吉礼相关的考古证据也主要来源于远古的陵墓。我们今天所见到的明清皇家陵墓建筑也都附有祭享殿堂，特别是陵墓建筑的具体规模和形制等也离不开礼制。但因为中国古代社会后期常态的祭祀活动具有高度的概念抽象性，皇家及各级政府层面的祭祖活动也仅仅是名目庞杂的祭祀活动内容之一，并且祭祖活动的地点也并非必须是邻近祖先的埋葬处。例如北京明清紫禁城左侧即是皇家宗庙，紫禁城内也有皇家祭祖专用的建筑场所奉先殿。因此在传统建筑体系的分类上，也就可以把陵墓建筑体系单列为一类。笔者在下面的相关章节中，还会引用和阐释来源于远古历史时期陵墓的考古证据，但引用和阐释的目的并不是介绍其建筑本身，而是引用与礼制文化相关的证据。

注 1：吴锐 . 中国思想的起源 第一卷 [M]. 山东：山东教育出版社，2002：168-176.

注 2：载于《湘潭大学学报（哲学社会科学版）》，2007 年第 6 期。

注 3：2021 年 12 月 16 日的《中国科学报》刊登的一篇名为《清华简新研究内藏“猛料”》的文章中称，最新解读的清华简中有一篇名为《五纪》的文章（以往历史文献从未出现过），出自 126 支简（原应有 130 支简），约有 4450 字，篇幅与《道德经》相当。该文讲述了“后帝”通过修“五纪”（日、月、星、辰、岁）整治秩序的故事。

三、礼制建筑体系的中国特色

在世界主流的传统建筑体系中，以官式建筑为代表的中国传统建筑体系具有异常的特殊性，礼制建筑置身其中也无法游离于其独特性之外，且更有其自身的特点。

因此探究中国古代礼制建筑的演进历程等，还需要清醒地理解如下几个基本问题：

（1）与世界上其他主流传统建筑体系相比，中国的传统建筑体系有如下几个方面的主要特征：

其一，仅就现已掌握的资料而言，中国传统建筑体系的单体建筑本身，在春秋战国至秦汉时期就已经发展到了较成熟阶段，之后无论在材料、结构、构造、空间、外形等哪个方面的演进都非常有限。比如，明清时期的传统建筑与唐宋时期甚至是春秋战国时期的传统建筑相比较，无论在哪个方面都没有本质性的进步。

其二，西方传统建筑体系在古罗马时期就基本解决了单体建筑满足复杂空间功能要求所需的形式、结构、构造、材料与体量等基本问题。与之相比，中国传统单体建筑（结构）形式单一、材料单一、易损（如耐火性差）、体量有限，往往无法满足较复杂和大体量空间功能要求。对于这类空间功能要求，只能依靠不同的单体建筑的组合来实现。因此，以单体建筑为基本单元的建筑群体的空间组合方式，既是中国传统建筑为满足各种较复杂和大体量空间功能要求而不得不如此，同时这种状况又发展成为其主要的文化内涵和魅力所在。换句话讲，依据服务对象本身的空间功能要求和文化内涵，中国传统建筑发展出了丰富多样又独具魅力的建筑群体的组合关系，这是中国传统建筑形式有别于世界其他主流建筑体系建筑形式的最大特点，成为体现中国传统建筑体系空间艺术，也是历史文化形态内容最重要的特征之一。例如，在春秋战国时期，大型宫殿建筑等曾经盛行“高台建筑”和“高台+建筑”，也就是主要以大型夯土台作为建筑的“内芯”或基座等，虽然能使建筑显得高大威武，但并未增加建筑室内空间的体积。而在不同的历史时期，各类建筑体系几乎都有着不同的空间组合方式，也就有着不同的艺术特征，其中包括宫廷、公署、宗教、礼制、合院式民居和园林等建筑体系，它们在艺术特征和象征性等方面各具特色。即通过相对多样化的单体建筑及院落式组合方式，把各个内容与构图要素有机组织起来，以整体空间中各种要素内容的虚实相应与天际线形态、院落空间的流通与变化、院落空间与建筑以及各单体建筑间的烘托与对比、建筑室内外空间的交融与过渡等，形成总体上体量的壮丽和形态的丰富。因此中国传统建筑体系特别注重整体规划布局，主要以单体建筑间和其他空间要素内容间的抑扬顿挫、起承转合、呼应协调关系，强调诉诸建筑组合的气氛渲染。也可以说，中国传统的单体建筑的技术特点和注重建筑群体组合的关系，互为表里。但另一方面，如果脱离了服务对象本身的文化内涵，单谈中国传统建筑就会显得苍白与枯燥。

其三，中国传统建筑一般都要遵循严格的等级制度，特别体现在居住建筑中，其内容包括材料、结构、体量、色彩、装饰等方面。稍有例外的是礼制和宗教建筑，因为这些建筑主要“供神祇使用”，但宗族祠堂类建筑又明显地回归了等级差异，因为不同宗族的祖先本身毕竟是有贵贱之分的，更何况家庙和祠堂等又多与住宅建在一起。

其四，在不同功能的建筑群体之中的、相同等级的单体建筑形式本身并没有本质性的区别。例如，某种形式的单体建筑既可以用在宫殿建筑中，又可以用在礼制和寺观建筑中。

（2）祭祀活动的本意在于观念性的诉求、宣示、表达、宣泄，它虽然也有着看似复杂的活动程序，但对此类建筑本身并没有过高的技术功能需求，有时反而需要在最简单的“场所”内进行，如露天祭坛的形式。而对于相关“场所”的要求，更主要的是体现在广义的空间组合形式的概念表达方面，单体建筑的形式反而是退居次要地位了（虽有例外），这也与前述中国传统建筑的主要特点是一致的。

（3）统领祭祀活动的礼制文化体系，是中国最为复杂的文化体系，形而上与形而下并存，并反映在总体文化的各个方面上，其内涵丰富、隐蔽、抽象、多变。但伴随着社会的发展，特别是人们对自然认识的不断进步，从我们对其认识稍微清晰的西周至清末，其中吉礼的发展轨迹反而是显得由盛而衰，核心内容最后几乎是走向了简单的程式化，例如皇帝对主要天神、地祇类内容的祭祀，可能完全背离了最初的祭祀者祭祀的本意。如，最初的祭祀者或许认为天神、地祇等与他们之间或许有着一定的“血缘关系”。而到了后世，皇帝与天神、地祇之间有着“天然的血缘关系”的观点，显然成为了统治天下不可或缺的理论工具。

如前面所讲，祭祀活动对建筑本身并没有过高的功能需求，我们很难用“萌芽”“形成”“发展”“成熟”“繁荣”等常见的逻辑方式来概括礼制类建筑的演变历程。而依据相关礼制文化与祭祀活动的产生、演进与分化的历史，竖向地梳理不同类型的礼制建筑的演进历程，并以多元的文化内涵、建筑形式而非建筑技术为核心，反而更符合其历史的逻辑。并且为了更深刻地理解礼制建筑的演进历程，我们也必须从与礼制文化与祭祀活动本身相关的诸多内容入手。

第二章　与礼制文化相关的前置问题

第一节　传统文化起源问题的讨论

吉礼除具体的祭祀活动外，还包含相关的意识形态和文化体系内容，因此礼制建筑体系从本质上讲，属于包含了相关意识形态和文化体系内容的物化形态和活动场所。从相关历史文献（如二十五史）的记载来看，这一建筑体系在其发展的历史过程中，始终都会涉及对各类“源头”问题的追述、理解和争论等，因此梳理中国早期历史脉络和相关的文化等，是本专著无法直接跨越的前置性问题。

至晚从殷商开始，祭祀的内容就明确地包含了天神、地祇和人鬼等，后者包括祖先和先贤。但一直到明清时期，皇家和整个统治阶层（也是社会知识阶层）对天神和地祇等具体内容的争论依然没有结束，又往往与人鬼混杂在一起。历史地讲，造成这种混乱的客观原因，既有文字记载的历史与真实的历史不同步，又有统治者的主观意愿，以及社会整体知识结构长期存在缺陷。对于问题的前者，中国有系统文字的历史始于殷商时期，即便按照“夏商周断代工程”中确认的商代始于公元前1600年，并以新石器时代距今一万年左右计算（注1），期间数千年文字空白期的历史知识能否依靠口耳相传，以及在历史文献的大量整合编辑时期——春秋战国时期“世俗之人多尊古而贱今，故为道者必托之于神农黄帝而后能人说”（注2），都直接关系到后世编写的远古历史的可信度问题。以历史学家认为可信度很高的《今文尚书•尧典》（注3）为例，其中有“乃命羲和，钦若昊天，历象日月星辰，敬授人时。分命羲仲，宅嵎（yú）夷，曰旸谷。寅宾出日，平秩东作。日中（指白昼与黑夜相等），星鸟，以殷仲春。厥民析，鸟兽孳尾。申命羲叔，宅南交。平秩南讹，敬致。日永（指白昼最长），星火，以正仲夏。厥民因，鸟兽希革。分命和仲，宅西，曰昧谷。寅饯纳日，平秩西成。宵中（指黑夜与白昼相等），星虚，以殷仲秋。厥民夷，鸟兽毛毨（xiǎn）。申命和叔，宅朔方，曰幽都。平在朔易。日短（白昼最短），星昴，以正仲冬。厥民隩，鸟兽鹬（yù）毛。”文中完整地描述了所谓帝尧时期“四仲中星”分别对应于四季的情况。经现代天文软件模拟计算检验，“昴”仲冬黄昏上中天（位于天空子午线南方位置）的年代距今有五千年以上，而“鸟”“火”“虚”分别对应仲春、仲夏、仲秋黄昏中天的年代大约在周初。另外，二十八宿系统大约形成于春秋时期。所以《今文尚书•尧典》一定是出自春秋战国时期，绝非传于夏之前的所谓帝尧时期的确切记录。另外，《尧典》本身就有很多神话成分，所以进一步讲，我们现在要明确地回答古人是借助神话传述历史知识，还是利用神话填补历史知识的空白，也是个两难的问题。而哪些是真实的历史中的人物（包括事迹），哪些是神话中的人物，或曰原始宗教中的神祇，对这些内容的不同认识，却直接地影响了我们判定上古与中古时期礼制建筑的具体内容与具体形制的很多问题。因此，较清醒地认识中国远古历史与原始宗教的基本情况，是理清并深刻认识与祭祀活动相关的礼制文化和礼制建筑体系内容的两个基本前置问题。就历史文献来讲，这两个问题原本就是互相交错的。

笔者在第一章中所举秦国雍城礼制建筑体系内祭祀的神祇中最多的是与天体有关的，这也说明了任何一个宗教体系必须回答一个自洽的“宇宙模型”，即包括神、人、动植物、其他和宇宙空间等关系的基本问题（如董仲舒的《春秋繁露》），否则无以进一步说明“君权神授”等形而上的问题。这类问题在中国古代社会特别突出、敏感，因为古帝王和皇帝大多以“天子”自居。所以，理清中国古代天文学发展的基本脉络和基本内容，以及它们在原始宗教方面特殊的意义等，也是理清礼并深刻认识礼制文化与礼制建筑内容的前置问题。

关于“文化”，世界上并没有统一的概念，因此也就无法确切地回答“文化是什么”，而一般却可以说出很多“某某文化”，比如说“航海文化”“岭南文化”“饮食文化”等。在此，我们可以借用英国人类学家爱德华•伯内特•泰勒（Edward Burnett Tylor）在其所著的《原始文化》一书中对文化的表述作为参考，即“知识、信仰、艺术、道德、法律、习惯等凡是作为社会的成员而获得的一切能力、习性的复合整体，总称为文化”。（注4）与文化相近的又有“文明”一词。至于文化与文明的关系，主要有三种不同的观点：其一，两者是同义的；其二，文化比文明所包含的内容和范围更广，如文化是人类从使用工具开始产生的，并成为了人与动物相区别的标志，而文化在发展到一定阶段后才产生文明；其三，文明是物质的，文化是精神的。从有关文化与文明具体内容的各类论著来看，把两者视为同义的情况更为普遍，我们在以后的相关论述中暂且采用这一观点。笔者以为，就文化的具体内容来讲，可以归纳为如下三类基本内容：其一是精神层面的各类学说，即非物质性的“世界观”，如宗教观、哲学观、科学观等；其二是以精神层面的内容为基础，延伸为非物质性的且可能包含某些行为、实践性的内容，如法律与社会制度、风俗习惯、道德规范、语言文字、宗教活动、教育传承、科学实验、医学治疗、生产实践、文学和艺术品创作、表演和体育竞技活动，等等；其三是以精神层面内容为基础，结合具体的实践活动所创造的物质性内容，如具体的建筑、雕塑、绘画、各类器物和工具，等等。很显然，就第三类内容而言，受精神层面内容影响的程度并不平均。

在中国传统文化中，礼制文化既属于最主流的文化，又属于最早形成的文化（详见本章第二节），还属于最复杂的文化，因此首先有必要探讨一下有关中国传统文化的起源问题。

在世界各民族文化(文明)的起源问题上，世界上一直存在两种不同的主要学说，即“一元论”和“多元论”学说。一元论学说相信世界各民族文明有着一个共同的源头，多元论学说则相信各种文明是独立产生的。至于中华文化（文明）的起源问题，历史上也曾出现过许多理论，其中一元论中的“外来”学说主要有起源于“埃及说”和起源于“巴比伦说”。关于这类问题，江晓原先生总结得比较全面：

“埃及说”的代表人物主要是德国耶稣会传教士柯切尔（A. Kircher，又译为祁尔歇），著有《埃及之谜》《中国图说》（又译为《中国礼俗记》）；法国阿夫郎什主教胡爱(Huet，又译为尤埃)，著有《古代商业与航海史》；法国汉学家德经(Joseph de Guignes)，著有《匈奴突厥起源论》《北狄通史》，发表过《中国人为埃及殖民说》的演讲。

“巴比伦说”基本上是在“埃及说”逐渐衰退以后出现的。1894 年，英国伦敦大学教授、法国人拉克佩里（T. de Lacouperie）出版了《中国上古文明西源论》一书，将中国远古帝王与巴比伦贵族帝王一一对应，认为奈洪特（Nakhunte）在公元前 2282 年率领巴克族（Bak）东迁，中国的黄帝就是这个率领东迁的酋长，而神农则为萨尔贡王（Sargon），仓颉为传说能造鸟兽形文字的但克（Dunhit，迦勒底语为 Dungi）。巴比伦和中国两地把一年分为十二个月和四季的方法，定闰月的方法，金、木、水、火、土五日累积法等有关历法的事项也极为类似。1899 年，日本汉学家白河次郎、国府种德合著出版了《支那文明史》一书，其中列举了巴比伦与古代中国在学术、文字、政治、宗教、神话等方面相似者达七十条，支持巴比伦起源论。牛津大学教授鲍尔（C. J. Ball）1913 年出版《中国人与苏美尔人》一书，随后还发表了一些其他著作，详细论证了古代中国文字与苏美尔会意字的相似之处。

与“埃及说”的命运不同，“巴比伦说”显然更“幸运”，在其问世以后，竟有不少中国学者纷纷响应，主要有丁谦之《中国人种从来考》，蒋智由之《中国人种考》，章太炎之《种姓编》，刘师培之《国土原始论》《华夏篇》《思故国篇》，黄节之《立国篇》《种原篇》，等等，皆赞成或推扬拉克佩里的学说。郭沫若在 1952 年、1962 年、1982 年再版于 1931 年初版的《甲骨文字研究》一书时都曾提到：

“似此，则商民族之来源实可成为问题，意者其商民族本自西北远来，来时即挟有由巴比伦所传授之星历智识，入中土后而沿用之耶？”（注 5）

此外还有起源于“印度说”“中亚说”“印度支那（缅甸）说”“蒙古说”“西域说”，等等，后面笔者还会谈到。“印度说”和“中亚说”等被一些学者发展为始于非洲或巴比伦，再通过印度和中亚等地传入中国说。当然也有相反的论断，即世界文明起源于中国的学说。如，除有外国学者提出此学说外，1931 年，顾实出版了《穆天子传西征注疏》一书，认为西晋时期在汲郡的战国魏墓中发现的《竹书记年》中的《穆天子传》《周穆王美人盛姬死事》所描述的周穆王驾八骏西巡天下，行程九万里，会见西王母等内容应为历史事实，行程中到达过的地点有德黑兰（西王母之邦）和东欧平原等，因此有“周天子疆域之广远，岂非元蒙古大帝国之版图尚或不能等量齐观，而不可称人类自有建国以来，最大帝国、最大版图，当推周穆王时代哉！”的论断。（注 6）

关于中华文化（文明）是外来输入的还是土生土长的问题，伴随着基因科学的发展而引发的人类自身起源问题的研究，一些学者在继承前人学说的基础上，又展开了新一轮的探讨。

19 世纪中叶，达尔文等创立了生物进化论学说，其中一个子学说的观点就是所有的生物都来自共同的祖先。同样在 19 世纪，现代遗传学奠基人、奥地利天主教修道士孟德尔（G. J. Mendel）的追随者们发现了细胞质中游离的线粒体。直到 1953 年，科学家发现了线粒体中双螺旋脱氧核糖核酸，即 DNA（携带有合成 RNA 和蛋白质所必需的遗传信息）结构。线粒体 DNA（英文缩写表示为“mtDNA”）在许多方面不同于细胞核 DNA，其中最重要的是其遗传方式十分独特，即呈严格的母系遗传：脊椎动物精子中的线粒体位于精子的尾部，在受精的时候，精子只有头部进入卵子的体内，尾部则自然脱落，不会进入受精卵，即使有个别进入，也会很快分解。所以子代的 mtDNA 只来自母方，父方的 mtDNA 不会遗传给子代。20 世纪 80 年代，科学家运用十多种限制性内切酶确定了人类 mtDNA 的基本顺序（又称剑桥顺序），人类的 mtDNA 共有 441 个限制性切点，其中 63%的位点是恒定的，37%的位点则是可变的。

1987 年，英国《自然》（Nature）周刊上刊登了美国加州大学伯克利分校三位分子生物学家卡恩（R. L. Cann）、斯通金（M. Stoneking）和威尔逊（A. C. Wilson）所著的《线粒体 DNA 与人类进化》（Mitochondrial DNA and Human Evolution）一文，他们选择了祖先来自非洲、欧洲、亚洲、中东，以及巴布亚新几内亚和澳大利亚土著共 147 名妇女，从她们生育婴儿后的胎盘细胞中成功地提取出 mtDNA，并对其序列进行了分析，根据分析结果绘制出一个“系统树”。由此推测，所测定的 mtDNA 可以将所有现代人最后追溯到大约 15 万年前生活在非洲的一位妇女，她可能就是今天生活在地球上各个角落的人的共同“祖母”，这就是著名的现代人起源的“夏娃假说”。尽管“夏娃”不是当时唯一活着的女性，然而她却是唯一一个将血脉延续繁衍到今天的原始女人。

上述研究者还认为，当“夏娃”的后代们来到世界各地时，各地已有许多古人类存在，如欧亚大陆西部的尼安德特人、东部的丹尼索瓦人、和“夏娃”相同的其他人种等。“夏娃”的后代们来到世界各地后，并没有与当地土著的古人类混合交融，而是完全取代了他们。这是因为如果现代人的祖先与土著古人类混合的话，那些古人类就会将自身的、与“夏娃”不同的 mtDNA 遗传下来，现代居民中也就会出现许多种 mtDNA。研究样本表明，现代各种族居民的 mtDNA 是高度一致的，都来自同一个女性祖先“夏娃”，除此之外不存在其他来源的 mtDNA。

后来科学家们对细胞核 DNA 和 Y 染色体的研究，也在一定程度上支持了非洲起源说。父系遗传的最典型代表则是存在于男性精子细胞核中的 Y 染色体（英文缩写表示为“Y-DNA”，染色体的结构为 DNA 三级缠绕后再一次螺旋形成），卵子没有 Y 染色体，Y-DNA 只在父亲和儿子之间传递，呈严格的父系遗传。2000 年 11 月，《自然遗传学》（Nature Genetics）杂志发布了美国斯坦福大学彼得•昂德希尔、彼得•欧芬纳以及英国剑桥大学考古研究所等 8 个国家的 21 位科学家署名的研究成果，他们利用变性高效液相层析技术，分析得到 218 个 Y-DNA 非重组区位点构成的 131 个单倍型，对全球 1062 个具有代表性的男性个体进行研究，同样根据分析结果绘制出一个“系统树”。“Y-DNA 系统树”所展示的结果与“mtDNA 系统树”的结果非常相似，即欧洲和亚洲等世界其他现代人群都起源于非洲，而美洲和澳大利亚现代人群又都起源于亚洲人群。这就是与“夏娃假说”相互印证的“亚当假说”。

2003 年 4 月 14 日，美、英、日、法、德和中国 6 个国家的科学家经过 13 年的努力，共同绘制完成了《人类基因序列图》。

2005 年，由美国国家地理学会、IBM 和韦特家庭基金会共同出资 4000 万美元启动一项庞大的多国合作计划——“人类迁徙遗传地理图谱计划”（“追寻人类足迹计划”）。全球有 10 个研究机构参与了研究。项目的目标是在 2010 年前在全球范围内收集 10 万人的 DNA，从而描绘人类的迁徙地图。10 个参与研究的机构分布在世界各地——中国、俄罗斯、印度、美国、英国、法国、黎巴嫩、澳大利亚、巴西、南非，他们分别收集本地区数据，并集中上报给项目总部，由 IBM 公司的一个科学小组运用高级数据分类技术来揭示样品中蕴含的新模式和联系。其中，中国复旦大学生命科学院承担了远东地区及东南亚地区的 DNA 的取样和研究工作。经过 10 多年的研究，绘制了一张“人类迁移路线图”。在“人类迁徙遗传地理图谱计划”研究中，一个重要的方法就是对 Y 染色体的测定，最终是从 Y 染色体的基因突变中寻找到答案，因为基因突变就是由环境改变而引发的。

相关领域科研机构的科学家对这类内容的研究一直没有中断过，发表了各种各样的科研成果。2020 年，由李辉、金雯俐所著的《人类起源和迁徙之谜》，对之前的科研成果进行了系统的总结与表述。

现笔者大致总结该专著的主要内容，因总结的内容比较集中概括，非必要的内容不再详细标注。

（1）在地球物种的“真人属”中，明确的物种有“能人”“直立人”“智人”。在大约 260 万年前，非洲“能人”出现。在大约 190 万年前，“能人”中分化出“卢道夫”亚种和“直立人”物种中的“匠人”亚种。大约在 120 万年前，又从“直立人”物种的“匠人”亚种中分化出了“智人”物种的“海德堡人”。

（2）化石证据显示，早在大约 175 万年前，非洲“直立人”物种中的部分“匠人”亚种就开始走出非洲。他们从西亚走进东亚和东南亚等地，形成了东亚和东南亚各种“直立人”的亚种，如隔离于印尼东部的佛罗勒斯岛的“佛罗勒斯人”，隔离于菲律宾群岛的“吕宋人”，大约 50 万年前中国境内的北京猿人、蓝田猿人、元谋猿人、南京猿人等。

（3）全基因组分析显示，在大约 80 万年前，“智人”物种中的部分“海德堡人”亚种就开始走出非洲。在大约 70 万年前，全球进入冰期，在撒哈拉沙漠以南的非洲、欧亚大陆西部、欧亚大陆东部三地，“海德堡人”分别演化出“罗德西亚人”“尼安德特人”“丹尼索瓦人”三个亚种。其中形成“丹尼索瓦人”的“海德堡人”，在大约 70 万至 30 万年前走出非洲的路线，是从非洲西北角穿过直布罗陀海峡进入西班牙（冰川期可以通过），然后翻过比利牛斯山进入欧洲，再从北边扩散至亚洲，直至东亚和东南亚等地。后来“罗德西亚人”也有一部分从非洲走出，可能是沿着东非的海岸线行走，经过印度洋沿岸线再进入东亚。进入欧亚大陆的这三类“智人”，用了数十万年的时间最终取代了早期到来的“直立人”的后裔。早期“直立人”与三个“智人”物种之间有生殖隔阂，三个“智人”亚种之间没有生殖隔阂。但母系线粒体谱系分析显示，“罗德西亚人”与“尼安德特人”分离是在 40 多万年前左右，两者与“丹尼索瓦人”分离是在100万年前左右（超过50万年前的化石无法分析DNA）。两个结论在时间方面有较大的差距，可能显示出一个种群接受其他种群的女性是比较容易的，例如，后期“尼安德特人”的女性不知为何全部来自现代人（“罗德西亚人”的后裔）。扩展到欧亚大陆西部（仅是发现地点）的“尼安德特人”一直存在至大约2万多年前，扩展到欧亚大陆东部（仅是发现地点）的“丹尼索瓦”人一直生活到大约4万年前。

（4）全基因组分析、Y染色体谱系分析、母系线粒体谱系分析全部显示，我们所有的现代人，都是直至大约20万年前依然生活在非洲的“罗德西亚人”的直接后裔（这一地区的“罗德西亚人”早在20万年前就开始分化）。现代人的祖先大约从7万至6万年前开始走出非洲。行走路线是从非洲东部进入阿拉伯半岛，然后扩散到全世界。距今4万年前的北京周口店的田园洞人与现代人的基因几乎没有差别；在现代非洲人中，没有“丹尼索瓦人”和“尼安德特人”的基因成分，在非洲之外的人群中有1%～4%的“尼安德特人基因”，全部来自于7万至6万年前。现代人与“尼安德特人”在欧洲共存了数万年；在大洋洲的新几内亚原住民人群中，混有6%的“丹尼索瓦人”基因。

（5）大约在7万年前，苏门答腊岛上的多峇火山发生超级大爆发，此后地球进入冰期，许多物种群大量灭亡，人类等大量死亡。冰期海平面下降，大陆之间出现了很多新的陆地连接，冰上可以行走，这也是前述原本生活在非洲的“罗德西亚人”的后裔即现代人类的一部分开始向世界扩散的原因和条件，随后全世界形成了8种古老的现代人种（地理种）：

Y染色体A型的布须曼人（身材矮小、皮肤橙色）留在了非洲南部和东北部。Y染色体B型的俾格米人（身材矮小、皮肤橙色、头发卷曲）留在了非洲中部。Y染色体E型的尼格罗人（体型高大、皮肤黝黑）在走出非洲之后最终又回到非洲北部撒哈拉沙漠以南地区。

Y染色体D型的尼格利陀人（身材矮小、皮肤黝黑）沿着东非的海岸线行走，通过印度洋沿岸，进入东南亚地区，扩散到马来半岛的马来西亚与泰国边境地区，印度安达曼群岛、中南半岛，青藏高原，日本恩列岛，菲律宾的吕宋、内格罗斯、巴拉望和棉兰老岛等地（菲律宾群岛上尼格利陀人的父系后来被C2型人和K型人所取代）。

Y染色体C型和F型人群跨过红海后向东北进发，行走内陆路线，F型人群到了两河流域，C型人群到了印度河流域，然后演化为不同的人种：C型人群演化成棕色人种，在6万至5万年前扩散到东亚、东南亚、澳大利亚、新几内亚、美拉尼西亚，形成了澳大利亚人（北京周口店出土的1万年前的人骨中就有该人种的体制特点）。F型人群是白种人和黄种人的祖先，在4万至3万年前开始从两河流域、里海南岸扩张。其下有G型到T型等14种亚型，其中的G、H、I、J、L、T型人群在欧亚大陆西部形成高加索人（即欧罗巴人）；大约在2万年前，其中的O型和N型人群来到东亚和东南亚形成蒙古利亚人（从云南进入中国），逐渐取代了棕色人种成为东亚的主体人种；大约在1.3万年前，N型人群从东亚扩张到北亚和北欧（芬兰、乌格尔、萨摩耶德、尤卡吉尔）；同样大约在2万年前，Q型和R型人群来到中亚，但他们并没有在当地形成独特的种群，而是融入了其他种群：R型人群是中亚地区的主要人群，其中一部分西迁融入了高加索人种，大多Q型人群东迁融入了蒙古利亚人种，其中部分继续向东，大约在1.5万年前跨过白令海峡进入美洲，形成亚美利加人。

（6）早期的蒙古利亚人到达东亚后逐渐分化，形成9个语系，从南到北为：南岛语系、南亚语系、侗傣语系、苗瑶语系、汉藏语系、蒙满语系（阿尔泰语系）、匈羯语系（叶尼塞语系）、乌拉尔语系、古亚语系。最重要的是，同一个语系的人群，Y染色体类型基因基本一致，并且去掉最南和最北的各2个语系，其余5个语系都是中华民族的语系。中国的各民族人种大约都是在4万年前从云南进入的，然后渐渐分散开。3万年前分散成苗瑶、侗傣的祖先人群，侗傣又分出南岛人群（走出中国），苗瑶祖先2万年前又分出汉藏的祖先人群，汉藏后来又分成汉和藏缅两部分。注意，这部分内容在时间上的表述与（4）中相关的时间表述似有些矛盾之处（注7）。

我们再回到有关中国远古文明起源的人文科学研究方面。较新的研究成果是朱大可先生撰写的《华夏上古神系》。该书在前面章节中引用了遗传学家关于现代人起源问题的部分结论，也简述并在之后章节中引用了一些历史学家的研究成果，例如岑仲勉的《汉族一部分西来之初步考证》《上古东迁的伊兰族》《中国上古天文历数知识多导源于伊兰》《楚为东方民族辩》，香港学者饶宗颐的《符号•初文与字母——汉字树》《梵学集》，梅维恒的《古汉语巫Myag古波斯语Mogus和英语Magician》《古史异观》《中国马车的起源及其历史意义》，美国学者班大为的《中国上古史实揭秘——天文考古研究》，丁山的《古代神话和民族》，萧兵的《老子的文化解读》等。

现笔者大致总结该专著的主要观点，因总结的内容比较集中概括，非必要的内容不再详细标注。

（1）人类语言和宗教最早都产生于非洲，“人类使用语言的最大动力，并非恩格斯所说的‘劳动’，而是企图喊出神的名字”。对于世界范围内出现的早期相近的宗教现象，如人们在春天举行祈求农作物丰收和祈求人口繁衍旺盛的仪式等，其原因既不是英国人类学家詹姆斯•乔治•弗雷泽（James George Frazer）所说的“交感巫术”（注8），也不是瑞士心理学家卡尔•荣格（Carl Gustav Jung）所说的“集体无意识”等。简单地说，它们都是来自产生于非洲的原始宗教的传播的结果。因为人类最早的语言产生于非洲，并且已经存在了20万年，亦即人类在走出非洲之前，现代人祖先就应当已拥有一套原始的世界语，并可能已经熟练掌握语言表达的技巧。不仅如此，它还应当是一个组织有序的社会，拥有初级的宗教崇拜和祭祀体系，并具备对神进行命名和讲述神迹的能力。“非洲智人的最大优势，并不限于预先策划行走的目标与路线，而是从语言中获得了宗教的能量，由此成为战胜其他落后人种的强大武器”“语言和神话的关联性，是阐释世界逻辑的起点”。

书中还引用了“原型、镜像和变异”理论，认为“就人的迁徙史而言，存在着一个初始的文化/神话叙事基因，它在非洲的某个地点悄然诞生，而后随着漫长的移民过程而遍及全球”。并把“出现于原点及其延展线上的文化/神话叙事基因”称为“历时性神话原型”，按时间顺序的原则，将其命名为“第一原型和第二原型”。“它不是一组简单的部族叙事，而是一个庞大的宣叙体系，属于更复杂的早期神学系统。在人种分化和语言变乱之前，它就已拥有完整坚固的骨架……我将其命名为‘巴别神系’，这是因为在《旧约》的故事里，巴别塔是尖锐的时间节点，在它被建造之前，人类的体征、语言和神话是统一的，而在其后的传播进程中，出现了某种戏剧性分化。巴别塔就此成为历史分裂的里程碑，屹立在人类记忆的尽头，宣告非洲神系的终结。但异乡神原型的传播动力，并未因分裂而丧失，相反，在语言的大规模分化之后，某种重要的东西在传播中被保存下来，那就是异乡神的名字……更精确地说，就是神名的第一个发音（字母），一种语义明晰的音素徽记，像钻石一般坚硬，足以抵御时间和岁月的腐蚀。这是巴别神系留下的最后遗产，被镶嵌在晚近神系的天空上……”因此在论述世界宗教由一元起源和传播的证据方面，朱大可先生列举的主要内容之一是相同属性的神的名字的读音方面，即现代人在走出非洲之后，“智人的神学不断分化和发育”并且出现“主神音素递增效应”，“随着离开发源地距离越远，主神的神名的音素会越多，主神的名字会因本土化而发生剧烈变更。这是由于本土政治结构的支配力量超越了对众神的敬畏。此外，由于新语义（义素）的不断注入、叠加与融合，主神的名字变得越来越长。这种神名膨胀现象，跟语言音素递减恰好相反。尽管如此，世界三大元神——水神、地神、太阳神以及次级神的家族都有相同或相似的神名音素标记”。为此，书中以表格的方式罗列了世界各地区神的属性、神名的发音等。例如，在该书上卷表 2-2 中显示，最高神：A/E/O——太阳神、创世主、始祖神中，有 Anu/Anum（苏美尔）、Amon/Osris（埃及）、Ashur（亚述）、Oura-nos/Apollo（希腊）、Atar/Atur（伊朗）、Aditya/Agni（印度）等。其中也列出中国的“天神”名为“翁仲”（“翁仲”仅仅是匈奴的天神名称，在中国文化中算不上什么主神，更不知名）（注 9）。

至于传播的路径和变异，“全球上古神话，跟智人迁徙路线相同，起始于非洲南部，书中称之为‘巴别神系’，此后向北涉过红海，穿越阿拉伯半岛，在地中海东岸（西亚）形成大面积聚集地，并以美索不达米亚为核心，创造出新一代的西亚神系（第二代神话前期），而后分为两条路线继续向东传播，北线经中亚和中国新疆、甘肃、宁夏进入黄河中游流域，形成东亚神系的北方之系（‘《尚书》神系’）；而南线则随雅利安人南下，创造了印伊神系（第二代神话后期），再沿南亚至中南半岛，经越南进入中国南方（荆楚），形成东亚神系的南方之系（‘《楚辞》神系’和‘《山海经》神系’）。撇去一些支线和各个支线的互动，这个被高度简化的图式，可以约略表述中国上古神系的来龙去脉。”（顾颉刚先生曾有中国远古神话东、西来源说与此相似，但地域仅限于中国境内。）

在上述“图示”中，朱大可先生又把所有来自非洲并由南方经“越缅通道”进入东亚的神话，称为“第一代神话”，它的非洲原型则称为“第一原型”。把所有来自其他文明（两河流域文明、叙利亚文明、南亚文明和地中海文明等）并从西方进入东亚的原型，一概称为“第二原型”，而由它们协助塑造的中国神话称为“第二代神话”。“尽管非洲神话是中国神话的第一原型，但基于文字的缺失，它被人类‘零记忆时代’所遮蔽，陷入无法追溯的状态，只能通过地质学、生物学、考古学和语言学工具，进行黑箱式的间接推论。更困难的是，鉴于‘第一代中国神话’为先秦诸侯所灭，目前掌握的稀少资讯无法再现它们的真正图景。这是‘第一原型’研究所面对的最大困境，它逼迫我把‘第二原型’及其镜像作为学术探讨的主要对象。”

（2）在中国远古和上古历史中，因迁徙、旅行、战争和贸易带来的域外文化输入从来就没有停止过，而汉以前的文明大多是外来文明传播的结果。“非洲起源说试图描述距今 3 万至 5 万年前发生的史前人类学事变，西亚移民说则揭示了上古时期激越的文明交融运动，而真正的‘汉文明’的本土叙事，只能从两汉开始。后者才是汉民族身份自我认知的真正起点。”

对此类结论，书中部分地引用其他学者的观点并最终认为：

“夏无疑是典型的酋邦社会”，其周围还有“陶寺”“良渚”“蜀（广汉三星堆文明）”“巴”，这些都是“诸夏”的酋邦。夏邦的王族（贵族）来自昆吾（新疆于阗）为母地的戎族，属于西迁的埃兰族系（注 10）。

商族人可能来自于以贝加尔湖为中心，活跃于蒙古、东北亚和西伯利亚的通古斯族群。最初只是个酋邦，在吞并了夏酋邦后，由于土地和人口的双重扩大，“完成了由酋邦向王国的升级换代”。这个民族性格强悍，嗜血如命，喜欢大规模狩猎。“以玄鸟为图腾，遵从来自非洲古老的神学。”商人运用的“‘十二月历法’取自于西亚”（作者在此标注是引用了郭沫若的观点）。习惯以旬纪日（十日为一旬）。

“‘通古斯商’最大的文化贡献，并非在铜器，而是在原始陶文和甲骨文的基础上，发明了单音节阅读的汉字……仓颉应该是商的神祇……而在仓颉传说的背后，是强大的祭祀 / 巫师集团，他（她）们在占卜过程中急切地寻找着一种符号体系，用以记录占卜和应验情况……导致了甲骨文的诞生。西亚楔形文字，为这种伟大的创制提供了灵感。”（作者在此标注是引用了饶宗熙的观点）

“西戎周”贵族来自埃兰和突厥。“后稷并非周人，而是伊兰（埃兰）人和周人所共同信奉的农业神与始祖神。”并引用郭沫若语：“殷、周均西来，周人历法月行四分制（把一个月分为四段）与西方之周法像类，则古代东西民族早有文化之交通，殊属意中事。”

朱大可先生也认为《穆天子传》讲述的周穆王旅行的故事是历史事实，“其西征大致有下列四个基本意图：第一，寻找自己的民族之根，也即周人在西亚（古埃兰国，今伊朗境内）的祖地，重构国家政治的神学基础；第二，采购以玉为主体的各种宝石，维系帝国祭祀礼器的材料来源……第三，寻找传说中的西域美艳女王西王母；第四，满足猎奇式旅游的狂热癖好，而这可能缘于其祖先的游牧习性。”

西周灭亡以后的先秦时期，因为“先秦诸子百家，在族籍上‘百花齐放’……老子是楚国人氏，同时也是印度移民，或印度‘留学归来’人士……孔子是鲁国人，生父叔梁纥为宋国贵族后人，而宋君是商帝国王族，这个世系渊源，无疑把孔子的血缘引向通古斯商。墨子……是‘貊狄’或‘蛮狄’的转音，而苏雪林从其教义的内涵出发，认为墨翟是犹太教的传教士……”所以才形成了诸多风格迥异的学派，即“百家争鸣”。“春秋战国时期的诸侯大国，绝非单一民族的‘纯种’族群，而是典型的多元民族的结晶。王室和贵族多为‘异族’分子，普通民众成分则更为复杂，其中大部分为‘土著’（较早定居本地的移民），较少部分是异种和‘土著’的杂交产物。”

朱大可先生还认为仰韶彩陶文化“归之于狄人（突厥人），来自西亚并非土著”，龙山纯黑陶文化“归功于商人”（即通古斯人，作者在此标注引用了岑仲勉的观点）；东亚文明（主要指中华文明）有四种原型：“美索不达米亚导师、近邻印度文化的赞助、来自埃兰和波斯的馈礼、在墨翟和拉比之间”（作者在此标注引用了苏雪林的观点，认为墨翟是希伯来传教士）；“楚国王族属于西戎族，也即古伊朗人的远东分支”，因此信奉拜火教等；秦商鞅变法“最有可能效仿的是西亚祖地的月支人（即斯基泰人，古伊朗人的另一分支）和波斯人”。秦嬴政统一中国后建立的诸种制度是“效仿来自于西戎人祖地——波斯帝国阿契美尼德王朝的诸种制度，实施对其统治术的‘全盘西化’……”

至于具体神话起源的内容，不是本书的讨论范围，从略。总之，朱大可先生的《华夏上古神系》借用了遗传学家有关人类起源于非洲的某些观点，并重新梳理了一些历史学家的观点，以神话为主线，阐释了中国汉朝以前的文化几乎都有来自于非洲、西亚和南亚文化的明显痕迹。

笔者以为，《华夏上古神系》是近年有关中国文化起源问题的较有代表性的专著，但其中引用的很多结论，即起到关键支持性的“材料”，并非学术界的共识，方法论基本上也都属于“相似即同源”的判断。另外还有如下问题值得商榷：

（1）前述笔者引用的遗传学家创建的智人走出非洲的“时间表”和“路线图”等目前还比较粗糙，随着研究的不断深入，肯定还会有新的结论出现，但基本上是以万年为基本时间单位。关键的问题是，如果以原始宗教和语言作为文化（文明）的参考点，那么世界上最早的宗教和语言产生于何时？以万年为基本时间跨度单位，从非洲走出的一拨拨智人是否已经有完整统一的语言和宗教？即便以《华夏上古神系》所提到的时间下限为参考，至晚在3万至5万年前的非洲智人便有了统一的语言和宗教了吗？并且这种语言和宗教在颠沛流离地游走四方，且没有文字的状态下还能够一直传承下来吗？显然，朱大可先生给出的答案在目前只能是一个纯粹的主观判断，因为前人的知识本身并不可能通过遗传基因遗传给后代。相关的研究成果表明，地球冰川是在大约1.8万年前开始消退，到1.2万年前气温才接近现在的水平，之后才有了相对充足的食物。大约在1万年前，世界若干区域，特别是人口相对较多的东亚和西亚才陆续出现农业，因此才有新石器的出现，也标志着人口才会增长，复杂的语言交流才成为现实的需要。这也是世界第一波的古文明，都是在之后的距今约7000年前才开始出现的根本原因。

进一步讲，在《华夏上古神系》中，朱大可先生认为："公元前8000年至公元前3000年间，就是传说中的'黄金时代'，它的长度为5000年。智人完成了大迁徙的使命，开始在各地打造恒久的家园。新移民跟陌生土地结盟，进入全新的本土化蜜月。"按照书中的观点，东亚文明有四种原型："美索不达米亚导师、近邻印度文化的赞助、来自埃兰和波斯的馈礼、在墨翟和拉比之间。"并且这些文明的传播者是"戎族""通古斯人""狄人（突厥人）""貊狄""蛮狄""月支人"。若果真如此，那么中国大陆境内几个主要的"土著"文明周边的"蛮夷"的文明，至少应该在相当长的一段时间内要远远高于"土著"文明。即便是定居后的古人新的文明有后发之势（《华夏上古神系》中曰为"反刍"），那些"蛮夷"的文明也应依然保持相当的高度。但从商、周及春秋战国时期历史文献记载来看，并不存在这样的历史事实。

（2）《华夏上古神系》中所引用的其他研究者的结论中，有很多属于天文学考古、历史研究等方面的内容。天文学在远古及上古时期属于当时最精密的科学，足以用来说明和检验古人在当时的智力开化程度，为此我们可以引入"数理天文学"方面的研究成果加以说明。江晓原先生在其《天学真原》中认为：中国古代的天文学内容（历法、日食预报、星占等）对统治者权威的确立极其重要，又因其体系建立的目的并非等同于现代科学意义上的天文学，因此称之为"天学"。"古代中国天学的文化功能决定了它只能与华夏文明同时诞生，它在华夏文明建立过程中扮演如此重要的角色，就不可能等到后来才被输入。""欲探讨某两事物之间的关系，常自对该两事物作比较研究始。至于巴比伦天学与中国古代天学，以往比较研究（几乎全由西人所进行）绝大部分是采用传统人文学科的方法，即通过搜集古籍中的零星有关记载，旁及古代绘画、雕塑、铭文、器物之类，借助于语言学、文字学、神话学、民族志、历史地理等研究方法和成果，进行考察、分析和推论。其情形大抵如郭沫若《释干支》所呈现的那样。直到1955年，卷帙浩瀚的《楔形天文史料》（ACT）和《晚期巴比伦天学及有关史料》（LBART）分别由奈格堡（O. Neugebauer）与萨克斯（A. Sachs）两氏编辑，于同年出版，对于巴比伦天学与古代中国天学的比较研究，才开始呈现出一条更扎实、更深入的新途径——数理天文学研究。"（注11）

为此，江晓原先生从太阳运动理论、行星运动理论、天球坐标、月球运动、置闰周期、日长等问题入手，对巴比伦"天学"与古代中国"天学"进行了一系列比较，并说明在塞琉古王朝时期的巴比伦（公元前314年至公元前64年，相当于战国时期周赧王元年至汉宣帝刘询元康二年），已经存在着一个高度发达的数理天文学体系，这一体系的来源很可能还要早得多。他的最终结论是："在目前已有的证据之下，将巴比伦天学与古代中国天学视为两个独立起源的体系，较为稳妥。"（注 12）

朱大可等学者认为，早在远古时期，巴比伦文化向中国传播的主要中介是印伊地区。但已有的证据表明，大约公元前 400 年至公元前 200 年之间（相当于战国时期）才是印度文化的"巴比伦化"时期，这类内容可以从《竭伽颂集》（Garga Samhita）和《吠陀天文疏》（Jyotisa Vedanga）等文献中找到痕迹。其中最明显的内容是天文历法中利用折线函数来描述日长变化的方法（这种方法并不准确），这类内容在中国的《四分历》中也经常出现，即便可能存在一定的传承关系，也难以推演到商周及以前。事实上，自公元 6 世纪后期经过希腊、印度为中介，传入中国的巴比伦"天文"学内容的资料更明确，如"黄道十二宫"等，相应的文献多为佛经。

（3）从中国远古和上古时期礼制文化内容具体实例考察来看，也并无明显的外来输入的痕迹。这类较成熟的礼制文化内容的实例就目前的发现来讲，最早出现在距今 8000 年左右，如在位于河南省舞阳县北舞渡镇西南 1.5 公里的贾湖村发现的新石器时代前期的贾湖遗址，其中有在龟甲、骨、石、陶器上的契刻和骨笛（如果认为甲骨和契刻是为占卜而发明的，音乐是为娱神而使用的）。而且也并无实例表明在西亚两河流域、恒河与印度河流域等地区有比其更成熟且相近的礼制文化内容出现。

总之，从以上对关于中华文化（文明）起源问题诸方面研究成果并不全面的引用和分析中可以得出一个基本结论：从目前所掌握的证据来看，中国汉朝以前的文明几乎全部受外来文明影响的结论很难成立。朱大可先生的观点的主要问题在于把人类最初的文明成果（可用语言完整表述并传承的宗教等内容）在时间上极大地推前了。笔者在以后相关内容的阐述中会具体地指出，仅就中国传统礼制文化与建筑体系来讲，受外来文化影响的痕迹很少。这一社会文化现象与朱大可先生的"……而真正的'汉文明'的本土叙事，只能从两汉开始。后者才是汉民族身份自我认知的真正起点"的结论恰恰相反。

注 1：考古学界一般把距今约一万两千年前最后一个冰河期结束定为新石器时代肇始和条件；我国最早的新石器时代遗址是江西省万年县仙人洞遗址，早于这个年代。

注 2：《淮南子·修务训》。

注 3：汉初，山东济南人、前秦朝博士伏生从自家墙壁中取出藏书，经整理得完整的《尚书》28 篇，有虞书 2 篇：《尧典》《皋陶谟》；夏书 2 篇：《禹贡》《甘誓》；商书 5 篇：《汤誓》《盘庚》《高宗肜日》《西伯戡黎》《微子》；周书19篇：《牧誓》《洪范》《金縢》《大诰》《康诰》《酒诰》《梓材》《召诰》《洛诰》《多士》《无逸》《君奭》《多方》《立政》《顾命》《吕刑》《文侯之命》《费誓》《秦誓》。因藏书是用当时的隶书撰写的，故称为“今文尚书”。另外《史记》《汉书》《后汉书》载，当时也有用先秦七国所用的大篆或籀文等字体撰写的《尚书》流传，被称为“古文尚书”，据说主要是从孔子故居墙壁中所得，由孔子十一世孙孔安国所传。西晋永嘉之乱，今、古文《尚书》散亡，豫章内史梅赜献了一部《古文尚书》，计有58篇，其中包括西汉《今文尚书》28篇，但把它析成了33篇。全书各篇有标为“孔安国传”的注，并有一篇《孔安国序》。历史上一些学者和现代学者研究（特别是“清华简”的发现）认为，梅赜所献《古文尚书》系伪造。

注4：爱德华•伯内特•泰勒．原始文化[M]. 连树声，译．上海：上海文艺出版社，1992：1.

注5：江晓原．天学真源[M]. 辽宁：辽宁教育出版社，1991：278-281.

注6：江晓原．天学真源[M]. 辽宁：辽宁教育出版社，1991：282.

注7：李辉，金雯俐．人类起源和迁徙之谜[M]. 上海：上海科技教育出版社，2020：140-141.

注8：交感巫术核心观点是古人关于因果观念的错误联想。分为两种：一种称为“顺势巫术”，即人体分出去的部分仍然能够继续与人相互地感应，例如，头发、指甲等虽然离开了人体，依然和人体有着密切的关系，如果施术在其上，就能对人体产生影响；另一种称为“模拟巫术”，即凡曾经接触过的两种东西，即便分开了也能够互相感应，例如脚印、衣物等虽然离开了人体，依然和人体有着密切的关系，如果施术在其上，就能对人体产生影响。

注9：朱大可．华夏上古神系 上卷[M]. 北京：东方出版社，2014：69-72.

注10：埃兰是伊朗最早的文明，具体位置在今天伊朗胡泽斯坦省境内。在历史上可以分为三个时期：古埃兰时期，约公元前2700年—公元前1600年；中埃兰时期，约公元前1400—公元前1100年；新埃兰时期，约公元前800年—公元前600年。夏发明了“夏历”，使用土圭测影记录春分、秋分、夏至、冬至（“两分两至”）。

注11：江晓原．天学真源[M]. 辽宁：辽宁教育出版社，1991：313.

注12：江晓原．天学真源[M]. 辽宁：辽宁教育出版社，1991：319.

第二节　扑朔迷离的中国远古历史

一、文献的中国远古历史

所谓“文献的中国远古历史”，主要是指记载于各类历史文献中的历史，其中也包括一些甲骨文和商周青铜器的铭文等，更为重要的内容是后人依照它们不断深入研究、梳理出来的相关学术成果。当然，在“文献的中国远古历史”形成过程中，也不排除以其他考古发现作为一定程度的间接证据。由于中国的远古史至上古史前期存在着数千年的文字空白期，特别是历史上普遍存在的“世俗之人多尊古而贱今，故为道者必托之于神农黄帝而后能人说”的“托古改制”的习惯，文献的远古历史本身就是歧义百出。为了说明这一问题，我们必须先从神话传说谈起。

著名的战国《楚帛书》于1942年9月在位于湖南长沙东南郊子弹库的一座楚墓中被盗出，现存于美国赛克勒美术馆。帛书书写于一块方形帛上，设计形式由内、外两层内容组成。内层为方向互逆的两篇文字，第一篇居右，八行三段，内容为创世神话；第二篇居左反置，十三行两段，内容为天文星占。外层内容把帛书四周分为十六等区，居于四隅的四区分别绘有青、赤、白、黑四色木；其余十二区依次绘有十二月亮女神将，并以三神将为一组分居四方，分别代表四季中的孟、仲、季三月。月亮女神将之后均书月名、季名以及各月用事宜忌。月名形式同《尔雅•释天》所载月名体系，正月为陬（zōu）、二月为如、三月为寎（bǐng）、四月为余、五月为皋、六月为且、七月为相、八月为壮、九月为玄、十月为阳、十一月为辜、十二月为涂。各月的排列以农历孟春之月为首，起于与内层第二篇文字平行的位置，而后依此顺时针沿帛书边缘与十二月亮女神将相间书写，从而形成青木统领春三月居中、赤木统领夏三月居南、白木统领秋三月居西、黑木统领冬三月居北的配合形式。

帛书的读看顺序为从内层第一篇文字开始，然后需将帛书逆时针右旋180度，便使内层第二篇文字处于正方向而续读。内层文字读完之后，再接读与第二篇文字并列的外层孟春之月的内容，并依此右旋帛书，顺读外层十二月宜忌各篇（图2-1）。冯时先生在其《天文考古学》中认为这种以右旋方法读看帛书的过程，实际是暗喻着宇宙“天盖”的旋转。笔者之所以选择这篇帛书中的神话作为说明，是为了完全避免战国之后再次有人编纂之嫌。帛书中心部分文字晦涩难懂，又含有一些古代历法知识，为了便于理解，现引冯时先生的翻译如下：

“在天地尚未形成的远古时代，大熊氏伏羲降生，他生于华胥，居于雷下，靠渔

图 2-1　战国《楚帛书》摹本（采自《中国天文考古学》）

猎为生。当时的宇宙广大而无形，晦明难辨，草木繁茂，洪水浩淼，无风无雨，一片混沌景象（这本身就充满了矛盾）。后来伏羲娶女娲为妻，生下四个孩子（羲仲、羲叔、和仲、和叔），他们定立天地，化育万物，于是天地形成，宇宙初开。以后夏禹和商契开始为天地的广狭周界规划立法，他们于大地勘定九州，敷平水土，又上分九天［东方皞（苍）天、东南方阳天、南方赤（炎）天、西南方朱天、西方成（颢）天、西北方幽天、北方玄天、东北方变天、中央钧天］，测量天周度数，辛勤地往来于天地之间。大地上山陵横阻而淤塞不通，致使洪水泛滥，禹和契便顺山导水，跋涉于山陵、急流和泥沼间，命令山川四海的阴气阳气疏通山川。当时日月还没有产生，于是伏羲和女娲的四个儿子依次在天盖上步算时间，轮流更替，确定了春分、夏至、秋分和冬至（更为荒谬，没有太阳，何来“分”与“至”？）。

在分至四时产生的千百年之后，日月由帝俊孕育而产生。当时九州的地势不平，大地和山陵都向一侧倾斜（即所谓“天斜西北，地陷东南”。除了中国地势西北高、东南低之外，此观念又来源于以地平为相对参照物时，北极星不在天顶，其他天体围绕北极星的运转轨迹都是倾斜的）。四子这时又来到天盖之上，推动天盖开始绕北极转动，并守护着支撑天盖的五根天柱，使其精气不至散亡而朽损。接着帝俊又命祝融，让四子定出春分、秋分、夏至和冬至时太阳在天盖上运行的三条轨道（“两分”时太阳运行轨迹居中，冬至偏南，夏至偏北），又将天盖用钢绳固定于大地的四维，同时定出东、南、西、北四方之极。在三天四极奠定之后，帝俊（很多历史学家认为帝俊即舜帝）终于开始操纵着日月正常地运行起来。

后来因为共工步算历法过于疏失而使阳历长于阴历十日，从而导致四时失度，但四子归算岁余有闰，创立闰法，终使年岁有序而无忧（陈久金等先生认为，中国最早使用的天文历法是“十月太阳历”而非“十二月阴阳历”）。共工的疏失又使风雨无定、七曜（五大行星加日月为“七曜”）之行无常、朔晦（指每月通常看不到月亮的两日，“朔”为初一）失序，四子于是恭敬地迎送日月，使日月各行其道而安然无忧。人间这才有了朝、昏、昼、夜的分别，创造宇宙的过程终于完成了。”（注 1）

从帛书描述的内容来看，它是一则创世神话而非历史，但其中却提到了几个后来颇具争议的“历史人物”和著名的“治水”等“历史事件”，另外就是在其中提到了一些天文学和历法概念。

我们姑且认为在文字产生以前，神话是讲述历史的最好方式（张京华先生认为先有历史事实后有神话）。假如能把其中的“历史人物”与其他历史文献归类的“三皇五帝”，以及他们之间或可能有的复杂关系梳理清楚，远古历史的构架才有望建立起来。在古代历史文献中，“五帝”说出现的时间较早，但说法不一，如：

（1）太昊、炎帝、黄帝、少昊、颛顼（《吕氏春秋》——秦）；

（2）庖牺、神农、黄帝、尧、舜（《战国策》——西汉）；

（3）黄帝、颛顼、帝喾、尧、舜（《史记》——西汉）；

……有六种以上不同的五帝说。

司马迁的五帝说来自于《世本》（注 2）和《大戴礼记》。

历史文献中对“三皇”的重视稍晚，但也是说法不一：

（1）燧人、伏羲、神农（《白虎通义》——东汉）；

（2）伏羲、女娲、神农（《风俗通义》——东汉）；

（3）伏羲、神农、黄帝（《帝王世纪》——东汉）；

……有六种以上不同的三皇说。

上述帛书中虽然提到了伏羲和女娲，但并没有提到“三皇”的概念，特别是根本就没有提到炎帝和黄帝。

到了三国时期，《三五历纪》中又出现了开天辟地的盘古。根据何新先生在《神话的起源》一书中的考证，盘古可能来源于印度神话的梵摩（Brahma Atman）创生宇宙的故事（注3）。

上述内容说明文献历史中的“三皇五帝”根本没有统一的说法，并且在历史文献中出现的“历史人物”的时间越晚，相对应的历史时期往前推的时间越早，即在“历史”中“三皇”早于“五帝”，但在历史文献中“三皇”的出现要晚于“五帝”。这不能不让人对“三皇五帝”等的存在产生疑问。

按照司马迁在《史记•五帝本纪一》中的说法，炎、黄时代并列，黄帝因“修德振兵”而逐渐替代炎帝成为有德的霸主，之后先征炎帝后征蚩尤；黄帝共有二十五子，得姓者十四人，其中正妃嫘祖生玄嚣（号青阳）和昌意二子；昌意一脉黄帝之孙高阳为颛顼；玄嚣一脉黄帝之重孙高辛为帝喾；帝喾之孙陶唐为帝尧；有虞即帝舜是帝尧的女婿，也是昌意一系黄帝的七世孙；且禹、皋陶、契、后稷、伯夷、夔、龙、倕、益、彭祖“自尧时而皆举用，未有分职”。并总结为“自黄帝至舜、禹，皆同姓而异其国号，以章明德”，以及禹姓“姒氏”为夏祖，契姓“子氏”为商祖，后稷即弃，姓“姬氏”为周祖。太史公又说：“学者多称五帝，尚（远）矣。然《尚书》独载尧以来，而百家言黄帝，其文不雅驯，孔子所传《宰予问五帝德》及《帝系姓》，儒者或不传。余尝西至空桐，北过涿鹿，东渐于海，南浮江淮矣，至长老皆各往往称黄帝、尧、舜之处，风教固殊焉，总之不离古文者近是。”

太史公也承认《尚书》中没有记载过尧帝以前的历史人物，而百家却谈论或记载过黄帝。宰予也问过孔子《五帝德》和《帝系姓》中此类问题，但因有难以启齿或不准确的内容（“不雅驯”），所以儒者可能就没有记载。唐代司马贞的《史记索隐》说：“《五帝德》《帝系姓》皆《大戴礼》及《孔子家语》篇名，以二者皆非正经，故汉时儒者以为非圣人之言，故多不传学也。”《孔子家语•卷五•五帝德》记载的这段对话译为白话文如下：

宰我：“以前我听荣伊说过‘黄帝统治了三百年’，请问黄帝是人抑或不是人？其统治的时间怎么能达到三百年呢？”

孔子：“大禹、汤、周文王、周武王、周公，尚且无法说得尽、道得清，而你关于远古之世的黄帝的问题，是老前辈也难以说得清的问题吧。”

宰我：“前代的传言、隐晦的说法、已经过去的事还争论、晦涩飘忽的含义，这些都是君子不谴或不为的，所以我一定要问个清楚明白。”

孔子："好吧，我略略听说过这种说法。黄帝，是少昊的儿子，名叫'轩辕'，出生时就非常神奇、机灵，很小就能说话。童年的时候，他伶俐、机敏、诚实、厚道。长大成人时，就更加聪明，能治理五行之气，设置了五种量器，还游历全国各地，安抚民众。他骑着牛坐着马，驯服了猛兽，跟炎帝在阪泉之野大战，三战后打败了炎帝。从此，天下民众个个穿着绣有花纹的礼服，天下太平，无为而治。他遵循天地的纲纪统治着人民，既明白昼夜阴阳之道，又通晓生死存亡之理。按季节播种百谷、栽培花草树木，他的仁德遍及鸟兽昆虫。他观察日月星辰，费尽心思和劳力，用水火财物养育百姓。他活着的时候，人民受其恩惠利益一百年；他死了以后，人民敬服他的精灵一百年；之后，人民还运用他的教导一百年。所以说黄帝统治了三百年。"

很显然，有关远古时期历史人物的问题，太史公是说不清楚的，他自述撰写《史记》的抱负就是"厥协六经异传，整齐百家杂语"。也就是经过取舍、整合各类学说，编成一个前后统一、彼此和谐的史书体系。同样，孔子的解释也非常牵强。

顾颉刚先生认为，如果三皇与五帝相比，五帝则融有若干历史真实性，而三皇必然是后起之神话人物；以五帝自相比，则少昊、帝喾、尧、舜则融有若干历史真实性，而黄帝、炎帝则是由神话人物转化来的历史人物。顾颉刚先生在其《古史辨》第四册序言中还指出：帝系、王制、道统（注4）、经学（注5）为旧伪史的中心。帝系所代表的是种族的偶像，王制为政治的偶像，道统是伦理的偶像，经学是学术的偶像，这四种偶像都是建立在不自然的一元论之上的。例如，本来随时改易的礼制，归为黄帝一元论，这四种偶像一元论又归一为道统说来统一切，使古代的帝王莫不传此道统，古代的礼制莫非为道的表现，而孔子的经更是这个道统的记录。有了这样坚实的一元论，我们的历史一切就被其搅乱了，我们的思想一切受其统治。我们从历史文献中可以看到，在周代时各个民族各有其始祖，而与他族不相统属。到了战国时，最终只剩下几个大国，后来秦始皇又统一了中国。但各个民族的种族观念向来是极深的，只有黄河下游的民族唤作华夏，其余的都唤作蛮夷。疆域的统一虽可使用武力，而消弭民族间的恶感，使其能安居于一国之中，武力则无所施其技。于是几个聪明人起来，把祖先和神祇的"横的系统"改成了"总的系统"，把甲国祖算作乙国的祖的父亲，又把丙国的神算作了丁国的祖的父亲（注6）。尽管有顾颉刚先生如此论述，现国内很多研究者依然认为炎帝和黄帝是真实存在的，分歧的主要焦点是夏、商、周三代是否同源于黄帝，在历史上炎帝属于南方族系还是属于西方族系等具体细节问题。

注 1：冯时 . 中国天文考古学 [M]. 北京：中国社会科学出版社，2007.

注 2：《世本》，又称作《世系》《世纪》《世牒》《牒记》《谱牒》等。“世”是指世系，“本”则表示起源。可能是先秦或汉朝史官修撰的，记载从黄帝到春秋时期的帝王、诸侯、卿大夫的世系和氏姓，也记载帝王的都邑、制作、谥法等。全书可分《帝系》《王侯世》《卿大夫世》《氏族》《作篇》《居篇》《谥法》等十五篇。

注 3：何新 . 诸神的起源 [M]. 北京：时事出版社，2002：232-233.

注 4：道统是儒家传道系统的一种说法，滥觞于孟子。《孟子•尽心》曰：“由尧舜至于汤，由汤至于文王，由文王至于孔子，各五百有余岁，由孔子而来至于今，百有余岁，去圣人之世，若此其未远也，近圣人之居，若此其甚也。”隐然以继承孔子自任。

注 5：经学原本是泛指先秦各家学说要义，但在汉朝罢黜百家、独尊儒术后特指儒家六经，后来也泛指儒家十三经：《周易》《尚书》《诗经》《周礼》《仪礼》《礼记》《春秋左传》《春秋公羊传》《春秋谷梁传》《论语》《孝经》《尔雅》《孟子》。

注 6：顾颉刚 . 古史辨 第四册 [M]. 上海：上海古籍出版社，1982.

二、考古与文献的中国远古历史的整合

中国的原始部落最早在距今二万年前步入新石器时代，从考古发现来看，其中最著名的文化有裴李岗文化、仰韶文化、河姆渡文化、大汶口文化、良渚文化、凌家滩文化、红山文化、马家窑文化、龙山文化、二里头文化等。

近几十年来，历史学家与考古学家一直试图梳理远古时期的考古发现与文献中的远古历史的对应关系，并希望能够整合在一起，构成中国远古历史完整的体系。如，具有历史学和考古学双重学术背景的徐旭升先生曾经提出，中国远古大致可以分为华夏、东夷、苗蛮三大集团，也是后来形成汉族的基础。对于这一历史观点的主要内容可以做出如下总结：

华夏集团地处中国北方，包括三个亚集团：其一为炎帝、黄帝两大支；其二为近东方的，又有混合华夏、东夷两集团文化，自成单位的高阳氏（颛顼）、有虞氏（帝喾）、商人；其三为接近南方的，与苗蛮集团发生极深关系的祝融等族。

炎黄集团：炎帝族的发祥地在今陕西西部偏南、渭河上游，畔姜水，得姜姓；黄帝族的发祥地在今陕西西北部，畔姬水，得姬姓。此后两族中各有一部逐渐向东迁移。炎帝族顺着渭水、黄河两岸，一直发展到今河南及河南、河北、山东三省交

界地域。黄帝族顺着北洛水、渭水及黄河北岸，顺着中条山、太行山脉，直到今北京附近。炎、黄两大族系既有斗争又有融合。夏为黄帝一系，夏人祖先鲧、禹以治水而闻名，他们崇拜龟与蛇（龙），以虬（qiú）龙为图腾。但在古文献中，鲧死后所化非蛇（龙）而为“能”（熊）。炎帝族系本以熊为图腾，与黄帝融合后，黄帝也号“有熊”了。《天问》有“焉有虬龙，负熊以游”之问。周为姬姓、姜姓两族联合灭商而立，也是黄帝的后裔。另外，顾颉刚先生认为原属于西羌族的姜族嫡系还有申、吕、齐、许等。姜姓宗神为伯夷、共工（鲧）、四岳。

东夷集团：包括太昊、少昊、蚩尤氏族。他们的地域范围北自山东的东北部，最盛时达山东北部全境，西南至河南南部，南至安徽中部，东至海。东夷集团以鸟为图腾，因此也叫鸟夷，是商的远祖。传说商的始祖契是因为其母简狄吞食了玄鸟卵后怀孕所生，即《诗·商颂·玄鸟》有“天命玄鸟，降而生商”之说。另外，顾颉刚先生认为鸟夷族团主要有风姓、嬴姓、偃姓、子姓等。商、奄、淮夷、徐戎、群舒、秦、赵、梁、郯（tán）、任、宿、须句、颛臾、鸣条等族源均出自鸟夷。太皞、少皞、皋陶、益、罃、契、挚皆为鸟夷之宗神。

苗蛮集团：包括三苗、伏羲、女娲、驩兜氏族。他们的地域范围以湖北、湖南、江西等地为中心。迤北到河南西部熊尔、外方、伏牛诸山脉间（注1）。

在梳理与总结对应关系中另有考古痕迹更明显的学说，如，考古学家石兴邦先生认为中国远古历史可分为三大族系，这一观点的主要内容可以总结如下：

华夏族系：以龙为标志或图腾，可称为“龙帜部落”，以龙的图像出现为上限，包括距今六千多年前的河南西水坡仰韶文化用蚌壳摆成的龙虎图像、距今五六千年间湖北焦墩遗址用卵石摆成的龙图像、距今五千多年前红山文化猪头龙身的玉猪龙雕像、距今四千多年前陶寺文化陶盆上的彩绘盘龙图像等。华夏族群出现得最早的信息即是黄帝与炎帝的阪泉之战及之后的两族融合。至于炎黄时代究竟相当于考古学上哪一文化时期，石兴邦先生认为很难具体确定了，但同时认为可以肯定的是出现于龙图腾出现后的某一文化类型中。

诸羌族系：以羊为标志或图腾，可称为“羊帜部落”，大约形成于距今四千年，可能在西北齐家文化和辛店文化时期，代表器物是大双耳罐，整个陶罐如羊头。西北羌戎文化部族的四坝文化、卡约文化、沙井文化、辛店文化、寺洼文化后来分化。后两者中从事农业的部落向东融合于先周文化之中而成为姜姓部落的一支；一部分沿横断河谷南移，到四川、云南西北地区，成为今日当地羌系各族的先祖。

东方和南方地区的夷越族系：以鸟为图腾或崇拜的各族，可称为“鸟帜部落”。

与华夏族系出现的时间相当或稍晚，大体上在大汶口文化中晚期至龙山文化时期，以鬹（guī，有三个空心的足的陶制炊事器具，有柄和如鸟嘴的“喙”）形器和鸟形器为代表器物。最早的是以鸟为图腾和以拔牙为特征的东方沿海各族，其次是从夷人分化出来的百濮，沿着淮河、长江中游向南迁移。百越出现的时限较长，一直延续到商周时期，即从河姆渡文化到几何印文时代，其族群分布地区与印纹陶出现的地区大体相符，主要分布在东南沿海的江苏、浙江、江西、广东、福建以及台湾等地（注 2）。

较新的相关论述当属韩建业先生撰写的专著《早期中国·中国文化圈的形成和发展》，其内容主要是对以往的考古发现与相关学术成果的梳理与整合。专著中以时间为纵轴，以地域和考古文化内容为横轴，把中国远古历史划分为“早期中国之前的中国”“庙底沟时代与早期中国的形成”“早期中国的古国时代”“早期中国的王国时代”四个历史阶段。随后另辟“早期中国与古史传说”一章，论述古史传说中的主要人物及事件与上述四个“历史阶段”中考古文化类型的对应关系。

韩建业先生认为，炎帝可以对应仰韶文化之半坡文化（早期），黄帝可以对应仰韶文化中期之庙底沟文化，蚩尤可以对应仰韶文化之后岗文化（注 3），少昊可以对应北辛文化和大汶口文化早期，颛顼和帝喾可以对应大汶口文化中期，共工可以对应仰韶文化之大司空文化，祝融可以对应仰韶文化晚期之秦王寨文化，尧（陶唐氏）可以对应陶寺文化，舜（有虞氏）可以对应造律台文化，先夏可以对应庙底沟文化二期，夏代可以对应龙山文化后期和二里头文化。

韩建业还认为“阪泉之战”与“涿鹿之战”实为同一场战役。“炎帝与蚩尤相互冲突”在考古学上的反映表现为仰韶文化早期与后岗文化类型东西对峙（“炎帝、黄帝、蚩尤、少昊至少有一段时间共存”）；“炎黄之间的可能冲突”在考古学上的反映表现为东庄 - 庙底沟文化对关中的强烈影响；“颛顼与共工势同水火”在考古学上的反映表现为大汶口文化中期与仰韶文化大司空类型地域紧邻但差别很大；颛顼“绝地天通天”是父系氏族出现的标志，在考古学上的反映表现为大汶口文化中晚期男女合葬墓的出现，以及男左女右的排列方式；“祝融南迁与苗蛮中兴”在考古学上的反映表现为屈家岭文化强势崛起和对外扩张；“唐（尧）伐西夏”在考古学上的反映表现为龙山文化前期陶寺文化对仰韶文化庙底沟二期类型的替代；有虞氏（舜）的强大与扩张”在考古学上的反映表现为造律台文化继大汶口末期文化以来大规模扩张的趋势，尤其是向南扩展深刻影响了广富林文化、斗鸡台文化的形成等；“稷放朱丹与早期先周文化”在考古学上的反映表现为陶寺文化被陶寺文化晚期取代，并出现城垣被废、墓葬遭毁及摧残女性等重大变故；“禹征三苗”在考古学上的反映表现为龙山文化后期之时，河南中部进入王湾三期文化后期阶段，其中煤山类型向南大规模拓展而代替豫南、鄂北、鄂西地区石家河文化，甚至连江汉平原及附近地区也形成了与王湾三期文化接近的肖家屋脊文化；“少康中兴与晚夏文化”在考古学上的反映表现为大约公元前1900年王湾三期文化末期，登封、禹州等煤山类型核心区文化衰落，但稍后嵩山以东郑州、新密等地寨类型异军突起、后来居上（注4）。

从此专著的整体结构来看，对“早期中国之前的中国”“庙底沟时代与早期中国的形成”“早期中国的古国时代”“早期中国的王国时代”等分类，均是以具体的考古发现内容为依据（无论是采用几手资料），如实物类型、器型、图案等，与传统的考古文化类型分类方法相同。但“早期中国与古史传说”一章，其内容无疑离不开以历史文献为比照和推测。笔者在前面已经叙述了与远古有关的历史文献本身便是真伪难辨。例如，历史文献中从黄帝到颛顼和帝喾为一脉，韩建业先生论述他们的控制范围贯穿了整个黄河流域的中下游地区偌大范围（仰韶文化与大汶口文化两大区域），但如此规模的“霸业”，就是后期的商政权也没能做到。

从以上阐述来看，不仅是文献和考古两部“历史著作”相对应问题是个历史难题，而且对远古历史的基本认识也难以取得共识。例如，红山文化的标志性的器物是玉猪龙，在远古文化遗址中，龙的形象器物出现的密集度最高、数量最多，但在历史文献中却没有红山文化分布区有关龙的任何记载。再如，石兴邦先生认为“龙帜部落”相当于文献历史所说的黄帝族系；“羊帜部落”相当于炎帝族系，但以从天文考古学入手研究中国历史问题见长的陈久金先生认为，龙最早是属于东夷集团的太昊族的图腾，之后在与其他民族的融合斗争过程中，以少昊为代表的东夷集团的一支南下后以鸟为图腾……

在当代中国的远古时期考古学中，文明的起源问题早已占据主流。2002年，中华文明探源工程正式启动，这是国内迄今规模最大的综合性多学科参与研究的人文科学重大问题的国家工程。历经十余年的探索与努力，探源工程获得一系列极为重要的考古发现，多学科研究也带来一批令人惊喜的研究成果。但在展示这些成果时，一些学者念念不忘地提及以顾颉刚先生为代表的“疑古”一事，但所怀疑的，仅仅是历史文献中记载的某些历史人物与事件的真实性等。从最新的考古发现及“探源”研究成果来看，也没有解决两部不同的中国远古时期“历史著作”的整合问题。当然，目前也有很多学者很理性地提出，以考古发现的成果仅仅去揭示历史的现实，不应与文献中的古史传说牵强地对号入座。这并不是说考古发现及相关研究工作完全可以在无视历史文献的状态下进行，更不能说远古时期的考古发现完全无助于对历史文献的研究。例如，《左传·昭公十七年》记载，在今山东郯（tán）城一带郯国国君郯子第二次朝鲁时，鲁大夫叔孙昭子问起远古帝王少昊氏以鸟名官之事，郯子侃侃而谈："我高祖少皞挚之立也，凤鸟适至，故纪于鸟，为鸟师而鸟名。凤鸟氏，历正也；玄鸟氏，司分者也；伯赵氏（即伯劳氏），司至者也；青鸟氏，司启者也；丹鸟氏，司闭者也。祝鸠氏，司徒也；鴡鸠氏，司马也；鳲鸠氏，司空也；爽鸠氏，司寇也；鹘鸠氏，司事也。五鸠，鸠民者也。五雉，为五工正，利器用、正度量，夷民者也。九扈为九农正，扈民无淫者也。自颛顼以来，不能纪远，乃纪于近，为民师而命以民事，则不能故也。"

这段文献中所显现出的"鸟夷族系"的历史痕迹，与"鸟帜部落"的考古发现是一致的。上述郯子讲的最后一句话很有意思，即从颛顼之后，因为无法记录远古时代的事情，就从近古时代开始记录。作为管理百姓的官职，就只能以百姓的事情来命名，而不像从前那样以龙、鸟命名了。

还有一个现象应该引起我们的思考，从我国新石器时代至商周之际的岩画，虽然经过数千年自然与人为因素损坏后，目前发现的仍有十几万幅，其中的部分岩画无疑是当时历史、宗教、文化、艺术的最高成就的集中表达，与地下考古发现同样重要。但这些最直接的类似于文献的内容，在正统的历史文献中却无一记载。直到北魏时期，地理学家郦道元才对此有一些零星发现并记录于《水经注》中，但也从未引起古代文人的关注。之后偶有乡儒杂记、只言片语，但又多附会妄断，指比神咒鬼符。这个现象也间接地说明，后期产生的历史文献存在严重的局限性。

注 1：徐旭生．中国古史传说时代 [M]. 北京：文物出版社，1985：40.

注 2：石兴邦．亚洲文明集刊 第三集 [M]. 安徽：安徽教育出版社，1995.

注 3：2021 年 12 月 16 日《中国科学报》刊登的一篇名为《清华简新研究内藏"猛料"》的文章中称，最新解读的清华简中有一篇名为《五纪》的文章，出自 126 支简（原应有 130 支简），约有 4450 字，篇幅与《道德经》相当。该文讲述了天下洪水泛滥、道德失势、治理混乱的背景下，"后帝"通过修"五纪"（日、月、星、辰、岁）整治秩序的故事。其中称蚩尤乃黄帝之子。《史记·建元以来侯者年表》载田千秋对汉武帝上书曰："子弄父兵，罪当笞。父子之怒，自古有之。蚩尤畔父，黄帝涉江。"以往学者对"蚩尤畔父，黄帝涉江"一直不解其意。

注 4：韩建业．早期中国·中国文化圈的形成和发展 [M]. 上海：上海古籍出版社，

2015：232-248.

第三节　奇光异彩的中国原始崇拜

有了上一节内容的铺垫，可以说中国远古（或许还包含夏代）历史是依靠两部“历史著作”而展现的，一部是后世出现的历史文献，另一部是考古发现。我们研究中国远古时期礼制文化与礼制建筑，最困难的是所依据的两部不同的“历史著作”几乎无法做到一一对应、互相印证（非循环印证），即把两部不同的“历史著作”整合在一起。但“文献的中国远古历史”中有限的人物，又往往就是后世祭祀与供奉的主要对象，并且他们忽而表现为具象的人格或神格，忽而又表现为抽象的神格。这就迫使我们不得不启用一部“历史参考书”，对与中国远古礼制文化和礼制建筑等相关的历史与宗教内容，不间断地进行修正或合理地推测。这部重要的“历史参考书”主要是依据文化学、人类学、社会学、民族学、民俗学、宗教学、天文学等，和世界其他地区已知的历史知识作为参考，综合地勾画出的逻辑性“历史规律”与“宗教规律”。另外，遗存至今的中国远古时期的岩画也是帮助我们解读远古历史与原始宗教（神话）不可或缺的重要参考资料。

一、原始崇拜的产生与社会功能

目前很多考古学家和历史学家已经充分认识到，中国文明起源和相关问题的研究必须具有全球的视野，需要对世界其他地区的早期文明的研究有一定的认识和理解，特别是要借助于人类学等领域的相关研究成果。原始崇拜也就是原始宗教，我们首先梳理远古历史规律、宗教的产生、宗教与社会的关系等问题，对于理解相关礼制文化与礼制建筑的发展等问题至关重要。

美国人类学家塞维斯（Elman. R. Service）曾提出，在工业社会以前，社会群体的进化曾经历过四个阶段，即以游牧为主松散的小社群、部落、酋邦、国家。他的理论一度被西方国家广泛接受，但也不断遭受质疑，甚至他本人后来也感到不满意。从中国“文献的远古历史”和“考古的远古历史”所展现的具体内容来看，很显然从最初的氏族阶段及部落阶段到早期国家形态之间还有着一个漫长的过渡阶段。而酋邦理论远比以前我们自己提出的“部落联盟”阶段的简单表述更加清晰、具体，即便历史上确实存在着部落联盟的社会组织形式。另外，在韩建业先生提出的早期中国的“古国阶段”中，也没有对社会组织形态的具体描述，但从相关考古发现的具体内容来看，相当于国家形成前的酋邦的高级阶段。有学者认为中国地区在酋邦阶段与国家之间存在一个“早期国家”阶段，但又承认其某些特征与酋邦阶段重叠，甚至有学者认为商周其实就属于“早期国家”阶段。我们在此仅采用酋邦阶段是介于部落与如商周的国家类型之间的社会阶段，但酋邦阶段也有不同层级的观点。

我们在谈到“国家”的概念时，往往会引用马克思和恩格斯的观点，即“按地区来划分它的国民”和“公共权力的设立”，其物化的标志是城市的出现，其他特征包括文字的发明、大型纪念性建筑、商品贸易或手工业专业化等。塞维斯的理论认为，在国家形成前的酋邦阶段，社会关系是呈金字塔形分层的社会系统，社会成员通常相信是由一个始祖繁衍下来，酋长是在这个假设的基础上选拔出来的，自然位于金字塔的顶端，其后代通常有酋长位置的继承权。这与我们通常认为的从“禅让制”转变为“启继禹”，即标志着夏王朝国家的建立之前的形态完全不同，即“禅让”并不是国家形成之前权力交接的常态。塞维斯认为，在酋邦的社会关系网络中的每一个人都依据与酋长关系的远近而决定其阶层。或许阶级已经出现或至少是有了萌芽，围绕着酋长已经有了一个贵族阶层。与政治平等的部落阶段相比，酋邦内有着一个联系经济、社会和宗教等各种活动的中心，在较大较复杂的酋邦里，这个中心不但有常驻的酋长，还要有行政助理。在宗教的或仪式上的祭祀中，已经有了专职的祭祀。酋长虽然在劳役和产品分配中有特殊的地位，但还缺少构成社会阶级的真正的对必要物资的特殊掌握和控制，酋长也缺乏强迫性的权力和政治控制。酋邦社会里已经有了社会分工，某些方面的专业化程度还很高。塞维斯的这一理论，至少在酋长权属和继承方面比较符合中国远古时期的社会情况。例如，从新石器时代贵族大墓的陪葬的奢华和人殉中，我们看到的是阶级的分化和统治阶级的残暴的缩影，且丝毫看不出以“禅让”为标志的“大同”。即便是殷商前期的诸王，也没有实现“真正的对必要物资的特殊掌握和控制”，而是强势部族的首领以大巫的身份与商王分享权力或互相制约。

那么人类是如何从最初松散的小社群（氏族）逐渐走向部落、酋邦、国家的，一直是个难以简单回答的问题，可能最容易联想到的就是战争的兼并，这是已知的后世的历史常识给予我们最简单的答案。在很多新石器时代的考古发现中，也能反映出战争的残酷。从前面举例的周代商以及周初的平叛来看，战争是最关键的最后一搏，那么战争之前和之后社会的内在凝聚力，无疑是对利益分配和文化的认同，而文化的认同最初最基本的形态无疑是对有着共同祖先的基本认同。酋邦社会虽然不是对有着共同祖先认同的最初和最后的历史阶段，但确是特殊的历史阶段，即可能是“有着共同祖先”真实性的最后阶段。因为在建立了国家以后，尽管地域范围和族群都扩大了，这样一种观念依然是深入人心的，即便到今天，我们还经常提到“我们是炎黄子孙”。重要的是，历史上与对共同祖先认同的发生、发展始终相伴的便是某类原始宗教活动，如生殖崇拜及与之相关的祭祀活动等。

关于原始宗教在社会中的作用并得以发展的问题，英国利物浦大学进化心理学教授、进化生物学家罗宾•邓巴（Robin Dunba）在2006年的《新科学家》周刊中发表的《我们相信》一文中提出了一些值得参考的观点。罗宾•邓巴在文章中总结了宗教得以发生与发展的四种假设，可以简单地总结为：

第一种方式，是对宇宙结构进行充分的解释，以使人类能够通过诸如在精神世界进行祈祷等方式来控制宇宙。第二种方式，是使我们感觉更幸福，或者至少能逆来顺受地忍受糟糕的现实，也就是马克思曾经说过的“宗教是人民的鸦片”。第三种方式，是宗教可提供某种道德规范，从而维护社会秩序。第四种方式，是宗教信仰可以带来一种团队感。

罗宾•邓巴对这四种假设的具体评论大意为：

第一种方式，宗教作为宇宙的控制者——看来极不可靠，许多宗教实践被用于疾病治疗和预言或者影响未来，这是弗洛伊德所持的观点。然而，由于宗教信仰并非必然能使我们控制现实世界的灾难，我们很难相信它就是推动宗教起源的进化力量，而更愿意推测这一好处只是我们的祖先为了别的原因而发展出宗教后所带来的副产品，从而有体积足够大的大脑可以领会某些关于世界的超自然理论。

第二种方式，马克思关于“鸦片”的理论看来更有希望。实际的结果是，宗教确实可以使人感觉更好。近期的社会学研究已经揭示，与不信仰宗教的人们相比，虔诚的信教者更幸福、寿命更长、躯体上和精神上的疾病更少，在接受外科手术等医学干预疗法后复原得也更快。所有这些对不信教者来说都是坏消息，但它至少能促使我们思考宗教为什么能够，以及是通过何种方式来传递这种良好影响的。

后两种选择与那些受益于一个有凝聚力的支持性团体的个体有关。道德规范在确保团队成员会坚持唱同一首赞美诗方面起着非常明显的作用。不过，被今天的主要宗教所鼓吹和强调的那类有形的道德规范，不太可能为宗教信仰的起源提供太多的思路。这些道德规范与世界宗教的出现、与世界宗教所包含的官僚体制以及教会和国家的结盟有关。大多数研究宗教的人士相信，最早的宗教可能更像在传统的小型社会中发现的萨满教，在这类宗教中，个人主义盛行，其中一些个人，如巫师、医生、聪明的女性等甚至被认为具有超能力。萨满教是一些充满激情而非智慧的宗教，它们强调宗教体验而非强加于人的行为规范。

罗宾•邓巴认为，在推动进化方面，宗教的真正好处与第四种假设有关。现代社会学的创始人之一，法国社会学家埃米尔•迪尔开姆（Émile Durkheim）也认为，宗教可以作为凝聚社会的某种黏合剂。罗宾•邓巴认为，关于宗教发挥这一作用，是利用了一整套能触发大脑释放天然镇静剂——内啡肽的机制，使得宗教能产生很好的社会凝聚力。内啡肽是一种控制身体疼痛的缓慢机制，当多种控制疼痛的神经系统同时达到其效果的巅峰时，内啡肽就会发挥作用。当出现中等程度的疼痛且这种疼痛持续不断时，内啡肽就会在体内现身，随后充满整个大脑，使大脑处于一种适度的“兴奋”状态。也许这正是信教者看起来经常显得很开心的原因。而且，症结应该就出在这里。内啡肽还可以加强免疫系统，这也许可以解释为什么信教者会更加健康。

为此，罗宾•邓巴还举过一些实例，认为“内啡肽的机制”也许是宗教仪式为什么经常涉及给身体带来压力的活动的原因，这些活动包括唱歌、跳舞、反复地摇摆或者振动身体、下跪或者打莲花坐等高难度的姿势、数念珠以及偶尔自我鞭挞这种给身体带来严重痛苦的行为。并指出，宗教并不是获得内啡肽的唯一方法，慢跑、游泳和其他健身等活动也可使人变得兴奋。但是宗教可提供更多的东西，当人们在团队中经历因内啡肽分泌所带来的兴奋体验时，内啡肽的作用会大大增强。尤其是，它会使人对团队的其他成员感觉良好，它会创造一种兄弟般的情谊、同胞般的感觉。

上述学说虽然可以解释宗教所带来的立竿见影的好处，但它同时提出了一个问题：我们为什么会需要宗教。罗宾•邓巴认为，答案可以追溯到灵长类动物社会性的本质上去。猴子和猿类生活在一种关系密切的社会里，那里的集体利益是通过相互协作来实现的。实际上，灵长类的群体几乎与其他物种的群体都不同，它们是建立在明确的社会和约基础之上的：为了确保群体团结这个整体利益，个体有时必须放弃某些迫切的自身需求。如果过分强调个体利益，将会导致同伴疏远，这样，在保护自身不成为食肉动物的猎物、保护资源等方面，个体将失去群体所带来的好处。

这类社会和约体系所面临的真正问题是“免费乘客”——某些只从群体中获得好处而不愿付出代价的个体。不管个体是否有机会成为“免费乘客”，灵长类动物都需要一个强有力的机制来阻止其成员这种天生的倾向。猴子和猿类通过彼此梳理毛发——一种信任关系的活动来实现这个目的，这种行为会为猴子和猿类提供结盟的基础。其中的准确机理目前还不清楚，但我们知道的是，内啡肽在其中扮演了很重要的角色。梳理毛发和被梳理毛发可导致内啡肽的释放。内啡肽使肌体感觉良好，会马上促使个体加入到群体活动中。

但对于我们人类而言，梳理毛发是一种一对一的活动，非常耗时。在人类进化史的某个阶段，我们的祖先开始生活在一个很庞大的群体中，这个群体大到不可能通过梳理毛发来形成有效的凝聚力。这样大的团队也很容易被“免费乘客”利用，因此，他们需要通过另一种方式形成团队凝聚力。语言的产生即聊天或许起了一定的作用，它使得大型团队中的个人可以参与一种具有梳理毛发类似功能的活动。罗宾•邓巴认为是宗教所起的作用更进了一步，它们使更大的团队紧密地结合在一起。

然而，还有最后一个问题。宗教不仅仅有一定的仪式，它还有一个重要的认知成分——它的理论。宗教仪式以内啡肽为基础凝聚团队的效应只有在每一个人都参与的情况下才能发挥作用，这就导致了神学的起源——它既提供萝卜又提供大棒，使所有成员都定期参与活动。但为了创造神学，我们的祖先需要进化出远远超过其他物种的认知能力。政治精英们正是利用这种心理机制来治理社会的。

在宗教起源、发展与人类知识和社会进步等关系的研究方面，英国著名的人类学家和民俗学家詹姆斯•乔治•弗雷泽（James George Frazer）在其著名的社会学专著《金枝•巫术与宗教之研究》中，将人类的巫术区分为“个体巫术”和“公共巫术”，定义后者是为了群体利益。当出众的个体巫师形成了一个特殊的阶层，社会分工需要利用他们的特殊技能去替整个群体谋利益后，不论他们的特技是用来增加生育、治病、预告未来、调整气候（如祈雨）等，社会都前进了一大步，尽管大多数从事这一行业的人为达到目的所采取的手段往往是无力的，却不应因此使我们无视这个制度本身的重要性。至少是在原始社会较高级阶段，有一部分人从谋生需要的艰苦体力劳动中解脱出来，并且不但被允许，而且被期待、被鼓励去从事对大自然奥秘的探索。他们马上担负的责任就是：应该知道的比其他同伴更多，应该通晓一切有助于人与自然艰苦斗争所需要的知识，一切可以减轻人们痛苦并延长其生命的知识，生死之秘密、药物及矿物的特性，雨、旱、雷、电的成因，季节的更替、月亮的盈亏、太阳每日每年的运行、星辰的移动等。所有这一切一定都会引起这些早期哲学家的好奇，并激励他们寻找这些问题的答案。受到巫师保护的人们，无疑会经常一再地提出这些问题，期待着他们不仅了解还要去控制自然界的伟大进程。佛雷泽断言，肯定没有人比野蛮人的巫师具有更激烈的追求真理的动机，哪怕仅仅是保持一个有知识的外表也是绝对必要的。他们不仅是内外科医生的前辈，也是自然科学各个分支科学家和发明家的直接前辈。他们那缓慢但不断地接近真理的探索，在于不断地形成和检验各种设想，接近那些在当时似乎是符合实际的假设而摒弃其他（注 1）。

当然，佛雷泽所说的巫师所获得的期待、鼓励（优待）和责任也是对等的，一旦某种重大控制活动遭受失败，巫师必须付出的最高代价便是自己的生命。在郭沫若主编的《甲骨文合集》中，有很多“焚人祈雨”的记载，如“壬辰卜，焚小母，雨。”“贞今，丙戌焚女才，有从雨。”“贞焚女，有雨。”“丙戌卜，其焚女率。”“戊申卜，其焚永女，雨。”“在主京，焚女辛酉。”“焚于戈隹京，女歹。”等等，这里的“女”指女巫，因为女巫担负着与上帝沟通的职责。最著名的是《墨子》《淮南子》《吕氏春秋》等文献中记载的商汤欲自焚为民祈雨的故事（详见第四章相关内容）。这种传统至晚在春秋时期还存在着，但已经有人对此方法并不认可了，如《左传·(鲁)僖公·僖公二十一年》：“夏，大旱，公欲焚巫尪。臧文仲曰：‘非旱备也。修城郭，贬食省用，务穑劝分，此其务也。巫尪何为？天欲杀之，则如勿生，若能为旱，焚之滋甚。’公从之。是岁也，饥而不害。”

现实中，尽管这些巫师探索真理的热情是高涨的，时间也是漫长的，从我们现代人所掌握的知识来看，古代巫师们真正得到的真理在整体上还是有限的。我们今天可以把巫师们的绝大多数探索的成果（巫术或观念）称为伪科学（或非科学）。伪科学和科学的最大区别就在于方法论（态度）的不同。伪科学是去寻找支持其猜想的证据，而科学是去寻找挑战自身猜想并证明其错误的证据。也就是，伪科学的目的在于证实，而科学的目的在于证伪。因此两者所做出的猜想也是有相应的区别的：科学的猜想是可以证伪的，如果那些猜想是真实的话，可以通过设计实验观察哪些结果是不可能出现的；而伪科学的猜想则与任何设想的可观察的结果相符合。这也就意味着可以做一系列试验证明一条科学猜想是错误的，但没有一个令人信服的试验能证明伪科学的猜想是错误的。科学是可检验的，而伪科学不是。科学的态度是做出大胆的猜想，接着是去搜集认为可以否定它的证据，如果没有证据能证明猜想是错误的，那么它就会暂时被认为是可靠的。但是要头脑冷静地坚持寻找其他更多的证据去否认它，一旦不管做了多少次尝试都没能证明这个猜想是错误的，那么它就一定是正确的。如此才是跨越了科学与伪科学的界限。但关键是科学与伪科学在认知世界的概念上也有相近之处，两者都认定事物的变化是完全有规律的和肯定的，所以它们是可以准确地预见到和推算出来的，一切不定的、偶然的和意外的因素均被排除在自然进程之外。又因为假设科学本身拥有强大的力量，因此精妙伪装成科学的伪科学，才得到了不相符的信任与支持，并得以盛行不衰。因此弗雷泽认为：“对那些深知事物的起因并能接触到这部庞大复杂的宇宙自然机器运转奥秘的人来说，巫术与科学这两者似乎都为他开辟了具有无限可能性的前景。于是，巫术同科学一样都在人们的头脑中产生了强烈的吸引力，强有力地刺激着对未来的无限美好的憧憬，去引诱那些疲倦了的探索者、困惑的追求者，让他穿越对当今现实感到失望的荒野。巫术和科学将他带到极高的山峰之巅。在那里，越过他脚下的滚滚浓雾和层层乌云，可以看到天国的美景。它虽然遥远，但却沐浴在理想的光辉之中，放射着超凡的灿烂光华。”（注2）

佛雷泽认为，在巫术盛行时期，巫师作为最早的专业集团，作用和地位逐渐加强，为个人服务的个体巫术日趋削弱，晚期的致力于集团利益的公共巫术越来越具有更大的影响。一旦一个特殊的巫师阶层从社会中被分离出来并被委以安邦治国的重任之后，这些巫师们便获得日益增多的财富和权势，直到领袖人物脱颖而出，发展成为神圣的国王，同时也是宗教活动的祭司，并且接受他的臣民把他既当作国王又当成神来加以尊崇。弗雷泽称赞这是一个进步的、伟大的、以民主开始而以专制告终的社会革命，是由一次产生王权概念、促进王权作用的知识革命相伴随的，人类走向文明的第一大步都是发生在神权政治的专横统治之下（注3）。在我们已知的世界历史中，诸如古埃及、古巴比伦、古印第安的历史是如此，即便是第二波文明的古希腊、古罗马也是如此，从最初的“天下为公”到“天下为家”。

参照中国古代历史文献的记载，国内史学界在感情上普遍认为中国最早的国家形态始于夏，其基本逻辑之一是，既然《史记》中记载的殷商国家形态是真实的（有考古佐证），那么其中记载的夏国家形态也必定是真实可信的。显然这样的逻辑很值得商榷。近年来随着远古遗址的考古发现与相关研究成果的不断深入，诸如良渚文化遗址等也似乎表现出了具有早期国家性质的外在属性。但这些观点目前均没有被国际史学界广泛认可。从文献记载和相关考古发现及研究成果来看，可以肯定的是至晚在殷商以前，中国的社会组织形式经历过一个漫长的酋邦时代，在这一时代，某些酋邦的酋长就早已经被美化为有别于普通人的神了。

综合国内学者的研究成果，中国原始宗教的起源与发展的情况大致有如下进程：

母系氏族社会早期阶段，内容有图腾崇拜、女始祖（“女神”）崇拜等。

母系氏族社会晚期阶段，内容有早期自然崇拜，包括魔力崇拜、精灵崇拜、灵物崇拜；早期祖先崇拜，包括女性祖先崇拜、女性生殖器崇拜、鬼魂崇拜（控制）、巫师崇拜等。

父系氏族社会阶段中期阶段（早期阶段与母系社会晚期有较多的重叠），内容有自然崇拜，包括神祇崇拜、物神崇拜、魔怪崇拜（控制）；中期祖先崇拜，包括男性祖先崇拜、男性生殖器崇拜、个人守护神崇拜。

部落-酋邦（或农村公社）阶段，内容有晚期自然崇拜，包括高低主次神祇崇拜、大小魔怪崇拜（控制）；晚期祖先崇拜，包括部落贵族祖先崇拜、父系大家庭祖先崇拜、小地域或村寨保护神即祖先化的社神崇拜。

酋邦高级阶段（原始宗教向人为宗教过渡阶段），内容有末期自然崇拜，包括天神及下属神崇拜、各类魔怪崇拜；末期祖先崇拜，包括王族祖先崇拜、宗族祖先崇拜、家庭近祖崇拜、灵牌和遗物崇拜；初级社会神崇拜，包括地方守护神崇拜、战神崇拜、财神崇拜、命运神崇拜。

必须承认的是，上述原始宗教崇拜内容的分期与分类过于“理性”，中国地域广大、民族众多，原始宗教的发展绝不会只有一条轨迹、一种模式。特别是从部落到酋邦的高级阶段最为复杂，甚至会有跳跃式发展的情况，如一个有着文化软实力和其他硬实力的强大的集团对封闭弱小部落的兼并，一定会促进后者原始宗教的跳跃式发展，或者为拥有文化软实力的弱小部落反而影响了硬实力强大的集团。另外，即便是某基本的社会形态的阶段，与其前后比较，也未必一定是泾渭分明的，从一种形态发展到另一种形态一般都会有着相当长时间的过渡期。再有，在哺乳类高级动物中，灵长目最具社会组织性，但从它们的家庭和社会组织方式来看，“父系”形式更为普遍，便于以身份的认同为基础组织大规模的社会行为活动（包括体能的胜任），如战争行为等。因此，人类社会的所有地区或种族的发展，未必都是要经历从母系社会到父系社会的历史过程。

本专著中有关远古、上古与中古时期具体的原始宗教内容或遗韵的阐释，将随着具体的礼制建筑内容的展开而进一步展开。

注 1：詹姆斯•乔治•弗雷泽 . 金枝•巫术与宗教之研究 [M]. 北京：中国民间文艺出版社，1987：93-95.

注 2：詹姆斯•乔治•弗雷泽 . 金枝•巫术与宗教之研究 [M]. 北京：中国民间文艺出版社，1987：76.

注 3：詹姆斯•乔治•弗雷泽 . 金枝•巫术与宗教之研究 [M]. 北京：中国民间文艺出版社，1987：138.

二、天文学在原始崇拜中的特殊意义

位于河南省濮阳县城西南隅的西水坡遗址，为距今约 6500 年的仰韶文化早期遗址，其中有三组蚌砌动物图案，它们排列在同一条南北轴线上。

第一组与墓葬结合，墓葬编号 45。墓室平面不甚规则，南面为向外扩展的弧形，东西两侧偏南部也为向外扩展的弧形，北侧也稍向外延伸，为较规则的矩形。墓中埋 4 人，墓主为一壮年男子，身长 1.84 米，仰身直肢，头南足北，居墓南部正中，另3人年龄较小，居墓东、西、北三面的小龛内。墓主左右两侧有用蚌壳堆塑的龙虎形象，龙居东，头朝北，背向西，身长1.39米，高0.67米；虎位西，背朝东，身长1.39米，高0.63米（图2-2）。图案和摆放的位置很容易让人联想到古代文献中经常出现的表示天象（星座）、季节、方位、上帝等复杂含义中的“青龙”和“白虎”。在墓主北面用蚌壳和人的胫骨另组成了一个北斗图案，斗魁用蚌壳堆塑，斗柄由两根胫骨组成，基本居于墓中央的位置，又使人联想到《史记•天官书》中所说的“斗为帝车，运于中央”。（图2-3）

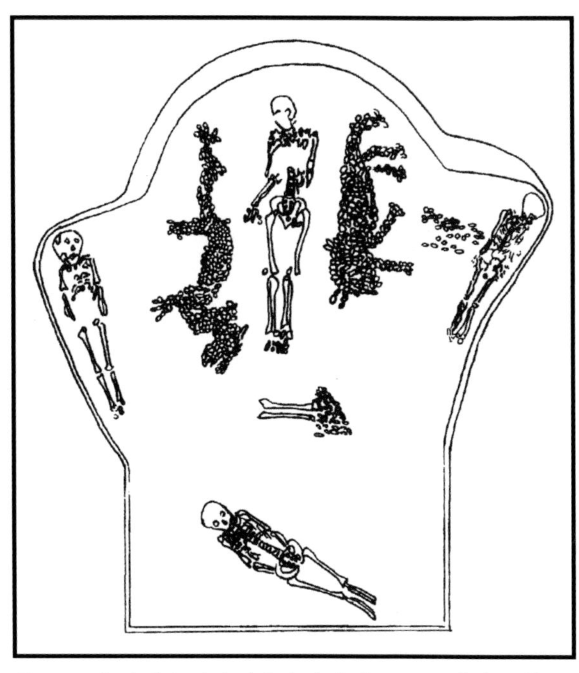

图2-2　河南濮阳西水坡仰韶文化遗址M45墓室和第一组蚌塑图（采自《天文考古通论》）

图2-3　汉武梁祠画像石“帝车图”（采自《中国天文考古学》）

有了以上图案等，可以进一步推测出墓主头顶南部的弧形表示的苍穹，东西两侧的弧形表示东方天与西方天，即春分与秋分的概念，墓室的北部做成方形表示大地。而墓主也正是站在“帝车”之上。

由此往南20米为第二组蚌塑图，有蚌塑龙、蚌塑虎、蚌塑鹿（或麒麟）、蚌塑蜘蛛和一把宽板石斧。龙虎呈首尾南北相反的缠联体状，龙头朝南，虎头朝北，鹿则卧于虎背上，蜘蛛位于虎头部，在鹿与蜘蛛之间有一精制石斧（图 2-4）。

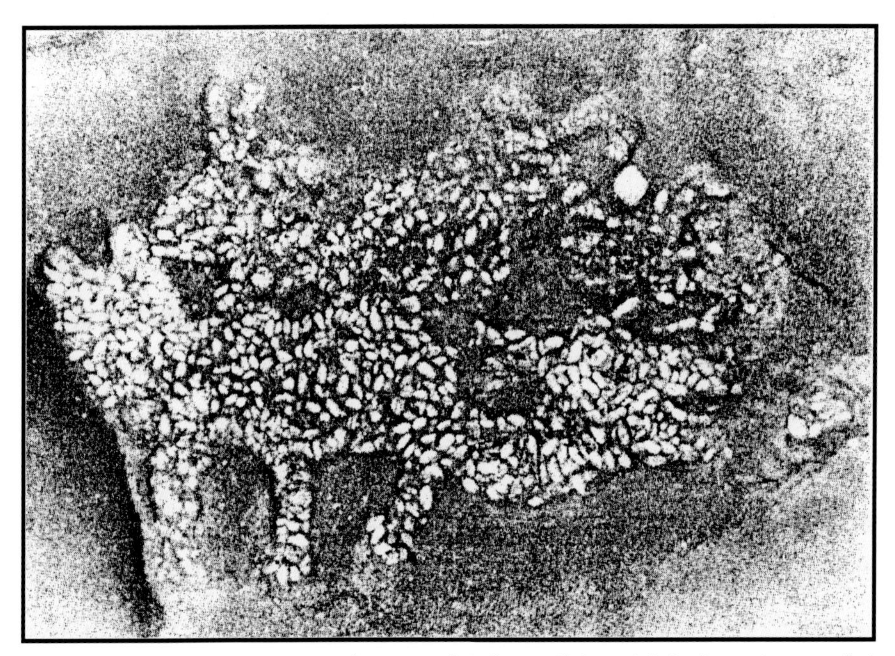

图 2-4　河南濮阳西水坡仰韶文化遗址 M45 墓室第二组蚌塑图（采自《天文考古通论》）

斧即钺，是工具、武器，又是权力的象征。这一时期还没有金属制造的钺，去掉金字偏旁的“钺”即为“戉”。据郭沫若依据甲骨文和金文考证，“戉”与“岁”字相通，“岁”的本意为一个回归年。“为斧而铭之以岁”，是冬至岁终大祭的礼器；蜘蛛可能代表回归年开始新生的太阳，或本身就是太阳的形象。这似乎表明这一时期的古人已经有了冬至的概念。

再往南 25 米为第三组蚌塑图，摆在一条由东北至西南的灰沟中，原考古报告说这条灰沟好像一条空中的银河，沟中零星的蚌壳犹如银河中的无数繁星。其中有蚌塑人（或动物）骑龙、蚌塑虎、蚌塑飞禽、蚌塑圆圈等，后两者因受晚期灰坑的破坏，图像已经不清楚了。飞禽可能就是后世的夏至“日躔（chán，日运为躔，月运为逡）南宫”的“朱雀”。这表明这一时期的古人似乎已经有了夏至的概念（图 2-5）。

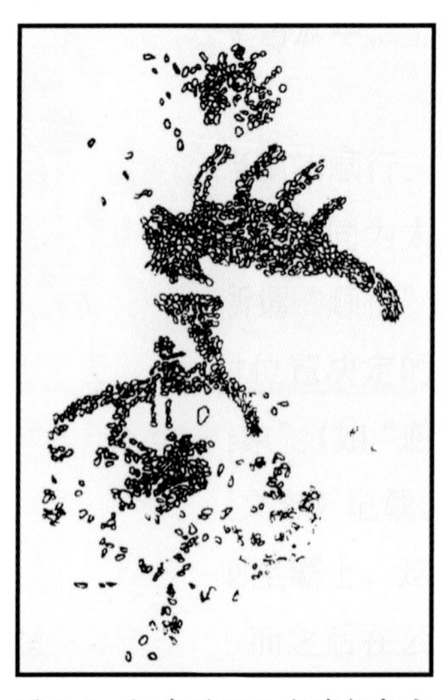

图 2-5　河南濮阳西水坡仰韶文化遗址 M45 墓室第三组蚌塑图（采自《天文考古通论》）

鹿（或麒麟）为周代之前的北宫“鹿宫”，《尔雅·释兽第十八》描述麒麟为“麇身、牛尾、一角”。在距今约7500年至7000年的赵宝沟文化内蒙古自治区敖汉旗小山遗址出土的一件陶樽上绘有极其精美的飞鹿、猪龙、神鸟、河蚌灵物图案。飞鹿肢体腾空，背上生翼，长角修目，神态端庄安详；猪首龙为猪首蛇身，尖吻上翘，巨牙上指，眼睛细长，周身有鳞；神鸟奋翼冲天，巨头圆眼，顶上生冠，长嘴似钩，类似后世凤凰的形象。这三种灵物都引颈昂首，首尾相接，凌空翻飞。在猪首龙和神鸟之间有一图形似一只张开双壳的河蚌（图2-6、图2-7）。另外在南台地遗址采集到的另一件陶樽，腹部饰有两只鹿纹，也是首尾相衔，作凌空腾飞之状。前述这四种神物都飞行于流云之间，应为天上之物，可以作为北方民族图腾的佐证。这组图案可能也是那个时代的“四灵”图：春季对应猪首龙，夏季对应神鸟，秋季对应河蚌，冬季对应飞鹿。而猪首龙的形象最早发现于距今约8200年至7500年的兴隆洼文化遗址，用相对摆置的两个猪头骨，用陶片、残石器和自然石块摆放出躯体，无疑具有鲜明的宗教意义，这也是中国所能确认的最早的猪首龙形象。

图2-6　赵宝沟文化遗址出土的“四灵”陶樽（采自《中国天文考古学》）

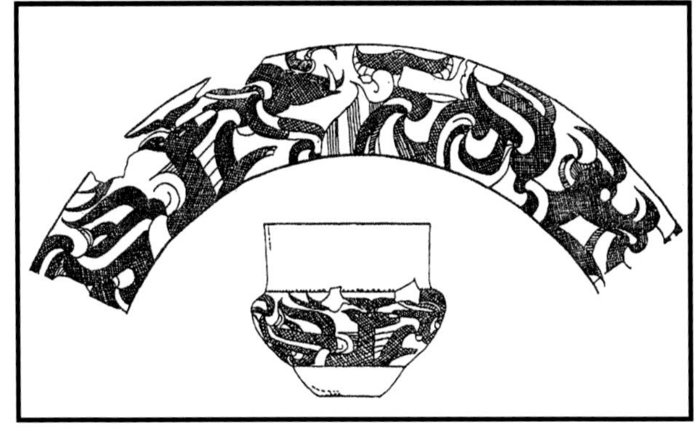

图2-7　赵宝沟文化遗址出土的“四灵”陶樽纹（采自《天文考古通论》）

从西水坡这三组蚌塑图和墓主、殉人、墓室等构成的墓葬整体的布局和内容综合来看，墓主无疑具有被视为神的尊贵地位，其真实的身份或为大酋长或为大巫师或两者兼而有之。蚌塑图本身又反映墓主具有观象授时，即可以解释“天意”的能力和权力，而最南面灰沟中的图案似乎又预示着墓主死后通往天国的通道或场景。这一组墓葬遗址中所表达的文化内涵，是迄今发现的远古文化遗址中最细腻、最成熟、最丰富的。冯时先生甚至认为这一组墓葬群可以看作诠释“盖天说”

的模型（图 2-8）（笔者认为不宜过分解读）（注 1）。

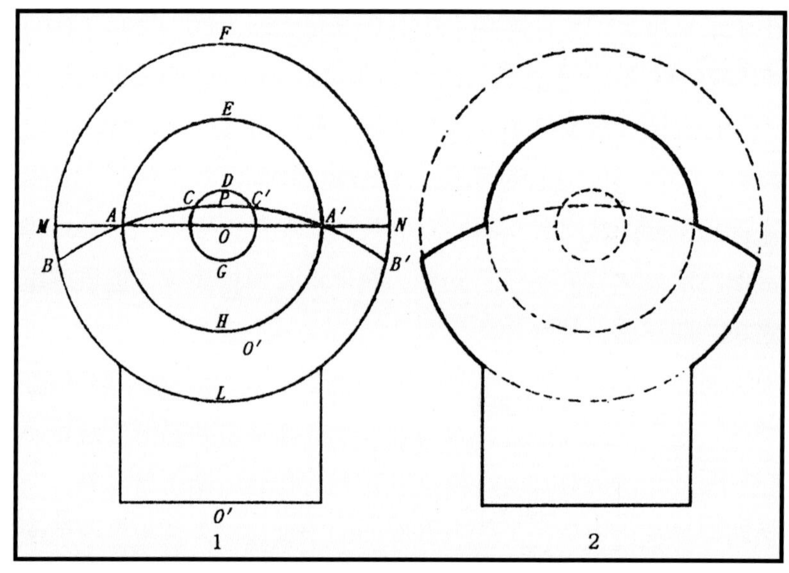

图 2-8 冯时复原 M45 墓室盖天图模式。三个同心圆弧从内至外分别代表太阳在夏至、春秋分、冬至时的三条轨道。A、B、C 点分别代表的冬至、春秋分、夏至日太阳升起的位置等（采自《中国天文考古学》）

西水坡遗址 M45 号墓中表达天文概念以及原始宗教内容与天文结合等，在中国远古时期并不是孤例。例如，河南巩义县河洛镇双槐树遗址，位于黄河南岸高台地上、伊洛汇流入黄河处，为距今约 5300 年的仰韶文化中晚期大型聚落遗址。该遗址有三重大型环壕、具有最早瓮城结构的围墙、封闭式排状布局的大型中心居住区、大型夯土基址、采用版筑法夯筑而成的大型连片块状夯土遗迹、3 处共 1700 余座经过严格规划的大型公共墓地、3 处夯土祭祀台遗迹、围绕中心夯土祭台周边的大型墓葬、与丝绸起源有重要关联的最早家蚕牙雕艺术品、20 多处人祭或动物祭的礼祀遗迹以及制陶作坊区、储水区、道路系统等。其中大型中心居住区位于内环壕的北部正中，在居住区南部修建有两道围墙，主体长 370 多米，与北部内壕合围形成封闭的半月形结构，面积达 18000 多平方米。两道墙体在中心居址的东南端呈拐直角相连接，在拐弯处和东端 35 米距离范围内各发现门道 1 处，两处门道位置明显错位，形成较为典型的瓮城建筑结构。此居住区内目前发现了 4 排带有巷道的大型房址，房址之间建有通道；房址前均分布有两排间距、直径基本一致的柱洞，应为房屋前的廊柱遗存。特别是第二排中间的房址 F12，面积达 220 平方米，在房子的前面发现用 9 个陶罐摆放的“北斗九星”图案遗迹，在建筑中心发现一头首向南并朝着门道的完整麋鹿，位置在“北斗九星”上端，似乎是与北极的概念相关。另外，在同一时期的河南郑州荥阳市广武乡青台村东的青台遗址的祭祀区中，也同样有一组用陶罐摆放的“北斗九星”图案遗迹。北斗由七颗亮恒星组成，其中位于勺子把位置的开阳（第六颗）的边上还有一颗肉眼可见的辅星，“北斗九星”的含义目前还不清楚，但这一概念却从远古时期一直传至后世，如唐司马贞的《史记索隐》说：“北斗星间相去各九千里，其二阴星不见者。”

时代往后，这类的实例也不少。例如，位于湖北随州城西两公里的擂鼓墩东团坡上出土的战国曾侯乙墓中，有一件漆木衣箱盖中央以篆书书写了一个“斗”字，代表北斗星，四周按顺时针写着二十八宿名称，二十八宿东侧绘有一龙，西侧绘有一虎。这也是中国迄今发现的关于二十八宿全部名称最早的文字记载。在箱侧立面上还绘有与历法相关的“大火星”（心宿二）等内容（图 2-9、图 2-10）。

图 2-9　战国曾侯乙墓漆木衣箱（采自《中国天文考古学》）

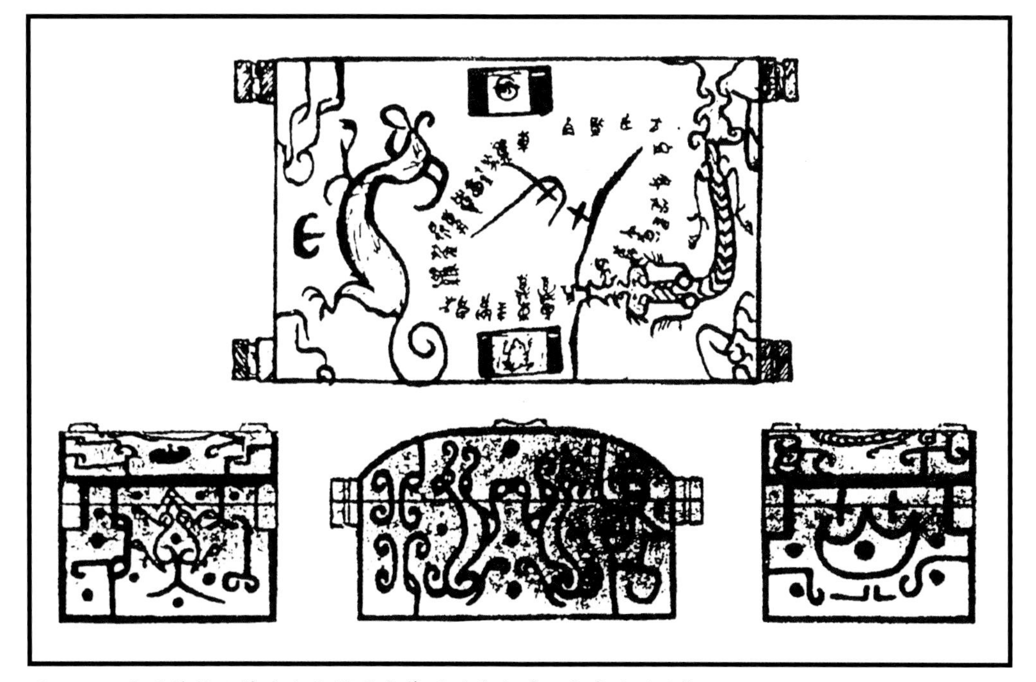

图 2-10　战国曾侯乙墓漆木衣箱图案摹写（采自《天文考古通论》）

在中国古代社会的陵墓中，墙壁和墓顶绘有天文星象内容的实例更多，如西安交通大学附属小学院内西汉墓中的壁画和顶部星图等。

在中国历史文献中记载的远古帝王也离不开与天文有关的活动，如《尚书·尧典》云：

“帝尧曰‘放勋’。钦明文思安安，允恭克让，光被四表，格于上下。克明俊德，以亲九族；九族既睦，平章百姓；百姓昭明，协和万邦。黎民于变时雍。

乃命羲和，钦若昊天，历象日月星辰，敬授人时。分命羲仲，宅嵎夷，曰‘旸谷’。寅宾出日，平秩东作。日中，星鸟，以殷仲春。厥民析，鸟兽孳尾。申命羲叔，宅南交。平秩南讹，敬致。日永，星火，以正仲夏。厥民因，鸟兽希革。分命和仲，宅西，曰‘昧谷’。寅饯纳日，平秩西成。宵中，星虚，以殷仲秋。厥民夷，鸟兽毛毨。申命和叔，宅朔方，曰‘幽都’。平在朔易。日短，星昴，以正仲冬。厥民隩（yù），鸟兽氄（yù）毛。帝曰：‘咨！汝羲暨和，期三百有六旬有六日，以闰月定四时成岁。允厘百工，庶绩咸熙。’”

这部分文字的第一段是对帝尧功德的赞颂，第二段是对帝尧政绩的具体“记载”。而“记载”的这位几千年来被奉为楷模的、完全理想化了的圣贤帝王的具体政绩却只有一件事，即任命了四位天文官员去四方观测天象并确定历法。

进一步讲，既然《尧典》是为帝尧将禅位于舜而作，那么当此最高统治者行将交接“天下”之际，政权大事千头万绪，内政、外交、军事、经济种种重要方面都绝口不提，只谈如何安排观象授时事务，也就是说关于帝尧的功绩，也只有安排与天文相关的事务和禅位于舜这两则。

司马迁的《史记》晚于《尧典》并采用了《尧典》中的相关内容，且还有其他古帝王与观象授时相关的事迹：《史记·五帝本纪》中有：轩辕黄帝“旁罗日月星辰”“迎日推策”；舜帝“乃璇玑玉衡，以齐七政”。《史记·殷本纪》中有：“汤乃改正朔，易服色，上白，朝会以昼。”另外，《国语·周语下》中有：“岁之所在，则我有周之分野也。月之所在，辰马农祥，我太祖后稷所经纬也。”

以上不论是文献“记载”的远古及上古的帝王事迹还是考古发现都说明，与天文相关的活动对于帝王来说非常重要。

《易·系辞上》：“在天成象，在地成形，变化见矣。”“仰以观于天文，俯以察于地理，是故知幽明之故。”“是故天生神物，圣人则之；天地变化，圣人效之。天垂象，见吉凶，圣人象之；河出图，洛出书，圣人则之。”《汉书·艺文志·数术》有“天文二十一家”，后班固的跋语云：“天文者，序二十八宿，步日月五星，以纪吉凶之象，圣王所以参政也。”《史记·天官书》：“自初生民以来，世主曷尝不历日月星辰？及至五家三代，绍而明之，内冠带，外夷狄；分中国为十有二州，仰则观象于天，俯则法类于地。天则有日月，地则有阴阳。天有五星，地有五行。天则有列宿，地则有州域。三光（指日、月、星）者，阴阳之精，气本在地，而圣人统理之。”

以上记述说明，古帝王关心天文活动的目的绝不仅是“观象授时”那么简单，因为一个王权的确立，除了需要足够的军事和经济力量之外，一个极其重要又必不可少的条件便是拥有通天，即在天与人之间进行沟通的手段，武王克商的借口之一也是奉天命。笔者在前一节的阐释中已经说明，在古人认识世界的过程中，古帝王等拥有初步掌握这些知识的动力和条件，并且他们坚信人与有意志、有感情的“天”之间是可以而且必须要进行沟通的，这也是原始公共巫术（宗教）最高级与最精密的内容。而“通天者王”的观念是中国远古时代最重要的政治观念，帝王必须拥有通天手段，其王权才能获得普遍承认。在所有的各种通天手段之中，最重要、最直观的正是天文学——即包括灵台、仪器、星占、望气、颁历、礼制以及各类祭天活动等在内的一整套事务。随之便可顺理成章地宣称“天命”已经归于自己，并且自己可以代表天意，因而自己具有成为帝王的资格。这同时也就标志着统治阶级法权理论和道德虚构的开始。其中所谓“天”，并非或自然的或无所指的，在很多学者的认识和论述中，多倾向于是指自然的天或语焉不详。实际上这里所谓的“天”，最多的是指上帝。

这种思想的集大成者是西汉的董仲舒的总结。据传，《春秋繁露》是其代表作，其中董仲舒首先阐述了天的至高无上的地位：“天者万物之祖，万物非天不生，独阴不生，独阳不生，阴阳与天地参然后生。”“遍覆包涵而无所殊，建日月风雨以和之，经阴阳寒暑以成之。”“天地者，万物之本，先祖之所出也。广大无极，其德昭明，历年众多，永永无疆。”

接着他认为“天地唯有人独能偶天地”“天地之精所以生物者，莫贵于人，人受命于天也”，强调了人在万物中的特殊地位。而且“天之生物也，以养人”。天只是为了人的需要才生出其他万物来。他还认为天是依照自身的模样与特质生成了人，“身犹天也”“身之有性情也，犹天之有阴阳也。”“观人之体一，何高物之甚，而类于天也，物旁折取天之阴阳以生活耳，而人乃烂然有其文理。”“是故人之身，首妢而员，象天容也；发象星辰也；耳目戾戾，象日月也；鼻口呼吸，象风气也；胸中达知，象神明也；腹胞实虚，象百物也；百物者最近地，故要（腰）以下地也。天地之象，以要（腰）为带。颈以上者，精神尊严，明天类之状也；颈而下者，丰厚卑辱，土壤之比也；足布而方，地形之象也。”“天以终岁之数成人之身，故小节三百六十六，副（附）日数也；大节十二分，副（附）月数也；内有五藏，副（附）五行数也；外有四肢，副（附）四时数也；乍视乍瞑，副（附）昼夜也；乍刚乍柔，副（附）冬夏也；乍哀乍乐，副（附）阴阳也；心有计虑，副（附）度数（指规律）也；行有伦理，副（附）天地也。”

董仲舒还认为阴阳之气是天与人之间畅通无阻的联系通道，“阴阳之气在上天，亦在人。在人者为好恶喜怒，在天者为暖清寒暑，出入上下、左右、前后，平行而不止，未尝有所稽留滞郁也。其在人者，亦宜行而无留，若四时之条条然也。”“天地之间有阴阳之气，常渐人者，若水常渐鱼也。所以异于水者，可见与不可见耳……天地之间，若虚而实，人常渐是澹澹之中，而以治乱之气与之流通相殽（yáo，下酒的菜）馔（zhuàn，食物）也。故人气调和而天地之化美，殽于恶而味败，此易之物也。”

董仲舒完全赞同古来已有的“天子受命于天，天下受命于天子”之说，认为“王者，亦天之子也”“天立王，以为民也”。在“天地与人之中，以为贯而参通之”的是“王者”，所以“天地、人主一也，然则人主之好恶喜怒，乃天之暖清寒暑也”。

董仲舒总结的这些理论，构成了“天人之际，合而为一”的基本理论框架。在此基础上再引进互动的机制，便成为“天人感应”说的理论体系。其基本机制有“同类相动”“气同则会，声比则应，其验皦（jiǎo）然也”“物故以类相召也”“阴阳之气固可以类相益损也。天有阴阳，人亦有阴阳。天地之阴气起，而人之阴气应之而起，人之阴气起，天地之阴气亦宜应之而起，其道一也。……非独阴阳之气可以类进退也，虽不祥祸福所从生，亦由是也。无非己先起之，而物以类应之而动者也”。甚至帝王的“好恶喜怒”都是“天之暖清寒暑也”。

极具讽刺意味的是，在明朝讲述牛郎织女故事的青阳腔《织锦记》中，牛郎给他与织女所生的儿子取名为“董仲舒”。

关于“天人感应”，《尚书•洪范》说：“惟十有三祀，王访于箕子。王乃言曰：‘呜呼！箕子，惟天阴骘（zhì，排定）下民，相协厥居，我不知其彝伦攸叙。’箕子乃言曰：‘我闻在昔，鲧堙洪水，汩（gǔ，扰乱）陈其五行。帝乃震怒，不畀（bì，给予）洪范九畴，彝伦攸斁（yì，解除）。鲧则殛死，禹乃嗣兴。天乃锡禹洪范九畴，彝伦攸叙。初一曰‘五行’，次二曰‘敬用五事’，次三曰‘农用八政’，次四曰‘协用五纪’，次五曰‘建用皇极’，次六曰‘乂用三德’，次七曰‘明用稽疑’，次八曰‘念用庶征’，次九曰‘向用五福，威用六极。’”

这段对话翻译成白话文的意思是：

周文王十三年，武王向箕子征求意见。武王说道："啊！箕子，上天庇护下民，帮助他们和睦地居住在一起，我不知道上天规定了哪些治国的常理。"

箕子回答说："我听说从前鲧用堵塞的方法治理洪水，将水火木金土五行的排列扰乱了。天帝大怒，没有把九种治国大法传给鲧。治国安邦的常理受到了破坏。鲧在流放中死去，大禹起来继承父业，上天于是就把九种大法赐给了禹，治国安邦的常理因此确立起来。第一是五行，第二是慎重做好五件事，第三是努力办好八种政务，第四是合用五种计时方法，第五是建立最高法则，第六是用三种德行治理臣民，第七是明智地用卜筮来排除疑惑，第八是细致研究各种征兆，第九是用五福劝勉庶民，用六极惩戒罪恶。"

当然，如果站在历史的角度上来讲，"天人感应"与"天人合一"也绝不仅仅是欺骗别人的理论，即便是进入了中古时期，统治者自己往往也对此深信不疑，这与中国古代社会整体的知识体系有关。如王莽是西汉末年的大儒，甚至是中国古代历史中祭祀制度改革最关键的人物，《汉书•王莽传》云："十一月，有（彗）星孛于张（宿），东南行，五日不见。莽数召问，太史令宗宣、诸数术家皆谬对，言天文安善，群贼且灭。莽差以自安。"

张宿出现彗星，按照中国古代星占学理论是凶危不祥的天象，但太史令和数术家们又不敢向王莽如实报告，而是诡称天象"安善"以安其心。

又如《汉书•文帝纪》载汉文帝继位的第二年（公元前178年）的十一月发生了一次日全食，汉文帝极为重视，急忙下了一道《日食求言诏》。为了理解方便，现直接翻译成白话文：

"我听说过，天生人民，天为人民置立君主以进行治理。君主无德，施政失衡，上天就示以灾异以警诫其治道不宜。而十一月三十日发生日食，这是上天见责的征兆，显示我的过失很多！我能继承大统，以卑微之身托于士民侯王之上，天下治乱，在我一人。各位大臣等于是我的股肱。朕下不能治育百姓，上致日月星辰失序，我的德行是十分缺乏的。各大臣接诏后，都（要帮我）认真检讨我的过失，以及我尚没有了解与考虑到的问题，祈求不吝告我。还请推举贤良方正直言敢谏的人，以匡正我的失误。因此下诏令各位大臣履行职责与任务，当务之急是减省役赋以方便人民。我既不能以德行绥服远方，还寝不安席地担心外患的发生，因而不敢放松边防的设备。今日即使不能罢免边防屯戍，也不应派重兵守卫京都。现大量减少京都守卫士卒的人数。太仆也要减少马匹数量，在基本保证朝廷所需后，多余的都拨给传送驿站。"

既然存在“天人感应”，那么天文观测活动必定会与祭祀及占卜等活动产生关联，这可以从《易经》的部分内容中找到佐证。《易经》产生于何时及其演化的历程等问题，恐怕已经无法确切考证，但陈久金、刘尧汉、卢央合著的《彝族天文学史》等专著认为，八卦的产生与“十月太阳历”有关，进而推断其产生于上古西羌族团。《易经》中某些卦的爻辞确实与天象、季节等内容有关。如，乾卦即阳卦，陈久金先生认为在季节上相当于春分至秋分的半年时期。在此期间，阴气（渐）盛，阳气（渐）藏，故“干（乾）卦勿用”（在中国古代传统观念中，阴与阳区分之一是以干湿来判定，所以阳气最盛是在冬至，因此也是祭天的时间）。东方苍龙七宿，在春分黄昏时现于东方，随季节之推移，其方位逐渐向西方移动，至秋分时，隐没于西方地平线之下。乾卦之一爻对应一个时节，相当于从正月至七月。故，“初九，潜龙”——黄昏时龙星在地平线下；“九二，见龙在田”——二月春分，黄昏时龙角现于东方地平线，即“龙抬头”；“九三，终日干干”——龙形毕现；“九四，或跃在渊（银河）”——飞龙横亘南北；“九五，飞龙在天”——五月夏至，初昏时苍龙在正南。《尚书·尧典》云：“日永星火（指大火星，心宿二，现标准星图天蝎座 α 星），此正仲夏”。“上九 / 用九，群龙无首”——《礼记·月令》：“仲秋之月，日在角。”秋分初昏，太阳与角宿隐没于西方地平线之下，故群龙无首。阳（夏至）气已尽，将转为阴（冬至）。

冯时先生认为，“龙”字的形象与苍龙七宿的形象很接近，似象形而来（图 2-11）。

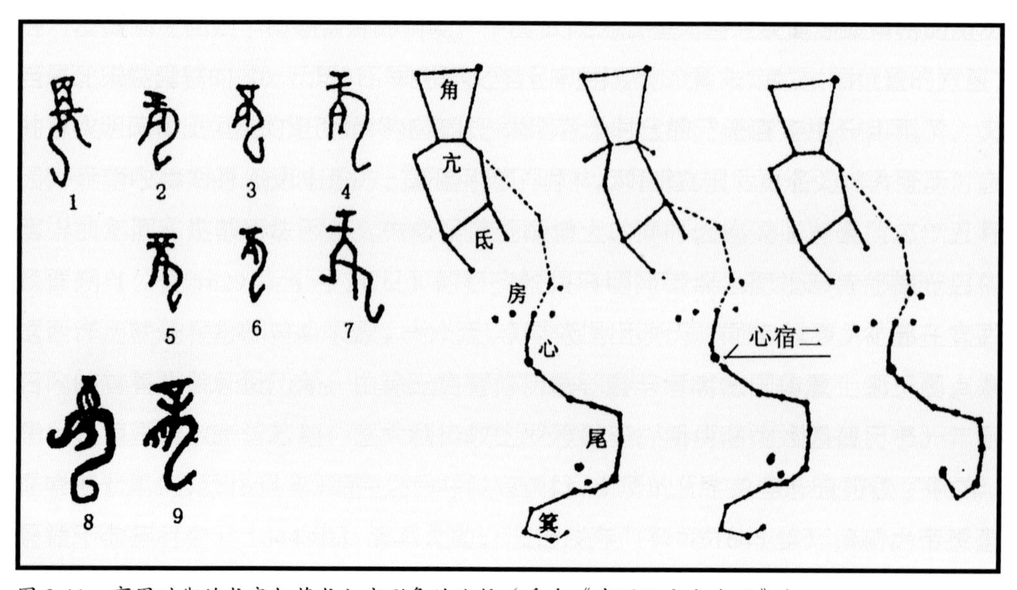

图 2-11　商周时期的龙字与苍龙七宿形象的比较（采自《中国天文大发现》）

正是因为“天人合一”“天人感应”等与帝王的权力有着密不可分的关系，而天文现象反映这种关系的“表征”（“天垂象”）和“规律”，所以天文学在中国古代社会才会有着极为特殊的地位，即必须由“天子”垄断。并且在同一个区域内，王权是排他的，所谓“龙塌之侧岂容他人安卧”。因此在争夺王权的过程中，很多人不惜犯禁以建立自己的“通天事务”，《诗经·大雅·灵台》有：“经始灵台，经之营之。庶民攻之，不日成之。经始勿亟，庶民子来。”姬昌赶建灵台之事，就是后世诸侯欲谋求帝位时，私自染指天文学事务的范例，而当在权力争夺战中的胜利者获得权力之后，必然回过头来严禁别人涉足天文学事务。因此历代王朝往往在开国之初严申对于民间“私习天文”的厉禁，甚至连收藏天文学图书或有关的仪器都可能被判徒刑乃至死罪，并且鼓励告密。明朝沈德符编写的《万历野获编·卷二十·历法》记载：“国初，学天文有厉禁，习历者遣戍，造历者殊死。”历史上唯有南北朝时期的张子信是个例外（注2）。当然，在通天的事务越来越需要精密的时候（如颁布历法），帝王无须也不可能亲力亲为，可授权于“民之精爽不贰，齐（斋）萧聪明者”。《史记·天官书》云：“昔之传天数者，高辛之前：重、黎；于唐（尧）、虞（舜）：羲和；有夏：昆吾；殷商：巫咸；周室：史佚、苌弘；于宋：子韦；郑则裨灶；在齐：甘公；楚：唐昧；赵：尹皋；魏：石申。”但御用的“通天者”也必须是受到制约甚至是监督的，以杜绝妄议天象、制造混乱。唐开成五年（公元840年），唐宣宗李忱特意下诏，严禁御用天文台的官员及下属与其他朝廷官员及百姓之间的交往，并命令御史台监察。据宋朝彭乘撰《墨客挥犀·卷七》记载，宋朝皇家和政府各有一座天文台。由皇帝掌控的翰林院天文台设在禁中，政府的司天监由太史令主持，设在皇宫之外。在禁中设置天文台的目的是可与司天监互相检验，因此“每夜，天文院具有无谪见云物祯详及当文星次。须令皇城门未发前到禁中门，发后司天占方到。以两司奏状对堪，以防虚伪”。也就是预防对事关皇家与朝廷命运的特殊天象的伪报和误报。《万历野获编·卷二十·历法》也记载：“禁中大榼（kē）辈（大太监），又自有内灵台，专司星象，其职任，其学业，大抵与外庭仿佛。”

与通天事务相关的颁布《历法》，也是皇权和统治的象征，如《万历野获编·卷二十·历法》记载：“正朔之颁，太祖定于九月之朔，其后改于十一月初一日，分赐百官，颁行天下。……是日御殿比于大朝会，一切士民虎拜于廷者，例俱得赐。嘉靖二十一年颁历之辰，国子诸生，受历不均，争于陛前，喧竞违礼，上大怒，至谪祭酒张衮官。若外夷，惟朝鲜国岁颁王历一册，民历百册，盖以恭顺特优之。其他琉球、占城（越南），虽朝贡外臣，惟待其使者至阙，赐以本年历日而已。”

概括地讲，古代天文学主要有两大议题：其一是天体是什么，具有什么属性；其二是只与地球人有关的历法，前期的历法又可以用“观象授时”来概括。而对两项议题综合的分析、解释和预测，便是关系到帝王及朝廷命运的星占活动亦即通天活动。另外，既然“天垂象”是上天的警示、预言，帝王又试图做天意的代言者，那么对天的态度就绝不能是冷冰冰的，所以祭祀与供奉既有敬畏之意，又有向他人宣示与暗示之意。

注 1：冯时 . 中国天文考古学 [M]. 北京：中国社会科学出版社，2007：396-397.

注 2：公元 526 年—528 年间，在华北一带发生过一次以鲜于修礼和葛荣为首的农民起义，为了躲避这一次农民起义的影响，张子信跑到了某一海岛隐居起来。在海岛上，他制作了一架浑天仪，专心致志地测量日、月、五星的运动，探索其运动的规律。他敏锐地发现了太阳运动的不均匀性、五星运动的不均匀性和月亮视差对日食的影响的现象，同时提出了相应的计算方法。

三、天文学、星占学、堪舆术

关于天文历法的起源和在中国古代社会中的意义等问题，目前还有一些争论。传统的观点认为历法是为农业服务的，也为此而发展；而江晓原先生在其《天学真原》中最早提出中国古代历法主要是为帝王星占，也就是为通天等活动服务的观点。笔者倾向于后一种观点，因为人类的祖先可能在还没有进化为智人的时候，以动物特有的本能更容易感知季节冷暖。在进化成智人之后，即便是观察动植物的变化也能大致地判断季节变化，这也就是最早的“物候历”。人类狩猎和采集的历史远远长于农耕的历史，而农耕出现的历史也早于较精确的天文历法诞生的历史，特别是在较精确的天文历法出现之后，并未见农业产量有根本性改变的证据，因为农业活动对时间的要求并不需要精确到哪天哪时哪刻。相关的历史文献的记载也都表明，各个朝代的改历、制历都是为了服务于星占的预测更准确，而颁布历法服务于农业只是其副产品。

古代历法的发展大致经历了如下几个阶段：第一个阶段为所谓“物候历”阶段，即通过观察动植物变化，以及其他如水的冻融现象和自身感知等来判断季节变化的阶段。如“九九消寒歌”：一九二九不出手，三九四九冰上走，五九六九沿河看杨柳，七九河开，八九燕来，九九加一九，耕牛遍地走。“九九消寒歌”体现了我们今天依然熟知的冬春交界之际气候冷暖的一般规律。第二个阶段为通过观察周围自然变化和直观的天象变化来综合判断季节变化的阶段。第三个阶段为“观象授时”阶段，即主要依靠天文观测来判断季节变化的阶段。第四个阶段为主要利用数学方法做出推算的历法阶段。在前三个阶段内，人们自觉地视天体为具体的神祇，一切天文现象都受神秘的力量支配，并具有某种暗示性；大约在进入第四个阶段的前夜，以天体为代表的天神就已经分化了，其中与天文相关的部分越来越抽象。第四阶段大概开始于春秋时期，但直至中国古代社会的中后期，“天神”的概念几乎一直是“深入人心”的，无论是抽象的还是具象的。

中国从产生于春秋时期的“古六历”以下，天文历法有着明确的传承关系。在历史文献中多载有与原始的天文历法相关的内容，这些内容源自原始的自然崇拜之天体及天象内容崇拜（后者如天体的拱极现象）。中华民族属于多源头起源的民族，若参考从有文字记载的殷商至今，融合（兼并）、分裂、再融合的过程极其复杂，并且殷商之际的主要部族（或曰族团）已经具有了相当的规模。那么可以想象的是，从旧石器时代晚期至殷商结束漫长的时间内，从无数原始氏族直至初级国家产生，这一历史过程的复杂程度绝不会亚于殷商以后。其中包括从原始氏族、小部落先融合成较小酋邦，再融合成较大酋邦的情况（进入高级阶段）；也会有原始小部落被直接融合入较大酋邦甚至是国家等情况。在民族融合的过程中，必然会伴有各种复杂情况的文化与知识的融合，其中较重要的内容是天文知识和历法知识。原始天文历法起源的上限，可能会远超出我们的想象或有限的考古证据，河南濮阳西水坡遗址的相关内容就是很好的实例。又因为在形成较大酋邦复杂的融合或兼并的过程中，也不一定就是强势集团的文化要兼并弱小集团的文化，清朝被汉族文化所同化也是极好的实例。因此，散乱的天文知识及原始天文历法等，是在哪一历史阶段及在哪一地区的民族率先认知并使用的，又有哪些原始天文历法是交叉使用的等一系列问题，特别是具体到由哪个人发明的等问题，肯定是无法考证清楚的。

笔者在前面已经阐述了“文献的中国远古史”与“考古的中国远古史”相对照联系的难度，也有很多学者试图利用现代天文学的计算方法，依据文献中的相关内容去推算历史。从目前已知的结果来看，原本目的为“正实”，最后都成为了“证伪”，如前面所举的以“四仲星”推算帝尧所处的年代。原因很简单，如果文献本身记录的并不是真实的历史，而特别掺杂了很多神话内容，那么“正实”的工作必定最终成为“证伪”的工作。当然，这并不是说远古的天文活动和成就是“伪”，而是与具体的“历史人物”相关联的内容，因为非当时的文字记载，终究不可靠。但无论“实”与“伪”，都为天神的产生完成了原始的铺垫。

（一）天官体系

天文学的基础工作之一便是给众多可见的天体建立天球坐标系统，常用的坐标系统有地平坐标系统、赤道坐标系统和黄道坐标系统等。由于天体的数量太多，所以坐标系统内天体的编号要以星座（相邻天体的集合）为上一级约定单位，星座本身也反映了古人对星空观察与记忆的初始过程。一般我们所见的星图，就是依据某一时刻点（如公元 2000 年春分）恒星等天体在天球上的具体位置和特定的坐标系统（如赤道坐标系统）编制的。现代国际标准星图共有 88 个星座，它们来源于两个体系：其一主要是地球赤道带南北和北方天空的星座，北方的最早由两河流域的苏美尔人创造，其名称特点是名称主要与游牧生活有关。这一体系的星座后来被古希腊人继承并发扬，星座的名称又多与希腊神话有关联。其二为地球偏南方天空的星座，出现的时间较晚，其特点是名称主要与西方国家寻找新大陆的航海活动有关。

中国古代星座大部分自成系统，也曾受外来文化的影响。中国古人把天体称为“天官”，星座及星图便称为“天官图”。“天官”这一称谓本身就预示着天体具有超越纯粹自然属性且高于人类自身属性的神秘色彩。在《史记·天官书》中，把以黄河流域全天可见星空分为“三垣四象二十八宿”［此外还有“十二星次”系统，详见（三）中解释］，即以北极点（不一定是现在的北极星）为基点，集合周围各星座合为一区，称为“紫微垣”；“二十八宿”的标注星座位于“黄道带”附近（但具体的“宿”之南北并不限于此）。《说文》：“宿（xiù），止也。”实际上“宿”只有东西界限而无南北界限。我们可以把以地球中心为中心的一个球形空间称为“天球”，其半径也就是我们站在地球表面目视“感觉”的半径再加地球半径。“黄道”就是太阳在天球中运行的轨迹（实为地球绕太阳运行的轨迹），其南北各 8 度的区域称为“黄道带”，月亮、八大行星、大多数小行星等的运行轨迹都集中在这一区域。二十八宿中每宿的赤经范围并不均匀（古巴比伦天文学也存在相同的系统，以 31 星作为参照系）。因为土星公转周期约为 28 年，每年在天空背景中只移动一小段距离（平均不足 13 度），所以中国古人把土星每年运行（或曰所停留）的区域及南北称为一宿（土星的视运动轨迹也并不均匀）。因此土星又称“填星”，就是每年填充一宿的意思。二十八宿排序从“角宿”开始，七宿一组，共四组，又为“四象”“四灵”等。二十八宿自西向东（与太阳周年运行方向一致）依次为“东方苍龙七宿”（角、亢、氐、房、心、尾、箕）、“北方玄武七宿”（斗、牛、女、虚、危、室、壁）、“西方白虎七宿”（奎、娄、胃、昴、毕、觜、参）、“南方朱雀七宿”（井、鬼、柳、星、张、翼、轸）。

紫微垣以南，星、张、翼、轸、角等五宿以北的星区是“太微垣”（大致相当于标准星图室女、后发、狮子等星座的一部分）。

紫微垣以南，房、心、尾、箕、斗五宿以北的星区为“天市垣”（大致相当于标准星图武仙、巨蛇、蛇夫等星座的一部分）。

垣就是城墙，所以“三垣”就如同天上各自有城墙的三个区域。紫微垣比附人间的宫殿区；太微垣比附人间政府的最高行政办公区等；天市垣比附人间的贸易交易区等。在大约从春秋战国时期至宋朝以前，中国大多数的城市格局是城内各个区域都可独自封闭，即所谓的“闾里制”或“里坊制”，交易的市场也不例外，便于日落后宵禁管理，二十八宿比附臣民居住区等。“四象”可能最早来源于远古时期的原始图腾（图 2-12 ～图 2-14）。

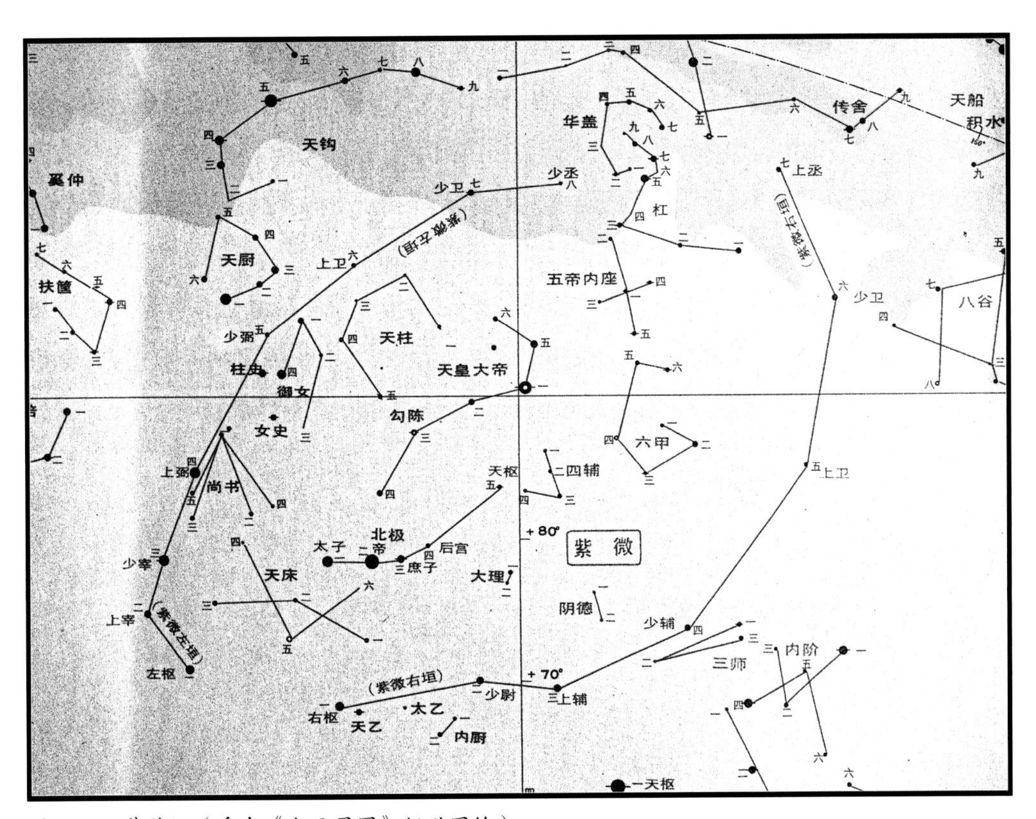

图 2-12　紫薇垣（采自《全天星图》伊世同绘）

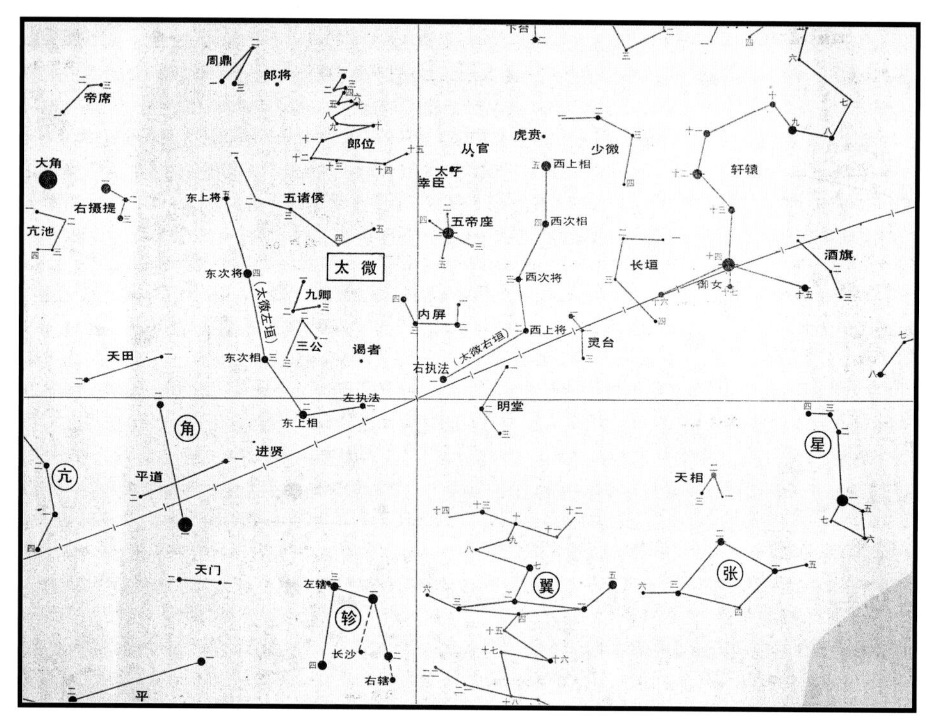

图 2-13 太微垣（采自《全天星图》伊世同绘）

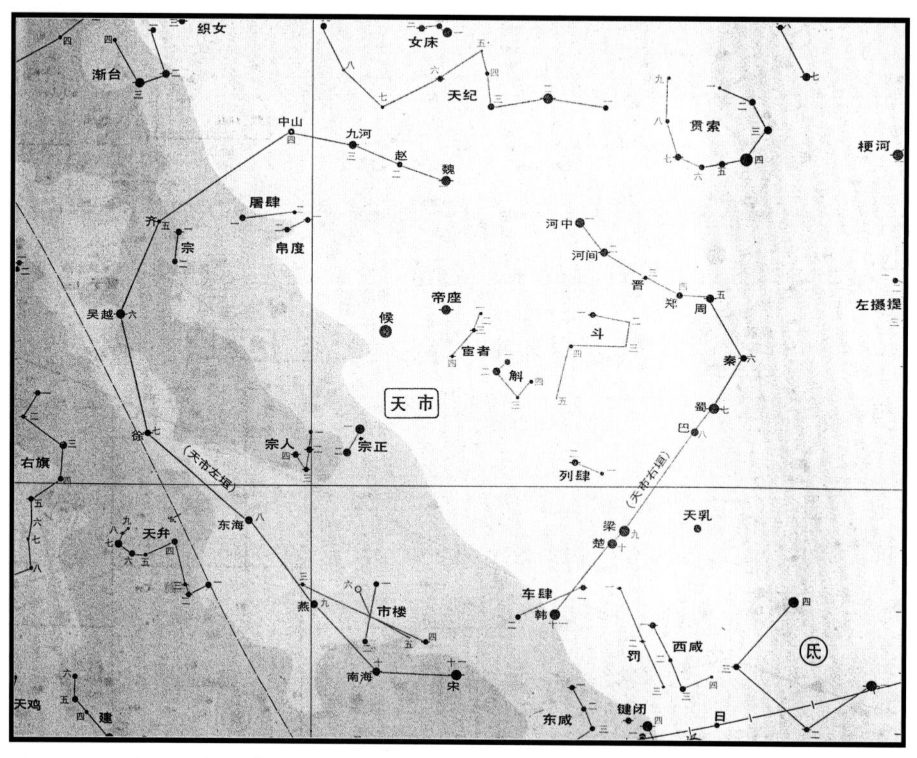

图 2-14 天市垣（采自《全天星图》伊世同绘）

从以上描述的三垣四象二十八宿具体名称可知，“天官”不但具有神秘色彩，还具有等级色彩。在以天体或天文现象为天神的原始宗教崇拜中，相关内容可分为如下类型：其一是最明亮、最大的天体，即太阳和月亮；其二是可以作为时间标志的亮恒星，如心宿二（天蝎座 α）等，以此再延及其他恒星；其三是五大行星；其四是天球赤道坐标系统的极轴和北极点，因为古人认为一切天体都是依靠一种“神秘”的力量围绕其旋转；其五是从天文历法等知识中延伸出来的神秘数字及其形象等。后者特别重要。

（二）阳历、阴历、阴阳历

所谓阳历，就是以地球围绕太阳公转的运动周期为基础而制定的历法。最古老的制定依据是观察太阳在日出与日落时的位置，如，春分和秋分前后，日出和日落的位置分别位于地平线的正东和正西；冬至前后，日出和日落的位置分别位于地平线的正东偏南和正西偏南；夏至前后，日出和日落的位置分别位于地平线的正东偏北和正西偏北。假设每天观察太阳视运动的速度基本是匀速的，那么夏至太阳运行的距离最长，所以白昼最长，反之冬至白昼最短，而春分、秋分白昼与黑夜基本等长（还要看春分与秋分点的具体位置）。我们现在知道，四季及昼夜之长短变化是地球公转的轨道（太阳视运动的“黄道”）与地球自转的轨道即“天球赤道”（可以认为是地球赤道的放大投影）之间有大约 23.5 度的夹角造成的。《山海经》中的相关内容可能就是这种直接观测太阳方法的痕迹，陈久金先生总结为：

大荒东南隅（正东偏南）：“大荒之中，有山名曰‘大言’，日月所出。”“大荒之中，有山名曰‘合虚’，日月所出。”

东海之渚（正东）：“大荒之中，有山名曰‘孽摇頵（yūn）羝’……一日方至，一日方出。”“大荒之中，有山名曰‘鞠明俊疾’，日月所出。”

大荒东北隅（正东偏北。但以下两座山可能因古代多次编辑的原因错置于东南隅，如其后有“司幽之国”，而“幽”常与北相连，故应该位于东北隅，才可使得各座山的位置对称）：“大荒之中，有山名曰‘明星’，日月所出。”“大荒之中，有山名曰‘鞠陵于天’……日月所出。”

西北海外（正西偏北）：“大荒之中，有山名曰‘丰沮玉门’，日月所入。”“大荒之中，有龙山，日月所入。”

西海渚中（正西）：“大荒之中，有山名曰‘日月山’，天枢也，吴姬大门，日月所入。”“大荒之中，有山名曰‘鏖（áo）鏊（áo）巨’，日月所入者。”

西海之南（正西偏南）："大荒之中，有山名曰'常阳之山'，日月所入。""大荒之中，有山名曰'大荒之山'，日月所入。"

《山海经》中表述的太阳出没的不同位置，大致反映了古人对于太阳出没位置与季节关系的认识。但这种直接观察太阳的方法会因太阳太大、光线太刺眼而很难精确。因此远古时期的中国、古埃及和两河流域国家，发明的更精确的观测方法是"偕日法"，即观察太阳升起前或落下后，东方或西方地平线上恒星出现的情况，亦即"偕日升"法（旦见东方）或"偕日落"法（昏见西方）。如屈原的《天问》中有"角宿未旦，曜灵安藏？"曜灵即太阳。假如某日在太阳升起前恰好能看到"角宿一"（现标准星图室女座α星）刚刚跃出地平线，这颗恒星就可以看作是"偕日升"，也就是太阳目前的位置在这颗恒星以东偏下一点。连续观察会发现每隔一段时间，"偕日升"的会是不同的恒星，也就是预示着太阳处于天球黄道的不同位置了。如果连续观察一年，就能观察到在一年时间里太阳在天球黄道恒星背景中运行了一圈。几乎恰到一年时间（详解见后），太阳和最初观察的"角宿一"就会循环出现在初始观察的位置上。古巴比伦人因此发明了"黄道十二宫"，就是每年不同的月，太阳会出现在不同的天空区域。在中国，古人后来又发明了"冲日法"，观察日出前或日落后在正南方出现的恒星的变化情况，即"旦见南天"或"昏见南天"。后世传统历法以日出前两刻半为"旦"，日落后两刻半为"昏"。其实"冲日法"与"偕日法"的原理是相同的，但因黄道带附近恒星"中天"时（位于南北子午线上）的位置一定会高出地平线不少，观测时受大气扰动影响小，天空背景也相对暗一些，因此比"偕日"法更容易精确观测。《尧典》中所说的"日中星鸟，以殷仲春（春分）……日永星火。以正仲夏（夏至）……宵中星虚，以殷仲秋（秋分）……日短星昴，以正仲冬（冬至）"反映的就是天文观测的"冲日法"。

古埃及和两河流域文明国家从"偕日法"发展并最终使用了"天球黄道坐标系统"，即以太阳在天球上的周年视运动轨道面为基准的坐标系统，黄极轴线垂直于黄道面圆心。西方直到公元16世纪后期，第谷革新天文仪器，才开始使用赤道坐标系统。而中国古代从"冲日法"发展使用了"天球赤道坐标系统"或"伪黄道坐标系统"。"伪黄道坐标系统"虽然有着符合实际情况的黄道平面，却从来未能定义黄极轴线，而是利用从天球赤道坐标系统的北极向南方延伸的赤经线与黄道面的相交点来量度天体位置，这样所得之值与正确的黄经、黄纬都不相同。这一现象的原因是中国古代在几何学方面一直不够发达。

另外，中国古代还发明了“立表测影法”，即冬至日正午太阳照射物体的阴影最长，夏至日正午太阳照射物体的阴影最短，以此循环规律来确定一个回归年长度。但无论用何种方法，直至战国中期以前，测得一个回归年的精度都介于365天至366天之间（图2-15）。按照天文学的概念，回归年是指平太阳连续两次通过春分点的时间间隔，如公元1980年—公元2100年，回归年平均为365.2422天。因此现代天文学规定平年为365天，闰年为366天，即在2月增加1天（普通闰年：公历年份是4的倍数，且不是100的倍数；世纪闰年：公历年份是整百数）。

图2-15　《尧典》中的“夏至致日图”（采自《中国天文考古学》）

仅对于服务农业生产来讲，即便是不甚精确的太阳历也已经足够用了，但观测太阳或恒星的方法毕竟周期较长，而人们又不可能忽视月亮的存在，月亮的运行变化也有周期性的规律可循，并且有周期短、更易于观察的优点，因此以观察月相周期变化制定的阴历也就自然而然地成为了另一种方便实用的天文历。

所谓阴历，在天文学中指按月亮的月相周期来制定的历法。以月球自西向东绕行地球一周为一月，但实际上在一个“朔望月”可观察的时间中，月球绕行地球超过一周。我们把月球视运行的轨道称为“白道”，白道与黄道以5度9分而斜交，所谓“月球绕行地球一周”，表现为白道与黄道相交两次，平均历27日7小时43分11.5秒（27.3217天），为月球公转一周所需的时间，谓之“恒星月”。但当“月球绕行地球一周”时，地球因公转而位置也有变动，计自西向东前进了27度余，而月球每日行13度15分，故月球自合朔绕地球一周复至合朔，平均实需29日12时44分2.13秒（29.5306天），谓之“朔望月”。我们常说的一个月，即指“朔望月”而言，也就是实际观察的周期。在一个朔望月中，通常“晦日”和“朔日”两天看不见月亮，又以月圆之“望日”作为区分上、下半月的标准。在此我们已经三次提到“平均”，是因为星球环绕的轨道均为椭圆形，且黄道、白道都不与天球赤道重合，地球和月亮的运动速度也并不均匀，因此每月白道与黄道相交的周期并不完全相同。例如“朔望月”是在 29 天 19 小时多至 29 天 6 小时 4 分多之间徘徊，加上如纬度等因素影响，实际观察到的月亮望、朔周期，会在 29 至 31 天之间变化。

使用阴历，虽然有月相易于观察的方便性，但因为“朔望月”的周期不是整天数，“朔望月”的整倍数又不是一个完整的回归年，仅参照“朔望月”的变化制定的历法，连续使用就容易产生实际季节的错乱［365.2422/29.5306=12.3683（月）］，因此阴历与阳历对照使用，才有既准确又方便的特点。

所谓阴阳历，在天文学中就是综合了阴历与阳历内容的历法。平均历月等于一个朔望月，平均历年为一个回归年，并在阴历的闰年设置闰月（增加一个月），以使在一定年限内朔望月与回归年不连续地产生矛盾（注意：阳历的闰年与阴历的闰月之间没有必然的联系，在“阳历”中，每月的月初与月终等与实际的“月相”并不对应）。另外，又加进能单独反映太阳运行周期的“二十四节气”。我国汉族较早使用的“古六历”（黄帝历、颛顼历、夏历、殷历、周历、鲁历，其实产生的年代均不早于春秋末期）和以后使用的历法都属于阴阳历。汉族使用的阴阳历在“文革”时期被改称为“农历”。

二十四节气分别为：立春、雨水、惊蛰、春分、清明、谷雨；立夏、小满、芒种、夏至、小暑、大暑；立秋、处暑、白露、秋分、寒露、霜降；立冬、小雪、大雪、冬至、小寒、大寒。其中逢单数的称为“节气”，其余间隔的称为“中气”。以二十四个节气配十二个月，每个月的月初到月中为“节气”，月中之后为“中气”。在具体置闰月的规定中，曾采用 19 年置 7 闰的闰周，唐代的《麟德历》时废除了固定闰周，采用无中气月置闰，因此是该闰时置闰。当遇到无中气之月时，定为上月的闰月（如，把按照顺序排到的九月称为“闰八月”），这就决定了在十二个月中，每个中气固定在一个月中，在有闰月的年份，中气可以在初一至三十之间变动，但绝不会超出这个月的范围，例如夏至只能在农历五月，秋分只能在农历八月等。节气本定在每个月的月初，遇到有闰月的年份，它会在上个月的十六到这个月的十五之间移动，所以有的年份没有立春节（归到了上一年），而有的年份会有两个立春节。1 个“闰月”一般为 19 天，较少为 18 天，罕见为 20 天。

（三）“十月太阳历”与阴阳五行

中国有文字记载并有具体天文内容的第一部天文历法为《夏小正》（军事与祭

祀为“大正”，农事渔猎等经济活动为“小正”），据传是夏代使用的历法，但因我们可见的内容最早收录于西汉中期戴德编辑的《大戴礼记》中，因此一般认为《夏小正》最早撰写于春秋战国时期。传统的观点认为《夏小正》是结合了物候历的十二月历，至少其文字也是这样表达的，如：

“十一月：王狩。狩者，言王之时田也，冬猎为狩。陈筋革。陈筋革者，省兵甲也。啬人不从。不从者，弗行。于时月也，万物不通。陨麋角。陨，坠也。日冬至，阳气至，始动，诸向生皆蒙蒙符矣，故麋角陨，记时焉尔。

十二月：鸣弋。弋也者，禽也。先言‘鸣’而后言‘弋’者，何也？鸣而后知其弋也。元驹贲。元驹也者，蚁也。贲者，何也？走于地中也。纳卵蒜。卵蒜也者，本如卵者也。纳者，何也？纳之君也。虞人入梁。虞人，官也。梁者，主设罔罟者也。陨麋角。盖阳气旦睹也，故记之也。”

刘尧汉、卢央合著的《文明中国的彝族十月历》，以及陈久金、刘尧汉、卢央合著的《彝族天文学史》中均提出，目前我国西南的某些彝族地区仍在使用一种“十月太阳历”（或称为“阴阳五行十月历”），其基本内容为：一年被分为10个“阳历月”，每个阳历月36天，合计360天。另有5至6天为“过年日”，不计在阳历月内；以12生肖计日，并与汉族的12生肖相对应。另外，刘尧汉先生还论证了彝族虎历和虎图腾崇拜。又因相传黄帝族、尧帝族和现在的彝族都属于古西羌族的后裔，由此联想到《夏小正》应该属于“十月太阳历”。如果这一结论是正确的，将对很多相关内容的解读产生深刻的影响。陈久金等论述《夏小正》属“十月太阳历”的主要论据如下：

（1）《夏小正》有星象记载的月份只有1月至10月，11月和12月没有星象记载，1月至10月星象记载如下：

正月：“鞠（虚宿一，宝瓶座β星）则见；初昏参（参宿二，猎户座ε星）中（位于‘中天’即南北经线上）。”

二月：“斗柄（北斗开阳和摇光，大熊座ζ星和η星）悬在下（指向正南）。”

三月：“参则伏。”

四月：“昴（金牛座17星）则见；初昏南门（南门二，半人马座α星）正（位于正南）。”

五月：“参则见；时有养日（白天最长）；初昏大火（心宿二，天蝎座α星）中（位于中天）。”

六月：“初昏斗柄正在上（指向正北）。”

七月："汉（银河）案户；初昏织女（织女一和二，天琴座α星和ε星）正东乡（向）；斗柄悬在下则旦。"

八月："辰则伏；参中（位于中天）则旦。"

九月："内火（大火星淹没于日光中）。……辰系于日。"

十月："初昏南门见；时有养夜（黑夜最长）；织女正北乡（向）则旦。"

因此推测11月和12月的内容可能是后人根据后来流行的每年12月的历法习惯添加的。从这些记载还可以看出，1月至10月各月太阳所行经的经度大致相等，平均每月日行35度余。这表明它是把一年分为十个月。如果一年分为十二个月，那么每月日行应为30度多。

（2）从参星出现的情况看，从"正月初昏参中"，日在危宿，到三月"参则伏"，日在胃宿，再到五月"参则见"，日在井宿，每月日行都是35度。从五月"参则见"，日在井宿到下年正月"初昏参中"，日在危宿，相隔210余度，若以一年十个月计，相隔六个月，每月日行也是35度余；若以一年十二个月计，则相隔八个月，每月日行26度，显然不合理。

（3）从北斗斗柄指向看，《夏小正》中的正月"县（悬）在下"，六月"正在上"。从指下（南）到指上（北）为五个月。由于一年四季斗建辰移是均匀的，斗柄由上指回到下指也应是五个月。这也说明《夏小正》是十月历。

（4）《夏小正》五月物候与农历六月物候一致，以后渐渐出现差距，七月中出现了农历八、九月才有的物候，如"秀雚苇""寒蝉鸣"。九月"王始裘"，相当于农历的十月底十一月初，所以十月已进入全年最寒冷的季节了。

（5）《夏小正》五月"时有养日（白昼最长，即夏至）"，十月"时有养夜（黑夜最长，即冬至）"。从夏至到冬至只有五个月。那么，从冬至到夏至也应该是五个月。合起来一年正好是十个月。

（6）五行的起源也与十月太阳历相关。《白虎通·五行篇》有："言行者，欲言为天行气之义也。"《春秋繁露·五行相生》有："天地之气，合而为一，分为阴阳，判为四时，列为五行。行者，行也。其行不同，故谓之五行。"这些文字包含两层意思：一是五行中的"行"是行动、运动，而不是物质，五行就是一年之中五种不同气的运动；二是五行与四季相对应，四季将一年分为四个阶段，五行则是把一年分为五个阶段。《五帝本纪》中有"治五气"，气的含义与节气之气相同。

再如，《尚书·皋陶谟》有"抚于五辰"，《诗传》："辰者，时也。"《礼运》："播五行于四时，故五时谓之五辰。"《左传·昭公元年》："分为四时，序为五节。"

古时“时节”“时辰”并称。《白虎通•德论》：“行有五，时有四，何？四时为时，五行为节。”《春秋纬•说题辞》：“《易》者，气之节，含五精，宣律历。上经象天，下经计历。”

以上文献中“四时”为四季，那么“五时”就是五季，十月太阳历以两个阳历月为一季。关于“辰”的详细解释将在以下两小节中展开。

中国古代文献中不但记载有五辰(时)，还记载了对应于五辰的“五灵”，《淮南子•天文训》中称为东方苍龙、南方朱雀、中央黄龙、西方白虎、北方玄武。这说明中国古代有除了将黄道带分为对应于十二个农历月四季的四灵或四象外，还有对应于十个太阳历月五季的五灵或五象。简单地说，五象的分法就是在四象朱雀与白虎中插入“黄龙”，它实际上就是指星空中的轩辕星座（位于现标准星图的狮子和天猫座）。

《尔雅•释天》：“月，在甲曰‘毕’，在乙曰‘橘’，在丙曰‘修’，在丁曰‘圉’（yǔ），在戊曰‘厉’，在己曰‘则’，在庚曰‘窒’，在辛曰‘塞’，在壬曰‘终’，在癸曰‘极’：月阳（只有10个）。

正月为‘陬’（zōu），二月为‘如’，三月为‘寎’（bǐng），四月为‘余’，五月为‘皋’，六月为‘且’，七月为‘相’，八月为‘壮’，九月为‘玄’，十月为‘阳’，十一月为‘辜’，十二月为‘涂’：月名。”

这可能是十个月与十二个月两种不同历法体系中不同月名的对照叙述。

《大荒东经》：“东海之外，甘水之间，有羲和之国。有女子曰羲和，方浴日于甘渊。羲和者，帝俊之妻，生十日。”《大荒西经》：“大荒之中，有女子方浴月。帝俊妻常羲，生月十有二，此始浴之。”这又是十个太阳与十二个月亮对照，很显然，十二个月亮就是比喻阴历的十二个月，那么十个太阳就应该是比喻太阳历的十个月。

最重要的对照文献是《管子•四十一章•五行》：

“作立五行，以正天时。人与天调，然后天地之美生。

日至，睹甲子，木行御。天子出令，命左右士师内御。总别列爵，论贤不肖士吏。赋秘，赐赏于四境之内，发故粟以田数。出国衡顺山林，禁民斩木，所以爱草木也。然则冰解而冻释，草木区萌，赎蛰虫卵菱。春辟勿时，苗足本。不疠雏鷇（kòu，幼鸟），不夭麑（ní，幼鹿）麇（jūn，獐子），毋傅速。亡伤襁褓。时则不调。七十二日而毕。

睹丙子，火行御。天子出令，命行人内御。令掘沟浍（kuài，田间水沟），津旧涂。发藏，任君赐赏。君子修游驰，以发地气。出皮币，命行人修春秋之礼于天下，诸侯通，天下遇者兼和。然则天无疾风，草木发奋，郁气息，民不疾而荣华蕃。七十二日而毕。

睹戊子，土行御。天子出令，命左右司徒内御。不诛不贞，农事为敬。大扬惠言，宽刑死，缓罪人。出国司徒令，命顺民之功力，以养五谷。君子之静居，而农夫修其功力极。然则天为粤宛，草木养长，五谷蕃实秀大，六畜牺牲具，民足财，国富，上下亲，诸侯和。七十二日而毕。

睹庚子，金行御。天子出令，命祝宗选禽兽之禁、五谷之先熟者，而荐之祖庙与五祀，鬼神享其气焉，君子食其味焉。然则凉风至，白露下，天子出令，命左右司马内御。组甲厉兵，合什为伍，以修于四境之内，谀然告民有事，所以待天地之杀敛也。然则昼炙阳，夕下露，地竞环。五谷邻熟，草木茂实，岁农丰，年大茂。七十二日而毕。

睹壬子，水行御。天子出令，命左右使人内御。其气足，则发而止；其气不足，则发门撊（xiàn，凶猛）渎盗贼。数劋（jiǎo，砍削）竹箭，伐檀柘。令民出猎禽兽，不释巨少而杀之。所以贵天地之所闭藏也。然则羽卵者不段，毛胎者不赎，孕妇不销弃，草木根本美。七十二日而毕。”

这可能就是一部完整的与农事相关的历书，与《夏小正》《礼记·月令》的内容和性质完全相同。不同之处仅在于《礼记·月令》为十二个月，《夏小正》为十个月，《管子·五行》为五季。《管子·五行》以冬至为岁首，也属于十月太阳历。《孔子家语·卷六·五帝》说：“天有五行，水、木、金、火、土，分时化育，已成万物。”三国时期魏国大臣王肃注曰：“一岁三百六十日，五行各主七十二日也。”

另外，《管子·幼官图》中的五方星、十图、三十节气，也是一年十个月的太阳历。中国历史上的太阳历还有东汉末年出现的道教的《二十四气历》，后来演变为《二十八宿旁通历》，宋代沈括《十二气历》的方案就是在它们的启发下提出的。

按照现在的天文学理论严格地讲，以恒星为标志和以太阳为标志的历法是不一样的，认为《夏小正》为“十月太阳历”的说法本身还有欠妥之处。因为以四季构成的一年就是一个“回归年”，也称“太阳年”，现代历法规定是太阳中心从春分点再到春分点所经历的时间。但因为“岁差”的原因，使得地球自转轴的指向，有以大约26000年为周期近似圆周的摆动（以“黄极”点为中心），又因我们常用的天球坐标系统是以地轴及其延长线和天赤道为坐标基准的，当地轴指向发生变化时，天球坐标系统就跟着变化。如果以天球赤道与黄道的“升交点”确定为春分点，当天球赤道位置随岁差变化时，春分点就沿黄道逐年稍微向西退行（西移），结果太阳从春分点开始运行再次到春分点时，地球公转并不满360度，而是差了约50分（公转轨迹没有交圈）。而“恒星年”，即地球绕太阳一周360度实际所需的时间间隔，也就是从地球上观测，以太阳参照某一恒星在某位置上为起点运动（如“携日升”），当太阳再回到这个位置（地球公转轨迹正好一圈）时所需的时间，比回归年稍长。因此“十月太阳历”改称为“十月恒星历”更准确，但在岁差发现之前，古人还无法理解太阳历和恒星历（星象历）的微差（约差 0.29 小时）。

“十月太阳历”的形成与远古时期对太阳神的崇拜有关，后羿射日的神话可能与民族融合后的历法改革有关，这一内容将在下面有关章节中进一步阐释。另外，阴阳五行的观念也可能产生于“十月太阳历”。再有可以肯定的是，“十月太阳历”并非夏代及之前所有族团使用的历法，新石器时代的很多考古发现都说明，与十二月历相关的“两分”“两至”概念早已形成，如河南濮阳西水坡遗址墓葬所反映的天文观念等。

（四）四“大辰”

《春秋公羊传》记载了昭公十七年一颗彗星出现于大辰，作者自问自答地说：“大辰者何？大火也。大火为大辰，伐为大辰，北辰亦为大辰。”

“大火”位于苍龙七宿（角、亢、氐、房、心、尾、箕）的心宿，即“心宿二”，在现代标准星图中为天蝎座 α 星。除去龙角（角宿），心宿靠近龙身体的中心，也就是心脏的意思，参见图 2-11、图 2-16。

《诗经•七月》有“七月流火”（七月时大火星像流星一样很快西落）；《夏小正》有八月“辰则伏”（隐伏在日光下看不见了）、九月“内火”（淹没于日光之内）等记载；《左传•昭公十七年》有“炎帝氏以火纪，故火师而火名”。《尸子》有：“燧人察辰心而出火。”“燧人上观恒星，下查五木，以为火也。”《左传•襄公九年》：“陶唐氏火正阏伯，居商丘，祀大火而火纪时焉。相土（商祖）因之，故商主大火。”

以上文字是说远古时期先民有祭祀大火星并以大火星纪历授时的传统，这一传统后来被商人所继承。如，“己巳卜，争（贞）：火，今一月有雨。”“癸卯卜，贞：侑启龙，王祉，受侑佑？”其中“侑”为“侑祭”，是报答神祇恩赐护佑之祭。殷商历法只有春、秋两季，以干支纪日，以数字纪月，岁首相当于农历的九至十月间。

《左传•昭公元年》记载了一个有趣的故事：

晋平公有病，郑伯派子产去到晋国聘问，同时探视病情。叔向询问子产说：“寡君的疾病，卜人说‘是实沈、台骀（tái）在作怪’，太史不知道他们，谨敢请问这是什么神祇？”

子产说：“从前高辛氏有两个儿子，大的叫阏伯，小的叫实沈，都住在大树林里，但不能相容，每天使用武器互相攻打。帝尧认为他们不好，于是把阏伯迁移到商丘，用大火星来定时节。商人沿袭下来，所以大火星成了商星。把实沈迁移到大夏，用参星来定时节，唐人沿袭下来，以归服事奉夏朝、商朝。它的末世叫作‘唐叔虞’。正当武王的邑姜怀着太叔的时候，梦见天帝对自己说：‘我为你的儿子起名为‘虞’，准备将唐国给他，属于参星，而繁衍养育他的子孙。’孩子生下来，发现他掌心有像‘虞’字的纹路，就名为‘虞’。等到成王灭了唐国，就封给了太叔，所以参星是晋国的星宿。从这里看来，实沈就是参星之神了。从前金天氏有后代叫作‘昧’，做水官，生了允格、台骀。台骀能世代为官，疏通汾水、洮水，堵住大泽，带领人们住在广阔的高平的地区。颛顼因此嘉奖他，把他封在汾川，沈、姒、蓐、黄四国世代守着他的祭祀。现在晋国主宰了汾水一带而灭掉了这四个国家。从这里看来，台骀就是汾水之神了。”

上述故事中，子产讲述的至少属于在历史内容中掺糅进了更早的神话内容。故事的前面主要讲述了高辛的两个儿子分别崇拜“商”和“参”，并以它们来确定历法。商就是大火星，参就是位于西方白虎七宿（奎、娄、胃、昴、毕、参，觜）中的参宿。参有“三”的意思，主要指参宿一、二、三，也就是现代标准星图猎户座中腰三星，本小节开头所引《春秋公羊传》文中的“伐”为这三星之下的三星，后世认为它们处于白虎头面的部位（图 2-16、图 2-17）。

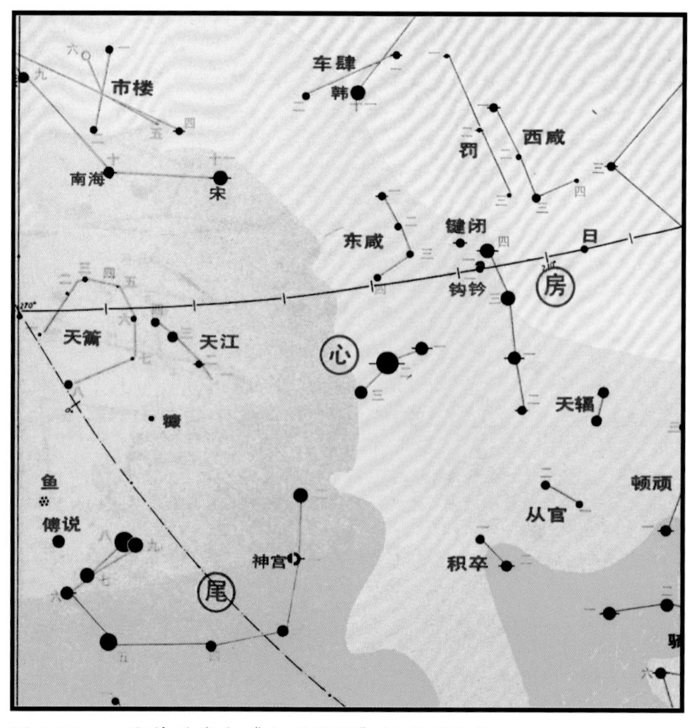

图 2-16　心宿等（采自《全天星图》伊世同绘）

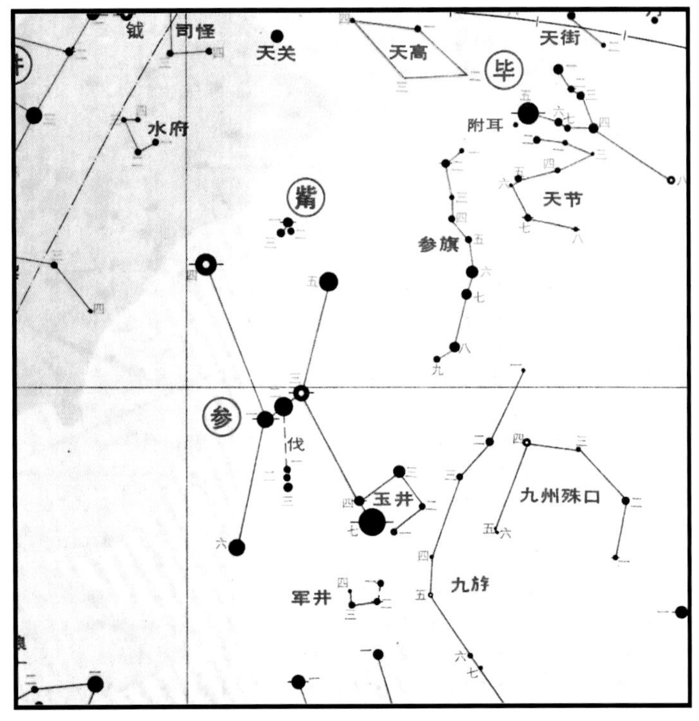

图 2-17　参宿等（采自《全天星图》伊世同绘）

参宿与心宿（又名“商宿”）亦即龙心与虎头在黄道带上相距约 180 度，并且是黄道带最明亮的两个星座，以它们为确定季节的标准星是再适合不过了。在汉画像砖（石）中，有很多以龙和虎组成一组图案的形象（图 2-18）。除上则故事和《夏小正》外，《诗经·唐风·绸缪》也间接地反映了参宿在时间历法方面的参照作用：

图 2-18　汉画像砖（石）“龙虎图”（采自《天文考古通论》）

“绸缪束薪，三星在天。今夕何夕，见此良人。子兮子兮，如此良人何！

绸缪束刍，三星在隅。今夕何夕，见此邂逅。子兮子兮，如此邂逅何！

绸缪束楚，三星在户。今夕何夕，见此粲者。子兮子兮，如此粲者何！”

郭沫若认为，“辰”就是古代耕器。作贝壳形，就是蜃（shèn，大蛤蜊）器，故辱、耨诸字均从辰。《淮南子•氾论训》曰：“古者剡（shàn）耜（sì）而耕，摩（磨）蜃而耨（nòu）。”而星之名“辰”，是因为星象也与农事攸关。在《山海经》中，西方之神是虎神，名“蓐收”，也是秋季收割季节之神、五行之金神。郭沫若又把“辰”引申为石磬的形象，即模仿两壳张开的河蚌制作的石磬，最早用来敲击报时（注1）。故凡有震动、开合等之意的字体多从“辰”字，如“振”“娠”“唇”等。河蚌开合又如双扇门开合，屈原的《天问》中有“何阖（hé，关闭）而晦？合开而明？”一昼一夜就如“天门”的一开一合，因此“北辰”就是位于北方的“天门”，位置就在北极一带。《史记•天官书》说：“中宫天极星，其一明者太一长居也。”唐司马贞《索引》引《文耀钩》说：“中宫大帝，其精北极星，含元气出，流精生一也。”因此北极星就是天中至上神的垂象。但众星旋绕点（至上神、天门的方位）为什么不是在天顶而是在倾斜的北极？如《天问》：“斡（guǎn）维焉系，天极焉加？八柱何当，东南何亏？”可以翻译为：“天轴的绳子系在何处？天极遥远延伸到何方？八个擎天之柱撑在哪里？大地为何地陷东南？”在中国的远古、上古和中古时期，都没有自主形成地球的概念，因此回答这类问题的也只有神话了。先秦《列子•汤问》说：“昔者共工与颛顼争为帝，怒而触不周之山，天柱折，地维绝。天倾西北，故日月星辰移焉；地不满东南，故水潦尘埃归焉。”这个神话在《淮南子•原道》（西汉）、《雕玉集•壮力》（唐）、《史记•补三皇本纪》（唐）、《路史•太昊纪》（南宋）中，又演绎为共工与高辛、神农、祝融、女娲之争。

在前面介绍《夏小正》相关内容时已经涉及用北斗星确定季节的方法，北斗星也被称为“大辰”。因为所有天体的拱极旋转现象是夜夜可见的天文奇观，这在古人眼中非常神秘，《庄子•天运篇》说：

“天其运乎？其地处乎？日月其争于所乎？孰主张是？孰维纲是？孰居无事推而行是？意者其有机缄而不得已乎？意者其运转而不能自止邪？……”巫咸袑（招）曰：“来，吾语女（汝）。天有六极五常，帝王顺之则治，逆之则凶。九洛之事，治成德备，监照下土，天下戴之，此谓‘上皇’。”

庄子之问可翻译为：“天在自然运行吧？地在无心静处吧？日月交替出没是在争夺居所吧？谁在主宰张罗这些现象呢？谁在维系统领这些现象呢？是谁闲暇无事推动运行而形成这些现象呢？揣测它们有什么主宰的机关而出于不得已呢？还是揣

测它们运转而不能自己停下来呢？”

在这段话中，庄子主要是问天穹围绕大地旋转的本源是什么，他的推测（怀疑）是有一部机械带动着整个天穹运转。巫咸的回答也没说出所以然来，只说“六极”（上、下、东、西、南、北）和“五常”（五行）是本来就有的。

《史记·天官书》说：“北斗七星，所谓璇玑玉衡，以齐七政。杓携龙角，衡殷南斗，魁枕参首。”在古人的观念中，正是北极星的“元气”牵动着北斗七星以至龙角等及整个星空，昼夜不停地围绕北天极旋转。

由于岁差的原因，赤道坐标系统的北极点并不是固定不变的，距今7000年至3000年左右，北极点在北斗星北面不远处缓慢移动，而这一区域星名有“左枢”“右枢”“天乙”（天一）、“帝星”（“五帝内座”五星，位于现代标准星图仙王座）、“天枢”（共有两颗）等，可能是因为它们在不同的时间段曾经比较接近北极点，充当过北极星（图2-19）。另外在很多时间内，北极点附近没有亮星可以充当北极星，如离目前最近的是宋朝就

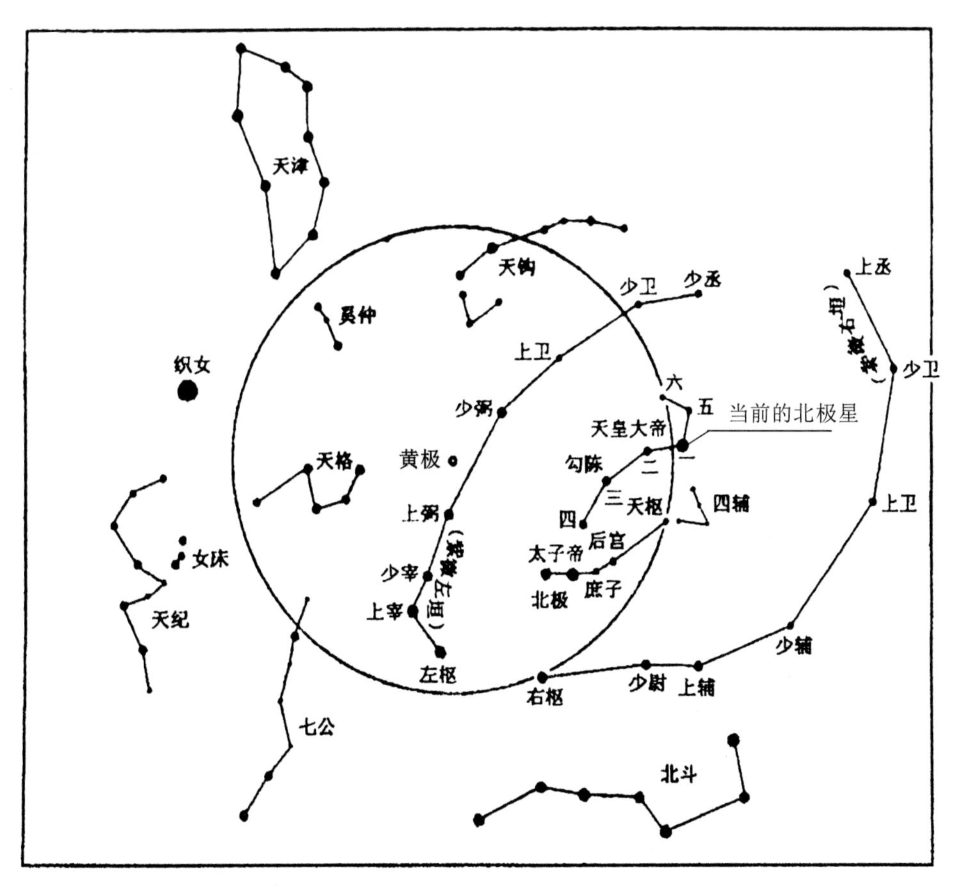

图2-19　天球北极点岁差移动轨迹（采自《中国天文考古学》）

没有北极星，元明以后至今，勾陈一即小熊座 α 星才成为新的北极星。但由于华夏文明主要发祥于北纬 36 度左右的黄河流域，这一地区的人们观察到的北天极也就高出北方地平线上 36 度，也就意味着对黄河流域的先民来说，以北天极为中心，以 36 度为半径的圆形天区永远不会没入地平线以下，因此把这个区域称为“恒显圈”。而北斗七星是这个区域最具明显特征的恒星组，亦为终年可见的、最明显的时间指示星，因此满天星斗就像是被北斗携带着绕北极旋转。随着地球的自传，北斗星围绕北天极做周日旋转，在没有任何计时器的远古，可以指示夜间时间的早晚；又随着地球的公转，北斗星呈围绕北天极做周年旋转，可以根据斗柄或斗魁在同一时刻(如黄昏)的不同指向，了解季节的变化更迭。古人正是利用了北斗星的这一特点，建立起了最早的时间系统之一。

“璇玑玉衡”在古代文献中有多种解释，参考《周髀算经》，最为合理的解释应为一个以真北极为圆心的小范围圆形天区，也就是所有天体围绕旋转的轴心区域。

“七政”为太阳、月亮和五大行星；也为春、秋、冬、夏、天文、地理、人道。

“龙角”是东方苍龙七宿中位置第一的角宿（位于现标准星图的室女座），又因为角宿始终在北斗七星斗柄的指示方向上，从北斗七星到角宿相连的指向性很强，故也成为了二十八宿中的第一宿。

《史记•天官书》又说：“用昏建者杓。杓，自华以西南。夜半建者衡。衡，殷中州河、济之间。平旦建者魁。魁，海岱以东北也。斗为帝车，运于中央，临制四乡。分阴阳，建四时，均五行，移节度，定诸纪，皆系于斗。”唐司马贞的《索引》引《春秋运斗枢》说：“第一天枢、第二旋、第三玑、第四权、第五衡、第六开阳、第七摇光。第一至第四为魁，第五至第七为杓。合为斗。居阴步阳，故称北斗。”这里把“旋”“玑”放在斗魁下面两个角上，就是帝车车厢的两个车轮，也含旋转之意（图 2-3）。

在殷商甲骨文中，“斗”字就是勺子的形象，祭祀北斗星的卜辞很普遍，如“丙申卜，夕，翌丁比斗？”“丁未，夕，翌日（戊）比斗？”“庚午卜，夕，辛未比斗？”其中“比”就是“祉”（bǐ），为自然神。“夕”是指在祭祀北斗的前一夜要举行重要的与祭祀北斗为一整体内容的夕拜祭仪。

冯时认为，远古先民对北斗星的崇拜与猪图腾有关，如红山文化中玉猪龙的形象就是来自于北斗斗魁的形象。又如在远古文化遗址中，埋葬猪的下颌骨为某种祭祀活动内容之一的实例非常多。另外，在文献中也能找到这类内容的影子，如《山海经•海内经》有：“流沙之东，黑水之西，有朝云之国，司彘（zhì）之国，黄帝妻嫘祖，生昌意。昌意降处若水，生韩流。韩流擢（zhuó）首（长颈）、谨耳（小耳）、人面、豕喙（shǐ huì，猪嘴）、麟身、渠股（罗圈腿）、豚止，取淖子曰阿女，生帝颛顼。”《山海经·中山经》有：“凡苦山之首，自修舆之山至于大骢之山，凡十有九山，千一百八十四里，其十六神者，皆猪身而人面……苦山、少室、太室，皆猪也……其神状，皆人面而三首，其余属，皆猪身人面。”显然，文中这些神祇的形象可能来源于原始的图腾形象，而“司彘之国”就是专以观测“彘星”确定季节的国家。唐代徐坚撰写的《初学记·卷二九》引《春秋说题辞》说：“斗星，时散精为彘，四月生，应天理。”又，在中国古代观念中，北方总与“水”相关，属阴，如北天神玄武，如“天一生水”等，所以《史记·天官书》说：“在斗魁中，贵人之牢。”裴骃的《集解》引孟康曰：“《传》曰‘天理四星，在斗魁中。贵人之牢名曰天理。’”唐《开元占经》引巫咸曰：“北斗魁中，天理主贵者，水官也。”（注2）（图2-20～图2-22）

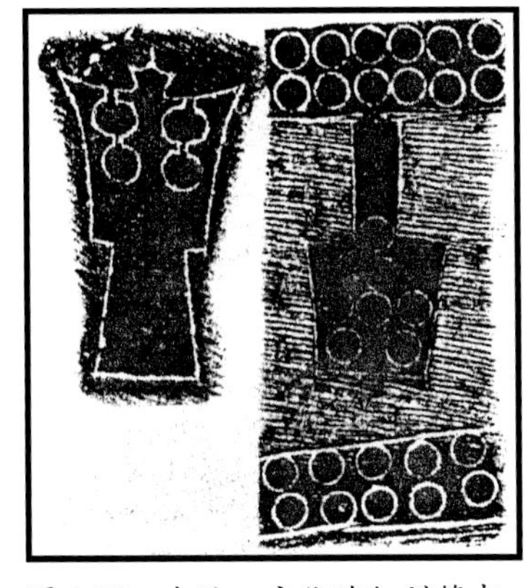

图2-20　大汶口文化陶缸刻符中的斗魁形象（采自《中国天文大发现》）

图2-21　河姆渡文化中的斗形陶钵，猪身中心的圆点可能代表北极星（采自《中国天文考古学》）

图2-22　金文中的“猪”与“天猪”族徽，“天猪”较明显暗示着北斗星崇拜（采自《中国天文考古学》）

另有《淮南子·天文训》说："帝张四维，运之以斗，月徙一辰，复返其所。正月指寅，十二月指丑，一岁而匝，终而复始。"注意，这句话中，"月徙一辰"之"辰"显然既不是大火星、参宿，也不是北极天区，其含义为日月交汇点，详见后面（六）中相关解释。

注 1：郭沫若．郭沫若全集·考古编 [M]. 北京：科学出版社，1982.

注 2：冯时．中国天文考古学 [M]. 北京：中国社会科学出版社，2007：146-155.

（五）五大行星及其他

在浩瀚的星空中，有五颗星星非常特别，其中金星、火星、木星是天空所有星星中最亮的，土星稍弱，水星更弱，但在合适的位置时，土星的亮度也接近天狼星。最为特别的是，它们不像其他星星一样位置相对固定，而是在一定的区域移动。《诗经·小雅·大东》是一首很有意思的佳作，在全诗的后半部分有几句与星空有关的浪漫感叹：

"或以其酒，不以其浆。鞙鞙（juān）佩璲，不以其长。维天有汉，监亦有光。跂（qí）彼织女，终日七襄。虽则七襄，不成报章。睆（huǎn）彼牵牛，不以服箱。东有启明，西有长庚。有捄（jiù）天毕，载施之行。维南有箕，不可以簸（bǒ）扬。维北有斗，不可以挹（yì）酒浆。维南有箕（jī），载翕（xī）其舌。维北有斗，西柄之揭。"

译成白话文如下：

"有人饮用香醇酒，有人喝不上米浆。圆圆宝玉佩身上，不是才德有专长。看那天上的银河，照耀灿灿闪亮光。鼎足三颗织女星，一天七次移动忙。纵然织女移动忙，没有织出好锦帛。牵牛三星亮闪闪，不能拉车难载箱。黎明东边有启明星，黄昏西边有长庚星。天毕八星柄弯长，把网张在大路上。南天有那簸箕星，不能簸米不扬糠。往北有那北（南）斗星，不能用它舀酒浆。南天有那簸箕星，吐出舌头口大张。往北有那北（南）斗星，在西举柄向东方。"

诗中提到的天体有银河、织女星、牛郎星、箕宿、北斗或南斗星（因为南斗星也在箕宿之北）、启明星、长庚星。后两者就是金星。这可能预示着当初给这些天体起名时，古人还没有认识到"启明"与"长庚"实为同一颗星。

大约在春秋时期，甘德曾著《天文星占》、石申夫曾著《天文》。到汉朝时，这两部著作还是各自刊行。后人把这两部著作合并，并定名为《甘石星经》。甘德和石申夫当时曾系统地观察了五大行星的运行，初步掌握了这些行星的运行规律，同时记录了 800 个恒星的名字，其中测定了 121 颗恒星的方位。后人把甘德和石申夫测定恒星与行星的记录称为《甘石星表》。西汉初年沿用秦朝的《颛顼历》，但因已经有一定的误差，“朔晦月见，弦望满亏多非是”。因此在元封六年（公元前105年），经司马迁等人提议，汉武帝下令改定历法，并责成邓平、唐都、落下闳等人议造《汉历》。元封七年历成，是年五月改年号为“太初（元年）”，并颁布实施这套《汉历》，即《太初历》。这也是中国第一部比较完整的汉族历法，也记载了五大行星的公转周期。

因为水星和金星属于地球轨道以内的行星，从地球上观察，它们的位置不会离开太阳太远且经常会淹没在太阳的光芒中（除非有日食，否则通常看不见水星），因此《太初历》及《甘石星表》中记载的两星公转周期与今测值均有较大的差异。又因为火星、木星、土星属于地球轨道之外的行星，容易观测，因此《太初历》和《甘石星表》中记载的火星公转周期与今测值1.88年一致；记录的木星周期分别为11.92年、12年，与今测值为11.86年极为接近；记录的土星周期分别为29.79年、28年，今测值为29.46年，极为接近。

据说从夏代开始，中国就产生了以帝王在位年数纪年的方法。这种纪年方法有两个缺点：一是帝王的继位并不一定是在新年伊始，这种情况下继位的新帝王便要在下一年的开始使用新年号，以示宗庙香火有序相传。如遇改朝换代，就从当年纪元。但如遇同姓篡位，帝王并未改姓，此纪年法就容易发生混乱。二是群雄并起时期，各自纪年也容易发生混乱。因此自春秋中期至东汉使用四分历之际的约八百年间，采用了一种只凭借自然规律的纪年方法，即“岁星纪年法”，以避免混乱。东汉以后的历史纪年，虽然与岁星纪年法脱离了关系，但依然保留了其中的“干支纪年法”。“岁星”即木星，其纪年法的应用，正是由于发现了木星在黄道附近公转周期近似12年的规律。

春秋与战国期间，黄道带周围二十八宿与“十二星次”系统已经形成，东方苍龙七宿（角、亢、氐、房、心、尾、箕）对应十二星次的“寿星”“大火”“析木”，并对应十二月建（十二地支纪月）的“酉”“戌”“亥”；北方玄武七宿（斗、牛、女、虚、危、室、壁）对应“星纪”“玄枵（xiāo）”“娵訾（jū zī）”，并对应十二月建的“子”“丑”“寅”；西方白虎七宿（奎、娄、胃、昴、毕、觜、参）对应“降娄”“大梁”“实沈”，并对应十二月建的“卯”“辰”“巳”；南方朱雀七宿（井、鬼、柳、星、张、翼、轸）对应“鹑（chún）首”“鹑火”“鹑尾”，并对应十二月建的“午”“未”“申”。如，《国语•晋语四》载，晋文公出奔过五鹿，乞食于野人之年为“岁在寿星”。《左传•昭公八年》记载楚灭陈之年为“岁在鹑火”。

十二建月本来用于一年中纪月（在彝族流传的“十月太阳历中”，用鼠、牛、虎、兔、龙、蛇、马、羊、猴、鸡、狗、猪纪日），从上面的对应关系可以看出，若直接使用十二地支纪年更为简明，但十二建月的排列顺序与岁星（木星）的运行方向正好相反，于是人们设计了一个假想的天体曰“太岁”或“岁阴”，让其运动速率与岁星相同，方向正好相反，这样就可以用岁星的位置方便地反推太岁的位置，并直接用十二建月的顺序纪年（图 2-23）。

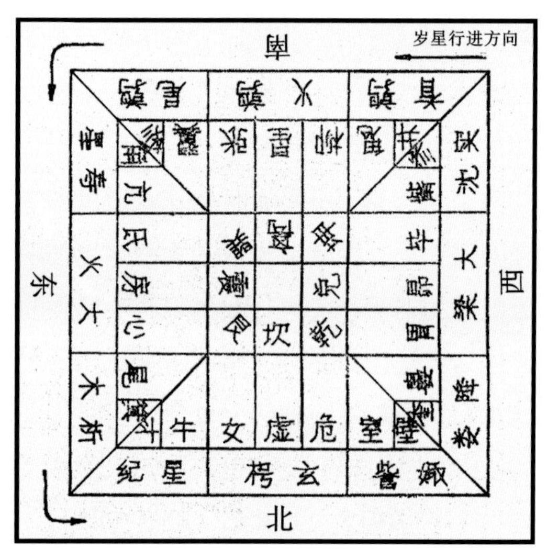

图 2-23　二十八宿与十二次

在《尔雅·释天》中还记载有用十天干以及太岁异名相配的纪年方法，可能来自于前面阐述过的“十月太阳历”。若以天干纪年法与地支纪年法相配纪年更有优势，周期可从十年或十二年延长到六十年，即“六十一甲子”，这一方法是在西汉发明并开始使用的。

除《甘石星表》外，在《淮南子·天文训》《荆州占》《洪范·五行传》（后者的作者或为伏生，或为刘向，或为夏侯始昌）等文献中，认为土星公转周期约为 28 年，因此有“岁填一宿”之说与二十八宿对应。在马王堆帛书《五星占》中，土星公转周期改为 30 年，也与《太初历》和今测量值十分接近。

五大行星自身“属性”及亮度与颜色的变化，出没的位置，运行当中的顺行、停留、逆行，它们之间的聚合现象等也都是星占的依据。五大行星与地球同为太阳的行星，具有基本近似的公转轨道“共面性”和公转方向一致性，所谓“顺行”的快慢、“留”和“逆行”以及“汇聚”等，都是它们与地球的相对位置决定的视觉现象。这类常见的天文现象，在中国古代也被认为是重要的“天垂象”（如“逆行”不吉），当然，有些天文现象可以根据需要去解释。据《汉书·天文志》记载，公元前 206 年 10 月，在推翻大秦帝国的战争中，汉高祖刘邦先于项羽至霸上，这时“五星聚于东井”被认为是“吉兆”，即“高皇帝受命之符也”。而之后在公元前 158 年至公元前 143 年的 16 年间，两行星或三行星共有 12 次聚合于某宿的记事，但均被定为“凶兆”。

笔者在第一章里介绍的秦雍城供奉与祭祀的内容之中，数量最多的就是各类天体，显然被供奉与祭祀的并不是它们的自然属性。至此，我们可以粗略地看看这些神祠所奉祀的神祇的基本面目：

日、月：日与月几乎是最早出现的自然神，有着非常复杂的含义，可以说中国特有的阴阳观念的形成就源于此。《史记•封禅书》中对其他地区的太阳与月亮神祠的记载更详细些，记齐国著名的“八神”中就有“日主”“月主”，祠所分别在莱山、成山，它们跟“阴主”“阳主”“四时主”“天主”“地主”“兵主”等并存。

辰星：水星。在特定的条件下也是晨、昏可见。

太白：金星。唐张守节所撰的《史记正义》引《天官占》云：“太白者，西方金之精，白帝之子，上公，大将军之象（像）也。”因此太白金星主杀伐，古代诗文中多用以比喻兵戎（而实际上金星也可能出现在东方）。

荧惑：火星。《洪范•五行传》说：“荧惑为旱灾、为饥、为疾、为乱、为死丧、为妖言大怪也。”《荆州占》曰：“其行无常，司无道之国。”《史记正义》引《天官占》也说：“荧惑为执法之星，其行无常，以其舍（经行的位置）命国：为残贼，为疾，为丧，为饥，为并。环绕句己，芒角动摇，乍前乍后，其殃逾甚。”其中“句己”同“钩己”，谓星体去而复返，环行如钩，也就是行星的顺行、留、逆行视觉的天文现象。文中说火星会给运行到的天区所对应的国家带来不祥，是因为古人认为某天区与某地区有着对应关系，天区的天象是所对应地区人事福祸的显像，这也是“分野”概念的核心内容。因其“无常”与不祥，所以在西汉《三统历》之前，天文历书中都缺少火星行度的记录。

岁星：木星。《史记•天官书》说：“察日、月之行，以揆（kuí，度）岁星顺逆。”木星在天空运行一周约为12年，古人曾以观察其位置为纪年的方法之一。按岁星经行将天区分为“十二次”，与地上的“分野”相对应，根据这一理论，不同天区的“天垂象”一定是对应地区问题的反映。据《周礼•春官•保章氏》郑玄注为：星纪——扬州，吴越；玄枵（xiāo）——青州，齐；娵訾（jū zī）——并州，卫；降娄——徐州，鲁；大梁——冀州，赵；实沉——益州，晋；鹑（chún）首——雍州，秦；鹑火——三河（河东、河内、河南三郡，天下之中），周；鹑尾——荆州，楚；寿星——兖州，郑；大火——豫州，宋；析木——幽州，燕。例如，实沈与二十八宿的参宿和角宿重合，参宿对应晋国，这一“分野”学说一直延续到清朝（图2-24、图2-25）。

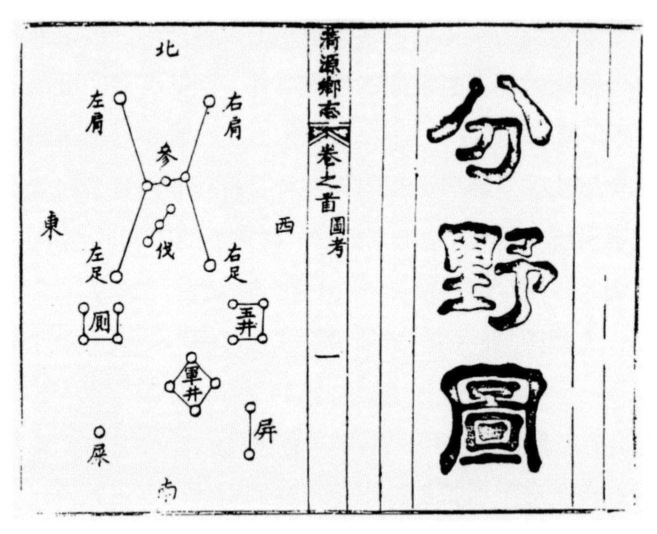

图 2-24　光绪年间山西《清源县志．卷一．图》

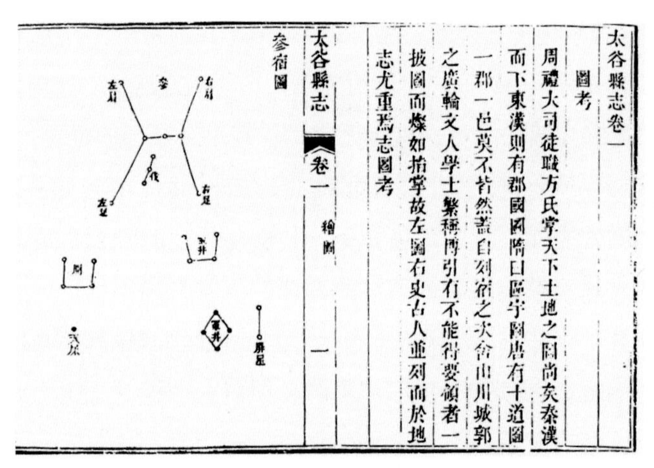

太谷縣志卷一

圖考

周禮大司徒職方氏掌天下土地之圖尚矣秦漢而下東漢則有郡國圖隋曰區宇圖唐有十道圖一郡一邑莫不皆然蓋自列宿之次合山川城郭之廣輪文人學士繁稱博引有不能得要領者一披圖而燦如指掌故左圖右史古人並列而於地志尤重焉志圖考

太谷縣志 卷一 輿圖 一

參宿圖

图 2-25　乾隆年间山西《太谷县志．卷一．图考》

填（镇）星：土星。古人将之粗略地与天空二十八宿区位结合起来占事。《史记•天官书》说：“历斗之会以定镇星之位……，岁填一宿，其所居国吉。”又说：“其所居，五星皆从而聚于一舍，其下之国，可重致天下。礼、德、义、杀、刑尽失，而填星乃为之动摇。”

《淮南子•天文训》说：“何谓五星？东方，木也，其帝太皞，其佐句芒，执规而治春，其神为岁星，其兽苍龙，其音角，其日甲乙；南方，火也，其帝炎帝，其佐朱明，执衡而治夏，其神为荧惑，其兽朱鸟，其音徵，其日丙丁；中央，土也，其帝黄帝，其佐后土，执绳而治四方，其神为镇星，其兽黄龙，其音宫，其日戊己；

西方，金也，其帝少昊，其佐蓐收，执矩而治秋，其神为太白，其兽白虎，其音商，其日庚辛；北方，水也，其帝颛顼，其佐玄冥，执权而治冬，其神为辰星，其兽玄武，其音羽，其日壬癸。”在这里，五星与五行、五帝、天神、季节、方位、音律等相对应。其中“五帝”即为“天神”，也就是著名的“五方帝”（详见下卷），“五佐”就是辅佐的大臣，亦为“天神”。

二十八宿：黄道带附近的二十八个中国星座。这些星宿往往被附会上人事或代表某物，主司某职。雍州杂祀的二十八宿之祠是一处总祠还是二十八处祠已不得而知，但引文提到所立之祠还有的是属于二十八宿的单祠。

参：即二十八宿中西宫“参宿”，也名“商宿”。《史记正义》：“参主斩刈（yì），又为天狱，主杀伐。”故又称为“伐星”（最醒目的三星之下的三星）。按照阴阳五行的观念，东方（春季）主宰出生；南方（夏季）主宰成长；西方（秋季）主宰收获，因此“伐”也含收割的意思；北方（冬季）主宰死亡（所以要“秋后问斩”）。《山海经·大荒西经》说：“大荒之中，有山名‘日月山’，天枢也。吴姬天门，日月所入。有神，人面无臂，两足反属于头上，名曰‘嘘’。颛顼生老童，老童生重及黎。帝令重献上天，令黎邛下地。下地是生噎，处于西极，以行日月星辰之行次。”那位人面无臂的“嘘”就是北方七宿中的“虚宿”，“嘘”为唏嘘哭泣。《史记·天官书》之《索引》注引姚氏说：“《荆州占》以为其宿二星，南星主哭泣。虚中六星不欲明，明则有大丧也。”因此虚宿星神就是“丧门星”。

辰：在古代天文学中有多种解释，这里出现的“辰”紧随“参”后，文中之后又有“北斗”和“辰星”，可判断此“辰”指“心宿二”即“大火星”。《春秋公羊传》：“大辰者何？大火也。伐为大辰、北辰亦为大辰。”

南斗：为北方七宿第一宿，由六星组成（位于现标准星图的人马座）。《史记正义》：“南斗六星为天庙，丞相、大宰之位，主荐贤良，授爵禄；又主兵，一曰‘天机’。南二星：魁、天梁；中央一星，天相；北二星：天府庭也。”在中国古代观念中，有南斗主生、北斗主死之信仰。

北斗：即北斗七星天枢、天璇、天玑、天权、天衡、开阳、摇光，是三垣之太微垣内最明显的星组（位于现标准星图大熊座）。斗柄所指被认为反映冥冥中的神意，以斗柄的不同指向确定季节是为“建四时”。以北斗为标志的北极区域即“天枢”，是至上神“天”即“昊天上帝”的原型，又在秦汉之际被强化。

风伯、雨师：风伯为东方七宿之“箕宿”（位于现标准星图人马座），雨师为西方七宿之“毕宿”（位于现标准星图金牛座）。它们在星图中的位置关系与“心宿”和“参宿”类似，处于东西相对的位置，被认为主司风、雨。可能是西汉刘歆与精通图谶的民间人士合著的《春秋纬》云：“月离于箕，风扬沙。”《诗 • 小雅 • 渐渐之石》云：“月离于毕，俾滂沱矣。”实际上风沙和风雨都与月亮的位置没有必然的关联。

寿星:《史记•天官书》说南极老人星在天之西宫。《史记正义》说:“老人一星……，一曰南极，为人主占寿命延长之应。常以秋分之曙见于丙，春分之夕见于丁。见，国长命，故谓之寿昌天下安宁。”唐代司马贞撰写的《史记索隐》说寿星为南极老人星（位于现标准星图船底座），见则天下理安。南极老人星主“寿”与南斗主“生”的概念接近。

天神：在下邽。天神以北极点或北极星为表象，是周代国家祀典最高之神，也就是至上神“昊天上帝”。它昭示着宇宙间至高无上的和谐、道义与权利等，日月星辰的规律运行是这种和谐的具体体现。但诸侯、秦国更重视对“四帝”的祭祀。

四畤（zhì）：“畤”原为峙立之意，民间于田中立石以祭杂神。秦人将重要的祭祀“上帝”之礼制建筑称为“畤”，“四畤”祭祀的内容为白、青、赤、黄四帝。此“四帝”与北极星或北极点为表象的“上帝”的区别是天文意义不同，见下一篇相关章节的详细解释。

诸布：《史记索隐》：“《尔雅》‘祭星曰布’，或诸布是祭星之处。”即散布的祭星的地方。

昭明: 即彗星。《史记•封禅书》说昭明星“大而白，无角，乍上乍下，所出国，起兵，多变”。《史记索隐》引《春秋合诚图》说其为“赤帝之精，象如太白，七芒”。《天官书集解》引三国时期孟康说其形状“如三足机，机上有九彗向上，荧惑之精”。

以下是非天神类，在此一并解释。

四海: 四海之祀可能出于认为大地环海的概念，这一概念渊源很古老，是将四方概念和海的概念结合起来形成的。战国时期邹衍的大九州岛说，认为九州岛外有裨海，又有大瀛海环其外，已是在此基础上形成的更精致的寰宇学说。在后世皇家祭祀体系中，“四海”也有具体所指，详见下卷相关章节的解释。

诸严：“严”当为避汉明帝刘庄讳，应为“诸庄”，《尔雅 • 释宫》说“六达谓之庄”，因此诸严应为“路神”。

诸逑：《汉书 • 郊祀志》作“诸逐”。《周礼 • 地官》注“逐”为王国百里外，皆主道路，是以诸逐亦指“路神”。

天子辟池：清末学者王先谦的《郊祀志补注》引清乾隆至道光时期的沈钦韩说辟池为周镐京辟雍故地，所祠者为镐池君。关于辟雍，详见下卷相关章节的解释。

九臣、十四臣：《史记索隐》说："九臣、十四臣，并不见其名数所出，故昔贤不论之也。"清末王先谦补注引清道光至光绪年间的皮锡瑞说九臣、十四臣疑为九皇、六十四民之误。《周礼·小宗伯》郑玄注："三皇、五帝、九皇、六十四民，咸祀之。"孔颖达疏："九皇氏没，六十四民兴，六十四民没，三皇兴。"疑九皇、六十四民皆古传说中较大的氏族首领。

周天子祠：《史记索隐》王先谦补注引《汉书·地理志》载京兆湖县有周天子祠二所。可能与雍在西周（约公元前11世纪～公元前771年）时为周王畿之地，属于周武王的弟弟周召公姬奭（shì）的采邑有关。

三社主：《汉书·郊祀志》作"五社主"，为不同性质的地祇，也是国家或诸侯最重要的祭祀内容。

杜主:《汉书·地理志》载京兆尹有杜陵县，为故杜伯国，有周右将军杜主祠四所。据《墨子·明鬼》记载，杜伯之鬼曾射死周宣王。至于其"右将军"封号，可能是传说。周代文、武不分，将、相分职和分左右是战国开始的事。此可能是战国民间关于杜伯的传说，把他附会上"右将军"之职。杜伯在秦中是最卑微的人鬼。

陈宝：根据《史记·封神书》记载，秦文公得到一块质似石头的东西，便在陈仓山北坡的城邑中祭祀它。其神祇有时经岁不至，有时一年之中数次在夜晚降临，有光辉似流星，从东南方来，汇集在祠城中。又像雄鸡一样，鸣叫声殷殷然，引得野鸡纷纷夜啼。用牲畜一头祭祀，名为"陈宝"。

（六）从对日食的惊恐到理性认识

西周末年，《诗经·小雅·十月之交》借一些发生在天上和地上的"不祥"之事等影射周幽王失德：

"十月之交，朔月辛卯。日有食之，亦孔之丑。彼月而微，此日而微。今此下民，亦孔之哀。

日月告凶，不用其行。四国无政，不用其良。彼月而食，则维其常。此日而食，于何不臧。

烨烨震电，不宁不令。百川沸腾，山冢崒崩。高岸为谷，深谷为陵。哀今之人，胡憯莫惩。"

这首诗是人类历史上明确记载一次日全食的最早文献，同时也说明至晚在周代，人们已经明白日食一定是发生在"合朔"之时（月亮在地球与太阳之间），月食一定是发生在“合望”之时（地球在月亮与太阳之间）。

笔者在前面章节中已经阐述过，帝王宣传其统治的合理性与合法性都是由“天”（上帝）来安排和护佑的，但如果天空出现令人惊怵的天文现象（也包括其他自然灾害，如地震等），那一定也是“天垂象”，但这不是“降吉祥”，而是表达了对帝王的不满和警告。令人惊怵的天象当推彗星和超新星的出现、月食和日食的发生，特别是后者。对于日食的发生通常有两种解释：一是帝王骄奢淫逸或行政上的失误造成的“天怒人怨”；二是大臣专权或后妃干政等。在此特殊天文现象发生时，应对的办法是帝王首先要下“罪己诏”，向“天”（上帝）和“天下”（百姓）来检讨自己的这些失当。如之前所举例的在汉文帝二年十一月癸卯晦发生了一次日全食，文帝便下达了一份《日食求言诏》。此外，还要动员“天下”来“救日”，如天子亲自“伐鼓于朝”“用币献于社”等。但即便是“救日”行动，也不忘等级之差别：天子救日，置五麾（五色旗帜），陈五兵（五种兵器）、五鼓；诸侯“救日”，置三麾，陈三兵、三鼓等。而“救日”的成功（日食结束）象征着天子的至诚感动“天”的结果。既然这类特殊天文现象如此重要，帝王又是“天”的子孙、代言人，那么如果不能准确地预测出这类重大特殊天象发生的时刻，而临时慌乱不堪，就会有损天子特殊身份的威严及可信度了，所以历法的精度和推算预报特殊天象的准确性，就成为历代统治者不断孜孜以求的重大政事之一了，这也是引发天文历法进步的最关键因素之一。

《左传•昭公七年》载：“多语寡人辰而莫同，何谓‘辰’？”对曰：“日月之会是谓‘辰’，故以配日。”

“辰”在这里被解释为太阳和月亮交汇的标志点，即是其第四种含义。《淮南子•天文训》说：“帝张四维，运之以斗，月徙一辰，复返其所。正月指寅，十二月指丑，一岁而匝，终而复始。”其中“月徙一辰，复返其所”就是指月亮与太阳完成两次交汇后又回到了运动的原点。

在中国古代历法中，可以用这类标志确定一年十二个月节候，所以一岁定为十二辰，以对应十二个农历月。十二个标志也就是黄道带上的十二个区域，即前面讲过的“十二星次”（最早以木星每一年所在天区划分），从冬至之月开始分别为：子月星纪、丑月玄枵（xiāo）、寅月娵訾（jūzī）、卯月降娄、辰月大梁、巳月实沈、午月鹑（chún）首、未月鹑火、申月鹑尾、酉月寿星、戌月大火、亥月析木。十二辰又具体对应于农历的十二个“中气”，即每一个中气一定对应于固定的星次。故可以用十二辰即十二星次来确定农历十二个月的节候。

月亮的圆缺是最易见、常见的天文现象，但直接用肉眼观测其圆缺以确定朔望月长度，进而推算“交食点”也有一定的难度。因为黄道、白道都是椭圆轨道，与天赤道并不重合，地球、月亮自身运动速度也有变化，且日、月、地三者相对纬度的变化也会影响月亮的可视状况，所以能够观察到的月亮圆缺的周期会在29天至31天间变化（恒星月为27天7小时43分11秒多，因月球和地球皆公转，朔望月平均为29天12小时44分3秒。当朔日的月亮位于赤道面与白道面交角下方时，能看到新月的时间还要往后推迟）。但因日食一定是发生在“合朔”（初一，肯定看不到月亮）之时，月食一定是发生在“合望”（十五）之时，那么只要记录下两次日食或两次月食，或一次日食与一次月食之间的日数和时刻，再以总计月数平均，便可求得精密的朔望月平均长度。殷商是以干支纪日，近人研究，殷商甲骨卜辞中纪日已经有了大、小月之分，大月30天，小月29天。

天文史学家对中国历史上是否存在“十月太阳历”问题还有些争论，但可以肯定的是，中国使用严格推算的“四分历”的年代不早于春秋末期，由确定一个回归年为365.25日，余日为四分之一日而得名，前面讲的“古六历”都属于“四分历”。在这类成熟的历法中，给出每一个月的太阳、月亮合朔，计算合朔时刻的方法是任何一部天文历法的基本要务。因此，不但回归年、朔望月是历法的基本天文常数，测定和推算任意时刻太阳、月亮、五大行星、恒星的位置等也是任何一部历法的基础。为了制定一部精准的历法，就必须精确测定历元（如某一年的起始点）时刻太阳、月亮、五大行星、恒星等的准确位置，作为往下推算任意时刻位置的起始点。如果出现“朔晦月见，弦望满亏多非是”（每月最后一日称为“晦日”），那一定是历法的初始精度或推算方法出现了问题。

西汉末年，刘歆首次将推算月食周期的方法写入《三统历谱》。东汉时期的刘洪精于数学，著有《正负数歌诀》，又精于天文历算，著有《七曜术》，其中较精确地推算出了“五星会合”的周期以及它们运行的规律。他的《乾象历》又是人类历史上第一部考虑了“月球运动不均匀性”的历法，即把月亮每日实际行度（在天球上运行的距离以度数表示）、相邻两天月亮实际行度之差、每天月亮实际行度与平均行度之差、差数的累积值等数据制成《月离表》，即月亮运动不均匀性改正数值表。欲求任一时刻月亮运动相对于平均运动的改正值，可依此表用“一次内插法”加以计算。这种定量描述月亮运动不均匀性的方法和《月离表》推算法，后世莫不从之。之后南北朝时期的张子信又发现了太阳的运动也有快慢之别（实为地球运动的不均匀性），为此隋朝刘焯的《皇极历》中创立了“入交定日”的推算方法，使得预报交食的精度前进了一大步。

推算交食现象的数学模型应该是以日、地、月中心连线相交为依据计算的，但在地面上观测距地球较近的月球时，地表实际观测与假设的地心观测肯定会存在较大的视差，所以常常会发现月亮的位置被推算高了（那时的中国古人还没有地球的概念）。当人们发现这一现象后，在计算交食时便引入了“气差”“刻差”“时差”改正的“交食三差法”，前两者是对日食“食分”（被覆盖的比例）的大小、有无的改正，后者则是对从“初亏”到“食甚”（最大面积比例覆盖时）之间时刻的改正。从唐朝一行的《大衍历》开始，唐徐昂的《宣明历》、后周王朴的《钦天历》、北宋姚舜辅的《纪元历》、元初耶律楚材的《庚午元历》和许衡、王恂、郭守敬、杨恭懿等编撰的《授时历》等均引入了这一内容。郭守敬还发明了“招差”算法，使推算的位置更为准确。

太阳也有相同性质的视差，但因为视差太小，中国古代历法始终没有发现并使用太阳视差的改正方法。

晋代著名的天文学家虞喜把自己潜心观测恒星的成果与前人的观测记录进行了比较，发现在不同时代的冬至日那天，黄昏时分出现于正南方的星宿有明显的差异，虞喜正确地解释了这一现象。他认为这是由于太阳在冬至点连续不断地西退而引起的，他把这种每隔一年稍微有差值的现象称为“岁差”。而在他之前，发现类似现象者都是怀疑前人的观测或记录有误。南北朝时期，祖冲之改进了天象的观测方法，在其《大明历》中第一次将“岁差”引进历法，并发明了冬至时刻的精密测量方法，进一步提高了回归年和朔望月的精度。中国古代历法中朔望月数值等最精密的历法当属北宋姚舜辅的《纪元历》。姚舜辅还首创利用观测金星来定位太阳位置的方法，并首次明确提出恒星的距度始终在变化，说明各个时代的“天道”并不相同。

元朝中后期的《授时历》一直沿用到了明末，明朝立国后更名为《大统历》。明崇祯年间，这部历法因年久失修误差逐渐增大，同时因钦天监对崇祯二年五月乙酉朔（公元 1629 年 6 月 21 日）的日食预报有明显错误，而礼部侍郎徐光启依据西洋历法的预报却符合天象，徐光启等因势提出改历。同年七月，礼部在宣武门内的首善书院开设历局，由徐光启督修历法，参与者有法国传教士邵玉函、龙华民，德国传教士汤若望，意大利传教士罗雅谷等。新历名为《崇祯历书》，但在崇祯七年（公元1634 年）编完之后并没有颁行，新历的优劣之争一直持续了 10 年。崇祯十七年（公元 1644 年）清军入关，顺治二年（公元 1645 年），顺治帝授意汤若望为钦天监监正（相当于国家天文台台长）。次年，汤若望删改《崇祯历书》

至103卷呈进清廷，顺治帝将其更名为《西洋新法历书》（《时宪历》）颁行。顺治十六年（公元1659年），钦天监前回回科（伊斯兰历法科）“秋官正”吴明煊上疏举报汤若望的历法错误，结果反落了个“诈不以实”的罪名，险些被判处死刑。早在明崇祯年间，安徽新安所千户杨光先将千户位让与其弟，以布衣身份抬棺死劾大学士温体仁和给事中陈启新，被廷杖后流放辽西。不久，温体仁倒台，杨光先被赦免回乡。顺治十七年（公元1660年），布衣杨光先向礼部控告汤若望，罪名是“窃正朔之权与西洋”，在其《不得已》卷中羞愤地写下：“宁可使中夏无好历法，不可使中夏有西洋人。”

早在明末期，随着天主教传教的深入，就发生过所谓的“礼仪之争”，即天主教教义和中国传统文化之间的冲突，如中国的“天”即“昊天上帝”与天主教中的“上帝”的意义不同，是否应该禁止传教士和教众使用“上帝”一词？天主教徒能否参加祭祖、祭孔这类活动？在其他中国风俗中，如通过放债获利会与天主教戒律相冲突等。因汤若望在顺治十五年（公元1658年）受封一品，耶稣会传教士影响因而扩大，一时各地教徒增至十万人，终于进一步引发各类冲突，“礼仪之争”再起。康熙三年（公元1664年），由鳌拜支持的布衣杨光先复上《请诛邪教状》，言汤若望等传教士罪有三条：潜谋造反、邪说惑众、历法荒谬（当时在钦天监工作的传教士有五十余人）。至冬月，朝廷逮捕了已经中风瘫痪的汤若望，《西洋新法历书》亦遭废止。杨光先乃出任钦天监监正，吴明煊为监副，复用过时了的《大统历》。朝廷会审汤若望以及原钦天监其他官员，翌年3月16日，廷议判原“钦天监监正”汤若望处死，“刻漏科”杜如预、“五官挈壶正”杨弘量、“历科”李祖白、“春官正”宋可成、“秋官正”宋发、“冬官正”朱光显、“中官正”刘有泰等皆凌迟，已故“监官”刘有庆之子刘必远、贾良琦之子贾文郁、宋可成之子宋哲、李祖白之子李实、汤若望义子潘尽孝俱斩立决（钦天监工作多为子承父业）。如此重刑也说明皇家对天文学极为重视。

汤若望获罪下狱时，因中风身体瘫痪，说话困难，且身系桎梏，无法跪地受审，也无力为自己申辩。时南怀仁（比利时人，早在顺治十五年来华）寸步不离，不辞艰险地为这位难友在大堂上代为辩护。当时在京的四位神父，除汤若望、南怀仁之外，另有利类思（意大利人）和安文思（葡萄牙人）被投入大牢达六个月之久。此时康熙帝十一岁。在此期间，曾进行了一次由中国、伊斯兰和西洋三种历法同时预测日食时间的实际检验活动。结果南怀仁等人据西洋历法预测的日食时间与事实相符，最为正确。后因天上出现彗星且京师发生地震等“不祥之兆”，汤若望获得孝庄太皇太后特旨释放，只杀了李祖白等5名钦天监中国官员。

但是历法之争并未停息，重拾《大统历》之后的康熙七年（公元1668年）有“闰月”，钦天监欲加12月“又闰”，因而众议纷纷，人心不服，皆谓自古有历以来未闻一岁中“再闰”，旧历法的巨大漏洞暴露了出来。南怀仁撰《历法不得已辨》指出了此历法之错误，即该年十二月应该是第二年正月。事关重大，诸王九卿也争议不下。于是十五岁的康熙帝决定于当年11月24日至26日三天内，让南怀仁与杨光先两派人马一起到午门“预测正午日影所止之处，测验合与不合”。12月26日，又传20名重要阁臣共赴观象台，看双方实测与推算立春、雨水，以及月亮、火星、木星位置等各项结果。南怀仁逐款皆符，杨光先等人所用《大统历》和《回回历》推算的结果逐款皆误。康熙八年（公元1669年）一月二十六日，康熙帝将杨光先革职，开释被关押的南怀仁等，让流放并圈禁广东的传教士恢复职位，返回本堂，并启用南怀仁为“钦天监监正”。可叹当时汤若望已于三年前去世。康熙十年（公元1671年）汤若望被公开昭雪，恢复荣衔，朝廷又拨巨款为其修墓（位于北京市西城区车公庄大街北京市行政学院院内，前后还有利玛窦、南怀仁等77位明清传教士葬于此。“义和团运动”和“文化大革命”期间两次被毁，1984年重修）。

康熙帝令南怀仁改造观象台，又于康熙十七年（公元1678年）编成《康熙永年历法》三十二卷；康熙本人先后向南怀仁等学习天文学（“专志于天文历法一十余载”）、数学（特别是几何学）、物理、化学、药学（曾在宫中推行可治疗疟疾的金鸡纳霜）、医学（曾在自己的子女身上种牛痘，以预防天花）等知识。康熙帝对科学的兴趣曾惊动了法国国王路易十四，下令向中国派遣精通科学的传教士。康熙二十七年（公元1688年）南怀仁去世，同年，在他的感召下，有“皇家数学家”之称的法国传教士洪若翰、张诚、白晋等五位法国耶稣会传教士携带浑天仪、千里镜、量天器、天文钟和天文书籍等三十箱从浙江登陆。进京后，两架行星观测仪放置在宫内御座两侧，康熙帝随时取用。精通天文的神父们很快学会了用满洲语教课，并当上了康熙帝的“日讲官”。

康熙二十九年（公元1690年）二月二十八日正午，京城的观象台危台高耸，气氛庄严。37岁的康熙帝率领诸王九卿和内阁大臣，羽葆华盖，浩浩荡荡，兴致勃勃，同往观看日食。走在圣驾边上的是五位金发碧眼、胸前佩戴十字架的西洋神父。观象台在元朝时已经建成，明清沿用。登临台上，神父们用满语低声与皇帝说笑着并穿梭在天文仪器间，而肃立两旁、惶惶然的满朝文武暗叹自己笨拙。皇太子胤礽随父皇走动，不时小心地摸摸前襟，那是揣在锦囊中的计算表，以备父皇随时考问。这一次的康熙君臣同观日食盛况，被法国传教士白晋写入法文版《康熙帝传》。这次观看日食，与之前历代皇帝遇见日食时的举国惊恐大不相同，因为这次日食是从十五岁起便跟南怀仁等学习西洋天文学的康熙帝自己计算预测到的。

康熙五十年（公元 1711 年），康熙帝发现用西洋历法推算的夏至仍有细微的九分之差，年深日久，误差恐怕还会增加。这一犀利洞察实际上等于揭示了西方“第谷宇宙模型”在理论上的先天不足。因为当时提倡哥白尼“日心说”的布鲁诺被罗马教廷认为是“亵渎上帝”而在鲜花教堂的广场上被活活烧死，“日心说”也遭到禁止。为了不与上帝冲突，传教士们委曲求全，他们传授给康熙帝的是介于“地心说”和“日心说”之间的丹麦第谷的宇宙模型。这一模型导致的九分误差让康熙帝心中放不下，于是传唤钦天监监正，要求重修《西洋新法历书》。从康熙五十二年（公元 1713 年）至康熙六十年（公元 1721 年），康熙帝从全国调集了汉族、满族、蒙古族的一批专门人才，以何国宗、梅瑴成任“汇编”，让皇三子胤祉负责“纂修”，集中于畅春园蒙养斋编纂了《律历渊源》，包括《历象考成》《律吕正义》和《数理精蕴》三部书，共一百卷。这是一套包括天文历法、音律学和数学等知识的著作，在四十二卷《历象考成》中，传教士们引进了最新的资料与方法，如履薄冰，唯恐有失。康熙帝过人的天资和刻苦，令朝夕相处的白晋等人铭感于衷。

康熙五十七年（公元 1718 年），由白晋、雷孝思、杜德美等主持完成《皇舆全览图》共 41 幅。这是在天文观测基础上，使用三角测量法测量，以伪圆柱投影、经纬度制图法绘制。使得中国的地图从根本上提高了质量，且第一次实测并精确绘制了台湾岛地图。

中国从古帝王对如日食等特殊天象的恐惧，到大清康熙皇帝亲自预测日食的发生，似乎预示着天神体系崇拜即将终结的开始。但遗憾的是，康熙帝并未提倡借助于传教士传播的各种知识开启民智，“天命”思想仍是统治权威的理论基础，因此他最终是主张“西学中源”。并且这一主张在明末就曾有黄宗羲、方以智、王锡阐等提出，在清初主要有王锡阐、梅文鼎等加以论证，其中黄宗羲、王锡阐、梅文鼎皆精通中西历法。这也充分说明“华夏正统”等思想的根深蒂固。当然，从明末至清中期，也不乏能够正确认识中西学术差异的有识之士，如徐光启、江永（钱嘉经学奠基人）、戴震（乾隆年间赐同进士出身）、赵翼（乾隆年间进士）等。

（七）天文常数

笔者在前面简述过中国古代皇家严禁民间私修天文等知识，这样的禁令和案例在历史上还有很多，如《晋书•武帝纪》记载晋武帝司马炎曾下诏“禁星气、谶纬之学”。北魏世祖拓跋焘也曾下过类似的诏书，并延伸到禁止私养巫师，挟藏谶记、阴阳、图纬、方技之书等。他们认为，私养巫师的行为一定是试图私窥天意，其危害性是小到妖言惑众、大到谋权篡位，因此“违者巫师处死、主人灭门”。

《隋书·卷七十五·列传第四十》记载：“马光，字荣伯，武安人也。少好学，从师数十年，昼夜不息，图书谶纬，莫不毕览，尤明《三礼》，为儒者所宗。开皇初，高祖征山东义学之士，（马）光与张仲让、孔笼、窦士荣、张黑奴、刘祖仁等俱至，并授太学博士，时人号为六儒。然皆鄙野无仪范，朝廷不之贵也。士荣寻病死。仲让未几告归乡里，著书十卷，自云此书若奏，我必为宰相。又数言玄象事。州县列上其状，竟坐诛。孔笼、张黑奴、刘祖仁未几亦被谴去。唯光独存。”

马光、张仲让等自恃满腹经纶，但不懂得统治阶级内部的潜规则，“野无仪范”，所以不受重视。但张仲让“数言玄象事”，严重地触犯了最高统治者的政治红线，结果是“竟坐诛”。

唐贞观《唐律》与高宗《唐律疏议》都规定：“诸玄象器物、天文、图书（河图洛书）、谶书、兵书、七曜历、太乙、雷公式，私家不得有。违者徒二年……”唐玄宗开元二十七年（公元 739 年），唐玄宗又敕令曰：“诸阴阳数术，自非婚丧卜择，皆禁之。”

五代十国时期，周太祖郭威于广顺三年（公元 953 年）下诏：“所有玄象器物、天文、图书、谶书、七曜历、太乙、雷公式，私家不得有及衷私传习。如有者，并须焚毁。其司天监、翰林院人员不得将前件图书等，于外边令人观览。”

宋太祖开宝五年（公元 972 年），宋太祖明令：“禁玄象器物、天文、图谶、七曜历、太乙、雷公、六壬、遁甲等，不得私藏于家，有者并送官。”宋太宗太平兴国二年（公元 977 年），宋太宗下诏：“禁天文、卜相等书，私习者斩！”宋真宗景德元年（公元 1004 年）正月，宋真宗下诏：“图纬、推步之书，旧章所禁私习尚多，其严申之。自民间应有天象器物、谶候禁书，并令首纳，所在焚毁。”

上述规定和诏令等的内容几乎相同，说明这些皇家禁忌有着一贯的传承性。

《宋史·志第一·天文一》记载的案例更有意思：“太宗之世，召天下伎术有能明天文者，试隶司天台；匿不以闻者幻罪论死。”“诸道所送知天文相术等人凡三百五十有一……诏以六十有八人隶司天台，余悉黥面流海岛。”

在皇帝新得大统初期征召“能明天文者”时，隐藏自己能力而不应招者都要治罪。而当皇帝挑选够了合适的人选之后，其余不用者不是安抚遣散，而是面部刺字后流放到相对封闭的海岛。目的也是避免其言行“泄露天机”，干扰正常的社会秩序，甚至是被觊觎权力者所利用或同流合污，因为很多新的皇家政权在取得的过程中，都或多或少地利用过这类内容。

元朝政府颁行的法令文书汇编《通制条格·武宗纪》记载："大德十一年十一月，敕（chì，诏书）方士，日者毋游诸王，驸马之门。至大二年正月禁日者方士出入诸王，公主，近侗及诸官之门。"《通制条格·英宗纪》记载："至治元年五月，禁日者毋交通诸王，驸马，掌阴阳五科者毋泄占候。"《通制条格·泰定纪》记载："泰定二年正月，禁后妃、诸王、驸马，毋通星术之士，非司天官不得妄言祸福。"

明朝《大明律》也把私习天文和收藏禁书列为禁令，内容大致与前几朝相同，《万历野获编·卷二十·历法》中有相关的记载："学天文有厉禁；习历者遣戍，造历者殊死。"也有相对松弛的时候，"至孝宗弛其禁，且命征山林隐逸能通历学者以备其选，而卒无应者。""近年因日食分数不相符，督责钦天，但唯唯谢罪，以世学岁久无他术为解。而士大夫中，如参政刑云鹭辈，俱精于天文，刻有成书，皆云胜僧一行及郭守敬诸人矣。然未曾用之推测也。"但对于深谙此道者来讲也时刻隐藏着危险，《明史·刘基传》记载："胡惟庸方以左丞掌省事，挟前憾，使吏讦（jié，诬陷）基，谓谈洋地有王气，基图为墓，民弗与，则请立巡检逐民。帝虽不罪基，然颇为所动，遂夺基禄。基惧入谢，乃留京，不敢归。未几，惟庸相，基大戚曰：'使吾言不验，苍生福也。忧愤疾作。'八年三月，帝亲制文赐之，遣使护归。抵家，疾笃，以《天文书》授子琏曰：'亟上之，毋令后人习也。'"

上面列举的皇家禁忌不仅仅是天文历算，因为天文历算需要长时间积累的观测经验，需要专业的仪器，需要抽象的数学知识和思维能力，所以天文历算也不是轻易可以私修的。皇家禁忌更多的是各类门槛较低的方术。例如，刘伯温是明朝开国元勋，他受朱元璋赏识的正是他对天文知识的精通，符合当时政治上的需要。《明史·刘基传》载："帝尝手书问天象，基条答甚悉而焚其草（"焚其草"喻为官谨慎）。"即便他后来真的为自己选择了一块有"王气"的墓地，所用的也不是天文历算知识，而主要是利用堪舆术，其中只是盗用了一些天文历算的数字和术语等。墓地的"王气"并不能给刘基带来什么，但其理论护佑的是他的后代，这也是堪舆学的核心理论，因此也是触动了皇家禁忌。又如，当年秦始皇"焚书坑儒"所坑杀的并不都是儒生，而是多为术士。《史记·儒林列传》的说法："及至秦之季世，焚诗书，坑术士，六艺从此缺焉。"

术士是掌握方术者。所谓"方术"，是"数术"和"方技"的统称。一般认为"数术"有六类，即天文、历谱、五行、蓍龟、杂占、形法；"方技"有四类，即医经、经方、房中、神仙术。当然，两者都还包括其他相似内容。去除天文历法（历谱），这些内容虽然各有专攻，但共同的特点又是与一些所谓的“天文常数”相关，且并不需要那么严密，牵强附会便可。即便是属于生命科学的中医，其基本理论也是阴阳五行、相生相克等。

“数术”又称“术数”，去除严密的天文历法内容，其表象多为抽象的数字，或者说就是一些最早来源于天文历法的数字，这些数字可称为“天文常数”。这种天文常数最早产生于何时，与最早的天文历法本身一样已经无法详细考证清楚，但其应用的高潮期始于秦汉之际。又因这些数字在表观上具有抽象性，也就具有了神秘性，民间术士正是利用这些内容来推测、解释人和国家的吉凶祸福、气数命运等。即便是天文历法本身，其应用除了颁历授时外，主要是用于“占验”，因此这类“学问”一同被历代统治者严厉禁止私修。

“一”：即北极星为垂象或表象的至上神“天一”“太一”“泰一”等概念。《晋书·卷十一·天文上》：“北极，北辰最尊者也，其纽星，天之枢也。天运无穷，三光（日、月、星）迭耀，而极星不移，故曰：‘居其所而众星共之’。”在中国古代社会，由地球自转引起的天体的拱极旋转现象类似于“第一推动力”问题，因此，赤道坐标系的旋转轴指向的北极点和北极星，就被古人看作是最重的天神的垂象或表象，北斗七星中的斗魁在远古时期也可能充当过“天一”。《黄帝金匮玉衡经》云：“天一贵神，位在中宫。据璇玑，把玉衡，统御四时，揽撮阴阳，手握绳墨，位正魁罡，左房右参，背虚向张，四七布列，首罗八方，规矩乾坤，嘘吸阴阳，首五后六，以显吉凶。青龙主左，系属角亢；白虎辅右，正左觜参；朱雀在前，翻舞翼张；玄武在后，承德收功。”向来被解释得玄而又玄的老子的《道德经》中的“道生一、一生二、二生三……”以及“太极生两仪、两仪生四象、四象生八卦”中的“第一推动力”就是这个天神，其表象或“生成”第一表象可以用“一”来概括。笔者在前面已介绍过，北极天区也是“天门”所在的具体位置。

“二”：即“两季”的概念。在春、秋季概念产生之前，古人最早是把一年分为两季，即寒冷的冬季和炎热的夏季，且冬至与夏至的天文特征远比春分、秋分的更明显。“二”又为“两仪”，有阴阳、转换、交错、旋转之意。其形象来源之一应是北斗七星围绕北极旋转的形象。新石器时代的屈家岭文化中的一些彩陶图案，被一些专家认为是最早的八卦阴阳鱼图形。又如在很多出土的西汉“式盘”（模拟大道运行，用于推算历数、式占的工具）中，把表示北极点的小圆圈直接画在了北斗七星斗柄的中央（图 2-26）。

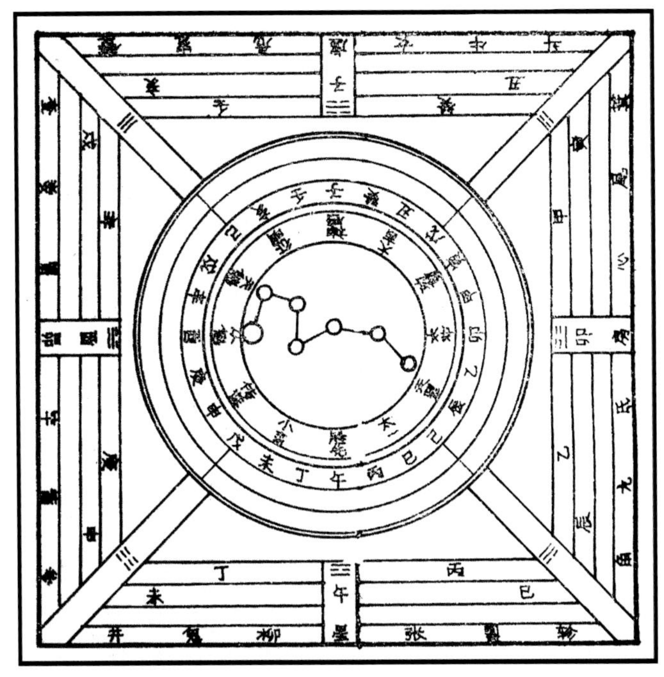

图 2-26　汉朝式盘摹本

“三”：即最初的“太阳轨道”（黄道）概念。在古人没有“黄赤交角”的天文概念时，认为寒来暑往是因为太阳运转的轨道有远有近造成的，夏季太阳轨道偏近，冬季太阳轨道偏远，春、秋季太阳轨道相对居中。因此古人认为这三条轨道是太阳运行最重要的轨道，即“内衡”“中衡”“外衡”。“三生万物”便与其述概念有关。

“四”：即四季与四个方位概念等。四季对应春、夏、秋、冬，以春分、夏至、秋分、冬至为标志。另外，立春、立夏、立秋、立冬又称“四立”，表示四季开始的意思；四个方位对应东、南、西、北，这一空间概念也常与“两分”“两至”为代表的时间概念相对应，甚至与自然物或现象相对应：春天属木对应东方，夏天属火对应南方，秋天属金对应西方，冬天属水对应北方，也就是“四灵”的概念。另有“四望”，即日、月、星、海。在“清华简”中有一篇名为《五纪》的文章，其中有一组关于“宇宙模型”的概念，内容有“天”“地”“四荒”“四冘（yín）”“四柱”“四维”。“四冘”指四个（行进）方向，“四柱”指支撑着天盖的四根柱子，“四维”指天球及其方位。另外，“天”“地”“四荒”又称为“六合”，就是六面体的宇宙空间。

“五”：即阴阳五行概念。按照前述陈久金先生等的研究，五行概念的产生最初与“十月太阳历”相关，最核心的内容是历法中的五季或五节气概念。但我们也无法否认其他文献中表明的，五行来源于古人对构成宇宙的五种基本“元素”的朴素认识（古希腊时期的哲学家对此也有相似的认识）。与很多历史问题一样，五行概念的两种起源孰先孰后根本是无法考证清楚的，或许原本与两项内容都有关联。但问题的关键是古人的进一步的联想，即当有了“五”这个基本数字，往下联想就是无限的了，特别是恰巧人类的肉眼又只能看到五大行星，古人或许认为这在宇宙中太特殊了，是上帝在冥冥之中的巧意安排（注1）。因此五大行星被称为“天之五行”，金、木、水、火、土被称为“地之五行”，两者名称合一。继续往下联想，在方位上除了东、西、南、北，还必然会有“中”；在颜色上有白、青、黑、赤、黄；在音调上有宫、商、角、徵、羽（相当于音调的1、2、3、4、5）；在气候感觉上有燥、风、寒、暑、湿等。但联想越多越牵强，当遇到本有五以上者而仍采用五，或因当时认识不足或有意采用排除法。对这类问题的进一步思考就是寻找它们之间的因果律和矛盾律，就是五行的“相生相克”说。这类“原始逻辑思维”的特点是，凡涉及因果律和矛盾律问题，往往集中地表现在寻求神秘原因上。虽然这也是人类认识自然过程中必然要经历的阶段性过程，但对于中国古代知识体系来讲，“相生相克”已经属于内在规律了，它们的成因具有天然的神秘性，至于诸多的“五”是否具有可比较性的内涵也就并不重要了。

早期的五季（十月太阳历）、五个太阳、五大行星、五方位、五种元素等在表面上还可以牵强地找到对应关系或联系。但当天文学发展到一定程度之后，这种对应关系就出现了问题。例如，与“十月太阳历”基本平均分配的五季（还有5至6天不在五季之内）不同，四季在天文学上有更明确的意义，就是“两分”“两至”的意义。而此时，在“五行”为普遍规律的观念中已经无法回避这一问题了，又因为春分和春季可以对应东方、夏至和夏季可以对应南方、秋分和秋季可以对应西方、冬至和冬季可以对应北方，但方位概念上的“中”与时间怎么对应？只好找一个与“两分”“两至”的意义不可等齐的太阳运行节点也是时间节点来应付了，这个节点就是“季夏”（夏季最后一个月，即农历六月）。具体说，季夏为“土王（旺）日”，《礼记·月令》有：“其日戊己。”最早见于记载的“季夏”这一节点概念，是战国末期齐国的邹衍正式提出来的。他以五行相生理论为基础，于一年四季（时）之中又增加了“季夏”而成为“五时”（季）。这完全是出于理论需要，是为了与五行之“土”相配，类比推演而来。把“四时教令”实际演变为“五时教令”，为一年之中每一个季节阶段的行政指令做出了具体安排。如《礼记·月令》

记载一年十二个月中每个月都有相对应的祭祀活动，在“季夏之月”与“孟秋之月”之间特意安排了一个非常重要的“年中祭祀”。董仲舒在《春秋繁露·五行对》中说：“天有五行，木火土金水是也。木生火，火生土，土生金，金生水；水为冬，金为秋，土为季夏，火为夏，木为春；春主生，夏主长，季夏主养，秋主收，冬主藏。”

“六”：为空间“六极”“六合”概念，即东、西、南、北、上、下。也与南斗六星有关，在阴阳八卦理论中，奇数为天数，偶数为地数，所以南斗六星主人之生（包括长寿），而北斗七星主人之死，死即为升天。我们在后面相关章节还会讲到偶数也可以主“死”，因为“生”与“死”是个循环概念，应该由同一个神来主宰。当然，这些内容都是一些牵强的理论。

“七”：为七政（七曜）、北斗七星的恒星数，亦为二十八宿之四分之一，所以不论是在东、南、西、北方位观念上，还是在春、夏、秋、冬的季节观念上都是各占七宿。

在《周髀算经》中有一幅“七衡六间图”，与“立杆（表）测影”有关。假如以立杆点为圆心，以十二个“中气”正午影长为半径画圆，可画出七个同心圆，“七衡”可看作是太阳的七条轨道，“六间”就是七条轨道间的间隙区。《周髀算经》认为太阳每天运行于不同的轨道，在内衡和外衡之间这一环带涂上黄色，即所谓“黄道”。从夏至日开始，在夏至、大暑、处暑、秋分、霜降、小雪、冬至七个时间点上，太阳分别在第一（内衡）至第七（外衡）轨道上运行；从冬至日开始，在冬至、大寒、雨水、春分、谷雨、小满、夏至时间点上，太阳又是从第七逐次回到第一条轨道上运行。其余时间太阳是在不同位置的“六间”内的轨道上运行。在《周髀算经》中，圆心被抽象成了北极点，相当于现代天文学概念中天球极轴的天赤道平面投影（图2-27）。

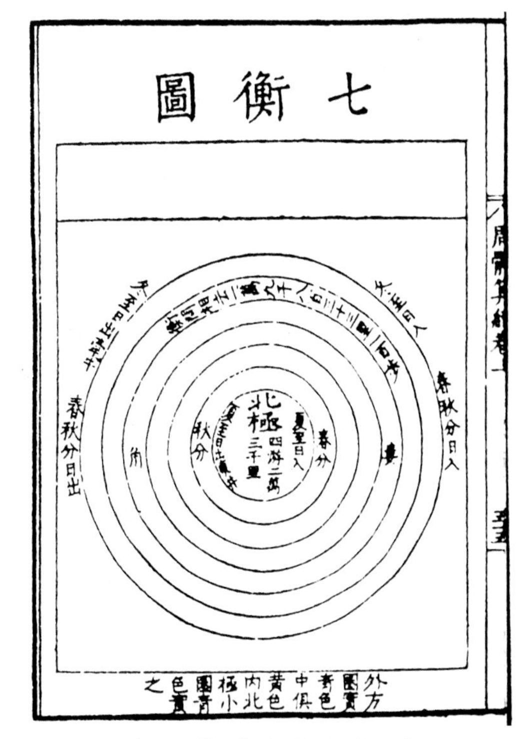

图2-27　《周髀算经》中的“七衡图”

“八”：就是八维与八节的概念。东、南、西、北为“四方”，在其间分别加入东南、西南、西北、东北四个维度称为“八维”；春、夏、秋、冬为“四时”，在春分、夏至、秋分、冬至四个“中气”之前分别插入立春、立夏、立秋、立冬四个“节气”称为“八节”。如果以一条横线的两端分别表示东（左）、西（右）及春分、秋分，以相垂直纵线的两端分别表示南（上）、北（下）及夏至、冬至，那么横竖垂线的两条 45 度对角线的左下、左上、右上、右下恰好可分别对应立春、立夏、立秋、立冬。

在屈原的《天问》中有“斡维焉系，天极焉加？八柱何当，东南何亏”之句，表明在当时楚文化地区的“宇宙模型”中，天盖是由八根柱子支撑着的。

八节、八维又与八卦相关。在很多新石器时代文化遗址的陶器上都出现过“八角星”纹饰，有些学者认为八角星纹表达了“八维”等概念。所谓“八角星纹”实为两类，一类是真正的八角星形，另一类是在“宽十字纹”的每端两侧再分出两个 45 度三角（图 2-28、图 2-29）。

图 2-28　远古时期各类“八角星”图案摹本

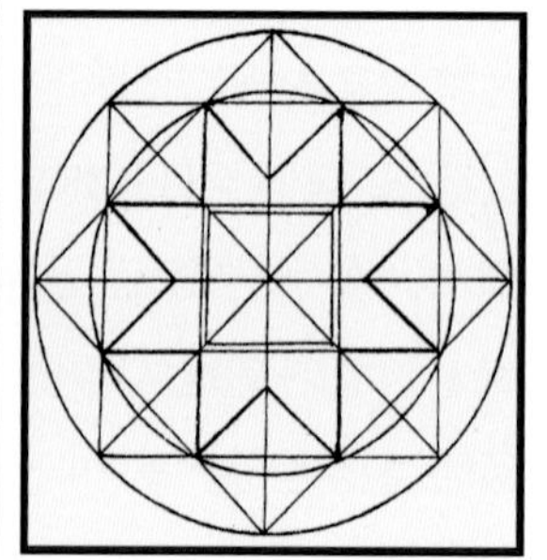

图 2-29　八角星画法

“九”：即“八维”再加“中央”的概念。在单数中九最大，又是最重要、最基本的天数三的倍数，也就成为最大的“天数”，所以中国有“九重天”之说。

《天问》中有“圜则九重，孰营度之”之句。八维或八角星图案再加上“中央”也构成了最早的神秘的“九宫格”。

“十”：是天数五和地数五之和，也是“十月太阳历”的月数。因此有“十天干”，即甲、乙、丙、丁、戊、己、庚、辛、壬、癸，最早用于纪月和后来用于纪日。在新石器时代及以后的文化中，有一种“十”字纹或类似于“亞”字纹，它们有些可代表太阳，其形象也是来源于“十月太阳历”或立竿测影。在商周金文中，“亞”字纹族徽可能就与原始的太阳神崇拜有关（详见下卷中相关阐释及图2-30）。

图2-30　殷商金文中的“亞”字纹（采自《中国天文考古学》）

“十二”：是“十月太阳历”每月的循环日数、“十二月阴阳历”的月数，所以有十二辰、十二星次、十二地支、十二节气、十二中气等。“十二地支”，即子、丑、寅、卯、辰、巳、午、未、申、酉、戌、亥，又可用来计一整天的时辰。

“十四”“二十四”“二十五”“七十二”等：“二十四”即为二十四节气，亦为三的四倍数，与此概念相符的实例非常之多（参见下卷中有关天坛的介绍）。

在使用“十月太阳历”的时期或族团，较大的特别数字一般都是某数字的五倍数，这与原始的五行概念有关，一年分为五季，每季七十二天，合为三百六十天，再加五或六天为一个回归年天数；在使用“十二月阴阳历”的时期或族团，较大的特别数字一般都是某数字的四倍，这与基本的方位东、西、南、北，基本的时间季节春、夏、秋、冬概念有关，如三十六可以看作是九的四倍，七十二也可以看作是十八的四倍或三十六的二倍等。“七十二”在两种历法体系中又有着天然的巧合，所以这一数字也显得特别神秘。《水浒传》中的梁山好汉有“七十二天罡”。

《国语·晋语》说：“黄帝之子二十五人，其同姓者二人而已；唯青阳与夷鼓皆为己姓。青阳，方雷氏之甥也。夷鼓，彤鱼氏之甥也。其同生而异姓者，四母之子别为十二姓。凡黄帝之子，二十五宗，其得姓者十四人为十二姓。”

黄帝四妃为：元妃西陵氏女，曰“嫘祖”；次妃方雷氏女，曰“女节”；次妃彤鱼氏女；次妃嫫母。十四子的十二姓为：姬、酉、祁、己、滕、任、荀、葴、僖、姞、儇、依。

丁山先生认为，黄帝之子二十五人，别为十二姓，则隐射岁次十二宫与十二月，完全是天空神话。如果把这一思路延展开来，那么共二十五子隐射天数，《周易·系辞》说："天数五，地数五，五五相得各有合，天数二十又五。"四妃隐射四季等；得姓十四子又是七的二倍数。

河图、洛书、八卦：最复杂的宇宙常数就是以河图、洛书、八卦等内容体现的。《管子·小匡》载管仲曾劝诫齐桓公不要有僭越的非分之想："昔人之受命者，龙龟假（至），河出图，洛出书，地出乘黄（神马）。今三祥未见有者，虽曰'受命'，无乃失之乎！"《尚书·顾命》说在册立康王时，堂上"越玉五重，陈宝，赤刀、大训、弘璧、琬琰（wǎn yǎn，圭表名），在西序。大玉、夷玉、天球、河图，在东序。"是说在堂上的东西两面墙前分别陈列着几件宝器，其中之一就是"河图"，可能也为玉器。再有《易·系辞上》："河出图，洛出书，圣人则之。"《尚书·顾命传》："河图八卦，伏羲氏王天下，龙马出河。遂则其文，以画八卦，谓之'河图'。"《尚书·洪范》："天与禹，洛出书。神龟负文而出，列于背，有数至九。禹遂因而第之，以成九类，常道所以次叙。"《礼记·礼运》："故天降膏露，地出醴泉，山出器车，河出马图，凤凰麒麟，皆在郊棷。"《论语·子罕》："子曰：'凤鸟不至，河不出图，吾已矣夫。'"

上述记载说明在先秦时期已经有"河图""洛书"的概念，西汉的孔安国、两汉之际的刘歆和杨雄、东汉郑玄等皆认为《八卦》源于"河图"，《洪范》源于"洛书"。汉儒的这类说法，以及它们具体是什么等问题，虽然一直不断遭到后人的质疑，但也不断有人提出新的见解。

北宋时期，研究"河图""洛书"的代表人物有理学"象数派"的邵雍、刘牧、朱震、朱熹及其弟子蔡元定等。朱熹的《周易本义》卷首有两个插图，一为"河图"，一为"洛书"，由蔡元定绘制。据说这两个图首创于陈抟（传说为五代宋初著名道士），邵雍最早借鉴（可能还有修改），传至刘牧时把两图的名称还弄颠倒了，朱震又重新将两图名称更正过来，蔡元定从朱震之说，以后便通行于世。

"河图"由1至10数字组成，奇数由圆圈表示，偶数由圆点表示。如果把圆圈和圆点的个数换成数字，可以认为这些数字组成了一个"十"字形：

左侧数字是8、3、5，右侧数字是5、4、9，上方数字是7、2、0，下方数字是0、1、6，横竖交叉点数字是5（图2-31）。其中五个奇数相加是25，五个偶数相加为30，两项之和为55。《周易·系辞》说："天一、地二、天三、地四、天五、地六、天七、地八、天九、地十，天数五、地数五。五位相得各有合，天数二十有五，地数三十，凡天地之数五十有五。所以成变化而行鬼神也。"

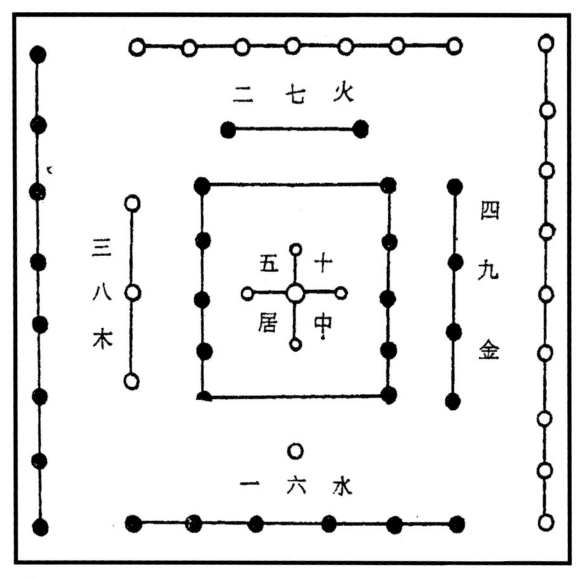

图 2-31　河图

如果再配以五行，那么"十"字左为东、为木，右为西、为金，上为南、为火，下为北、为水，中间为土；在易经中还有"生数"和"成数"的概念，顾名思义，"生"就是出生的意思，"成"就是成长的意思。那么在"河图"中，左侧木的生数为3，成数为8；右侧金的生数为4，成数为9；上方火的生数为2，成数为7；下方水的生数为1，成数为6；中间土的生数为5（也与"季夏"的方位和数字吻合），成数为10。宁波建于明朝的私人藏书楼名"天一阁"，就源于"天一生水，地六成之"，祈求防止火灾。

"洛书"由1至9数字组成，奇数1、3、5、7、9分别居下（北）、左（东）、中、右（西）、上。偶数2、4、6、8分别居右上（西南）、左上（东南）、右下（西北）、左下（东北）。即北周时期甄鸾注《数术记遗》中所谓的"戴九履一，左三右七，二四为肩，六八为足"。还可以把"洛书"转换成一个九宫格图形，共三行三列，中间交叉点方格内数字是5（也与"季夏"的方位和数字吻合），不论横、竖、斜线方向3个格内数字相加均为15（图2-32）。西汉末年，戴德的《大戴礼记·明堂》

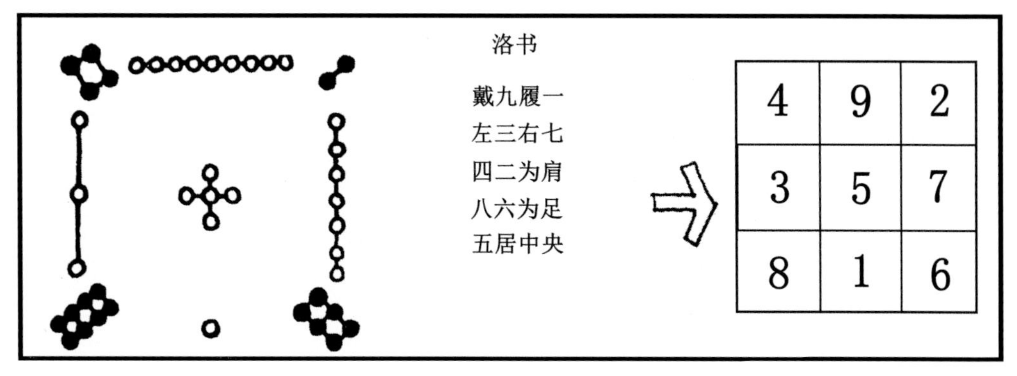

图 2-32　洛书与九宫图

说："明堂者，古有之也。凡九室：一室而有四户、八牖，三十六户、七十二牖。以茅盖屋，上圆下方。……赤缀户也，白缀牖也。二九四七五三六一八。堂高三尺，东西九筵，南北七筵，上圆下方。九室十二堂，室四户，户二牖。"其中"二九四七五三六一八"就是在九宫格内以从上往下的顺序，从右往左填数。这说明至晚在汉朝已经发现了九宫格的数字模型，反过来也可以用数字来表示九宫格，以示神秘。后人在研究明堂建筑时，常认为明堂的九室格局来源于"洛书"或"宽十字八角星纹"，但戴德并未说九宫格就是"洛书"（图 2-33）。

刘牧认为"河图"和"洛书"都符合大衍之数为五十的说法，"河图"总数为55，减 5 为 50。"洛书"总数为 45，加 5 为 50。又，邵雍将对"河图""洛书"的看法及由数学程式推演出来的八卦、六十四卦图示称为"伏羲八卦""先天之学""先天象数学"，即所谓"先天八卦"。与八方八节的对应关系为：震，东北、立春；离，东、春分；兑，东南、立夏；乾，南、夏至；巽，西南、立秋；坎，西、秋分；艮，西北、立冬；坤，北、冬至（图 2-34）。又将不同于"伏羲八卦"的另一种八卦图形称为"文王八卦""后天之学"。与八方八节的对应关系为：艮（山），东北、立春；震（雷），东、春分；巽（风），东南、立夏；离（火），南、夏至；坤（地），西南、立秋；兑（泽），西、秋分；乾（天），西北、立冬；坎（水），北、冬至（图 2-35）。关于两种八卦的关系，他认为"先天之学"为天地之"心"，"后天之学"是"心"造出来的千变万化之"迹"；"先天之学"的作用是"立本"，"后天之学"的作用是

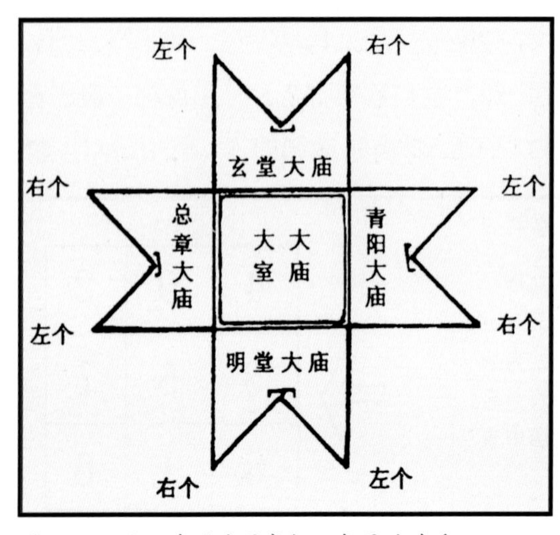

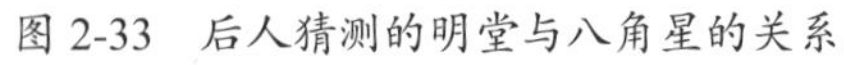
图 2-33　后人猜测的明堂与八角星的关系

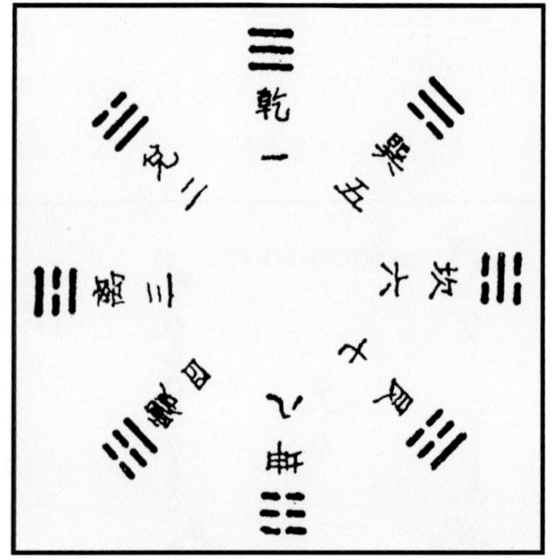

图 2-34　先天八卦

“致用”等。所以罗盘的方位排列与“后天八卦”的图式相同，只是增加了十二时，同时也可以代表十二个方位（图 2-36）。

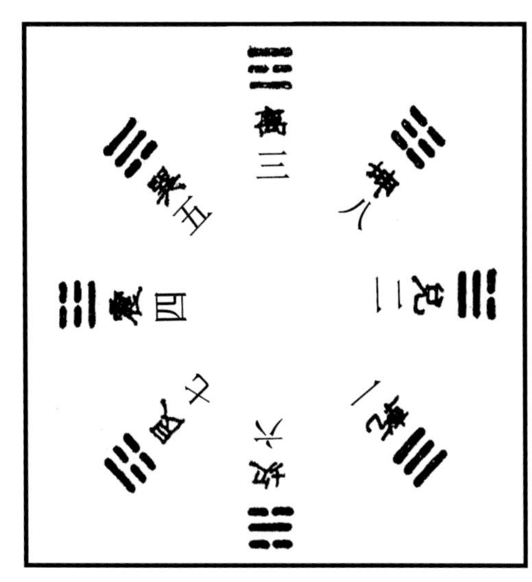

图 2-35　后天八卦

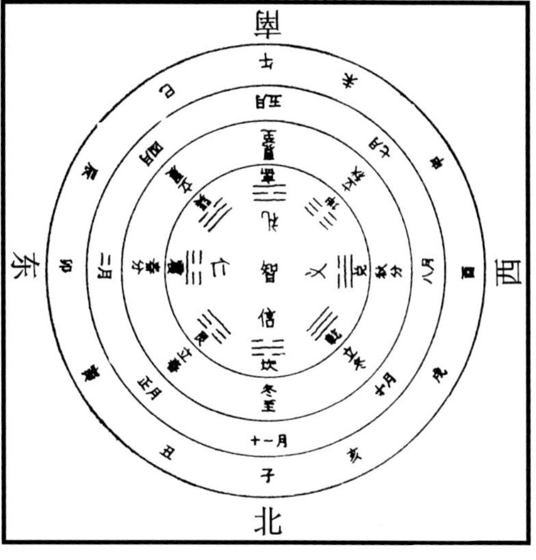

图 2-36　《易传》中的“世界图式”，也是罗盘的基本图式

总之，“宇宙常数”肇始于天文历法，至北宋时期已经发展成宋儒理学“象数派”的主要理论，即带有玄学意味的以数字为本源的哲学理论。

（八）风水（堪舆）术

两晋时期的郭璞为正统的道教正一道信徒，长于赋文，尤以《游仙诗》名重当时。《诗品》称其“始变永嘉平淡之体，故称中兴第一”。他曾为《尔雅》《方言》《山海经》《穆天子传》等作注传于世。明人有辑本《郭弘农集》，传其所著的《葬书》为中国古代风水学第一书，其中有：“葬者，乘生气也，气乘风则散，界水则止，古人聚之使不散，行之使有止，故谓之‘风水’，风水之法，得水为上，藏风次之。”可见风水之术也即相地之术，核心内容即是人们对居住或者埋葬环境进行的选择和处理，以达到趋吉避凶的目的，因此风水术又有阳宅和阴宅（墓穴）之分。

风水术从发展流派上来讲主要有三：

其一为“形势派（宗）”，包含峦头派、形象派、形法派等。主要为择址选形之用，注重觅龙、察砂、观水、点穴、取向等辨方正位。

其二为“理气派（宗）”，包含八宅派、三合派、翻卦派、飞星派、五行派、玄空大卦派、八卦派、九星飞泊派、奇门派、阳宅三要派、廿四山头派、星宿派、金锁玉关派等。偏重于确定室内外的方位格局，注重阴阳、五行、干支、八卦九宫等相生相克理论。

其三为“命理派（宗）”，从“理气派”发展而来，主要是根据人的出生时间“生辰八字”阐述地理环境对人产生的影响。

风水各派的内容有的互不相通，甚至大相径庭，且因这些内容难如天文历法可登“大雅之堂”（中国古代唯一严密的科学知识），因此更多是在民间流传（当然也有例外），风水术士在实践过程中因利益关系又互相攻讦（其核心理论本来就无法验证）。但无论何宗何派，都自称遵循三大原则：天地人合一原则；阴阳平衡原则；五行相生相克原则。因此风水术又称为“堪舆”，即“堪天舆地”，也就意味着风水术（或学）不仅是低头看地，还要仰望天空，以期达到“天人合一”的境界。但仅就风水术的具体内容来讲，却难与需要长期精密观测、缜密思维、数学推算的天文与历法学比肩，所谓“堪天”完全属于妄说。风水术中一些实用的内容至多属于基本的常识范畴。例如，普遍适合于浅山地带的“形式派（宗）”，实用的内容无非是选址要考虑日照因素、季风因素、地下水因素、季节性地表水因素，以及可能发生的原生性和次生性地质灾害等内容，这些常识，不仅仅是人类，即便是某些动物也能部分地感知。再如，普遍适用于平原地区的“理气派（宗）”，实用的内容如“坐北朝南”的朝向说，也只是因为中国位于北半球，太阳永远都不会运行到正北方，而寒冷的季风却必然是来自北方等。至于其他凶吉方位等，更是观念大于实际，如在西汉时期，虽然主要建筑是“坐北朝南”，但所谓的“吉位”却是在西方，仅仅是因为西方能够接收到每天的第一缕阳光。

其实，有了本节前面七个小节内容的铺垫，风水术的一切内容就都不难理解了。

总之，中国古代社会扑朔迷离的历史观、原始宗教的形成和发展，与两者相伴随的天文和历法知识的演进，以及因此形成的哲学理论，还有两晋时期归纳的风水术等，都将对礼制文化和礼制建筑的形制产生具体而深刻的影响。以上问题的其他方面内容，将在以下章节中继续阐述。

注1：1610年，意大利的伽利略借助望远镜发现了木星的四颗卫星；1781年，英国的威廉•赫歇尔借助大型反射望远镜发现了天王星及其两颗卫星和土星的两颗卫星。春秋时期的甘德隐约看到过木星的卫星，《开元占经》载：“甘氏曰‘阐阏之岁，摄提格在卯（年），岁星在子，与虚（宿）、危（宿）晨出夕入，其状甚大，有光，若有小赤星附于其侧，是谓同盟，。”

第三章　远古时期与礼制文化相关的考古发现

考古学（Archaeology）属于人文科学的范畴，是历史科学的重要组成部分，其目的在于根据古代人类通过各种活动遗留下来的实物资料研究人类古代社会的历史。实物资料包括各种遗迹和遗物，其中与远古礼制文化相关的研究所依据的遗迹内容主要为同时期特殊的建筑遗迹，如神庙、祭坛和陵墓等；所依据的遗物包括陶器、玉器、青铜器和特殊器物以及陪葬的牺牲等，主要是借助它们出现的时间、位置、数量和器物的器形、图案、体量等，研究及合理推测古人所要表达的理念等思想文化内容。

由于各个历史阶段的远古文化在地域分布、文化特征、社会组织形式等诸多方面的情况非常复杂，加之与礼制文化相关建筑与器物等的多寡和重要性不同，以下内容的介绍将采用不同的叙述体例，其中年代分期与文化圈等概念参照韩建业先生的观点，部分资料引自其专著《早期中国——中国文化圈的形成和发展》。

第一节　新石器时代中期的相关考古发现

大约在公元前 7000 年至公元前 5000 年间，中国大部分地区进入新石器时代中期，目前发现近 20 个考古文化遗址，这些原始聚落已经多有防护的环濠设施。

一、黄河流域和淮河流域地区

这一时期的裴李岗文化（公元前 7000 年—公元前 5000 年，因最早于河南新郑的裴李岗村发掘而得名）、白家文化（公元前 6200 年—公元前 5000 年，主要分布于渭水流域）、双墩文化（公元前 5500 年—公元前 5000 年，位于安徽蚌埠市淮上区双墩村）、顺山集文化（始于公元前6200年，位于江苏省泗洪县梅花镇大新庄西南），它们被称为“深腹罐 - 双耳壶 - 钵文化系统”。

后李文化（公元前 7000 年—公元前 5000 年，因最早于山东省淄博市临淄区后李村发掘而得名）被称为“素面圜底釜文化系统”。

在此阶段的裴李岗文化贾湖遗址（位于河南舞阳县北舞渡镇贾湖村）中发现了用丹顶鹤尺骨制成的骨笛、象牙雕板、绿松石饰品和带有刻符的龟甲、骨器、石器、陶器等。可以确认的契刻符号共发现有 17 例，大体上可分为三类：其一有龟甲 4 例、骨器 3 例，石器、陶器各 1 例，共 9 例。此类符号从其形状上分析，都具有多笔画组成的组合结构，其中应蕴含着契刻者的某种意图，记录了一件特定事情，因此应具有原始文字的性质；其二有5例，均在龟甲上契刻，为横或竖的一道或两道直向刻痕，明显为有意所为，可能具有计数的性质，如是则应为计数类符号；其三有3例，契刻在石颜料块或陶坠上，不排除作戳记之用的可能。

在15座出有骨笛的墓葬中（共25支），有9座墓葬的骨笛与龟甲同出，部分龟甲内藏有黑、白石子。说明龟甲和骨笛是巫觋从事祭祀及卜筮活动的“法器”，也说明“乐”是“礼”不可分割的组成部分。

卜筮活动为什么会选择龟甲，也许只能在古代神话中找到答案。后世的《淮南子•览冥训》说：“古往之时，四极废，九州裂，天不兼覆，地不周载；火爁焱（lǎnyàn）而不灭，水浩洋而不息；猛兽食颛民，鸷鸟攫老弱。于是女娲炼五色石以补苍天，断鳌足以立四极，杀黑龙以济冀州，积芦灰以止淫水。苍天补，四极正；淫水涸，冀州平；狡虫死，颛民生；背方州，抱圆天。”文中的“四极”是指想象中支撑着天穹的四根擎天柱（《天问》中是八根），这可能就是早期古人心目中的“宇宙模型”，但在其擎天柱“废”了之后可以用大龟的四条腿替代，这说明古人把圆形的龟背看作与圆形的天穹有着内在的神秘的联系，四条腿支撑的龟甲本身就如同天穹的模型，所以卜甲反映出的迹象是可以传达天意的。

在贾湖遗址中还出现了用于炊具的鼎，为后世最高级别的礼器青铜鼎的始祖。还出现了蒸馏器甑（zèng），预示着蒸馏酒的发明。

在双墩文化遗址的大量陶器中，有六百多件刻画有符号图案。符号图案基本上都刻画在陶碗的圈足内，仅有少数刻画在碗的腹部或其他器物的不同部位，其中有大量逼真的象形动物刻画符号图案，以鱼纹、猪纹为多，还有鹿、蚕、鸟、虫等。符号图案出现了两种及两种以上的符号组合，并有主纹与地纹的区别，表达了相对完整的意思，显现出语言文字特点。双墩刻画符号图案在定远侯家寨遗址也有发现，同一符号图案在不同遗址内出现，说明在一定范围内已有固定形态的符号图案得到认同并使用，具备文字社会性的特点。另出现有陶塑人面像。

在顺山集文化遗址中出现有玉管，也有陶塑人面和兽面像。这类陶塑人面像和兽面像等应当与神祇或祖先祭祀与崇拜有关。

二、长江流域中下游和华南地区

这一时期的顶蛳山文化（公元前7000年—公元前5500年，位于广西壮族自治区邕宁县蒲庙镇新新村）、彭头山文化（公元前7000年—公元前5500年，位于湖南省澧县彭头山）被称为“绳纹圜底釜文化系统”（其中彭头山文化也有一定数量的双肩耳高颈罐、矮足器）；上山文化（公元前7000年—公元前6200年，位于钱塘江支流浦阳江上游的浦江县黄宅镇境内）被称为“平底盆-圈足盘-双耳罐文化系统”；跨湖桥文化（公元前6200年—元前5000年，位于浙江省杭州市钱塘江南岸萧山）、高庙文化（公元前5800年—公元前5000年，位于湖南省洪江市岔头乡岩里村。主要为Y染色体F11人群组成，这种基因目前在汉族中占比为20%，苗族中占比为50%）、皂市下层文化（公元前5500年—公元前5000年，位于湖南石门皂市，地处澧水中游，北与湖北鹤峰、五峰、松滋三县交界）、城背溪文化（公元前5500年—公元前5000年，最早发掘于湖北省宜都城背溪而得名）、楠木园文化（公元前5500年—公元前5000年，位于湖北省巴东县官渡口镇楠木园村）等被称为“釜-圈足盘-豆文化系统”。

跨湖桥文化遗址出现了几何纹和太阳纹的彩陶。高庙文化遗址出现了带獠牙的兽面纹、八角星纹、太阳纹的白陶器，这些图纹比刻符更具象，类似“族徽”。还发现了一处公元前5000年左右的大型祭祀场所，已揭露面积700多平方米。整个祭祀遗迹呈南北中轴线布局，由主祭（司仪）场所、祭祀坑以及与祭祀场所的附属建筑（议事或休息的房子）及其附设的窖穴共三部分组成。其中主祭（司仪）部位在整个祭祀场所的北部，由四个主柱洞组成一个两两对称、略呈扇形的排架式“双阙”式建筑，面朝正南方的沅水。双阙的东、西两侧分别有一个和两个侧柱。祭祀坑共发现39个（其中之一为人祭坑），均位于司仪场所的南方。房子为两室一厨的结构，在司仪部位的西侧，面积约40平方米，门朝东。窖穴则分别位于厨房门外东侧以及祭仪场所的右前方。在目前所知中国同期远古遗址中，这处祭祀场所不仅年代早、规模大，且保存有祭祀所需的各类设施。在沅水中游的辰溪县松溪遗址和潭坎大地遗址中，还分别发现了同时期属于祭祀性质的蚌塑动物图案和祭祀坑群，说明宗教祭祀在当时人们的生活中是一项十分重要的内容。

三、华北和东北地区

华北和东北地区出现的新石器时代中期文化时间稍晚，这一时期的磁山文化（公元前6200年—公元前5000年，因首次发现于河北省邯郸市武安磁山而得名）、兴隆洼文化（公元前6200年—公元前5000年，因首次发现于内蒙古自治区敖汉旗宝国吐乡兴隆洼村而得名）、哈克一期文化（公元前6200年—公元前5000年，位于内蒙古呼伦贝尔市海拉尔区哈克镇内）、赵宝沟文化（公元前5500年—公元前5000年，因首先发现于内蒙古敖汉旗高家窝铺乡的赵宝沟村而得名）、新开流文化

（公元前 6200 年—公元前 5000 年，位于黑龙江省密山兴凯湖畔的新开流），它们被称为“筒形罐文化系统”。

磁山文化遗址出现了陶面具和鸟首形支座。

兴隆洼文化遗址出现了相对摆置的两个猪头骨，并用陶片、残石器和自然石块摆放出躯体，代表了当时人们心目中的“猪首龙”的形象，具有鲜明的宗教意义，这也是中国所能确认的最早的猪首龙形象。另外还有人与猪合葬的现象。

赵宝沟文化遗址出现的最为引人注目的应属施绘奇特的几何纹图案或动物纹图案的尊形陶器。这种尊形器已经挖掘和采集到了十数件。其中，在小山遗址出土了一件，直领圆唇，腹部扁鼓，下接假圈足，器表打磨光亮平滑，饰有极其精美的飞鹿、猪首龙、神鸟等灵物图案：飞鹿肢体腾空，背上生翼，长角修目，神态端庄安详；猪首龙为猪首蛇身，尖吻上翘，巨牙上指，眼睛细长，周身有鳞；神鸟奋翼冲天，巨头圆眼，顶上生冠，长嘴似钩，类似后世凤凰的形象。这三种灵物都引颈昂首，首尾相接，凌空翻飞。另外，在猪首龙和神鸟之间有一图形似一只张开双壳的河蚌，因此这组图案可能是那个时代的“四灵”图，春季对应猪首龙，夏季对应神鸟，秋季对应河蚌，冬季对应飞鹿。

在南台地遗址采集到的另一件陶樽的腹部绘有两只鹿纹，也是首尾相衔，作凌空腾飞之状，后部好像鱼尾，尾上三角处有一半图形图案，外围有一圈向心射线，有如一轮金光四射的太阳。在躯干和四肢部位，有精心刻画的细网格纹（图 3-1）。

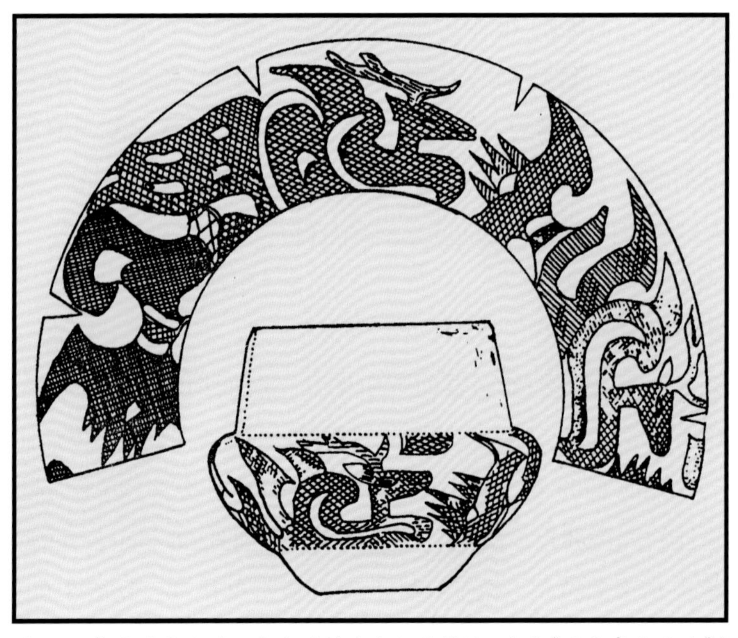

图 3-1　赵宝沟文化遗址出土的神鹿太阳陶樽纹（采自《天文考古通论》）

另外，赵宝沟文化遗址中还有一件陶凤杯引人关注，杯上的凤头冠、翅、尾的造型与后世的凤鸟极为接近，已经将凤鸟的特征完全显现。

第二节　新石器时代晚期前段的相关考古发现

公元前 5000 年前后，中国历史迎来了一个发展的高峰，大约形成了以黄河流域、淮河上中游地区、华北地区，长江中下游、华南地区，东北地区为代表的三大文化区，一直持续到公元前 4200 年前后。这一历史阶段虽属于新石器时代晚期前段，但中国的玉文化传统已经正式形成。玉器最早见于之前的兴隆洼文化和顺山集文化，在此期间则广见于长江中下游和华南地区的马家浜文化、河姆渡文化、龙虬庄文化以及东北地区的左家山下层文化、亚布力文化等。玉玦、玉璜、玉环出现较多，特别是东南沿海从石斧演变出玉钺。

一、黄河流域、淮河上中游地区、华北地区

在此期间，黄河下游和淮河中游地区的双墩文化和后李文化融合成面貌一新的北辛店文化。受之前的裴李岗文化、白家文化、磁山文化和其他类型的文化影响，在整个黄河中游从今天的甘肃省到河南省之间逐渐形成了仰韶初期文化（因首先发现于河南省三门峡市渑池县仰韶村而得名）。仰韶文化一期前段包括半坡类型（位于陕西省西安市东郊灞桥区浐河东岸）、后岗类型（位于河南省安阳市后岗村）、姜寨类型（位于陕西省临潼区城北）、枣园类型（分布于豫晋陕临境地区）、鲁家坡类型（蒙古高原中南部）等。仰韶文化初期、一期前段，北辛文化等被称为“瓶（壶）-钵（盆）- 鼎文化系统”。

这一时期的聚落规模一般较大，不但继续以环濠围护，还出现了以半地穴的小房子环绕的大房子的规划形式。如在较完整的姜寨一期文化遗址中，先后发现完整的房址 100 多座，可分为五组，每组以一座大型房子为中心，四周围绕着中小型房屋，各组之间为广场，房屋之门皆面向广场。一组便是一个相对独立和封闭的单元，居民之间有着密切的血缘关系。

河南濮阳西水坡遗址属于后岗类型，在 M45 号墓中发现的“蚌塑龙虎图”所反映的原始文化内容最为深刻（墓主人 Y 染色体基因为 F46，在目前中国人种中占比为 14%）。另外需要补充说明的是，M45 号墓中组成北斗七星图案之斗柄所使用的是一根人的胫骨值得注意。中国古代有一本专门讲述“盖天说”宇宙模型的著作为

《周髀算经》，其中的“宇宙模型”的建立离不开“立表（竿）测影”观测方法。“髀”就是人大腿的胫骨。又，《周髀算经》说测量太阳影长的“表”高八尺，而八尺大约就是一个成年男子的身高。那么可以联想到的是，最早的随时随地的测影工具就是人本身，而作为最初“工具”或“仪器”使用的“表”可能就是人的胫骨。就我们所知，立表测影的基本目的是根据太阳的影长推断季节。如果在一个陌生的环境中狩猎、征战等，还可以根据影长在白天推断时间和方向，因为在某一段时间内，相同时刻的影长与表高有着大致的比例关系，并且此时日影指示的方向也是大致相同的。推测远古时期外出狩猎或打仗的人群携带一块有刻度的胫骨，就如同携带了手表和罗盘。如果此推断成立，那么45号墓所在时期的古人，可能已经发明“立表测影”了（图2-2）。

仰韶文化半坡等类型遗址中出现了大量的彩陶，以黑彩为主，主要由直线、折线、三角形等元素组成几何纹，也有鱼纹、蛙纹、鹿纹、网纹等。后岗类型彩陶只见红彩，主要是成组的斜线纹。

人面鱼纹彩陶广见于半坡、姜寨和北首岭遗址（又见于江苏高邮龙虬庄遗址），推断他们都是以鱼为图腾。这些人面鱼纹以双眼紧闭为主。据有些专家总结，半坡的人面鱼纹共有五种形态，可分别表示新月、上弦月、望月、下弦月和晦朔月（图3-2、图3-3）。另一件陶盆内绘有一个独立的人面鱼纹和一个独立的网纹图案，

图3-2　仰韶文化半坡遗址陶器中的“人面鱼”纹。1、2、3、4、5分别表示新月、上弦月、望、下弦月、晦朔（采自《天文考古通论》）

图3-3　仰韶文化姜寨遗址陶器中的“人面鱼”纹（采自《天文考古通论》）

没有连续性的装饰效果。有专家认为网纹是表现毕宿，后世的《说文》解释说：“毕宿，田网也。”《诗经·小雅·渐渐之石》说：“月离于毕，俾滂沱矣。”意为当月亮与毕宿在夜晚相聚的时候，雨季就到来了。夏鼐先生认为这符合六千余年前的天象。但月亮的位置其实与下雨无关。

在仰韶文化半坡型和北辛店文化都发现有陶铃和陶埙（xūn）。陶铃可能是后世钟的雏形。

二、长江中下游、华南地区

在此期间的汤家岗文化（皂市下层文化与大溪文化之间的中期晚段文化）、大溪文化一期（主要集中在长江中游西段的两岸地区）、马家浜文化（主要分布在太湖地区）、河姆渡文化（主要分布在杭州湾南岸的宁绍平原及舟山岛）、龙虬庄文化（位于江苏省高邮市龙虬镇北）、咸头岭文化（位于深圳市东南部大鹏街道办事处咸头岭村）等被称为“釜 - 圈足盘 - 豆文化系统”。

龙虬庄文化、河姆渡文化、马家浜文化遗址中出现的彩陶以黑彩为主，偶见红彩，主要以直线和曲线元素组成重鳞纹、网纹、栅栏纹等。汤家岗文化发现在白陶器上的八角星纹、太阳纹、波纹、垂幛纹等。

在河姆渡文化遗址中出现了“双鸟负日”骨刻和“双鸟朝阳”象牙雕刻。在中国古代神话和很多美术作品中都有鸟负日的题材，如《山海经·大荒东经》：“汤谷上有扶木，一日方至，一日方出，皆载于乌”。《淮南子·精神训》：“日中有陵乌。”河姆渡“双鸟负日”骨刻为两个并列的双鸟太阳纹图案，两个图案相近，都是中部为太阳，叠加在两个相背重叠的鸟身上，两个鸟头左右伸出。右侧一组鸟身上叠加的为两重同心圆太阳纹，放射着强烈的光芒，相背重叠的鸟身背脊部也是太阳的上部，为火焰状的“山”字形纹；左侧一组的太阳不作光芒状，背脊上的火焰纹也不强烈（图 3-4）。

图 3-4　河姆渡文化遗址出土的“双鸟负日”骨刻（采自《天文考古通论》）

“双鸟朝阳”象牙雕刻的太阳为五重同心圆，其上方为强烈的火焰，太阳的两侧伸出两个鸟头，长喙弯钩，作相向回首状，整个图案的外侧又裹着火焰纹。以五重同心圆表现太阳，可能代表太阳运行的不同轨道，表达了立春、春分、立夏、夏至、立秋、秋分、立冬、冬至“四时八节”的概念，如中心表示夏至，最外圈表示冬至，其余三圈表示两两相对的其他六个节气（图 3-5）。

另外，在一件陶盘内绘有“四鸟太阳纹”，盘心画一圆圈表示太阳，又从太阳中部伸出四个鸟头，夸张的鸟嘴皆向右，以致图纹整体有向右旋转之势，可能是表达“两分”“两至”或四季的运行（图 3-6）。

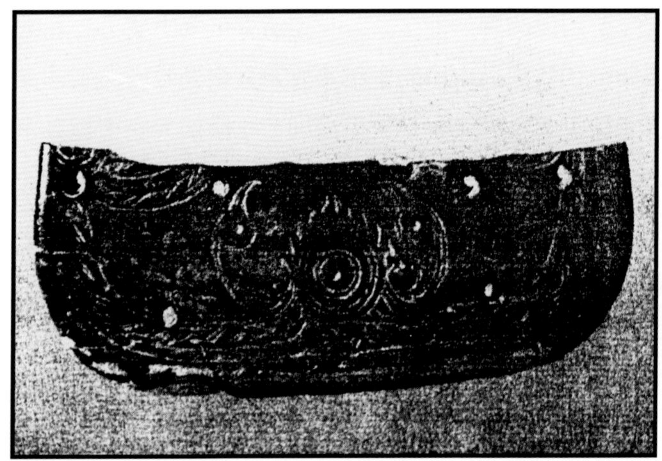

图 3-5　河姆渡文化遗址出土的“双鸟朝阳”牙雕（采自《天文考古通论》）

图 3-6　河姆渡文化遗址彩陶中的“四鸟太阳”纹（采自《天文考古通论》）

在河姆渡文化遗址中还有一件猪纹陶钵很有特色：俯视看，钵口为方圆形；侧面看，上边长略大于底边，整体形象类似于斗魁。特别是侧面刻画了一头猪，猪的身正中有一比例较大的同心圆纹。这可能是表示斗魁中的某星为当年的北极星。

三、东北地区

公元前 5000 年以后，东北地区文化格局还没有发生较大的转变，随着仰韶文化后岗类型向东北推进，至公元前 4500 年前后，在当地文化基础上主要形成了红山文化早期。此地区的赵宝沟文化晚期、红山文化早期（位于辽宁西部、内蒙古东部）、左家山下层文化晚期与中层文化（位于吉林省农安县城郊乡两家子村高家屯西南）、小珠山文化（位于辽东半岛）、振兴文化（位于黑龙江省海林市）、亚布力文化

（位于黑龙江省尚志县亚布力镇东北）等被称为“筒形罐文化系统”。

在左家山中层文化遗址中出现了造型古拙的石龙，是红山文化中期遗址开始普遍出现的玉猪龙的滥觞。

在赵宝沟文化晚期遗址出现了石像和陶制塑像，包括石鸮（xiāo）形器、石龟、石人（猴）、陶猪头、陶蚕形器、陶海马形器、石雕人像等。

第三节　新石器时代晚期后段的相关考古发现

公元前 4200 年至公元前 3500 年间，新石器时代已经处于晚期后段。这一时期最突出的历史文化特征是中原核心地区的仰韶文化东庄 - 庙底沟类型迅猛崛起，使得中国大部分地区的文化首次形成以中原为核心的、具有相同文化符号的文化圈。这个核心文化圈的外围地区包括华南地区、东北东部地区等。

一、核心文化圈地区

这一时期核心文化圈的最核心地区包含黄河上中游的仰韶文化一期后段和二期（即仰韶文化东庄 - 庙底沟类型），被称为“瓶（壶）- 钵（盆）- 罐 - 鼎文化系统”。

仰韶文化东庄类型遗址位于山西省芮城县西南部的黄河岸边，庙底沟类型遗址核心区则包括了晋西南、豫西及关中东部。庙底沟类型最具代表性的文化符号为彩陶，主要有折腹釜形鼎、黑彩带纹钵、宽沿花瓣纹彩陶盆、双唇口小尖底瓶、葫芦形瓶等。还流行鸟纹彩陶，有鸟形鼎、灶、器盖等，并出现了融合半坡类型和东庄类型的鱼鸟合体纹。

在庙底沟类型的彩陶中，有一种火焰纹的陶器很特别，在火焰纹中第一和第二、三、四火苗之间还有一较大圆点，庞朴先生认为此火焰纹应该代表“大火星”，即是对“大火星”崇拜的反映（图 3-7）。另外这一地区还出现了较大体量的房屋。

图 3-7　仰韶文化庙底沟类型彩陶上的“火焰星辰”纹（采自《天文考古通论》）

庙底沟类型外圈的主体区包括黄河中游地区、汉水上中游地区和淮河上游地区等。代表性器物是因地略异的花瓣纹彩陶。西北部多双唇口小尖底瓶而少鼎，东南部少双唇口小尖底瓶而多鼎。

再向外的辐射区包括黄河下游、长江中下游、东北地区。常见正宗或变体花瓣纹彩陶，主要有黑彩带钵、折腹釜形鼎、双唇口小尖底瓶、葫芦形瓶等。

黄河下游和长江中下游的大汶口文化早期（因首现于山东省泰安市大汶口而得名，主要为 Y 染色体 F11 基因人群），崧泽文化早期（因首现于上海市青浦区崧泽村而得名），北阴阳营文化（因首现于南京市北阴阳营而得名），龙虬庄文化（位于江苏省高邮市龙虬镇北），大溪文化二、三期被称为“壶 - 豆 - 杯 - 鼎文化系统”；东北南部和西部的红山文化中期、小珠山中层文化被称为“筒形罐 - 彩陶罐 - 钵文化系统”。

在崧泽文化中仍以八角星纹彩、边绕三角的太阳纹（或）最具特色。

在大汶口文化、崧泽文化、北阴阳营文化等地，出现了随葬百余件器物和大量玉器的富贵墓葬，精美的玉器有钺、璜、玦、镯等。在南河浜遗址还发现了用土堆砌的祭坛。另外，红山文化中期的牛河梁遗址已经开始建造积石冢。

二、核心文化圈外围地区

华南地区的昙石山文化一期、咸头岭文化Ⅵ至Ⅴ段被称为“圈足盘 - 豆 - 釜文化系统”；东北北部的亚布力文化被称为“筒形罐文化系统”等。

第四节　铜石并用时代早期的相关考古发现

公元前 3500 年至公元前 2500 年间，中国进入了铜石并用时代早期阶段，在这一阶段不仅出现了铜器、核心文化圈扩展到长江上游地区和青藏高原东部地区，而且社会发生急剧变化，中国进入早期的初始文明社会阶段，即有几个考古文化已经进入了古国时代或曰酋邦的高级阶段，其中最突出的是良渚文化。同时加快了早期中西文化交流的步伐。

鉴于这一时期的原始文化已经进入高级阶段，以下将对重要的文化单列介绍。

一、核心文化圈地区

核心文化圈地区包括黄河上中游、长江上游、青藏高原东部地区的仰韶文化三期和四期、马家窑文化石岭类型期和马家窑类型期、哨棚嘴二期文化、桂园桥类遗存、卡诺文化，它们被称为“罐-钵-盆-瓶文化系统”；长江中下游、黄河下游地区的大汶口文化中晚期、大溪文化四期、薛家岗文化、崧泽文化晚期、良渚文化早期和中期、樊城堆文化、石峡文化、牛鼻山文化、昙石山文化，它们被称为“鼎-豆-壶-杯文化系统”；东北南部和西部地区的红山文化晚期、哈民忙哈文化、雪山一期文化、小珠山中层文化、南宝力皋图文化、偏堡子文化，它们被称为“筒形罐-彩陶罐-钵文化系统”。

（一）仰韶文化

在这一时期的仰韶文化半坡晚期类型遗址中出现了近170平方米带前廊的单体建筑，在其附近的灰坑中发现了与某种祭祀活动有关的涂红的猪的下颌骨、用植物编织物包裹的猪头骨、8个陶塑人像等；在其阿善三期类型中出现了祭坛和“大房子”等公共建筑；在其秦王寨类型中出现了“郑州西山古城”，这是中原地区发现的年代最早的古城；在秦王寨类型和古水河类型中都发现带二层台的大墓，前者的随葬品有石钺或钺形器、玉璜、陶罐、陶钵等，后者的墓主人手臂戴象牙箍；在河南荥阳市青台遗址（庙底沟型晚期）、河南巩义市黄河南岸双槐树遗址中发现了用陶罐摆成的“北斗九星”。双槐树遗址有三道环壕，以及院落式夯土宫殿基址、中心居址、瓮城结构围墙、版筑夯土广场等，另有数量众多的房址、灰坑及兽骨坑等，是迄今为止黄河流域发现的仰韶文化中晚期经过精心选址的规模最大的核心聚落，具有古国的都邑性质。

（二）马家窑文化

在这一时期的马家窑文化遗址中（因最早发现于甘肃省临洮县洮河西岸的马家窑村麻峪沟口而得名），彩陶纹样正式与关中地区仰韶文化庙底沟类型分道扬镳，主要使用黑彩，纹样以弧线三角纹、圆饼纹、波纹、弧线纹为主，其中最具特点的是变体鸟纹、变体蛙纹、蜥蜴纹、蝌蚪纹、二方连续旋涡纹、人面纹，又以在上孙家寨等遗址中发现的多人舞蹈图案彩陶盆最为著名（图3-8、图3-9）。在宗日类型遗址中，彩陶图案有紫红色彩的鸟纹、

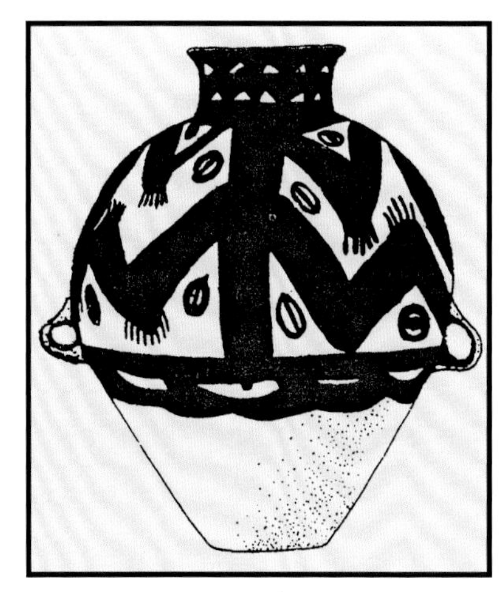

图3-8　马家窑文化遗址彩陶上的“蛙”纹和“雨点”纹（采自《天文考古通论》）

折尖三角纹、折线纹等。还发现一件青铜弧背刀，两块范合铸而成，这是目前发现的中国最早的青铜器。

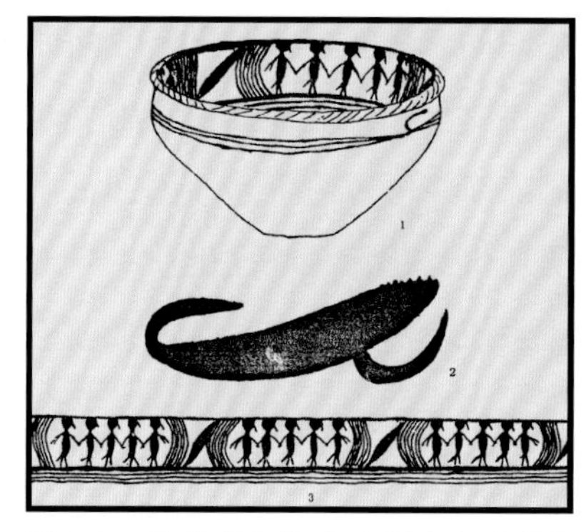

图3-9　马家窑文化遗址彩陶上的“舞蹈”纹和“鱼龙”纹（采自《天文考古通论》）

在傅家门遗址发现的带有简单刻符的卜骨，上有烧灼的痕迹，这是继裴李岗文化贾湖遗址卜甲之后目前发现的最早的卜骨。

在师赵村遗址发现有石圈祭祀遗址，其中有陶片、猪下颌骨、猪头骨、肢体骨等。

在石岭下层类型的大地湾遗址中，F411带门斗的长方形地面建筑，在灶后用黑色颜料绘有人物和动物，可能与祖神崇拜有关。F901建筑由主室、后室、东西侧室构成，主室前面有成排以青石为柱础的附属建筑和宽阔的场地。这座建筑占地290平方米，加上前面的附属建筑则达420平方米，已具前堂后室、东西两厢左右对称的中国传统建筑基本格局形式。另在F11建筑地面发现5块卜骨，该遗址内还发现有埋葬猪骨的祭祀坑。

（三）大汶口文化

大汶口文化遗址分布地区东至黄海之滨，西至鲁西平原东部，北达渤海南岸，南到江苏淮北一带。另外，该文化类型的遗址在河南和皖北也有发现。大汶口文化内涵丰富，出土的陶、石、玉、骨、牙器等不同质料的生产工具、生活用具和装饰品都异常精美。生活用具主要有鼎、豆、壶、罐、钵、盘、杯等器皿，分彩陶、红陶、白陶、灰陶、黑陶几种，特别是彩陶器皿，花纹精细匀称，几何形图案规整。生产工具有磨制精致的石斧、石锛、石凿和磨制骨器，而骨针磨制之精细，几可与今针媲美。墓葬以仰卧伸直葬为主，有普遍随葬獐牙的习俗。有的还随葬猪头、猪骨，如在陵阳河墓地的25座墓葬中，随葬了160多个猪下颌骨。大型墓葬不但有大量高柄杯等精美随葬品，还多随葬象征军权的石钺或玉钺。另外，因在早期出现了夫妻合葬和夫妻带小孩的合葬墓，所以一般认为，大汶口文化早期属于母系氏族社会末期向父系氏族社会过渡阶段，中、晚期已进入父系氏族社会。

在大汶口文化莒县陵阳河遗址发现了著名的两个刻于陶缸上的字符图纹，其一上面是个圆圈，下面是由三段弧线组成的类似元宝形，这个类似元宝形部分与甲骨文中的“火”字相同，此字符可能表达为海面升起的太阳；其二是在第一个字符图纹下面再加一个枫叶状的“五指山”形，可能表达为落山的太阳。大汶口文化的发现，也为山东地区的龙山文化找到了渊源（图3-10）。

图3-10　大汶口文化遗址陶缸上的“太阳”纹（采自《天文考古通论》）

（四）崧泽文化与薛家岗文化

崧泽文化上承马家浜文化，首先开创了轮制陶器。这一时期进入了发达的晚期阶段，以上海青浦崧泽三期遗址、浙江嘉兴南河浜晚期遗址、湖州昆山文化遗址为代表。以前的北阴阳营文化发展为薛家岗文化，以安徽省潜山县薛家岗遗址为主体、含山县凌家滩遗址为代表。崧泽文化和薛家岗文化石制工具以石锛最多，其次是石斧、石凿、石镰、石刀、石犁等，都有玉钺、玉玦、玉璜、玉镯、玉璧、玉人、玉龙、玉龟、玉板、玉鹰等，其中玉人、玉龙等玉器与红山文化影响有关。一些较大的墓葬都随葬一件玉钺，且多属于男性墓，显示玉钺确属武器，且象征军权。两种文化也有随葬猪下颌骨的葬俗。

在凌家滩遗址中出土的一件玉鹰，呈展翅飞翔状，鹰首侧视，眼睛以对钻孔眼表现，胸腹部的图案中心为一小圆环，外套八角星纹，八角星外再套一大圆环。双翼展翅，翅端呈猪首形。这件玉鹰整体造型与河姆渡文化的“双鸟负日”很相似，可能是凌家滩民族徽帜的标志，其内涵可能与北极（星）崇拜有关。冯时先生认为这种特殊的八角星图形就是九宫图形，九宫布列于圆环中央实际上体现了“太一行九宫”的概念，如汉代“式盘”（推算历数或占卜的工具，分天、地盘）行九宫之太一多为北斗，两翼的猪首形象则显然是对中央作为北极星的太一北斗的形象描绘。族徽与天神的结合也反映了祭天配祖的习俗（图3-11）。

图3-11　凌家滩文化“猪首翅八角星玉鹰”（采自《天文考古通论》）

在凌家滩遗址出土的玉板和玉龟也很有特色，玉板和玉龟是叠压在一起同时出土的，玉板夹放在玉龟的龟甲里面，说明这两件玉器之间有紧密的联系，应为占卜工具。玉板正面为长方形，反面略内凹，两短边各对钻 5 个圆孔，一长边对钻 9 个圆孔，另一长边在两端对钻 2 个圆孔。玉板中部雕刻有一个圆圈，圈内雕刻着“方心八角星纹”；圈外雕一大椭圆形，两圆以直线平分为八等分，每等分内雕刻一圭形纹；在椭圆外沿圈边对着长方形玉板的四角各雕刻一圭形纹饰。这块玉板上雕刻的纹饰可能反映了凌家滩先民的原始哲学思想，即圆中心的八角星纹可能代表太阳；小圆圈外、大圆圈之内的八个圭形纹饰应是表示东、西、南、北和东南、东北、西南、西北“四方八维”和“四时八节”；大圆圈外四角的四个圭形纹饰有多种解释，在此不赘述（图 3-12 ～图 3-14）。

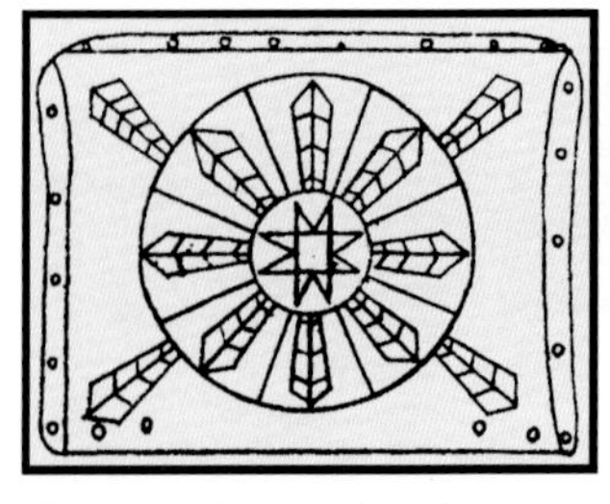
图 3-12 凌家滩文化遗址玉板图案摹本

图 3-13 凌家滩文化遗址玉板（采自《中国天文考古学》）

图 3-14 凌家滩文化遗址玉龟（采自《中国天文考古学》）

在凌家滩遗址出土的一件玉人雕刻也很特别：长方脸、浓眉大眼、双眼皮、蒜头鼻、大耳、大嘴，头戴圆冠，腰系饰有斜条纹的腰带，两臂弯曲，五指张开放在胸前，臂上饰满了玉环。冯时认为最具有明显特征的方脸就是斗魁的形象，因此冯时先生认为玉雕可能表现的是北斗星君神的形象（图 3-15）。

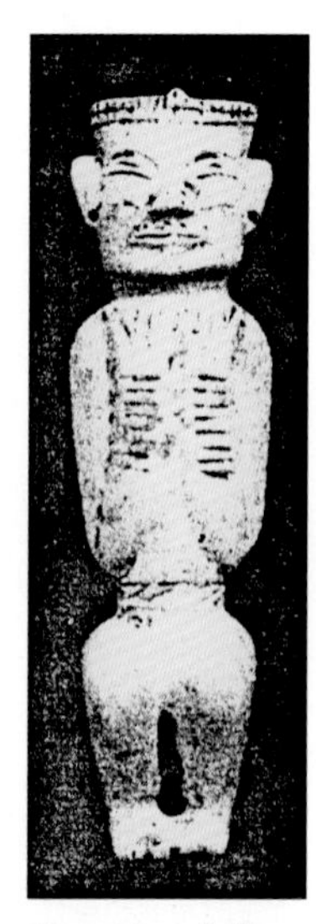
图 3-15 凌家滩文化遗址玉人（采自《天文考古通论》）

在凌家滩遗址还发现一座大型的祭坛遗址，是我国目前已知的规模最大、年代也较早的一处祭坛遗址。凌家滩祭坛为正南北向的长方形，现存面积约 600 平方米，原面积约 1200 平方米，位于凌家滩遗址的最高处。在祭坛遗址上有用于祭祀的“积石圈”和三个长方形的祭祀坑，在祭坛的东南角发现有红烧土和草木灰遗迹，草木灰堆积很厚，呈灰黑色，推测这里可能是祭祀时用火的地方。整个祭坛的形制和特征都表明它是凌家滩遗址中极为重要的一处举行宗教仪式的场所。

（五）良渚文化

良渚文化分布的中心地区在太湖流域，而遗址分布最密集的地区则在太湖流域的东北部、东部和东南部。该文化遗址的最大特色是所出土的玉器达到了中国史前文化之高峰，其数量之众多、品种之丰富、雕琢之精湛，在同时期中国乃至环太平洋拥有玉传统的部族中独占鳌头。挖掘自墓葬中的玉器包含有璧、琮、钺、璜、冠形器、三叉形玉器、玉镯、玉管、玉珠、玉坠、柱形玉器、锥形玉器、玉带及环等。

在三枚现藏于美国弗利尔美术馆的良渚文化的玉璧中，有三个神奇的图案，其中有两个比较相似，自上而下为鸟、花柱、三层台。不同之处是三层台立面上的图案，一为椭圆形图案，一为中心为圆的似展翅的动物，似神话了的太阳；另一个图案是自上而下为小鸟、三层台、承托台的新月纹，在三层台立面上有一组涡纹合成的太阳纹。这三个图案可能表明良渚先民以鸟为图腾，图腾柱下的三层台应该是一人工祭坛，也为观象台，图腾柱也可能为立表测影之用（图 3-16）。

图 3-16　良渚文化遗址玉璧上的“图腾柱”图案摹本（采自《天文考古通论》）

良渚文化有一座祭坛墓地位于瑶山遗址的瑶山上。祭坛经过精心设计，为近方形的漫坡状，边长约 20 米，面积约 400 平方米，以不同的土色分为内外三重。中心为红色土方台，四边长约 6 米至 7.7 米；红土外围为灰色土填充的围沟，宽约 1.7 米至 2.1 米不等；灰土围沟外是用黄褐色斑土筑成的围台，围台面铺砾石，边缘以砾石叠砌。这座祭坛由多色土构成，虽然不存在高差，但衬托了祭祀场所的神秘色彩，开创了后世五色土祭坛建筑的先风（图 3-17）。

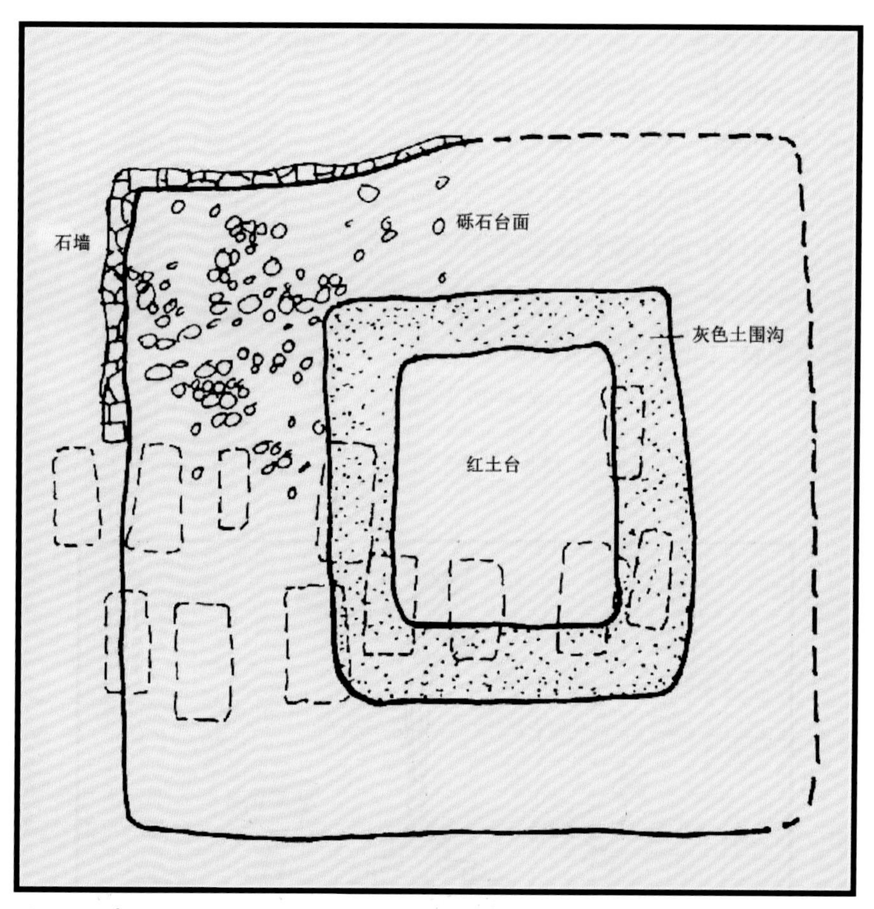

图 3-17　良渚文化瑶山祭坛平面示意图（采自《天文考古通论》）

在祭坛上清理出 12 座墓葬，各墓都出有成批的随葬玉器，其中以埋在中心红色土台上的墓葬中出土的最多，有的多达 148 件（组）。这批玉器制作精良，种类有玉琮、透雕玉冠、冠状饰、三叉形器等，其上也大都雕刻有神徽，使人望而生畏；还有象征权力的玉钺、龙首牌饰；也有鸟、璜、带钩等装饰品和嵌玉漆器等高级用品。这些墓主生前很可能是祭祀天地神祇的巫觋（贵族 Y 染色体基因为 O1 型）。

玉钺、玉琮上神徽的总体轮廓为作蹲跳式兽面人形，上部居中是人面，倒梯形、瞪目、宽鼻、呲牙；戴宽边羽冠；腰部，两腿外张，小腿内屈，两足爪相并作提起式，贴至臀部。又，胸部作兽面形，突出两个圆圆的眼睛，宽鼻、微张嘴、上下獠牙露于唇外；遍体饰圆窝纹与卷云纹式鳞纹，两臂肘部与两腿膝部加羽翅纹，整体形象又如展翅、蹲跳、落在枝头的猫头鹰。冯时先生认为此神徽上部倒梯形人面是斗魁，宽边羽冠似天盖，因此神徽为北极点太一神徽（图 3-18 ～图 3-20）。

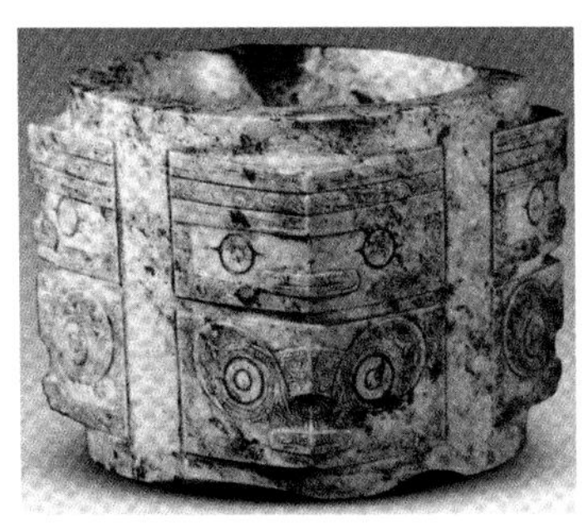
图 3-18　良渚文化遗址玉琮（采自《中国天文考古学》）

图 3-19　良渚文化遗址玉琮上的北极神徽（采自《中国天文考古学》）

图 3-20　良渚文化遗址玉琮上的北极神徽摹本（采自《中国天文考古学》）

在瑶山祭坛以西 7 公里处另有一座汇观山祭坛，呈长方形覆斗状，覆“回”字形三重土色，与瑶山祭坛相似。稍不同的是在东侧灰沟中多出了三条垂直于灰沟的狭沟。有专家认为祭坛的灰土圈用于“立表测影”时插测日影长短或方位的标志杆，三条狭沟就分别是“两分”“两至”时的日出方位（图 3-21）。另外，在祭坛上有墓葬 4 座，其中第四号墓中出土玉钺 1 件、石钺 48 件。钺象征军权，又钺为“戉”，释“岁”，为冬至祭岁的礼器。48 件石钺可能预示着良渚人是使用十二月阴阳历的民族。

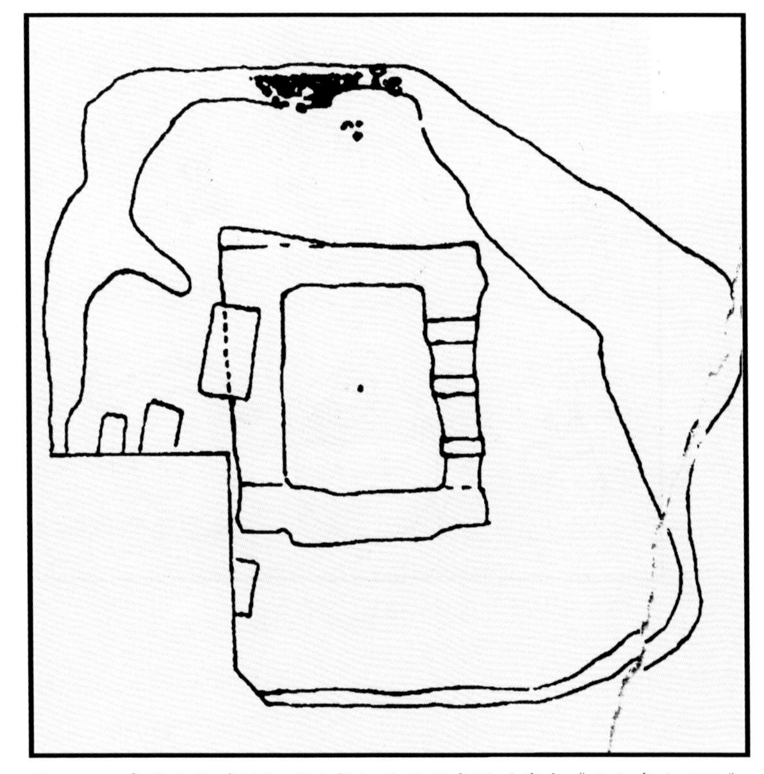
图 3-21　良渚文化遗址汇观山祭坛平面示意图（采自《天文考古通论》

此外，在浙江海宁大坟墩、余墩、上海青浦福泉山、江苏昆山赵陵、常熟罗墩、武进寺墩等地，也都发现了良渚文化高台土冢、祭坛墓地（部分属于良渚文化后期）。

文字是文明社会的一个重要标志。在良渚文化的一些陶器、玉器上已出现了为数不少的单个或成组的具有表意功能的刻画符号，学者们称之为“原始文字”。另外，陶器也相当细致。

（六）红山文化

红山文化分布于河北北部、辽宁西部、内蒙古东南部大凌河与西辽河上游地区。最具特色的考古发现有玉器、陶器、塑像、积石冢和祭坛等。其中最著名的玉器是玉猪龙、玉鸟龙，其玉文化的形成也稍早于良渚文化中的（图 3-22 ～图 3-24）。最著名的遗址是位于辽宁省朝阳市凌源市与建平县交界处的牛河梁祭祀遗址。

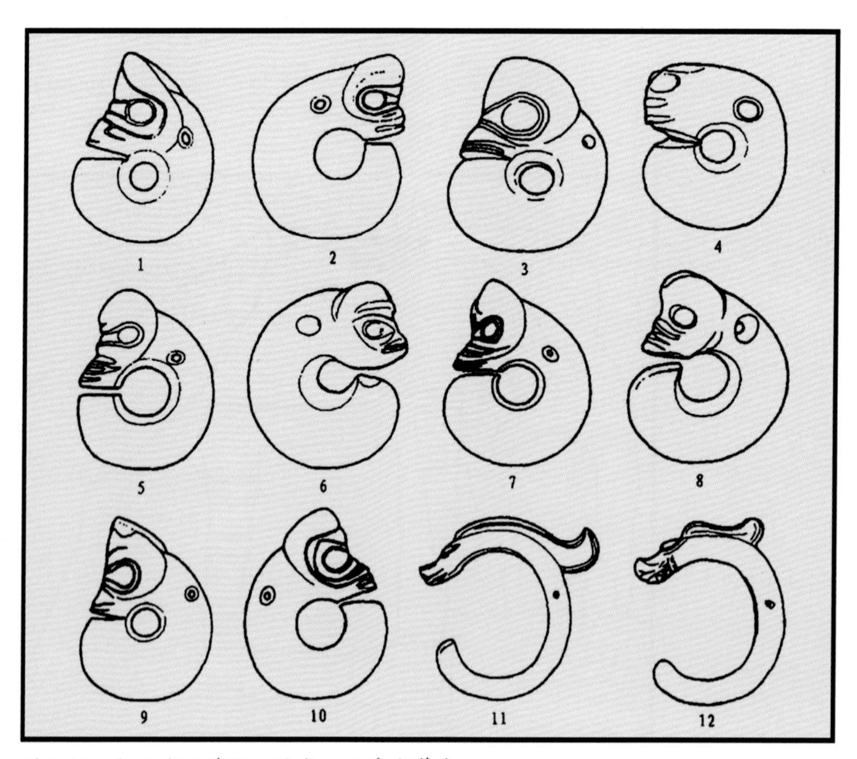

图 3-22　红山文化遗址玉猪龙、玉鸟龙摹本

图 3-23　红山文化遗址玉鸟龙

图 3-24　红山文化遗址玉猪龙（采自《中国天文考古学》）

牛河梁祭祀遗址在东西长约 1000 米、南北宽约 5000 米连绵起伏的山冈上，其中有规律地分布着女神庙、祭坛和积石冢群。该祭祀遗址独立于居住区以外，规模宏大，同时出土了大量精美的陶器、石器、玉器。

牛河梁主梁顶部为一平台，称为“第一地点”，周边多以石料砌墙，为一处大型祭祀的广场，也是整个遗址群的中心。其东西长 159 米、南北宽 75 米，女神庙就位于平台南侧 18 米处的平缓坡地上，为平面呈“中”字形的半地穴式木骨泥墙建筑，称为第一建筑基址。建筑平面南北长 25 米、东西宽 2 ~ 9 米，面积约 75 平方米，由主室、东西侧室、北室和南三室连为一体，另有南单室。现保存的地下部分，深为 0.5 ~ 0.8 米，四壁内竖立 5 ~ 10 厘米的圆木作骨架，结扎秸秆，抹有 4 厘米厚的草拌泥，外抹 2 ~ 3 层细泥加固墙体。加固后的墙体上涂有赭红间黄白色的三角形、勾云形、条带形几何图案进行装饰。有的地方还用直径约 2 厘米的圆窝点纹进行装饰（图 3-25）。

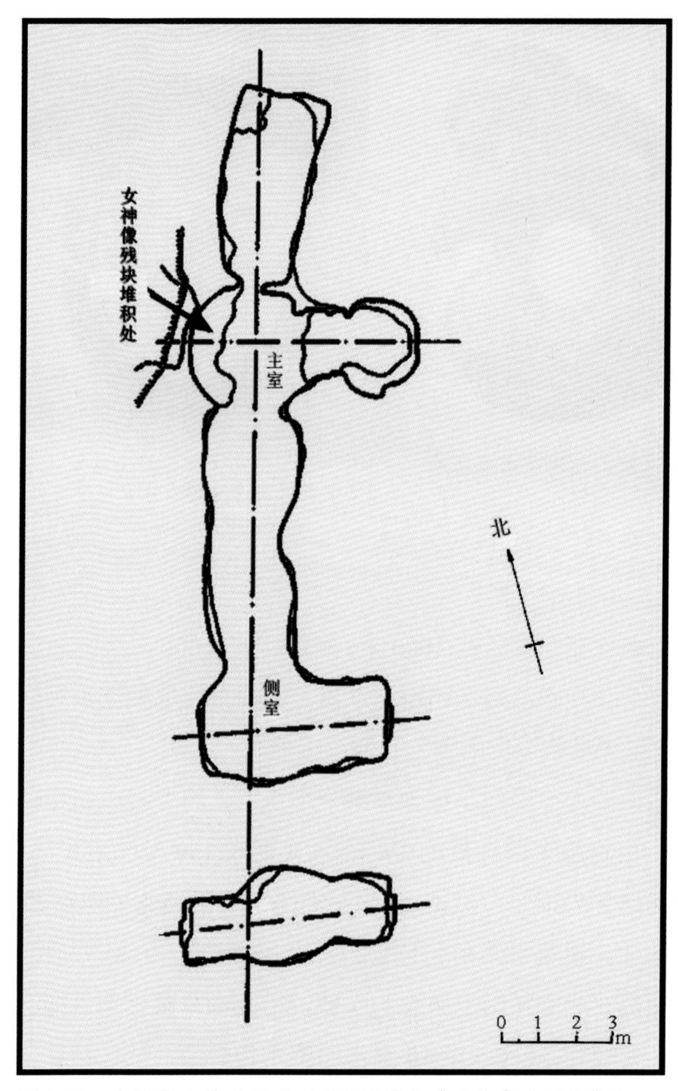

图 3-25　牛河梁女神庙平面示意图（采自《天文考古通论》）

庙内堆满建筑物构件、陶祭器、泥塑人像和动物雕塑的残件。经挖掘，人物塑像已出残件分属 7 个个体，均为女性。其中相当于真人 2 倍的面部、手臂、腿部位于西侧室，经拼接为盘腿正坐式；相当于真人 3 倍的鼻、耳位于主室中心。庙内重大的发现是出土了一尊较完整的女神头像，出土于主室西侧。头像高 22.5 厘米、宽 23.5 厘米，塑泥为黄土质，掺草禾，内胎泥质较粗。捏塑的各个部位则用细泥，外表打磨光滑。头像整体形象为方圆形扁脸，颧骨突起、眉弓不显、眼眶内镶嵌玉石眼珠、眼斜立、鼻梁低而短、圆鼻头、鼻低平、无鼻沟、上唇长而薄，这些都是蒙古人种的特点。头像额部隆起、额面陡直、面颊丰满、面部表面圆润、下颚尖而圆、耳较小而纤细、颜面呈鲜红色、唇部涂朱，这些又都是女性特征。从头像的侧面看，应为一贴于庙墙上的浮雕神像的头像，可能为女性祖先神偶像（图 3-26）。

图 3-26　牛河梁女神庙中女神塑像

另在主室中心的南单室出土了熊的头和爪，北室出土了鹰爪、鸟翅等动物神塑件，还有四种陶器，最具形象特点的是男“且”，说明女性祖先崇拜和生殖崇拜宗教活动盛行。

此外，在庙址西侧的冲沟内收集到多块人像残件，有手臂、腿部、乳房等，可能是西侧室被破坏后遗弃于近旁冲沟内的。

除此女神庙外，遗址中还有另外三个建筑基址，第二建筑基址共有三座建筑，分别位于女神庙东部、西部和北部偏西；第三建筑基址位于东山台的东南坡；第四建筑基址位于东山台北墙以北。

积石冢是红山文化的主要墓葬形制，牛河梁遗址中有编号的积石冢共 13 处（冢中主人 Y 染色体基因为 O_3 型），最具代表性的积石冢和祭坛位于第二、第五和第十六地点。

第二地点位于牛河梁主梁顶南端坡地上，北距第一地点的女神庙约 1055 米。整个冢群由五冢一祭坛组成。东西方向一行排列，总长 110 米。1、2 号为方形冢，4、6 号为圆形冢，5 号为“日”形冢，3 号为祭坛。各冢周围均筑有内外两周石圈，有的石圈内还有排列密集的彩陶筒形器（图 3-27 ～图 3-29）。在 1 号冢内南侧发现

图 3-27　牛河梁红山文化遗址第二地点积石冢鸟瞰

小型墓葬 15 座，较有规律地排列在一起。在 2 号冢中心还发现一座大型墓葬，是先用石块筑成一个较大的方形墓室，其规模最大、位置最显赫。这些墓中的随葬品大多是玉器，少则一两件，多则 20 多件。种类有玉龙、玉环、玉璧、玉龟、玉棒、玉镯、玉珠、玉箍、勾云形玉佩、竹节状玉珠、蚕形玉器、人首三孔玉梳背饰等。

图 3-28　牛河梁红山文化遗址第二地点 3 号圆形祭坛（采自《中国天文考古学》）

图 3-29　牛河梁红山文化遗址第二地点 2 号方形冢（采自《中国天文考古学》）

3 号祭坛居中为立石筑起的三重圆形，直径分别为 22 米、15.6 米、11 米，每层台基以 0.3 米到 0.5 米的高差由边缘向中心层层高起。立石所用石料为红色花岗岩质，多为五棱状体，立置排列如“石栅”形，内侧分别放置成排的筒形陶器。坛顶面铺石灰岩石块，较为平缓，形成一个结构独特而完整的祭坛体，祭坛下面无墓葬。我们推测，在其他文化遗址中出现的与太阳形象相关的圆环可能代表太阳不同的周年运转轨道，那么此祭坛的三重圆环形制是否也代表了“两分”“两至”时太阳的运行轨迹？这种推测似乎也不无道理。

第五地点西距第二地点约 1000 米，共有两冢一坛。居中的祭坛近似长方形，东、西、南、北四边长分别为 8.6 米、7.6 米、5.3 米、5.5 米，用较大的白色单层石块整齐铺砌而成，边框内石块大小不一，摆放无规律。祭坛北半部中心处于石块下有 4 具成年人骨，自南北一字摆放，排列紧密。这些人骨可能属于二次葬。

第十六地点位于东北距女神庙 4000 米的一座山梁顶部。遗址共分为三个文化层，上层为夏家店下层文化层，中层为红山文化积石冢，下层有红山文化灰坑等生活遗迹和积石遗迹，红山文化的两座积石冢（4 号和 1 号）被夏家店下层文化城堡所叠压。经发掘，发现夏家店下层文化房址 8 座，窖穴 3 个，灰坑 94 个，灰沟 7 条，石、骨、陶、玉等各种器物 470 件。发现红山文化墓葬 6 座，灰坑 4 座。其中 4 号中心大墓凿山为穴，长 3.9 米、宽 3.1 米、深 4.68 米；在墓穴中央的上部，用石板砌出一多角形石“井”，长 1.35 米、宽 1.16 米、高 0.5 米，下为石砌墓穴，长 1.90 米、宽 0.55 米、高 0.65 米，有石铺地板和石盖顶板。墓主人为成年男性。仰身直肢葬，头东脚西，人骨保存较完整。随葬品有玉凤 1 件、玉人 1 件、玉箍 1 件、玉镯 1 件、玉环 2 件、绿松石坠饰 2 件。玉人为淡青色软玉，体形圆厚，裸体，瘦身，五官清晰，双臂屈肘扶于胸前，双腿并立，额间凹陷，肚脐凸起，背面在颈的两侧及颈的后部对钻三孔呈三通状，通高 18.5 厘米。玉凤淡青色，板状，卧姿，弯颈回首，高冠，圆眼，疣鼻，扁喙带钩，背羽上扬，尾羽下垂，背羽下绒毛清晰可见。身体各部用阴线廓出，体态层次清楚，线条优美流畅。背面有四对横穿隧孔，通长 19.5 厘米。此两件玉器为首次发现，极为珍贵。其他墓较小，发现双熊首三孔玉饰、玉环、玉棒等共 13 件。

辽宁喀左县东山嘴遗址也有一座著名的红山文化祭坛，建于喀左县大城子镇东南 4 公里的大凌河西岸、大山山口的山梁顶上。祭坛范围南北长 60 米、东西宽 40 米。北部中心地区有一座长 11.8 米、宽 9.5 米的石砌方形基址，中间有大片红烧土硬面，其上为黄土、石块，灰黑土、碎石片堆积。另外还有人骨、兽骨及形制特异的陶器。从“大片红烧土硬面”来分析，这个方形“基址”有可能就是方坛。以这个方形基址为中心，东西对称分布有建筑基址和垒石，在西侧的基址下面还半埋压一座居住址。方形基址的南面为广场，离基址 15 米处有一座圆形石砌的台基，直径 2.5 米，用条石围圈一周，表面铺有一层河卵石，也是用于祭祀的设施。在这个圆形基址周围还出土了竖穴土坑葬遗骨、孕妇塑像（残高 5 厘米和 5.8 厘米各一个）。从这个圆形基址再向南 4 米，还有一重复叠压的圆形旧基址，应该也是祭祀活动的坛（图 3-30）。

在这一阶段的诸文化中，中原核心区及附近的郑州西山出现了城垣遗址和乱葬坑及以人牲奠基的现象，石钺、石镞增多；在东方地区的大汶口文化、崧泽文化——良渚文化、薛家岗，以及长江中游的大溪文化——屈家岭文化，东北地区的红山文化等也普遍出现城垣，玉石钺、石镞（zú）更为发达，还有人殉现象；北方地区的仰韶文化阿善类型等出现带状分布的石城和乱葬坑。这些现象表明这一时期的中国进入了频繁的战争兼并阶段。

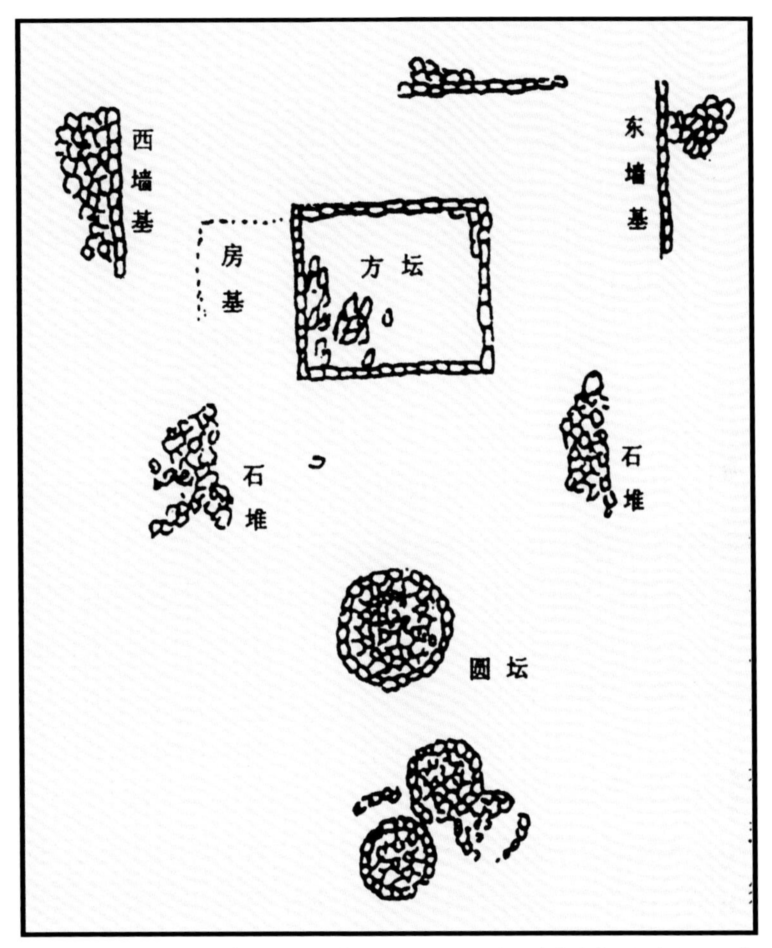

图 3-30　喀左县东山嘴红山文化遗址祭坛平面示意图(采自《天文考古通论》)

二、外缘地区

外缘地区文化包括华南、西南局部地区的大帽山文化、大岔坑文化，它们被称为“釜 - 圈足盘 - 豆文化系统”；东北地区的左家山上层文化、鹦哥岭下层文化，它们被称为“筒形罐文化系统”。

第五节　铜石并用时代晚期的相关考古发现

公元前 2500 年至公元前 1800 年期间，中国进入了铜石并用时代晚期阶段。在这之前的一个阶段，有几个文明似乎已经接近了国家的门槛，特别是有关人及自然本身，以及人与自然关系等概念大部分已经形成。但发展到目前这一阶段，它们并没能直接步入国家，而是又经历了分化、融合甚至是消亡的轮回过程。其中，鲁东沿海和潍河流域的大汶口文化发展成了以黑陶为主要特征的龙山文化（因首次发现于原山东省济南市历城县龙山镇而得名）。山东龙山文化的陶器在制法上普遍使用轮制技术，因而器形相当规整，器壁厚薄十分均匀，产量和质量都有很大提高。以黑陶为主，烧成温度达1000℃，有细泥、泥质、夹砂三种。细泥乌黑发亮，被称为“蛋壳黑陶”，成为山东龙山文化最有代表性的陶器。

自龙山遗址发现以来，考古学家分别在黄河长江流域大部分地区、辽东南地区（山东、江苏、江西、河南、湖北、山西、内蒙古、陕西、甘肃、宁夏等）先后发现这一时期的文化遗存，通称之为“龙山时代文化”。其中有陶寺文化、庙底沟二期类型末期、谷水河类型末期、王湾三期文化、尉迟寺类型末期、后岗二期文化、老虎山文化、客省庄二期文化、菜园文化、齐家文化早期至中期、小珠山上层文化、石家河文化、宝墩文化、中坝文化、良渚文化末期、山背文化、好川文化、造律台文化、雪山二期文化、肖家屋脊文化、广富林文化等，它们被称为“鼎-斝（jiǎ）鬲（lì）-鬶（guī）文化系统”。

这一时期与龙山文化并行的主要有黄河上游、青藏高原东部的马家窑文化半山类型、宗日类型、马厂类型，它们被称为“罐-壶-钵-盆文化系统”；华南地区的昙石山文化、石峡文化、虎头铺文化、后沙湾二期文化、感驮岩一期文化，它们被称为“釜-鼎-圈足盘-豆文化系统”；还有云南地区的新光文化；东北北部地区还保留有“筒形罐文化系统”等。按照“夏商周断代工程”初期报告的结论，夏代也产生于这一时期（公元前2070年至公元前1600年），只是哪些考古文化属于夏文化，目前还没有结论。这一时期各个地区的文化有如下特点：

（1）在此前一阶段的良渚和红山两大文化中心已经衰落，此阶段内其他地区的文化城址却大量出现，如目前考古发现有山东地区的城子崖龙山城址，日照尧王城遗址，寿光边线王城址，桐林田旺城遗址（城外还有八个卫星聚落），临淄田旺村城址，阳谷、东阿、茌平三县的八座城址等；河南地区的淮阳平粮台城址、鹿邑栾台遗址、登封王城岗城址、郾城郝家台城址、辉县孟庄城址、王油坊遗址、平顶山蒲城店城址、新密新砦城址等；湖北地区的屈家岭文化多座古城遗址、石家河古城遗址等；山西地区的襄汾县陶寺古城城址等；内蒙古南部地区的老虎山石城遗址等；陕北地区的石峁石城遗址等。黄河长江流域的遗址多有大型宫殿建筑出现，并在江汉、晋南、甘青等新中心出现了玉璋等新型玉器。

在上述遗址中以陶寺古城最为突出，遗址分布在陶寺、李庄、中梁、东坡四村之间，发掘有墓葬 1000 余座，以及灰坑、陶窑、房屋等遗迹，出土了大量的陶、石、骨、玉等生产、生活用具和装饰品（图 3-31）。其早期城址内南北长约 1000 米、东西宽约 560 米，面积约 56 万平方米，方向角 315°，即北偏西 45°。南部西小区是一片居住小区，总面积在 1.6 万平方米左右；中期城址平面为圆角长方形，方向角 315°，北、东、南三面城墙。北墙与内道南墙之间长度约 1800 米，城内宽度约 1500 米，城内面积约 270 万平方米，另加上两道南墙之间的中期小城面积约 10 万平方米，城址总面积约为 280 万平方米。早、中期城址的宫殿区位于早期城址的中南部，约 5 万平方米。到陶寺文化晚期时，宫殿区已不再作为宫殿区而存在，而被从事石器加工和骨器加工的普通手工业者所占据，同时还显现出被老虎山文化北方民族侵略的痕迹，如陶寺文化晚期大城突然遭到毁弃，晚期早段灰沟 IHG8 中出现大量杀弃人骨，特别是被摧残的女性人骨，陶寺、下靳村、清凉寺较大墓葬几乎全被盗扰，而陶寺晚期只有小墓地等。

图 3-31　陶寺文化遗址的“句龙”图案陶盘（采自《中国天文考古学》）

在位于陶寺中期大城东南的一个小城内还建有一座“天文观象台”，大致呈半圆形。它有三层台基，各高 0.4 米。最外圈台基的夯土挡土墙距圆心半径 25 米，弧长 38 米，墙厚 1.5 ~ 2 米。第二圈挡土墙距圆心半径 22 米，弧长 40 米，墙厚 1 ~ 1.5 米。内圈挡土墙至圆心半径 12 米，弧长 25 米，呈大半圆形，墙厚 1.1 米。在第三层台基平面上，在挡土墙与圆心之间距圆心10.5米处有13个夯土凸起排成一道弧形，弧长约19.5米。凸起厚约1米，凸起与凸起之间的间距在15～20厘米之间，形成了12道缝隙，以前这里一定是13根夯土柱子。在第三层台基的圆心部位还有夯土的标志点，由四道同心圆组成，直径分别为25厘米、42厘米、86厘米、145厘米。13根夯土柱之间的缝隙是用于天文观测的（图3-32）。

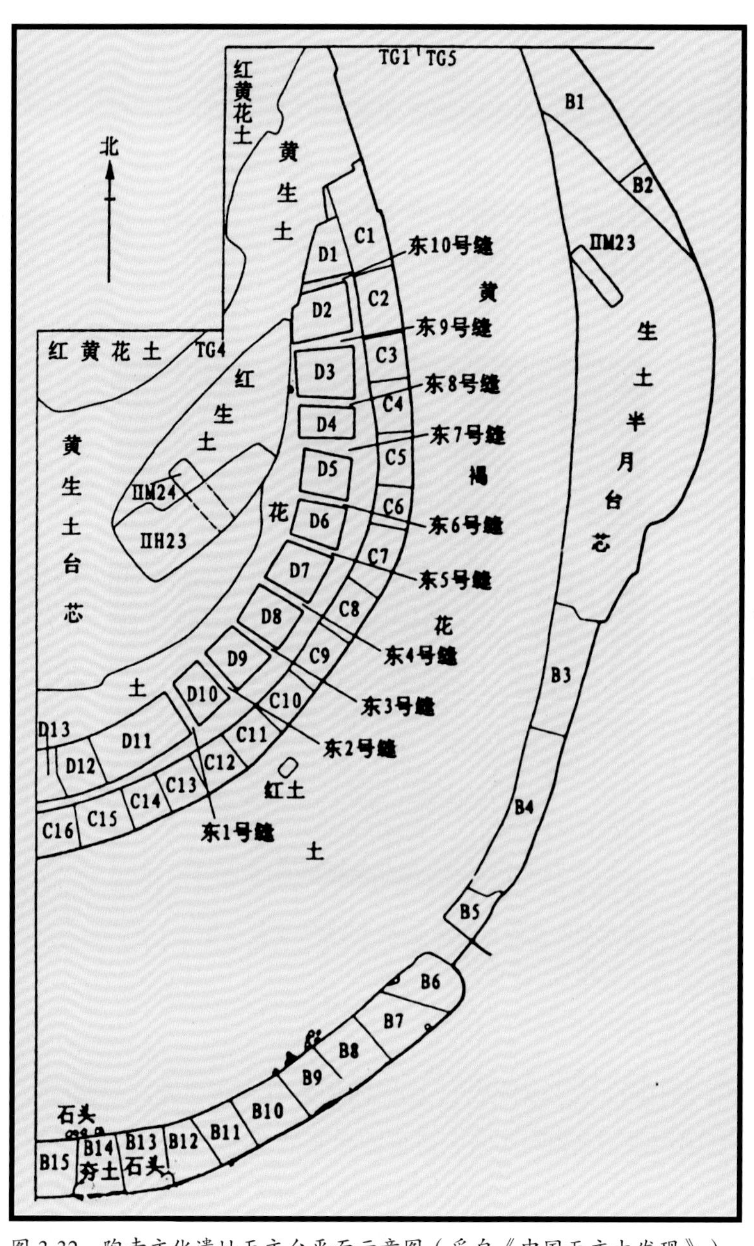

图3-32　陶寺文化遗址天文台平面示意图（采自《中国天文大发现》）

（2）铜石并用时代的最后阶段，龙山文化玉器有钺、刀、璇玑（牙璧）、联璧、镯、冠饰、鸟、璋等；石器有斧、锛、凿、镢、铲、镰、刀、镞等。黄河长江流域大部分地区普遍发现铜器，如刀、锥、凿、环、钻头、条形器、齿轮形器、镯、铃等，这些铜器多为红铜。还发现有熔铜的坩埚残片。铜容器的发现表明已经拥有泥质复合范铸造技术。

（3）多个文字系统并存，至少可以分为三个系统。一是山东龙山文化系统，如丁公遗址（位于山东邹平县长山镇丁公村东）出现的平底陶盆底部刻有11个文字。二是大汶口-石家河文化系统（位于湖北天门市石河镇）。在石家河文化的陶器上发现的文字有钺形、鸟日合体形、弯角形、斜腹杯形、高柄杯形、菱形、纺轮形等。其中钺形、鸟日合体形与大汶口文化近同。三为中原龙山文化系统，如陶寺晚期文化中的陶扁壶上发现两个朱书文字，与后来的殷墟甲骨文神似。另外，在陶寺文化出现了蟠龙纹陶盘；西北马家窑文化马厂类型的人娃纹大增且复杂；马家窑文化还出现了“卍”字纹，当属西方输入文化；良渚文化的兽面纹逐渐被黄河中下游和中原地区龙山文化所接受，为以后出现的青铜纹打下了基础。

（4）在公元前2500年之前，古人借助天文方面有限的“知识”和经验，关于人、自然，人与自然关系等文化观念业已基本形成，发现的与礼制文化相关的内容更加丰富多样。

在山东尧王城遗址发现有八九米见方的宗教类夯土台基；山西陶寺古城有奠基人牲和墓葬殉人；造律台文化的禹会遗址（位于安徽省蚌埠市涂山南4公里淮河东岸）发现有2000平方米的大型长条形祭祀遗址，以不同颜色的土层层铺垫，上有长排柱坑；河南杞县鹿台岗遗址发现祭坛；河南平粮台遗址发现有牛牲祭坑。平粮台和王油坊等遗址发现以儿童或成人为牲奠基的情况；在陕西客省庄二期文化、甘肃齐家文化、宁夏菜园文化墓葬遗址都发现用猪、羊、牛肩胛骨制作的卜骨。属于陕西客省庄二期文化的大辛庄墓葬M2上建有享堂类建筑；长江中游的石家河文化由屈家岭文化发展而成，出现大量红陶小人、小动物，当与某种祭祀有关；长江上游的宝墩文化古城多为内外城结构，其中郫县古城村遗址有面积达550平方米的大型长条形建筑，内有5处长方形卵石堆积，或属宗教类建筑。

在广西南部出现一种“石铲坑”，也少量见于广东西部、海南岛和邻国越南等地。如，广西隆安县大龙潭遗址的石铲坑，大多是圆形竖井式，口径和深度多为2米左右，最大者深3米多。坑壁经过修整，有斜坡或阶梯状通道。坑内排列众多石铲，有直立、斜立、侧放、平直四种形式，每组2～20件不等。大多坑内石铲排列有序，往往将石铲、烧土重叠数层，放置成圆圈状或凹字形，铲柄朝下，刃部朝上。该遗址出土物也以石铲为主，仅完整的石铲就有231件，体型硕大者居多，最大者长70余厘米，重达几十斤，小者仅数百克，且不少石铲为平刃，无使用价值，其功能只能供祭祀之用。但其意义目前还没有被解读。

（5）战争兼并频繁。在中原地区龙山文化陶寺古城、王城岗古城、平粮台古城等若干区域中心，城垣多为夯土版筑。武器除钺外，还增加了矛。石镞精致、量大、形态多样；东方地区的龙山文化和长江上游的宝墩文化也出现很多城垣，长江中游屈家岭文化时期的古城多被沿用至石家河文化时期，出现了石家河古城。长江中游地区还出现了桐林古城，上游出现了三星堆古城等超大规模的聚落中心。武器除钺之外也有矛和较多石镞；北方地区的老虎文化有较多石城发现。位于陕西省榆林市神木县高家堡镇石峁村的石峁古城由“皇城台”、内城、外城三座基本完整并相对独立的石构城址组成，面积约425万平方米。其规模远大于年代相近的杭州市余杭区瓶窑镇良渚古城、陶寺古城等。武器有钺、矛和石镞。另外三个地区的多处遗址出现乱葬坑。这些现象说明了战争的频繁。

第六节　青铜时代早期的相关考古发现

于公元前2000年左右，中国大部分地区开始逐渐进入青铜时代。青铜器首先出现在中国西北地区，然后是北方、东北和中原地区，最后出现在东部沿海地区（随青铜器而来的还有小麦在河西走廊地区的率先种植）。青铜器在中原地区出现的年代大约在公元前1800年，以二里头文化为代表，而与之相关的二里岗文化从约公元前1550年一直延续到约公元前1300年，所以把公元前1800年至公元前1300年（盘庚迁殷之前）称为中国青铜时代前期阶段。这一时期各个地区的文化有如下特点：

（1）青铜器的形制大致可分为两大系统：

一是以工具、武器、装饰品为主的西方或北方系统，主要源头在欧亚大陆西部地区，包括刀、斧、锛、锥、镜、耳环、指环、手镯、泡、扣等，主要见于哈密天山北路文化、古墓沟文化、克尔木齐文化、安德罗诺沃文化、四坝文化、齐家文化、辛店文化、卡约文化、寺洼文化、朱开沟文化、夏家店下层文化等。

二是以容器、武器为主的中原系统，当为在中原文化基础上受西方青铜文化影响而产生的，包括鼎（相当于现在的锅，煮或盛放鱼肉用，大多是圆腹、两耳、三足，也有四足的方鼎）、鬲（lì，煮饭用，一般为侈口、三空足）、甗（yǎn，相当于现在的蒸锅）、爵［jué，饮酒器，圆腹前有倾酒用的流，后有尾，旁有鋬（pàn，把手），口有两柱，下有三个尖高足］、角（饮酒器，前后都有尾，无两柱）、斝（jiǎ，温酒器，形状像爵，有三足、两柱、一鋬）、觚（gū，饮酒器，长身，口和底均呈喇叭状）、觯（zhì，饮酒器，圆腹、侈口、圈足，形似小瓶，大多数有盖）、兕觥（sìgōng，盛酒或饮酒器，椭圆形腹或方形腹，圈足或四足，有流和鋬，盖做成兽头或象头形）、尊（盛酒器，形似觚，中部较粗，口径较小，也有方形的）、卣（yǒu，盛酒器，一般形状为椭圆口、深腹、圈足，有盖和提梁，腹或圆或椭或方，也有作圆筒形、鸱鸮形或虎食人形）、盉（hé，盛酒器，或古人调和酒水的器具，一般是深圆口、有盖，前有流、后有鋬，下有三足或四足，盖与鋬之间有链相连接）、方彝（盛酒器，高方身，有盖，盖形似屋顶，且有钮，有的还带有觚棱，腹有曲有直，有的在腹旁还有两耳）、罍（léi，盛酒或盛水器，有方形和圆形两种形式，方形罍宽肩、两耳，有盖；圆形罍大腹、圈足、两耳，一般在一侧的下部都有一个穿系用的鼻）、壶、盘、匜（yí，盥洗时浇水的用具，形椭圆，三足或四足，前有流、后有鋬，有的带盖）、盂（盛水或盛饭的器皿，侈口、深腹、圈足，有附耳，很像有附耳的簋，但比簋大）、簋（guǐ，相当于现在的大碗，盛饭用，一般为圆腹、侈口、圈足，有高度不出沿口的双耳）、簠（fǔ，盛食物用。长方形，口外侈，四短足，有盖）、盨（xǔ，盛黍、稷、稻、粱用，椭圆形，敛口、二耳、圈足、有盖）、敦（duì，盛黍、稷、稻、粱用，三短足、圆腹、二环耳、有盖，也有球形的）、豆（盛肉酱一类食物用的，上有盘、下有长握，有圈足，多有盖）等容器，钺、戈、斧、锛、凿、刀、镞、锯等武器或工具。主要见于二里头文化、二里岗文化、岳石文化，并影响到吴城文化等。中国的青铜器一经出现，很快便与玉器组合，成为新型礼器的重要内容。

（2）这一时期的文化以中原为核心，依次可分为四个层次：

第一个层次是以中原郑洛为核心区，有二里头（位于河南偃师）、二里岗（又称"郑州商城"）、偃师商城、郑州小双桥等超大型中心聚落和成组的大型宫殿。其中二里头遗址的宫城，是迄今可确认的中国最早的宫城遗迹。在二里头遗址中还发现了使用从西方传入的车的痕迹。

第二个层次主要分布于黄河中游和淮河流域，偏晚还延伸到黄河上游和长江中游地区，也属于核心区之外的二里头和二里岗文化分布区，存在地方性差异，有东下冯先商及商（山西省的夏县）、垣曲商城（位于山西垣曲县古城镇境内）、台西商城（位于河北藁（gǎo）城台西村东北，居台西、庄合、故城、内族四村之间）、盘龙商城（位于湖北省武汉市黄陂区）等大型中心聚落。

第三个层次是周围的黄河下游、长江上游和下游、北方地区和东北地区，包括岳石文化（位于山东省平度市东岳石村）、斗鸡台文化（位于安徽省寿县双桥镇）、点将台文化（位于南京市东郊）、湖熟文化（最早发现于南京市江宁区湖熟镇）、马桥文化（上海市闵行区马桥镇东俞塘村）、吴城文化（位于江西宜春市下属樟树市）、三星堆文化（以四川广汉县南兴镇为核心分布于四川地区）、朱开沟文化（分布于鄂尔多斯地区为中心的内蒙古中南部地区）、夏家店下层文化（主要分布于内蒙古赤峰地区）、高台山文化（主要分布于辽北地区）等，计有城子崖（位于山东章丘市龙山镇东）、吴城、三星堆、石峁（位于陕西神木县高家堡镇石峁村）等超大型或大型中心聚落。

第四个层次包括华南地区、西北甘青宁地区、东北北部地区，包括黄瓜山文化、后山文化、齐家文化、四坝文化、哈密天山北路文化、辛店文化、卡约文化、寺洼文化、小拉哈文化等。

（3）文字系统的最终形成。在河北藁城台西、郑州商城、郑州小双桥等文化遗址都发现有与甲骨文相似的陶文，这些文字有的用朱砂书写于小型陶樽（缸）上，和大汶口文化陶文书写于大口樽（缸）上一致。此外在夏家店下层文化聚落、吴城聚落也发现有与甲骨文近似的陶文。这标志着中国文字系统正式形成。除这类文字外，吴城文化、马桥文化、小拉哈文化等还有更多的刻符。黄河、长江、西辽河流域大部分地区都流行兽面纹。

（4）在宗教习俗方面，河西走廊以东的广大区域普遍流行以牛、羊、猪、鹿等动物的肩胛骨等烧灼占卜。在敖汉旗大甸子、二道井子、喀喇沁旗大山前等夏家店下层文化遗址中，最早出现先凿后烧灼的新占卜形式，后流行于二里岗文化、岳石文化等地。广见以牛、羊、狗甚至人为牺牲的祭祀、奠基活动，尤以郑州商城、小双桥遗址为最。新疆地区诸文化墓葬前多立石刻人像，或随葬人俑、人头像、动物骨骼等。

（5）青铜武器钺、矛、戈、箭镞等使得战争效率大为提高。最新的研究结果表明，商城内随葬的人牲等一般为异族战俘。

（6）王权与神权开始逐渐分离。但王权思想最终并没有与原始宗教彻底分离，随后，中国的原始宗教是以新的方式作用于社会，即以王权和皇权为核心的礼制思想中的核心内容与形式等，更隐蔽地或继承或替代了原始宗教的内容与形式，并在中国古代社会始终发展着。

卷

礼制建筑体系文化艺术史论

礼制建筑体系的演变历程与文化艺术

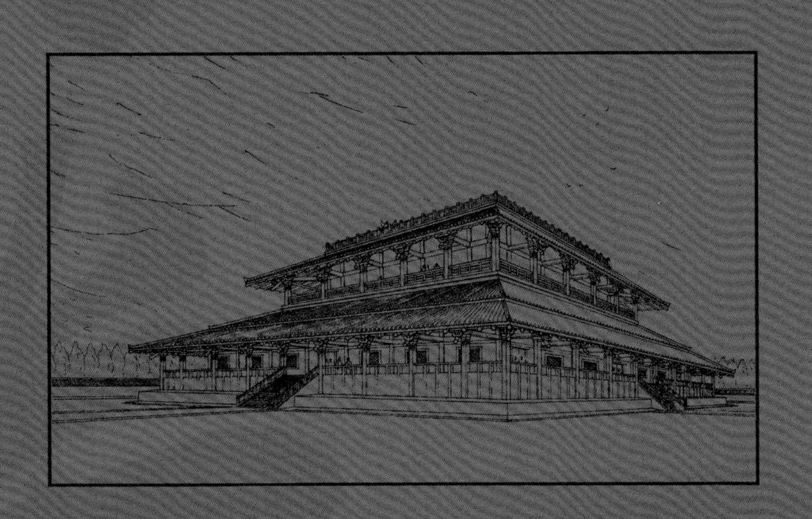

第四章　天神体系礼制建筑的演变历程（一）：朝日与夕月的礼制建筑体系

第一节　以朝日与夕月为代表整合的阴阳观念总论

现代研究者考察人类历史内容的途径，包含研究各类考古发现、历史文献、原始神话和从历史中延续下来的文化与生活习俗等社会学内容。前者还包括运用最新的相关科研成果，如遗传基因技术等内容，而神话则是古人文化观、哲学观、历史观等内容传播最重要的途径与载体，并且在传播的过程中又会不断地增添新的内容。原始神话的起源和发展是伴随着人类语言的发展、叙事能力的增长同步并进的，而人类语言能力发展的高潮肇始于新石器时代，这个时代也正是人类神话产生的重要时期。英国历史学家赫伯特•乔治•威尔斯（Herbert George Wells）在其《世界史纲》中提出一个观点，即旧石器人比新石器人当然是更野蛮的人，但又是个更自由的个人主义者和更有艺术的人。新石器人开始受到约束，他从青年时就受到训练，吩咐该做什么、不该做什么。他对周围事物不能那么自由地形成自己独立的观念。他的思想是别人给他的，处于新的暗示力下。作者所说的这个“新的暗示力”，就是通过原始宗教仪式、活动和神话的讲述而体现出来并施加于个人心灵的。

“新的暗示力”并不是在新石器时代突然产生的，它的基础内容所产生的年代可以往前推至旧石器时代的中晚期，万物有灵的观念、图腾的产生和相关巫术活动正是这类“基础内容”的核心，只是这一时期的古人还没有更好的语言表述能力。“万物有灵”理论认为，世间万物都是有灵魂的，其中必有一种甚至几种与自己有着血缘关系，是氏族群体的祖先以及保护神，因此也就有别于其他的自然神。这类内容物化的形象就是本氏族的图腾，也是身份辨别的标志，也因此产生了相关的崇拜与禁忌。图腾等也不是固定不变的，随着古人认识的进步或者通过族群的融合等也会发生改变，因此也就有了不同层次的图腾。如，以与自身的生存密切相关的动物、植物等为原型的图腾属于基本层次的图腾，而在掌握了一定天文知识背景下产生的以天体及天文现象为原型的图腾，就属于高等级的图腾。如，在被学术界普遍公认的古埃及远古历史中，鹰和蛇就属于基本层次的图腾，而之后出现的天狼星神和太阳神就属于高等级的图腾。因此在图腾崇拜的整个历史时期，人们不仅以与自身的生存密切相关的动物、植物为本氏族的图腾，还可能以某些更遥远的自然物，如太阳、星星、月亮，以及风、云、火、雷、闪电、天体的拱极运动等自然现象作为图腾。随着万物有灵观念的进一步深化，各种图腾被进一步神化，逐渐演化为群体扩大的部落、酋邦乃至地域的保护神。

图腾最初的形象一定是具象的，为对自然物或自然现象等具体的描摹或夸张，但随着人类形象表达能力的提高，一些具象或夸张的图腾便进化为了抽象的图腾，而随着人类知识的进步和思维能力的提高，一些抽象的图腾又转化为符号的图腾，其中的某些符号在之后还可能转化为具体的文字或复杂的含义等。

在中国，巫术活动和图腾崇拜是原始的宗教内容的滥觞，其庞杂内容的逐渐整合，于新石器时代终于形成了两大主要体系：一是解释人与自然之间的关系体系；二是解释人与人之间的关系体系。前者的重要内容是对以天体和天文现象为代表的神秘的"天"的崇拜，如，太阳与月亮等就是"天"的重要内容；后者的重要内容是对以"地母"为代表的生殖的崇拜，而"天"与生殖的合一、自然与生命的合一，亦即所谓的"天人合一"。它的内涵极具功利性，其后续所延展的内容几乎概括了远古及上古时期社会的全部思想体系，并且一直影响至今。

"我失骄杨君失柳，杨柳轻飏直上重霄九。问讯吴刚何所有，吴刚捧出桂花酒。寂寞嫦娥舒广袖，万里长空且为忠魂舞。忽报人间曾伏虎，泪飞顿作倾盆雨。"

这首荡气回肠的《蝶恋花》是毛泽东于1957年5月写给湖南长沙第十中学语文教师李淑一女士的。诗词中的"柳"是指李淑一的爱人柳直荀烈士，"骄杨"是指毛泽东的妻子杨开慧烈士。

词中的吴刚就是神话中的人物，在唐人段成式所撰《酉阳杂俎》神话中，吴刚曾跟随仙人修仙，但因有过，被罚到天上的月宫砍伐桂树。桂树高五百丈，斧头砍下去刚举起来，被砍伤的地方就立即长好了。因此，吴刚一直在月宫中砍伐桂树不止。嫦娥也是神话中的人物，传说她是上古东夷族首领后羿的妻子。后羿曾向西王母要来不死之药，嫦娥偷吃了不死之药后便奔入月宫。李商隐的《嫦娥》诗云："嫦娥应悔偷灵药，碧海青天夜夜心。"因此毛泽东的诗词里才有"寂寞嫦娥"之句。

耳熟能详的与月亮有关的神话故事中还有月下老人、玉兔和蟾蜍。月下老人是传说中掌管姻缘的神，皓发童颜（男性），常在月下翻检婚牍，其上面注明了有缘男女之姓名和住址等内容。月下老人会以红绳系住有缘人之足，被系之人虽相隔千里亦能相合；即使原为仇家亦能尽释前嫌，结为眷属；夫妻若反目，以红绳一系，也终能重归于好，恩爱如初。即所谓千里姻缘一线牵。

汉朝淮南王刘安及其宾客所著《淮南子·精神训》云："月中有蟾蜍。"东汉王充所撰《论衡·说日》称："月中有兔、蟾蜍。"汉刘向所著《五经通义》则称："月中有兔与蟾蜍何？月，阴也；蟾蜍，阳也，而与玉兔并，明阴系于阳也。"

以上所录文献中蟾蜍与玉兔皆无具体的故事细节，刘向之说更令人颇为费解。汉乐府诗《董逃行》干脆称"白兔长跪捣药虾蟆丸"，使两者牵强地产生联系，但也更让人不解其意。

从上述与月亮有关的神话内容的混乱关系可以看出，中国的古代神话与古希腊神话有着很大的不同，比如古希腊神话中的诸神都有着非常明晰的谱系关系。而在中国，即使到了秦汉大一统的帝国时期，也没有形成一个统一完整的神话体系。

与太阳相关的神话有夸父追日和后羿射日等。《山海经·海外北经》说："夸父与日逐走，入日；渴，欲得饮，饮于河、渭，河、渭不足，北饮大泽。未至，道渴而死。弃其杖，化为邓林。"《淮南子·本经训》载："逮至尧之时，十日并出，焦禾稼，杀草木，而民无所食……尧乃使羿……上射十日。"这两则神话的内容还比较具体，较抽象的是出自《山海经》的"金乌负日"类神话。如《山海经·大荒东经》："大荒之中，有山名曰'孽摇頵羝'。上有扶木，柱三百里，其叶如芥。有谷曰'温源谷'，汤谷上有扶木，一日方至，一日方出，皆载于乌。"《淮南子·精神训》又有："日中有踆（cūn）乌。"

笔者在第三章中简单介绍的新石器时代文化遗址中与天文相关的内容可以初步表明，中国古代神话与原始宗教观念的发展，是伴随着古人对天文的观测和历法的创立等不断深入而不断演化的。远古及上古时期对"天"的崇拜，贯穿了数千年，跨越了自渔猎、采集至养殖与种植，直到大规模畜牧与垦殖的一系列经济时代。早在新石器时代之前，某些氏族可能便以单独观测太阳的升起和落下的位置变化，作为粗略地确定回归年的标准，其中也会以月亮的圆缺作为判断短周期时间的标准，太阳和月亮自然会成为古人崇拜的对象。同时也会有某些氏族是以观察某些恒星升起和落下的位置变化，作为粗略地确定近似于回归年的标准，并以这些恒星为崇拜对象。这些都属于对"天神"的崇拜。以天体或天文现象作为"天神"崇拜对象不是中国独有的，在世界范围内相当普遍。当然，古人观察太阳等升落位置变化的基本前提是有相对固定的活动范围，这些天体有规律地运行本身，也为有相对固定活动范围的人们提供了最基本的行为模式、最基本的空间和时间观念，成为人们认识宇宙秩序，给自然万物编码分类的坐标符号。

在进入新石器时代不久，某些氏族或酋邦已经掌握了以“携日法”观察恒星位置变化或观察斗柄指向变化，以及观察月相变化等与观察太阳轨道变化（日影长短）相结合，来确定一个回归年（或恒星年）的长度，因此才会有于公元前5000年至公元前4200年间，原可能属于不同族团的原始图腾崇拜的神祇与对“天神”的崇拜相结合，并与北斗七星等一起上升为天界的神祇，如河南濮阳西水坡文化遗址墓葬中出现了龙、虎、鸟、麒麟四象和北斗星形象。而在此之前的长江中下游地区的跨湖桥文化遗址、高庙文化遗址中已经出现了与“天神”的崇拜相关的太阳纹和八角星纹等；在内蒙古地区的兴隆洼文化遗址出现了最早的猪首龙形象；在内蒙古地区的赵宝沟文化遗址中出现了猪首龙纹、神鸟纹、神鹿纹（麒麟的前身）、河蚌纹等。

另外，在与西水坡文化遗址处于同一时期的长江下游的河姆渡文化遗址中也出现了双鸟负日纹、双鸟朝阳纹、四鸟太阳纹和象征斗魁的猪的形象。在黄河流域的仰韶文化遗址中出现了人鱼纹等（参见第三章）。这说明在西水坡文化遗址中，与“天神”崇拜相关的北斗（代表北天极）、太阳、鸟、龙、鹿（麒麟）、猪等诸神形象以及四季等概念，在其之前和同时期的其他文化中基本都找到了佐证（尚缺其他虎的形象内容）。这也说明了远古先民的天文观测活动和与之相关的“前逻辑”概念的形成，可能远远早于西水坡文化遗址年代。

在公元前4200年之后，与太阳观测及太阳神崇拜相关的考古发现也很多，如仰韶文化庙底沟类型遗址出土的鸟负日彩陶图案、凌家滩文化遗址出土的太阳纹玉鹰（或也与北极崇拜有关）、良渚文化遗址中玉璧上出现的与太阳神相关的图腾柱形象、红山文化遗址墓葬中发现人头上立有玉鸟（鸟代表太阳运行的载体）、仰韶文化郑州大河村遗址中出土的太阳纹彩陶图案、二里头文化遗址中出土的陶方鼎有呈旋转状的太阳纹等（图4-1、图4-2）。另外在公元前3000年前的河南荥阳青台

图4-1　仰韶文化庙底沟类型“鸟负日”彩陶图案摹本

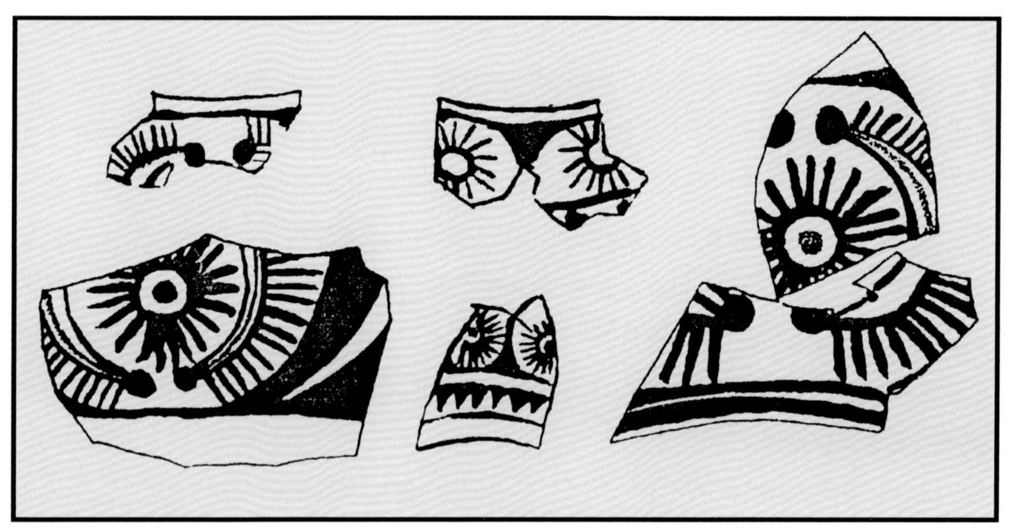

图 4-2　仰韶文化郑州大河村遗址“太阳”纹彩陶图案摹本

仰韶文化遗址、巩义双槐树仰韶文化遗址中，依然出现了单纯的以陶罐摆放的北斗九星图案。

这些原始宗教崇拜内容延续至两汉时期，以太阳和鸟为内容的考古发现更多，如，马王堆一号汉墓出土的帛画上有一只金乌栖息于太阳中、满城汉墓里有鸟衔太阳铜灯、汉代画像砖上有双凤衔日图像（图 4-3）。与太阳符号相关的最新的考古发现是 2001 年四川成都金沙文化遗址（公元前 1200 年至公元前 700 年古蜀王国的都邑）出土的“四鸟环日”金饰，四鸟无疑是表示以“两分”“两至”为代表的四季等概念，十二个火焰状轮至少可以表示一年十二个月等观念。只是无法判断那时是否已经有了十二次与二十四节气等观念（图 4-4）。

图 4-3　西汉马王堆墓出土的帛画（采自《中国天文考古学》）

图 4-4　成都金沙遗址出土的“四鸟环日”金饰

殷商甲骨文中记录的当时对太阳的观测与崇拜的文字较多，如：“乙巳卜，王宾日。”“庚子卜，贞：王宾日亡尤。”“出、入日，岁三牛。”等等。郭沫若根据上述卜辞材料，断定殷商人每天早、晚均有迎日出和送日归的礼拜仪式。甲骨文中同时也记录了对北极星、大火星、月亮等的观测与祭祀活动。之后直到秦汉以前的典籍，对殷商之前的天文观测与对“天”的崇拜追述的文字也较多，如《尸子》说燧人氏观测与崇拜大火星（心宿二），《国语·周语》说神农氏（炎帝部落）崇拜大火星，轩辕氏（黄帝部落）崇拜天鼋（“十二次”之玄枵）等。在《尚书·尧典》中，既追述了所谓帝尧时期对太阳和月亮的观测并置闰月，以及对太阳神的崇拜活动（“寅宾日出”“敬致”“寅饯纳日”），又追述了以“星鸟”“星火”（心宿二）、“星虚”“星昴”的南中天确定“两分”“两至”及四方之民祭敬四方之神的情况（“厥民析”“厥民因”“厥民夷”“厥民隩”），虽然这类内容并非都真实可靠。古代神话中还有许多单独描述太阳和神鸟的内容，如前引《山海经·大荒东经》：“汤谷上有扶木，一日方至，一日方出，皆载于乌。”《淮南子·精神训》：“日中有踆乌。”以及《山海经·大荒经》载：“帝俊生中容，……使四鸟。”等等。

在中国新石器时代的装饰图案中常可见到一种“十”字形或“卍”字形图案，这种图案也常见于商周甲骨文和青铜器铸文中，其中还有一种类于“十”字形的“亚”字形图案（上下左右都对称），也可以认为是“十”字形的变体。“十”字形图案也大量出现在商、周、秦、汉的铜镜、铜鼓和瓦当中。“亚”字形图案亦常见于商周的族徽中。据丁山考证，“十”字形图案是太阳神的象征（即属于符号的图腾）。

何新认为在“十天干”中的第一个字为“甲”，在甲骨中记作“十”。十干在干支纪日法中记作日名，亦是太阳的象征。“甲”“亚”音近相通，是同源语的分化。“亚”字古音又读（wū），又近“乌”，太阳别名“金乌”。因此“十”字形等图案均可代表太阳神。

陈久金等认为在夏王朝（或曰族团）曾经使用过“十月太阳历”，《夏小正》中遗有这种历法的痕迹，“十天干”最早也用于纪十个太阳月，即为太阳的本意。而陈美东则认为《夏小正》为“十月太阳历”的考证还有纰漏。但若《夏小正》最初果真记录了“十月太阳历”，那么，在其漫长岁月的传承中，其间不夹杂后人不断“创造”的内容也是很难想象的。

笔者认为“十”“亚”“卍”字等图形（后者还来源于西方文化）具有极强的对称装饰性，在设计和绘制中很容易无意识地选择这种对称的图案，因此它们不一定全部是代表太阳。同样，也不能说新石器时代的“八角星”装饰图案全部代表“八个方位概念”，只可能部分装饰图案具有概念的表达性，不然我们很难想象，上古时代每个工匠都是哲人，每件生活用具都要彰显“文化概念”，虽然工匠制作的大多器物与图案属于奉命之作，并可能在制作的过程中有着如一的“惯性”。吴锐先生也持此相似的观点。

另外，从新石器时代的陶片装饰图案和同时期及之后出现的古代岩画中，我们还能找到具象的太阳形象，以及对太阳神崇拜相关仪式场景的描摹。当然，更少不了对生殖崇拜场景的描摹（图 4-5 ～图 4-8）。

图 4-5　四川珙县麻塘坝岩画摹本（采自《诸神的起源》）

图 4-6　云南沧源岩画（采自《诸神的起源》）

图 4-7　贺兰山岩画中的太阳神

图 4-8　广西宁明县花山岩画

在远古及上古时期，与其他天神相比，太阳神和月亮女神（月亮神）的情况又非常特殊，可能很早就转化为人君和其配偶了。《庄子》《左传》《管子》《周易》《国语》等先秦典籍都有关于伏羲的记述，如最早出现于《庄子》中的伏羲，名号有三种写法，或记为“伏羲”“伏犠”“伏戏”。身份混乱，或人或神，且在其他典籍中的古帝王序列中也飘忽不定，或在禹、舜、黄帝之后，或在其前，但地位渐次升高。这说明在战国时期，伏羲尚在传说和创造过程中，是一个不确定的、尚未定型的“历史人物”。在其他文献中，伏羲还写作“伏牺”“赫胥”“包羲”“庖羲”“宓羲”“虙牺”“羲皇”等。但在古代典籍中，伏羲又是一位“文化超人”式的人物，何新总结为各种重要发明都被归为其门下：天文——“仰则观象于天，俯则观法于地”（注 1）；医药——“尝味百药而制针灸，明百病之理”（注 2）；音乐——“始作琴瑟”（注 3）；数学——“作九九之数”（注 4）；畜牧——“伏戏服牛乘马”（注 5）；文字符号——“作八卦以通神明之德，以类万物之情”（注 6）；饮食——“包羲取牺牲供包厨，以炮以烙”（注 7）。

而在伏羲事迹的进一步创制中，首先是与太昊（或大昊）相混。魏晋时期皇甫谧在《帝王世纪》中称：“大昊帝包牺，……继天而生，首德于木，为百王先。帝出于震，位有所因，故位在东方。主春，象日之明，是称‘太昊’。”张舜徽曾指出“帝”为“日”的别名，“震”当训作“晨”。“帝出于震”就是“日出于晨”。汉刘向所著《五经通义》说：“天皇之大者曰‘昊天大帝’。”《帝王世纪》云：“天皇大帝名‘耀魄宝’。”三国时期魏人张揖著《广雅•释天》云：“朱明、曜灵、东君，日也。”曜灵即耀魄宝，也就是太阳。因此何新认为伏羲、大昊、太昊都应该是早期太阳神的称号。

汉初的《尔雅》把“昊”释作春神之名。春神之名曰“析”，即“昕”，亦即“羲”。那么伏羲、大昊与《尚书•尧典》中的春神“析”以及甲骨文中的东方之神“析”就是同一人或神。

《左传•昭十七年》：“太昊氏以龙纪，故以龙师。”《竹书纪年》中记载的伏羲氏各氏族中有飞龙氏、潜龙氏、居龙氏、降龙氏、土龙氏、水龙氏、青龙氏、赤龙氏、白龙氏、黑龙氏、黄龙氏。《帝王世纪》云：“太昊帝庖牺氏……蛇身人首……继天而王。”东晋王嘉所撰《拾遗记》称：“蛇身之神，即羲皇也。”从这些描述中又可以看出，伏羲、太昊、大昊不仅同为太阳神，又同主春季、主东方，连自身形象也一样。何新认为龙的原型是蛇、蜥蜴与鳄鱼类的两栖动物。看来把伏羲、太昊、大昊赋予这些形象，可能是早期图腾崇拜的痕迹。

丁山认为太昊之“昊”无定字，可写作“皓”“皡”“颢”“浩”，而凡此诸字皆有光明盛大之意。童书业在《春秋左传研究》中指出，太昊又可写成“帝喾”。《帝王世纪》称：“帝喾生而神异，自言其名曰‘夋’。”长沙战国《楚墓帛书》载：“帝颛顼命夋运行日月”“日月夋生”，这样伏羲—太昊（大昊）—帝喾—夋—析就演化为了同一性质的人或神。

何新认为，在中国历史的远古时期，生活在西北的一族系为颛顼族又称太昊族（号高阳氏），称太阳神为羲（伏羲），以龙为太阳神的象征，这一系可能就是夏人的先祖；生活在东方的一族系为帝喾族又称少昊族（号高辛氏），称太阳神为夋，以凤鸟为太阳神的象征（先秦史料《世本》称“帝喾生契”“少昊名契”），这一系可能是商人的祖先。其族系中有一支南下，进入江汉平原，是楚王族的先祖。而吴锐等认为楚王族为同属于西北族系的炎帝系之后，太昊即颛顼。司马迁认为颛顼与帝喾为两个具体而真实的帝王，且同为黄帝之后。

笔者在第二章中已经详细阐述过，历史界和考古界对中国远古甚至是上古历史的部分内容根本就没有统一而明确的认识，古代历史典籍文献记载本身也是歧义百出的。

在伏羲事迹的创制中，伏羲又常与黄帝相混，因其事迹的大部分与黄帝的事迹相重叠，何新总结为：天文——“黄帝使羲和作占日，常仪作占月”（注8）；医药——“使岐伯尝味草木，典主医病经方本草素问之书”（注9）；音乐——“令伶伦作律吕”（注10）；数学——“使大桡作甲子，隶首作算术”（注11）；畜牧——“黄帝服牛乘马”（注12）；文字符号——“使沮涌仓颉作书”（注13）；饮食——“黄帝取牺牲以充包厨”（注14）。黄帝的事迹与伏羲的相比，只是多了“使”“令”动词，连相貌亦是相同，《史记·天官书》注中描述伏羲为“人首蛇身，交尾首上”。《说文》和《风俗通》都说“黄”字可通“光”字。《释名》说：“黄，晃也。犹晃晃如日光也。”这也预示着可以把黄帝看作太阳神的称号了。

在汉墓出土的画像砖与画像石中，有一种母题经常出现，即女娲常与伏羲连体交尾，两者或人首蛇身，或人首蜥蜴身。伏羲手中常捧着太阳或规，而女娲手中常捧着月亮或矩。也有所持的规矩相反的情况，疑为匠人之误，或可以理解为“阴阳交错”。规画圆而矩画方，既喻始创“规矩”，又喻“天圆地方”。太阳像“阳”像“天”，月亮像“阴”像“地”。由此看来，女娲就是月亮女神。月亮女神最早产生的年代应该说不晚于太阳神（图4-9～图4-12）。

《淮南子·览冥训》东汉高诱注称：“娲，古之神圣女，化万物者也。从女，呙声。”东汉应劭的《风俗通义》称：“天地初开，女娲抟黄土人，剧务，力不暇供，乃引绳横泥中，举以为人。”西晋皇甫谧的《帝王世纪》称：“女娲风姓，承伏羲制度，亦人头蛇身一日七十化。”东汉许慎的《说文解字》中也说女娲是“古之圣女，化万物者”。从这些记载看，女娲被尊为中国型的人类之母。更早的《山海经·大荒西经》中还说女娲用其肠子创造了十个神，神名为“女娲之肠”，因此女娲又有了“神祖”的身份。

图4-9　汉画像石上的伏羲和女娲1

图4-10　汉画像石上的伏羲和女娲2

图 4-11　汉画像砖上的伏羲和女娲 1（日神和月神）

图 4-12　汉画像砖上的伏羲和女娲 2（日神和月神）

东汉张衡的《灵宪》中载："嫦娥，羿妻也。窃西王母不死药服之，奔月。将往，枚占于有黄。有黄占之详曰：吉，翩翩归妹。独将西行，逢天晦芒。毋惊毋恐后且大昌。嫦娥遂托身于月，是为蟾蜍。"较《灵宪》为早的《山海经》《淮南子》《归藏》中也皆有嫦娥窃不死之药服之而奔月的故事。

在大约成书于战国时代的《山海经》中，与月亮有关的女神名还有"常儀（仪）""常羲""女和"。何新认为"儀（仪）"字古音从"我"读"娥"，故都是指嫦娥。在上古音中，"娲"所从之"呙"古韵隶于"歌"部，与"我""娥"同部，"娲""娥"叠韵对转，可通用。故女娲，也就是女娥，即常儀（仪）、常羲，亦即嫦娥。

《诗经•小雅》中说："月离于毕，俾滂沱矣。"东汉王充《论衡•顺鼓篇》记汉俗说："久雨不霁，则攻社祭娲。"唐朝瞿昙悉达的《开元占经》中称："月晕辰星，在春大旱，在夏主死，在秋大水在冬大丧。"何新据此推断为：月亮女神、女娲是主水旱之神。主水旱之神别名"女魃"或"女发"。《说文》载："魃，旱鬼也。"

《山海经•大荒北经》载："大荒之中，有系昆之山者，有共工之台，射者不敢北向。有人衣青衣，名曰'黄帝女发'。蚩尤作兵伐黄帝，黄帝乃令应龙攻之冀州之野……蚩尤请风伯、雨师纵大风雨，黄帝乃下天女曰'发'，雨止遂杀蚩尤。发不得复上，所居不雨……后置之赤水之北。"

隋朝虞世南的《北堂书钞》说："昔蚩尤无道，黄帝讨之于逐鹿之野，西王母遣道人以符授。黄帝乃立请祈之坛，亲自受符，视之乃昔者梦中所见也。即于是日擒蚩尤。”

何新解读两则不同版本神话的深层结构为：黄帝战蚩尤不利，上天某女神以某种方式助黄帝战胜蚩尤。女发即西王母。

《山海经·海内经》载：“黄帝妻雷祖。”《史记·五帝本纪》载：“黄帝……娶于西陵氏之女，是为嫘祖。”何新认为嫘即是螺，“雷祖”即“螺祖”，古同音之转。

王引之的《经义述闻》称蜗、螺在上古乃是一切水中甲介类的通称。何新认为“累”字古代还有一音读“螺（luó）”。田螺，蛤蚌，古人称作“仆累”，也称作“娲”。螺、蜗音近义同。这样，女娲—嫦娥—女发—西王母—雷祖—嫘祖也同样演化为了同一性质的人或神。西王母、嫦娥的原型都是女娲或嫘祖女神的延展神，或是同一神的异名分化。笔者进而认为，在阴阳五行观念形成之后，总体上是天为阳、地为阴，但地面上的一切事物在天上也要有对应物，“嫦娥奔月”完美地构架了地之阴与天之阴之间的联系。

《山海经·大荒西经》又说西王母“其状如人，豹尾虎齿，而善啸，蓬发，戴胜，是司天之厉及五残。”即西王母又是刑杀之神。旱发别名“死魃”即死神。说明在中国神话的辩证观念中，生神与死神，即创造生命之神与刑杀生命之神有时是同一个神。

中国古代典籍文献中伏羲的事迹与黄帝的事迹大部分相重合，连配偶也相重叠，说明两者可能是远古以至上古不同族团对相交融的同一神话母题的“各自表述”，尽管某些内容出现的时间已经很晚，当属神话再造的延续。

《淮南子·天文训》云：“积阳之热气生火，火气之精者为日；积阴之寒气生水，水气之精者为月。”西汉戴德的《大戴礼》载：“阳之精气曰‘神’，阴之精气曰‘灵’。神灵者，品物之本也。”西汉《礼记·乐记》说：“阴阳相摩，天地相荡……而百化兴焉。”

以上典籍文献中的观点可以作为伏羲与女娲相交连体形象母题的最好注解，也是中国传统文化中最基础的哲学观念之一，即二元交会的阴阳观念。

《酉阳杂俎》中“吴刚伐桂”故事的原型，可能是来源于西汉东方朔所撰《神异经·东荒经》中的一则神话。神话的大意为：有九方士伐高千丈的主九州岛之树，以占九州岛之吉凶。此树也是斫之复生。此则神话本与月亮无关，但被后人编撰附会于月亮神话中。嫦娥所食之药也为不死之药。这些都是暗喻月亮女神不死，死而复生。这也正是古人对月相朔望循环的“合理”解释。

何新认为伏羲与女娲连体相交的图形也来源于鳣鼍（shàn tuó，鳄鱼古名，龙的原型）相交配的形象。蟾蜍实为蟾鼃的转语，这可能便是月有蟾蜍的由来。其实从另外一方面讲，夜、月、水、寒、地、降等为阴，夜至月升而寒湿气降，又，夏秋月升而蛙鸣。这样，远古及上古先民便很容易联想到蟾蜍也为月之精，更何况月海之影（“月海”）也似蟾蜍。在新石器时代的彩陶上常见有圆如满月的蟾蜍图案，在仰韶文化遗址和马家窑文化遗址中出土的这类陶器图案最多（图 4-13）。李玄伯认为远古最早居住于涂山（安徽省蚌埠市禹会区）及郐（tú，山东枣庄市西南）等地的氏族，当是以蟾蜍为图腾。

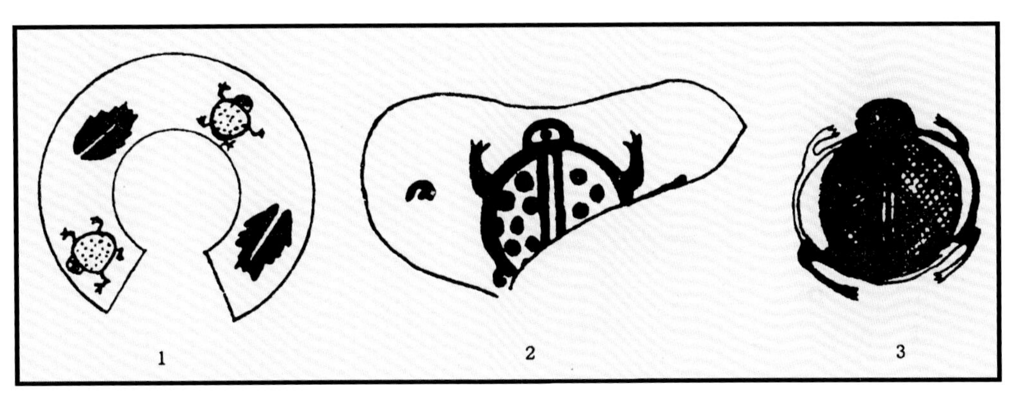

图 4-13　新石器时期蟾蜍图案
1—仰韶文化半坡类型；2—仰韶文化庙底沟类型；3—马家窑文化马厂类型

《天间》中有两则关于月亮的问句：“夜光何德，死则又育？厥利维何，而顾菟在腹？”白话文可译为：“那夜光的月亮有什么德能，使它死去之后又能复生？它的牙齿该多么锋利，竟能把顾菟吃进肚腹？”何为“顾菟”？汤炳正认为“顾菟”即“于菟”，即虎。今湖北省云梦县古称‘於菟’，《左传·宣公四年》中讲：楚国著名的政治家令尹子文是个私生子，曾被丢弃在云梦泽，被一只母虎抚育长大，其名“彀於菟”。《左传·宣公四年》：“楚人谓乳彀，谓虎于菟。”当时楚国称虎为“於菟”，把喂乳称作“彀”，“彀於菟”的意思就是虎乳养育的。有此故事，这个地方也被称为“於菟”。其中“彀”与“顾”音近，因此又有“顾菟”一词。另外，卜辞中有“虎方”族。郭沫若和丁山都曾证明“虎方”即其他文献中记录的“徐方”。“徐”音“余”，通“涂”，也就是虎为“于涂”即“於菟”。如此说来，月中的“玉兔”，应该来源于“於菟”，纯属后人“闻音生义”。

在大量的典籍文献中，虎都是逐怪镇鬼之神。在《山海经》中，西王母的形象

图 4-14　成都金沙遗址出土的玉虎

图 4-15　殷商铜器上的虎神食鬼器物与图案摹本（采自《诸神的起源》）

图 4-16　殷墟妇好墓铜钺，有虎神食鬼图案

也是“豹尾虎齿，善啸”，两者相符。在西周至春秋之际完善的二十八宿系统中，“白虎”属于西方之宿总称（四灵之一），属主秋季之宿，同样主“刑杀”，属“凶”、属“阴”，与月亮女神的职能相同。《礼记·祭义》载：“……祭日于东，祭月于西，以别内外，以端其位。”

由以上内容可以准确地推断出：月亮中玉兔的原型就是虎，而且虎与月亮本身的“属性”也是非常一致的。也就是说蟾蜍与虎本来都属于阴神，在月亮的神话创造中，它们先后上升为天之阴神了（图 4-14 ～图 4-16）。

太阳和月亮都属于天神体系早期的重要内容，对天神的崇拜的强化过程，虽然首先得益于远古先人对天体的崇拜、观测与认识的进步，但更重要的是缘于新石器时代某阶段，在某相对较大的地域范围内，迫切需要一个统一的“至上神”来约束因不断融合而不断扩大的集体。思想与政令出于多门必然会严重地扰乱社会秩序，《国语·楚语下》说：“九黎乱德，民神杂糅，不可方物（无法辨别）。”这样，必须“绝地天通”，以实现或许是部落联盟首领（最高酋长）对“通天”的控制权与对“天意”的解释权，以便更好地实现对集体无可争议的一元化领导。因为只有这样，政令才会成为“天意”的唯一表达，同时也就有了道义上的合理性与合法性。在后世具体的政治文献《尚书·周书·周官》中，就非常明确地体现了“法天而治”的政治思想，就是政治架构中“天”（神）人不分、政教合一。“天”（上帝）是超越、神圣或“神格”的价值之源，“人”（君王）是实现超越、神圣或“神格”价值的载体；“政”是现实的权力组成形式，“教”是实现超越、神圣价值的文化通道。所以“法天而治”“天人合一”，也是在现实政治中实现超越、神圣的价值，使政治具有某种超越的合理性与合法性。而反过来讲，“法天而治”“天人合一”，对世俗赤裸裸的权力（暴力）也有“调适上遂”和“匡正约束”的功能，因此儒家也强调“德政”“仁政”。在《尚书》的《大诰》《康诰》《酒诰》《多士》《无逸》《多方》诸篇中都包含了“德政”的观点，即“惟命不于常”，而是“道善则得之”。而《周官》中所载政治与教化的合一，也体现在官制结构中，其中所有官员都是效仿天道而立的，最高的官员是“天官总宰”，总宰代表天道天意，对世俗的政务进行合乎天道天意的管理。另外，“法天而治”的具体内容细节，可以通过“天垂象”“天人感应”等渠道获得。

对生殖的崇拜，特别是在父系社会，既延续了远古历史的遗俗，又继而发展并强化了有利于一元化领导的另一思想体系——血统论，何乐而不为！更何况男女相媾本身亦是天道的重要内容之一。《易·系辞下》说：“天地氤氲，万物化醇；男女构精，万物化生。”这类内容在古代岩画中也有所表现（图 4-17、图 4-18）。

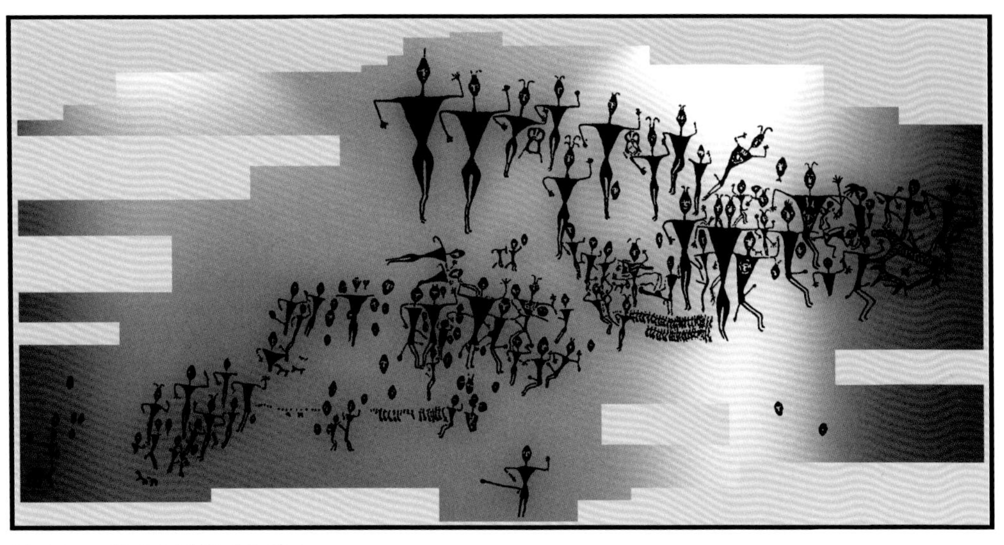

图 4-17　新疆呼图壁岩画摹本

图 4-18　宁夏贺兰山岩画

实现这两类崇拜的实际操作又集中于祭祀活动，《礼记·祭统》说："礼有五经，莫重于祭。"这是把祭祀活动当作了国家最重要的典礼。《左传·成公十三年》记刘康公曰："国之大事，在祀与戎。"祀又被当作了国之大事。所以，《礼记·祭统》说："凡治人之道，莫急于礼。"礼为何如此重要？《礼记·曲礼上》解释道："夫礼者，所以定亲疏、决嫌疑、别同异、明是非也。"《孔子家语·问礼》载："哀公问于孔子曰：'大礼何如？子之言礼，何其尊也？'……孔子曰：'丘闻之，民之所以生者，礼为大。非礼则无以节事天地之神焉，非礼则无以辨君臣上下长幼之位焉，非礼则无以别男女父子兄弟婚姻亲族疏数之交焉。是故君子此之为尊敬，然后以其所能教顺百姓，不废其会节。既有成事，而后治其文章黼黻，以别尊卑上下之等。其顺之也，而后言其丧祭之纪，宗庙之序。品其牺牲，设其豕腊，修其岁时，以敬其祭祀，别其亲疏，序其昭穆。而后宗族会燕，即安其居，以缀恩义。……'"

以上就是所谓"新的暗示力"主要的思想体系。而传说中远古的颛顼帝就是一位创造了"新的暗示力"的智者贤君。《国语·楚语下》说："（颛顼）命南正重司天以属神，命火（北）正黎司地以属民，……是谓绝地通天。"当然，就颛顼帝本身而言，我们现在就已经很难搞清楚，其究竟是历史中的人物还是神话中的人物。我们同时也应该认识到，在不同的时期、不同的地域，不同的创造"新的暗示力"

的人也不得不按某种比例不断地“创造历史”。不然何以会有具有“神格”特征和具有“文化超人”特征的古帝王出现?

“城头变幻大王旗”，历史从来都是动态的，那么“创造”就要不失时机地紧跟历史的进程。中国古文献中所记载的错综复杂的“神际”关系，正是反映了远古和上古历史的动态特征。例如，先秦《列子•汤问》说：“昔者共工与颛顼争为帝，怒而触不周之山，天柱折，地维绝。天倾西北，故日月星辰移焉；地不满东南，故水潦尘埃归焉。”这个神话在《淮南子•原道》（西汉）、《雕玉集•壮力》（唐）、《史记•补三皇本纪》（唐）、《路史•太昊纪》（南宋）中，又演绎为共工与高辛、神农、祝融、女娲之争。同时，口头的承传之误、文字的错谬与通假，又是造成“神际”关系错综复杂的另一主要原因。从商代开始，假借字（别字）已在汉字的使用实践中居主导地位。据刘又辛的《通假概说》统计，甲骨文和金文的假借字约占百分之七十。但复杂语言与文字的产生，本身就预示着分属于各个族团的历法、神话、历史和其他文化知识的迅速融合与突变。

从一些甲骨文的内容来看，商人除继承了前人观测大火星的遗俗外，阴阳历的应用也日渐娴熟，因为已经使用干支纪日，计算若干年内总的积日数已经没有困难，因此可以掌握较为准确的朔望月平均长度的数值，并且已有大、小月之分。又，殷商纪月中有十三个月序，说明已经有置闰月。因此可能在商代之前就发生了“羿射十日”。《淮南子•本经训》载：“逮至尧之时，十日并出，焦禾稼，杀草木，民无所食……尧乃使羿……上射十日。”笔者认为这则神话的合理解释为：使用“十月太阳历”的民族认为在一年的十个月中，每月由不同的太阳神“值月”。这样，既通俗地解释了年、月、日之间的单位划分，又通俗地解释了每月的气候（温度）何以不同。然，强势族团在新的地域（面对新的臣民），采用新的历法，建立与融合新的神系，便于施展更广泛的统治权威。这样，不得不“上射十日”，这也是强势族团在融合弱势族团后，废除后者神系的具体举措。在中国，从远古时期到古代历史的结束，历法既是专门的科学知识，又是一种风俗习惯，更是一种不可随便触摸底线的制度。然，在政权更迭之际，其又是最好的“政治宣言”。

按照“十月太阳历”及阴阳五行的理论，“生成数”五行将一年分为两半，各为一组五行，即水、火、木、金、土、水、火、木、金、土十个阳历月，而“相生数”五行为五行之数配阴阳，即木阴、木阳、火阴、火阳、土阳、土阴、金阳、金阴、水阳、水阴十个阳历月，两个月为一季，冬至、夏至相交时，经过阴阳逆转。这样，当阴阳五行、五季、五方位等概念产生之后，十个太阳神可以简化为五个，并与五个方位和五个季节相配。当五季与四季相矛盾时，也就是使用“十月太阳历”的族团与使用阴阳合历的族团相融合时，一定会产生很多概念的错乱。解决的办法之一就是邹衍提出的在夏、秋季节之间，强调一个在天文学意义上与“两分”“两至”不可同日而语的空间与时间节点“季夏”（在阴阳历的十二个月中，每季的三个月依次称为“孟”“仲”“季”）。当然，邹衍的理论很难说是其创造还是总结了前人的方法。另外，在王权思想不断强化的历史进程中，避免同一个季节（共五季）出现两个太阳神也是非常重要的。

目前在殷商甲骨文中已经找到了与太阳神相关的四方帝（甲骨文不是完整的历史文献），另外还有四风神。殷商时期，四方帝分别为析（东）、因（南）、夷（西）、伏（北）。

至晚在西周时期，五个太阳神实际上已经演化为“人格”的“五方帝”和“神格”的“五方帝”与“五佐神”：东方为太昊（人格）、青帝（神格）与勾芒（即高媒），南方为炎帝（人格）、赤帝（神格）与祝融，西方为少昊（人格）、白帝（神格）与蓐收，北方为颛顼（人格）、黑帝（神格）与玄冥，居中为黄帝（人格）、黄帝（神格）与后土。而五大行星则被看作五个太阳神的使者。神格的“五方帝”，实际上就是“黄道带天区的天神体系”。最早的“五方帝”来自于“太阳神”的推断，还在于单独祭祀“五方帝”的时刻，都是依据阴阳历中阳历的时间，即立春、立夏、季夏、立秋、立冬，也称为“迎气日”（详见第五章中相关内容）。

《周礼·天官·大宰》唐贾公彦疏和《礼记·大传》汉郑玄注中都说“神格”的黄帝又叫“含枢纽”，这暗示了太阳神与北极星崇拜有合二为一的痕迹。成书于西汉的《春秋纬》等明确说：“中央黄帝含枢纽、东方青帝灵威仰、南方赤帝赤熛弩、西方白帝白招拒、北方黑帝叶光纪。”这实际上应该是来自紫微垣中被称为“五帝内座”的五颗恒星（位于现标准星图天王座），也就是又创造出了北极天区的“五帝”，即“北极天区的天神体系”（“枢”为轴，“钮”为旋转）。“黄道带”和“北极天区”的天神体系，或许原本来自于不同的族系。大概在西周时期，北极神终于最终取代太阳神和月亮女神，成为主持天地的至上神，即“太一”“太极”。《史记·天官书》说：“中宫天极星，其一明者，太一常居也；旁三星三公，或曰‘子属’。后句四星，末大星正妃，余三星后宫之属也。环之匡卫十二星，藩臣。皆曰‘紫宫’。”当然，所谓“取代”是相对西周而言，因为在新石器时代，某些族团本身就以能够代表北天极的诸星作为至上神。另外，在太微垣内又有被称为“五帝座”的五颗恒星

（位于现标准星图狮子座），距离黄道很近，其中“五帝座一”非常明亮，在汉朝以后的文献中显示，多用太微垣“五帝座”替代可能更早确认的紫微垣的“五帝内座”，两者可能有着继承关系。

“阴阳合历”的普遍应用至“四分历”的产生，也标志着天文观测等活动逐步变为了更专业与更精密的专门的学问，“宇宙模型”也更加清晰具体。这也必然使得原本的“复合型神格”（亦人亦神）日渐式微，逐渐分化为“更具象的人格”与“更抽象的神格”。

对于“更具象的人格”的崇拜与祭祀，一方面是逐渐演化为对华夏民族“共同的祖先和历史”的追述，只是不可避免地“创造”了不同的“版本”。另一方面则是重新掺杂了其他的内容，形成了后期真正意义上的“显性宗教”。例如，由于“太一”过于抽象，到了东汉的道教中便演化为太上老君、玉皇大帝、耀魄宝系列，并把天道教的创始归为了具有“人格”的伏羲——黄帝门下，再扯上老子。

对于“更抽象的神格”的崇拜与祭祀，则是剔除了易被揭穿的神话内容，回归到其原始宗教即图腾崇拜时期的混沌状态，且单独的太阳神与“神格”的五方帝彻底分离且并列，这种观念虽有反复（详后），但一直延续到清朝末年。

常见于西周金文的纪日术语有“初吉”“既生霸”“既望”“既死霸”等月相名称，把月首定为新见新月之日，称为“朏（fěi）日”。西周中晚期有将月首定为朔日（看不见月亮）的迹象，因周天子每年冬季以明年朔政分赐诸侯，诸侯于月初祭庙受朔政，称为“告朔”。在此时期，月亮女神的地位很可能会再一次提高，并且“十月太阳历”在汉族地区早已退出了历史舞台，这也可能是在后来的神话中，月亮女神比太阳神更具“显性特征”的原因。二元的观念也随之进一步加强，这也是在汉代的美术作品中，不厌其烦地反复出现伏羲与女娲连体形象的原因。

另外，西周时期的北方之神玄冥早已非常明显地不同于公元前4500年左右的北方之神麒麟。玄冥神最初为水神、海神和冥神。玄冥即为治水不成功而被杀的鲧及其配偶修巳的连体形象。鲧字的另一写法为：左为“鱼”，右为“玄”。《左传•昭七年》载：“昔尧殛（jí，杀）鲧于羽山，其神化为黄熊，以入于羽渊。实为夏郊，三代祀之。”黄熊肯定不能入渊，何新认为“熊”的古音通“黾”，黾族为水中甲介类共称。晋束晰的《发蒙记》、唐陆德明的《释文》和张守节的《正义》都说“熊”是“三足鳖”。鲧的象征为鳖，别名“鲧鼋”，省形即“玄黾”，也就是“玄冥”。《左传•昭公二十九年》云：“……修及熙为玄冥。”“熙”就是“鲧”的错音通假字。“修”正是大禹的母亲女修。《竹书纪年》载：“帝禹夏后氏，母曰‘修巳’。”

“巳”通“姒”，为夏族姓。玄冥后来演变为道教的玄武、真武（图 4-19）。

图 4-19 汉画像砖中的玄武图（采自《诸神的起源》）

《天问》有：“焉有虬龙，负熊以游？”如果按照杨向奎的观点，夏为黄帝一系，以龙为图腾；羌为炎帝一系，以熊为图腾，那么“其神化为黄熊”的神话，可能也体现了传说中炎黄两族的融合，所以之后黄帝被称为“有熊氏”。

“冥”又是传说中的夏代时商部落首领，相土的曾孙、曹圉之子、商汤八世祖，子姓，甲骨文中称谓“季”，其子为王亥和王恒。冥任夏司空，是在大禹之后的又一位治水英雄，任官勤劳，死于水中，后商人以郊祭祭祀之。

总之，古人对太阳与月亮的崇拜、对其他天体与大地的崇拜、对男女生殖的崇拜（也暗示了对祖先的崇拜），构成了上古神话（或为宗教）潜性的重要内容。这种阴与阳的二元关系也构成了中国传统哲学的基础之一。最明显的是，古人把月相的周期变化对应于女性的生理周期变化，以及生物的“生命循环”的周期变化；把女性的生育特征对应于大地孕育万物生长的特性，这是阴的观念的形成。阴不但能孕育也能破坏和回收，但生与死不是绝对的，是循环往复的过程，就像月亮那样能“死”（朔）而“复生”，直至又走到生命的顶点（望）。阴的概念不是对应于唯一的事物或现象，是概括的、掺和的，既是抽象的又是具体的。

上述这些崇拜的内容自然也是祭祀自然神内容的主体，它们的传承轨迹一种是垂直的，一种是曲折迂回的，但两种轨迹也经常并为一起，这也是历史上祭祀内容异常复杂的主要原因之一。

注1：《易·系辞》。

注2：《太平御览》引《帝王世纪》。

注3：《楚辞·大招》。

注4：《管子》。

注5：《太平环宇记》引《帝王世纪》。

注6：《易·系辞》。

注7：《帝王世纪》。

注8：《史记·历书索引》。

注9：《水经注》引《帝王世纪》。

注10：《水经注》引《帝王世纪》。

注11：《世本·作篇》。

注12：《易·系辞》。

注13：《广韵》。

注14：《太平御览》引《帝王世纪》。

第二节　朝日坛、月夕坛的演变

笔者在本章第一节中集中地总结了太阳神与月亮女神以及天之五方帝异常复杂的演化历程，这些内容必定会具体体现在古帝王与皇家的祭祀体系中。在上卷中已经介绍过，一些甲骨文中显示过殷商人就有朝迎日出等仪式，以后文献的记载更加直观。

《国语·周语》："古者先王即有天下，又崇立于上帝明神而敬事之，于是乎有朝日、夕月，以教民尊君。"

《周礼·春官·大宗伯》："大宗伯之职，掌建邦之天神、人鬼、地示之礼，以佐王建保邦国。以吉礼事邦国之鬼神示，以禋（yīn，升烟）祀祀昊天上帝，以实柴祀日、月、星、辰……"

《管子·轻重己》："以冬日至始，数四十六日，冬尽而春始（在立春日），天子东出其国四十六里而坛，服青而绕（wèn，冕）青，搢（jìn，插）玉揔（zǒng，笏），带玉监（带饰），朝诸侯卿大夫列士，循于百姓，号曰'祭日'，牺牲以鱼。"天子发令说："生而勿杀，赏而勿罚，罪狱勿断，以待期年。""以夏日至始，数九十二日，谓之秋至（秋分）。秋至而禾熟，天子祀于大惢（suǒ，花蕊），西出其国百三十八里而坛，服白而绕白，搢玉揔，带锡监，吹埙篪（chí，竹制吹管乐器）之风，凿动金石之音。朝诸侯卿大夫列士，循于百姓，号曰‘祭月’。”天子发令说：“罚而勿赏，夺而勿予。罪狱诛而勿生，终岁之罪，毋有所赦。作衍牛马之实，在野者王。”

唐朝杜佑的《通典•卷四十四•吉礼三》说：“（郑玄曰：）‘王朝日者，示有所尊，训人事君也。王者父天而母地，兄日而姊月，故常以春分朝日，秋分夕月，况人得不事耶！君子履端于始，举正于中，故本二分也。’……凡祭日月，岁有四焉。迎气之时，祭日于东郊，祭月于西郊，一也；二分祭日月，二也；《礼记•祭义》云‘郊之祭，大报天而主日，配以月’，三也；《（礼记）•月令》十月祭天宗，合祭日月，四也。……大报（天）配祭之时，日燎于坛，月埋于坎（坑穴），瘗（yì）埋之时自血始，燔燎之时自气先。合为大祭，分为中祭。”

又，唐孔颖达在《礼记•祭义》注疏中说：“天之诸神，莫大于日。祭诸神之时，日居群神之首，故云‘日为尊也’。”“天之诸神，为日为尊。故此祭者，日为诸神之主，故云‘主日也’。”

比较并总结以上几则记载，《国语•周语》表明在远古时期，太阳神和月亮女神可以代表上帝，孔颖达也持此观点；《周礼•春官•大宗伯》则明确表明到了周代，太阳神和月亮女神已经降为二等神；《管子•轻重己》则说明至少在春秋时期，祭祀太阳神在立春（不是春分），而祭祀月亮女神却在秋分。

《通典》首先引郑玄说王者以天地为父母、以日月为兄姊，显然“父母”与“兄姊”非为相同地位。接着总结四类祭祀太阳神和月亮女神的情况：

（1）“迎气”日，在东郊祭祀太阳神，在西郊祭祀月亮女神。

（2）春分、秋分日分别祭祀太阳神和月亮女神。

（3）引《礼记•祭义》说“郊之祭”是以祭祀太阳神为主，以月亮女神相配。

（4）《礼记•月令》说十月祭“天宗”，同时合祭太阳神和月亮女神。

若从《礼记•月令》的内容来看，每年“迎气”有四次，分别在立春（孟春月）、立夏（孟夏月）、立秋（孟秋月）、立冬（孟冬月），且祭祀的是由太阳神转化来的“五方帝”。如《礼记•月令》中的孟冬之月：“日在尾，昏危中，旦七星中。其日壬癸，其帝颛顼，其神玄冥。……是月也，以立冬。先立冬三日，太史谒之天子曰：‘某日立冬，盛德在水。’天子乃齐。立冬之日，天子亲帅三公、九卿、大夫以迎冬于北郊。”这显然祭祀的是天神之北方黑帝。其中的立春与《管子•轻重己》记载的祭日的时间相吻合，但《礼记•月令》的“迎气”日中并没提到祭月。

“十月祭天宗”的时间在“仲冬”，也是“冬至”所在的月内，那么“十月祭天宗”应该就是冬至日的“郊之祭”，显然杜佑的理解有误。

另外，在《礼记•月令》中有：“孟春之月……是月也，天子乃以元日祈谷于上帝。”这里很明确地表明有一个不同于太阳神名称“日”的“上帝”，还有十月祭祀的“天宗”也不同于太阳神“日”。

以上相关典籍，最早的《国语》出现于春秋时期，说明至晚从这一时期开始往后，古人对太阳神和月亮女神地位，以及太阳神与神格的五方帝、上帝的关系等问题的认识已经出现了歧义，以至于唐朝杜佑对此的解释也较混乱。而最大的可能是天、帝、日、月、五方帝、其他星神等这些内容及关系等，在远古时期原本就是混乱而非统一的，因为不同的族团原本有不同的神系，在历史发展过程中也必然是歧义百出。在第五章我们还将讨论另一个五方帝系统。至于太阳神、月亮女神祭祀的方法，可以参考祭天与祭地。《尔雅•释天》云：“祭天曰‘燔柴’，祭地曰‘瘗埋’。”孔颖达疏曰：“天神在上，非燔柴不足以达之；地祇在下，非瘗埋不足以达之。”

“太阳神”和“月亮女神”是笔者依据其属性而名，在中国古代文献中并无这样的称呼，一般直接称“日”“月”。从春秋时期开始，中国陷入了长期的动荡，但作为诸侯的秦国和之后的汉朝，都继承并主导过天神体系的整合与创制活动（详见第五章）。《史记•封禅书》记载，秦始皇在泰山封禅期间也曾祭拜齐国故地的八座旧有的神祠，其中有供奉太阳神和月亮女神的“日主”“月主”祠，但未表明这两所重要的神祠的渊源。秦与汉单纯的祭日、祭月活动已经比较简单，如汉武帝时，在泰一坛（汉武帝时创制）祭日、月，黎明之时向东方祭拜，夜晚向西方祭拜。后又简化为在皇宫的庭院中行礼。汉平帝时，改在合祭天地之日，黎明东向拜日行朝日礼，夜晚西向拜月行夕月礼。以致于魏文帝曹丕都讥讽他们如此祭祀日、月，简直就是在亵渎神祇。至两汉结束，天神体系的整合与创制已经基本结束，从北周及下一个大一统的隋朝开始，祭祀日、月的活动才又有了较复杂的形式，包括相关礼制建筑形制的逐步完善等。

《隋书•志•礼仪二》载：“《礼（记）》：天子以春分朝日于东郊，秋分夕月于西郊。汉法，不俟二分于东西郊，常以郊泰畤（汉武帝时期创建，主要祭坛仿泰一坛）。旦出竹宫东向揖日，其夕西向揖月。魏文（曹丕）讥其烦亵（杂乱轻慢），似家人之事，而以正月朝日于东门之外。前史又以为非时。及明帝（曹睿）太和元年二月丁亥，朝日于东郊。八月己丑，夕月于西郊。始合于古。后周（北周）

以春分朝日于国东门外，为坛，如其（南）郊（坛）……燔燎如圆丘（圜丘）。秋分夕月于国西门外，为坛于坎中，方四丈、深四尺，燔燎礼如朝日。（隋文帝）开皇初，于国东春明门外为坛，如其（南）郊（坛）。每以春分朝日。又于国西开远门外为坎，深三尺、（纵）广四丈。为坛于坎中，高一尺、（纵）广四尺。每以秋分夕月。牲币与周同。”

这也是史书中较早出现的对祭祀日神、月神的日坛和月坛的基本形制的描述，“为坛于坎中”，字面意思就是挖一个坑，然后把祭坛放置于坑中，在实际建造时可直接在坛周围挖一道沟槽。

《新唐书•志•礼乐一》所载唐朝的朝日夕月坛与隋朝同。

《宋史•志•礼六》载：“（宋仁宗）皇佑五年，定朝日坛，旧高七尺，东西六步一尺五寸；增为八尺，广四丈，如唐《郊祀录》。夕月坛与隋、唐制度不合，从旧则坛小，如唐则坎深。今定坎深三尺，广四丈。坛高一尺，广二丈。四方为陛，降入坎深，然后升坛。坛皆两壝（wéi，祭坛四周的矮墙），壝皆二十五步。……《五礼新仪》（宋徽宗年间编制）定二坛高广、坎深如皇佑，无所改。中兴同。”

从辽时期开始，全国的政治中心逐渐向今北京迁移，北京于金代始有朝日、夕月坛，《金史•志•礼一》载：“朝日坛曰‘大明’，在施仁门外之东南，当阙（门）之卯地（正东），门濆（fén，坛周水池）之制皆同方丘（祭地方坛）。夕月坛曰‘夜明’，在彰义门外之西北，当阙之酉地（正西），掘地污（wā，同“挖”）之，为坛其中。常以冬至日合祀昊天上帝、皇地祇于圜丘，夏至日祭皇地祇于方丘，春分朝日于东郊，秋分夕月于西郊。”

这里明确说日神、月神除“两分”之时分别单独祭祀外，于“两至”之时还要分别陪祭另有特指的天神与地祇。

《明史•志•吉礼》载：“朝日、夕月坛，洪武三年（公元1370年）建（于南京）。朝日坛高八尺，夕月坛高六尺，俱方广四丈。两壝，壝各二十五步。二十一年罢。嘉靖九年（公元1530年）复建（于北京），坛各一成（层）。朝日坛红琉璃，夕月坛用白（琉璃）。朝日坛陛九级，夕月坛六级，俱白石。各建天门二。”

孙承泽的《春明梦余录•卷十六》描述北京明朝的朝日夕月坛时说：

“朝日坛在朝阳门外，缭（liáo，环绕）以垣墙，嘉靖九年（公元1530年）建，（主大门）西向，为制一成（层）。……坛方广五丈，高五尺九寸。坛面用红琉璃，阶九级，俱用白石。棂星门西门外为燎炉、为瘗（yì，掩埋）池。西南为具服殿，东北为神库、神厨、宰牲亭、灯库、钟楼，北为遣官房。外为天门二座，北天门外为礼神坊，西天门外迤南为陪祀斋宿房五十四间。护坛地一百亩。”

“夕月坛在阜成门外，缭以垣墙，嘉靖九年建，（主大门）东向，为制一成（层）。……坛方广四丈，高四尺六寸。面白琉璃，阶六级，俱白石，内棂星门四，东门外为瘗池，东北为具服殿，南门外为神库，西南为宰牲亭、神厨、祭器库，北门外为钟楼、遣官房。外天门二座：东天门外，北为礼神坊。护坛地三十六亩。祭日之时以寅，祭月之时以亥。”

文中除描述了祭坛的具体形制外，还具体地列举了整个建筑群内其他建筑内容及祭祀时间。以夕月坛为例：

天门：祭坛建筑群的外大门；礼神坊：大门外的石坊；棂星门：祭坛四周的门，形如木牌坊；具服殿：存放祭祀服装的建筑，皇帝或主祭大臣也在此更衣、休息等；神库：存放祭祀牌位、偶像等的建筑；祭器库：存放祭祀器具、乐器等的建筑；宰牲亭：宰杀动物牺牲的亭子，附近应该还有水井及井亭，《史记•封禅书》中有“祭日以牛，祭月以羊彘特”；神厨：制作熟肉祭品的厨房；遣官房：专职祭祀服务官员等的办公场所；瘗池：祭祀最后阶段掩埋祭品的地坑；亥时：21时至23时。因为祭祀月亮女神时要面朝西行礼，此时段月亮西垂。

清朝沿用了明朝的朝日与夕月坛，部分内容有所改建和增建，如雍正三年（公元1725年），在月坛东北空阔地方建照墙三座，并修整牌坊两边墙垣。乾隆八年（公元1743年）修理具服殿三间、东西配殿六间、宫门一座、钟楼一座。乾隆二十年、四十八年和五十年都对月坛做过修整。

《清史稿•志•礼一》载：“朝日坛在朝阳门外东郊，夕月坛在阜成门外西郊，俱顺治八年（公元1651年）建。制方，一成（层），陛四出。日坛各九级，方五丈，高五尺九寸。圆壝，周七十六丈五尺，高八尺一寸，厚二尺三寸。坛垣前方后圆，周二百九十丈五尺；月坛各六级，方四丈，高四尺六寸。方壝，周九十四丈七尺，高八尺，厚二尺二寸。坛垣周二百三十五丈九尺五寸。两坛具服殿制同。燎炉、瘗坎、井亭、宰牲亭、神库、神厨、祭器、乐器诸库咸备。其牌坊曰礼神街。雍正初，更名日坛街曰‘景升’，月坛街曰‘光恒’。乾隆二十年，修建坛工，依天坛式。改内垣土墙甃（zhòu，砌）以砖，其外垣增旧制三尺。光绪中，改日坛面红琉璃，月坛面白琉璃，并覆金砖。”

在上述朝日、夕月坛的各种记载中，有些数字有着非常明确的象征意义。如，夕月坛方广四丈、高四尺六寸，四面出陛，皆白石，各六级。即在月坛建筑组群中，最核心的祭坛的相关数字为偶数。这是因为月坛所祭的是月亮女神，属阴，而在先天与后天八卦系统中，偶数皆属阴，如《尚书•洪范》云："天一生水，地六承之。地二生火，天七承之。天三生木，地八承之。地四生金，天九承之。天五生土，地十承之。"从隋唐至金代的夕月坛建筑群中，坛台并不是平地而起，而是建于深三尺或四尺的"坎池"中，也因为月亮女神属阴。另外，壝墙（内坛墙）和坛垣（外围墙）为方形；太阳神属阳，朝日坛虽不是圆形，但边长为五丈、高五尺九寸，四面出陛，皆白石，各九级，以合阳数。另外，壝墙（内坛墙）为圆形，坛垣（外围墙）东面为圆形，西面为方形，与月坛的壝墙和垣墙比较，隐喻"天圆地方"。再有，日坛坛面红琉璃砖象征太阳，月坛坛面白琉璃砖象征月亮等。看来，当时的设计者深晓太阳神、月亮女神基本的象征意义。

北京日坛

北京日坛位于朝阳门外东南，始建于明嘉靖九年（公元 1530 年），是明清两代皇帝于春分寅时（凌晨 3 时至 5 时）祭祀太阳神（称"大明神"）之所。核心建筑朝日坛位于整座建筑群的偏东南部，坐东朝西。坛外壝墙东、南、北各有棂星门一座，西边为正门（进入祭坛的方位），棂星门一组三座，以示区别。祭坛为白石砌成的方台，台阶九级，面铺红琉璃砖，四周有圆形壝墙，外垣墙东面也为圆形，象征着天。西门外有燎炉、瘗池。北为神库、神厨、宰牲亭、钟楼等。南为具服殿，清乾隆七年（1742 年）改建于坛西北角正殿三间，南向。正殿左右为配殿，各三间，东西向。每逢甲、丙、戊、庚、壬年，皇帝要亲自祭祀，其余年份由文职官员代为祭祀。后者因祭祀时太阳神位于东方，东方属木属"文"，且太阳神也主生长，祭祀的时间也是在春季。祭日仪式于寅时开始，分成卤簿仪仗、乐舞和祭坛礼仪三个部分。皇帝祭祀时，前者是护佑皇帝从西走向祭坛的仪仗队，后者为皇帝和六位陪祀大臣站在坛上向东方刚升起的太阳行礼。

1949 年以前，日坛中祭祀建筑大部被毁、文物被盗，使日坛变为一片废墟。1951 年北京市人民政府将日坛扩建为占地 20 余公顷的日坛公园，修建了南、北大门等，并将被拆毁的祭坛修复一新（图 4-20 ～图 4-26）。

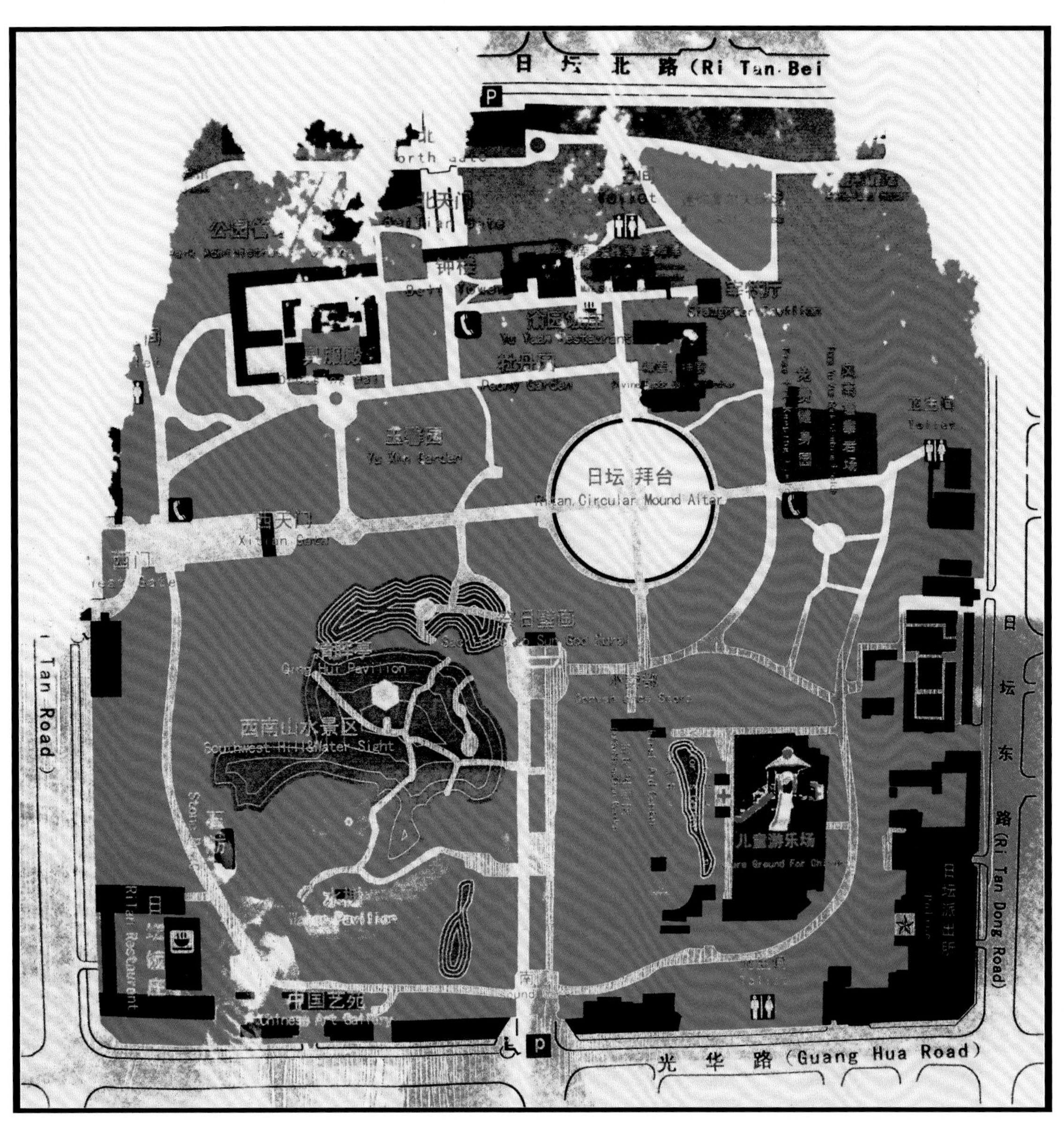

图 4-20　北京日坛平面图

图 4-21　北京日坛西棂星门

图 4-22　北京日坛北侧壝墙

图 4-23　北京日坛朝日坛

图 4-24　北京日坛神库外景

图 4-25　北京日坛北棂星门与神库神厨外景

图 4-26　北京日坛宰牲亭

北京月坛

北京月坛位于阜成门外西南，现今南礼士路西边。始建于明嘉靖九年（公元1530年），是明清两代皇帝于秋分亥时（21时至23时）祭祀月亮女神（称“夜明神”）及从祀众星神之所。祭坛位于外垣墙内正西，是由白石砌成的一座方台，上覆白琉璃砖，东向。坛台四周围有内壝墙，墙的四面各有一座棂星门，墙外有神库、宰牲亭、祭器库、钟楼、遣官房等，钟楼设在坛北。

每逢丑、辰、未、戌年，皇帝亲自祭祀，其他年份由武职大臣代为祭祀。后者因祭祀时月亮女神位于西方，西方属金属“武”，且月亮女神本身就是主杀伐，祭祀的时间也是在秋季。

在北京的天、地、日、月四坛中，月坛的建筑规模最小，但目前损坏最为严重。早在清朝末期，月坛因年久失修，开始荒废。民国时期，曾作为兵营与学校。日军占领北平期间，坛内的古树被劫伐殆尽。1949年以后，因城市改造，月坛的“光恒街”牌坊被拆。“文革”期间，月坛遭受了更大的破坏，四周内外坛墙大部分被拆毁，祭坛也被拆除。1969年，在祭坛的位置矗立起电视发射塔，并在坛南果园构建地下人防工事，古建筑也被多家单位封闭占用，致使月坛失去了礼制环境与风格。1983年，西城区园林局成立月坛管理处，开始对月坛进行管理，将坛南果园改建成“邀月园”景区，随后陆续在园区建立了邮票交易市场、花鸟市场、职业介绍所、婚姻介绍所，园区的地下人防工程也改建为天外天小商品市场。2004年闭园，经历了3年的治理修缮。

月坛公园按历史形成的格局，分为南、北两区。北区为祭坛区，拆毁的坛墙已重新恢复，破败的钟楼、具服殿已修缮完毕，种植了大面积的桧柏，以突出凝重、肃穆的礼制环境与气氛。但中央电视台发射塔还无法在近期迁走，致使祭坛及相关的神库、宰牲亭等古建筑还不能得以恢复（图4-27～图4-31）。

图4-27　北京月坛平面图

图 4-28 北京月坛北天门

图 4-29 北京月坛具服殿

图 4-30　北京月坛东棂星门

图 4-31　北京月坛钟楼

第五章　天神体系礼制建筑的演变历程（二）：天与帝的礼制建筑体系

第一节　关于天与帝

中国古代祭天的内容极其丰富与复杂，天神系统如第四章详细阐述的太阳神、月亮女神之外，还主要有最初与太阳神相关的感生帝（五帝）、众星神和至上神昊天上帝等，而太阳、月亮的形象无疑是最突出的，所以作为神的历史更为久远、普遍，因此才会伴有复杂的神话流行（与其他天体相关的神话流行甚少）。又，与太阳神、月亮女神相关日、月的形象过于具象不同，其他类型的天神，或本身，或在上古时期转化为更抽象的属性，在有文字记载的历史上，受重视的程度反而越来越远超太阳神和月亮女神。因为随着天文历法发展的日渐精进，一方面必然要迫使太阳神、月亮女神回归到接近其自然属性，如把与之相关的交食现象（日食与月食）等解释为较抽象的“天垂象”更符合逻辑；另一方面“了无痕迹”地转化为古帝王形象，这也符合神话本身就是神人不分的原始属性（包括与太阳相关的“五方帝”），只是在演进过程中不断地更换了不同的素材。而其他更为抽象的天神，更能为古人提供丰富与神秘的想象空间，更符合可以曲意解释的政治与宗教需求，因此在中国古代的正史中也留下了更多的痕迹。纵观世界宗教的发展历史，一般也是从具象发展为抽象的过程，较例外的是从东汉发展起来的道教（从天神系统原始宗教转化而来）和中国佛教，整体上至今仍始终保持着具象的状态（禅宗除外）。但中国原始的宗教，至晚从西周之后便逐渐步入了较抽象与隐性的状态，如不再有如殷商迎日出和送日落的仪式。除太阳神、月亮女神以外的天神体系的宗教内容等，或者很早就已符合这种规律，或者一经创造出来便很快步入这种状态，如神格的“五方帝”。以至于大概从远古末期开始，当“敬天法祖”成为了人之常伦，就不再把它们看作是纯粹意义上的宗教了，故与之相关的文化被称为“礼制文化”而不是“宗教文化”。

唐杜佑撰《通典·卷四十二·吉礼一》说：“夫圣人之运，莫大乎承天。天行健，其道变化，故庖牺（伏羲）氏仰而观之，以类万物之情焉。黄帝封禅天地，少昊载时以象天，颛顼乃命南正重司天以属（“属”训为“会”）神，高辛顺天之义，帝尧命羲和敬顺昊天，故郊以明（示人）天道也。所从来尚矣。”

接着又根据《史记》《尔雅》《周礼》等文献总结说：有虞氏冬至大祭天于圜丘(坛)，以黄帝配坐。夏正之月（季夏）祭感生帝于南郊（坛），以帝喾配坐；夏后氏冬至大祭天于圜丘（坛），以黄帝配坐。夏正之月祭感生帝于南郊（坛），以鲧配坐；殷人冬至大祭天于圜丘(坛)，以帝喾配坐。夏正之月祭感生帝于南郊(坛)，以(玄)冥配坐。

杜佑根据前人的记载和理论等提出“圣人之运，莫大乎承天”且“天行健，其道变化”。因此不同的朝代都要祭祀“天（神）”和与其政权相关的“感生帝”（天之五帝、神格之五帝、五方帝）。但在后面的总结中，至少有关有虞氏、夏后氏的祭祀内容未必准确。另外，杜佑认为“圜丘坛”（“圆丘坛”）与“南郊坛”还是两个独立的祭坛。

关于对“昊天上帝”与神格的“天之五帝”等的祭祀，《通典卷四十二•吉礼一》进一步解释为：

“周制，《(周礼)•大司乐》：云：‘冬日至，祀天于地上之圆丘。’又《(周礼)•大宗伯》曰：‘以禋祀，祀昊天上帝。’（郑玄云：‘谓冬至祭天於圆丘，所以祀天皇大帝。’）……配以帝喾。……其感生帝，《大传》曰：‘礼，不王不禘，王者禘其祖之所自出，以其祖配之。’因以祈谷。其坛名‘泰坛’，在国南五十里。……配以稷，……又王者必五时迎气者，以示人奉承天道，从时训人之义。故月令于四立日（立春、立夏、立秋、立冬）及季夏土德王日，各迎其王气之神（五方帝）于其郊。其配祭以五人帝：春以太皞，夏以炎帝，季夏以黄帝，秋以少昊，冬以颛顼。其坛位，各于当方之郊，去国五十里内曰‘近郊’，为兆位（祭祀地位置），于中筑方坛，亦名曰‘太坛’，而祭之。”

其中有注解说：“凡大祭曰‘禘’。自，由也。大祭其先祖所由出，谓‘郊祭天’也。王者先祖皆感太微五帝之精以生（太微‘五帝’与紫微‘五帝’之间可能是一种继承关系，后者出现的时间可能更早），其神名，郑玄据《春秋纬》说：‘苍则灵威仰，赤则赤熛怒，黄则含枢纽，白则白招拒，黑则协光纪。’皆用正岁之正月（农历正月）郊祭之，盖特尊焉。《孝经》云：‘郊祀后稷以配天’，配灵威仰也。‘宗祀文王于明堂以配上帝’，泛配五帝也。”

杜佑根据以往的理论与文献记载，提出了周代重要的祭天活动有三类：

（1）冬至于圆丘坛祭天（以帝喾配），即祭祀昊天上帝、天皇大帝。

（2）农历正月在国（城）南50里的泰坛祭祀感生帝即“天之五帝”之一（以后稷配），目的为祈谷，又名“郊祭天”。

（3）立春、立夏、季夏、立秋、立冬日在离国（城）50里的各方位的太坛祭祀“王气之神”的五方帝亦即天之五帝（以五人帝配），目的是“以示人奉承天道，从时训人之义”。

同时也提出了如笔者在第四章中所阐述的，确实存在“神格”的五方帝与“人格”的五方帝之别。至于祈谷，《礼记•月令》说：“孟春之月……是月也，天子乃以元日祈谷于上帝，乃择元辰。”

所谓“祈谷”，必然会有“祈求”的对象，这个对象必须是具有生命、意识、权利、能力等特征的神，因此肯定不会为自然属性的“天”（我们当代在阐述相关问题时总是有意无意地回避这一问题），具体为“昊天上帝”还是“感生帝”（“天之五帝”），包括时间、地点等问题，实际上至唐代依然令人困惑。

《新唐书•志•礼》云：“开元中，起居舍人王仲丘议曰：‘按《贞观礼》祈谷祀感（生）帝，而《显庆礼》（祈谷）祀昊天上帝，……而郑玄乃云：‘天之五帝迭王，王者之兴必感其一，因别祭尊之。故夏正之月，祭其所生之帝于南郊，以其祖配之。故周祭灵威仰，以后稷配，因以祈谷。’然则祈谷非祭之本意，乃因后稷为配尔，此非祈谷之本义也。夫祈谷，本以祭天也，然五帝者五行之精，所以生九谷也，宜于祈谷祭昊天而兼祭五帝。”

王仲丘生卒年月均早于杜佑，他认为，所谓“祈谷”，原本是祈求于昊天上帝（祭天）。又根据阴阳五行的观念，神格的“五方帝”在天上轮流称王，而人世间的帝王之所以为帝王，必是受其之一的护佑（“天人感应”“先祖所由出”），因此帝王也要祭祀“天之五帝”之一的“感生帝”。但因“五帝者五行之精”，九谷生长与五行相关也必与五帝有关，且周代祭天时以后稷为配祭，而后稷（弃）既是周人的祖先也是农业神，因此后人就把祭天与祭祀感生帝原本的意义弄混了。所以在祈谷的时候就应该既祭祀昊天上帝也应该祭感生帝。

我们解读以上问题的重点是《周礼•春官•大宗伯》《礼记•月令》《新唐书•志•礼》《通典》都指出，天神体系中有一个主宰的“昊天上帝”（“天皇大帝”）简称“上帝”，就是来源于笔者以前阐述过的以北天极（北极星）为表象的至上神，且这一至上神的属性，在唐朝之前基本未遭到质疑（详见下一节）。另外，我们在前面章节中已经剖析了最早出现的“五方帝”并不是紫微垣或太微垣中的“五帝星”，而都是由使用“十月太阳历”阶段的太阳神转化而来，并且第四章所引《通典》中也有类似的观点。又，如果“上帝”不是北天极“含枢纽”（仅从字面理解就有“极轴”的含义），那么合在一起就可能有更多的“上帝”，矛盾之处越来越多。

造成这类观念混乱的实质，源于历史发展至西周这么一个庞大的封建国家，其本身就是融合了不同的族团，这些不同的族团原有不同的信仰，即各有各的祖先、各有各的上帝。而不同的族团统一于一个封建国家之内，如何来安插这些不同的上帝，如何改革宗教上的观念以适应新的环境，一定是颇费斟酌的，特别是天神的产生与演化又必然受制于对天文的认识水平。笔者在上卷中介绍的新石器时代考古发现证明，确实存在着以太阳、月亮、五大行星、“四仲星”等为主的“黄道带体系”天神崇拜系统，和以北极星（不一定是现在的北极星）、北斗七星为代表的“北天极体系”天神崇拜系统。这两种系统在历史上或某些族团内也未必一定是截然分开的。在阴阳五行观念产生与发展后，黄道带、紫微垣、太微垣天区都先后出现了“天之五帝”。《淮南子·天文训》曾说：“太微者，太一之庭，紫微宫者，太一之居。”或许在古人的解释体系中，对于非五个太阳神转化来的“天之五帝”来讲，也存在这“庭”与“居”的关系，至少是存在着“居”与“行”的关系，如第四章中所引《山海经·大荒东经》中有关太阳神的神话所表述的观念。但无论如何，至晚从西周出现的完整的“天之五帝”与“上帝”的关系如何？“天之五帝”（不论源于哪类系统）是否也是上帝？究竟有几个上帝？就曾经引起东汉的大儒郑玄和三国时期的大儒王肃（注1）的“隔空激辩”，只是永远也不可能辩论出结果来，因为这不过是隐性宗教的理念之争罢了，以至于《通典》说：

“郊丘之说互有不同，历代诸儒，各执所见。虽则争论纷起，大凡不出二涂（途）：宗王子雍（王肃）者，以为天体唯一，安得有六？圜丘之与郊祀，实名异而体同。所云‘帝’者，兆五人帝于四郊，岂得称之‘天帝’！一岁凡二祭也。宗郑康成（郑玄）者，则以天有六名，岁凡九祭。盖以祭位有圆丘、太坛（即南郊坛）之异……”

从文中看出，王肃一宗认为根本就不存在“天之五帝”即“神格”的五方帝。但若在秦汉之前存在着于立春、立夏、季夏、立秋、立冬祭祀“天之五帝”的史实，那么也就预示着最早的“天之五帝”确实是来自于“黄道带天神崇拜体系”。

中国古代历史中不但存在几个上帝的观念之争，还有进一步的“天”与“帝”的区别之争。《通典》引郑玄说：“天神谓五帝及日月星辰。”但问题的关键是在古人谈到祭祀的最重要的天神时，有时称为“天”，有时称为“帝”，即神格“帝”与“天”本身并不是一个称谓，应该如何区别。关于这一复杂的问题，宋朝的朱熹有过出色的阐释（详见下一节）。

总之，至晚从周代开始，在中国的祭祀体系及礼制文化中发展出了比太阳神和月亮女神更重要的天神。

注1：郑玄，今山东高密县人，曾入东汉太学，游学归里后聚徒授课，弟子达数千人。党锢祸起，遭禁锢。杜门遍注儒家经典，并著有《天文七政论》《中侯》等书。王肃，今山东郯城县人，任曹魏的散骑常侍，又兼秘书监及崇文观祭酒。借鉴《礼记》《左传》《国语》等编撰《孔子家语》，将儒家思想纳入官学。因两者在吉礼理论方面的特殊贡献，唐太宗时，将郑玄、王肃列“二十二先师”，配享孔庙。宋真宗时，郑玄被追封为高密伯，王肃被追封为司空。

第二节　南郊坛、圜丘坛、雩坛、五方坛、明堂、辟雍等的演变

一、南郊坛、圜丘坛、雩坛、五方坛在两汉时期的创制

笔者在上卷中简单地介绍过一些新石器时代的祭祀内容与场所等，但相关的内容也只是根据考古遗存进行的合理的推测。但至晚从西周时期开始，便把祭祀最重要的天神的场所称为“畤”（zhì），它的主体建筑形式即为祭坛。这种祭坛的形式应该就来源于新石器时代出现的圆坛，即圜丘坛。王安石的《和王微之〈登高斋〉》有“白草废畤空坛垓”的诗句，可作为“畤”的形式的注脚。

《史记•封禅书》引《周官》说，在冬至那一天，祭天神于城南郊，以迎接冬至日的到来；在夏至那一天，祭地祇。并且祭祀时都要有音乐、舞蹈等，这样神才会接受礼敬。周公辅佐周成王时期定下制度：郊祀（祭天）时以后稷配“天”；宗庙祭祀时，即在明堂中以周文王配“帝”。并说自从夏禹兴起时，也有了社神的祭祀，后稷（周人的祖先）稼穑有功，才有了后稷的神祠。郊祭与社祭都有很悠久的历史。

《史记•封禅书》记载自周朝灭殷商以后十四世，世道衰落，礼乐废弃，诸侯恣意行事，而周幽王被犬戎战败，周朝都城东迁到洛邑。秦襄公攻犬戎救周，以功劳列为诸侯。周幽王宫湦（shēng）五年（公元前777年），秦襄公被封为诸侯，居住在岐西天水，自以为是少皞神的代表，作西畤祭祀白帝。过了十六年，秦文公往东方打猎，来到汧、渭二水之间，想留居下来，卜得吉兆。据说他梦见有一条黄蛇，身子从天上下垂到地面，嘴巴一直伸到鄜城一带的田野中。秦文公以梦中之事问史敦，史敦回答说：“此上帝之征，君其祠之。”于是在岐州鄜县建立了鄜（fū）畤，用三牲大礼郊祭白帝。

传说在秦文公立鄜畤以前，雍城旁原有吴阳武畤，雍城东原有好畤，都已废弃无人祭祀。据说，“自古以雍州积高，神明之隩（yù，居住地），故立畤郊（祀）上帝，诸神祠皆聚云。盖黄帝时尝用事，虽晚周亦郊焉。”由于这些说法不见于经典，并不被西汉时期的儒者所接受。

建鄜畤后七十八年，秦德公经占卜后居住在雍城，后来其子孙把疆域扩展到黄河沿岸，便定都于雍城。除在上卷中提到的雍城内外的祠庙外，秦德公在雍城建有称为“伏”的祠庙。《史记•封禅书•索引》说，“伏”为“万鬼”，白天出行，“周时无伏，磔犬以御灾，秦始作之。”“至秋，则以金代火，金畏于火，故至庚日必伏。庚者，金日也。”我们今天所说的三伏天的“伏邪”即“六邪”风、寒、暑、湿、燥、火中的暑邪便来源于此。祭祀“伏”祠的目的就是不让“万鬼”白天出行，还要在祭祀时磔裂狗于城邑四方，以防御蛊灾的侵害。

秦德公立二年而亡。又过四年，秦宣王在渭水以南作密畤，祭祀青帝。过了十四年，秦缪公即位，病卧五天不省人事。醒来后，自说梦见上帝了，上帝命缪公平定晋国内乱。这个梦事被史官记载下来藏于内府。而后世都说秦缪公能做这个梦是因为他升天了。缪公在位三十九年而死。

两百余年后，秦灵公在岐州雍县吴阳建上畤，祭祀黄帝；建下畤，祭祀炎帝。建上、下畤之后四十八年，周朝太史儋见秦献公说：“起初秦与周联合，联合后又分离，五百年后该当重新联合，联合十七年就会有霸王出现了。”据说这一年秦新的都城栎阳下雨，有黄金随雨而落，秦献公自认为是得了五行中属于金的祥瑞，因而在栎阳作畦（qí）畤祭祀白帝。

至此，秦国控制地域范围内畤祭的数量至少增至七个（雍城附近原本有武畤和好畤）。《史记•封禅书》说此后过了一百二十年，秦灭东周（“周之九鼎入于秦。或曰‘宋太丘社亡’”），再过一百一十五年，也就是公元前221年，秦国统一天下。

秦始皇统一天下为帝，有人附会五行的观点说黄帝于五行得土德，有黄龙和大蚯蚓出现。夏朝得木德，有青龙降落在都城郊外，草木长得格外茁壮茂盛。殷商得金德，所以才从山中流出银子来。周朝得火德，有红色乌鸦这种符瑞产生。如今秦朝改变了周朝天下，是得水德的时代，以前秦文公出外打猎，曾得到一条黑龙，这就是水德的吉祥物。于是秦朝把黄河的名字改为“德水”，并以阴历十月即孟冬月之立冬日为岁首，崇尚黑色，因五行理论有“天一生水，地六成之”，所以尺度以六为吉数，音声崇尚大吕。

秦始皇生前并没有发扬畤祭的传统，而是在统一中国后努力践行帝祚永固和生命长久的统一。为此他东游海上，积极践行泰山的封禅活动（顺带礼祀原齐国境内的“八神”祠），并狂热地派人出海求仙（前有自齐威王、齐宣王、燕昭王使人入海求蓬莱、方丈、瀛洲三神山）。对这两件事情的过度关注，分散了秦始皇的注意力，使得他无暇顾及畤祀活动，畤祀的烦琐礼仪也远不如出海求仙等活动更有吸引力，也就再没有建立新的畤。如果按照阴阳五行的理论，秦始皇应该建（北）畤，祭祀黑帝。

《史记·封禅书》载汉高祖二年（公元前205年），刘邦与项羽鏖战正酣，东击项籍返还入关，问部下：“故秦时上帝祠何帝也？”属下回答：“四帝，有白、青、黄、赤帝之祠。”刘邦又问道：“吾闻天有五帝，而有四，何也？”属下无法回答，刘邦便自言自语地说：“吾知之矣，乃待我而具五也。”于是立即命人在雍地建立北畤，祠黑帝。此后刘邦悉数召回了秦朝原先的祠官，让他们官复原职，负责各自的宗教事务，并设置了太祝、太宰二职。他下诏宣称：“吾甚重祠而敬祭，今上帝之祭及山川诸神当祠者，各以其时礼祠之如故。”至此，在关中地区，已经有了确切文字记载的祭祀青、赤、黄、白、黑帝的名为“畤”的祭祀场所。

两汉在中国古代历史中有着特殊的文化地位，结束了近五百五十年的纷争，真正地实现了大一统，很多以往的文化内容在这一时期得以充分地总结，并有新的创造。而所有这些内容，又成为了以后历代王朝的历史依据和借鉴。在二十五史中，《史记》《汉书》《后汉书》对礼制文化和礼制建筑创建的来龙去脉等记载得比较清晰，更成为后代史书在这类内容和体例方面借鉴的典范。

《史记·封禅书》记载，西汉时期有意识地进行吉礼继承与创建的始于孝文帝刘恒。前元十三年（公元前167年），针对当时经济逐渐恢复、社会安宁的政治局面，文帝下诏命令进一步强化礼制文化的建设，强化了皇帝在政治信仰中的地位。他把国家的经济、政治状况与皇帝个人的德行直接联系起来，并且特别强调在祭祀活动中“归福于朕，百姓不予”。只有皇帝一人才有资格担当“天人之际”的中间人角色。因此首先下诏曰：“今秘祝移过于下，朕甚不取，自今除之。”就是借口“秘祝”把皇帝的过失转移到臣下身上，因此撤除他们不会招致臣下过多的反对。南朝梁国刘勰的《文心雕龙·祝盟》美化孝文帝说：“所以秘祝移过，异于成汤之心。”其本质就是开始了新一轮的强化“绝地天通”。

《史记·封禅书》记载原鲁国人公孙臣上书说：“始秦得水德，今汉受之，推终始传，则汉当土德，土德之应黄龙见。宜改正朔，易服色，色上黄。”当时丞相张苍爱好律历的学问，认为汉朝是水德的开始，河水决口于金堤，便是水德的符兆。

“年始冬十月，色外黑内赤，与德相应。如公孙臣言，非也。罢之。”但此后三年，据说有黄龙出现于成纪地区。于是文帝召见公孙臣，拜他为博士官，与诸儒生一同起草更改历法和服色的事宜。于当年夏天颁诏说：“异物之神见于成纪，无害于民，岁以有年。朕祈郊上帝诸神，礼官议，无讳以劳朕。”主管官员都说古时候天子在夏季亲自郊祀，在郊外祭祀上帝，所以称为“郊”。于是夏季四月，汉文帝首次亲自郊祀雍城的“五畤”，礼服崇尚赤色。

前元十六年（公元前164年），有一个叫新垣平的人自称善于望气，他觐见文帝说长安城的东北方有神气，色呈五彩，形状与人的冠冕相同。并说东北方是神明居住的地方，西方是神明的坟墓（暗指雍五畤）。今东北方出现神气，是天降的祥瑞，应该立祠庙祀上帝，以与天降的祥瑞相应合。于是在渭水南岸建五帝庙，北部横跨蒲地池水。五帝同庙而居，每帝居一殿，庙的每一面有五个门，颜色各与殿内所祭帝的五方色相同。只是在《史记》和《汉书》中，都没有对这个五帝庙的形制等更详细的记载。或许与后来所建明堂、辟雍等有相近之处，祭祀所用以及诸仪式也都与雍城的五畤相同。这年夏四月，文帝放弃了雍五畤，“亲拜霸、渭之会，以郊见渭阳五帝”。

第一次祭祀时，文帝即封新垣平为上大夫，赏赐累计达千金之多。而命博士和诸生员搜辑六经中有关资料撰成《五制》，并打算商讨巡狩和封禅的事宜。

据说有一次文帝经过西安长门的时候，朦胧之中看见好像有五个人立于路北，马上命人在那里建五帝坛，供奉祭品。

第二年，新垣平预先对文帝说有宝玉气来到了天子阙下，然后暗使人带着玉杯到天子阙下上书进献。事后，检查各处给皇帝的进献，果然发现有献玉杯的，上面刻着“人主延寿”四个字。新垣平又说据自己观测，太阳在一日之内将会出现二个过午天象，即太阳自东向西过子午线以后，向东逆行，然后又自东向西过子午线。于是文帝把前元十七年改为后元元年，命令天下人得以聚饮庆贺。

新垣平又对文帝说周鼎失落在泗水之中，如今黄河水泛滥通于泗水，他望见东北方汾阴地区有金宝气，推想难道是周鼎要出现了吗？虽然征兆已经出现，若不争取它还是不能自己来到人间。文帝便命人在汾水南岸修了一座庙，临河而立，希望通过祭祀祈求周鼎的出现。

后来有人上书告发新垣平所说的种种“望气”之事都是骗局，文帝便把新垣平交给司法官员审理，杀新垣平，夷灭其族。从此以后，文帝对于更改岁正、服色、神明等事再也没有兴趣了，把渭阳、长门的五帝庙和五帝坛交给祠官管理，按时祭祀，自己不再亲往行礼。

数年后孝景帝刘启即位，在位十六年，祠官像以往一样各自按照岁时祭祀，没有什么兴革，一直到汉武帝刘彻时期。在中国礼制文化吉礼部分的发展与改革中，有几个标志性的历史人物，对他们的了解，有助于对吉礼相关内容的理解与了解，汉武帝就是这类关键人物之一，并且史书的记载也非常详细。

《史记·封禅书》记载汉武帝于建元元年时（公元前140年）继位。继位之初就特别注重对鬼神的祭祀，汉朝至此已建国六十多年，天下安定，官绅等都希望天子行封禅礼并改定岁正、度数，而武帝也心向儒术，招揽贤良士人。赵绾、王臧等是以文学升任为公卿的官员，打算按所谓“古制”在城南建立明堂，以朝见诸侯。为此起草了皇帝巡狩、封禅的礼仪制度和改正历法、服色等事项。但因武帝的祖母窦太后专攻黄老学说，不喜欢儒术，便派人私下里搜集、访察赵绾等人干过的违法事，并召集官员审理绾、臧的案件，致使赵绾、王臧自杀，他们主持兴办的各项事务也都随之废止。

汉朝皇家有一个特点，就是多幼帝、少帝，又有吕雉“垂帘听政”的先例，所以皇太后甚至太皇太后多干预朝政。此后六年，窦太后死，汉武帝才开始大胆地重用儒者，征召文学人士公孙弘等人为官。

建元二年（公元前139年），汉武帝初次到雍城郊祀、礼见五畤之神祇。以后常常是每隔三年郊祀一次。

《史记·孝武本纪》记载在汉武帝时期还发生了很多怪异事件，同时也有不少方士欺骗武帝的事件发生，如原来是深泽侯的舍人李少君主管方术，以祭灶、辟谷、长生不老等法术见武帝，受到武帝的尊重。他无妻无子，隐瞒了自己的年龄和经历，经常自称是七十岁年纪，能驱使鬼物，长生不老，并以法术遍交诸侯，因此人们不断赠送给他一些礼物，金钱衣食时常有余。不知情者都以为他不从事任何生业而很富裕，又不知道他的来历出身，对他更加信奉，争相尊崇。据说李少君曾经随武安侯赴宴，宴席中有一位九十多岁的老人，李少君就与他谈论早先与他祖父一起游玩射猎的地方。这位老人年幼时与祖父住在一起，还能记得这些地方，因此宴会上所有的人都惊讶不已。汉武帝有一件古铜器，李少君说这件铜器是齐桓公十年时在柏寝台上的陈设品。过后考察铜器上的铭文，果然是齐桓公时的器物，举宫上下皆尽惊骇，以为李少君是活神仙，是数百岁之人了。

李少君对武帝说祭灶能招致鬼物，之后丹砂就能炼成黄金，用此黄金打造饮食器，能延年益寿，益寿才能见到蓬莱山的仙人，见仙人后再行封禅礼就能长生不老了，黄帝就是一个例证。又说自己曾经在海中游历，见到仙人安期生，他正吃着一种枣，如瓜一样大。安期生往来于蓬莱山中，缘分合就与人相见，不合就隐而不见。于是武帝开始亲自行祭灶礼，派遣方士到海中寻找安期生等仙人，并沉湎于炼丹砂之事。

过了很久，李少君病死。武帝认为他没有死，而是化去成仙了，并指命黄锺县史（县令的佐杂官）宽舒学习他的方术。蓬莱仙人安期生虽然没有找到，而生于齐、燕两地海边的方士们一拨又一拨地相继前来讲述修炼神仙的事。

建元四年（公元前137年），汉武帝在雍城郊祭，猎获一只独角兽，样子很像麃。主管官员说陛下您恭恭敬敬地进行郊祀，上帝作为报答，赐给独角兽。这大约就是麒麟。

元朔五年（公元前124年），齐地人少翁以能与鬼神相通的法术来见武帝。武帝有一位宠爱的妃嫔王夫人亡故，少翁用法术使王夫人和灶鬼的形貌在黑夜中重现，武帝隔着帷幕看到了她，于是就封少翁为文成将军。少翁又向武帝进言说既然想与神交往，若宫殿居室衣服用具没有神的样子，神就不会降临。于是武帝命人制造了画着云气的车子，并且所驾车的颜色必与干支的日期相合，以避恶鬼。又建造甘泉宫，在宫中起高台，台上建宫室，室内画着天、地、太一等神象（注1），而且摆上祭祀用具，以此招致天神。过了一年多，天神总不降临。于是少翁在帛上写字让牛吃到肚子里，然后说这头牛肚子里必有古怪。杀牛得帛，上面写的尽是“天书”。但武帝认识他的笔迹，经过追查，果然是假的，于是杀少翁，并把这事掩盖起来。

此后武帝又建造了柏梁殿、铜柱、承露仙人盘等通鬼神之建筑与构筑物及器物。

少翁死后的第二年，汉武帝在鼎湖宫得重病，巫和医虽千方百计加以治疗，但始终不见好转。有个叫游水发根的人推荐说上郡有一个巫师，曾经有病，有鬼神附身，因而很灵验。武帝便招来巫师，并为附在巫师身上的鬼神在甘泉宫建立了祠庙，称其为“神君”。因病，武帝使人问神君吉凶如何。“神君”说天子不要为病担心，等病体稍愈，可强起与我在甘泉宫相会。于是武帝病体见轻就起身驾幸甘泉宫，病也完全好了。因此颁布大赦，为“神君”建造寿宫。在寿宫神君中最尊贵的是太一神，他的佐神是大禁、司命之类。人们看不到“神君”的样子，但他时来时去，来的时候则风声肃然。“神君”住在室内帷帐中，有时白昼说话，但经常是在夜间说话，有什么吩咐，都是由巫师传递到下面。武帝又命人建造了寿宫的北宫，在宫中张挂羽旗，设置供具，以礼敬“神君”。并且“神君”说的话，武帝都使人记录下来，称为“画法”。《史记•孝武本纪》明确说“神君”所讲的话都是世俗之人知道的，没有特别不同之处，然而独有武帝心里喜爱。

《史记·孝武本纪》《汉书·郊祀志》均记载，亳人谬忌曾于建元二年（公元前139年）上疏武帝称："天神贵者泰一，泰一佐曰'五帝'。古者天子以春秋祭泰一东南郊，日一太牢，七日，为坛开八通之鬼道。"谬忌所言，明确地提出最尊贵的上帝就是泰一，而"五方帝"不过是其佐神。后面的意思是于坛的八个方位设立阶梯，作为鬼登坛的通道。武帝并未质疑，"令太祝立其祠长安城东南郊，常奉祠如忌方"。《史记·封禅书》载："天神贵者太一，太一佐曰'五帝'，古者天子以春秋祭太一东南郊。"说明"太"与"泰"相通。

随后马上有人效仿谬忌献策道："古者天子三年一用太牢祠三一：天一，地一，泰一。"武帝随即接受，对长安东南郊的泰一坛进行改造，即在泰一坛前面又建了天一坛和地一坛。此后效法者不断，诸神杂祠也日益纷繁。

虽然建了泰（太）一坛等，但从《汉书·孝武本纪》《汉书·郊祀志》的记载来看，汉武帝并没有在长安东南采用郊祀礼仪，而是从建元二年（公元前139年）开始，沿用着传统的在雍郊祀的制度，以后常常也是每三年一次于冬十月"行幸雍，祠五畤"。而汉朝已然是大一统国家，皇帝成为现实秩序的主宰者和统治者，董仲舒的理论也强化了至高无上的"天"，但表现在祭祀制度中却是"五畤"中的"五帝"，他们之间缺乏明确的等级秩序，这与信仰状况显然不相适应。早年谬忌虽然提出了在长安城东南郊立坛祠祀至上神泰一的建议，但鉴于文帝时期新垣平事件的教训，武帝并未真正采纳执行。随着雍郊五畤的制度化，这一问题必将再次凸显出来。

元鼎五年（公元前112年）十月，武帝按惯例到雍郊祀五帝。然后到陇西，翻过空桐山，来到甘泉宫（位于现咸阳城北75公里处淳化县铁王乡凉武帝村）。此时，他已经考虑成熟，命令祠官在甘泉宫南的云阳修建甘泉泰畤。《汉书·郊祀志》说："祠坛放（仿）亳忌泰一坛，三陔（gāi，重）。五帝坛环居其下，各如其方。黄帝西南，除八通鬼道。……其下四方地，为餟（zhuì，连续摆放神位），食群神从者及北斗云……祭日以牛，祭月以羊彘特。泰一祝宰则衣紫及绣，五帝各如其色，日赤月白。"

《汉书·郊祀志》对祭坛形式的表述过于简单，可能的形式为：正中泰一坛八边形，共三层，八个方位上均有台阶（鬼道）；四周还有五帝坛各居其位，由于神格的"黄帝坛"无法居中，只能放在西南方位，也与季夏时间方位吻合；四周平地上另有其他如北斗、日、月等三等群神祭坛。

从理论上说，甘泉泰畤的郊祀是天神合祭，五帝已经包括在其中，不应再单独祭祀五帝。但实际情况却不尽然，武帝偶尔也祭祀原雍城五帝，如元封二年、元封四年、太始四年。

汉昭帝刘弗陵时期郊祀活动一度中断，汉宣帝刘洵即位的第二年又恢复了这一制度。汉元帝刘奭即位后，“遵旧仪，间岁正月一幸甘泉郊泰畤，又东至河东祠后土，西至雍祠五畤。凡五奉泰畤、后土之祠。”（后土祠详见第七章）

从汉成帝刘骜开始，汉代的郊祀制度又进入了一个新的改制调整期，这一过程历经哀帝刘欣至汉平帝刘衎时期方告完成。这场改制运动是由那位少年时曾凿壁偷光的丞相匡衡等人共同发起。《汉书·郊祀志》载：

“成帝初即位，丞相衡、御史大夫谭奏言：‘帝王之事莫大乎承天之序，承天之序莫重于郊祀，故圣王尽心极虑以建其制。祭天于南郊，就阳之义也；瘗地于北郊，即阴之象也。天之于天子也，因其所都而各飨焉。往者，孝武皇帝居甘泉宫，即于云阳立泰畤，祭于宫南。今行常幸长安，郊见皇天，反北之泰阴，祠后土，反东之少阳，事与古制殊。又至云阳，行溪谷中，厄陕且百里，汾阴则渡大川，有风波舟楫之危，皆非圣主所宜数乘。郡、县治道共（供）张（帐），吏民困苦，百官烦费。劳所保之民，行危险之地，难以奉神祇而祈福祐，殆未合于承天子民之意。昔者周文、武郊于丰、镐，成王郊于雒邑。由此观之，天随王者所居而飨之，可见也。甘泉泰畤、河东后土之祠宜可徙置长安，合于古帝王。愿与群臣议定。’奏可。”

匡衡和张谭建议分别集中于长安城的南北郊祭天神和地祇，理由主要有四：

（1）合古制，如周文王、周武王、周成王都是在都城的城郊祭祀天神和地祇。

（2）如果是在云阳泰畤祭天神，汾阴后土祠祭地神，两地离长安均较远，又在两个不同的方向上；且去云阳要在山谷中行百里，去汾阴后土祠要来回渡过黄河，均有一定的危险性。

（3）去两地远途祭祀神祇要动用很多社会资源，为此而劳民伤财违背了祭祀的本意，难以得到神祇的护佑。

（4）“天之于天子也，因其所都而各飨焉”“天随王者所居而飨之”，现实的祭祀活动并不需要都去所谓的“圣地”，所祭祀神祇会随着皇帝所居之地受祭而降临。

大司马车骑将军许嘉等八人以匡衡和张谭的建议“所从来久远”表示反对。而右将军王商、博士师丹、议郎翟方进等五十人表示支持。理由是：“长安，圣主之居，皇天所观视也。甘泉、河东之祠非神祇所飨，宜徙就正阳、大阴之处。违俗复古，循圣制，定天位，如礼便。”因支持与反对的比例是五十比八，匡衡和张谭又复奏：“臣闻广谋从众，则合于天心。故《洪范》曰：‘三人占，则从二人言。’言少从多之义也。”讨论的结果是“天子从之”。

既定，匡衡说：“甘泉泰畤紫坛，八觚（觚即角，由此推知坛位是八边形）宣通象八方。五帝坛周环其下，又有群神之坛。以《尚书》禋六宗、望山川、遍群神之义，紫坛有文章（浮雕）、采镂（镂空雕刻）、黼黻（fǔ fú，花纹）之饰，及玉、女乐、石坛、仙人祠、瘗鸾路（即鸾辂，天子之车）、骍（xīng，赤色）驹、寓（偶）龙马，不能得其象（像）于古。臣闻郊柴飨帝之义，埽（扫）地而祭，上质也。歌《大吕》舞《云门》以俟天神，歌《太蔟（còu，律名）》舞《咸池》以俟（sì，取悦）地祇，其牲用犊，其席槁稭（干枯的草），其器陶匏（páo，即瓠），皆因天地之性，贵诚上（尚）质（朴），不敢修其文（纹饰）也。以为神祇功德至大，虽修精微而备庶物，犹不足以报功，唯至诚为可，故上（尚）质不饰，以章天德。紫坛伪饰女乐、鸾路、骍驹、龙马、石坛之属，宜皆勿修。”

这是匡衡意犹未尽地批评了甘泉泰畤的过度奢华，进一步提出祭祀天地之神心诚即可，因此应该弃繁从简、去伪存真。

匡衡又言：“王者各以其礼制事天地，非因异世所立而继之。今雍、鄜、密、上、下畤，本秦侯各以其意所立，非礼之所载术也。汉兴之初，仪制未及定，即且因秦故祠，复立北畤。今既稽古，建定天地之大礼，郊见上帝，青、赤、白、黄、黑五方之帝皆毕陈，各有位馔（zhuàn，食物），祭祀备具。诸侯所妄造，王者不当长遵（顺着）。及北畤，未定时所立，不宜复修。”

改革的结果是汉成帝建始元年（公元前32年）十二月，“作长安南北郊，罢甘泉、汾阴祠”。彻底改变了之前郊祀地点与形式等。这样改革的结果（南北郊分别设祭祀天神、地祇坛），与一些新石器时代考古发现的祭祀场地颇为相似，只是圆坛与方坛不是在同一个场地内南北排列，而是分别放在了长安城的南北郊。

建始二年正月辛巳，汉成帝在长安南郊祀天；三月辛丑，又到北郊祠后土，由此开始实施在长安南北郊祀天地的制度。

这一年，匡衡、张谭又奏：“长安厨官县官给祠郡国候神方士使者所祠，凡六百八十三所，其二百（零）八所应礼，及疑无明文，可奉祠如故。其余四百七十五所不应礼，或复重，请皆罢。”具体结果：“本雍旧祠二百（零）三所，唯山川诸星十五所为应礼云。若诸布、诸严、诸逐，皆罢。杜主有五祠，置其一。又罢高祖所立梁、晋、秦、荆巫、九天、南山、莱（秦）中之属，及孝文渭阳、孝武薄（谬）忌泰一、三一、黄帝、冥羊、马行、泰一、皋山山君、武夷、夏后启母石、万里沙，八神、延年之属，及孝宣参山、蓬山、之罘、成山、莱山、四时、蚩尤、劳谷、五床、仙人、玉女、径路、黄帝、天神、原水之属，皆罢。候神方士使者、副佐本草待诏七十余人皆归家。”

匡衡、张谭等对汉朝整体祭祀制度的改革可谓大刀阔斧，去除了很多繁杂凌乱的祭祀内容，包括雍城旧神祠和汉高祖、汉文帝、汉武帝、汉宣帝时期新立的神祠。这些改革，初期进行得比较顺利，汉成帝自己对改制也表现出乐观态度。《汉书·成帝纪》记载汉成帝在下达的诏书中说：“乃者徙泰畤、后土于南郊、北郊，朕亲饬躬，郊祀上帝。皇天报应，神光并见。”但好景不长，第二年，丞相匡衡因当初阿谀宦官石显，儿子匡昌醉酒杀人而遭免官，政治形式连带祭祀形式的纷争发生逆转。另外，汉成帝无子嗣及天灾又使人产生联想，致使皇太后（元帝后王政君）也出来干预。据《汉书·郊祀志》记载：

“明年，匡衡坐事免官爵。众庶多言不当变动祭祀者。又初罢甘泉泰畤作南郊日，大风坏甘泉竹宫，折拔畤中树木十围以上百余。天子异之，以问刘向。对曰：‘家人尚不欲绝种祠，况于国之神宝旧畤！且甘泉、汾阴及雍五畤始立，皆有神祇感应，然后营之，非苟而已也。武、宣之世，奉此三神，礼敬敕备，神光尤著。祖宗所立神祇旧位，诚未易动。及陈宝祠，自秦文公至今七百余岁矣，汉兴世世常来……此阳气旧祠也。及汉宗宗庙之礼，不得擅议，皆祖宗之君与贤臣所共定。古今异制，经无明文，至尊至重，难以疑说正也。前始纳贡禹之议，后人相因，多所动摇。《易大传》曰：‘诬神者殃及三世。’恐其咎不独止禹等。”

汉成帝所咨询的刘向乃经学大师，宣帝时为谏大夫，元帝时任宗正。因反对宦官弘恭、石显而两次下狱，被贬为庶人。成帝即位后，得进用，任光禄大夫，官至中垒校尉。曾奉命领校秘书，撰《别录》，治《春秋谷梁传》，做《九叹》等辞赋三十三篇。今存《新序》《说苑》《列女传》等书均为其所做。特别是刘向曾屡次上书称引灾异，弹劾宦官外戚专权。《汉书·郊祀志》接着说：

“后上（太后）以无继嗣故，令皇太后诏有司白：‘盖闻王者承事天地，交接泰一，尊莫著于祭祀。孝武皇帝大圣通明，始建上下之祀，营泰畤于甘泉，定后土于汾阴，而神祇安之，飨国长久，子孙蕃滋，累世遵业，福流于今。今皇帝宽仁孝顺，奉循圣绪，靡有大愆，而久无继嗣。思其咎职，殆在徒南北郊，违先帝之制，改神祇旧位，失天地之心，以妨继嗣之福。春秋六十，未见皇孙，食不甘味，寝不安席，朕甚悼焉。《春秋》大复古，善顺祀，其复甘泉泰畤，汾阴后土如故，及雍五畤、陈宝祠在陈仓者。’天子复亲郊礼如前。又（恢）复长安、雍及郡国祠著明者且半。”

几年后成帝驾崩，汉哀帝刘欣继位，祭祀之事又出现了反复，新的皇太后（成帝后赵飞燕）下诏说皇帝即位后本来遵从古制，改革了祀礼，只因未有皇嗣，不得已才恢复了甘泉、汾阴之祀。现在应该实施长安南北郊祭天地的制度，以遂皇帝心愿。但汉哀帝即位后，体弱多病，像当年汉成帝一样无嗣。于是朝廷上故伎重演，又把汉哀帝多病与南北郊祀联系起来。由太皇太后（元帝后王政君）下诏恢复甘泉、汾阴郊祀的制度。并且“哀帝即位，浸疾，博征方术士，京师诸县皆有侍祠使者，尽复前世所常兴诸神祠官，凡七百余所，一岁三万七千祠云。”不幸的是汉哀帝在位仅七年便驾崩了。

《汉书•郊祀志》记载，在汉平帝刘衎元始五年（公元5年），王政君的内侄、大司马王莽也发动了大刀阔斧的祭祀制度改革（王政君还在世）。在朝廷上，他首先回顾了汉家郊祀制度的历史沿革，重新肯定了当初匡衡等的改制，但又认为仅仅在南郊祭天、北郊祭地于情不合，提出应该把天与地合并起来集中祭祀，“天地合祭，先祖配天，先妣配地，其谊一也。天地合精，夫妇判合。祭天南郊，则以地配，一体之谊也。”仅有“合”还不行，还应该有“分”，“天地有常位，不得常合，此其各特祀者也。阴阳之别于日冬、夏至；其会也，以孟春正月上辛若丁，天子亲合祀天地于南郊，以高帝（刘邦）、高后配……以日冬至使有司奉祠南郊，高帝配而望群阳；日夏至使有司奉祭北郊，高后配而望群阳。”王莽的建议是孟春正月的合祭最重要，需要由天子亲往。夏至的祭地和冬至的祭天次等重要，可以让“有司”代替天子行祭。此外，王莽还为其他诸神排列了次序，并依照方位设置了神坛。《汉书•郊祀志》记述了王莽等上疏：

“谨与太师（孔）光、大司徒（马）宫、羲和（刘）歆等八十九人议，皆曰：‘天子父事天，母事地。今称天神曰‘皇天上帝’，泰一兆曰‘泰畤’。而称地祇曰‘后土’，与中央黄灵同，又兆北郊未有尊称，宜令地祇称‘皇地后祇’，兆曰‘广畤’……分群神以类相从为五部，兆天地之别神：中央帝黄灵、后土畤及日庙、北辰（北极）、北斗、填星，中宿中宫于长安城之未地（西南方）兆；东方帝太昊青灵、勾芒畤及雷公、风伯庙、岁星，东宿东宫于东郊兆；南方炎帝赤灵、祝融畤及荧惑星，南宿南宫于南郊兆；西方帝少皞白灵、蓐收畤及太白星，西宿西宫于西郊兆；北方帝颛顼黑灵、玄冥畤及月庙、雨师庙、辰星，北宿北宫于北郊兆。”

王莽等人的上疏中表明，欲在长安南郊建“泰畤”，祭祀“泰一”，也合祭“皇地后祇”；在北郊建“广畤”，祭祀“皇地后祇”；另在城外五地建五组礼制建筑群，祭祀五方帝等。还特地把地神“地后祇”提高为“皇地后祇”，认与五方坛内的地祇、中央坛中的后土神相区别。另外，王莽可能并不认为至上神“泰一”就是“北极神”，而应该为更抽象的神，因为在长安西南的礼制建筑中另有“北辰”即“北极神”。王莽等发动的祭祀制度等改革，对以后的影响颇为深远。

《后汉书·祭祀志》记载光武帝刘秀创立东汉王朝的第二年（公元26年），在洛阳城南七里处建郊兆的具体形制为：

“圆坛八陛，中又为重坛，天地（神）位其上，皆南向，西上（神位皆朝南摆放，以坛的西面为最重要的位置，这一观念与西汉时期城市建设的方位观念相同）。其外坛上为五帝位：青帝位在甲寅之地（东偏北），赤帝位在丙巳之地（南偏东），黄帝位在丁未之地（南偏西），白帝位在庚申之地（西偏南），黑帝位在壬亥之地（北偏西）。其外为壝（wéi，坛墙），重营皆紫（双层壝皆为紫色），以像紫宫，有四通道以为门。日月在中营内南道，日在东，月在西，北斗在北道之西，皆别位，不在群神列中。（圆坛）八陛，（每）陛五十八醊（zhuì，连续摆放的神位），合四百六十四醊。五帝陛郭（“陛郭”为台阶两侧的扶手墙），帝七十二醊，合三百六十醊。中营四门，门五十四神，合二百一十六神。外营四门，门（一）百（零）八神，合四百三十二神，皆背营内乡（向）。中营四门，门封神四，外营四门，门封神四，合三十二神。凡（一）千五百一十四神。营即壝也。封，封土筑也；背中营神（“背中营”为内外壝之间），五星也，及中官宿五官神及五岳之属也。背外营神（“背外营”为外壝之外），二十八宿外官星，雷公、先农、风伯、雨师、四海、四渎、名山、大川之属也。”

从上则的描述来看，东汉初时在洛阳南郊的这个主要祭祀天神之所，为一组大型综合祭祀建筑群，几乎把所有神祇都放在了这组建筑群内祭祀（大多为陪祀）。这组建筑形式如下：

（1）祭坛为圆形三层，最上面放最重要的天神、地祇牌位；祭坛八个方位有台阶（“鬼道”），大量陪祀的神祇的牌位，主要放在这八个方位的台阶上。

（2）一层台面较大，上面另有主要祭祀五方帝的五个小坛。因祭坛八个方位上有台阶，因此五个小坛的位置要偏一些。且因五个小坛台阶不宽，上面无法摆放神位，只能摆在扶手墙上（“五帝陛郭，帝七十二醊，合三百六十醊”）。

（3）祭坛外共有两重紫色壝墙，皆四面设门，共八座。每座门的建筑内设神位（应位于四周），门内另有封土筑成的小坛摆放神位（应位于室内中央）。

（4）日、月、北斗单独设坛或神位在内层壝墙内。

东汉明帝刘庄即位后，在永平二年（公元59年）又改为按照月令时辰于“五郊”

祭祀五方帝。《通典》引《后汉书·祭祀志》所记载并解释说：

“兆五郊于洛阳四方。中兆一在未（南偏西），坛皆三尺，阶无等。立春日，迎春东郊，祭青帝句芒（东郊去邑八里，因木数）。立夏日，迎夏南郊，祭赤帝祝融（南郊去邑七里，因火数）。先立秋十八日，迎黄灵于中兆，祭黄帝后土（坛去邑五里，因土数）。立秋日，迎秋西郊，祭白帝蓐收（西郊九去邑里，因金数）。立冬日，迎冬北郊，祭黑帝玄冥（北郊去邑六里，因水数）。”

注1：关于“太一”或“泰一”的记载，最早出现的文献可能有《楚辞·九歌·东皇太一》《庄子·天下》：“建之以常无有，主之以太一。”《鹖冠子·泰鸿》：“泰一者，执大同之制，调泰鸿之气，正神明之位者也。”北宋陆佃《鹖冠子注》：“泰一，天皇大帝也。”

二、明堂、辟雍的再创制

从西汉时期开始，还实际存在或说恢复了另外一种祭祀功能的礼制类建筑，即明堂。从两汉的祭祀情况来看，在明堂祭祀天神具有一定的偶然性，可以认为是郊祀的补充。

“明堂”这一称谓最早出现在春秋战国时成书的《逸周书》和《左传》中，《周书·大匡解》说：“勇如害上，则不登于明堂。”《周书·程寤》说：“文王乃召太子发，占之于明堂。王及太子发并拜吉梦，受商之大命于皇天上帝。”现多数学者认为，《周书》成书于春秋战国之际，但在一定程度上反映了西周社会的情形。此后，孟子和荀子也分别谈到了明堂，如《孟子·梁惠王下》记载齐宣王与孟子的对话，齐宣王问：“人皆谓我毁明堂，毁诸？已乎？（人人都建议我拆毁明堂，究竟是拆毁好呢？还是不拆毁好呢？）”孟子回答说：“夫明堂者，王者之堂也。王欲行王政，则勿毁之矣。”说明战国时期的齐国还有被称为“明堂”的建筑，可能为僭越之作。

对明堂制度做出详细描述的是《周礼》和《大戴礼记》。在西汉景帝、武帝之际，河间献王刘德从民间征得一批古书，其中一部名为《周官》，后由刘向、刘歆父子整理编辑。王莽时期，因刘歆奏请，《周官》被列入学官，王莽把其更名为《周礼》。东汉末，经学大儒郑玄为《周礼》做了出色的注解，由于郑玄的崇高学术声望，《周礼》一跃而居“三礼”之首，成为儒家的煌煌大典之一。对《周礼》等礼书的性质，由于是晚出，遂引起真伪的争辩，历代都有研究者认为其作于周初，只是不免后来有人补填。《周礼》分叙《天官》《地官》《春官》《夏官》《秋官》《冬官》六篇，“六官”为后世政府“六部”的前身，即吏部天官大冢宰、户部地官大司徒、礼部春官大宗伯、兵部夏官大司马、刑部秋官大司寇、工部冬官大司空。其中《冬官》早已缺佚，后来由汉儒取性质与之相似的《考工记》补其缺。现代的研究表明，《周礼》中残留着周代官制遗迹。至于《大戴礼》，为西汉时期的戴德解释据说是孔子采缀、整理、编辑的《礼》的文集，在晋代又始称《仪礼》。

《周礼·考工记·匠人营国》说，在理想的国都规划中，国都中心的建筑，夏朝称之为“世室”，商朝称之为“重屋”，周人称之为“明堂”。明堂之中有“庙门”“闱门”“路门”“应门”，并说“内有九室，九嫔居之；外有九室，九卿朝焉”。

戴圣《礼记·明堂位》明确地说：“大（太）庙，天子明堂。”“周公践天子之位以治天下，六年朝诸侯于明堂，制礼作乐，颁度量，而天下服。”同时，还说明了天子、三公、诸侯、方国国君在明堂中应处的位置，并说：“明堂也者，明诸侯之尊卑也。”

《礼记·乐记》说：“祀乎明堂而民知孝。”《礼记·祭义》说：“祀乎明堂，所以教诸侯之孝也。”《礼记》把明堂主要认定为天子太庙，并说其政治功能在于明尊卑、致孝道。这与孟、荀之说大体相同，但更详细了。

东汉晚期的蔡邕曾作《明堂论》，引经据典，综合归纳，试图弄清明堂的真相。他的学说在《后汉书·祭祀志》中记载为：

“明堂者，天子太庙，所以崇礼其祖，以配上帝者也。夏后氏曰‘世室’，殷人曰‘重屋’，周人曰‘明堂’。……朝诸侯选造士于其中，以明制度。……取其宗祀之清貌，则曰‘清庙’；取其正室之貌，则曰‘太庙’；取其尊崇，则曰‘太室’；取其向明，则曰‘明堂’；取其四门之学，则曰‘太学’；取其四面周水圆如璧，则曰‘辟雍’。异名而同事，其实一也。”

这一结论是此前诸说的大综合，把清庙、太庙、太室、明堂、太学、辟雍等同起来，但也表明这里主要还是用来祭祀上帝，“其祖”只是配祭。由班固整理而成的《白虎通·卷四·辟雍》说：“辟雍，所以行礼乐宣德化也。”后世南北朝时期的《宋书·礼志》也说：“《周书》：清庙、明堂、路寝，同制。”更后宋朝由李昉、李穆、徐铉等学者奉敕编纂的《太平御览·礼仪部·卷十二》说：“明堂之制：周旋以水，水行左旋以象天。内有太室，象紫宫；南出明堂象太微；西出总章，象五潢（又名“五车”，即五帝车舍，共有五星，位于毕宿东北，在今标准星图御夫座）；北出玄堂，象营室（即室宿）；冬出青阳，象天市。”

路寝，名始见于《诗经·鲁颂·閟宫》：“松桷（jué）有舄（xì，重木底鞋），路寝孔硕，新庙奕奕。”西汉《毛传》：“路寝，正寝也。”《礼记·玉藻》说祭祀：

“君日出而视之，退适路寝以清听政。”

此外，《吕氏春秋·十二纪》《淮南子·主术训》、东汉桓谭的《新论》等也对明堂做过叙述。

总而言之，越是晚出的礼书，明堂制度理论越复杂，但这些理论和形制等均无法考证，只能泛泛地说是“先王之制”。

《后汉书·祭祀志》记建武中元元年（公元56年）“初营北郊、明堂、辟雍、灵台”，清楚地说明堂与辟雍不是一种建筑。其中灵台的功能比较清楚，就是皇家观象台（图5-1～图5-4）。

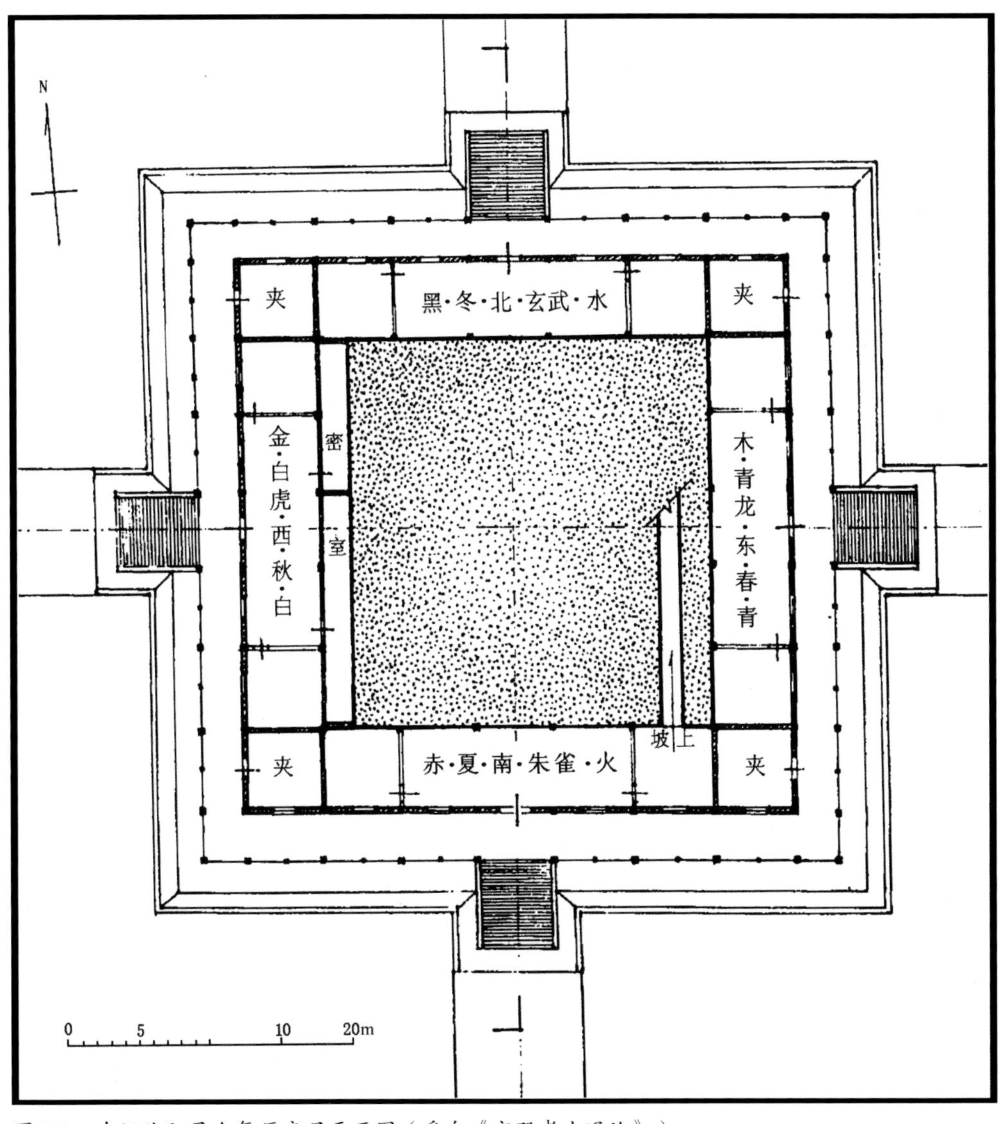

图5-1　东汉洛阳灵台复原底层平面图（采自《宫殿考古通论》）

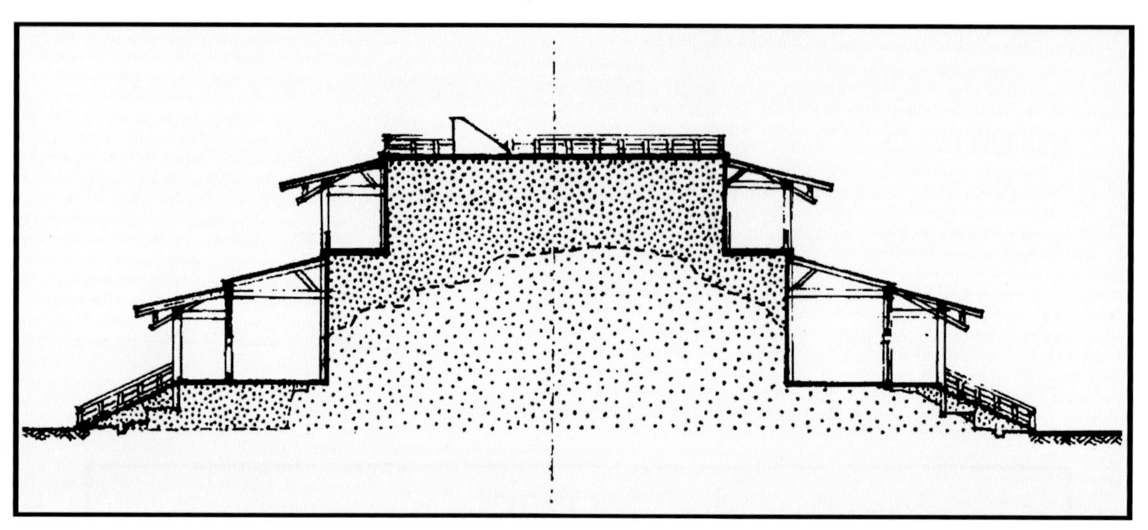

图 5-2　东汉洛阳灵台剖面图（采自《宫殿考古通论》）

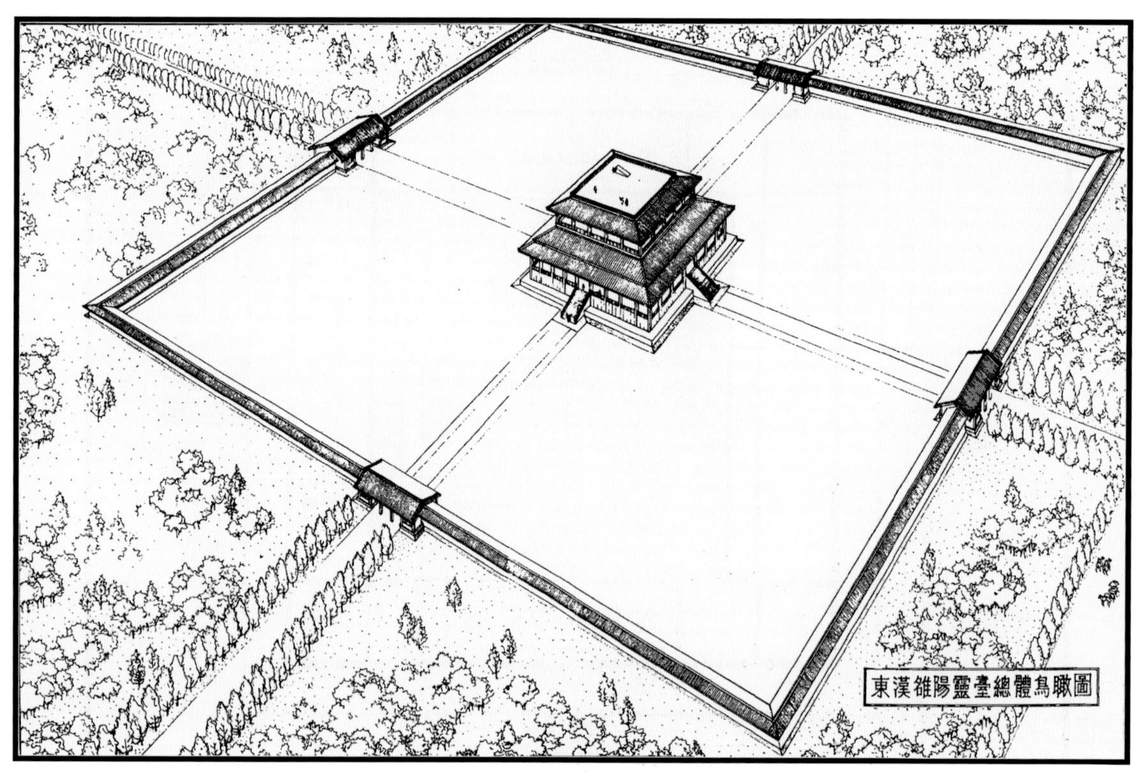

图 5-3　东汉洛阳灵台总体鸟瞰图（采自《宫殿考古通论》）

图 5-4 东汉洛阳灵台复原透视图（采自《宫殿考古通论》）

对于汉初的政治家和理论家们来说，明堂是何种构造，祭祀哪些神祇，已经不是很清楚了，因为当时已经很难找到明堂的实迹，人们只能是借助文献中的只言片语和传说做出想象和描述。《史记·儒林列传》载，汉武帝初年，大儒申培公的弟子赵绾和王臧向皇帝提议，“欲立古明堂以朝诸侯”。但当时太皇太后窦氏干政，她热衷黄老，不喜儒术，赵绾和王臧还因此获罪而自杀，明堂之议遂寝。窦太后去世之后，汉武帝才公开地“独尊儒术”，并于元封元年（公元前 110 年）要到泰山搞规模盛大的封禅活动，遂下令再议古、立明堂。《史记·封禅书》载，在这次封禅过程中，武帝途经泰山东北方的奉高时，据说看到这里有一处古代的明堂遗址。他想在这地方模仿古制予以重建，但又不知道明堂是何等形制。元封二年，有一个叫公玉带的济南人闻此消息，立即献上一幅据说是黄帝时期的明堂图。在这幅图中，明堂的形制是：中间是似一座重阁大殿，但这殿没有四壁，以茅草为屋顶，有流水环绕四周。天子要从西南方进入殿内，在这里祭拜上帝。汉武帝看完图立即命人在汶上按照公玉带的图样建造，并在明堂的上座（西面）安置泰一和五帝神位，高祖刘邦的神位安置在对面。建造与准备完毕，汉武帝“始拜明堂如郊礼，礼毕，燎堂下”。两年之后，十一月甲子朔旦冬至，汉武帝又亲自到泰山下“祠上帝明堂”。祝官赞颂道：“天增授皇帝太元神策，周而复始。皇帝敬拜泰一。”

从上述情形看，汉武帝是把明堂作为郊祀的对等活动来实施的，祭祀的主要对象是泰一神和五方帝。另外，即便是汉武帝率先在泰山建了一座明堂，但关于周人明堂形制的争论从来就没有结束，总结起来共有四种学说：

（1）一室说。《淮南子·主术训》载："昔者神农之治天下也，神不驰于胸中，智不出于四域，怀其仁诚之心。甘雨时降，五谷蕃植，春生夏长，秋收冬藏。月省时考，岁终献功，以时尝谷，祀于明堂。明堂之制，有盖而无四方，风雨不能袭，寒暑不能伤，迁延而入之，养民以公。"

济南人公玉带的明堂图也符合一室说。

（2）五室说。《周礼·考工记·匠人营国》载："周人明堂，度九尺之筵。东西九筵，南北七筵，堂崇一筵。五室凡室二筵。"（图 5-5 ～图 5-8）。

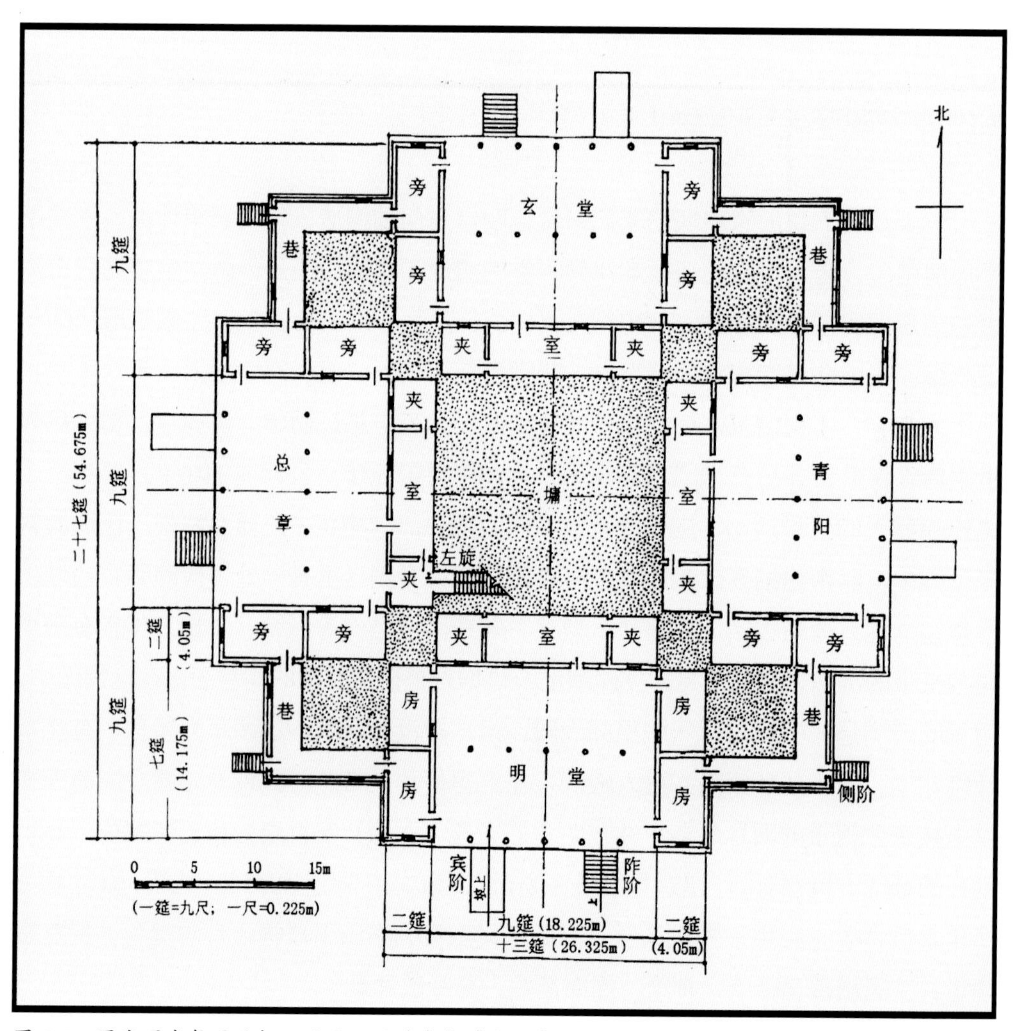

图 5-5 周代明堂复原设想一层平面图（采自《宫殿考古通论》）

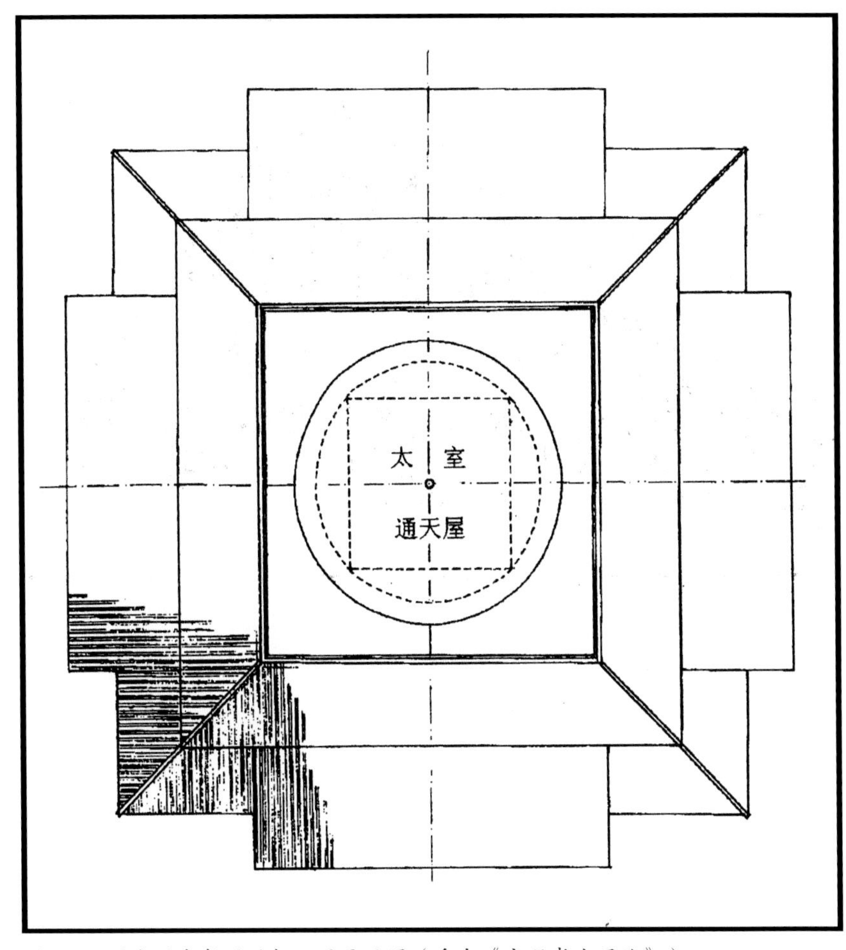

图 5-6　周代明堂复原设想二层平面图（采自《宫殿考古通论》）

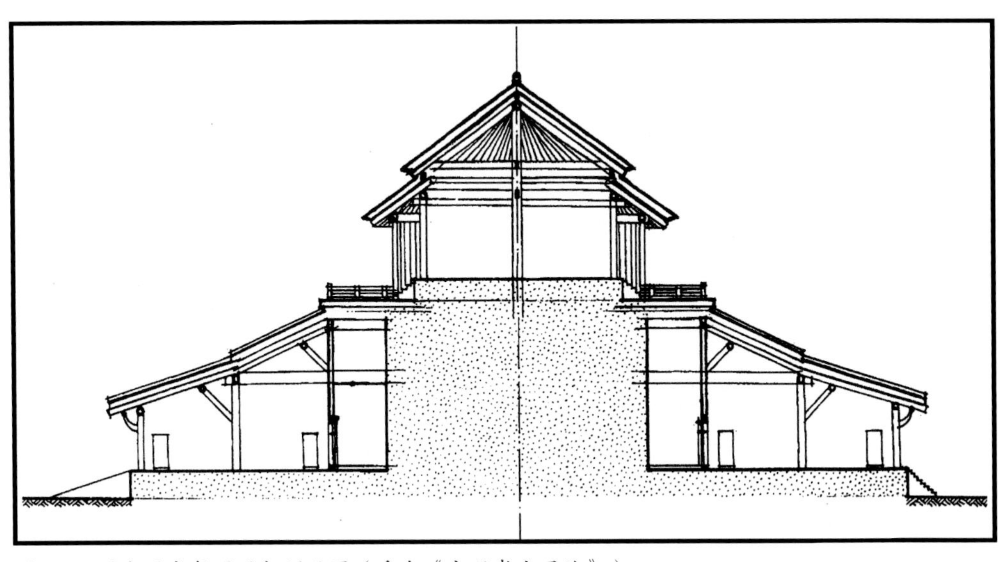

图 5-7　周代明堂复原设想剖面图（采自《宫殿考古通论》）

图 5-8　周代明堂复原设想透视图（采自《宫殿考古通论》）

（3）九室说。戴德《大戴礼·盛德》曰："明堂者，古有之也。凡九室：一室而有四户、八牖，三十六户、七十二牖。以茅盖屋，上圆下方。明堂者，所以明诸侯尊卑。外水曰'辟雍'，南蛮、东夷、北狄、西戎。明堂月令，赤缀户也，白缀牖也。二九四七五三六一八。堂高三尺，东西九筵，南北七筵，上圆下方。九室十二堂，室四户，户二牖，其宫方三百步。在近郊，近郊三十里。或以为明堂者，文王之庙也，朱草日生一叶，至十五日生十五叶；十六日一叶落，终而复始也。周时德泽洽和，蒿茂大以为宫柱，名蒿宫也。此天子之路寝也，不齐不居其屋。待朝在南宫，揖朝出其南门。"

此说中非常强调一些符合"天文常数"的基本数字，"二九四七五三六一八"就是笔者在上卷中阐述过的"九宫格"的形式。

（4）十三室说。也可以认为是五室、九室说的扩展。《礼记·月令》有从春初到冬末"天子居青阳左个""天子居青阳大庙""天子居青阳右个""天子居明堂左个""天子居明堂太庙""天子居明堂右个""天子居大庙大室（中央）""天子居总章左个""天子居总章大庙""天子居总章右个""天子居玄堂左个""天子居玄堂大庙""天子居玄堂右个"。"个"通"介"，就是"夹"（gā），也就是"隔"间的意思。

大概在西汉平帝刘衎元始四年（公元 4 年），在王莽的力主之下，于汉长安的南郊建了一座明堂，其样式为文经学大师刘歆带领平晏、孔永、孙迁设计。此明堂周围环水，符合《礼记》等文献与泰山明堂形制，即辟雍的含义，实际上与辟雍为同一形式的建筑。明堂的圆形沟渠内是一个以围墙封闭的方形院子，四角有平面为“曲尺形”的配房。方院正中为圆形土台，土台正中即为折角的方形明堂主体建筑（图 5-9 ～图 5-14）。

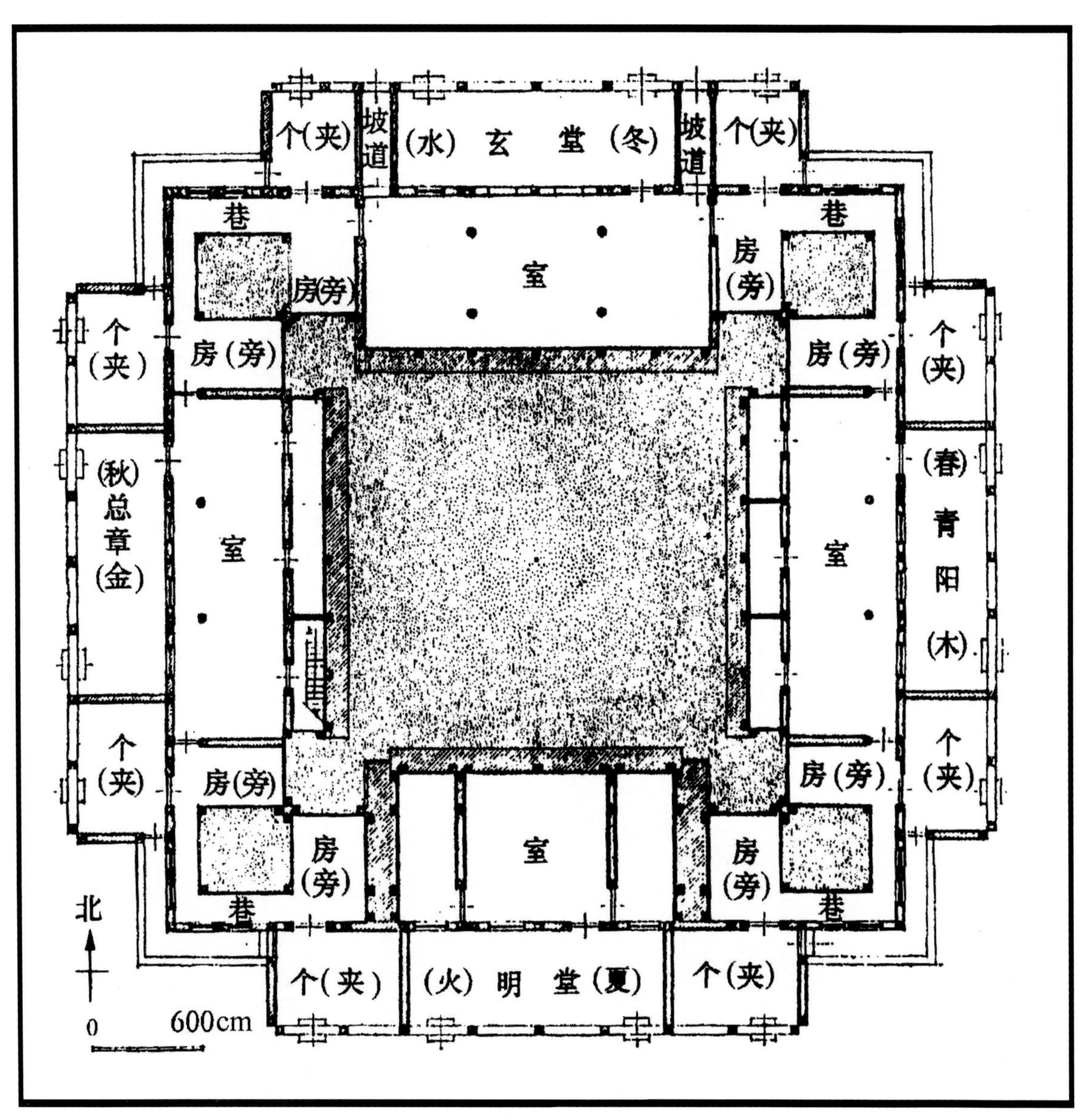

图 5-9　西汉长安明堂辟雍复原一层平面图（采自《宫殿考古通论》）

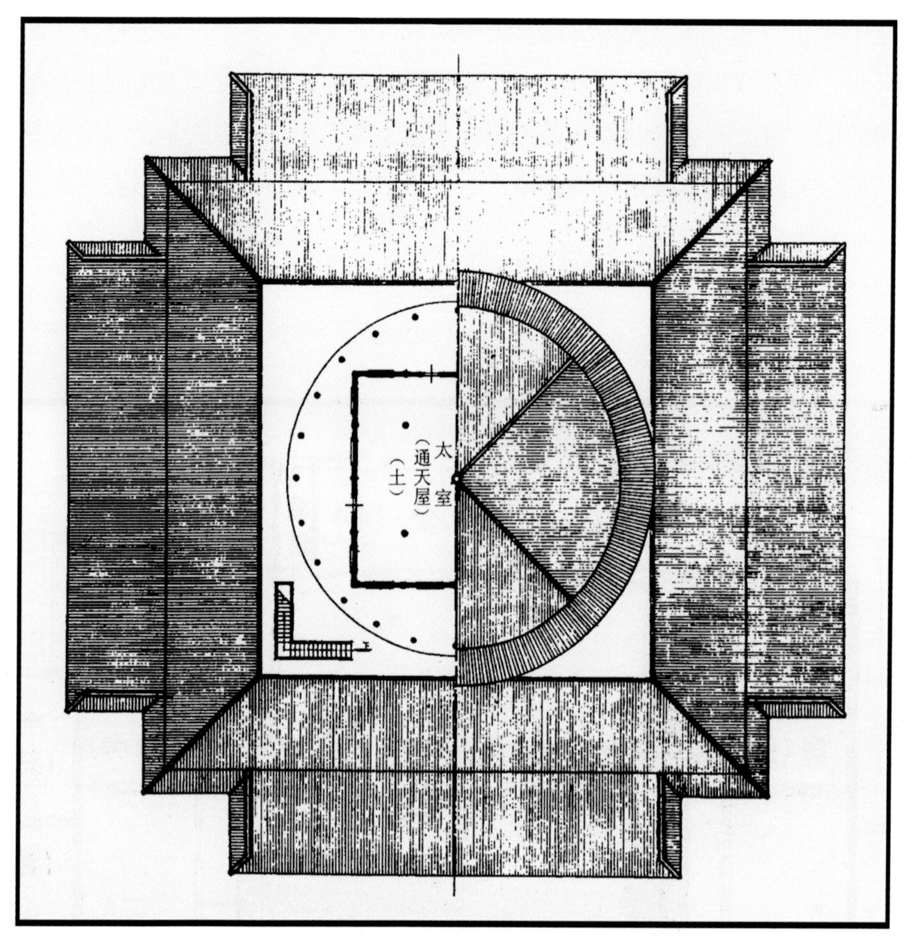

图 5-10　西汉长安明堂辟雍复原二层和屋顶平面图（采自《宫殿考古通论》）

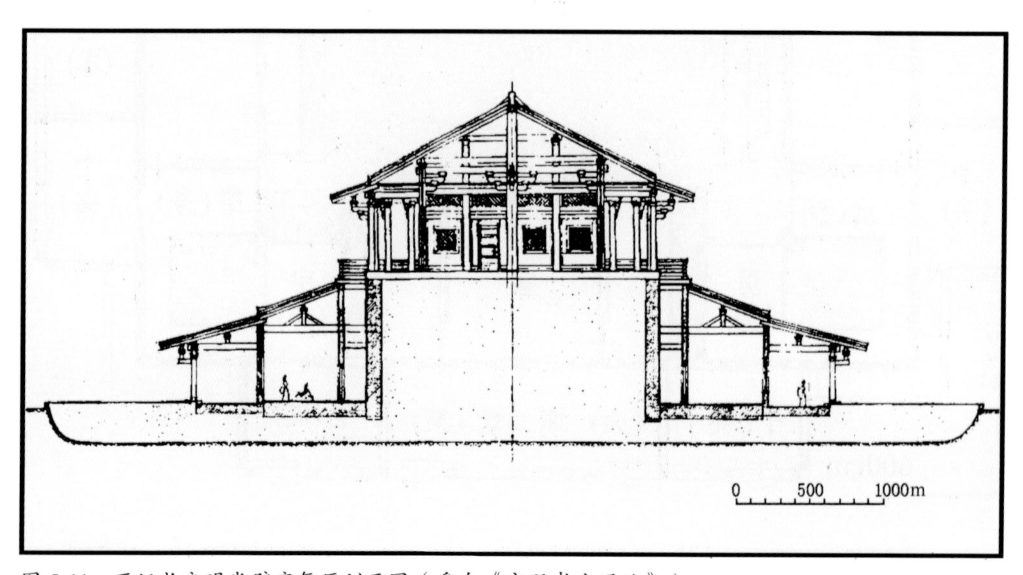

图 5-11　西汉长安明堂辟雍复原剖面图（采自《宫殿考古通论》）

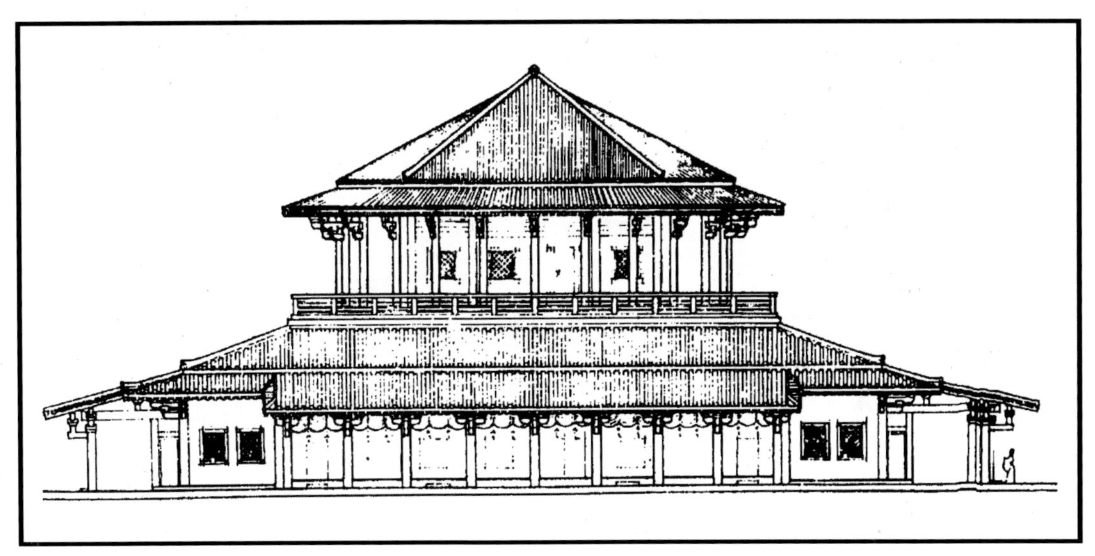

图 5-12　西汉长安明堂辟雍复原南立面图（采自《宫殿考古通论》）

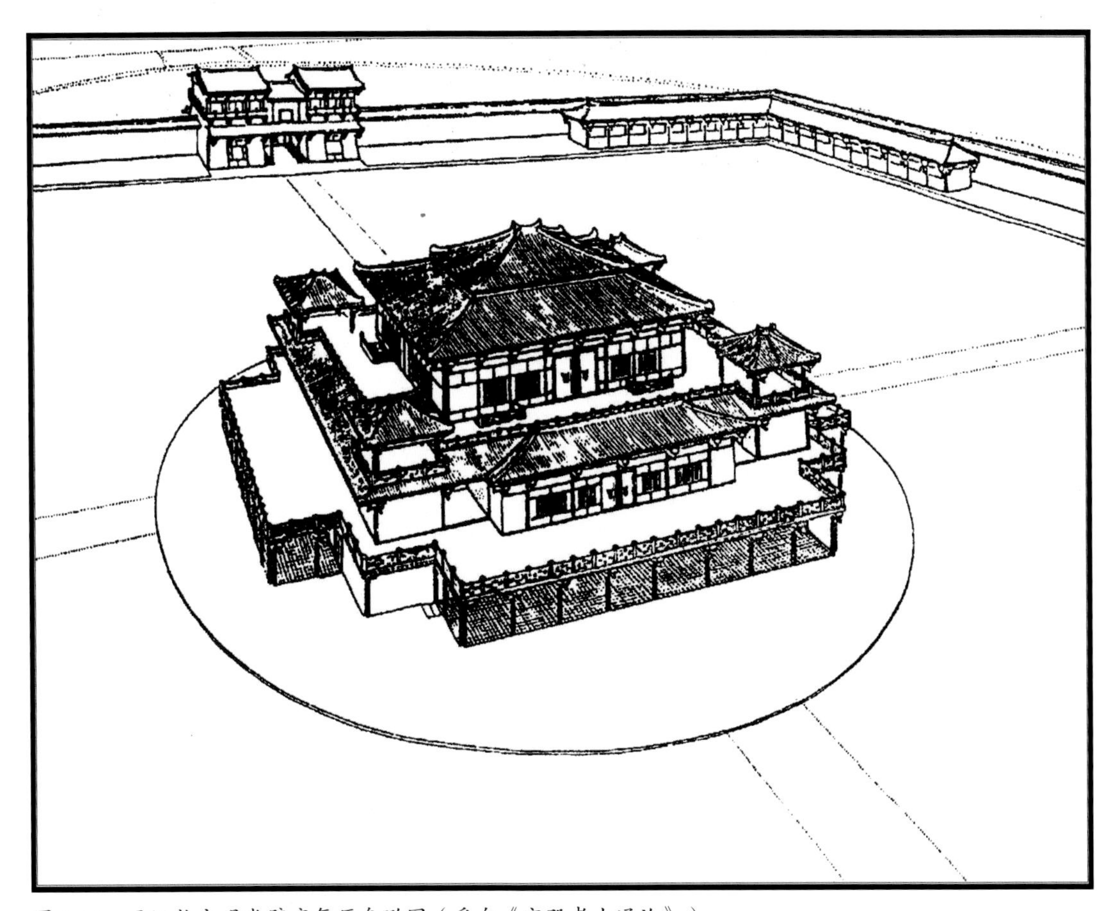

图 5-13　西汉长安明堂辟雍复原鸟瞰图（采自《宫殿考古通论》）

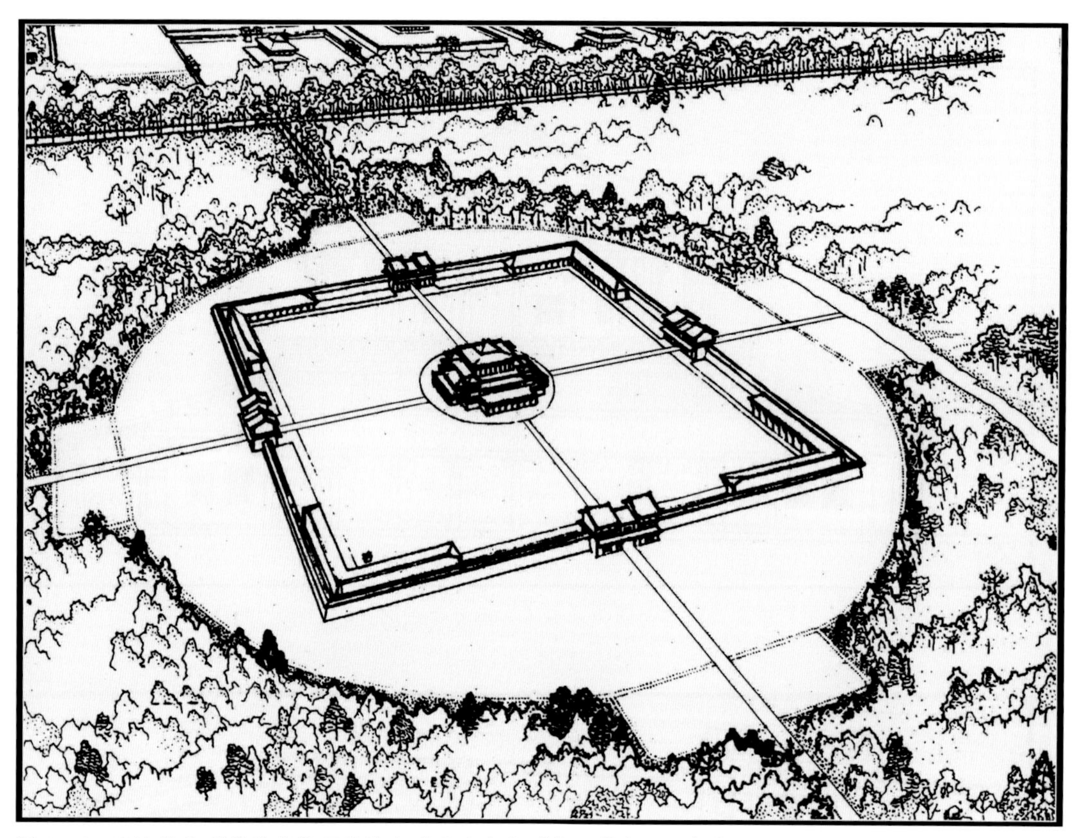

图 5-14　西汉长安明堂辟雍复原总体鸟瞰图（采自《宫殿考古通论》）

在王莽代汉主政的地皇元年至三年（公元 20 年—22 年），于明堂的西面又建造了祖庙性质的“九庙”，现考古挖掘出十一座基址，它们除了没有象征辟雍的圆形水池外，与西汉明堂建筑基本相同。

东汉立国之后又在都城洛阳建了一座明堂。据《后汉书•祭祀志》记载：“是年初营北郊、明堂、辟雍、灵台，未用事。”明堂只是这诸多工程之一，至于明堂坐落的地点和形制等，均未见说明。但据《魏书》记载，东汉洛阳明堂在三国时期仍存在着，后来因战乱被毁，直到北魏孝明帝正光年间（公元 520 年—525 年）才予以重建。建造之初，群臣争议是按照东汉九室恢复还是按照五室建造，最后孝明帝“诏断从五室”。这间接地说明洛阳东汉明堂为九室形式。东汉明堂建设时间是在光武帝建武三十二年（公元 56 年）。明堂建好后，光武帝未来得及行祭祀便驾崩了。汉明帝刘庄继位后，于永平二年（公元 59 年）正月辛未，“初祀五帝于明堂，光武帝配。五帝坐位堂上，各处其方，黄帝在未，皆如南郊之位。光武帝位在青帝之南少退，西面。牲各一犊，奏乐如南郊。”（图 5-15 ～图 5-21）。

东汉洛阳明堂祭祀的情形也与西汉的有所不同。西汉明堂祭祀的是以泰一为主、五方帝为辅（以高祖配祀），而东汉洛阳明堂祭祀的是五方帝，不见泰一（光武帝配祀）。另外，《后汉书·祭祀志》记载汉章帝于元和二年（公元 85 年）二月，东巡狩泰山，经汶上，“宗祀五帝于孝武所作汶上明堂，光武帝配，如洛阳明堂礼。癸酉，更告祀高祖、太宗、世宗、中宗、世祖、显宗于明堂，各一太牢。”这一次虽是祭汶上明堂，对象却也做了较大变动，换掉了泰一，而改祭五方帝，并且突出光武帝的地位，当然也没有忘记西汉诸帝。汉安帝刘祜时期，又于延光三年（公元 124 年）祀汶上明堂。

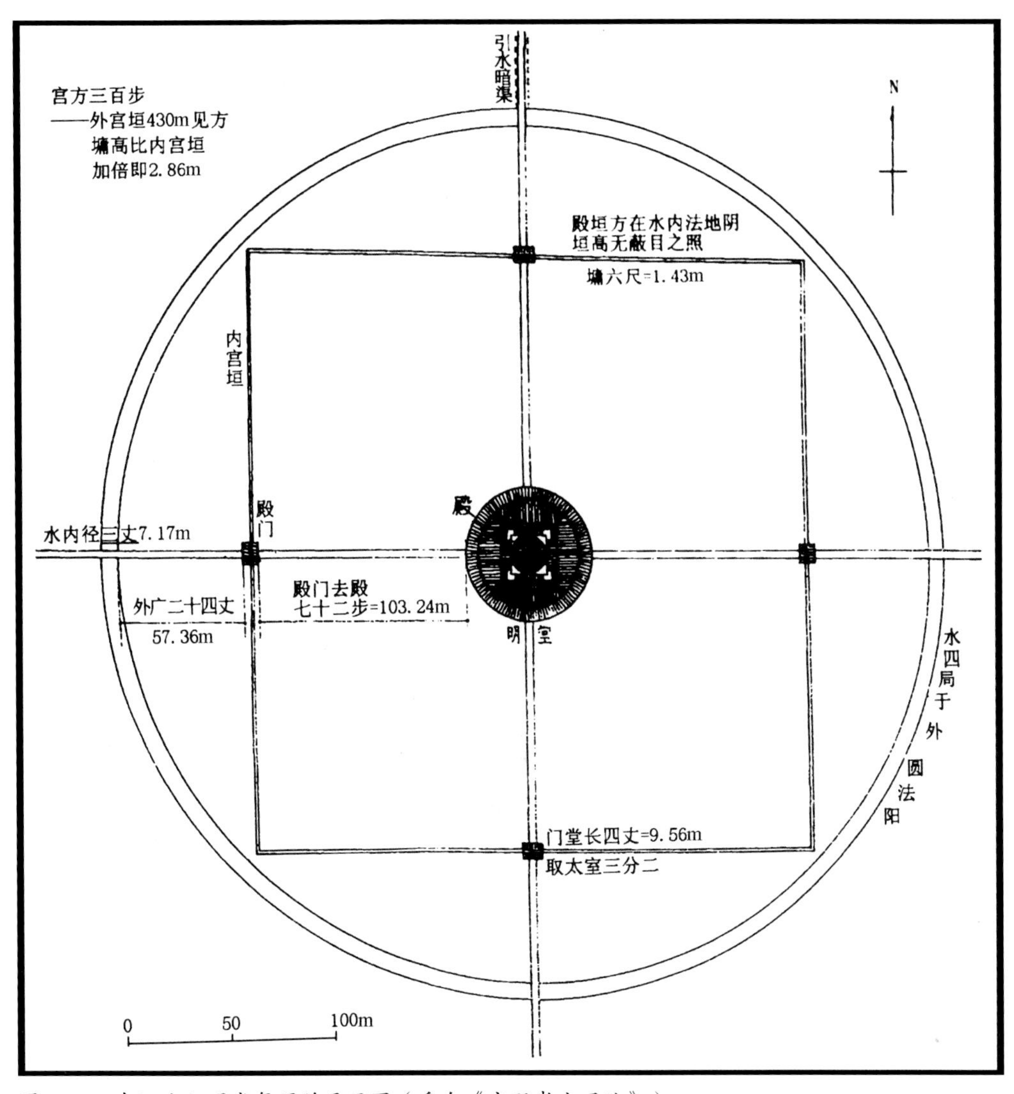

图 5-15　东汉洛阳明堂复原总平面图（采自《宫殿考古通论》）

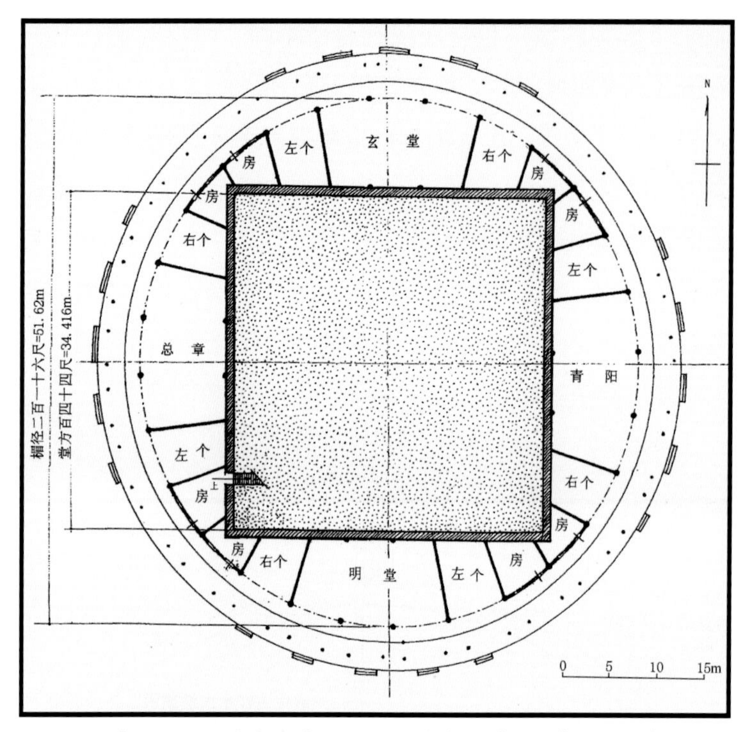

图 5-16　东汉洛阳明堂复原底层平面图（采自《宫殿考古通论》）

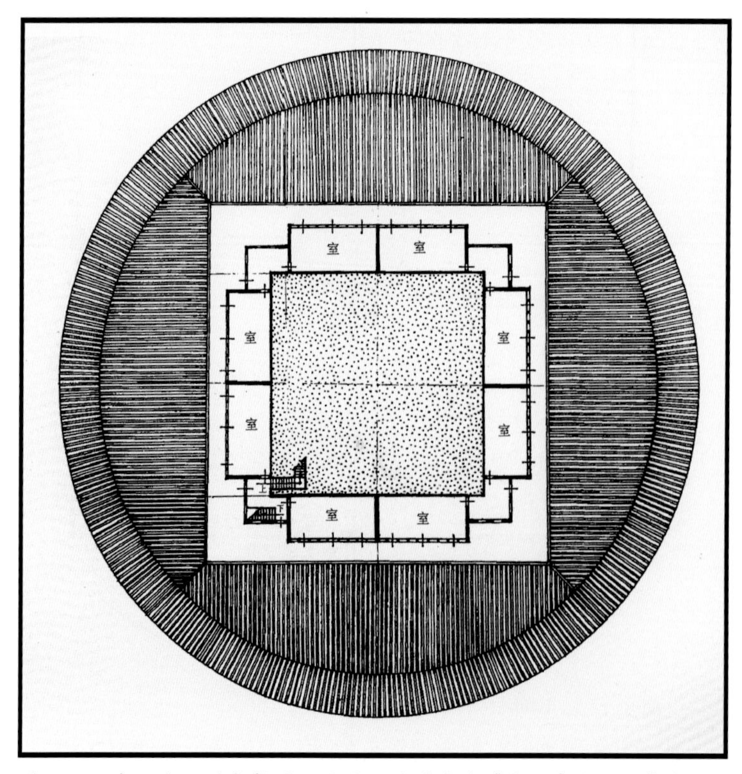

图 5-17　东汉洛阳明堂复原二层平面图（采自《宫殿考古通论》）

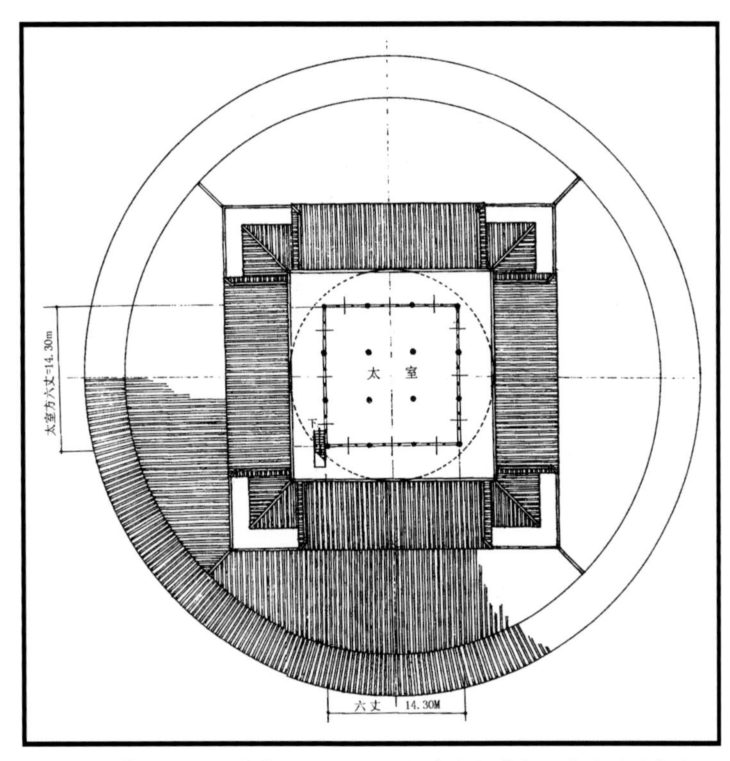

图 5-18　东汉洛阳明堂复原三层平面图（采自《宫殿考古通论》）

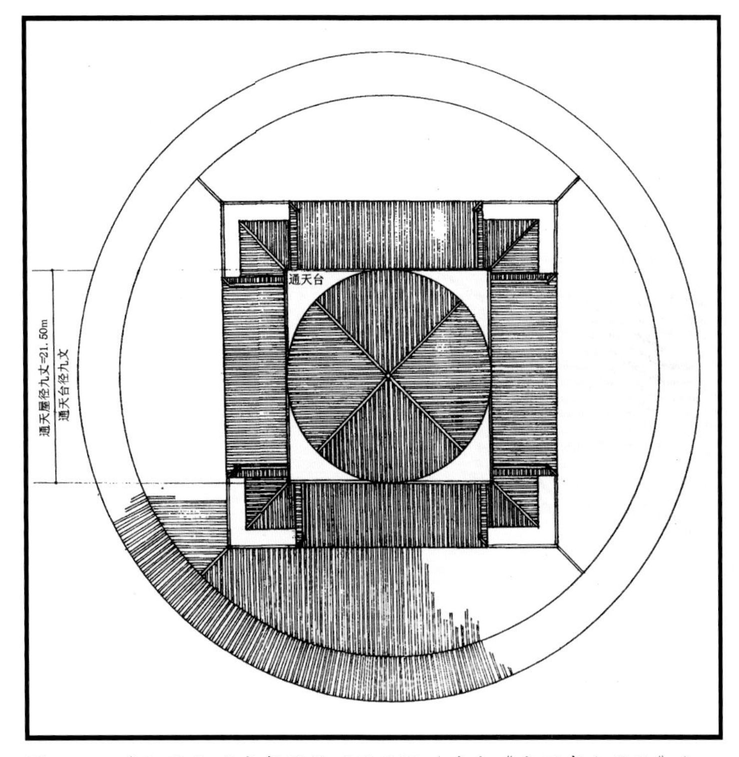

图 5-19　东汉洛阳明堂复原屋顶平面图（采自《宫殿考古通论》）

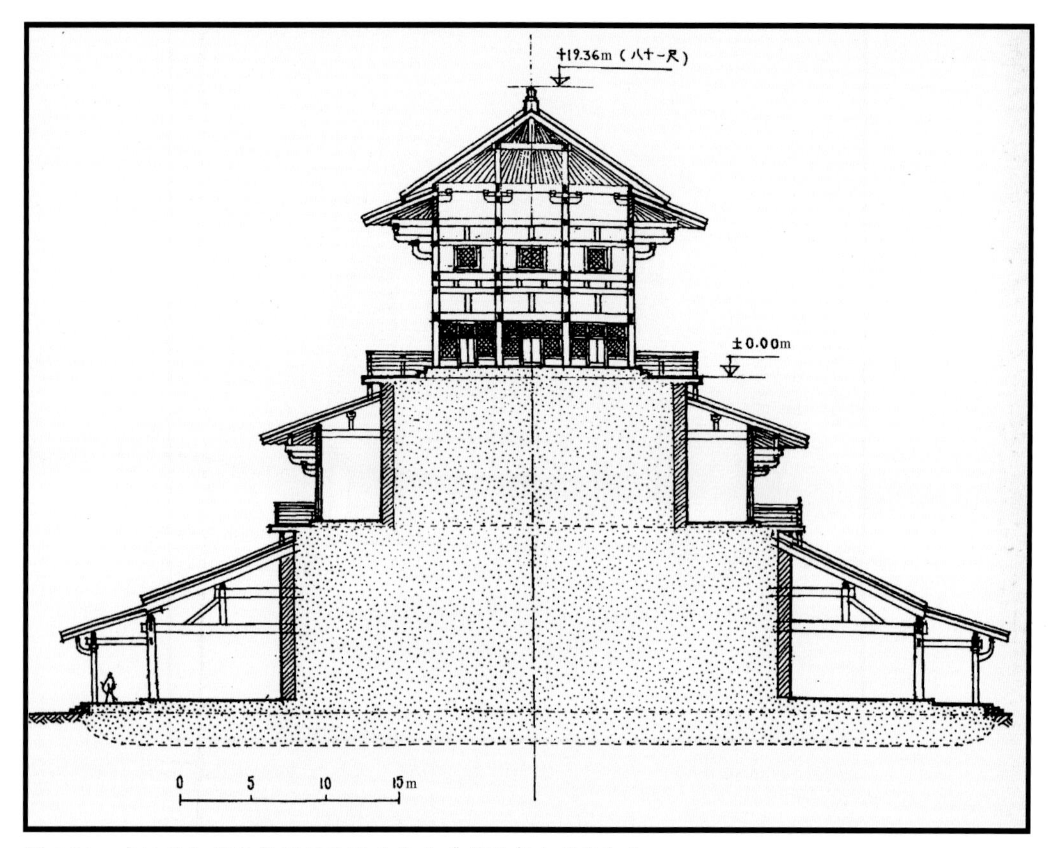

图 5-20　东汉洛阳明堂复原剖面图（采自《宫殿考古通论》）

图 5-21　东汉洛阳明堂复原透视图（采自《宫殿考古通论》）

三、汉以后南郊、圜丘、雩、五方等坛与明堂、辟雍的演变

（一）隋朝及以前时期

曹魏于繁阳故城、洛阳南委粟山，刘蜀于成都武担山南都设立过圆坛祭天。孙吴也于武昌南郊祭天。另外，在三国时期，东汉洛阳明堂被曹魏继承，北魏时期又进行过重建。

从西晋到南北朝期间，南郊祭天之制与相关礼制建筑的情况基本上是依汉室的制度，但也多有反复的变化，且两汉的祭祀制度也有很多不同。在这一历史阶段内，梁武帝萧衍成为总结以往祭祀制度的关键性人物。

《隋书•志•礼仪》记载："梁武始命群儒，裁成大典。……帝又命沈约、周舍、徐勉、何佟之等，咸在参详。""（梁武帝）天监三年（公元504年），左丞吴操之启称：'《（左）传》云'启蛰而郊（祭）'，郊（祭）应立春之后。'尚书左丞何佟之议：'今之郊祭，是报昔岁之功，而祈今年之福。故取岁首上辛，不拘立春之先后。（西）周冬至于圆丘，大报天也。夏正又（南）郊（坛），以祈农事，故有启蛰之说。自晋泰始二年（公元266年），并圆丘、方泽同于二郊。是知今之郊礼，礼兼祈报，不得限以一途也。'帝曰：'圆丘自是祭天，先农即是祈谷。但就阳之位，故在郊也。冬至之夜，阳气起于甲子，既祭昊天，宜在冬至。祈谷时可依古，必须启蛰。在一郊坛，分为二祭。'自是冬至谓之'祀天'，启蛰名为'祈谷'。"

以上内容说明，梁武帝理解"圆丘"与"祈谷坛"或"南郊坛"实为一坛多用。

另外，由于梁朝时北郊地坛内也有了"五帝"神位，故梁太常丞王僧崇称："五祀位在北郊，圆丘不宜重设。"但梁武帝说："五行之气，天地俱有，故宜两从。"僧崇又说："风伯、雨师，即箕、毕星矣。而今南郊祀箕、毕二星，复祭风师、雨师，恐乖祀典。"梁武帝说："箕、毕自是二十八宿之名，风师、雨师自是箕、毕星下隶。两祭非嫌。"梁武帝的"五行之气，天地俱有"真是一语道出了五行发展到后世的两种属性。

南郊祭坛的具体形制和祭祀的内容为："梁南郊，为圆坛，在国之南。高二丈七尺，上径十一丈，下径十八丈。其外再壝，四门。常与北郊间岁。正月上辛行事，用一特牛，祀天皇上帝之神于其上，以皇考太祖文帝配……五方上帝、五官之神、太一、天一、日、月、五星、二十八宿、太微、轩辕、文昌、北斗、三台（太微垣内的六颗星）、老人、风伯、司空、雷电、雨师，皆从祀。其二十八宿及雨师等座有坎，五帝亦如之，余皆平地。"

从文中描述来看，梁朝的“南郊坛”即为“圆丘”。这种祭坛形式为圆锥体去掉顶尖后的形状，而不是台阶状扁圆柱体的组合形式。坛顶祭祀的至上神为“天皇上帝”，非为“太一”（也称“勾陈一”），说明梁武帝确定的至上神也属于抽象的，脱离了天体与天象的束缚。另外，天之五帝、二十八宿、雨师等的神牌摆在台阶（“坎”）上（文中没有描述为几陛）。其余的神牌放在祭坛四周的平地上。

另据《隋书•志•礼仪》记载，后齐和后周的祭天之坛皆为三层。《隋书•志•礼仪》中也记载了这一时期的“五郊之制”：

“梁制，迎气（祭祀“五方帝”）以始祖配，牲用特牛一，其仪同南郊……陈迎气之法，皆因梁制。”

“后齐五郊迎气，为坛各于四郊，又为黄坛于未地（南偏西）。所祀天帝及配帝五官之神同梁。其玉帛牲各以其方色。其仪与南郊同。”

“后周五郊坛其崇（高）及去国，如其行之数。其广皆四丈，其（外壝）方俱百二十步。内壝皆半之。祭配皆同后齐。星辰、七宿、岳镇、海渎、山林、川泽、丘陵、坟衍，亦各于其方配郊而祀之。其星辰为坛，崇（高）五尺，方二丈。岳镇为坎，方二丈，深二尺。山林已下，亦为坎。坛，崇三尺，坎深一尺，俱方一丈。其仪颇同南郊。”

后周的五郊坛为方形，另有方形的星辰坛，还有祭祀岳镇的坑（坎）中的坛。

在这一时期，间或有过明堂的建设，只是明堂的建筑形制有时并不在意泥古。如《宋书•志•礼仪》记载，宋孝武大明五年（公元461年）四月，有司奏：

“伏寻明堂辟雍，制无定文，经记参差，传说乖舛。名儒通哲，各事所见，或以为名异实同，或以为名实皆异。自汉暨晋，莫之能辨。《周书》云：‘清庙、明堂、路寝同制。’郑玄注《（周）礼》，义生于斯。诸儒又云：‘明堂在国之阳，丙巳之地（南偏东），三里之内。’至于室宇堂个，户牖达向，世代湮缅（湮没殆尽），难得该详。（西）晋侍中裴頠（wěi），西都硕学，考详前载，未能制定。以为尊祖配天，其义明着，庙宇之制，理据未分，直可为殿，以崇严祀。其余杂碎，一皆除之。参详郑玄之注，差有准据；裴頠之奏，窃谓可安。国学之南，地实丙巳（南偏东），爽垲平畅，足以营建。其墙宇规范，宜拟则太庙，唯十有二间，以应期数。依汉汶上图仪，设五帝位，太祖文皇帝对飨。祭皇天上帝，虽为差降，至于三载恭祀，理不容异。……班行百司，搜材简工，权置起部尚书（晋、南朝营造宫室宗庙等工程时，设起部尚书，工程完成后撤销）、将作大匠（掌管宫室修建之官），量物商程，克今秋缮立。”

刘宋有司官员所奏，对明堂的性质与形制都有着非常清醒的认识，刘宋明堂的形式“但作大殿屋雕画而已，无古三十六户七十二牖之制”。

齐、梁、陈明堂的形式，据《隋书·志·礼仪》记载：

“（梁）毁宋太极殿，以其材构明堂十二间，基准太庙。以中央六间安六座，悉南向。东来第一青帝，第二赤帝，第三黄帝，第四白帝，第五黑帝。配帝总配享五帝，在阼阶（东阶）东上，西向。大殿后为小殿五间，以为五佐室焉。

陈制，明堂殿屋十二间。中央六间，依齐制，安六座。四方帝各依其方，黄帝居坤维，而配飨坐依梁法……后齐采《周官·考工记》为五室，（后）周采汉《三辅黄图》为九室，各存其制，而竟不立。”

到了隋朝，中国再次出现了大一统的局面，南郊祭天的礼制建筑形制等又有变化，《隋书·志·礼仪》说：

“（隋）高祖（杨坚）受命，欲新制度。乃命国子祭酒辛彦之议定祀典。为圆丘于国之南，太阳门外道东二里。其丘四成（层），各高八尺一寸。下成（层）广二十丈，再成（层）广十五丈，又三成（层）广十丈，四成（层）广五丈。再岁冬至之日，祀昊天上帝于其上，以太祖武元皇帝（杨忠，隋文帝之父）配。五方上帝、日月、五星、内官四十二座、次官一百三十六座、外官一百一十一座、众星三百六十座，并皆从祀。（五方）上帝、日月在丘之第二等，北斗、五星、十二辰、河汉、内官在丘第三等，二十八宿（特指在黄道带附近的标准星）、中官（紫微垣、太微垣、天市垣等星官）在丘第四等，外官在内壝之内，众星在内壝之外。”

这座四层的坛制主要是为了方便神位的次序排列，并被唐初所继承。

“南郊为坛于国之南，太阳门外道西一里，去宫十里。坛高七尺，广四丈。孟春上辛（祈谷），祠所感帝赤熛怒于其上，以太祖武元皇帝配。其礼四圭有邸，牲用骍犊二。”

“初，帝既受周禅，恐黎元未惬，多说符瑞以耀之。其或造作而进者，不可胜计。仁寿元年冬至祠南郊（坛），置昊天上帝及五方天帝位，并于坛上，如封禅礼。”

注意，隋朝的“圆丘”与“南郊坛”非同一个祭坛，但于冬至日在两坛上皆主要祭祀“昊天上帝”。

隋朝依然建有“五方坛”单独祭祀“五方帝”，其形制为：“青（东）郊为坛，国东春明门外道北，去宫八里，高八尺；赤（南）郊为坛，国南明德门外道西，去宫十三里，高七尺；黄郊为坛，国南安化门外道西，去宫十二里，高七尺；白（西）郊为坛，国西开远门外道南，去宫八里，高九尺；黑（北）郊为坛，宫北十一里丑地（东北方位，因正北有北郊坛），高六尺。并广四丈。各以四方立日（立春、立夏、立秋、立冬），黄郊以季夏土王日。祀其方之帝，各配以人帝，以太祖武元帝配。五官及星三辰七宿，亦各依其方从祀。”

隋朝出现了一个大建筑家宇文恺，他主持规划并建造过隋大业城（唐长安城的前身）、东都洛阳城，建筑造诣颇深。在拟建造明堂这类含义复杂的建筑时，他不像前几朝那么“随意”，而是充分发挥了他在设计方面的才能，使得明堂的样式更加“规范”。但可惜的是，当时营建东都更为重要，明堂的拟建突然作罢了。

《隋书•志•礼仪》记载：“高祖平陈，收罗杞梓（qǐzǐ，比喻人才），郊丘宗社，典礼粗备，唯明堂未立。开皇十三年，诏命议之。礼部尚书牛弘、国子祭酒辛彦之等定议，事在弘传。后检校将作（掌管宫室修建之官）大匠事宇文恺依《月令》文，造明堂木样，重檐复庙，五房四达，丈尺规矩，皆有准凭，以献。高祖异之，命有司于郭内（外城内）安业里为规兆。方欲崇建，又命详定，诸儒争论，莫之能决。（牛）弘等又条经史正文重奏。时非议既多，久而不定，又议罢之。及大业中，恺又造《明堂议》及样奏之。炀帝下其议，但令于霍山采木，而建都兴役，其制遂寝（停止、平息）。终隋代，祀五方上帝，止于明堂，恒以季秋（农历九月）在雩（yú）坛上而祀。”

上文最后特意提到在隋朝后期，是把前朝于“明堂”中祭祀五方帝转为在“雩坛”上祭祀。笔者在之前已经阐述过祭祀五方帝与“祈谷”的关系，下面就此详细阐述雩礼（雩祀、雩帝）与雩坛。

《山海经•大荒东经》说：“大荒东北隅中有山，名‘凶犁土丘’，应龙处南极，杀蚩尤与夸父，不得复上，故下数旱，旱而为应龙之状，乃得大雨。”郭璞曰：“今之土龙，本此，气应自然冥感，非人所能。”我们今天所熟知的下雨等大气物理现象，在《山海经》神话中却认为并非属于自然现象，且也不是人为能够控制的，而是由上天的“应时之龙”（或名“应德之龙”，简称“应龙”）控制的。东汉刘睿所作《荆州占》甚至说“应龙”为天神太一之妃。

《春秋谷梁传•僖公十一年》：“雩，得雨曰‘雩’，不得雨曰‘旱’。”说明“雩礼”实为“祈雨之礼”。这类内容在《南齐书•志•礼仪》中解释得比较通俗：“《周礼•司巫》云：‘若国大旱，则帅巫而舞雩。’郑玄云：‘雩，旱祭也，天子于上帝，诸侯以下于上公之神（句龙）。’又《周礼•女巫》云：‘旱则舞雩’。郑玄云：‘使女巫舞旱祭，崇阴也。’……《礼记•月令》云：‘命有司为民祈祀山川百原，乃大雩帝，用盛乐，乃命百县雩祀百辟卿士有益于民者，以祈谷实。’郑玄云：

‘雩帝，谓为坛南郊之旁（在“圆丘”之旁另立“雩坛”），祭五精之帝，配以先帝也。自鼗鼙（táopí，两种小鼓）至柷敔（zhùyǔ，木质打击乐器）为盛乐，他雩用歌舞而已。’《春秋（左氏）传》曰：‘龙见而雩，止当以四月。’”

所谓“龙见”时节，谓孟夏四月黄昏之时，第一宿苍龙星宿于南方可见。另外，在甲骨文中也有“庚寅卜，葵巳隶舞，雨？”“庚寅卜，甲午隶舞，雨？”等“使女巫舞旱祭”的记载。

东汉何休注《春秋公羊传•桓公五年》说：“旱则君亲之南郊，以六事谢过自责：政不善欤（yú）？人失职欤？宫室崇欤？妇谒（yè，进见）盛欤？苞苴（bāo jú，贿赂）行欤？谗夫昌欤？使童男童女各八人而呼雩也。”

这又是因为古人认为天旱是上帝对人间帝王六种不当行为的“天责”（不仅是“应龙”作怪）。这六种不当行为来源于《论语》《尚书》《墨子》等典籍都曾提到的商汤祈雨的故事，大意是：商汤灭夏之后大旱七年，给刚践位不久的商汤一个沉重的打击。在使用了各种祭祀方法都不能奏效之后，占卜者占卜出需燎人祀天。于是在桑山之林，商汤准备亲作牺牲，捆绑双手，和一头黑公牛一起置于柴堆之上，欲焚烧自己祈雨。在焚烧之前，他仰面对着烈日当空的苍天，大声历数自己的六条过失，并言愿意承担上天的一切惩罚，祈祷上帝降雨以拯救百姓。随之大雨降临。

从商代的整个历史来看，社会形态依然是从神守至社稷守的转型时期（有的学者认为在夏代就完成了这种转型），商汤自己可能就是大巫，而自焚祈雨也体现了权利与义务对等的原则。在甲骨文中，也确实记录了很多焚巫祈雨的习俗，如：“贞：今丙戌，烄女才，亡其从雨”“壬辰卜，焚小母，雨。”“贞：今丙戌，焚女才，有从雨。”“贞：焚女，有雨。”“丙戌卜，其焚女率。”“戊申卜，其焚永女，雨。”“在主京，焚女，辛酉。”“焚于戈隹京，女歹。”等等。

所谓焚女巫，也就是让女巫上天去祈求上帝。使女巫舞娱上帝和焚女巫是祈雨的两种形式，而后者只有在长时间极端旱情下才会采用。这种习俗至晚在春秋时期还存在着，如《左传•（鲁）僖公二十一年》：“夏，大旱。公欲焚巫尪（wāng）。”

在古人的阴阳五行观念中，天旱的原因还包括“下界”的阴阳不和，也就引出了商汤自责“妇谒盛欤？”《春秋繁露•卷十六•求雨第七十四》还提到祈雨时“令吏民夫妇皆偶处。凡求雨之大体，丈夫欲藏匿，女子欲和而乐”。其意为，祈雨时夫妇应在一起行房事，以体现阴阳平衡，而且丈夫必须假装藏匿躲避，妻子则必须主动追求云雨之欢。这也是郑玄所说的“崇阴”。

《墨子•明鬼篇》有：“燕之有祖，当齐之社稷，宋之有桑林，楚之有云梦也，此男女之所属而观（‘观’或为‘欢’的假借）也。”郭沫若认为《小雅·莆田》：“琴瑟击鼓，以御田祖。以祈甘雨，以介我稷黍，以谷我士女。”中所谓“御田祖”，即燕之有祖矣。燕之祖当于齐之社，则燕之驰祖当于齐之观社。齐之观社，《春秋》以为非礼，《谷梁》谓“以是为尸女也”。《说文》云：“尸，陈也，象卧之形。”故“尸女”当通淫之意。“琴瑟击鼓，以御田祖。以祈甘雨”就是西周时期以狂欢野合等方式祈雨的场面。“燕之有祖，……此男女之所属而观（欢）也”也是生殖崇拜遗韵活动的场所（详见以第六章相关内容）。

《隋书·志·礼仪》也载：“《春秋》‘龙见而雩’，梁制不为恒祀。四月干旱不雨，则祈雨，行七事：一、理冤狱及失职者；二、赈鳏寡孤独；三、省徭轻赋；四、举进贤良；五、黜退贪邪；六、命会男女，恤怨旷（男性因娶不到女子而产生的抱怨）；七、彻膳羞（不食肉），弛乐悬而不作。”其中的“命会男女，恤怨旷”也是为了阴阳相合，“旷”指无配偶。

古人认为，天旱少雨虽然主要是由天神掌握的，但也与地祇有关。《礼记·祭法》说：“山林川谷丘陵能出云、为风雨、见怪物，皆曰‘神’。”既然“山林川谷丘陵”是具体出云为雨的地方，那么在祈雨过程中就不能忽视相关的地祇。《隋书·志·礼仪》具体讲述了祈雨的步骤，其中也包括祭祀地祇：“孟夏之月，龙星见，则雩五方上帝，配以五人帝于上，以太祖武元帝配飨，五官从配于下。牲用犊十，各依方色。京师孟夏后旱，则祈雨，理冤狱失职，存鳏寡孤独，振困乏，掩骼埋胔（zì），省徭役，进贤良，举直言，退佞谄，黜贪残，命有司会男女，恤怨旷。七日，乃祈岳镇海渎及诸山川能兴云雨者；又七日，乃祈社稷及古来百辟卿士有益于人者；又七日，乃祈宗庙及古帝王有神祠者；又七日，乃修雩，祈神州；又七日，仍不雨，复从岳渎已下祈如初典。秋分以后不雩，但祷而已。皆用酒脯。初请后二旬不雨者，即徙市禁屠。皇帝御素服，避正殿，减膳撤乐，或露坐听政。百官断伞扇。令人家造土龙。雨澍（及时下雨），则命有司报。州郡尉祈雨，则理冤狱，存鳏寡孤独，掩骼埋胔，洁斋祈于社。七日，乃祈界内山川能兴雨者，徙市断屠如京师。祈而澍，亦各有报。”

另外，如果天气出现与干旱相反的情况，即雨涝，也要祭祀这些地祇：“霖雨则禜（xǔ，祭祀的玉名）京城诸门，三禜不止，则祈山川岳镇海渎社稷。又不止，则祈宗庙神州。报以太牢。州郡县苦雨，亦各禜其城门，不止则祈界内山川。及祈报，用羊豕。”

关于“雩坛”的具体形制，从《隋书·志·礼仪》始有记载：

“（梁）大雩礼，立圆坛（非“圆丘”）于南郊之左（东），高及轮广（直径长）

四丈，周十二丈，四陛。牲用黄牯牛一。祈五天帝及五人帝于其上，各依其方，以太祖配，位于青帝之南，五官配食于下。”

“（后齐雩坛）为圆坛（非“圆丘”），广四十五尺，高九尺，四面各一陛。为三壝外营，相去深浅，并燎坛，一如南郊。于其上祈谷实，以显宗文宣帝配。青帝在甲寅之地（东偏北），赤帝在丙巳之地（南偏东），黄帝在己未之地（南偏西），白帝在庚申之地（西偏南），黑帝在壬亥之地（北偏西）。”

“隋雩坛，国南十三里启夏门外道左（东）。高一丈，周百二十尺。孟夏之月，龙星见，则雩五方上帝，配以五人帝于上，以太祖武元帝配飨，五官从配于下。”所谓“五官”，即勾（句）芒、祝融、后土、蓐收、玄冥，五方帝的五位佐神。

截止到隋朝，从以上有关“南郊”“圆丘（圜丘）”“雩坛”“祈谷坛”“五帝坛（五方坛、五郊坛）”的记载，可以总结为：

（1）有时“南郊坛”（也名“祈谷坛”）与“雩坛”实为一坛两用，只是使用的季节时令不同。祈谷为正月上辛日，祈雨从孟夏四月开始，以后视旱情增加祭祀次数，如后齐朝。

（2）有时“南郊坛”（也名“祈谷坛”）与“圆丘”实为一坛两用，只是使用的季节时令不同。圆丘祭天在冬至日，但有别于“雩坛”，如梁朝。

（3）有时“南郊坛”（也名“祈谷坛”）既有别于“圆丘”，又有别于“雩坛”，如隋朝。

（4）另有“五帝坛”分时节祭祀“五方帝”，祭祀时间分别为立春、立夏、季夏（“土王日”，阴历六月，立秋前18天）、立秋、立冬。

另外，至隋朝，在宗教观念方面，五方帝的神格特征有再一次被弱化的趋势。

《隋书•志•礼仪》说：“《礼（记）》曰：‘万物本乎天，人本乎祖，所以配上帝也。’秦人荡六籍以为煨烬（灰烬），祭天之礼残缺，儒者各守其所见物而为之义焉。一云：‘祭天之数，终岁有九（包括冬至祭天、正月祈谷、五时迎气祭五方帝、春分祭日、秋分祭祀月），祭地之数，一岁有二。圆丘、方泽，三年一行。若圆丘、方泽之年，祭天有九，祭地有二。若天不通圆丘之祭，终岁有八；地不通方泽之祭，终岁有一。’此则郑学（郑玄之学）之所宗也。一云：‘唯有昊天，无五精之帝。而一天岁二祭，坛位唯一。圆丘之祭，即是‘南郊’，南郊之祭，即是‘圆丘’。日南至（指冬至），于其上以祭天，春又一祭，以祈农事，谓之‘二祭’，无别天也。五时迎气，皆是祭五行之人帝太皞之属，非祭天也。天称‘皇天’，亦称‘上帝’，亦直称‘帝’。五行人帝亦得称‘上帝’，但不得称‘天’。故五时迎气及文、武配祭明堂，皆祭人帝，非祭天也。’此则王学（王肃之学）之所宗也。梁、陈以降，以迄于隋，议者各宗所师，故郊丘互有变易。”

在此段文字中，作为天神的“天”，就是“皇天”“上帝”，简称为“帝”；作为人的古帝王，也可称为“上帝”，但不可以称为“天”。其本意是在理清郑王之争的基础上，进一步理清“天”与“帝”的区别。但其后半部分解释有明显的不足，把古帝王称为“上帝”并无依据。“天”与“帝”的区别等问题，直到宋代朱熹才给出了最合理的解释。

（二）唐朝时期

从东汉末年开始国内烽烟四起、战乱不止，经约361年后隋朝实现了中国的再一次统一。但隋朝与秦朝一样短命，仅仅在27年之后便被唐朝所取代。唐代隋之后便开启了中国历史上一个堪比大汉的盛世。与汉朝相比，唐朝在世俗文化建设方面的成就更加丰富与辉煌，而在礼制文化建设方面，大多还是继承了至晚在汉朝时期就创下的制度与内容等，少有大的变化。但因唐朝共历21帝，享国289年，吉礼的内容也是在不断地微调中。

《旧唐书·志·礼仪》载：“（唐高祖李渊）武德初，定令：每岁冬至，祀昊天上帝于圆丘（坛），以（汉）景帝配。其坛在京城明德门外道东二里。坛制四成（层），各高八尺一寸，下成（层）广二十丈，再成（层）广十五丈，三成（层）广十丈，四（层）成广五丈。每祀，则昊天上帝及配帝设位于平座。……五方上帝、日月、内官、中官、外官及众星，并皆从祀。其五方帝及日月七座，在坛之第二等；内五星已下官五十五座，在坛之第三等；二十八宿已下中官一百三十五座，在坛之第四等；外官百十二座，在坛下外壝之内；众星三百六十座，在外壝之外。”

此“圆丘”即为继承的隋朝之“圆丘”。

“孟春辛日，祈谷祀感（生）帝于南郊（坛），（汉）元帝配，牲用苍犊二。孟夏之月，雩祀昊天上帝于圆丘（坛），（汉）景帝配，牲用苍犊二。五方上帝、五人帝、五官并从祀，用方色犊十。季秋，祀五方上帝于明堂，（汉）元帝配，牲用苍犊二。五人帝、五官并从祀，用方色犊十。孟冬，祭神州于北郊，（汉）景帝配，牲用黝犊二。”

从以上记载可知，唐初，冬至“祭天”和孟夏“雩礼”都是祭祀“昊天上帝”，祭祀的地点是“圆丘”，也就是与“雩坛”合一。“祈谷”是祭祀“感生帝”，祭祀的地点是“南郊（坛）”。这些与隋朝不同。另外，似乎并没有独立的“五方坛”祭祀“五方帝”。

《旧唐书·志·礼仪》又载："（唐高宗李治显庆）二年（公元657年）七月，礼部尚书许敬宗与礼官等又奏议：'据祠令及新礼（即《贞观礼》），并用郑玄六天（六个天神）之议，圆丘祀昊天上帝，南郊（坛）祭太微感（生）帝，明堂祭太微五帝（说明有神格的和偏重于人格的五帝之区别）。谨按郑玄此义，唯据《纬书》，所说六天，皆谓星象，而昊天上帝，不属穹苍（演变得更抽象了）。故注《月令》及《周官》，皆谓圆丘所祭昊天上帝为北辰星曜魄宝（即"北极星""太一""勾陈一"）。又说《孝经》'郊祀后稷以配天'及明堂严父配天，皆为太微五帝。考其所说，舛谬特深。按《周易》云：'日月丽于天，百谷草木丽于地。'又云：'在天成象，在地成形。'足明辰象非天，草木非地。《毛诗传》云：'元气昊大，则称'昊天'。远视苍苍，则称'苍天'。'此则苍昊为体，不入星辰之例（明显属于偷换概念）。且天地各一，是曰'两仪'。天尚无二，焉得有六？是以王肃群儒，咸驳此义。又检太史《圆丘图》，昊天上帝座外，别有北辰座（北极星），与郑义不同。得太史令李淳风等状，昊天上帝图位自在坛上，北辰自在第二等，与北斗并列，为星官内座之首，不同郑玄据《纬书》所说。此乃羲和所掌，观象制图，推步有征，相沿不谬。

又按《史记·天官书》等，太微宫有五帝者，自是五精之神，五星所奉。以其是人主之象，故况之曰'帝'。亦如房心为天王之象，岂是天乎！《周礼》云：'兆五帝于四郊。'又云：'祀五帝则掌百官之誓戒。'惟称'五帝'，皆不言'天'。此自太微之神，本非穹昊之祭（"太微"与"穹昊"并无本质区别，有的仅仅是范围的区别）。又《孝经》惟云'郊祀后稷'，无别祀圆丘之文。王肃等以为郊即圆丘，圆丘即郊，犹王城、京师，异名同实。符合经典，其义甚明。而今从郑说，分为两祭，圆丘之外，别有南郊，违弃正经，理深未允。且检吏部式，惟有南郊陪位，更不别载圆丘。式文既遵王肃，祠令仍行郑义，令、式相乖，理宜改革。

又《孝经》云：'严父莫大于配天'，下文即云：'周公宗祀文王于明堂，以配上帝。'则是明堂所祀，正在配天，而以为但祭星官，反违明义。又按《月令》：'孟春之月，祈谷于上帝。'《左传》亦云：'凡祀，启蛰而郊，郊而后耕。故郊祀后稷，以祈农事。'然则启蛰郊天，自以祈谷，谓为感（生）帝之祭，事甚不经。今请宪章姬、孔，考取王、郑，四郊迎气，存太微五帝之祀；南郊明堂，废《纬书》六天之义。……'"

礼部尚书许敬宗等所陈述的内容，仍是延续了郑玄与王肃隔空之辩之内容，只是不谙原始宗教在发展到较抽象的阶段后，"星辰"只是天神的表象，而天神本身并不是"星辰"的道理。但也证明笔者在第四章中的推断，即随着古人对天文内容认知和历法等的进步，中国古代早期混沌状态的天神，必然是要往更具象和更抽象的两个方面分化发展，最具代表性的实例就是“五帝”的分化。许敬宗等奏核心内容是“南郊坛”与“圆丘坛”应该合二为一，祈谷时祭祀昊天上帝及神农。再有，五帝不应该属于“天神”，应另建“五帝坛”（五郊坛）祭祀“五方帝”。他们的建议曾被采纳，后来又有些改变。

唐玄宗开元十年（公元722年），右丞相张说奏曰：“《礼记》汉朝所编，遂为历代不刊之典。今去圣久远，恐难改易。今之五礼仪注，贞观、显庆两度所修，前后颇有不同，其中或未折中。望与学士等更讨论古今，删改行用。”

随后，“萧嵩代为集贤院学士，始奏起居舍人王仲丘撰成一百五十卷，名曰‘《大唐开元礼》’。（开元）二十年九月，颁所司行用焉。”

《大唐开元礼》中与祭天有关的主要内容为：“祀天一岁有四，……冬至，祀昊天上帝于圆丘，高祖神尧皇帝配，中官加为一百五十九座，外官减为一百四座。其昊天上帝及配帝二座，……正月上辛，祈谷祀昊天上帝于圆丘，以高祖配，五方帝从祀。……孟夏，雩（祀）昊天上之帝于圆丘，以太宗配，五方帝及太昊等五（人）帝、勾芒等五官从祀。……季秋，大享于明堂，祀昊天上帝，以睿宗配，其五方帝、五人帝、五官从祀。……自冬至圆丘已下，余同贞观之礼。”

此时的“五方帝”已经完全成为了二等神。“五官”为木正勾（句）芒、火正祝融、金正蓐收、水正玄冥、土正后土。

《旧唐书•志•礼仪》载：“天宝三年，有术士苏嘉庆上言：‘请于京东朝日坛东，置九宫贵神坛，其坛三成（层），成（层）三尺，四阶。其上依位置九坛，坛尺五寸。东南曰‘招摇’，正东曰‘轩辕’，东北曰‘太阴’，正南曰‘天一’，中央曰‘天符’，正北曰‘太一’，西南曰‘摄提’，正西曰‘咸池’，西北曰‘青龙’。五为中，戴九履一，左三右七，二四为上，六八为下，符于遁甲。四孟月祭，尊为九宫贵神，礼次昊天上帝，而在太清宫太庙上。用牲牢、璧币，类于天地神祇。’玄宗亲祀之。如有司行事，即宰相为之。肃宗乾元三年正月，又亲祀之。初，九宫神位，四时改位，呼为‘飞位’。乾元之后，不易位。”

很显然，这属于依“九宫格”数术而拼凑的天神，并与道教的染指有关。检校左仆射太常卿王起、广文博士卢就等献议曰：“伏惟九宫所称之神，即太一、摄提、轩辕、招摇、天符、青龙、咸池、太阴、天一者也。谨按《黄帝九宫经》及萧吉《五行大义》：‘一宫，其神太一，其星天蓬，其卦坎，其行水，其方白。二宫，其神摄提，其星天芮，其卦坤，其行土，其方黑。三宫，其神轩辕，其星天冲，其卦震，其行木，其方碧。四宫，其神招摇，其星天辅，其卦巽，其行木，其方绿。五宫，其神天符，其星天禽，其卦离，其行土，其方黄。六宫，其神青龙，其星天心，其卦乾，其行金，其方白。七宫，其神咸池，其星天柱，其卦兑，其行金，其方赤。八宫，其神太阴，其星天任，其卦艮，其行土，其方白。九宫，其神天一，其星天英，其卦离，其行火，其方紫。’”

唐太宗李世民平定天下之初就命儒官议明堂之制，但一直到武后执政的前一时期，仍然没有定论，依据《旧唐书·志·礼仪》的记载，归纳起来诸大臣中有四种意见：

（1）大多数儒官的意见，既严格复制汉儒所描述的明堂的形制，但也有争论，焦点主要为明堂是遵循“五室”的《考工记》与郑玄说，还是“九室”的戴德、蔡邕说。

（2）唐最著名的天文学家、经学大师、太子中允孔颖达所代表的意见，他基本上否定了前儒对明堂义理与形式等方面复杂的定义，主张从简。

（3）以侍中魏徵所代表的意见，他对明堂的形制基本上采取的是一种折中的态度，但倾向于“五室”形式：“凡圣人有作，义重随时，万物斯睹，事资通变。若据蔡邕之说，则至理失于文繁；若依裴頠（西晋大臣、哲学家）所为，则又伤于质略。求之情理，未允厥中（指不符合中正之道）。今之所议，非无用舍。请为五室重屋，上圆下方，既体有则象，又事多故实。下室备布政之居，上堂为祭天之所，人神不杂，礼亦宜之。其高下广袤之规，几筵尺丈之制，则并随时立法，因事制宜。自我而作，何必师古。”

（4）以秘书监颜师古所代表的观点，主张自主创造。他也认为前儒对明堂的种种描述“众说舛驳，互执所见，巨儒硕学，莫有详通。斐然成章，不知裁断”。因此不如另行创造：“但以学者专固，人人异言，损益不同，是非莫定。臣愚以为五帝之后，两汉已（以）前，高下方圆，皆不相袭。惟在陛下圣情创造，即为大唐明堂，足以传于万代，何必论户牖之多少，疑阶庭之广狭？”

这样的争论一直到唐高宗时期仍没有定论，但高宗后来倾向于“九室”，并让“所司”设计了颇为复杂的“九室”样图，只是终没建造出来。

武则天实际主政时期（始于公元684年），明堂的建设可谓大刀阔斧，“则天临朝，儒者屡上言请创明堂。则天以高宗遗意，乃与北门学士（唐高宗时，弘文馆直学士刘祎之、著作郎元万顷等奉为翰林院待诏，密令参决以分宰相之权）议其制，不听群言。垂拱三年春，毁东都（洛阳）之干（乾）元殿，就其地创之……”

根据《旧唐书·志·礼仪》中的记载推测：武则天建造的明堂一层平面为正方形，十字轴线对称，每面十一间，正中为七间的“布政之居”，四隅为各两间实心的假室。中心室的正中为一通高至宝顶的堂心柱，其周围有八根柱子贯通三层。柱间有复杂的构件连接，形成一个中心刚架。二层为中空的八边形建筑，为底层采光。三层为圆形建筑。

底层四面象征四时，分别饰以青、赤、白、黑四色。二层八边形中，四正面每面三窗，共十二窗以象征十二辰。三层圆形亦分为八面开间，每开间三窗，共二十四窗以象征二十四节气。立面一层为重檐，二层亦为重檐，但下檐为八边形，上檐为圆形，即为“圆盖”。屋顶围脊以下饰九龙。三层为重檐攒尖圆顶，宝顶先为宝凤。因为圆屋顶瓦皆为上小下大的异型瓦，难以烧制，故“刻木为瓦，夹纻（zhù）漆之（即以苎麻纤维布粘贴后再刷大漆）”。底层中心柱与四隅加固墩之间用铁铸造成一环形沟，即“明堂之下施铁渠，以为辟雍之象”（图 5-22 ～图 5-27）。

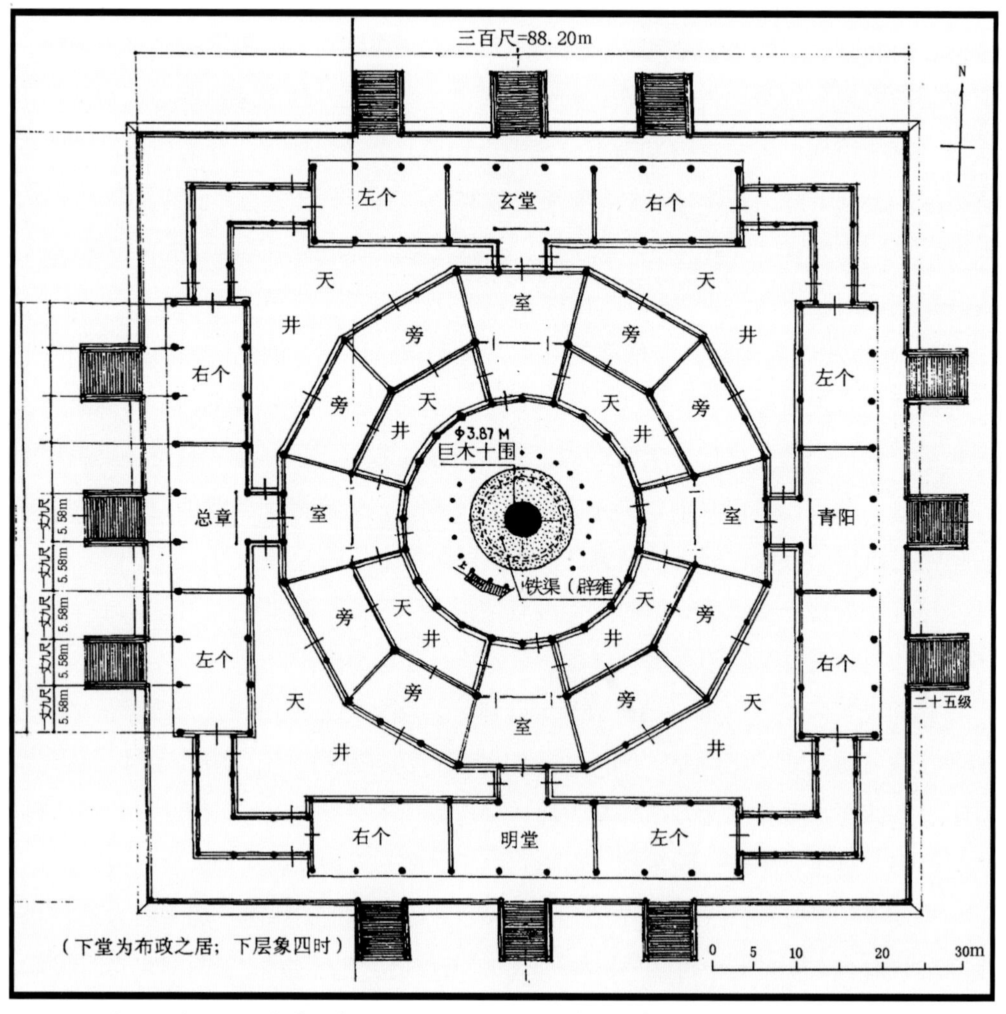

图 5-22　唐洛阳武则天明堂遗址复原首层平面图（采自《宫殿考古通论》）

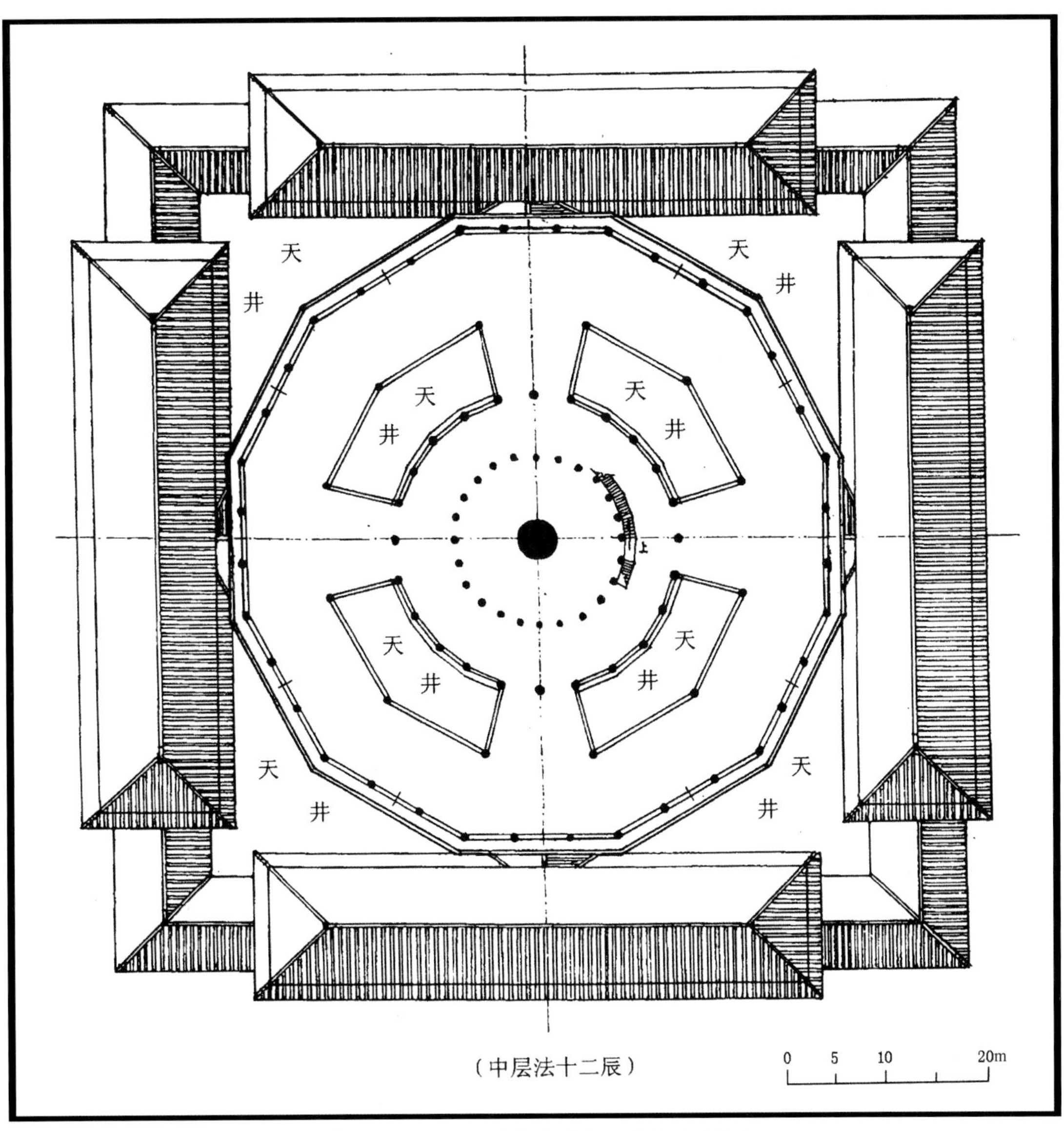

图 5-23　唐洛阳武则天明堂遗址复原二层平面图（采自《宫殿考古通论》）

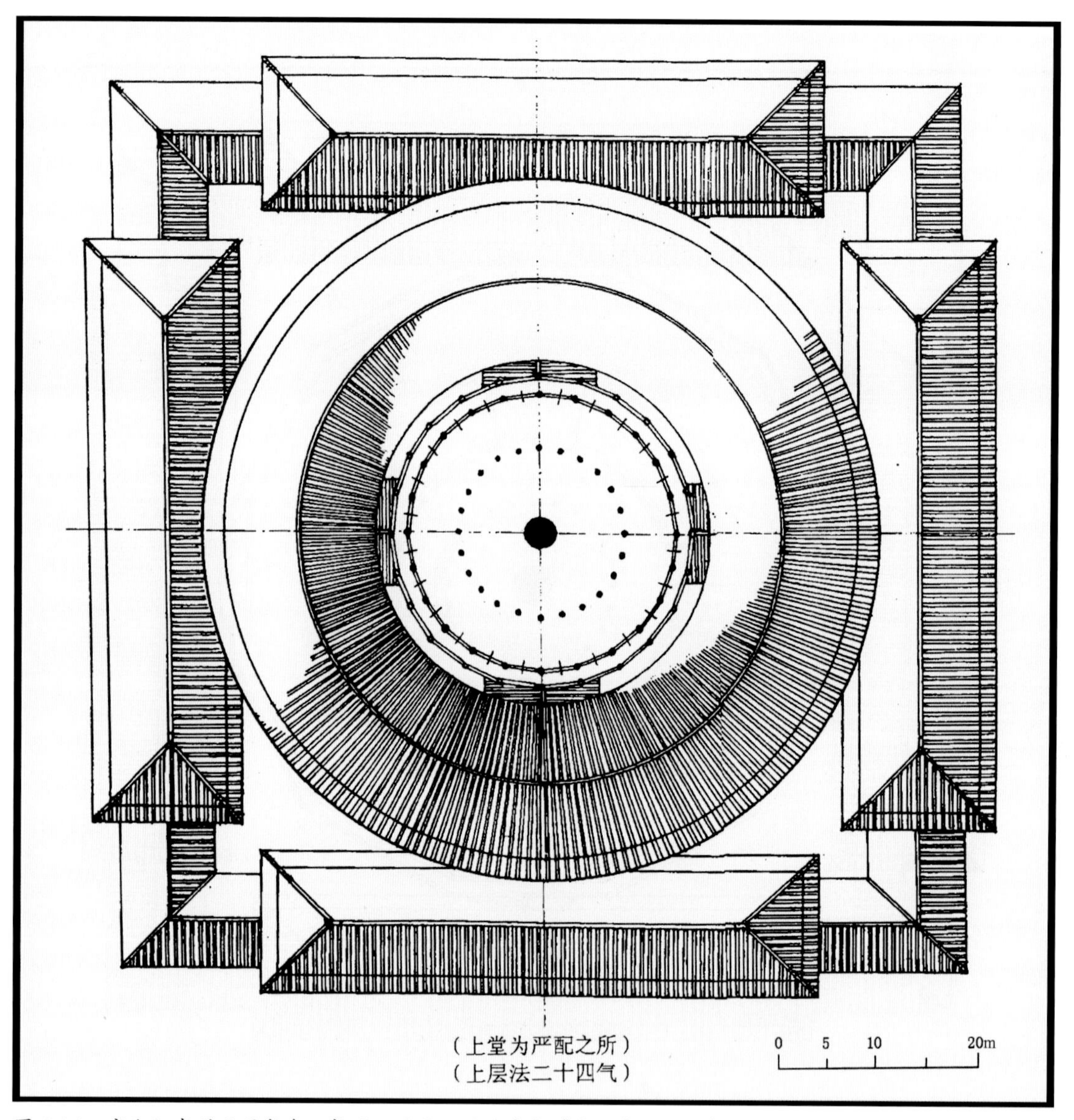

图 5-24　唐洛阳武则天明堂遗址复原三层平面图（采自《宫殿考古通论》）

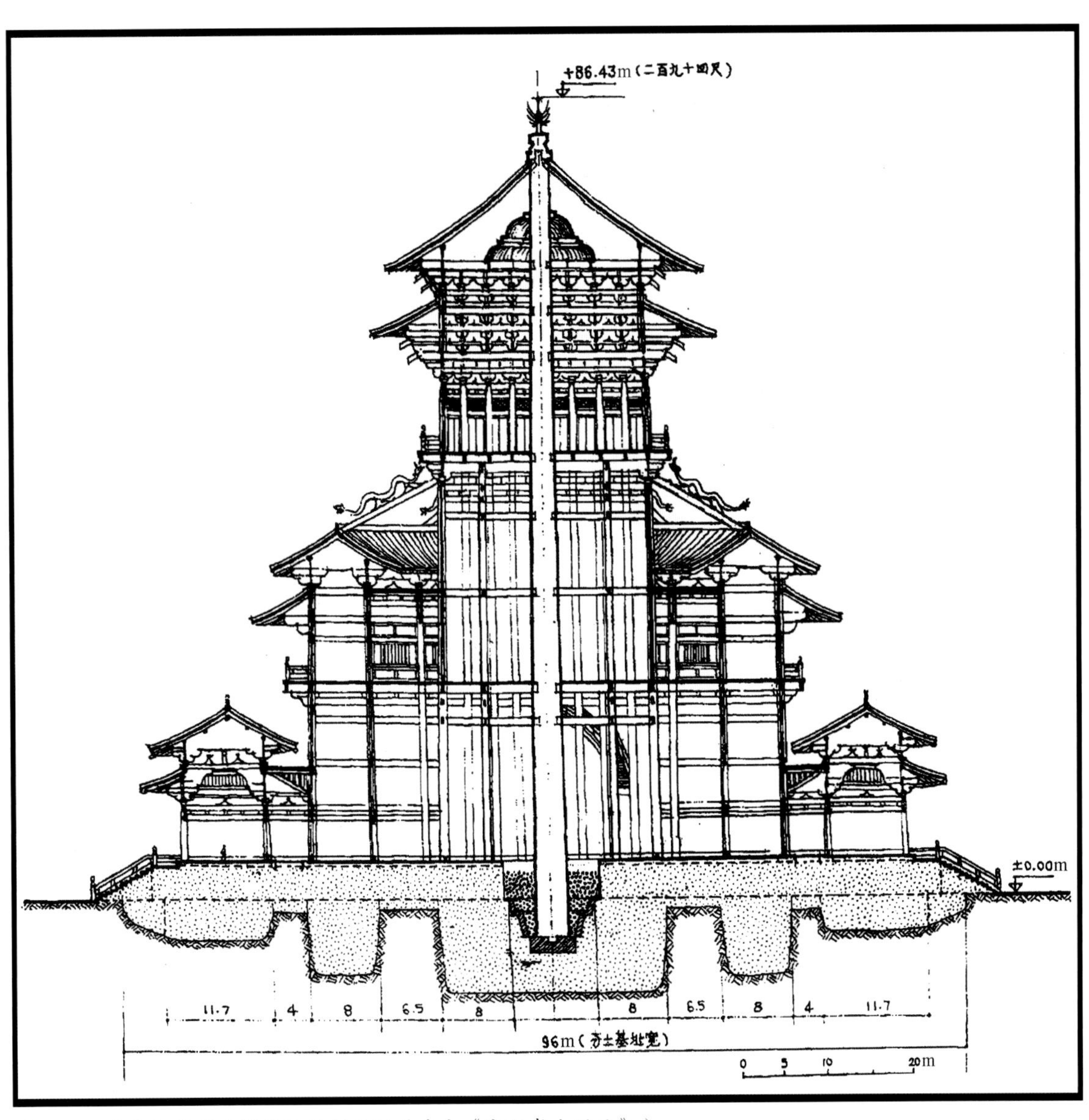

图 5-25　唐洛阳武则天明堂复原剖面图（采自《宫殿考古通论》）

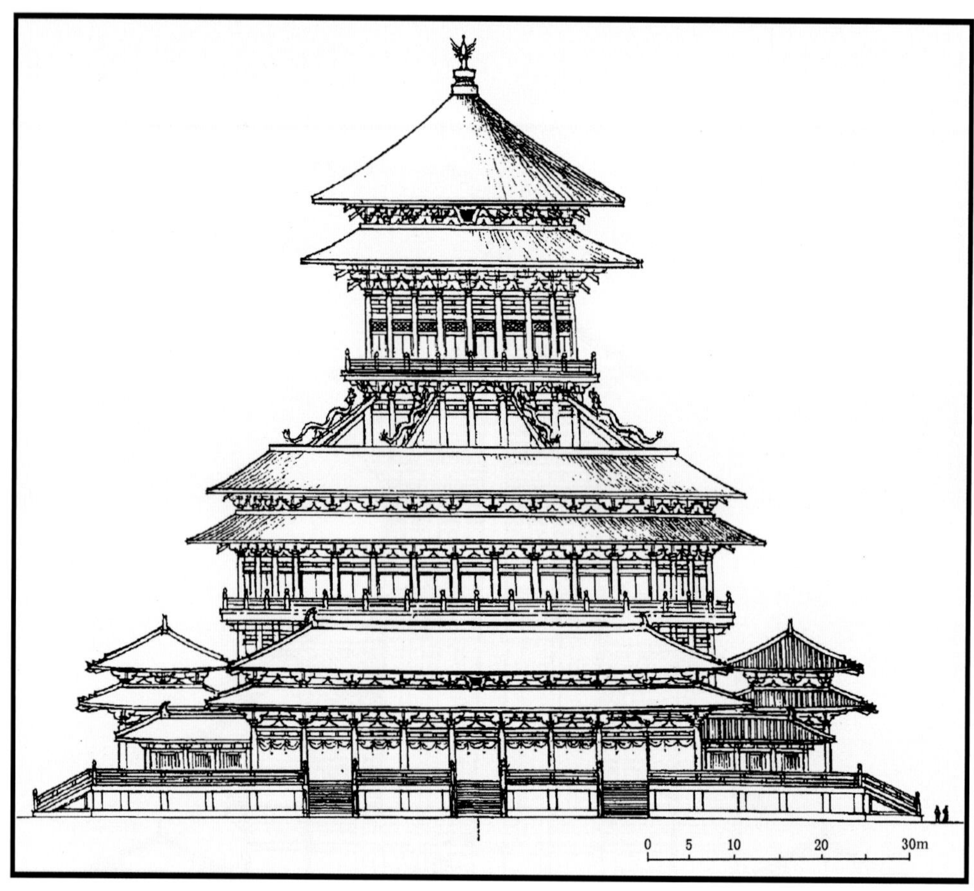

图 5-26　唐洛阳武则天明堂遗址复原立面图（采自《宫殿考古通论》）

图 5-27　唐洛阳武则天明堂复原透视图（采自《宫殿考古通论》）

但这个不合旧制的明堂命运多舛，于证圣元年（公元695年）被大火焚毁，后依原样重建。唐玄宗李隆基继位后，很多大臣乘机贬损“武氏明堂”有乖典制。玄宗正好可借此话题彻底消除武氏的影响，故下诏曰：“……今之明堂，俯邻宫掖，此之严祀，有异肃恭，苟非宪章，将何轨物？由是礼官博士、公卿大夫，广参群议，钦若前古，宜存露寝之式，用罢辟雍之号。可改为干（乾）元殿，每临御宜依正殿礼。”

直到唐开元二十五年（公元737年）玄宗在西京长安时，诏将作大匠康灊（qián）素前往东都洛阳去拆毁“武氏明堂”。康灊素以毁拆劳人为由，奏请只拆改上层，“卑于旧制九十五尺。又去柱心木，平座上置八角楼，楼上有八龙，腾身捧火珠。又小于旧制，周围五尺，覆以真瓦，取其永逸。依旧为干（乾）元殿。”即不是完全拆毁，而主要是把三层的圆屋顶改为八角形顶，屋檐也缩进五尺，每脊饰一金龙，宝顶改为火珠。特别是屋顶，“覆以真瓦，取其永逸”。

（三）两宋时期

宋朝的礼仪制度传承于《大唐开元礼》，但祭天制度与相关的礼制建筑等又有演化与反复。《宋史•志第五十一•礼一》载：

“五代之衰乱甚矣，其礼文仪注往往多草创，不能备一代之典。宋太祖兴兵间，受周禅，收揽权纲，一以法度振起故弊。即位之明年，因太常博士聂崇义上《重集三礼图》，诏太子詹事尹拙集儒学之士详定之。开宝中，四方渐平，民稍休息，乃命御史中丞刘温叟、中书舍人李昉、兵部员外郎、知制诰卢多逊、左司员外郎、知制诰扈蒙、太子詹事杨昭俭、左补阙贾黄中、司勋员外郎和岘、太子中舍陈鄂撰《开宝通礼》二百卷，本唐《开元礼》而损益之。既又定《通礼义纂》一百卷。

太宗尚儒雅，勤于治政，修明典章，大抵旷废举矣。真宗承重熙之后，契丹既通好，天下无事，于是封泰山，祀汾阴，天书、圣祖崇奉迭兴，专置详定所，命执政、翰林、礼官参领之。寻改礼仪院，仍岁增修，纤微委曲，缘情称宜，盖一时弥文之制也。”

自《开宝通礼》《通礼义纂》之后，又有很多变化与演绎。

宋朝国家级的祭祀内容有：

“岁之大祀三十：正月上辛祈谷，孟夏雩祀，季秋大享明堂，冬至圜丘祭昊天上帝，正月上辛又祀感生帝，四立及土王日祀五方帝，春分朝日，秋分夕月，东西太一，腊日（阴历十二月初八）大蜡祭百神，夏至祭皇地祇，孟冬祭神州地祇，四孟、季冬荐享太庙、后庙，春秋二仲及腊日祭太社、太稷，二仲九宫贵神（延续唐玄宗时期创建的）。

中祀九：仲春祭五龙，立春后丑日祀风师、亥日享先农，季春巳日享先蚕，立夏后申日祀雨师，春秋二仲上丁释奠文宣王、上戊释奠武成王。

小祀九：仲春祀马祖，仲夏享先牧，仲秋祭马社，仲冬祭马步，季夏土王日祀中霤，立秋后辰日祀灵星，秋分享寿星，立冬后亥日祠司中、司命、司人、司禄，孟冬祭司寒（司中、司命、司禄为文昌宫中的星官，司寒为玄冥的演化，《左传·昭公四年》：‘其藏之也，黑牡、秬黍以享司寒。’）。

其诸州奉祀，则五郊迎气日祭岳、镇、海、渎，春秋二仲享先代帝王及周六庙，并如中祀。州县祭社稷，奠文宣王，祀风雨，并如小祀。凡有大赦，则令诸州祭岳、渎、名山、大川在境内者，及历代帝王、忠臣、烈士载祀典者，仍禁近祠庙咸加祭。有不克定时日者，太卜署预择一季祠祭之日，谓之‘画日’。凡坛壝、牲器、玉帛、馔具、斋戒之制，皆具《通礼》。后复有高禖、大小酺神之属，增大祀为四十二焉。

其后，神宗诏改定大祀：太一，东以春（分），西以秋（分），中以夏（至）冬（至）；增大蜡为四，东西蜡主日配月；太庙月祭朔。而中祀：四望（祭祀岳渎之神），南北蜡。小祀：以四立祭司命、户、灶、中霤、门、厉、行，以藏冰、出冰祭司寒，及月荐新太庙。岁通旧祀凡九十二，惟五享后庙焉。

（宋徽宗）政和中，定《五礼新仪》，以荧惑、阳德观、帝鼐（注 1）、坊州朝献圣祖、应天府祀大火（心宿二）为大祀；雷神、历代帝王、宝鼎、牡鼎、苍鼎、冈鼎、彤鼎、阜鼎、晶鼎、魁鼎、会应庙、庆历军祭后土为中祀；山林川泽之属，州县祭社稷、祀风伯雨师雷神为小祀。余悉如故。

（南宋高宗）建炎四年（公元 1130 年）十一月，权工部尚书韩肖胄言：‘祖宗以来，每岁大、中、小祀百有余所，罔敢废阙。自车驾巡幸，惟存宗庙之祭，至天地诸神之祀，则废而不举。今国步尚艰，天未悔祸，正宜斋明恭肃，通于神明，而忽大事、弃重礼，恐非所以消弭天灾，导迎景贶。虽小祀未可遍举，如天地、五帝、日月星辰、社稷，欲诏有司以时举行。所有器服并牲牢礼料，恐国用未充，难如旧制，乞下太常寺相度裁定，省繁就简，庶几神不乏祀，仰副陛下昭事怀柔、为民求福之意。’

寻命礼部太常裁定：每岁以立春上辛祀谷，孟夏雩祀，季秋及冬至日四祀天，夏至日一祀地，立春上辛日祀感生帝，立冬后祀神州地祇，春秋二社及腊前一日祭太社、太稷。免牲、玉，权用酒脯，仍依方色奠币。以辅臣为初献，礼官为亚、终献。

（南宋）绍兴三年（公元 1133 年），复大火祀，配以阏伯，以辰、戌出纳之月祀之（农历三月至九月，心宿大致于南天可见）。二十七年（公元 1157 年），礼部太常寺言：‘每岁大祀三十六，除天地、宗庙、社稷、感生帝、九宫贵神、高禖、文宣王（孔子）等已行外，其余并乞寓祠斋宫。’自绍兴以来，大祀所行二十有三而已，至是乃悉复之。”

关于南郊坛制，《宋史•志第五十二•礼二》记载：

“南郊坛制。梁及后唐郊坛皆在洛阳。宋初始作坛于东都（开封）南熏门外，四成（层）、十二陛、三壝。设燎坛于内坛之外丙地（南偏东），高一丈二尺。设皇帝更衣大次（临时休息的大帐篷）于东壝东门之内道北，南向。

仁宗（赵祯）天圣六年（公元 1028 年），始筑外壝，周以短垣，置灵星门。亲郊则立表于青城（斋宫），表三壝。

神宗（赵顼）熙宁七年（公元 1074 年），诏中书、门下参定青城殿宇门名。先是，每郊撰进，至是始定名，前门曰‘泰禋’，东偏门曰‘迎禧’，正东门曰‘祥曦’，正西门曰‘景曜’，后三门曰‘拱极’，内东侧门曰‘夤（yín，深）明’，西侧门曰‘肃成’，殿曰‘端诚’，殿前东、西门曰‘左右嘉德’，便殿曰‘熙成’，后园门曰‘宝华’，着为定式。

（神宗）元丰元年（公元 1078 年）二月，诏内壝之外，众星位周环，每二步植一杙（yì，木桩），缭以青绳，以为限域。既而详定奉祀礼文所言：‘《周官》外祀皆有兆域，后世因之，稍增其制。国朝郊坛率循唐旧，虽仪注具载圜丘三壝，每壝（距离）二十五步，而有司乃以青绳代内壝，诚不足以等神位、序祀事、严内外之限也。伏请除去青绳，为三壝之制。’”

上述记录表明，宋朝祭天之坛建筑群中已经出现了“棂星门”“表”这两种重要的建筑形式，另有“正殿”“便殿”“大次（临时帐篷）”和焚烧祭品的“燎坛”。坛墙三层，但因祭祀的神位太多，还要在坛下地上立木桩以青绳围之，作为摆放神位的界线。

距宋开国已有 153 年的徽宗赵佶政和三年（公元 1113 年），徽宗诏有司讨论坛壝之制，礼制局言：“古所谓地上圜丘、泽中方丘，皆因地形之自然。王者建国，或无自然之丘，则于郊泽吉土以兆坛位。为坛之制，当用阳数，今定为坛三成（层），一成（层）用九九之数，广八十一丈，再成（层）用六九之数，广五十四丈，三成（层）用三九之数，广二十七丈。每成（层）高二十七尺，三成（层）总二百七十有六，《干（乾）》之策也。为三（重）壝，（每）壝（距离）三十六步，亦《干（乾）》之策也。成（层）与壝地（“地”显然为“天”之误）之数也。”

但仅仅在 14 年后（靖康二年，公元 1127 年），徽宗与钦宗一同被金兵俘虏，后被押往北国囚禁，死于五国城，大宋政权也被金人逼至长江以南。

北宋又以四郊“迎气”及“土王日”专祀“五方帝”，以五人帝配，五官、三辰、七宿从祀。各建坛于国门之外：青帝之坛，高七尺，方六步四尺；赤帝之坛，高六尺，东西六步三尺，南北六步二尺；黄帝之坛，高四尺，方七步；白帝之坛，高七尺，方七步；黑帝之坛，高五尺，方三步七尺。“五方帝坛”皆为方坛。祈谷、雩祀于圆丘或另立坛。

宋政和五年（公元 1115 年），宋徽宗下诏说：

“明堂之制，朕取《考工》互见之文，得其制作之本。夏后氏曰‘世室，（正）堂修（进深长）二七（两个七步），广四修一（面阔比进深多四分之一）。五室（布局），（概括为）三四步（三个四步），四三尺（四个三尺）。九阶，四旁两夹窗。’考夏后氏之制，名曰‘世室’，又曰‘堂者’，则世室非庙堂。修二七，广四修一，则度以六尺之步，其堂修十四步，广十七步之半。’又曰‘五室三四步四三尺者，四步益（增加）四尺，中央土室也，三步益三尺，木、火、金、水四室也。每室四户，户两夹窗。’此夏制也。

商人‘（曰）重屋，（正）堂修七寻（一寻等于八尺），崇（堂基高）三尺，四阿重屋（重檐庑殿顶）。’而又曰‘堂者，非寝也。度以八尺之寻，其堂修七寻。’又曰‘四阿重屋，阿者屋之曲也，重者屋之复也。’则商人有四隅之阿，四柱复屋，则知下方也。

周人明堂度以九尺之筵（草席）。三代之制不相袭，夏曰‘世室’，商曰‘重屋’，周曰‘明堂’，则知皆室也。东西九筵，南北七筵，堂崇一筵，五室，凡室二筵者，九筵则东西长，七筵则南北狭，所以象天，则知上圜也。名不相袭，其制则一，唯步、寻、筵广狭不同而已。

朕益世室之度，兼四阿重屋之制，度以九尺之筵，上圜象天，下方法地，四户以合四序，八窗以应八节，五室以象五行，十二堂以听十二朔。九阶、四阿，每室四户，夹以八窗。享帝严父，听朔布政于一堂之上，于古皆合，其制大备。宜令明堂使司遵图建立。”

于是由“内出图式，宣示于崇政殿，命蔡京为明堂使，开局兴工，日役万人。”

但时任太师的蔡京嫌“内出”的设计尺寸偏小，建议增改。蔡京督造的明堂为内外两层的单层建筑，内层正中为“太室”，四角呈顶角布置为金、木、水、火“四室”；外层四边为“明堂”“玄堂”“青阳”“总章”四太庙与左右“个”，四角为实心的“四阿”。内外两层建筑间应该分出四个天井。

时任宰相的蔡京的长子蔡攸则建议：“明堂五门，诸廊结（琉璃）瓦，古无制度，汉、唐或盖以茅，或盖以瓦，或以木为瓦，以夹纻漆之。今酌古之制，适今之宜，盖以素瓦，而用琉璃缘里及顶盖鸱尾缀饰，上施铜云龙。其地则随所向甃以五色之石。栏楯柱端以铜为文鹿或辟邪象。明堂设饰，杂以五色，而各以其方所尚之色。八窗、八柱则以青、黄、绿相间。堂室柱门栏楯，并涂以朱。堂阶为三级，级崇三尺，共为一筵。庭树松、梓、桧，门不设戟，殿角皆垂铃。”这可能就是北宋明堂的最终形式。

南宋高宗赵构绍兴十三年（公元1143年），太常寺言：“国朝圆坛在国之东南，坛侧建青城斋宫，以备郊宿。今宜于临安府行宫东南修建。”

于是高宗诏临安府（今杭州）及殿前司修建圆坛，这个祭天之坛复为四层，“（从上往下）第一成（层）纵广（直径）七丈，第二成（层）纵广（直径）一十二丈，第三成（层）纵广（直径）一十七丈，第四成（层）纵广（直径）二十二丈。一十二陛，每陛七十二级，每层一十二缀（连续摆放的神位）。三壝，第一壝去坛二十五步，中壝去内壝、外壝去中壝各半之。燎坛方一丈，高一丈二尺，开上南出户，方六尺，三出陛，在坛南二十步丙地。”

在“青城斋宫”修建的过程中，大臣宇文价说：“陛下方经略河南，今筑青城，是无中原也。”“遂罢役”。

这个圆坛的特别之处在于在十二个方位上设有十二组台阶，加之每两组台阶之间有十二个空位，实际上就是把每个圆面分为二十四份。“四”“十二”和“二十四”都是“天文常数”。

另外，早在隋唐时期人们就开始关注一些祭祀理论问题，如昊天上帝是否为北极神、五方帝是否为天神等问题。

第一个问题，恐怕是原始宗教普遍会遇到的基本问题，即当人们对自然的认知水平稍有提高，马上就会对最受关注的至上神的属性等质疑，这就会使得原始宗教中原本混沌的神祇，不得不分别往更具象和更抽象的方向发展。至上神昊天上帝已经向三个方面发展：

其一是其原型北极神、太一神成为了二等星神或普通星神，与其他众星神一样，它们的特征会逐渐被淡化与遗忘（相关的神话也逐渐消失）；

其二是转变成为非常具象的神，如道教的玉皇大帝；

其三是变得更加抽象了，没有任何具体的表象。

笔者在第四章中已阐释过，太阳神和月亮女神的演化，就经历过这样的历史过程。

第二个问题，依然是郑玄与王肃“隔空辩论”的问题，也是“天”与“帝”区别的问题。从前面所引的内容来看，至隋唐时期，多数儒者是认可了王肃的观点的，如唐礼部尚书许敬宗的奏章所言。但简单地给予否定的结论并不难，难的是对以往的历史现象做出合理的解释。直至宋朝时期，朱熹才针对“天”与“帝”的问题做出了精彩的解释，也成为了后世对此类问题认识的依据。

《宋史·志·礼三》载朱熹为“南北郊”之辩曰：“……或问：郊祀后稷以配天，宗祀文王以配上帝（据说是周公定下的祭祀制度），帝即是天，天即是帝，却分祭，何也？曰：为坛而祭，故谓之‘天’，祭于屋下而以神祇祭之，故谓之‘帝’。”

朱熹对“或问”的解释，并没有直接把“帝”往“人格”属性方面拉扯，而其解释表面上可以理解为在露天的坛上祭祀天神时，祭祀的对象就称为“天”，在宗庙室内祭祀天神时，祭祀的对象就称为“帝”。暗含的意思为：“天”谓更偏重于抽象与自然属性的天神（至上神），“帝”谓更偏重于具象与社会属性的天神（至上神）。反过来讲，偏重于自然属性的“天神”肯定不怕风雨，偏重于社会属性的“天神”（类似于人）肯定惧怕风雨，因此祭祀的地点也才会有“坛”和“庙”的区别。但“天”与“帝”实为天神的两种表象。因此我们可以理解为这些远比太阳神、月亮女神更加抽象的“天”与“帝”，原本就是相同的神，以往的表述可能也有随机性，但随着天文学的发展，特别是在有了“神格”的五帝与“人格”的五帝之分后，“天”与“帝”的区别才引起古人的注意与联想。

在两宋时期，关于祭天的礼仪制度与建筑等，有几项内容值得注意与总结：

（1）完全继承了唐礼部尚书许敬宗等的观点和《大唐开元礼》，即最重要的“南郊坛”与“圆丘坛”合一，再无反复。间或有雩坛。

（2）宋徽宗时期，可能是在中国历史上第一次把祭天圆丘坛的形制，完整地附会为与《易经》的“乾之策”相吻合的“数术”意义，即主要数字为奇数的倍数，属阳。按《周礼》形制，祭天之坛、壝分别为三层、三重（在早期为四层、四重，后者包括以青绳代替，“以广天文从祀之位”，在南宋时又改为四层）。

（3）北宋时期虽然还于都城四郊设置祭祀“五方帝”的祭坛，祭坛的形式已经由圆坛完全变为方坛，说明“五方帝”的地位及对皇家的“感生”作用已经开始下降了。

至南宋时期，不再于都城四郊设置独立的“五方帝坛”，这一情况一直延续到清朝时期。

（4）以祭天为目的的重要的礼制建筑——“明堂”，在中国历史上也止于北宋时期。

（5）如笔者前面指出，朱熹出色地解释了在各类祭天之礼中“天”与“帝”的异同，这也反映了古人对“至上神”两种属性的隐约的区分，即“自然属性”和“社会属性”的区分。实际上中国古人认定的那些“始祖”（如三皇五帝等），就属于“至上神”“社会属性”的强化。

（6）在宋朝祭天之坛建筑群中，已经出现了“棂星门”“表”这两种重要的建筑形式。“棂星门”这一建筑形式（或曰“构筑物”）的出现，与在北宋时期出现的非空间实体建筑形式（或曰“构筑物”）的“坊门”“彩楼欢门”（牌楼、牌坊的滥觞）有着内在的关联。中国传统建筑体系的艺术形象主要取决于两个方面的内容：其一是单体建筑本身的形象，其二是单体建筑的群体组合形式，特别是不同属性的建筑体系的群体组合形式多会有着明显的不同特点。“棂星门”的出现，在需要威严、庄严、肃穆的礼制建筑体系的建筑艺术序列关系中发挥着重要的作用。

注 1：崇宁三年（公元 1104 年），宋徽宗采纳方士魏汉津言铸九神鼎，第二年铸成。又于大内太一宫之南建九成宫，放神鼎。鼎名中央曰“帝鼐”，北方曰“宝鼎”，东北曰“牡鼎”，东方曰“苍鼎”，东南曰“罔鼎”，南方曰“彤鼎”，西南曰“阜鼎”，西方曰“晶鼎”，西北曰“魁鼎”。奉安之日，以蔡京为定鼎礼仪使。政和七年（公元 1117 年），又铸神霄九鼎，一曰“太极飞云洞劫之鼎”，二曰“苍壶祀天贮醇之鼎”，三曰“山岳五神之鼎”，四曰“精明洞渊之鼎”，五曰“天地阴阳之鼎”，六曰“混沌之鼎”，七曰“浮光洞天之鼎”，八曰“灵光晃曜炼神之鼎”，九曰“苍龟大蛇虫鱼金轮之鼎”。第二年铸成，置于上清宝箓宫神霄殿。这些内容都与九宫数术和道教染指有关。

（四）辽、金、元时期

《金史·志·礼仪》载：“金人之入汴也，时宋承平日久，典章礼乐粲然备具。金人既悉收其图籍，载其车辂、法物、仪仗而北，时方事军旅，未遑讲也。”

金人的祭祀比较简单，“南郊坛在丰宜门外，当阙之巳地（南偏东）。圆坛三成（层），（每）成（层）十二陛，各按辰位。渍墙三匝，四面各三门。斋宫东北，厨库在南。坛、渍皆以赤土圬（wū，抹）之。”

元朝虽然也属“外族”建立的政权，但也接受了汉族文化体系中大部分的祭祀内容，在《元史·志·祭祀》中记载的这些内容也颇为详尽：

“坛壝：地在丽正门外丙位（正南偏东），凡三百八亩有奇。坛三成（层），每成（层）高八尺一寸，上成（层）纵横五丈，中成（层）十丈，下成（层）十五丈。四陛午贯（十字交叉）地子午卯酉四位（南北和东西方向，不再是“十二陛”），（每）陛十有二级。外设二壝。内壝去坛二十五步，外壝去内壝五十四步。壝各四门，外垣南棂星门三，东西棂星门各一。圜坛周围上下俱护以甓（pì，砖），内外壝各高五尺，壝四面各有门三，俱涂以赤。至大三年（公元1310年）冬至，以三成（层）不足以容从祀版位，以青绳代一成（层）。绳二百，各长二十五尺，以足四成（层）之制。燎坛在外壝内丙巳之位（南偏东），高一丈二尺，四方各一丈，周圜亦护以甓，东西南三出陛，开上南出户（指燎坛上的洞口），上方六尺，深可容柴。

香殿三间，在外壝南门之外，少西，南向。馔（zhuàn）幕殿（用于存放神主、牌位和祭器等）五间，在外壝南门之外，少东，南向。省馔殿（用于存放、查看上供食物）一间，在外壝东门之外，少北，南向。

外壝之东南为别院（神厨院）。内神厨五间，南向；祠祭局三间，北向；酒库三间，西向。献官斋房二十间，在神厨（院）南垣之外，西向。外壝南门之外，为中神门五间，诸执事斋房六十间以翼之，皆北向。两翼端皆有垣，以抵东西周垣，各为门，以便出入。齐班五间，在献官斋房之前，西向。仪鸾局三间，法物库三间，都监库五间，在外垣内之西北隅，皆西向。雅乐库十间，在外垣西门之内，少南，东向。演乐堂七间，在外垣内之西南隅，东向。献官厨三间，在外垣内之东南隅，西向。涤养牺牲所，在外垣南门之外，少东，西向。内牺牲房三间，南向。

神位：昊天上帝位天坛之中，少北，皇地祇位次东，少却，皆南向。神席皆缘以缯，绫褥素座，昊天上帝色皆用青，皇地祇色皆用黄，藉皆以稿秸。配位居东，西向。神席绫褥锦方座，色皆用青，藉以蒲越。

其从祀圜坛，第一等九位。青帝位寅（东偏北），赤帝位巳（南偏东），黄帝位未（南偏西），白帝位申（西偏南），黑帝位亥（北偏西），主皆用柏，素质玄书；大明位卯（太阳正东），夜明位酉（月亮正西），北极位丑（北偏东），天皇大帝（就是北极星，道教创制）位戌（西偏北），用神位版，丹质黄书。神席绫褥座各随其方色，藉皆以稿秸。

第二等内官位五十有四。钩星、天柱、玄枵、天厨、柱史位于子（正北），其数五；女史、星纪、御女位于丑（北偏东），其数三；自子至丑，神位皆西上。帝座、岁星（木星）、大理、河汉、析木、尚书位于寅（东偏北），帝座居前行，其数六，南上。阴德、大火、天枪、玄戈、天床位于卯（正东），其数五，北上。太阳守、相星、寿星、辅星、三师位于辰（东偏南），其数五，南上。天一、太一、内厨、荧惑（火星）、鹑尾、势星、天理位于巳（南偏东），天一、太一居前行，其数七，西上。北斗、天牢、三公、鹑火、文昌、内阶位于午（正南），北斗居前行，其数六；填星（土星）、鹑首、四辅位于未（南偏西），其数三；自午至未，皆东上。太白

（金星）、实沈位于申（西偏南），其数二，北上。八谷、大梁、杠星、华盖位于酉（正西），其数四；五帝内座、降娄、六甲、传舍位于戌（西偏北），五帝内座居前行，其数四；自酉至戌，皆南上。紫微垣、辰星（水星）、陬訾、钩陈位于亥（北偏西），其数四，东上。神席皆藉以莞席，内壝外诸神位皆同。

第三等中官百五十九位。虚宿、女宿、牛宿、织女、人星、司命、司非、司危、司禄、天津、离珠、罗堰、天桴、奚仲、左旗、河鼓、右旗位于子，虚宿、女宿、牛宿、织女居前行，其数十有七；月星、建星、斗宿、箕宿、天鸡、辇道、渐台、败瓜、扶筐、匏瓜、天弁、天棓、帛度、屠肆、宗星、宗人、宗正位于丑，月星、建星、斗宿、箕宿居前行，其数十有七；自子至丑，皆西上。日星、心宿、天纪、尾宿、罚星、东咸、列肆、天市垣、斛星、斗星、车肆、天江、宦星、市楼、候星、女床、天龠位于寅，日星、心宿、天纪、尾宿居前行，其数十有七，南上。房宿、七公、氐宿、帝席、大角、亢宿、贯索、键闭、钩钤、西咸、天乳、招摇、梗河、亢池、周鼎位于卯，房宿、七公、氐宿、帝席、大角、亢宿居前行，其数十有五，北上。太子星、太微垣、轸宿、角宿、摄提、常陈、幸臣、谒者、三公、九卿、五内诸侯、郎位、郎将、进贤、平道、天田位于辰，太子星、太微垣、轸宿、角宿、摄提居前行，其数十有六，南上。张宿、翼宿、明堂、四帝座、黄帝座、长垣、少微、灵台、虎贲、从官、内屏位于巳，张宿、翼宿、明堂居前行，其数十有一，西上。轩辕、七星、三台、柳宿、内平、太尊、积薪、积水、北河位于午，轩辕、七星、三台、柳宿居前行，其数九；鬼宿、井宿、参宿、天尊、五诸侯、钺星、座旗、司怪、天关位于未，鬼宿、井宿、参宿居前行，其数九；自午至未，皆东上。毕宿、五车、诸王、觜宿、天船、天街、砺石、天高、三柱、天潢、咸池位于申，毕宿、五车、诸王、觜宿居前行，其数十有一，北上。月宿、昴宿、胃宿、积水、天谗、卷舌、天河、积尸、太陵、左更、天大将军、军南门位于酉，月宿、昴宿、胃宿居前行，其数十有二；娄宿、奎宿、壁宿、右更、附路、阁道、王良、策星、天厩、土公、云雨、霹雳位于戌，娄宿、壁宿居前行，其数十有二；自酉至戌，皆南上。危宿、室宿、车府、坟墓、虚梁、盖屋、臼星、杵星、土公吏、造父、离宫、雷电、腾蛇位于亥，危宿、室宿居前行，其数十有三，东上。

内壝内外官一百六位。天垒城、离瑜、代星、齐星、周星、晋星、韩星、秦星、魏星、燕星、楚星、郑星位于子，其数十有二；越星、赵星、九坎、天田、狗国、天渊、狗星、鳖星、农丈人、杵星、糠星位于丑，其数十有一；自子至丑，皆西上。骑阵将军、天辐、从官、积卒、神宫、傅说、龟星、鱼星位于寅，其数八，南上。阵车、车骑、骑官、颉颃、折威、阳门、五柱、天门、衡星、库楼位于卯，其数十，北上。土司空、长沙、青丘、南门、平星位于辰，其数五，南上。酒旗、天庙、东瓯、器府、军门、左右辖位于巳，其数六，西上。天相、天稷、爟星、天记、外厨、天狗、南河位于午，其数七；天社、矢星、水位、阙丘、狼星、弧星、老人星、四渎、野鸡、军市、水府、孙星、子星位于未，其数十有三；自午至未，皆东上。天节、九州殊口、附耳、参旗、九斿、玉井、军井、屏星、伐星、天厕、天矢、丈人位于申，其数十有二，北上。天园、天阴、天廪、天苑、天囷、刍藁、天庾、天仓、鈇锧、天溷位于酉，其数十；外屏、大司空、八魁、羽林位于戌，其数四；自酉至戌，皆南上。哭星、泣星、天钱、天纲、北落师门、败臼、斧钺、垒壁阵位于亥，其数八，东上。

内壝外众星三百六十位，每辰神位三十自第二等以下，神位版皆丹质黄书。内官、中官、外官则各题其星名；内壝外三百六十位，惟题曰众星位。凡从祀位皆内向，十二次微左旋，子居子陛东，午居午陛西，卯居卯陛南，酉居酉陛北。”

元大都这个南郊天坛不仅规模宏大，而且祭祀内容囊括了所有在册（肉眼可观测到）的“星官”。从中可以看出，在祭天时也合祭“皇地祇”，且“昊天上帝”也是保持了极其抽象的状态，有别于“天皇大帝”“太一”。但“天皇大帝”与“太一”又有何区别?

《晋书·卷一十一·天文上》：“北极五星，勾陈六星，皆在紫宫中。北极，北辰最尊者也，其纽星，天之枢也。……钩陈官中一星曰‘天皇大帝’，其神曰‘耀魄宝’，主御群灵，执万神图。”其中所说的“勾陈一”就是北极星，也就是西汉时期常提及的“太一”。今把两者并列，是因为道教的染指，突出了具有人格特征的“天皇大帝”，而“太一”的原意在此时已经模糊了。

辽、金、元三朝都无明堂之制。并且延续南宋时期的传统，已经不在都城四郊设置独立的五方帝坛。

（五）明清时期

明初建都于金陵，时间虽不长，但祭天制度与礼制建筑的建设却很完备。《明史·志·吉礼》记载：

“明初，建圜丘于正阳门外、钟山之阳，方丘于太平门外、钟山之阴。圜丘坛二成（层）。上成（层）广七丈，高八尺一寸，四出陛，各九级，正南广九尺五寸，东、西、北八尺一寸。下成（层）周围坛面，纵横皆广五丈（指一层坛面边缘至上层坛面边缘水平距离），高视上成（层），陛皆九级，正南广一丈二尺五寸，东、西、北杀（缩进）五寸五分。甃砖阑楯（shǔn，指栏杆上面的扶手），皆以琉璃为之。壝去坛十五丈，高八尺一寸，四面灵星门，南三门，东、西、北各一。外垣去壝十五丈，门制同。天下神祇坛东门外。神库五楹（开间），在外垣北，南向。厨房五楹，在外坛东北，西向。库房五楹，南向。宰牲房三楹，天池一，又在外库房之北。执事斋舍，在坛外垣之东南。坊二，在外门外横甬道之东西，燎坛在内壝外东南丙地，高九尺，广七尺，开上南出户……

明太祖朱元璋洪武四年（公元 1371 年），改筑圜丘。上成（层）广四丈五尺，高五尺二寸。下成（层）每面广一丈六尺五寸，高四尺九寸（指一层坛面边缘至上层坛面边缘水平距离）。二成（层）通径七丈八尺（指下层直径）。坛至内壝墙，四面各九丈八尺五寸。内壝墙至外壝墙，南十三丈九尺四寸，北十一丈，东、西各十一丈七尺……

十年，改定合祀之典。即圜丘旧制，而以屋覆之，名曰'大祀殿'，凡（进深）十二楹。中石台设上帝、皇地祇座。东、西广三十二楹。正南大祀门六楹，接以步廊，与殿庑通。殿后天库六楹。瓦皆黄琉璃。厨库在殿东北，宰牲亭井在厨东北，皆以步廊通殿两庑，后缭以围墙。南为石门三洞以达大祀门，谓之'内坛'。外周垣九里三十步，石门三洞南为甬道三，中神道，左御道，右王道。道两旁稍低，为从官之地。斋宫在外垣内西南，东向。其后殿瓦易青琉璃。二十一年增修坛壝，坛后树松柏，外壝东南凿池二十区。冬月伐冰藏凌阴，以供夏秋祭祀之用。成祖迁都北京，如其制。"

从以上记载可以知晓，明初洪武十年，朱元璋把南、北"郊祭"改为了合祭，并在圜丘坛上盖了个"大祀殿"。究其原因，也有着一定的偶然性。《明史•志•吉礼》记载："建圜丘于钟山之阳，方丘于钟山之阴……十年秋，太祖感斋居阴雨，览京房灾异之说，谓'分祭天地，情有未安。'（也是最早由王莽提出的观点）命作大祀殿于南郊。是岁冬至，以殿工未成，乃合祀于奉天殿，而亲制祝文，意谓'人君事天地犹父母'，不宜异处。遂定每岁合祀于孟春，为永制。十二年正月，始合祀于大祀殿，太祖亲作《大祀文》并歌九章。（明成祖朱棣）永乐十八年（公元 1420 年），京都大祀殿成，规制如南京。南京旧郊坛，国有大事，则遣官告祭。"

明洪武皇帝建大祀殿的用途为合祭天地，只是建造的理由不甚充分，更不合大多朝代的"古制"。在明世宗嘉靖九年（公元 1530 年），既定《明伦大典》，明世宗"（精）益覃思制作之事，郊庙百神，咸欲斟酌古法，厘正旧章"。便问大学士张璁："《（尚）书》称'燔柴祭天'，又曰'类于上帝'，《孝经》曰：'郊祀后稷以配天，宗祀文王于明堂以配上帝'，以形体主宰之异言也。朱子（朱熹）谓'祭之于坛谓之天，祭之屋下谓之帝'。今大祀有殿，是屋下之祭帝耳，未见有祭天之礼也。况上帝皇地祇合祭一处，亦非专祭上帝。"明世宗对之前祭祀之礼内容的理解非常精准。张璁回答说："国初遵古礼，分祭天地，后又合祀。说者谓'大祀殿下坛上屋，屋即明堂，坛即圜丘，列圣相承，亦孔子从周之意。’”皇帝又问张璁说：“二至分祀，万代不易之礼。今大祀殿拟周明堂或近矣，以为即圜丘，实无谓也。”张璁于是备述《周礼》及宋陈襄、苏轼、刘安世、程颐所议分合祭祀的异同，且言祖制已定，不敢轻议。但世宗皇帝还是坚持要重新制定郊祀之制，于是“卜之奉先殿太祖前，不吉”。又问大学士翟銮，“銮具述因革以对”。复问礼部尚书李时，李时也让皇帝谨慎行事，应博选儒臣，议复古制。世宗又“复卜之太祖，不吉，议且寝（停止）。”但事情并没就此完结，借助给事中（官名，协助皇帝处理政务）夏言“请举亲蚕礼”之话题，世宗“以古者天子亲耕南郊，皇后亲蚕北郊，适与所议郊祀相表里”，借此“令张璁与夏言陈郊议”，夏言上疏说：“国家合祀天地，及太祖、太宗之并配，诸坛之从祀，举行不于长至（即夏至）而于孟春，俱不应古典。宜令群臣博考《诗》《书》《礼经》所载郊祀之文，及汉、宋诸儒匡衡、刘安世、朱熹等之定论，以及太祖国初分祀之旧制，陛下称制而裁定之。此中兴大业也。”然“礼科给事中王汝梅等诋言说非是”，被世宗严厉斥责，并让礼部牵头令群臣各陈己见。

当时詹事霍韬对现行的郊祭制度颇有看法，上疏言：“《周礼》一书，于祭祀为详。《大宗伯》以祀天神，则有禋祀、实柴、槱（yǒu）燎之礼；以祀地祇，则有血祭、沈薶（mái）、貍（tì）辜之礼。《大司乐》冬至日，地上圜丘之制，则曰‘礼天神’，夏至日，泽中方丘之制，则曰‘礼地祇’。天地分祀，从来久矣。故宋儒叶时之言曰：‘郊丘分合之说，当以《周礼》为定。’今议者既以大社为祭地，则南郊自不当祭皇地祇，何又以分祭为不可也？合祭之说，实自（王）莽始，汉之前皆主分祭，而汉之后亦间有之。宋元丰（年）一议，元祐（年）再议，绍圣（年）三议，皆主合祭，而卒不可移者，以郊赉（lài，予也）之费，每倾府藏，故省约安简便耳，亦未尝以分祭为礼也。今之议者，往往以太祖之制为嫌为惧。然知合祭乃太祖之定制，为不可改，而不知分祭固太祖之初制，为可复。知《大祀文》乃太祖之明训，为不可背，而不知《存心录》固太祖之著典，为可遵。且皆太祖之制也，从其礼之是者而已。敬天法祖，无二道也。《周礼》一书，朱子以为周公辅导成王，垂法后世，用意最深切，何可诬以莽之伪为耶？且合祭以后配地，实自莽始。莽既伪为是书，何不削去圜丘、方丘之制，天神地祇之祭，而自为一说耶？”

于是礼部召集群臣讨论郊礼。结果是：坚决主张南北分祭者，以都御史汪鋐（hóng）为代表共八十二人；主张分祭但又应慎重修改现行祭祀制度或认为现在条件还不成熟者，以大学士张璁为代表共八十四人；主张分祭而以现有山川坛（详见下面章节）为方丘者，以尚书李瓒为代表共二十六人；主张合祭而不以分祭为非者，以尚书方献夫为代表共二百零六人；不置可否者，以英国公张仑为代表共一百九十八人。因此礼部奏曰："臣等祗奉敕谕，折衷众论。分祀之义，合于古礼，但坛壝一建，工役浩繁。《礼》，屋祭曰'帝'，夫既称'昊天上帝'，则当屋祭。宜仍于大祀殿专祀上帝，改山川坛为地坛，以专祀皇地祇。既无创建之劳，行礼亦便。"因看到没有坚决反对分祭者了，世宗复谕当遵皇祖旧制，露祭于坛，分南北郊，以二至日行事。夏言又奏曰："南郊合祀，循袭已久，朱子所谓千五六百年无人整理。而陛下独破千古之谬，一理举行，诚可谓建诸天地而不悖者也。"

于是世宗命户、礼、工三部和夏言等到南郊择地。大祀殿之南的南天门外本有自然之丘，大臣们认为其位置偏东，不宜袭用。夏言复奏曰："圜丘祀天，宜即高敞，以展对越之敬。大祀殿享帝，宜即清闷，以尽昭事之诚。二祭时义不同，则坛殿相去，亦宜有所区别。乞于具服殿稍南为大祀殿，而圜丘更移于前，体势峻极，可与大祀殿等。"于是作圜丘坛，是年十月工成。

另外，在明朝，孟春上辛日或惊蛰日行祈谷礼于大祀殿、孟夏行大雩礼均为大祀。于嘉靖九年，另建崇雩坛于圜丘坛外泰元门之东，为制一层，"岁旱则祷，奉太祖配"。后祈谷礼与籍田礼合并，而大雩礼，嘉靖十二年后凡遇春旱，则礼部于春末代行。

直到清朝，孟夏大雩也为大祀，祭祀的地点改为圜丘坛。

现北京的天坛建筑群是明清两代共同经营的结果。

明中期大祀殿的建设，属于在辽、金、元之后，又重新拾起了类似明堂的祭祀建筑，只是其形制有较大的变革。

清乾隆皇帝还在国子监内建了一个缩小版的并只具另一层象征意义的建筑——辟雍。

在汉或以前的文献中，或说明堂与辟雍实为一种建筑，或说实为两种建筑，或干脆说明堂环水就是辟雍。《周礼·春官》谓大学名"成均"。《礼记》又有"辟雍""上庠"（xiáng）、"东序（亦名"东郊"）""瞽（gǔ）宗""成均"为"五学"，均为"大学"。《麦尊》铭文："在辟雍，王乘于舟为大丰。王射击大龚禽，侯乘于赤旗舟从。"《礼记·王制》："大学在郊，天子曰'辟雍'，诸侯曰'泮（pàn）宫'。"汉班固的《白虎通·辟雍》："辟者，璧也。象璧圆又以法天，于雍水侧，象教化流行也。"《五经通义》："天子立辟雍者何？所以行礼乐，宣教化，教导天下之人，使为士君子，养三老，事五更，与诸侯行礼之处也。"东汉李尤的《辟雍赋》："辟雍岩岩，规矩圆方。阶序牖闼（yǒutà，窗门），双观四张。流水汤汤，造舟为梁。神圣班德，由斯以匡。"

《麦尊》《周礼·春官》《礼记》有关辟雍的解释还比较直接，《白虎通·辟雍》的解释就有些形式主义了。辟雍可能是古代的一种学宫，即男性贵族子弟在这里学习作为一个贵族所需要的各种技艺，如礼、乐、射、御、书、数六艺等，在课程中还有性教育。这可能来源于古代社会早期的两性禁忌制度。“环水”可能来源于对学宫封闭的需要。从《白虎通•辟雍》《大戴礼•保傅》《礼记•内侧》的相关文字记载来看，上古贵族子弟从8岁或10岁开始就要寄宿于城内的“小学”，至15岁时进入郊外的“辟雍”。换言之，他们从8岁或10岁“出就外傅”至20岁行冠礼表示成年，期间就是要离家在外过集体生活。

辟雍如明堂一样，在历史上的某一段阶曾消失过，或最初的功能已被取代，或习俗已殊。两汉时恢复建造辟雍，也如明堂一样，已经完全概念化、形式化了。西汉在长安建造的辟雍与明堂形制相同，东汉在洛阳建造的辟雍与明堂为两种形制完全不同的建筑。其后，除北宋末年作为太学之预备学校外，多为祭祀用。

北京天坛

天坛位于北京城南端东侧，其东西长1700米、南北宽1600米，总面积为273万平方米，相当于紫禁城的4倍。现北京天坛保留了明嘉靖三十二年（公元1553年）的基本格局，围墙分内、外两层，呈“回”字形。北围墙为圆弧形，南围墙与东西墙成直角相交，为方形。这种南方北圆，通称“天地墙”，象征“天圆地方”之说。《清史稿•志•吉礼》载：“坛内垣北圆，馀皆方。门四：东泰元，南昭亨，西广利，北成贞。”元、亨、利、贞，就是《周易》的“天卦四德”。“元”，代表始生万物，天地生物无偏私；“亨”为万物生长繁茂亨通；“利”，为天地阴阳相合，从而使万物生长各得其宜；“贞”，为天地阴阳保持相合而不偏，以使万物能够正固而持久。

在内层围墙内位置偏东的南北的主轴线上，从南至北的主要建筑依次为圜丘坛、皇穹宇及偏南的左右配殿、成贞门、丹陛桥（甬道）、祈谷坛和其上的祈年门、祈年殿及偏南的左右配殿、皇乾殿、北天门。又有一道东西横墙，以弧形绕过皇穹宇后，把北面的祈谷坛与南边的皇穹宇和圜丘坛分为南北两部分。横墙上有两座门，整个内层围墙对外共有六座门。位于中轴线上的这组建筑，是天坛祭祀功能的核心建筑组群，其形式与形象也是我们理解中国古代礼制建筑的艺术形式与成就的最具代表性的实例，它以完整威严的形式与形象，阐释了作为“天人之际”的交点的皇家礼制建筑的绝对的象征意义（图5-28、图5-29）。

圜丘坛始建于嘉靖九年，三层，坐北朝南，外有两重壝墙，外方内圆，象征“天圆地方”，上饰紫色琉璃瓦，内外壝墙的东、南、西、北方位上都有三联的棂星门。

现圜丘坛上层台面中心是一块呈圆形的大理石板，名“天心石”，亦名“太极石”。中心外围以扇形石板墁嵌九重，象征九重天。每环扇形石的数目都是“九”的倍数。一

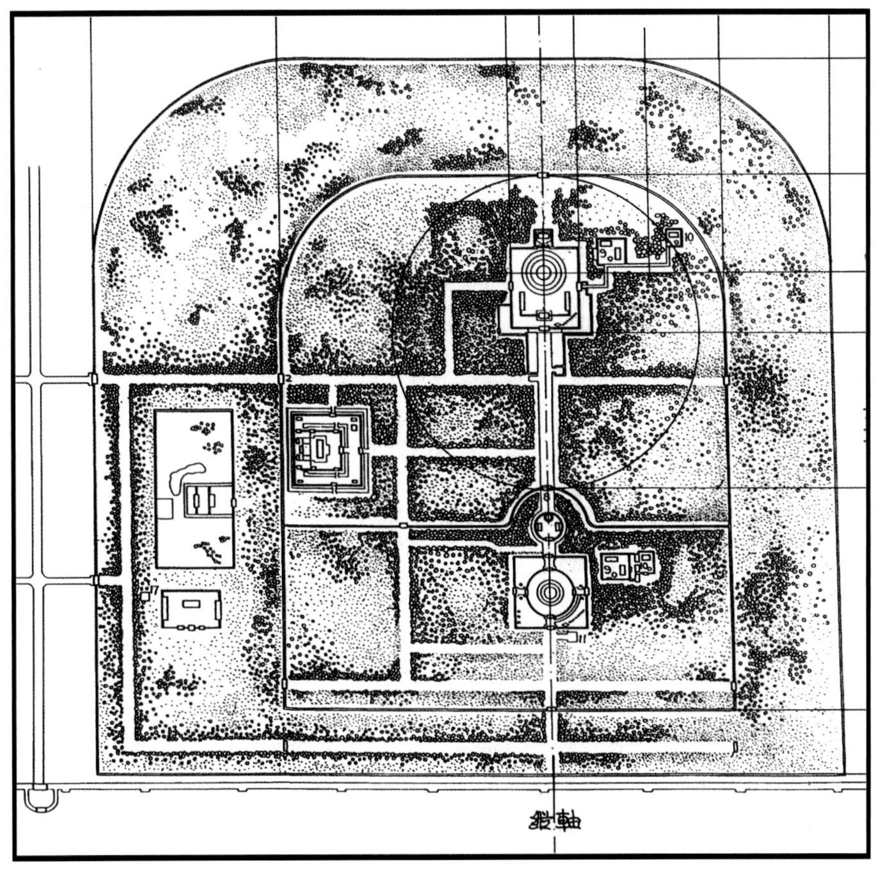

图 5-28 北京天坛平面图(采自《中国古代城市规划建筑群布局及建筑设计方法研究》)

图 5-29 北京天坛东西向横墙

环的扇面石是九块、二环十八块、三环二十七块……九环八十一块取名九九。中层坛从第十环开始，即九十块扇面石，直至十八环。下层坛从十九环开始，直至第二十七环。

《清史稿•志•吉礼》载：

“圜丘南乡（向），三成（层），上成（层）广五丈九尺，高九尺；二成（层）广九丈，高八尺一寸；三成（层）广十有二丈，高如二成（层）。甃砖合一九七五阳数。陛四出，各九级。栏楯柱覆青琉璃。内壝圆，周九十七丈七尺五寸，高八尺一寸。四面门各三，门柱各二。燔柴炉、瘗坎各一。外壝方，周二百四丈八尺五寸，高九尺一寸。四门如内壝……

（乾隆）十二年，修内外垣，改筑圜丘，规制益拓。上成（层）径九丈，二成（层）十五丈，三成（层）二十一丈，一九三五三七，皆天数也。通三成（层）（高）丈四十有五，符九五义。量度准古尺，当营造尺八寸一分，又与九九数合。坛面甃砖九重，上成（层）中心圆面，外环九重，砖数一九累至九九。二三成（层）以次递加。上成（层）每面各十有八，二成（层）各二十七，三成（层）各四十五，并积九为数，四乘之，综三百有六十，以应周天之度。其高，上成（层）五尺七寸，二成（层）五尺二寸，三成（层）五尺。栏、柱、阶级并准今尺。古今尺度赢缩稍差，用九则一。复改坛面为艾叶青石。”（图 5-30 ~图 5-34）

图 5-30　北京天坛圜丘坛内外壝墙与北棂星门

图 5-31　北京天坛圜丘坛内壝墙与北棂星门 1

图 5-32　北京天坛圜丘坛内壝墙与北棂星门 2

图 5-33　北京天坛圜丘坛 1

图 5-34　北京天坛圜丘坛 2

皇穹宇和东西配殿也始建于明嘉靖九年。皇穹宇初为重檐圆形攒尖顶，名“泰神殿”，嘉靖十七年改名为“皇穹宇”，用于平日供奉于圜丘祀天大典所供神牌。清乾隆十七年（公元 1752 年）改建为单檐圆形攒尖顶。皇穹宇殿高 19.5 米，直径 15.6 米，砖木结构，殿顶靠 8 根金柱、8 根檐柱和众多的斗拱支托。三层天花藻井，层层收进，外饰青绿基调的彩画，中心为大金团龙图案。殿顶上覆蓝色琉璃瓦，有镏金宝顶，殿墙身是正圆形磨砖对缝的“干摆砖墙”。东殿内供奉大明之神（太阳神）、北斗七星、金木水火土五星、周天星辰等神版，西殿供奉夜明之神（月亮女神）、云雨风雷等神牌。

皇穹宇外圆壝俗称“回音壁”，墙高 3.72 米，底厚 0.9 米，直径 61.5 米，周长 193.2 米。墙壁也是用磨砖对缝的“干摆砖墙”，墙顶覆蓝色琉璃瓦。围墙的弧度十分规则，墙面极其光滑整齐。

《清史稿·志·吉礼》载：“（圜丘）北门后为皇穹宇，南乡（向），制圆。八柱环转，重檐金顶。基周十三丈七寸，高九尺。陛三出，级十有四。左右庑各五楹，陛一出，七级。殿庑覆瓦俱青琉璃。围垣周五十六丈六尺八寸，高丈有八寸。南设三门。外壝门外北神库、神厨各五楹，南乡（向）。井亭一。其东为祭器、乐器、椶（zōng）荐（用于存放祭祀用棕垫等）诸库。又东为井亭、宰牲亭……（乾隆十二年）皇穹宇台面墁青白石。”（图 5-35 ~图 5-40）

图 5-35　北京天坛皇穹宇鸟瞰

图 5-36　北京天坛从成贞门南望皇穹宇

图 5-37　北京天坛从圜丘坛北望皇穹宇

图 5-38　北京天坛皇穹宇 1

图 5-39　北京天坛皇穹宇 2

图 5-40　北京天坛皇穹宇室内

再北为祈谷坛，其上建有祈年殿。殿高33米，直径24.2米，宏伟壮观，气度非凡，是昔日北京的最高建筑之一。祈年殿的前身为建于明永乐十八年（公元1420年）的大祀殿，为宽36间、进深12间的黄瓦玉陛重檐垂脊的长方形大殿。嘉靖十七年（公元1538年）被废，嘉靖十九年至二十四年在大祀殿原址上建成圆形大享殿，祈谷时祭祀“昊天上帝”，以“五方帝”陪祀。明朝祈谷礼最终与耤田礼合并于先农坛。清乾隆十六年（1751年）重修祈年殿，更换蓝瓦金顶，并正式将大享殿更名为祈年殿。光绪十五年（1889年）八月二十四日，雷雨交加，祈年殿不幸被雷电击中焚烧。据说因柱子为檀香木，香飘数里。

据传，北京古建筑材料中有著名的“四宝”，即天坛祈年殿沉香木柱、太庙前殿正中三间沉香木梁柱、颐和园佛香阁内铁梨木通天柱、颐和园谐趣园涵远堂内沉香木装修隔扇。现存的祈年殿是雷击后重修的，其形状和结构都与原来的一样。

祈年殿也充满了象征性，鎏金宝顶三层圆形攒尖式屋顶，层层向上收缩，覆盖着象征“天”的蓝色琉璃瓦；檐下的木结构外饰和玺彩画，坐落在汉白玉石基座上，远远望去，色彩对比强烈而和谐，上下形状统一而富于变化。三层石阶与三层屋檐组成的“六横”正是八卦中“乾”的卦象；内顶为层层相叠而环接的穹窿藻井，由28根大柱支撑着整个殿顶的重量，象征着周天二十八星宿；中间的4根龙井柱高18.5米，底直径1.2米，古镜式的柱础，海水宝相花彩绘柱身，沥粉贴金，支撑着殿顶中央的“九龙藻井”，它们象征春、夏、秋、冬四季；12根金柱象征着一年的十二个月；12根檐柱象征着一天十二个时辰；两层柱子共24根，又象征着二十四节气；28根大柱加上梁上的8根童柱，合计36根柱子，象征着三十六天罡。

《清史稿·志·礼一》载：“成贞（门）北为大享殿。坛圆，南乡（向）。内外柱各十有二，中龙井柱四。金顶，檐三重，覆青、黄、绿三色琉璃。基三成（层），南北陛三出，东西陛一出，上二成（层）各九级，三成（层）十级。东西庑二重，前各九楹（开间），后各七楹（开间）。前为大享门，上覆绿琉璃，前后三出陛，各十有一级。东南燔柴炉、瘗坎，制如圜丘。内壝周百九十丈七尺二寸。门四，北门后为皇干（乾）殿，南乡（向），五楹（开间），覆青琉璃。陛五出，各九级。东砖门外长廊七十二，联檐通脊，北至神库、井亭。又东北宰牲亭，荐俎时避雨雪处也。壝外围垣东、西、北各有门，南接成贞（门）……

（乾隆十二年）大享殿外坛面墁金砖。坛内殿宇门垣俱青琉璃。十六年，更名大享殿曰‘祈年（殿）’。覆檐门庑坛内外壝垣并改青琉璃，距坛远者如故。

寻增天坛外垣南门一，内垣钟鼓楼一，嗣是祭天坛自新南门入，祭祈年殿仍自北门入……五十年，重建祈谷坛配殿。光绪十五年，祈年殿灾，营度仍循往制云。”（图 5-41 ~图 5-50）

图 5-41　北京天坛成贞门

图 5-42　北京天坛从成贞门北望祈年殿方向

图 5-43　北京天坛祈年殿、南内门和外门。

图 5-44　北京天坛祈年殿正南内门

图 5-45　北京天坛祈谷坛

图 5-46　北京天坛祈年殿与祈谷坛

图 5-47　北京天坛祈年殿 1

图 5-48　北京天坛祈年殿 2

图 5-49　北京天坛祈年殿室内 1

图 5-50　北京天坛祈年殿室内 2

祈年殿再北为皇乾殿，坐落于祈年墙环绕的矩形院内汉白玉栏围护的台基上，俗称祈谷坛寝宫，平时存放并供奉于祈年殿祭祀皇天上帝和陪祭的皇祖神位之用。初建于明永乐十八年（公元 1420 年），名“天库”，六开间黄琉璃瓦庑殿顶；嘉靖二十四年（公元 1545 年）重建，改为五开间，命名“皇乾殿”；清乾隆时又改覆蓝琉璃瓦（图 5-51、图 5-52）。

图 5-51　北京天坛皇乾殿 1

图 5-52　北京天坛皇乾殿 2

除以上南北主轴线建筑群和如神厨、宰牲亭等建筑外，天坛还有两组重要的建筑群，即斋宫和神乐署。

斋宫如一座小型皇宫，位于内围墙内的西部，是专供皇帝举行祭祀礼前斋戒时居住的宫殿，也有两道围墙及护城河围护。内有无梁殿、寝殿、钟楼、值守房和巡守步廊等礼仪、居住、服务、警卫等专用建筑。无梁殿即斋宫正殿，建于明永乐十八年（公元 1420 年），绿琉璃瓦庑殿顶，殿内为砖券拱顶。

《清史稿•志•吉礼》载："斋宫，东乡（向），正殿五楹，陛三出，中级十有三，左右各十五。左设斋戒铜人，右设时辰牌。后殿五楹，左右配殿各三楹。内宫墙方百三十三丈九尺四寸。中三门，左右各一。环以池，跨石梁（桥）三。东北钟楼一，外宫墙方百九十八丈二尺二寸，池梁（桥）如内制。又西为钟楼。"（图 5-53 ~图 5-62）

图 5-53　北京天坛斋宫东门

图 5-54　北京天坛斋宫南门

图 5-55　北京天坛斋宫内河护栏墙

图 5-56　北京天坛斋宫巡守步廊与外护城河

图 5-57　北京天坛斋宫内钟楼

图 5-58　北京天坛斋宫无梁殿

图 5-59　北京天坛斋宫无梁殿月台与神亭

图 5-60　北京天坛斋宫神亭

图 5-61　北京天坛斋宫神亭内铜仙人

图 5-62　北京天坛斋宫外拆除的建筑遗址

神乐署则是隶属于礼部太常寺之下，专门负责祭祀时进行礼乐演奏的官署。它是一个常设机构，拥有数百人的乐队和舞队，平时进行排练，祭祀时负责礼乐。神乐署的位置在内围墙西部的外面，与斋宫隔墙相邻，是一组标准的衙署建筑。

《清史稿•志•吉礼》载："神乐观，东乡（向）。中凝禧殿，五楹。后显佑殿，七楹。西为牺牲所，南乡（向）……（乾隆）二十年，改神乐所为署。"（图 5-63 ~图 5-65）

图 5-63　北京天坛神乐署门廊与前殿

图 5-64　北京天坛神乐署前殿背面

图 5-65　北京天坛神乐署后殿

另外，在祈年殿东侧长廊东侧的旷地上，有七大一小经雕琢成山形的石块，称作“七星石”。七大块山形石为明嘉靖九年（公元 1530 年）放置，表示北斗七星下凡为泰山七峰。为表明满族亦华夏一员，清乾隆皇帝诏令于东北方向增设一略小的镇石，有“华夏一家、江山一统”之意（图 5-66 ~ 图 5-68）。

图 5-66　北京天坛七星石

图 5-67　北京天坛宰牲亭外景

图 5-68　北京天坛神厨外景

北京国子监

国子监位于北京安定门内成贤街东段，是元、明、清三代国家设立的为官府培养后备人才的最高学府，始建于元大德十年（1306 年）。按照中国传统官学“左庙右学”的传统规制，国子监与孔庙相毗邻，位于孔庙西侧（图 5-69）。

图 5-69　北京国子监所在成贤街牌楼

国子监的核心建筑为辟雍，亦为北京“六大宫殿”之一，建于清乾隆四十九年（公元 1784 年），是我国现存唯一的古代“天子之学”。辟雍位于国子监中院正中，虽坐北朝南，但平面呈正方形，开间和进深各为五丈三尺，四周带檐廊，四面各辟一门，黄琉璃瓦四角攒尖重檐顶，上有鎏金宝珠；四周以圆形水池环绕，池周围有汉白玉雕栏围护，池上架有石桥，通向辟雍的四个门，构成“辟雍环水”之古制；殿内为藻井彩绘天花顶，设置龙椅、龙屏等皇家器具，以供皇帝“临雍”讲学之用。

辟雍之南有琉璃牌坊门一座，北部有名为‘彝伦堂’的七开间大殿，为藏书之地。两侧各有厢房三十三间，为授课讲学的所在，统称为“六堂”比喻“六学”：东为率性堂、诚心堂、崇志堂，西为修道堂、正义堂、广业堂，北面的敬一亭院是国子监最高行政官国子监祭酒办公之所（图 5-70 ～图 5-75）。

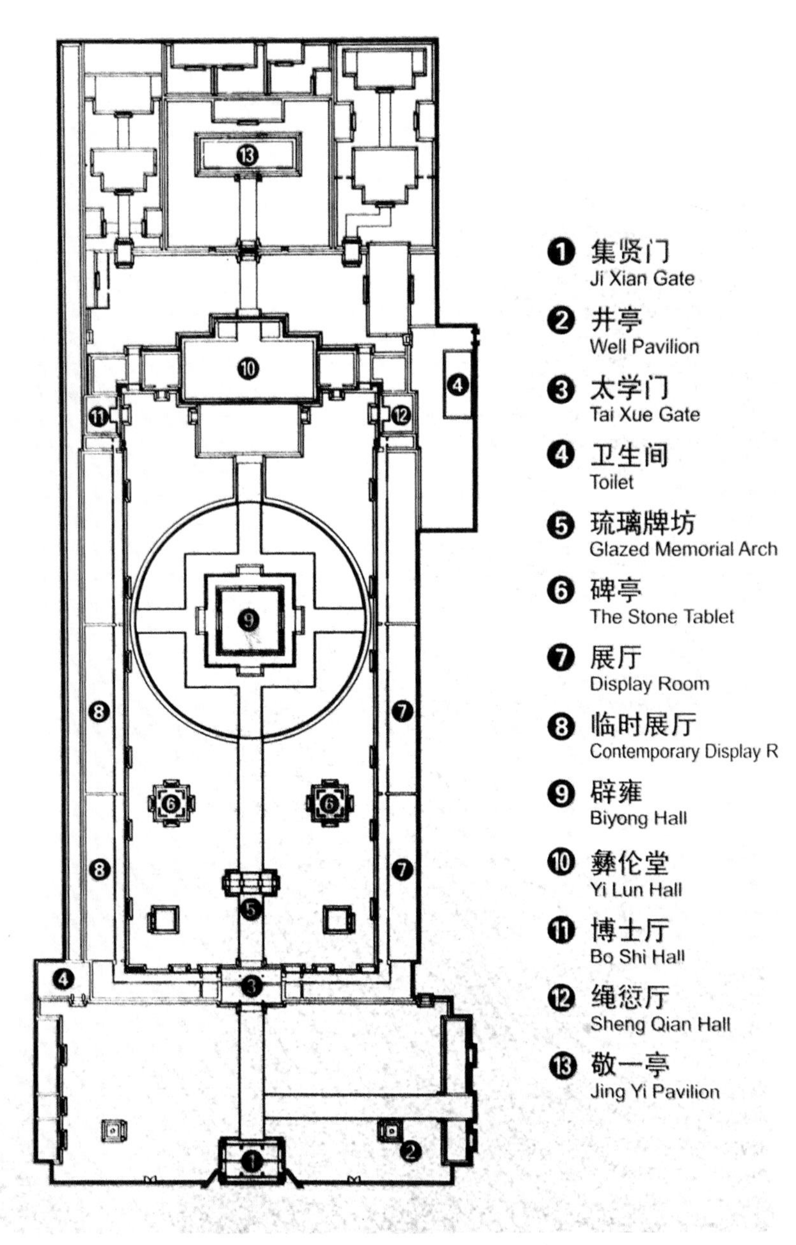

❶ 集贤门
Ji Xian Gate
❷ 井亭
Well Pavilion
❸ 太学门
Tai Xue Gate
❹ 卫生间
Toilet
❺ 琉璃牌坊
Glazed Memorial Arch
❻ 碑亭
The Stone Tablet
❼ 展厅
Display Room
❽ 临时展厅
Contemporary Display R
❾ 辟雍
Biyong Hall
❿ 彝伦堂
Yi Lun Hall
⓫ 博士厅
Bo Shi Hall
⓬ 绳愆厅
Sheng Qian Hall
⓭ 敬一亭
Jing Yi Pavilion

图 5-70 北京国子监平面图

图 5-71　北京国子监集贤门

图 5-72　北京国子监琉璃牌楼

图 5-73　北京国子监辟雍 1

图 5-74　北京国子监辟雍 2

图 5-75　北京国子监辟雍室内

第六章　地祇体系礼制建筑的演变历程（一）：社稷、先农与先蚕的礼制建筑体系

第一节　社与社稷、先农、先蚕

《尚书·甘誓》记夏启与有扈氏战于甘，夏启命令道："用命赏于祖，弗用命戮于社。"《论语·八佾》曾载："哀公问社于宰我，宰我对曰：'夏后氏以松，殷人以柏，周人以栗，曰，使民战栗。'"《史记·封禅书》说："自禹兴而修社祀。"这些历史文献记载中出现了一个称为"社"的神祇或地点，如果我们不去质疑这些历史文献内容的真实性，可以认为至晚在传说中的夏代在就出现了与政治和军事有关的"社"。问题是上述文献大约最早出现于春秋时期，而最初的"社"是什么时候出现的，我们今天无法确切地判明。

殷墟卜辞中经常出现与"土""河""岳"相关的卜辞，如《甲骨文合集》中：

"贞：燎于土，三小牢（只用猪、羊为祭品的称为'小牢''少牢'；同时用牛、猪、羊为祭品的称为'大牢''太牢'），卯二牛，沉十牛？"

"燎于土，羌（这里指以羌人为祭品），俎（zǔ，祭祀时盛肉的器物）小牢。"

"壬辰卜，御于土。"

"贞：王告土。"

"庚申卜，殻贞：取河，有从雨？"

"口（缺字）子贞：岳燎 ×（组字：上"四"，下"氺"）河。"

"戊午卜，宾贞：酒，求年于岳、河、夔（kuí，指帝喾，商人之远祖）。"

"癸巳卜，又于河？不用，癸巳卜，又于王亥（商人第七位王）？癸巳卜，又于大乙？"

"壬申贞：求年于夔？王申贞：求年于河？"

"甲申卜：宾贞：告秋于河？"

"辛未贞：求禾于高祖（也就是夔），燎五十牛？……求禾于河，燎三牢，沉三牢宜牢？……求禾于岳？……于辛巳酒，牢？"

"已巳卜，彭贞：御于河，羌三十人？在十月。"

"癸巳贞：既燎于河……于岳……"

"庚午燎于岳，又从才雨？"

“癸酉卜，其取岳，雨？”

“丙燎岳、吴、山？”

《小屯南地甲骨》：

“辛巳卜，贞：来辛卯酒河十牛，卯十牢？王亥燎十牛，卯十牢？上甲燎十牛，卯十牢？辛巳卜，贞：王亥，上甲即宗于河？”

“辛未贞：求禾于高罘？”

从以上甲骨文的内容来看，“土”“河”“岳”在殷商族都是非常重要的神祇，可以与“祖先神”并列，其中最重要的祭祀甚至要以羌人（俘虏）为牺牲。从卜辞内容来看，特别是“水”和“岳”，也就是水神和山神，显然均与农业社会的生产（“求禾”）和年景有关，如与是否下雨有关，也包括好的年景“告秋”。“河”与“岳”还好理解，一定属于主宰商都附近的大河大山的神祇，而“土”的范围太宽泛了，神祇何在？陈梦家等先生认为，殷卜辞中的“土”应即是“社”，也是有确切的地点和神祇。这在后世文献中也有反映，《诗经•商颂•玄鸟》里有“天命玄鸟，降而生商，宅殷土茫茫”。《史记•三代世表》引作“宅殷社茫茫”，《诗经•大雅•绵》：“乃立冢土，戎丑攸行。”毛传：“冢土，大社也。”后世文献称殷商有“商社”或“亳社”，此“商社”又被人们称为“桑林之社”。从卜辞反映的情况看，殷王室除了在亳社行祭祀外，还在其他的若干社行祭祀。

从“社”字的结构看，从“示”从“土”。“示”是神祇的意思，从甲骨文和金文看，“土”字作平地凸起状，或作一树立物，即“土”是场地的标志性构筑物，因此社就是有着标志物的祭祀土地神祇的场所。“社”还经常用作动词，表示祭祀活动。《周书•洛诰》：“乃社于新邑。”意为在洛邑某地举行社祀。《诗经•大雅•云汉》：“祈年孔夙，方社不莫（暮）。”《诗经•小雅•甫田》：“以社以方（指大地）”都表示祭社活动。

较全面地参照有关“社”的历史文献内容，何新先生在其《诸神的起源》中把“社”的属性或功能阐释得较清晰（注1），笔者整理、补充如下：

（1）与农业相关的土地神的祭祀场所

唐朝杜佑的《通典•卷四十五•吉礼四•社稷》引用郑玄等人的观点：“社者，五土之神。五土谓若《地官•司徒》职云：‘山林、川泽、丘陵、坟衍（fényǎn，水边和低下平坦的土地）、原隰（yuánxí，平原和低下的地方）’等，各有所育，群生赖之。故特于吐生物处，别立其名为‘社’。《援神契》云：‘社者，土地之神，能生五谷（郑玄称麻、黍、稷、麦、豆）。’《（礼记•）郊特牲》云：‘社，所以神地之道。’稷者，于原隰之中，能生五谷之祇。”因此，“社”就是掌管各类土地之神，“稷”就是能使作物生长之神。

成书于西汉时期的《礼记·祭法》载：“王为群姓立社，曰‘太社’；王自为立社，曰‘王社’；诸侯为百姓立社，曰‘国社’；诸侯自为立社，曰‘侯社’；大夫以下成群立社，曰‘置社’。”《通典·卷四十五·吉礼四·社稷》说：“周制……王自为立社曰‘王社’，于籍田立之。按《诗（经）·周颂》云：‘春藉田而祈社稷’。既因籍田，遂以祈社，则是籍田中立之。王亲籍田，所以供粢（zī，泛指谷物）盛，故因立社以祈之。”这里所说的籍田，就是周天子可以实际控制的自留产业，也叫“大田”“甫田”“公田”。

《左传·昭公二十九年》：“献子曰：‘社稷五祀，谁氏之五官也？’对曰：‘少皞氏有四叔，曰‘重’，曰‘该’，曰‘修’，曰‘熙’，实能金、木及水。使重为句芒，该为蓐收，修及熙为玄冥，世不失职，遂济穷桑，此其三祀也。颛顼氏有子曰‘黎’，为祝融；共工氏有子曰‘句龙’，为后土，此其二祀也。后土为社；稷，田正也。有烈山氏之子曰‘柱’，为稷，自夏以上祀之。周弃亦为稷，自商以来祀之。”

《史记·五帝本纪》又说帝喾四妃之一的元妃有邰氏，曰“姜嫄”，生“弃”，为周人的祖先。封弃于邰（在今陕西省武功县西南），号曰“后稷”，别姓姬氏。“弃，黎民始饥，尔后稷播时百谷。”其中“句芒”是太阳神青帝、伏羲或太昊的佐神，主管东方、春季，也是木神。

《汉书·郊祀志》：“自共工氏霸九州，其子曰‘句龙’，能平水土，死为社祠。有烈山氏王天下，其子曰‘柱’，能殖百谷，死为稷祠。故郊祀社、稷，所从来尚矣。”其中的“烈山氏”就是传说中的神农氏炎帝。

《晋书·天文志上》：“弧南六星为天社，昔共工氏之子句龙，能平水土，故祀以配社，其精为星。”

很显然，从上述这些记载的内容来看，一般在社中祭祀的是与农业有关的神。

（2）生殖崇拜活动遗韵的场所

《诗经·桑中》云：“爰采唐矣？沫之乡矣。云谁之思？美孟姜矣。期我乎桑中，要我乎上宫，送我乎淇之上矣。爰采麦矣？沫之北矣。云谁之思？美孟弋矣。期我乎桑中，要我乎上宫，送我乎淇之上矣。爰采葑矣？沫之东矣。云谁之思？美孟庸矣。期我乎桑中，要我乎上宫，送我乎淇之上矣。”

其中“桑中”即桑林，“上宫”即社宫。

《墨子·明鬼》云："燕之有祖泽，当齐之社稷，宋之桑林，楚之云梦也。此男女所属而观（欢）也。"

笔者在前面章节中已经引用过《墨子·明鬼》中这句话，郭沫若认为这可能也与春季的祈雨活动有关。但远古时期的这类活动中可能包含了多种内容或含义，因为在古人的观念中，植物生长、动物（包括人）生殖、死亡、杀戮之间都有着内在的逻辑关系，视为具有相同的属性，如"吐"字就有植物生长的意思，还有植物的出生需要土地和水，而交媾的隐语叫"云雨"。《周礼·地官》曾载："媒氏……以仲春之月，令会男女，于是时也，奔者不禁，若无故而不用令者罚之。司（令）男女之无夫家者而会之。"这既是一种延续了生殖崇拜相关的狂欢节，也显然是为增加人口的目的而实施的近乎强制性的举措。在很多远古时期的岩画和汉画像砖中便有这类活动场景的描摹（图 4-17、图 4-18、图 6-1）《礼记·月令》也载："仲春之月……是月也，玄鸟至，至之日，以大牢祠于高禖。天子亲往，后妃帅九嫔御，乃礼天子所御，带以弓韣（dú），授以弓矢，于高禖之前。"在祭祀高禖神仪式中要射箭，说明箭矢乃"男根"的象征物。从《墨子·明鬼》的描述来看，早期的社就是一片纯自然的场所，可能也是一个有多种功能用途的场所。至于把不同类型的活动有序地安排在不同的场所，如祈雨安排在雩坛，应该是社会文化和组织形态进化到一定程度以后的事情了。

图 6-1　汉画像砖临本（采自《诸神的起源》）

（3）最重要的是国家政权的象征

《史记·周本纪》记载武王伐纣，商纣王兵败在鹿台自杀后："武王至商国，商国百姓咸待于郊。于是武王使群臣告语商百姓曰：'上天降休！'商人皆再拜稽首，武王亦答拜。遂入，至纣死所。武王自射之，三发而后下车，以轻剑击之，以黄钺斩纣头，县（悬）大白之旗。已而至纣之嬖妾二女，二女皆经自杀。武王又射三发，击以剑，斩以玄钺，县（悬）其头小白之旗。武王已乃出复军。其明日，除道，修社及商纣宫。"

周武王灭商，虽然在第一时间杀死了商纣王，但商的势力仍不容小觑，为了稳定商的社会秩序，必须做出一种政治表态，即战争针对的只是"维妇人言是用，自弃其先祖肆祀不答，俾暴虐于百姓，以奸轨于商国"的商纣王，而不是整个商的国家和族群。具体的举措之一便是主动修复可能因战争受损的商社及宫殿等。并且在商社修复后，武王亲自去祭祀："尹佚策祝曰：'殷之末孙季纣，殄废先王明德，侮蔑神祇不祀，昏暴商邑百姓，其章显闻于天皇上帝。'于是武王再拜稽首，曰：'膺更大命，革殷，受天明命。'武王又再拜稽首，乃出。"可见社是代表国家或族群的重要象征。笔者分析的当时的政治形势的证据是随后周武王并没有直接抛开商人的集团势力进行统治，而是"封商纣子禄父殷之于民。武王为殷初定未集，乃使其弟管叔鲜、蔡叔度相禄父治殷。"并且周武王也并没有在殷商旧都朝歌建立周社，而是在后来周公剿灭各种叛乱后，才在洛邑立周社。

《左传·宋穆公疾》有："宋穆公疾，召大司马孔父而属殇公焉，曰：'先君舍与夷而立寡人，寡人弗敢忘。若以大夫之灵，得保首领以没，先君若问与夷，其将何辞以对？请子奉之，以主社稷，寡人虽死，亦无悔焉。'"

《白虎通·社稷》："封土立社，示有土也。"

（4）国家驱除灾异祭祀活动的场所

《诗经·大雅·云汉》：

"倬彼云汉，昭回于天。王曰：於乎！何辜今之人？天降丧乱，饥馑荐臻。靡神不举，靡爱斯牲。圭璧既卒，宁莫我听？

旱既大甚，蕴隆虫虫。不殄禋祀，自郊徂宫。上下奠瘗，靡神不宗。后稷不克，上帝不临。耗斁下土，宁丁我躬。

旱既大甚，则不可推。兢兢业业，如霆如雷。周余黎民，靡有孑遗。昊天上帝，则不我遗。胡不相畏？先祖于摧。

旱既大甚，则不可沮。赫赫炎炎，云我无所。大命近止，靡瞻靡顾。群公先正，则不我助。父母先祖，胡宁忍予？

旱既大甚，涤涤山川。旱魃为虐，如惔如焚。我心惮暑，忧心如熏。群公先正，则不我闻。昊天上帝，宁俾我遁？

旱既大甚，黾勉畏去。胡宁瘨我以旱？憯不知其故。祈年孔夙，方社不莫。昊天上帝，则不我虞。敬恭明神，宜无悔怒。

旱既大甚，散无友纪。鞫哉庶正，疚哉冢宰。趣马师氏，膳夫左右。靡人不周。无不能止，瞻昂昊天，云如何里！

瞻昂昊天，有嘒其星。大夫君子，昭假无赢。大命近止，无弃尔成。何求为我。以戾庶正。瞻卬昊天，曷惠其宁？”

此诗实为周宣王向上帝祈雨的祷词，其中提到的“（郊）宫”和“社”都是祭祀的场所，文中后者确切的是指社神。“方”就是“五方帝”。另外也说明，祈雨也就是后世的雩礼，在西周所祈之神为昊天上帝。

《春秋经·庄公二十五年》：“六月辛未，朔，日有食之。鼓，用牲于社……秋，大水。鼓，用牲于社、于门。”

《左传·昭公十八年》：“七月，郑子产为火故，大为社，祓禳（fú ráng，除灾之祭）于四方，振除火灾，礼也。”

《春秋繁露·求雨》：“春旱求雨，令县邑以水日令民祷社稷山川，家人祀户。”

（5）国家刑罚杀戮祭祀活动的场所

《左传·成公十三年》记鲁成公及诸侯朝天子，然后跟随刘康公、成肃公伐秦，“成子受月辰于社，不敬。刘子曰：‘戎有受月辰，神之大节也。’”《左传·闵公二年》记梁余子养曰：“帅师者，受命于庙，受月辰于社。”“受月辰”是祭社内容，辰星（水星）与月亮都主生杀。《周礼·小宗伯》中记载出征作战时用车载着社神木主，称为“军社”。小宗伯的职责之一就有“立军社”“主军社”。《周礼·春官·大祝》职云：“大师宜于社，造乎庙。设军社，类上帝。国将有事于四望及军归，献于社。”《周礼·秋官·大司寇》职云：“大军旅，莅戮（lìlù，监斩）于社。”《左传·定公四年》也记述了类似事情：“君以军行，祓（fú，一种祭祀）社衅（xìn，用牲畜的血涂器物的缝隙）鼓，祝奉以从。”

以上内容说明，除了狂欢外，社的祭祀活动都具有严肃性，因此才会“使民战栗”。

成书于东汉的《孝经纬》说：“社者，土地之神也。土地阔不可尽祭，故封土地为社，以报也。”这则记载明确地说当时“社”的标志性构筑物就是一个土堆，即“封土”，也就是“地乳”，明显的为阴性的特征，在阴阳五行观念中与其“孕育”“产出”的特征一致。

“社”还有石社、树社两种形式。石社即在封土堆上树立石柱、石屋之类作为祭祀的场所。《周礼·春官·小宗伯》郑玄注即说：“社之主盖（概）用石为之。”《周礼·地官·大司徒》职云：“设其社稷之壝而树之田主。各以其野所宜之木，遂以名其社。”也就是“夏后氏以松，殷人以柏，周人以栗。”

在不晚于新石器时代中晚期的江苏省连云港市将军崖遗址，曾发现原始石社遗迹，在三组岩画之间有三块岩石，一大二小。另有一块被人推下山崖，这块岩石原来是和那两块小岩石相互咬压，搭成一个小石棚。应该是以石为社的遗存。

在距离连云港市不太远的铜山县丘湾发现一处殷商时期的石社遗址，中心矗立四块大石，周围有人头骨两个、狗骨架三十二具。殷人的石社显然是继承了远古部落石社的形式。

目前还有一些少数民族地区遗留有“社”，标志物的形式就是圆形“地乳”上插一个木制或石制男性生殖器的造型物，象征意义非常明确，这也是最原始的社的遗俗的真实写照。

中国古代社会以农业经济立国，“男耕女织”是最概括的生产方式（模式），至晚在进入父系社会之后（可能不存在普遍的母系社会），在古人编纂历史的过程中，就把这种具体劳作内容的“创始”，都归为了传说中的天子和天后的麾下。这些“创造”了男耕女织经济模式的天子和天后都具有“神格”和“人格”的双重属性，在皇家的祭祀中更偏重于“神格”属性，因而都主要是祭之于坛。创造了“男耕”的是炎帝“神农”（最早出自《竹书记年》），创造了“女织”的是黄帝的妻子嫘祖。又因“女织”属于第二产业，最重要的神肯定还必须与生产原材料相关，因此又必然会衍生出“蚕神”，只是在历史文献中出现的时间稍晚。

但如果把历史再往前推，即在有古帝王的历史出现之前，古人的“前逻辑”原始思维认识到，植物的生长（包括动物的生殖）在冥冥之中都由神祇主宰，但“生”与“死”又是生命循环中的两个过程，所以生与死又都是由同一个神来掌握，这个神当是土地与女性生殖崇拜的原神，后世称为“后土”神，也是最早的社神，所以“社”字才会由“示”与“土”构成，“后”字的原意也是指君王。至于前述的“共工之子”和“烈山之子”，一个是“土地神”，一个是“谷物神”，显然是在父系社会形成的观念。这也使得社、稷神的属性在之后的概念上产生了一定的“错乱”。如果综合历史上出现的对社与稷的各类解释，可以说社神和稷神具有“天神”“地祇”，甚至是“人鬼”的三重属性，但更偏重于地祇的属性。

原始的“社”是位于野外田间或桑林之属，即便是“王社”也是在籍田内，而《周礼•考工记•匠人营国》又有“前朝后市，左祖右社”之说。这表明在国家和城市形成之后，代表国家的“太社”已经是建在都城之内，即具体位于宫城之南。但完全按照这种理论建造的，只有明清时期的社稷坛。余以下诸侯之“国社”、大夫之“置社”，以及郡县制之后的地方之社可以此类推。

对国家产生之后的社与稷阐述得最完整的历史文献，当属成书于东汉的《白虎通•社稷》：

“王者所以有社稷何？为天下求福报功。人非土不立，非谷不食。土地广博，不可遍敬也；五谷众多，不可一一祭也。故封土立社，示有土尊。稷，五谷之长，故封稷而祭之也。《尚书》曰：‘乃社于新邑。’《孝经》曰：‘保其社稷而和其民人。’盖诸侯之孝也。稷者，得阴阳中和之气，而用尤多，故为长也。

岁再祭何？春求谷之义也。故《（礼记•）月令》，仲春之月，择元日命人社。《援神契》曰：‘仲春获禾，报社祭稷。’

……王者、诸侯俱两社何？俱有土之君。《礼记•三正记》曰：‘王者二社，为天下立社曰‘太社’，自为立社曰‘王社’；诸侯为百姓立社曰‘国社’，自为立社曰‘侯社’。’太社为天下报功，王社为京师报功，太社尊于王社。土地故两报之。

王者、诸侯必有诫社何？示有存亡也。明为善者得之，恶者失之。故《春秋公羊传》曰：‘亡国之社，奄其上，柴其下。’《（礼记•）郊特牲》曰：‘丧国之社，屋之。’自言与天地绝也。在门东，明自下之无事处也。或曰：‘皆当着明诫，当近君，置宗庙之墙南。’《礼》曰：‘亡国之社稷，必以为宗庙之屏。’示贱之也。

社稷在中门之外、外门之内何？尊而亲之，与先祖同也。不置中门内何？敬之，示不亵渎也。《论语》曰：‘譬诸宫墙，不得其门而入。不见宗庙之美，百官之富。’《祭义》曰：‘右社稷，左宗庙。’

大夫有民，其有社稷者，亦为报功也。《礼（记•）祭法》曰：‘大夫成群立社，曰‘置在’。’《（礼记•）月令》曰：‘择元日，命人社。’《论语》曰：‘季路使子羔为费宰，曰：‘有民人马，有社稷焉。’’

不谓之土何？封土为社，故变名谓之‘社’，别于众土也。为社立祀，始谓之稷，语亦自变，有内外。或曰：‘至社稷，不以稷为社，故不变其名事，自可知也。不正月祭稷何？’礼不常存，养人为用，故立其神。

社无屋何？达天地气。故《（礼记•）郊特牲》曰：‘太社稷，必受霜露风雨，以达天地之气。’社稷所以有树何？尊而识之，使民人望见师敬之，又所以表功也。故《周官》曰：‘司社而树之，各以土地所生。’《尚书·亡篇》曰：‘太社唯松，东社唯柏，南社唯梓，西社唯栗，北社唯槐。’

王者自亲祭社稷何？社者，土地之神也。土生万物，天下之所主也，尊重之，故自祭也。

其坛大何？如《春秋文义》曰：‘天子之社稷广五丈，诸侯半之。’其色如何？《春秋传》曰：‘天子有太社焉，东方青色，南方赤色，西方白色，北方黑色，上冒以黄土。故将封东方诸侯，青土，苴以白茅。谨敬洁清也。’

祭社有乐，《乐记》曰：‘乐之施于金石丝竹，越于声音，用之于宗庙社稷。’

《曾子问》曰：‘诸侯之祭社稷，俎豆既陈，闻天子崩，如之何？孔子曰：废。’臣子哀痛之，不敢终于礼也。”

注1：何新：《诸神的起源》[M].北京：时事出版社，2002年1月。第167～180页。

第二节　社稷、先农与先蚕坛的演变

由于现存历史文献的不完整，目前已知对社、稷坛等具体形式的描写不早于汉朝，另外，虽然早在甲骨文中就有相关活动的记载（卜辞），但对此类祭祀活动的更详细记载也始于汉朝。如《汉书·郊祀志》和《汉书·高帝纪》都记载了刘邦与“社”相关的一系列活动：

“汉兴，高祖（刘邦）初起，杀大蛇，有物曰：‘蛇，白帝子，而杀者赤帝子。’及高祖祷（向神祇祈求保佑）丰（邑）枌榆社，徇（xùn，巡行）沛，为沛公，则祀蚩尤（蚩尤是古代传说中的战神，另有一种传说蚩尤为黄帝之子），衅鼓旗。”

汉高祖刘邦二年（公元前205年），下诏废除秦社稷，建立汉室社稷。并令全国各县建立“公社”。

六年，给御史下诏，命其常年冬至以牛祭祀丰邑枌榆乡社。

八年，令“天下”建立灵星祠，常年祭祀（灵星又名“天田星”“龙星”，主农事。详见后面解释）。

十年，批准有司的建议，令各县于每年春二月及腊月以羊和猪祭祀后稷……《史记·孝武本纪》中也有：“上乃下诏曰：‘天旱，意乾封乎？其令天下尊祠灵星焉。’”

《汉书·郊祀志》中也记载了王莽对社、稷的改革建议：

“莽又言：‘帝王建立社稷，百王不易。社者，土也。宗庙，王者所居。稷者，百谷之主，所以奉宗庙，共粢盛，人所食以生活也。王者莫不尊重亲祭，自为之主，礼如宗庙。《诗（经）》曰：‘乃立冢土’。又曰：‘以御田祖，以祈甘雨。’《礼记》曰：‘唯祭宗庙社稷，为越绋而行事。圣汉兴，礼仪稍定，已有官社，未立官稷。’遂于官社后立官稷，以夏禹配食（飨）官社，后稷配食官稷。稷种谷树。徐州牧岁贡五色土各一斗。”

《晋书·志·礼》也说：“前汉但置官社而无官稷，王莽置官稷，后复省。故汉至魏但太社有稷，而官社无稷，故常二社一稷也。”

由此亦可判断，王莽所说的“官社”“官稷”应该属于“王自为立”“王社为京师报功”的性质。再参考《通典》所言，太社和官社的形式都有五色土。

社神等虽然为地神，但在天上也有对应，如《史记正义·汉旧仪》中记载了汉武帝曾修复周室旧灵台，其中的解释为：

“（建元）五年（公元前136年），修复周家旧祠（指邰城）。祀后稷于（长安城）东南，为民祈农报厥功。夏则龙星见而始雩。龙星左角为天田（星），右角为天庭（星）。天田（星）为司马，教人种百谷为稷。灵者，神也。辰之神为灵星，故以壬辰日祠灵星于东南，金胜为土相也。”。清末王先谦的《史记·集解》也解释说“灵星为后稷之代名”。

另外，《诗经·周颂·丝衣》：“丝衣其紑（fóu，洁白鲜明貌，全句为“洁白的祭服”），载（同“戴”）弁俅俅。自堂徂（cú，往、到）基（即“畿”，内门），自羊徂牛，鼐（nài，大鼎）鼎及鼒（zī，小鼎），兕觥（sì gōng，盛酒器）其觩（qiú，形容兕觥弯曲的样子）。”

刘向的《五经通义》以“丝衣”言王者祭祀灵星所服之衣。如果这种解释是正确的，说明至晚在周代就已经有对灵星的祭祀。

《后汉书·志·礼仪》中明确地表明东汉时期有太社和太稷坛，且还特别提到了“先农”神和“先蚕”神的对应：“正月始耕。昼漏上水初纳，执事告祠先农，已享。耕时，有司请行事，就耕位，天子、三公、九卿、诸侯、百官以次耕。”“仲春之月……是月，皇后帅公卿诸侯夫人蚕，祠先蚕，礼以少牢。”

《晋书·志·礼》说：“晋初乃魏，无所增损。至太康九年（公元288年），改建宗庙，而社稷坛一庙俱徙。乃诏曰：‘社实一神，其并二社之祀。’”于是车骑司马傅咸表说：“王社、太社，各有其义。天子尊事郊庙，故冕而躬耕。躬耕也者，所以重孝享之粢盛。亲耕故自报。自为立社者，为籍田而报者也；国以人为本，人以谷为命，故又为百姓立社而祈报焉。事异报殊，此社之所以有二也。”

马傅咸的解释非常清晰，“王社”是天子为自家祭祀祈福之社（况且天子还有“自留地”籍田），“太社”在名义上是天子为天下百姓祭祀祈福之社。至元帝建武元年（公元317年），又依洛京立二社一稷。

《晋书•志•礼》：“《周礼》，王后帅内外命妇享先蚕于北郊。汉仪，皇后亲桑东郊苑中，蚕室祭蚕神，曰‘苑窳（yǔ）妇人’‘寓氏公主’，祠用少牢。魏文帝黄初七年正月，命中宫蚕于北郊，依周典也。……及（晋）武帝太康六年……（享）蚕于西郊，盖与籍田对其方也。乃使侍中成粲草定其仪。先蚕坛高一丈，方二丈，为四出陛，陛广五尺，在皇后采桑坛东南帷宫外门之外，而东南去帷宫十丈，在蚕室西南，桑林在其东。取列侯妻六人为蚕母。”

这可能是历史文献中最早提到先蚕坛的具体形制。

上述“太社”“太稷”“先农”“先蚕”中，前者一般都划为“大祀”级别，后两者划为“中祀”级别。从晋以后，史书对后两者的描述渐少。后周时期，把“先农”作为“昊天上帝”和“皇地祇”的配祭内容。直到隋朝，《隋书•志•礼》中只是非正式地提到了对“先农”与“先蚕”的祭祀。

据《旧唐书•志•礼仪》叙述，武德、贞观之制，仲春、仲秋二时戊日，祭“太社”“太稷”，社以勾（句）龙配，稷以后稷配；孟春吉亥，祭帝社于籍田，天子亲耕；季春吉巳，祭“先蚕”于公桑，皇后亲桑。“先蚕坛”一般位于皇家园林中。并且这时又出现了“籍田坛”。

太宗贞观三年（公元629年）正月，皇帝曾亲祭“先农”，躬御耒耜，借于千亩之甸，“观者莫不骇跃”。最初，议籍田坛按礼仪应处的方位，给事中孔颖达说：“礼，天子籍田（坛）于南郊，诸侯于东郊。晋武帝犹于东南。今于城东置坛，不合古礼。”太宗说：“礼缘人情，亦何常之有。且《虞书》云‘平秩东作’，则是尧、舜敬授人时，已在东矣。又乘青辂（涂以青色的天子车）、推黛耜（dài sì，青黑色的耒耜。古代青色象征东方和春天，故籍田农器皆取青色）者，所以顺于春气，故知合在东方。且朕见居少阳之地，田于东郊，盖其宜矣。”

武则天执政初期，曾改“籍田坛”为“先农坛”。但神龙元年（公元705年），礼部尚书祝钦明与礼官等奏曰：“谨按经典，无先农之文。《礼记•祭法》云：‘王自为立社，曰王社。’先儒以为社在籍田，《诗（经）》之《载芟篇序》云‘春籍田而祈社稷’是也。（高宗）永徽年中犹名‘籍田’，垂拱以后删定，改为先农。先农与社，本是一神，频有改张，以惑人听。其先农坛请改为帝社坛，以应礼经王社之义。其祭先农既改为帝社坛，仍准令用孟春吉亥祠后土，以勾龙氏配。”

从礼部尚书祝钦明和礼官的奏言来看，对于社神、稷神体系的理解与解释稍有混乱，但其言辞的目的是主张与农业相关的神不必过多，这样也可以避免祭祀的事物过于庞杂。于是改“先农坛”为“帝社坛”，于坛西立“帝稷坛”，礼同太社、太稷。“其坛不备方色，所以异于太社也。”实际上“先农”的身份应该是更趋同于“稷神”，即属于与农作物的播种与生长等相关。而“社神”则更偏重于土地神的性质。

唐玄宗继位后，为了表示与祖母武氏政权的割裂，在很多祭祀内容方面都进行了不同程度的调整。玄宗开元二十二年（公元734年）冬，礼部员外郎王仲丘又上疏请行籍田之礼。二十三年正月，玄宗亲祀“神农”于东郊，以勾芒配。二十六年，又亲往东郊迎气，祀青帝，以勾芒配，岁星及三辰七宿从祀。其坛本在春明门外，玄宗以祀所隘狭，始移于浐水之东面。其坛一层，坛上及四面皆青色。另有勾芒坛在东南，岁星以下又各为一小坛，在青坛之北。《新唐书•志•礼乐》说：“高五尺，周四十步者，先农、先蚕之坛也。”

《宋史•志•礼》载：“社稷，自京师至州县，皆有其祀……太社坛广五丈，高五尺，五色土为之。稷坛在西，如其制。社以石为主，形如钟，长五尺，方二尺，剡（yǎn，削尖）其上，培其半（社石一半埋在土里）。四面宫垣饰以方色，面各一屋，三门，每门二十四戟，四隅连饰罘罳（fúsī，曲阁），如庙之制，中植以槐。其坛三分宫之一，在南，无屋。”

这是以往史书中对“太社坛”形制最早最为详细的描述。另外，在古人的观点中，植物的出生与动物的出生都源于相同的原理，阴阳交合，“社”具有“阴”的普遍属性，但脱离不了“阳”的作用，又必须以“阳”为主宰。因此“社石”的形状就是上部模拟男性生殖器的形状，下部又为方形，代表阴性。

《宋史•志•礼》又载：“籍田之礼，岁不常讲……所司详定仪注：‘依南郊置五使。除耕地朝阳门七里外为先农坛，高九尺，四陛，周四十步，饰以青；二壝，宽博取足容御耕位。观耕台大次设乐县（指悬挂的钟磬类乐器）、二舞（指文、武二舞，传说为周文王和周武王之乐制）。御耕位在壝门东南，诸侯耕位次之，庶人又次之。观耕台高五尺，周四十步，四陛，如坛色。其青城（皇帝祭祀之前斋戒及休息的场所）设于千亩之外。’”

“政和，礼局言：‘《礼》：天子必有公桑蚕室，以兴蚕事……于先蚕坛侧筑蚕室，度地为宫，四面为墙，高仞有三尺，上被棘，中起蚕室二十七，别构殿一区为亲蚕之所。仿汉制，置茧馆，立织室于宫中，养蚕于薄以上。度所用之数，为桑林。筑采桑坛于先蚕坛南，相距二十步，方三丈，高五尺，四陛。’”这可能是以往史书上第一次提到在“先蚕坛”旁还建有“采桑坛”，并且较详细地介绍了“先蚕”祭祀场所及建筑等形制内容。

《金史•志•礼》载：“贞元元年（公元1153年）闰十二月，有司奏建社稷坛于上京（位于今黑龙江阿城南白城子）。大定七年七月，又奏建坛于中都。社为制，其外四周为垣，南向开一神门，门三间。内又四周为垣，东、西、南北各开一神门，门三间，各列二十四戟。四隅连饰罘罳（fúsī，屏风），无屋，于中稍南为（社）坛位，令三方广阔，一级四陛。以五色土各饰其方，中央覆以黄土，其广五丈，高五尺。其主用白石，下广二尺，剡其上，形如钟，埋其半，坛南，栽栗以表之。近西为稷坛，如社坛之制而无石主。四渎门各五间，两塾三门（“塾”为与门相连的房间），门列十二戟。渎（门）有角楼，楼之面皆随方色饰之。馔幔（临时放置和准备食物祭品的帐篷，后改为固定建筑曰“馔幕殿”）四楹，在北渎门西，北向。神厨在西渎门外，南向。廨（日常管理之所）在南围墙内，东西向。有望祭堂三楹，在其北，雨则于是（在）堂（内）望拜。堂之南北各为屋二楹，三献（初献、亚献、终献）及司徒致斋（行斋戒之礼）幕次（临时搭建的帐篷）也。堂下南北相向有斋舍二十楹。外门止一间，不施鸱尾。”

从《金史》的记载来看，金朝上京的社坛和稷坛建筑群的形制等已经非常复杂，并且显然是参照了北宋东京汴梁的社坛和稷坛建筑群的形制等。

《元史•志•祭祀》载：“至元七年（公元1270年）十二月，有诏岁祀太社、太稷。三十年正月，始用御史中丞崔彧言，于和义门（今北京西直门位置）内少南，得地四十亩，为壝垣，近南为二坛，坛高五丈，方广如之。社东稷西，相去约五丈。社坛土用青赤白黑四色，依方位筑之，中间实以常土，上以黄土覆之。筑必坚实，依方面以五色泥饰之。四面当中，各设一陛道。其广一丈，亦各依方色。稷坛一如社坛之制，惟土不用五色，其上四周纯用一色黄土。坛皆北向，立北墉（高墙）于社坛之北，以砖为之，饰以黄泥；瘗坎（yì kǎn，祭祀时用以埋牲、玉帛等的坑穴）二于稷坛之北，少西，深足容物。

二坛周围壝垣，以砖为之，高五丈，广三十丈，四隅连饰。内壝垣棂星门四所，外垣棂星门二所，每所门二，列戟二十有四。外壝内北垣下屋七间，南望二坛，以备风雨，曰‘望祀堂’。堂东屋五间，连厦三间，曰‘齐班’。之南，西向屋八间，曰‘献官幕’。又南，西向屋三间，曰‘院官斋所’。又其南，屋十间，自北而南，曰‘祠祭局’，曰‘仪鸾库’，曰‘法物库’，曰‘都监库’，曰‘雅乐库’。又其南，北向屋三间，曰‘百官厨’。外垣南门西壝垣西南，北向屋三间，曰‘大乐署’。其西，东向屋三间，曰‘乐工房’。又其北，北向屋一间，曰‘馔幕殿’。又北，南向屋三间，曰‘馔幕’。又北稍东，南向门一间。院内南，南向屋三间，曰‘神厨’。东向屋三间，曰‘酒库’。近北少却，东向屋三间，曰‘牺牲房’。井有亭。望祀堂后自西而东，南向屋九间，曰‘执事斋郎房’。自北折而南，西向屋九间，曰‘监祭执事房’。此坛壝次舍之所也。

社主用白石，长五尺，广二尺，剡其上如钟，于社坛近南，北向，埋其半于土中。稷不用主。后土氏配社，后稷氏配稷。神位版二，用栗，素质黑书。社树以松，于社稷二坛之南各一株。此作主树木之法也……

武宗至大三年夏四月，从大司农请，建（神）农、（先）蚕二坛。博士议：‘二坛之式与社稷同，纵广一十步，高五尺，四出陛，外壝相去二十五步，每方有棂星门。今先农、先蚕坛位在籍田内，若立外壝，恐妨千亩，其外壝勿筑。’是岁命祀先农如社稷，礼乐用登歌，日用仲春上丁，后或用上辛或甲日。

至元十年八月甲辰朔，颁诸路立社稷坛壝仪式。十六年春三月，中书省下太常礼官，定郡县社稷坛壝、祭器制度、祀祭仪式，图写成书，名《至元州郡通礼》。元贞二年冬，复下太常，议置坛于城西南二坛，方广视太社、太稷，杀其半。”

从以上记载来看，《金史》和《元史》中对“太社坛”“太稷坛”“先农坛”等的描述越来越详尽，附属建筑越来越多，且元朝时期坛台的高度较之前有所增加。

《明史·志·吉礼》记载，洪武元年（公元1368年），中书省定议：“周制，小宗伯掌建国之神位，右社稷，左宗庙。社稷之祀，坛而不屋。其制在中门之外，外门之内。尊而亲之，与先祖等。然天子有三社，为群姓而立者曰‘大（太）社’，其自为立者曰‘王社’，又有所谓‘胜国之社’，压之不受天阳，国虽亡而存之以重神也！后世天子惟立太社、太稷。汉高祖立官太社、太稷……光武立太社稷于洛阳宗庙之右……唐因隋制，并建社稷于含光门右……玄宗升社稷为大祀……宋制如东汉时。元世祖营社稷于和义门内，以春秋二仲上戊日祭。今宜祀以春秋二仲月上戊日。”这一年太祖朱元璋又“命中书省翰林院议创屋，备风雨”。学士陶安说：“天子太社必受风雨霜露，亡国之社则屋之，不受天阳也。建屋非宜。若遇风雨，则请于斋宫望祭。”

笔者在第五章中介绍过朱元璋对位于南京的祭天之“南郊坛”改制的情况，加之又“命中书省翰林院议创屋，备风雨”，说明他对中国传统礼制文化中吉礼部分的内容非常陌生。

明初南京的“太社坛”和“太稷坛”在宫城西南，“东西对峙，坛皆北向。广五丈，高五尺，四出陛，皆五级。坛土五色随其方位，黄土覆之。坛相去五丈，坛南皆树松。二坛同一壝，方广三十丈，高五尺，甃（zhòu）砖，四门饰色随其方。周垣四门，南棂星门三，北戟门五，东西戟门三。戟门各列戟二十四。”洪武三年，又于太社稷坛北建祭殿五间，在其后建拜殿五间，以备风雨。

洪武十年，朱元璋以“社稷分祭，配祀未当”又令礼官考虑更改。尚书张筹言：“按《通典》，颛顼祀共工氏子句龙为后土。后土，社也。烈山氏子柱为稷。稷，田正也。唐、虞、夏因之。此社稷所由始也。商汤因旱迁社，以后稷代柱。欲迁句龙，无可继者，故止。然（三国时期）王肃谓社祭句龙，稷祭后稷，皆人鬼，非地祇。而陈氏《礼书》（北宋理学家陈祥道所作）又谓社祭五土之祇，稷祭五谷之神。（东汉末年）郑康成（郑玄）亦谓社为五土总神，稷为原隰（平原和低下的地方，因为山地另有神仙）之神。句龙有平水土功，故配社，后稷有播种功，故配稷。二说不同。汉元始中，以夏禹配官社，后稷配官稷。唐、宋及元又以句龙配社，周弃配稷。此配祀之制，初无定论也。至社稷分合之义，《（尚）书·召诰》言：‘社于新邑。’孔注曰：‘社稷共牢。’《周礼》：‘封人掌设王之社壝。’注云：‘不言稷者，举社则稷从之。’《陈氏礼书》曰：‘稷非土无以生，土非稷无以见生之效，故祭社必及稷。’《山堂考索》曰（南宋章如愚辑）：‘社为九土之尊，稷为五谷之长，稷生于土，则社与稷固不可分。’其宜合祭，古有明证。请社稷共为一坛。至句龙，共工氏之子也，祀之无义。商汤欲迁未果。汉尝易以夏禹，而夏禹今已列祀帝王之次，弃稷亦配先农。请罢句龙、弃配位，谨奉配享，以成一代盛典。”

尚书张筹认为，祭祀社、稷就是祭祀土地神、谷神，它们之间有着互为因果的关系。另外，它们都应该是纯粹的自然地祇，所以天神、人鬼等与之无涉，仅以朱元璋的父亲“仁祖淳皇帝”配享即可。于是改坛在午门右，太社稷共一坛，为二层。上层广五丈，下层广五丈三尺，高五尺。外壝高五尺，四面各十九丈有余。外层垣东西六十六丈有余，南北八十六丈有余。垣北三门，门外为祭殿，其北为拜殿。外复为三门，垣东、西、南门各一。这是历史上首次把社坛和稷坛合一的创制。

洪武十一年，礼臣言：“太社稷既同坛合祭，王国各府州县亦宜同坛，称国社国稷之神，不设配位。”“诏可。”但到了洪武十三年九月，“复定制两坛一壝如初式。”“王国社稷坛，高广杀太社稷十之三。府、州、县社稷坛，广杀十之五，高杀十之四，陛三级。后皆定同坛合祭，如京师。”

永乐年中，明朝都城改为北京，在北京紫禁城前端西侧营建了一座太社稷坛（详后）。

嘉靖十年（公元1531年），皇帝命在西苑空地垦荒为田，建“帝社坛”和“帝稷坛”，东帝社、西帝稷，皆北向。坛址高六寸，方广二丈五尺，甃细砖，以净土夯实。坛北树二坊，名“社街”。两坛始名为“西苑土谷坛”，后来“帝谓土谷坛亦社稷耳，何以别于太社稷？”内阁首辅张璁等言：“古者天子称王，今若称‘王社’‘王稷’，与王府社稷名同。前定神牌曰‘五土谷之神’，名义至当。”于是改为“帝社坛”和“帝稷坛”。

隆庆元年（公元1567年），礼部言：“帝社稷之名，自古所无，嫌于烦数，宜罢。”于是又撤销了此两坛。

安徽省滁州市凤阳县为朱元璋的故乡，明洪武二年（公元1369年）九月，朱元璋下诏建设家乡临濠为“中都”。集全国名材和百工技艺、军士、民夫、罪犯等近百万人，经过六年的营建，到洪武八年四月，突然以“劳费”为由罢建，但大部分建设内容已经基本完成。因此在中都也建成了一座太社坛。此外，明朝还营建了大量的“里社”，“每里一百户立坛一所，祀五土五谷之神。”

除以上之外，明朝也继承了营建先农坛和先蚕坛。

关于先农坛，《明史·志·吉礼》载洪武元年（公元1368年），朱元璋谕廷臣以来春举行籍田礼，礼官钱用壬等言：“汉郑玄谓王社在籍田之中。唐祝钦明云：‘先农即社。’宋陈祥道谓：‘社自社，先农自先农。籍田所祭乃先农，非社也。’至享先农与躬耕同日，礼无明文，惟《周语》曰：‘农正陈耤礼。’而韦昭注云：‘祭其神为农祈也。’至汉以籍田之日祀先农，而其礼始着。由晋至唐、宋相沿不废。(北宋)政和间，命有司享先农，止行亲耕之礼。南渡后，复亲祀。元虽议耕耤，竟不亲行。其祀先农，命有司摄事。今议耕耤之日，皇帝躬祀先农。礼毕，躬耕籍田。以仲春择日行事。”皇帝从之。

洪武二年（公元1369年）二月，朱元璋命建先农坛于南京的南郊，在籍田北。亲祭，以后稷配。器物祀仪与社稷同。洪武二十一年，更定祭先农仪，不设配位。先农坛高五尺，广五丈，四出陛。御耕耤位（籍田坛），高三尺，广二丈五尺，四出陛。之后在此地建造的还有山川坛、太岁坛等（此两坛属于山川和天神类祭祀体系）。直到永乐十八年（公元1420年），先农坛建筑群始建于北京，如南京制。

关于先蚕坛，《明史·志·吉礼》载：“明初未列祀典。嘉靖时，都给事中夏言请改各宫庄田为亲蚕厂公桑园。令有司种桑柘，以备宫中蚕事。九年，复疏言，耕蚕之礼，不宜偏废。帝乃敕礼部：‘古者天子亲耕，皇后亲蚕，以劝天下。自今岁始，朕亲祀先农，皇后亲蚕，其考古制，具仪以闻。’”大学士张璁等请于安定门外建先蚕坛。詹事霍韬以为道远不妥。户部亦言："安定门外近西之地，水源不通，无浴蚕所。皇城内西苑中有太液、琼岛之水。考唐制在苑中（位于大明宫西面禁苑之东内苑中），宋亦在宫中，宜仿行之。"但嘉靖皇帝说唐人是"因陋就安"，不可效法。于是在安定门外建先蚕坛。

嘉靖九年二月，工部献上先蚕坛图式，"帝亲定其制。坛方二丈六尺，叠二级，高二尺六寸，四出陛。东西北俱树桑柘，内设蚕宫令署。采桑台高一尺四寸，方十倍，三出陛。銮驾库五间。后盖织堂。坛围方八十丈。"这个先蚕坛目前早已了无痕迹，具体位置不详。

嘉靖十年二月，礼臣言："去岁皇后躬行采桑，已足风励天下。今先蚕坛殿工未毕，宜且遣官行礼。"嘉靖皇帝最初否决，令如旧行。但因安定门外距皇宫较远，皇后等出入需要重兵列于道路两侧，非常不便，于是改筑先蚕坛于西苑（今北海公园）。坛之东为采桑台，台东为具服殿，北为蚕室，左右为厢房，其后为从室，以居蚕妇。设蚕宫署于宫左，令一员、丞二员。四月，皇后行亲蚕礼于内苑。嘉靖三十八年罢亲蚕礼。

《清史稿•志•吉礼》载："先蚕坛，乾隆九年，建西苑东北隅，制视先农。径四丈，高四尺，陛四出。殿三楹，西乡。东采桑台，广三丈二尺，高四尺，陛三出。前为桑园台，中为具服殿、为茧馆，后为织室。有配殿，环以宫墙。墙东浴蚕河，跨桥二。桥东蚕署三，蚕室二十七，俱西乡。外垣周百六十丈，各省先农坛高广视社稷，余如制。"

北京社稷坛

北京社稷坛位于紫禁城之西南，天安门北御道西侧，东与太庙相对，按《周礼•考工记•匠人营国》所述"左祖右社"的形制布置。始建于明永乐十八年（公元1420年），弘治、万历时曾修缮，清乾隆二十一年（公元1756年）又曾大修，为明、清两朝皇帝每年春秋仲月上戊日祭太社和太稷的场所。此地曾是辽、金城东北郊的兴国寺。元代扩入元大都城内，改名为万寿兴国寺。北京社稷坛建筑群的整体布局略呈长方形，现状有内外三重围墙，即坛墙两重再加外围墙，占地面积16万多平方米。核心建筑区的外坛墙南北长268.23米、东西宽207.21米，红墙黄琉璃瓦顶。每面墙正中辟门。因社稷坛位于紫禁城西南，且社稷神属地祇系列、属"阴"，因此是以北门为主门，名"北天门"。此门是一座砖石结构的拱券式三座联门，黄琉璃瓦歇山顶，通面阔20米，进深7米，明间为仿木绿琉璃重昂五踩斗拱。其余东、南、西门亦为砖石结构的拱券式黄琉璃歇山顶，面阔12米、进深7米，绿琉璃单翘单昂五踩斗拱。

北门之南为一座称为“戟门”的建筑，目前还保留明代建筑风格，面阔五间，黄琉璃瓦歇山顶，原为中柱三门之制，后改为五间，均为隔扇门。室内金龙枋心旋子彩画为旧物，室外彩画为新作的金龙和玺。原门内两侧列有插在木架上的 72 支镀金银铁戟，清光绪二十六年（公元 1900 年）“八国联军”侵京，误认为是金银戟，将其全部掠走（图 6-2 ～图 6-5）。

图 6-2　北京社稷坛鸟瞰示意图

图 6-3　北京社稷坛从南门内东望天安门

图 6-4　北京社稷坛北天门

图 6-5　北京社稷坛南天门

戟门之南为享殿，又称“拜殿”（即现中山堂），原为皇帝到此祭祀时休息或遇雨时行祭之处。享殿建于明永乐年间，为北京现存最古老的木构建筑之一，面阔五间、进深三间，黄琉璃瓦歇山顶。原殿内顶部为“彻上明造”做法，即屋顶梁架结构完全暴露。无外廊，歇山角梁与踩步金和下金檩相交于垂柱，重昂七踩斗拱，这是明代无廊大殿木架的结构特征。室外施和玺彩画，室内为金龙枋心旋子点金彩画，也是改变功能后改动的。门窗装修也已非旧物，现中三间隔扇门，梢间间槛窗。戟门同享殿前后连陛，都立于约 1 米高的白石台基上，台阶六步。

享殿之南即为社稷坛，坛四周建有壝墙即内墙，墙顶依方位覆青、红、白、黑四色琉璃砖，壝墙每边长 62.4 米，高 1.7 米，四面均立一汉白玉棂星门，门框亦为石制，原各装朱扉两扇。明清两代史料都记载原社稷坛为两层，因为偶数为“阴数”“地数”。但现社稷坛为汉白玉石砌成的正方形三层平台，不知改于何年。现三层坛四出陛，各三级。上层边长 15.92 米，第二层边长约 16.8 米，下层边长约 17.84 米。坛上层铺五色土：中黄、东青、南红、西白、北黑。坛中央原有一方形石柱，为“社主”，又名“江山石”，象征江山永固。石柱半埋土中，后全埋，1950 年移往他处；原坛中还有一根木制的“稷主”，已无存。当时坛中所铺五色土是由全国各地纳贡而来，每年春秋二祭由顺天府铺垫新土。明弘治五年（公元 1492 年）将所铺坛土由二寸四分改为一寸，后皆遵此制。

除社稷坛、享殿、戟门外，在外坛墙内西南还有神厨、神库，坐西朝东，面阔五间、进深五檩，南北并列，之间加建一过厅，其西边外坛墙处开一拱门，通墙外位于外坛墙西门外南侧的宰牲亭。原宰牲亭黄琉璃瓦重檐歇山顶，方形，每边均面阔三间，亭东南有一井亭，现仅存基础和井口（图 6-6 ～图 6-11）。

图 6-6　北京社稷坛戟门

图 6-7　北京社稷坛拜殿

图 6-8　北京社稷坛祭坛与拜殿

图 6-9　北京社稷坛壝墙西南角

图 6-10　北京社稷坛壝墙与东棂星门

图 6-11　北京社稷坛宰牲亭

外围墙周长约2015米，天安门北御道西长屋正中为社稷坛外围墙街门，东向，黄琉璃瓦歇山顶，面阔五间、进深三间。紫禁城端门北西长屋中为社稷坛外围墙左门，黄琉璃瓦歇山顶，面阔三间、进深一间。社稷坛外围墙东北门在紫禁城午门前阙右门之西，原为黄琉璃瓦三座门，近年经过改建，已失去原状。

1914年北洋政府内务总长朱启钤将社稷坛改为中央公园，在南面辟一门（今中山公园南门），后又在西辟一门（今西门）。1915年将原在礼部的“习礼亭”迁建于园内，1917年从圆明园遗址移来始建于清乾隆年间的“兰亭八柱”和“兰亭碑”。兰亭八柱原在圆明园的四十景之一“坐石临流”处，仿绍兴兰亭而建。亭为重檐蓝瓦八角攒尖顶，置兰亭碑于亭内。兰亭碑上刻有曲水流觞图，背面有乾隆写的诗文。八根柱上分别刻有乾隆和精选的七位书法家临摹的兰亭帖（图6-12～图6-14）。

图6-12　北京社稷坛习礼亭

图 6-13　北京社稷坛兰亭八柱亭

图 6-14　北京社稷坛从兰亭八柱亭前东望天安门

1925年，孙中山逝世后，曾在坛北的享殿停灵，1928年改享殿名为“中山堂”。同时，社稷坛改名为“中山公园”，之后增建了一些风景建筑：东有松柏交翠亭、投壶亭、来今雨轩；西有迎晖亭、春明馆、绘影楼、唐花坞、水榭、四宜轩；北有格言亭等。

1929年在中山公园内成立中国营造学社，1942年7月建中山音乐堂。还将戟门改为电影院，后为革命图书馆，现为中国人民政治协商会议全国委员会的会议厅。

1949年以后又增添了一些大型文娱建筑，1957年至1999年又对位于内坛的中山音乐堂多次进行改建和扩建，其位置在内坛墙内，严重破坏了历史格局。

外围墙新辟南门内还有一座三间蓝琉璃顶汉白玉石牌坊。此坊原在东单北大街，为清廷向1900年被杀死的德国公使克林德赔罪而建。1918年第一次世界大战德国战败，1919年被市民砸毁，后民国政府命德国重建于此，改名为“公理战胜坊”，并布置喷泉花木，形成一处欧式景观。1950年改名为“保卫和平坊”（图6-15～图6-20）。

图6-15　北京社稷坛来今雨轩饭庄

图 6-16　北京社稷坛来今雨轩前太湖石

图 6-17　北京社稷坛松柏交翠亭

图 6-18　北京社稷坛格言亭

图 6-19　北京社稷坛中山音乐堂

图 6-20　北京社稷坛保卫和平坊

北京先农坛、太岁坛和山川坛

北京先农坛位于北京二环路外南侧偏西，与太岁坛和山川坛建于明永乐十八年（公元 1420 年）。其中太岁坛和山川坛分别属于天神、地祇类建筑体系，因始建时间和地点相同，为了便于展示这一区域的全貌，故在此集中介绍。

《明史・志・吉礼》载："先农坛在太岁坛西南。石阶九级。西瘗（yì）位（掩埋焚烧贡品等处），东斋宫、銮驾库，东北神仓，东南具服殿，殿前为观耕之所。"

现遗留的先农坛呈方形，一层，四面有台阶各八级，由石包砖砌，现测量边长约 15 米，高约 1.5 米。明嘉靖十年（公元 1531 年）又建观耕台（观耕之所）。明嘉靖十一年，山川坛改建为天神坛与地祇坛。后来又不断有修缮和新增建筑。《清史稿・志・吉礼》说："天神、地祇、先农三坛制方，一成，陛皆四出，在正阳门外。先农坛位西南，周四丈七尺，高四尺五寸。东南为观耕台，耕耤时设之。前籍田，后具服殿。东北神仓，中廪（lǐn，米仓）制圆。前收谷亭，后祭器库。内垣南门外，神祇坛在焉。（天）神坛位东，方五丈，高四尺五寸五分。北石龛四，镂云形，分祀云、雨、风、雷。（地）祇坛位西，广十丈，纵六丈，高四尺。南石龛五，镂山水形。分祀岳、镇、海、渎（目前石龛还在）。二坛方壝，俱周二十四丈，高五尺五寸。正门分南、北，馀（yú）如日、月坛。又内垣东门外北斋宫，五楹，后殿、配殿、茶膳房具焉。乾隆时，更命斋宫曰'庆成宫'。坛外垣周千三百六十八丈。南、北门二，东乡，南入先农坛，北入太岁殿。殿七楹，东、西庑各十有一。其前曰'拜殿'，燎炉一。"

民国以后先农坛逐渐衰败，很多建筑被拆除。现先农坛等遗留的建筑群有先农坛、观耕台、庆成宫、太岁殿、拜殿（及其前面的焚帛炉）、神厨（包括宰牲亭和井亭）与神库、神仓、具服殿，以及原地祇坛的石龛等。这些建筑与坛台基本都坐落于原内坛墙里，仅庆成宫以及原天神坛、地祇坛位于原内坛墙之外、外坛墙之内。另外，内坛观耕台前有"一亩三分地"，为皇帝行籍田礼时亲耕之地（图 6-21 ～图 6-27）。

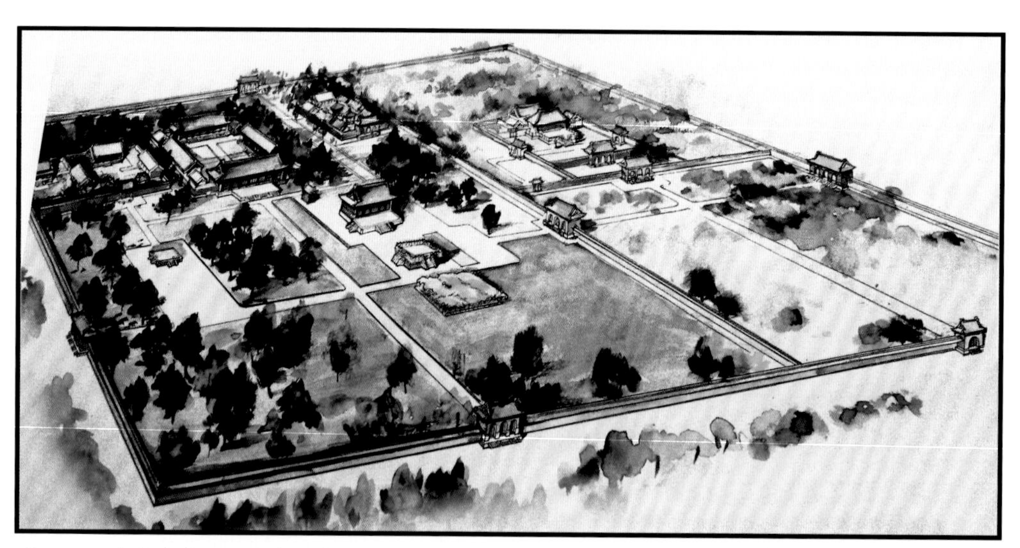

图 6-21　北京先农坛区域复原鸟瞰示意图

图 6-22　北京先农坛天神、地祇坛复原鸟瞰示意图

图 6-23　北京先农坛地祇坛石龛格局

图 6-24　北京先农坛地祇坛石龛（京畿河川）

图 6-25　北京先农坛地祇坛石龛（京畿山岳）

图 6-26　北京先农坛地祇坛石龛（四海）

图 6-27　北京先农坛祭坛

庆成宫建筑群位于先农坛内坛东北部，坐北朝南，东西长 122.84 米、南北宽 110.14 米，与内坛的几组建筑基本处于东西同一方位上。始建于明天顺二年（公元 1458 年），原为山川坛斋宫，作为皇帝行耕籍礼后休息和犒劳百官随从之地。清乾隆二十年（公元 1755 年）大修后改今名。庆成宫院中轴线从南向北依次为宫门、内宫门、斋宫大殿、妃宫殿（此名系 2001 年修缮中在四角套兽及某飞椽身上发现的题迹），内宫门与大殿间院墙东西各有拱券掖门一间，大殿、妃宫殿间东西两侧有东、西配殿。

内外宫门结构造型基本一致，为砖砌仿木结构无梁建筑，每座建筑通面阔五间 16.54 米、进深一间 7.3 米，屋面为单檐歇山式，黑琉璃瓦绿剪边，三踩单昂磨砖斗拱。明、次间开三间拱券门，板门装九路门钉。建筑前后台明置汉白玉栏杆，并于每座门前后中部铺设雕龙石板。

斋宫大殿前置有 246.93 平方米的月台，周圈安装有汉白玉栏板，正面置九阶台阶一个，台阶两边有日晷、时辰碑，台阶中部有雕龙石板，两侧七阶台阶各一个。大殿通面阔五间 27.2 米、进深三间（九椽七檩）15.24 米。殿内明间南部减去金柱两根，屋面为单檐庑殿推山式，绿琉璃瓦。檐柱头有砍杀，檐下为五踩单翘单昂鎏金斗拱。次间斗拱为真下昂挑金做法，昂后尾挑于正心檩与下金檩之间的枋下，枋上挑檐椽，枋两端通过驼峰，搁置于抱头梁或六架梁上。内檐下金垫板与下金枋之间置一斗三升隔架科斗硕。殿内顶部为“彻上明造”大木做法，金龙和玺彩画。殿宇前檐五间通开格扇门，后檐明间设门，通往妃宫殿。

妃宫殿通面阔五间 26.14 米、进深三间（六椽七檩）11.04 米。殿内明间南部减去金柱两根，屋面单檐庑殿式，铺绿琉璃瓦。柱础石为素面覆盆式，柱头有砍杀，五踩单昂斗拱。殿内山面桃尖梁上立瓜柱，瓜柱上交接前后金檩及山面下金檩，山面金檩上置扒梁，其上再交接前后金檩及山面下金檩，推山做法。殿内置天花，金龙和玺彩画。殿宇前檐明间开门，其余槛墙上开窗。后檐及山面砌墙。

东、西配殿面阔各三间 12.48 米、进深一间（三椽四檩）6.74 米，悬山卷棚顶，绿琉璃瓦屋面。殿前后檐柱额枋上有一斗三升斗拱，柱头有卷杀，柱有侧角。殿宇式隔扇门，室内屋面彩画为龙锦枋心。

东西掖门额枋以下为砖仿木结构无梁建筑，檐头从平板枋以上为木结构。面阔 8.9 米，进深 7.27 米，绿琉璃歇山屋面，中部设拱券门，板门装九路门钉。平板枋上周圈置三踩单昂平身科斗拱（图 6-28、图 6-29）。

图 6-28　北京先农坛斋宫大殿

图 6-29　北京先农坛妃宫殿

太岁殿建筑群位于先农坛内坛北门西南侧，是为祭祀太岁神及十二月将神之处。其东邻神仓，西近神厨，南为具服殿，位置基本在先农坛内坛建筑的中心地带，建筑体量为先农坛之最。共有四座单体建筑，中轴线从南向北依次为拜殿、太岁殿，东西两侧各有厢房 11 间，建筑间用围墙相连，拜殿两侧墙及东西墙北侧共设随墙门 4 个。

拜殿前置 332.5 平方米的月台，正面置六阶台阶三个。后檐分别在明间、梢间置六阶台阶。拜殿通面阔七间 50.96 米，进深三间（八椽九檩）16.88 米，殿内北部减去金柱四根，其木构架结构与宋《营造法式》的“八架椽屋乳栿对六椽栿用三柱”类同。屋面单檐歇山式，黑色琉璃瓦绿剪边。檐柱头有砍杀，檐下为五踩单翘单昂鎏金斗拱。前檐中三间用四扇格扇门，余次间下砌槛墙，上置四扇格扇窗，梢间间砌墙，后檐七间全开四扇格扇门，格扇形制为“四抹头”，菱花形式为“三交六碗”。店内屋面“彻上明造”，金龙和玺彩画。

太岁殿通面阔七间 51.35 米，明间、梢间前置六阶台阶，进深三间（二椽十三檩）25.7 米。其木构架结构形式基本与故宫太和殿上层类似。屋面单檐歇山式，黑琉璃瓦绿剪边。柱础石为素面覆盆式，檐柱高 6.2 米，柱头有砍杀。金柱高 10.35 米，建筑室内总高 15.97 米。檐下为七踩单翘双昂鎏金斗拱。殿宇前檐七间各开四扇格扇门，其余三面砌墙，格扇为四抹头，菱花为三交六碗。殿内屋面“彻上明造”，用金龙和玺彩画。明间北部有神龛，无神像。

东、西配殿面阔均 11 间 55.56 米，进深三间（六椽七檩）13.58 米，前出廊，仅明间置五阶台阶，南北两侧于廊步尽头置如意踏跺三级。悬山黑琉璃瓦屋面。东西配殿大木构架为早期特色，殿宇梁架每一结点的柱头直接承载大斗，斗正面出梁头，侧面出檩枋，柱间用额枋相连接，柱头有卷杀，柱有侧角。正面开间均开四抹方格四扇格扇门。彩画为龙锦枋心。

太岁殿院外东南侧有砖仿木结构无梁建筑焚帛炉一座，为焚烧纸帛祭文之用。西向，面阔 6.6 米、进深 3.74 米，黑琉璃瓦绿剪边，歇山屋面，须弥底座。正面设三个大小不同的拱券门（中门稍大），四角有圆形磨砖圆柱，柱上砖制额枋处雕刻明代旋子彩画，上置砖仿木五踩单翘单昂斗拱。

“一亩三分地”位于整个建筑群中部偏西南位置，其北为观耕台，再北为具服殿，整体位于太岁殿东南，具服殿是明清两代帝王祭先农时更衣并行籍耕之典的场所。

具服殿建于 1.65 米的高台上，前置 254.5 平方米的月台，月台与建筑台明等宽，南面设十级台阶，东西面设八级台阶。建筑通面阔五间 27.22 米，进深三间（六椽七檩）

14.24 米，歇山绿琉璃瓦屋面。檐柱头有砍杀。殿内明间减去金柱四根，前后檐柱承载长 10.48 米的七架梁。梁头及檩枋下均设一斗三升隔架科斗硕。檐下为五踩单翘单昂鎏金斗拱。室内屋面彻上明造，金龙和玺彩画（图 6-30 ～图 6-36）。

图 6-30　北京先农坛拜殿

图 6-31　北京先农坛太岁殿 1

图 6-32　北京先农坛太岁殿 2

图 6-33　北京先农坛太岁殿院东配殿

图 6-34　北京先农坛东燎炉

图 6-35　北京先农坛观耕台

图 6-36　北京先农坛具服殿

神厨与神版库共一院，坐北向南，位于太岁殿之西，院落轴线外南部为先农神坛，西北围墙外有宰牲亭。《日下旧闻考·卷五十五》载："北正殿五间，以藏神牌，东为神库，西神厨，各五间，左右井亭各一。"

大门现仅存立柱及斗硕等木构架，建筑面阔 6.88 米、进深 2.6 米（三檩二椽），屋面为单檐悬山式。檐下为五翘单昂明制斗拱，大斗有斗幽页。柱头斗拱无大斗，硕从立柱卯口跳出，脊檩直接置于柱头之上。

神库正殿名"神版库"，建筑面阔五间 26 米、进深四间 13.17 米（八椽九檩），前檐明间置五级台阶，屋内明间减去中心柱两根，悬山顶屋面，上铺削割瓦。建筑仅明间开四扇格扇门，四抹头，其余各间为槛墙上开窗。

东神库用于存放祭祀和亲耕用品，建筑面阔五间 26 米、进深一间 10.42 米（四椽五檩），前檐明间置礓礤台阶，悬山顶屋面，室内椽飞上为石望板，上铺削割瓦。建筑仅明间开门，其余各间为槛墙上开窗。

西神厨建筑面阔五间 26.4 米、进深两间 10.4 米（四椽五檩），前檐明间置礓礤台阶，悬山顶屋面，上铺削割瓦。建筑前檐仅明间设门，其余各间为槛墙上开窗。后檐明间设槛墙并开窗，窗外于台明上置石水槽。

六角形井亭位于院内东侧，每边长 4.34 米，三踩单昂鎏金斗拱，有斗幽页，每边平身科斗拱 2 攒，周圈共有 12 攒，角科斗拱六攒，屋面下无梁枋，由角科及其两侧平身科鎏金斗硕后尾悬挑六角形脊枋。亭内中心有井口，上置高近 80 厘米的六角形石井台，屋面正中为六角形天井，与亭内井口相对，以为“天地一气”之意。井亭正北有礓磋台阶。

宰牲亭位于神厨院西北部，其西边两米为先农坛西侧内坛墙。建筑面阔五间 20.13 米、进深三间 12.98 米（六椽七檩）。双层檐为悬山顶，下层为四坡水。上层梁架形成面阔三间进深一间布局，金柱用通柱，并于柱身上的不同位置开卯口穿插承椽枋、角梁及抱头梁等，与周圈檐柱结构形成四坡水屋面。上下层均为削割瓦。室内明间正中心有长 2.4 米、宽 1.16 米、深 1.3 米的毛血池，为宰杀牲畜所需，池上下均有排水口，建筑明间及次间设门，梢间为窗。

神厨院内建筑均为墨线大点金龙锦枋心旋子彩画。宰牲亭外檐彩画，无地杖，直接绘于大木上，内檐彩画为旋子彩画，枋心图案不清（图 6-37 ～图 6-41）。

图 6-37　北京先农坛神库神厨院 1

图 6-38　北京先农坛神库神厨院 2

图 6-39　北京先农坛神版库

图 6-40　北京先农坛神库神厨院内井亭

图 6-41　北京先农坛神库神厨院内井亭天井

神仓院位于太岁殿东部，有"天下第一仓"之誉。建于清乾隆十七年（公元1752年），坐北向南，中轴线从南向北依次为山门、收谷亭、圆檩神仓、祭器库，左右分列仓房、神仓、值房各三座。另全院从圆檩神仓后设墙分成前后两院，中设圆门。

山门为砖拱券无梁形制，建筑面阔三间 13.48 米、进深 5.34 米，屋面为单檐歇山式绿琉璃砖叠涩挑檐，无斗拱，屋面为黑琉璃瓦绿剪边。建筑开三间拱券门，板门装九路门钉。

收谷亭平面为方形，建筑面积 49.9 平方米。每边长宽为 6.85 米，南北各设三级台阶，无斗拱，四角攒尖顶，屋面为黑琉璃瓦绿剪边。

神仓为圆形形制，建筑面积 58 平方米，直径 8.6 米，正南设五级台阶，无斗拱，屋面为圆攒尖顶，黑琉璃瓦绿剪边。圆形平面上制檐柱 8 根，柱间用木板遮挡，南设四扇格扇门。室内除在原地平铺方砖外，又在其上置厚高 16 厘米、宽 13 厘米的木地梁，上铺木地板，此为贮粮防潮。

祭器库建筑面阔五间 26.17 米、进深两间 9.36 米（四椽五檩），明间有礓差踏步，悬山顶屋面，上铺削割瓦。此座建筑造型开阔而矮小，檐柱高 3.16 米，而间阔 4.8 米左右，建筑仅明间开四扇格扇门，四抹头，其余各间为格扇窗。

两侧南部仓房建筑均面阔三间 10.48 米、进深一间 7.34 米（四椽五檩），前檐明间置三级台阶，硬山顶屋面，上铺削割瓦。建筑仅明间开格扇门，其余各间为格扇窗。北部仓房建筑均面阔三间 12.44 米、进深一间 7.76 米（四椽五檩），前檐明间置三级台阶，绿剪边黑琉璃瓦悬山顶屋面。明间瓦顶正中设悬山顶天窗，天窗高约 2.6 米、长 1.76 米、宽 0.78 米。建筑仅明间开格扇门，其余各间为格扇窗。

两侧最北端值房建筑面积均为面阔三间 14.36 米、进深两间 8.34 米（四椽五檩），前檐明间设一级如意踏步，削割瓦悬山顶屋面，建筑仅明间开门，其余各间为窗。

神仓院内建筑除收谷亭为雅伍墨旋子彩画外，其余均为皇家祭祀建筑特用的雄黄玉旋子彩画（图 6-42）。

图 6-42　北京先农坛神仓收谷亭

1916年，先农坛被辟为城南公园。1936年，在原址东南角盖起北平公共体育场，后更名为先农坛体育场。1949年7月华北育才小学（后称北京市育才学校）迁入北京，进驻先农坛。先农坛太岁殿被育才学校占用，具服殿被中国医学科学院药物研究所占用。1994年，占用神仓院的单位全部迁出，同期，北京市文物局拨款做了全面修缮。修缮时，根据现存窗框及早期照片，全院恢复原四抹头方格菱花格扇门窗，并于院四角增建格调一致的办公配套设施。1997年，育才学校图书馆从具服殿搬出。1998年，育才学校校办工厂迁出，同期，市文物局拨款做了全面修缮。修缮时在拆除瓦面后发现所有建筑屋面灰背均用白灰铺设，修复后的屋面仍用白灰铺设。各殿留有板门直棂窗的卯口遗迹，但由于使用功能所需，也为全院的统一，最终采用了正殿现有窗框的形式，将院内门窗统一为四抹方格菱花形制。同时，对院门平面条石及木架尺度勘察后，根据清营造则例规制对大门做了复原。

北京先蚕坛

北京先蚕坛于明嘉靖九年始建于北京安定门外，现早已不见踪迹。嘉靖十年“命改筑先蚕坛于西苑”，位置在西安门原万寿宫附近。高士奇所著《金鳌退食笔记》中记载：“亲蚕殿，在万寿宫西南（万寿宫在原西安门内以南）。有斋宫、具服殿、蚕室、蚕馆，皆如古之。蚕坛方可二丈六尺，垒二级，高二尺六寸，陛四出，东西北俱树以桑柘。采桑台高一尺四寸，广一丈四尺。又有銮驾库五间，围墙八十余丈。”清时地名为“蚕池口”。蔡升元有《移居蚕池养疾恭纪诗》，颔联是：“平分翠色瀛台柳，依旧清光太液池。”由此可推断其大概位置。

遗留至今的先蚕坛位于现北海公园的东北角，建于清乾隆七年（公元1742年），乾隆十三年、道光十七年（公元1837年）及同治、宣统年间均有修缮。其旧址是明朝雷霆洪应殿。

先蚕坛建筑群坐北朝南，在南外墙偏西位置开正门三间。门内正对亲蚕坛，坛东南为观桑台。亲蚕坛原坛为方形，南向，一层。东、西、北面均植护坛桑林。

观桑台北为亲蚕门一间，绿琉璃瓦歇山顶，门左右连接朱红围墙，围墙北折构成一院落。院内前殿为亲蚕殿（茧馆），五开间，绿琉璃瓦歇山顶，前后出廊，三出阶，各五级。殿内悬乾隆御书额“葛覃遗意”，左右联：“视履六宫基化本，授衣万国佐皇猷。”东西有配殿各三间，绿琉璃瓦硬山顶。殿后为浴蚕池，池北为后殿即织室，五开间，绿琉璃瓦悬山顶，五花山墙，前后出廊，明间出阶。殿内悬乾隆御书额“化先无斁”，左右联：“三宫春晓觇鸠雨，十亩新阴映鞠衣。”屏间绘有《蚕织图》。有东西配殿各三间，绿琉璃瓦硬山顶。

观桑台东有蚕妇浴蚕河，南北木桥二，南桥之东为先蚕神殿，北桥之东为蚕所。先蚕神殿位于观桑台东南，三开间，坐东朝西，硬山顶，前出廊，三出阶。殿前南北分别为方形井亭、宰牲亭各一座，绿琉璃瓦攒尖顶。殿北有神库三间，殿南有神厨三间，均为绿琉璃瓦硬山顶。神殿以北还有蚕署三间，蚕署以北蚕室二十七间。

先蚕坛坛门外东南有一独立院落，其中有陪祀公主福晋室及命妇室各五间，均坐西朝东，灰瓦硬山顶。

1949 年 4 月 1 日，经北京市公用局军管会代表批准，将先蚕坛全部建筑拨借北海实验托儿所（今北海幼儿园）使用。自此，先蚕坛遂被此幼儿园长期占用。为了建设教室、办公室、厨房等教学硬件的需要，幼儿园对原有布局和园林景观进行了很大的改造，如亲蚕坛和观桑台被拆除、浴蚕河被填平等。

第七章　地祇体系礼制建筑的演变历程（二）：皇地祇与后土的礼制建筑体系

第一节　昆仑山与昆仑地祇

《史记·封禅书》说："周官曰，冬日至，祀天于南郊，迎长日之至；夏日至，祭地祇。皆用乐舞，而神乃可得而礼也。"

唐杜佑所撰《通典·卷四十五·吉礼四》说："周制，《（周礼·）大司乐》云：'夏日至礼地祇于泽中之方丘。'地祇主昆仑也。必于泽中者，所谓因下以事地。其丘在国之北。就阴位。礼神之玉以黄琮，琮，八方，象地。牲用黄犊，币用黄缯（币，帛也，指黄色的绸缎）……"

《通典》提到祭祀地祇祭坛的形式是"泽中之方丘"，但更为重要的是文中提到"地祇主昆仑也""其丘在国之北""就阴位"，即在杜佑看来，昆仑山是某重要的阴性地祇所居之地。在古代文献中，对其有很多描述。

《山海经·海内西经》："海内昆仑之虚，在西北，帝之下都。昆仑之虚，方八百里，高万仞……面有九门，门有开明兽守之，百神之所在……昆仑南渊深三百仞。开明兽身大类虎而九首，皆人面，东向立昆仑上。"

《山海经·西次三经》："昆仑之丘，是实惟帝之下都，神陆吾司之。其神状虎身而九尾，人面而虎爪；是神也，司天之九部及帝之囿时。"

《山海经·大荒西经》："西海之南，流沙之滨，赤水之后，黑水之前，有大山，名曰'昆仑之丘'。有神，人面虎身，有文有尾，皆白，处之。其下有弱水之渊环之，其外有炎火之山，投物辄然（燃）。有人戴胜，虎齿，有豹尾，穴处，名曰'西王母'。此山万物尽有。"

《山海经·海内经》："西南黑水之间，有都广之野，后稷葬焉……有木，青叶紫茎，玄华黄实，名曰'建木'，百仞无枝，上有九欘，下有九枸，其实如麻，其叶如芒，大暤（太昊）爰（描述）过，黄帝所为。"

《庄子·天地》："黄帝游于赤水之上，登于昆仑之丘。"

《庄子·至乐》："昆仑之虚，黄帝之所休。"

最早收录于《汉书·艺文志》中的《尔雅·释丘》曰："三成（层）为昆仑丘。"郭璞注："昆仑山三重，故以名云。"疏："《昆仑山记》云：'昆仑山，一名昆丘，

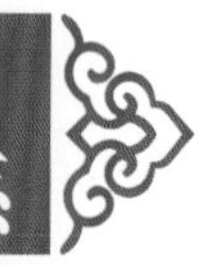

三重，高万一千里’是也。凡丘之形三重者，因取此名云耳。”

西晋时期发现的汲冢竹书之《穆天子传》（可能成书于战国时期）说：“昆仑之丘……黄帝之宫。”

西汉东方朔所撰《神异经》：“昆仑有铜柱焉，其高入天，所谓‘天柱’也。”

西汉时期的《淮南子·地形训》：“禹乃以息土填洪水以为名山，掘昆仑虚以下地，中有增（层）城九重，其高万一千里百一十四步二尺六寸。上有木禾，其修五寻，珠树、玉树、琁树、不死树在其西，沙棠、琅玕在其东，绛树在其南，碧树、瑶树在其北。旁有四百四十门，门间四里，里间九纯，纯丈五尺。旁有九井，玉横维其西北之隅，北门开以内不周之风。倾宫、旋室、县（即“悬”）圃、凉风、樊桐在昆仑阊阖（chāng hé，天门）之中，是其疏圃。疏圃之池，浸之黄水，黄水三周复其原，是谓丹水，饮之不死。”与《山海经》中的很多描述非常接近。

《淮南子·地形训》：“建木在都广，众帝所自上下。日中无景（影），呼而无响，盖天地之中也。”

汉代谶纬《河图括地象（图）》：“地中央曰‘昆仑’。昆仑东南，地方五千里，名曰神州，其中有五山，帝王居之。”郑玄注：“神州，晨土，即所谓齐州，中国之地也。”

北魏郦道元所撰《水经注·卷一》：“《昆仑说》曰：昆仑之山三级，下曰樊桐，一名‘板桐’；二曰‘玄圃’，一名‘阆风’；上曰‘层城’（即增城），一名‘天庭’，是为太帝之居。”

从上面诸文中复杂的内容再结合其他省略的内容可以总结出昆仑山有如下特征：

昆仑山就是一座众神仙居住的能通天的“神山”，如天神的“下都”（“上都”肯定在天上），有园林“悬圃”；昆仑山位于“地中”，分三级，所以上层名“层城”“增城”；昆仑山上有通天神柱，即“天柱”“建木”，供众神上下；昆仑山地主是西王母，还有虎神“陆吾”和“开明”。何新认为后者就是“启明”即金星（金神蓐收），它们的属性都等同于“白虎”，是主生死之神；昆仑山上还有“不死树”，即与中国文化中生死循环的概念相对应。总之昆仑山的性质就相当于希腊之奥林匹斯、印度之苏迷卢等神山。苏迷卢在印度的宇宙模型中就是宇宙（天地）的中轴，与中国盖天说宇宙模型中的宇宙天地的中轴非常一致。

那么昆仑山到底是哪座神山，却是学者长期争论不休的历史疑案，最显而易见的结论就是西起帕米尔高原东部，横贯新疆、西藏间，伸延至青海境内的昆仑山。

前面所列历史文献大多是说“昆仑之虚在西北”，如《山海经》等。而基本能够达成共识的是《山海经》中的内容多属于夏族团遗民的传说，例如，黄帝和禹等与夏的关系最密切，而黄帝和禹等又是《山海经》中最重要的人物，那么《山海经》中描述的自然也是以夏族团疆域范围内的内容为主（目前学术界普遍认为《山海经》来自独立的《山经》和《海经》，何幼琦先生认为《山经》本名《五藏山经》，《海经》即古书《禹本纪》，是西汉刘向、刘歆父子在校书时将二书合编在一起的）。顾颉刚在其《〈庄子〉和〈楚辞〉中昆仑和蓬莱两个神话系统的融合》中认为，中国流传下来的神话中有两个很重要的大系统，一个是源自西部高原地区的昆仑神话系统，一个是源自东方临海地区的蓬莱神话系统。西部神奇瑰丽的故事流传到东方以后，又与苍茫窈冥的大海这一自然条件结合起来，在燕、吴、齐、越沿海地区形成蓬莱神话系统。此后，这两大神话系统在流传中发展，到了战国中后期，在新的历史条件下又被人们结合起来，形成一个新的统一的神话世界，有的还逐步转化为人的世界中的历史事件和人物。但问题是西部之昆仑山地区并不是（其他文献中）夏族团活动的范围，即便是古夏族团来源于西部地区，在经过数千年的迁徙和民族融合之后，特别是在黄帝等相关传说产生之时，他们是否还能记住最初的圣山之名称，或问西部昆仑山之名产生于何时等，都是很难自圆其说的问题。

1956 年，台湾苏雪林女士在其《昆仑之谜》文中提出昆仑山就是泰山的假说，使这一问题的答案有所突破。“昆仑”一词有可能就是岁星纪年的十二岁（年）名的“困敦”，郭沫若认为是来源于古巴比伦天蝎座名“GIR • TAB”的音译，后来又演变为混沌、浑敦、混沦等（从马家窑文化马厂类型出土的“卍”字纹和“尖顶冠形花纹”表明，中国和中西亚的文化交流不晚于距今四千年纪）。因此“泰山说”的一种观点认为，中国古代文献记载最早崇拜天蝎座的“大火星”（心宿二）的氏族有陶唐氏、伊祁氏和后期子姓的商人等，他们都属于困敦氏，也就是浑敦氏。这些氏族初居于泰山周围，故泰山称为“昆仑之虚”。并且《尔雅》《淮南子》《水经注》等都说昆仑之虚有三级，现实的泰山的南坡也的确是分为三级，从山下的岱庙到一天门为一级，从一天门到中天门为二级，从中天门到岱顶（包括南天门和玉皇顶）为三级。

昆仑山为“泰山说”与“西部说”的交点，主要集中在夏族团的疆域范围问题上。所以“泰山说”的主流认为夏族团的疆域就是以今山东省为中心，渐及其周边地区。在山东省中部有一大片山地，现称为“鲁中南山地丘陵区”，泰山的位置正在这片丘陵区的西北角上，也恰好在山东省地图的西北方向，这便是《山海经》说昆仑之虚“在西北”的意思。如果再把地域范围扩大到燕山山脉以东的广大地区的范围来看，泰山就又是位于“天地之中”了。

而“西部说”认为以禹为代表的夏族团兴起于陕西，夏族团向东发展到山西南部汾水流域，在文献的历史上留下五个“大夏”或“大夏之虚”和两个“夏虚”。第一个夏虚位于襄汾、翼城、曲沃之间，有一座处于中心地位的“崇山”，所以夏族团远祖鲧又称“崇伯鲧”，禹又称“崇禹”。崇山下的陶寺文化遗址应该就属于夏文化，也就是说夏文华起于晋南。此后经历了积数百年的经济和文化发展，力量不断壮大，才一举进入河南，击败鸟夷有扈氏，建立了夏王朝。再后进军山东，这才有了启的儿子太康失权于东夷族羿的事件，直到少康中兴。也因此有关夏代在东方的传说不少于西方。但即便是如此，似乎也与西部昆仑山难扯上关联，特别是为什么《山海经》等不是大书特书崇山而更重视昆仑山呢？另外，最新的考古发现表明，陶寺文化遗址分为公元前2300年至公元前2100年、公元前2100年至公元前2000年两个互不相属的繁荣时期，大约在公元前2000年至公元前1900年间，陶寺文化进入晚期并迅速衰败，宫殿、城墙、王陵悉数被毁，随处可见死相惨烈弃于沟渠的亡者，连草草掩埋的迹象都没有，更没有一举东进的迹象。可见“昆仑山”确实是一个最终无法梳理清楚的历史疑案。

实际上与昆仑山相关的内容的疑问，早在秦汉之前就出现了，《楚辞•离骚》有“朝发轫于苍梧兮，夕余至乎县（悬）圃”，《楚辞•天问》有“昆仑县（悬）圃，其凥（居）安在？增（层）城九重，其高几里？四方之门，其谁从焉？西北辟启，何气通焉？”等相关的诗句。

参照本文最初阐述的有关中国原始宗教演变的其他内容，笔者认为或许昆仑山应该是一座因需要而不断变化的神山，甚至并非一定要有固定的具体所指，它也应该是相关原始宗教概念演进现象的具体反映，其概念与地域本身原本都是动态的。

唐《通典•卷四十五•吉礼四》说：“颛顼乃命火正黎司地以属人。火当为北。北，阴位也。正，长也。司，主也。属，会也。所以会聚群神，使各有序。夏以五月祭地祇，殷以六月祭。”顾颉刚和杨宽等都曾系统地论证过禹、句（勾）龙、应龙、夏后、后土都是由社神演化而来。笔者之前也阐释过，后土、女娲、嫘祖、西王母、嫦娥等也都是具有相同或相近属性又人格化了的地神、阴神，其中又有“嫦娥奔月”后转变成了阴性的天神，或曰与原本就有的阴性天神合一了。可以得出的结论是：在“北郊”祭祀的地祇的原型，与早期的社神应该属于同一性质的神，至于“后土”，仅是称谓被固定的问题，这类地祇也是原始神话中主生死的西王母的原型。另外，昆仑山既然是通天的“阶梯”，那么历代帝王的封禅就是告慰天神，同时也要祭祀昆仑山的地祇。

第二节 北郊坛与后土祠的演变

在《史记·封禅书》记载的中国古代社会祭祀历史中，那些早于诸侯秦国时期的，由于时间都比较遥远，传说的性质比较浓厚。秦国虽然有具体的社神、地祇祠庙等，但更重视对天神的祭祀。秦始皇统一中国后，以十月为岁首。曾到泰山封禅，东游海上，行礼祠名山川及八神，求访古仙人羡门之故里。在山东齐地，传说自姜太公以来就有祭祀八神之旧俗，到秦始皇时期便早已废祀，“莫知起时”。“八神，一曰‘天主’，祠天齐。天齐渊水，居临甾南郊山下下者。二曰‘地主’，祠泰山梁父。盖天好阴，祠之必于高山之下，小山之上，命曰‘畤’。地贵阳，祭之必于泽中圜丘云。三曰‘兵主’，祠蚩尤。蚩尤在东平陆监乡，齐之西竟（境）也。四曰‘阴主’，祠三山。五曰‘阳主（太阳神）’，祠之罘（fú）山。六曰‘月主（月亮女神）’，祠莱山：皆在齐北，并（傍）勃海。七曰‘日主’，祠盛山。盛山斗（陡）入海，最居齐东北阳，以迎日出云。八曰四‘时主’，祠琅邪。琅邪在齐东北，盖岁之所始。皆各用牢具祠畤。”这也间接地传达出一个信息，即先秦时期较热衷于祭祀“地主”的可能主要是生活在齐国的先民，并且齐国的天神、地祇体系或曰阴、阳神系比较均衡。

上文中值得注意的是与“地主”相关的内容，“地贵阳，祭之必于泽中圜丘云。”这里提到的“圜丘”是圆形的祭坛（其前后世的这类祭坛多为方形），其总体形式可能就来源于如《山海经·大荒西经》所载“其（昆仑）下有弱水之渊环之”的概念。这一时期祭祀地祇可能还没有“就阴位”的概念，在新石器时代的考古发现中，也没有“南北郊”之明确的分布。

秦始皇统一六国后“焚书坑儒”，有关祭祀内容的礼经多已消失，连年的征战又使得“祠祀未修”。汉高祖刘邦初定天下后，因服务于典礼的祠祀官和女巫等紧缺，便“诏御史置祠祀官、女巫”，即招揽全国各地原专职的女巫负责不同的祭祀活动，如让梁地（开封一带）的女巫主祠天地等。汉高祖还恢复了很多与“社”相关的地祇的祭祀活动，但没有“后土”的祭祀内容。

根据《汉书·郊祀志》的记载，汉改历，以正月为岁首。汉文帝十六年（公元前 164 年），文帝曾派遣官吏在汾阴县（河之南为“阴”）的黄河南岸边修建“后土祠”。汉武帝在元鼎四年（公元前 113 年），于雍县（今陕西凤翔县南）祭天后对大臣们说："今上帝朕亲郊，而后土无祀，则礼不答也。"便让大臣们讨论祭祀后土事宜。太史令司马谈和祠官宽舒商议后回答说："天地牲角茧粟。今陛下（欲）亲祠后土，后土宜于泽中圜丘为五坛，坛一黄犊牢具，已祠尽瘗……"于是汉武帝东巡至汾阴，其地男子公孙滂洋等说见汾河旁"有光如绛（jiàng，红色）"，汉武帝便令"立后土祠于汾阴脽（shuí，小土山）上，如宽舒等议"。建成后，汉武帝便率领群臣到汾阴祭祀后土，"亲望拜，如上帝礼"。至于文帝时期所建的"后土祠"为何种形制与命运等，史书中没有记载。

太史令司马谈是司马迁的父亲，他的家乡夏阳（今陕西韩城）与汾阴仅一水之隔。司马谈作为史官，熟悉历史上的祭祀情况和汾阴县的风土人情，所以向汉武帝提出了这样的建议。汉武帝在祭祀完后土之后，泛舟于汾河，同群臣欢宴于船上，极目四望，秋风萧瑟，草木落黄，鸿雁南归，即景生情，吟唱了一首流传千古的《秋风辞》："秋风起兮白云飞，草木黄落兮雁南归。兰有秀兮菊有芳，怀佳人兮不能忘。泛楼船兮济汾河，横中流兮扬素波。箫鼓鸣兮发棹（zhào）歌，欢乐极兮哀情多，少壮几时兮奈老何。"后来，汉武帝又先后五次到汾阴祭祀后土，并在后土祠建造了一座"万岁宫"。

之后汉宣帝和汉元帝分别又有两次和三次到汾阴祭祀后土。

《汉书·郊祀志》所记载的祭祀地祇之处，与传说中的周制祭祀场所比较有三个明显变化：

其一是名称从"坛"变为"祠"，更强调了在坛附近的其他附属建筑，坛仅作为具体的祭祀仪式之用。

其二是建设后土祠具体的地点不是在"北郊"。

其三是"一坛"变成了"五坛"。这一变化没有更具体说明，推测可能是把五行或"五方帝"等概念纳入了其中，因土地也有东、西、南、北、中，而祭祀地祇时要把每个方位的地祇都要照顾到。另外，"汾阴脽"是汾阴故城西北二里，今宝鼎县西北十余里原黄河与汾河的交汇处的一块高地。所谓"脽"者，是臀部的意思，史书以其地高突的形势如人之臀，故名其为"脽"。但又与"泽中五坛"的形制似有些矛盾与困难，或许就是在高地上五坛的周边及之间挖出水沟后灌水而形成"泽中五坛"的效果。唐代杜佑的《通典·卷四十五·吉礼四》又载："泽中为五坛，坛方五丈，高六尺。"但不同于"泽中圜丘为五坛"。这些历史疑案现已无法弄清楚了。

到了汉成帝即位时，丞相匡衡建议对祭祀内容等进行重大改革，和御史大夫张谭奏言："帝王之事莫大乎承天之序，承天之序莫重于郊祀，故圣王尽心极虑以建其制。祭天于南郊，就阳之义也；瘗地于北郊，即阴之象也。天之于天子也，因其所都而各飨焉。"匡衡等人不仅认为不在都城的南北郊祭祀天神与地祇有违古意，且到汾阴祭祀后土，要"渡大川，有风波舟楫之危"。因此建议把对后土的祭祀活动改在长安北郊，把祭天的活动改在长安南郊。汉成帝采纳了他们的建议，暂把祭地的活动改在长安北郊举行，不再去汾阴祭祀后土。但第二年，匡衡因事被罢了官，朝野上下都认为这是对匡衡的报应，认为他不应该建议皇帝轻易改变祭祀的地点和内容。最后在皇太后王政君的干预下，汉成帝恢复了甘泉泰畤的祭天、汾阴后土祠祭地、雍五畤，以及长安、雍及郡国原著名祠坛一半的祭祀活动。并于永始四年（公元前 13 年）三月，率群臣渡黄河，到汾阴祭祀后土。其后，汉成帝又先后三次到汾阴祭祀后土。

汉哀帝即位后，新的皇太后赵飞燕下诏恢复在长安北郊祭祀地祇，但也有反复。汉平帝继位后，又改地祇与天神合祭于南郊坛。

汉平帝元始五年，大司马王莽热衷于祭祀的改革，奏言："……臣谨与太师孔光、长乐少府平晏、大司农左咸、中垒校尉刘歆、太中大夫朱阳、博士薛顺、议郎国由等六十七人议，皆曰宜如建始时丞相衡等议，复长安南、北郊如故。"

王莽又改其祭礼，曰："……其会也，以孟春正月上辛若丁，天子亲合祀天地于南郊，以高帝、高后配……以日冬至使有司奉祠南郊，高帝配而望群阳；日夏至使有司奉祭北郊，高后配而望群阴。皆以助致微气，通道幽弱……"平帝"奏可"，致使"三十余年间，天地之祠五徙焉。"

后王莽又奏言："……谨与太师光、大司徒宫、羲和歆等八十九人议，皆曰：天子父事天，母事地。今称天神曰'皇天上帝'，泰一兆曰'泰畤'，而称地祇曰'后土'，与中央黄灵同，又兆北郊，未有尊称。宜令地祇称'皇地后祇'，兆曰'广畤'。"这是最早称最重要的地祇为"皇地后祇"。

另外，从最初的匡衡等建议祭祀制度的改革后，祭祀地祇的祭坛的形制才为"泽中方丘"。

东汉建都洛阳，光武中元二年（公元 57 年），在洛阳北郊四里之处建方坛，四面各一陛。祭祀地祇时的配祭为皇太后及五岳、四海、四渎。在此之前的建武十八年（公元 42 年），汉光武帝刘秀曾率群臣到汾阴祭祀后土，这也是汉朝皇帝最后一次到汾阴祭祀后土。至此，汾阴后土祠大约经历了 155 年的兴衰过程，唐诗人李峤的《汾阴行》形象地讲述了这一情形：

“君不见昔日西京全盛时，汾阴后土亲祭祀。斋宫宿寝设储供，撞钟鸣鼓树羽旗。汉家五叶才且雄，宾延万灵朝九戎。柏梁赋诗高宴罢，诏书法驾幸河东。河东太守亲扫除，奉迎至尊导銮舆。五营夹道列容卫，三河纵观空里闾。回旌驻跸降灵场，焚香奠醑（xǔ）邀百祥。金鼎发色正焜（kūn）煌，灵祇炜烨（wěiyè）摅景光。埋玉陈牲礼神毕，举麾上马乘舆出。彼汾之曲嘉可游，木兰为楫桂为舟。棹歌微吟彩鹢浮，箫鼓哀鸣白云秋。欢娱宴洽赐群后，家家复除户牛酒。声明动天乐无有，千秋万岁南山寿。自从天子向秦关，玉辇金车不复还。珠帘羽扇长寂寞，鼎湖龙髯安可攀。千龄人事一朝空，四海为家此路穷。豪雄意气今何在，坛场宫馆尽蒿蓬。路逢故老长叹息，世事回环不可测。昔时青楼对歌舞，今日黄埃聚荆棘。山川满目泪沾衣，富贵荣华能几时？不见只今汾水上，唯有年年秋雁飞。”

从东汉末至南北朝时期祭祀后土的活动，史书上的记载较为清晰。

《通典·卷四十五·吉礼四》载：“梁武帝制，北郊，为坛于国之北。坛上方十丈，下方十二丈，高一丈。四面各一陛。其为外壝再重。常与南郊闲岁。正月上辛，祀后土于坛上，以德后配。礼以黄琮。五官、先农、五岳及国内山川，皆从祀。”其中“五官”即“五行之官”：木正句芒，火正祝融，金正蓐收，水正玄冥，土正后土，即从“五方帝”的“五佐臣”演化而来。此“后土”在名称上的地位低于两汉之际创建的“皇地后祇”，祭坛的形制没有强调“泽中”。

《隋书·志·礼仪》说：“（后齐）方泽为坛在国北郊。广轮四十尺，高四尺，面各一陛。其外为三壝，相去广狭同圆丘。壝外大营（指环绕的空地），广轮三百二十步。营堑广一十二尺，深一丈，四面各通一门。又为瘗坎（行祭地礼时用以埋牲、玉帛的坑穴）于坛之壬地（北偏西），中壝之外，广深一丈二尺。”

后齐的这个祭坛的形制描述得比较清楚，在三重坛墙之外为环形空地，空地边缘为壕沟，灌水后可象征“方泽为坛”之象。

后周的地祇坛比较奇特，于北郊共建两坛，其中东边一坛两层，坛和坛墙都是八边形，每边都有台阶，踏步高一尺。底层高一丈，对边距离六丈八尺，上层高五尺，对边距离四丈。坛外有两重八边形坛墙，最外层坛墙对边距离达一百二十步，内层坛墙在坛边与外层坛墙正中。祭祀的内容是以神农配地祇；西边一坛是单层、方形，坛高一丈、边长四丈，以周文王的远祖献侯莫那配祀，名为“神州坛”。

“神州”是一新出现的地祇类神祇的称谓。一种可能是当时的古人认为皇地后祇（或“皇地祇”）是地祇类神祇的主宰、总神，而“神州”为天下的总称，在此可引申为各地次一级的地祇；另一种可能是“神州”指“赤县”，京都所治的县称为“赤县”，所以“神州”可以引申为京都所治县的地祇，即“地主”。因此《通典·卷四十五·吉礼四》说：“其神州地祇，谓王者所卜居吉土，五千里之内地名也。先儒皆引禹受《地统》书云：‘昆仑东南地方五千里，名曰神州’是也。按：皇地祇，郑玄以为昆仑，即是土地高著之称。既举最高为称，是知四和之地皆及之也。至于神州，但方五千里而已，故不云丘而言郊。”另外，后周在南郊还另建了一座祭地方坛。

隋因后周制，夏至祭皇地祇。于宫城北郊十四里为方坛，共两层，每层高五尺。下层边长十丈，上层边长五丈。在上层坛以隋太祖武元杨忠配皇地祇，在下层坛及两层坛之间的台阶上随祀神州、迎州、冀州、戎州、拾州、柱州、营州、咸州、扬州，以及九州山、川、林、泽、丘陵、坟衍、原隰。注意，在下层坛祭祀的各州地祇中也有“神州”，此“神州”确指京都治县的地祇。

唐又因隋制，且唐初使用的也是隋朝遗留的祭坛。祭祀皇地祇时以汉景帝配，神州、五方、岳、镇、海、渎、山林、川泽、丘陵、坟衍、原隰等皆从祀。皇地祇与配帝牌位置于上层坛，神州位于下层坛，五岳以下三十七座神牌位于坛下外壝之内，丘陵等三十座神牌位于壝外。唐朝在一段时期内也曾经单独祭祀过“神州”之神，如《旧唐书》记载：“礼部尚书许敬宗奏：‘方丘祭地之外，别有神州，谓之‘北郊’。地分为二，既无典据，又不通。请合为一祀。’”。这则记载同时也说明许敬宗实在不理解从上朝流传下来的“神州”为何方神圣。

另外，在唐玄宗时期，皇地祇坛的形制又改为三层八边形。

《旧唐书·张说传》记载，唐玄宗开元十年（公元722年），大臣张说向唐玄宗上奏说：“汾阴脽上有汉家后土祠，其礼久废，陛下宜因巡幸修之，为农祈谷。”

张说的建议是让玄宗到汾阴“祈谷”，这与汉代在汾阴的祭祀目的有着本质的不同，且唐代原本已经有在祭祀天神的圆丘祈谷的诉求内容了。因此在今天，坊间便有了“汾阴后土祠是中国最早的天坛”之谬说。

《旧唐书·志·礼仪》说，汾阴后土之祀，自汉武帝后基本上废而不行（东汉光武帝刘秀祭祀过）。开元十年，玄宗自东都洛阳北巡，幸太原后回到长安，然后下诏说：“王者承事天地以为主，郊享泰尊以通神。盖燔柴泰坛，定天位也；瘗埋泰折（祭地神之处），就阴位也。将以昭报灵祇，克崇严配。爰逮（直到）秦、汉，稽诸祀典，立甘泉于雍畤，定后土于汾阴，遗庙嶷（yí，高耸）然，灵光可烛。朕观风唐、晋，望秩山川，肃恭明神，因致禋敬，将欲为人求福，以辅升平。今此神符，应于嘉德。行幸至汾阴，宜以来年二月十六日祠后土，所司准式。”之后唐玄宗下令对汾阴后土祠进行了扩建，使后土祠的建筑规模更加壮观。

开元十一年（公元723年）和开元二十年，唐玄宗两次到汾阴祭祀后土。在开元十一年祭祀后土时，于后土祠掘得三尊古代宝鼎，便将汾阴县改名为宝鼎县。《唐大诏令集·祀后土赏赐行事官等制》有这样的记载："北巡并都，南辕汾上，览汉武故事，修后土旧祠。时为仲春，地气萌动，将先政本，为众祈谷宝鼎出地，奠此币玉，荣光塞河……改汾阴为宝鼎。"

根据《旧唐书·志·礼仪》的记载，以前汾阴后土祠内"尝为妇人塑像，则天时移河西梁山神塑像，就祠中配焉。至是，有司送梁山神像于祠外之别室，内出锦绣衣服，以上后土之神，乃更加装饰焉。又于祠堂院外设坛，如皇地祇之制。及所司起作，获宝鼎三枚以献，十一年二月，上亲祠于坛上，亦如方丘仪。"

这是有关在神祠中设置神像较早的文献记载，并提到了在祠堂院外设坛。

五代时期战乱频繁，对郊祭类内容的记录远不如对宗庙类祭祀内容描述得丰富，但在只言片语中提到的北郊祭祀皇地祇之地都会称为"方泽"，说明祭祀皇地祇的建筑形式在这一时期已经基本固定化了。

《宋史·志·吉礼》说："五礼之序，以吉礼为首……夏至祭皇地祇，孟冬祭神州地祇……"这段记录除表明宋朝分时祭祀的主要内容外，也随"皇地祇"提到了"神州地祇"。在宋朝期间，还曾有过在南郊圆丘上合祭天神与地祇，或在圆丘旁另建方丘单独祭祀地祇，或把北郊的祭坛建成圜丘形式等情况。

《宋史·志·吉礼》载："政和三年，诏礼制局议方坛制度……礼制局言：'方坛旧制三成（层），第一成（层）高三尺，第二成（层）、第三成（层）皆高二尺五寸，上广八丈，下广十有六丈。夫圜坛既则象于干（乾，天），则方坛当效法于坤（地）。今议方坛定为再成（层），一成（层）广三十六丈，再成（层）广二十四丈，每成（层）崇（高）十有八尺，积三十六尺，其广与崇（高）皆得六六之数，以坤用六故也。为四陛，陛为级一百四十有四，所谓坤之策百四十有四者也。为再壝，壝二十有四步，取坤之策二十有四也。成（层）与壝俱再，则两地之义也。'斋宫大内门曰'广禋'，东偏门曰'东秩'，西偏门曰'西平'，正东门曰'含光'，正西门曰'咸亨'，正北门曰'至顺'。南内大殿门曰'厚德'，东曰'左景华'，西曰'右景华'，正殿曰'厚德'，便殿曰'受福'、曰'坤珍'、曰'道光'，亭曰'承休'，后又增四角楼为定式。

其神位，崇宁初，礼部员外郎陈旸言：'五行于四时，有帝以为之主，必有神以为之佐。今五行之帝既从享于南郊第一成（层），则五行之神亦当列于北郊第一成（层）。天莫尊于上帝，而五帝次之，地莫尊于大祇，而（五）岳帝次之。今尚与四镇、海、渎并列，请升之于第一成（层）。’至是，议礼局上《新仪》：‘皇地祇位于坛上北方南向，席以稿秸；太祖皇帝位于坛上东方西向，席以蒲越。木神勾芒、东岳于坛第一龛，东镇、海、渎于（坛）第二龛，东山林、川泽于坛下，东丘陵、坟衍、原隰于内壝之内，皆在卯（东）阶之北，以南为上。神州地祇、火神祝融、南岳于坛第一龛，南镇、海、渎于（坛）第二龛，南山林、川泽于坛下，南丘陵、坟衍、原隰于内壝之内，皆在午（南）阶之东，以西为上。土神后土、中岳于坛第一龛，中镇于（坛）第二龛，中山林、川泽于坛下，中丘陵、坟衍、原隰于内壝之内，皆在午（南）阶之西，以西为上。金神蓐收、西岳于坛第一龛，西镇、海、渎于（坛）第二龛，昆仑西山林、川泽于坛下，西丘陵、坟衍、原隰于内壝之内，皆在酉（西）阶之南，以北为上。水神玄冥、北岳于坛第一龛，北镇、海、渎于第二龛，北山林、川泽于坛下，北丘陵、坟衍、原隰于内壝之内，皆在子（北）阶之西，以东为上。神州地祇席以稿秸，余以莞席，皆内向。’其余并如《元丰仪》坛壝之制……”

礼制局规划的方坛之制在各个方面均符合了关于地祇本意的一切思想内涵：以“阴坤”为依据，坛两层两壝，四面出台阶，坛高与边长都符合阴数，并为阴数“六”的倍数。只是其中没有提及有无“坎泽”，即坛四周灌水的方池。其中“坛龛”为何种形制不得而知。方坛也不是孤立的，配有四大殿、一（宰牲）亭、围墙和四个角楼。

另外，天神的“五佐神”以及几乎所有类型的地祇都在这里配祭。前面提到的“神州地祇”也不单独立坛祭祀，并在祭祀的神祇中单列了地位不高但与中岳相配的“土神后土”。至此，地祇的内容进一步分化、丰富，如丘陵、坟衍、原隰等也都属于不同的地祇。

北宋大中祥符三年（公元1010年），在河中知府和朝中文武百官的请求下，宋真宗同意在次年春到黄河东岸祭祀后土祠。当年即派兵士五千人修筑通往后土祠的道路，责成有关官员制订祭祀的礼仪程序，对后土祠进行了大规模的维修和扩建，使行宫祠庙缔构一新，并在后土祠内新塑了后土圣母像。经过整修扩建的后土祠，庄严宏巨，当时号称“海内祠庙之冠”。大中祥符四年春天，宋真宗率文武百官到河东祭祀后土，其礼仪十分隆重，史称“跨越百王之典礼”。祭祀活动结束后，宋真宗还在后土祠旁边的穆清殿大宴群臣，“赐父老酒食衣帛”，并亲自写了一篇《汾阴二圣配飨铭》，追述汉唐祭祀后土之盛况，表达宋朝敬奉后土圣母之诚心。据说在祭祀后土时，宋真宗在黄河岸边看到“荣光溢河”，即祥瑞之光出于后土祠旁的黄河中，便下令改宝鼎县为荣河县，以资纪念（荣河县的名称一直沿用到1954年）。

宋哲宗元佑二年（公元1087年），因后土祠年久失修，庙貌颓圮，朝廷又派人对后土祠进行了一次大规模的修缮。宋杨照《重修太宁庙记》载："东西饰御碑之楼，四角葺城隅之缺。金字榜碑，绘彩焕烂。前殿后寝，革故翻新。"竣工之日，"邦人瞻观，远近为之欢欣鼓舞，携带老稚来歆享，益加敬焉。"由此可知，官方和百姓对后土祠的祭祀活动都十分重视。每年的春天，当地百姓都要到后土祠举行隆重的祭祀后土的活动。

今汾阴后土祠内有明朝天启年间重刻的金代庙图碑，据《后土皇地祇庙像图》所示，北宋时期的汾阴后土祠南北长732步、东西阔320步，约合南北长1204.14米、东西宽526.4米，面积为633859.29平方米，是现存后土祠面积的25倍，比北京故宫占地还要大。该祠采取了规整对称的群体布局方式。基地南北纵长，可分为前后两部，前部甚大，纵长方形，后部较小，半圆形。在中轴线上从南至北有棂星门、泰宁庙门、承天门、延禧门、坤柔门、两方台、坤柔之殿、寝殿、配天门（殿）、旧轩辕扫底坛及殿，四角有角楼。

从布局来看，最南为一横长外院，以三座棂星门为院门。以北为五开间歇山顶的泰宁庙门，左右以廊庑各接掖门和左右角楼。进入庙门后，西有三间重檐歇山顶的"唐明皇碑楼"，西有五间二层重檐歇山顶的"宋真宗碑楼"。碑楼之侧各有一小殿。中轴线再北为承天门，进门后左右各有三间两层的碑楼，之侧也各有一小殿，东西又各接出一方形小院。中轴线再北为延禧门，后面即为正庙主体廊院，院门为坤柔门，两门之间空间的东、西也各有建筑。主体廊院为"日"字形平面，正中"一横"为九开间的重檐庑殿顶的"坤柔之殿"，殿南有一小方台以栏杆环绕，为封石匮之所。再南有名为"露台"的大方台一座，两台之间东、西各立乐亭。另坤柔殿后设中廊与后面的寝殿连成"工字殿"形式。此廊院东、西各有南北排列三座小殿，皆面向廊院，并设横廊与廊院之东西廊相连。西面北部第一座小殿名称不详，其南依次为六丁殿、五岳殿，东面从北至南依次为五道殿、六甲殿、真武殿。寝殿后为建在高台上的配天门（殿），左右接围墙与北部两角楼相连，这两座角楼与南面角楼之间为高墙。北面半圆形部分为"旧轩辕扫底坛"区域。配天门（殿）后为平面"H"字形高台，上面中间建有小亭，台后为一横墙，有棂星门与后面相通，墙北中间是一三合小院，左右有配殿，正中以高台为坛，名"旧轩辕扫底坛"，上建重檐九脊顶大殿一座，其北即东西围绕半圆形院墙。

后土祠的总布局方式和同时代宫殿及寺庙等没有大的不同，主体部分取回廊院及呈“日”字形平面布局在唐代敦煌壁画中已可见到，中轴线上院左右各接小院也是唐代就有的传统，“工字殿”形式屡见于宋、金宫殿和其他礼制建筑，如河南济渎庙、中岳庙等，“前殿后寝”也早已有之。庙像图在中国古代第一次完整地表现了一组礼制建筑全部组群的格局，具有重要的史料价值（图 7-1、图 7-2）。

图 7-1　明摹金刻《后土皇地祇庙像图》碑拓本

图 7-2　北宋汾阴后土祠复原透视图

《金史•志•礼》说："北郊方丘，在（汴梁）通玄门外，当阙（门）之亥地（北偏西）。方坛三成（层），成（层）为子午卯酉四正陛。方渍（fén，指水池）三周，四面亦三门。"这个祭坛出现了三重环绕的壕沟，因近坛处没有坛墙，祭坛犹如置于三重方形水池中。

元朝定都北京以后，大规模的城市建设堪比汉唐，礼制建筑的建设也是明清两代同类建筑的基础，只有北郊之坛是个例外。元朝皇帝比较重视祭祀天神，虽有大臣多次建议设立"北郊"并有完备的设计方案，但皇家对地祇的祭祀至多是在南郊"别立皇地祇坛"。概因"马背上的民族"习惯于"逐水草而居"，对地祇的概念比较淡漠。

《明史•志•吉礼》载："洪武元年，中书省臣李善长等奉敕撰进《郊祀议》……太祖如其议行之。建圜丘于（南京）钟山之阳，方丘于钟山之阴。三年，增祀风云雷雨于圜丘，天下山川之神于方丘。七年，增设天下神祇坛于南北郊。……方丘坛二成（层）。上成（层）广六丈，高六尺，四出陛，南一丈，东、西、北八尺，皆八级。下成（层）四面各广二丈四尺，高六尺，四出陛，南丈二尺，东、西、北一丈，皆八级。去坛十五丈，高六尺，外垣四面各六十四丈……"

建在南京北郊的方坛两层、一壝、四陛。最有特点的地方是位于南面的台阶都宽于其他三面的，但在中国传统的阴阳观念中，祭祀地祇的建筑应该是以北为正、为上。

明成祖朱棣定都北京后（公元 1421 年），最初是在今天北京的天坛内合祭天神地祇，直到明嘉靖九年（公元 1530 年）定立四郊分祀的制度以后，才于城北郊另建坛祭祀皇帝祈，当时称作“方泽坛”。嘉靖十三年（公元 1534 年），改名为“地坛”。清乾隆年间曾改建了主体建筑方泽坛，并增建和改建其他建筑，形成了现在的形制。

北京地坛

北京地坛位于“北郊”安定门外，自公元 1531 年—1911 年，先后有明清两代的 15 位皇帝在此连续祭祀皇地祇长达 381 年。

皇地祇属阴，地坛布局以北向为上，由两重正方形坛墙环绕，内坛墙四面辟门，外坛墙仅西面辟门。外坛门至安定门外大街之间是一条坛街。街西端有三间四柱七楼木牌楼一座，是进入地坛的前导和标志。

内坛中轴线在建筑群的略偏东部。主要建筑有三组，方泽坛和皇（地）祇殿在中轴线上，西侧有神库和宰牲亭等建筑群，西北有斋宫、钟楼和神马圈等附属建筑。

方泽坛是地坛的主体建筑，平面为正方形，两层，四面有台阶，以水渠环绕象征“泽中方丘”。上层坛面中心是 36 块较大的方石，纵横各 6 块。围绕着中心，上层坛面还砌有 8 圈石块，最内者 36 块，最外者 92 块，每圈递增 8 块。这样，上层坛面共有 548 块石块；下层坛面同样砌有 8 圈石块，最内者 100 块，最外者 156 块，亦是每圈递增 8 块，共有 1024 块石块。两层平台用 8 级台阶相连。

《清史稿•志•吉礼》载：“方泽（坛）北乡，周四十九丈四尺四寸，深八尺六寸，宽六尺，祭日中贮水。二成（层），上成（层）方六丈，二成（层）方十丈六尺，合六八阴数。坛面甃黄琉璃，每成（层）陛四出，俱八级。二成（层）南列岳、镇、五陵山石座，镂山形；北列海、渎石座，镂水形。俱东西向。内壝方二十七丈二尺，高六尺，厚二尺。正北门三，石柱六（以北为上）。东、西、南门各一，石柱二。北门外西北瘗坎一。外壝方四十二丈，高八尺，厚二尺四寸。门制视内壝。南门后（即“南”）皇祇室，五楹，北向。垣周四十四丈八尺，高一丈一尺。正门一……。雍正八年，重建斋宫，制如旧。乾隆十四年，以皇祇室用绿瓦乖黄中制，谕北郊坛砖壝瓦改用黄。明年，改筑方泽墁石，坛面制视圜丘。上成（层）石循前用六六阴数，纵横各六，为三十六。其外四正四隅，均以八八积成，纵横各二十四。二成倍上成，八方八八之数，半径各八，为六八阴数，与地耦义符。寻建东、西、南壝门外南、北瘗坎各二。又天、地二坛，立陪祀官拜石如其等。”（图 7-3 ～图 7-7）。

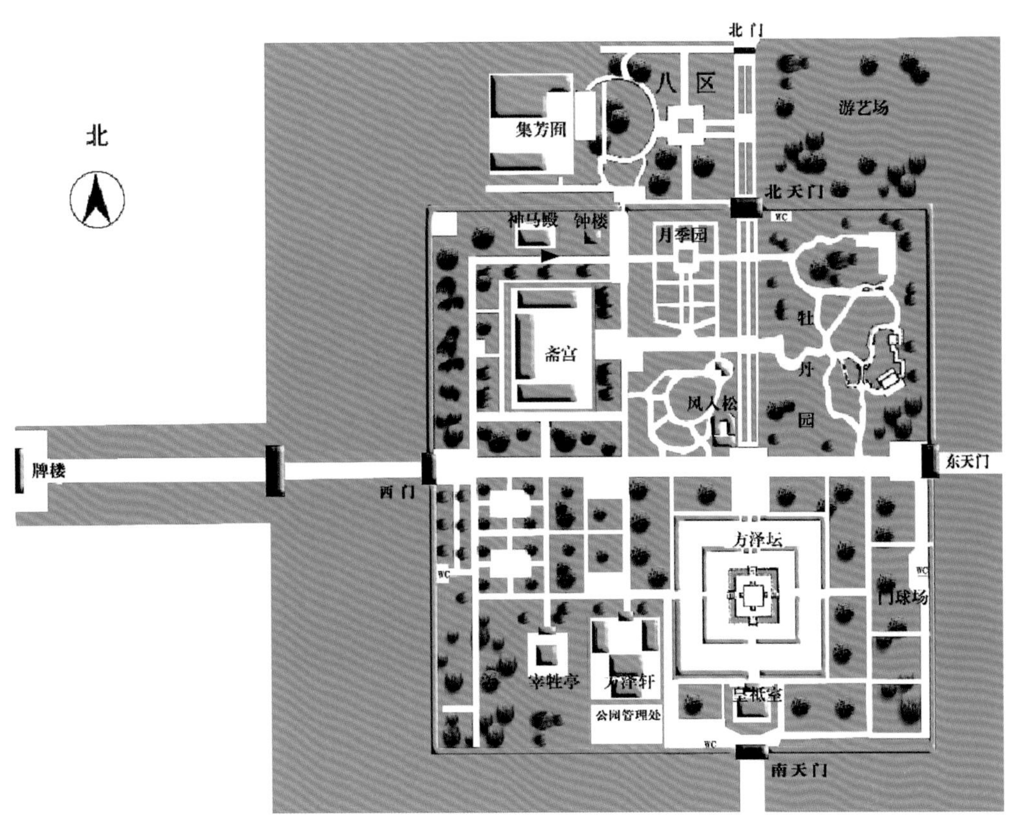

图 7-3　北京地坛平面图

图 7-4　北京地坛北内棂星门

图 7-5　北京地坛皇地祇坛(方泽坛)1

图 7-6　北京地坛皇地祇坛（方泽坛）2

图 7-7 北京地坛皇地祇坛（方泽坛）陪祭山岳拜石

皇祇殿位于方泽坛南侧，坐北朝南，五开间，黄琉璃瓦歇山顶，双凤和玺彩画，为清乾隆时期的原貌，殿内供奉皇地祇神位。有围墙，北向一门，围墙和门楼亦覆黄琉璃瓦。

神库等建筑群主要建于明嘉靖九年（公元 1530 年），由四座五开间的悬山式大殿和两座井亭组成。坐南朝北的正殿为“神库”，是存放迎送神位用的凤亭（抬“皇地祈”神位的轿子）、龙亭（抬配祀、从祀诸神位的轿子）和遇皇祇室修缮时，临时供奉各神位的地方。东配殿为“祭器库”，西配殿为“神厨”，南殿为“乐器库”。东、西井亭专为方泽坛内泽渠注水和为神厨供水。南殿及两井亭于清乾隆十四年建成。再往西为宰牲亭。

西北斋宫为皇帝祭祀前才吃斋驻跸之所，坐西朝东的正殿七间，基座上共有五组台阶，东面正中台阶中九级，左右俱七级；南北各有一组台阶，各七级。左右配殿各七间，宫墙周长三百五十多米，东面有三座门。再北为神马圈和钟楼（图 7-8 ～图 7-15）。

图 7-8　北京地坛皇地祇室 1

图 7-9　北京地坛皇地祇室 2

图 7-10　北京地坛从皇地祇院北望南外棂星门

图 7-11　北京地坛宰牲亭

图 7-12　北京地坛斋宫东门

图 7-13　北京地坛钟楼

图 7-14 北京地坛神马圈外景

图 7-15 北京地坛神库外景

北京地坛的形制可以说是我国古代时期有关祭祀皇地祈建筑的重要总结：建于城北近郊，北方属阴性；方形坛面象征“天圆地方”；沉于“八尺六寸”的池中，合于“方泽”之意，且水也属阴；早期的黄琉璃坛面有“中土”黄色之意，是移植了社稷坛五色土的内容；祭坛以偶数，符合易经中偶数为阴之意。

汾阴后土祠

汾阴后土祠原位于现山西省万荣县西南40公里处黄河岸边庙前村北。该祠本为皇家祭祀地祇之圣地，但宋朝以后，皇帝便没有亲祭过，从明朝以后逐渐属地方或民间祭祀之地。

明万历年间，由于黄河冲刷，“脽丘”塌陷，后土祠择地迁建。清顺治十二年（公元1655年）黄河泛滥，后土祠被淹，只留下门殿及秋风楼。到康熙元年（公元1662年）秋，黄河决口，后土祠建筑荡然无存。清同治九年（公元1870年），原荣河知县戴儒珍将此祠移迁于庙前村北的高崖上，便是现在的后土祠。

现后土祠建筑群坐北朝南，东西宽105米、南北长240米，占地面积25286平方米。主要建筑有山门、戏楼、献殿、正殿、东西五虎殿、秋风楼等，但和唐宋时期相比，规模小很多。

目前遗留的祠内建筑形式多受山西民居建筑形式影响，地方特色突出，且祠内建筑布局与内容等更显地方特色。如祠内前院的戏楼共三座，即山门背面戏楼与北面另两座戏楼前后连缀呈“品”字形布列，为全国独例，至为珍贵。山门戏楼又名“过亭台”，北面两檐柱上有一副对联：“游哉悠哉，头上生旦净丑；演也艳也，脚下士农工商。”山门后东侧戏楼又俗称“道家台”，有联：“前缓声，后缓声，善哉歌也；大垂手，小垂手，轩乎舞之。”山门后西侧戏楼又俗称“佛家台”，有联：“空即色，色即空，我闻如是；画中人，人中画，于意云何。”三座戏楼共一院，暗指佛、道、儒三教共融，每逢庙会三台共同开戏（图7-16～图7-25）。

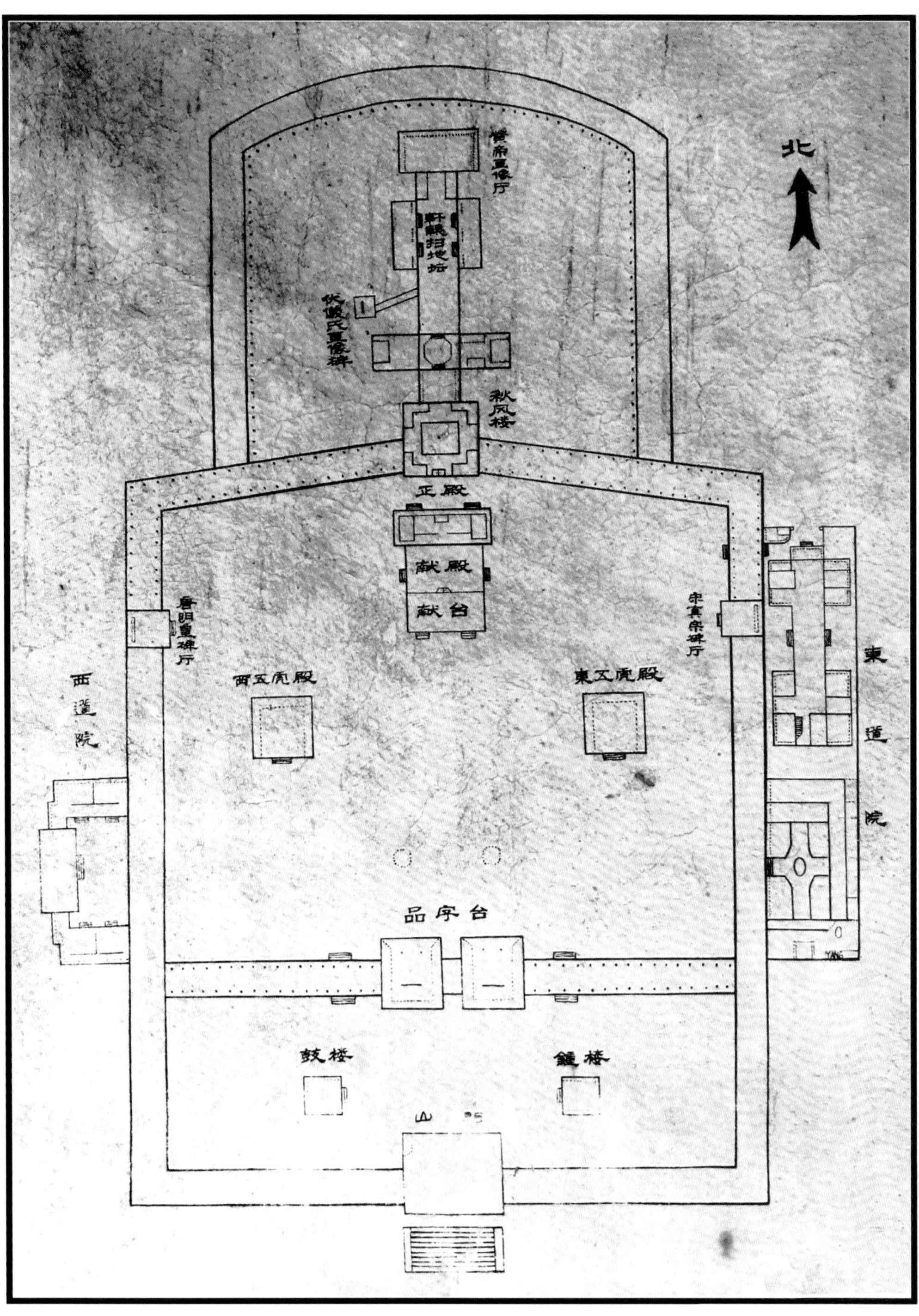

图 7-16　汾阴后土祠平面图

图 7-17　汾阴后土祠山门

图 7-18　汾阴后土祠山门侧门

图 7-19　汾阴后土祠山门北立面

图 7-20　汾阴后土祠戏楼南面

图 7-21　汾阴后土祠戏楼北立面 1

图 7-22　汾阴后土祠戏楼北立面 2

图 7-23　汾阴后土祠戏楼檐下木雕 1

图 7-24　汾阴后土祠戏楼檐下木雕 2

图 7-25　汾阴后土祠戏楼檐下木雕 3

中院东、西置五虎殿的格局为国内独有，东五虎殿供奉五岳大帝，即东岳大帝黄飞虎、南岳大帝崇黑虎、中岳大帝闻聘、北岳大帝崔英和西岳大帝蒋雄；西五虎殿供奉五虎上将，即蜀汉关羽、张飞、赵云、马超、黄忠等五员虎将。殿前蟠龙石柱为明正德年间所造（图 7-26）。

图 7-26　汾阴后土祠西五虎殿

中院正北轴线上依次为献殿、正殿和秋风楼，前两者与前院建筑一样，亦较多受山西民居建筑形式影响。正殿本供奉后土圣母，为阴神土地之尊。道教染指祭祀文化以后，在此成为了“三清四御”之一，称为“承天效法后土皇地祇”。“三清”即元始天尊，也称玉清大帝；灵宝天尊，也称太上大道君、上清大帝等；道德天尊，也称太上老君、混元老君、降生大帝、太清大帝等。“四御”即中天紫微北极大帝、南方南极长生大帝、勾陈上宫天皇大帝、承天效法后土皇地祇。正殿正中为承天效法后土皇地祇真身，两侧为其化身，东者怀抱一子，为送子娘娘；西者持钵拈丸，为送药娘娘（图 7-27～图 7-37）。

图 7-27　汾阴后土祠献殿南面

图 7-28　汾阴后土祠献殿

图 7-29　汾阴后土祠献殿檐下木雕

图 7-30　汾阴后土祠献殿北面檐下木雕

图 7-31　汾阴后土祠献殿与正殿间穿堂 1

图 7-32　汾阴后土祠献殿与正殿间穿堂 2

图 7-33　汾阴后土祠正殿廊下西侧砖雕

图 7-34　汾阴后土祠正殿廊下东侧砖雕

图 7-35　汾阴后土祠正殿室内

图 7-36　汾阴后土祠从献殿望正殿 1

图 7-37　汾阴后土祠从献殿望正殿 2

秋风楼位于正殿之后，因藏有汉武帝《秋风辞》碑刻而得名。楼高 32.6 米，基座一层，木楼三层，屋面为十字脊歇山顶。民间传说称“轩辕氏扫地为坛祀后土开祭地之先河，尧舜夏商周时帝王年年来此祭地祈福”。因此底部基座建成似一高大的祭坛，曰“扫地坛”。木楼部分首层东西穿通，二、三层四周有回廊。楼身比例协调，檐下斗拱结构古朴精美，形制巍峨劲秀。檐下东西各雕横额一方，东曰“瞻鲁”，西曰“望秦”。正面门额嵌有“汉武帝得鼎”和“宋真宗祈祠”石刻图（图 7-38 ～图 7-43）。

图 7-38　汾阴后土祠秋风楼

图 7-39　汾阴后土祠秋风楼局部

图 7-40　汾阴后土祠秋风楼门楣砖匾

图 7-41　汾阴后土祠秋风楼室内梁架 1

图 7-42　汾阴后土祠秋风楼室内梁架 2

图 7-43　汾阴后土祠秋风楼室内梁架 3

第八章　地祇体系礼制建筑的演变历程（三）：山川与海洋类神祇的礼制建筑体系

第一节　山川、海洋祭祀与相关礼制建筑的演化

笔者在第七章阐释与介绍“北郊”皇地祇时所引用的很多历史文献中已经涉及一些其他地祇的名称，如《宋史·志·吉礼》载：“皇地祇位于坛上北方南向，……木神勾芒、东岳于坛第一龛，东镇、海、渎于（坛）第二龛，东山林、川泽于坛下，东丘陵、坟衍、原隰于内壝之内，……神州地祇、火神祝融、南岳于坛第一龛，南镇、海、渎于（坛）第二龛，南山林、川泽于坛下，南丘陵、坟衍、原隰于内壝之内，……”又如《清史稿·志·吉礼》载北京地坛（方泽坛）：“二成（层）南列岳、镇、五陵山石座，镂山形；北列海、渎石座，镂水形。”

其中坟衍指水边和低下平坦的土地；原隰指广平与低湿之地。东汉王粲《登楼赋》：“背坟衍之广陆兮，临皋隰之沃流。”清朝戴名世《陈某诗序》：“家在郊野，村落环匝，原隰上下，云烟缥缈。”坟衍和原隰可代表除山川与海洋等外的地形，在古人的观念中，这些地方也有地祇掌管，而与之相比较更壮观的山川与海洋等，更应有地祇掌管。

《史记·封禅书》说：“《尚书·尧典》曰：舜在璇玑玉衡，以齐七政。遂类（祭）于上帝，禋（祭）于六宗（有各种解释，如星、辰、司中、司命、风师、雨师等），望（祭于）山川，遍（祭于）群神。辑（收取）五瑞（玉），择吉月日，见四岳诸（侯）牧（守），还瑞（玉）。岁二月，东巡狩，至于岱宗。岱宗，泰山也。柴，望（祭）秩于山川。遂觐东后。东后者，（东方）诸侯也。合时月正日，同律度量衡，修五礼，五玉、三帛、二生（小羊和大雁）、一死（野鸡）（为）贽（zhì，礼物）。五月，巡狩至南岳。南岳，衡山也。八月，巡狩至西岳。西岳，华山也。十一月，巡狩至北岳。北岳，恒山也。皆如岱宗之礼。中岳，嵩山也……天子祭天下名山大川，五岳视三公，四渎视诸侯。诸侯祭其疆内名山大川。四渎者，江、河、淮、济也。”

如果按照《尚书·尧典》中的说法，舜帝在一年之中几乎巡遍了当时中国的整个地域范围并进行祭祀活动，其中在五岳进行的可能是封禅活动，似有些夸张。

五岳为中国古人所祭祀的山岳类地祇的代表。历史文献对五岳的详细记载，较早见于秦汉时代的《尔雅·释山》。而所谓封禅名山，可能就是从古人最早的山岳崇拜，

演变为上古帝王巡守疆土、炫耀武力行为的标榜。以前有学者解读“五岳视三公，四渎视诸侯”为“视五岳如同对待三公之礼……”，实在是荒谬，因为对待天子下属的“三公”之礼不会用“柴”，特别是封禅告慰的是至高无上的上帝，也肯定更不会视如三公了。

在五岳中，泰山的地位比较特殊，为帝王主要封禅地。泰山的重要性在第七章中已经阐述过，在此不赘述。另外很重要的原因是泰山容易登临，且帝王的封禅与巡游东海寻找仙山结合在一起，增加了活动的丰富性与期盼值。祭山仪式中的基本内容与形式是“柴”，即焚烧柴薪，说明祭祀的神祇类似于天神（或因为位置较高）。又，以“血祭”的形式祭祀五岳，“阴祀自血起”，说明五岳自身也有重要的地祇守护。

按照《史记·封禅书》所说，有着政治意义的封禅活动是有着悠久的历史的，“自古受命帝王曷尝不封禅？”“远者千有余载，近者数百载。”但究实而言，司马迁所罗列的多是些传说资料。比如，他引用《尚书·尧典》，叙述了传说中舜帝祭祀上帝、山川诸神的情形。他还引述过春秋五霸之一的齐桓公称霸后欲行封禅的故事：葵丘会盟之后，齐桓公也想封禅，管仲劝阻道：“古者，封泰山禅梁父者七十二家，而夷吾所记者十有二焉。昔无怀氏封泰山，禅云云；虙（伏）羲封泰山，禅云云；神农封泰山，禅云云；炎帝封泰山，禅云云；黄帝封泰山，禅亭亭；颛顼封泰山，禅云云；帝俈（喾）封泰山，禅云云；尧封泰山，禅云云；舜封泰山，禅云云；禹封泰山，禅会稽；汤封泰山，禅云云；周成王封泰山，禅社首。皆受命然后得封禅。”管仲这番话的意思是，只有当发生了改朝换代的时候，新王朝的开国帝王才举行封禅典礼，目的在于向天下昭示“受命”。齐桓公虽说尊王攘夷，功勋卓著，但当时并非改朝换代，因而不宜封禅。而齐桓公说他虽然没有得天命改朝换代，但他九合诸侯，一匡天下，诸侯听命，上古三代受命的禹、汤、文王，孰能胜此？一番劝阻无效后，管仲变换策略，称古人搞封禅，祭祀的时候需用如下祭品：鄗上的黍、北里的禾、江淮一带三脊的茅草、东海的比目鱼、西海的比翼鸟，此外还有十五种不期而至的祥瑞。可现在凤凰和麒麟没有露面、嘉禾没有生出，现实反而是田里蒿藜丛生，旷野里鸱枭四奔。这样的状况怎么能搞封禅？经过管仲一番劝阻，齐桓公见自己远未具备封禅的功德，只得作罢。有学者认为，齐桓公欲封禅的故事，如果是采编了《管子·封禅》内容的话，它的可信度就大可怀疑了。因为《管子》成书于齐国的稷下学宫，其中部分内容是战国时期文人学士的说辞，不足凭信。

实际上，远古时期的所谓封禅活动，与周代及以后朝代的封禅活动相比较，已经有不同的意义了。华夏大地本身就是一个多山岳、多丘陵、多高原的地域（从西至东可分为青藏高原、黄土高原、平原三大台地）。在大规模的垦殖和畜牧成为古人主要的生活来源之前，华夏大地的气候、地貌与物种的多样性等远非我们今天可以想象到的。如果仅从捕鱼、狩猎和采集着眼，局部平原甚至是洼地当然也是理想的地区，但从抵抗自然灾害宜居的角度来讲，即便是大多数哺乳动物也会选择傍山近水之地，那么这类地区自然也会成为新石器时代之前的相当长久时期内，古人生活的主要地区。当旧石器时代的人们产生思想的萌芽之时，因生于斯长于斯，他们背后山岳的雄伟、神秘甚至是“残暴”，必然会在记忆深处留下最为深刻的烙印。虽“万物有灵”，但星空、山岳、大河等，因其令人震撼等便成为人们最值得敬畏的“神祇”。当历史逐步进入新石器时代以后，伴随着氏族、部落、酋邦的逐渐壮大，生存技能与抵抗自然灾害手段的不断增长，人们逐渐地走向平原地区，垦殖与畜牧也逐渐成为主要的生活来源。但山岳的烙印在人们的脑海中不但不会泯灭，反而还会被进一步强化，因为远望与传说，使得山岳更显神秘，进而对其产生更深刻的敬畏。更何况人们的生存并不可能完全脱离山岳的影响，比如迁徙流动可能要伴随山岳，狩猎和采药等要面对山岳，甚至是战争与设防也要依托山岳。而恰巧此远古时期，也正是原始宗教处于发展与成熟的时期，相对于人类自身的渺小甚至是无助，雄伟的山岳更有可能成为人们进一步敬畏与崇拜的对象，这是一种发自内心的信仰，更何况山岳也是当时的人们最能接近更为神秘的“天”的阶梯，这便是山岳崇拜的成因与原始阶段。即便是在今天，某些一直生活在大山深处的少数民族对山岳的敬畏，也是世代生活在城市中的人无法理解与想象的。

到了《尚书》中描述的舜帝时代，虽然社会形态还是处于从“神守”到“社稷守”转变的前期阶段，但“东巡狩，至于岱宗……柴，望秩于山川”已经附带有很强的政治目的和行政目的了，巡狩和祭山川可以“顺便”“看望”诸侯，即联盟者，而“合时月正日，同律度量衡……”既是行政事务也是政治约束。

至于西周及以后的封禅活动，已经属于单纯的“礼”的阶段，即政治目的远远大于信仰与敬仰的成分。

西汉刘向所著的《五经通义》也总结说：“易姓而王，致太平，必封泰山，禅梁父。”即封禅的前提条件是改朝换代、功成治定、太平盛世，但这显然没有统一而客观的标准，以致中国历史上就有了种种情形下帝王封禅的乱象。

关于封禅活动的具体内容与形式，至秦汉之际已经有很多荒谬之传说，以至于秦始皇和汉武帝这两位在中国历史上最迷信鬼神的皇帝都不肯采信，之后所总结与依据的，反而是来源于秦始皇和汉武帝封禅的实践了。关于封禅，主要观点认为："封"是指在山顶上建筑的坛，目的是接近众神所居的天，便于向神祇禀告，且颇具仪式性、严肃性和表演性；"禅"是指在山下特定的地方"除地"，即扫地以祭祀地神。《汉书·武帝纪》颜师古注引孟康说："封，崇也，助天之高也。"应劭注说："封者，坛广十二丈，高二丈，阶三等，封于其上，示增高也。……下禅梁父（山），祀地主，示增广。此古制也。武帝封广丈二尺，高九尺。"唐人张守节的《史记正义》也说："此泰山上筑土为坛以祭天，报天之功，故曰'封'。此泰山下小山上除地，报地之功，故曰'禅'。"还有一种观点解释"封"，就是指皇帝把告天文书等秘封起来，世人不得见，东汉班固的《白虎通·封禅》云："或曰封者，金泥银绳，或曰石泥金绳，封之印玺也。"既然封禅的意义是皇帝颂扬自己的功德，把功德禀告上天诸神和地神，同时也昭告世人。给神祇的，要把那些内容秘封起来，使世人不得见；昭告世人臣民的，或刻在石碑上或下达诏书晓谕天下。这一秘一宣，正好显示出皇帝一人作为天人之际唯一使者的身份。孟康说："王者功成治定，告成功于天。"应劭说："刻石，纪绩也。立石三丈一尺，其辞曰：事天以礼，立身以义……"

从史书的记载来看，以上两种封禅的解释并不矛盾，合二为一后基本上就是整个封禅活动的主要内容和过程，核心内容为告天、祭地、示人。即最主要目的是告慰上帝，昭示天下，但也包含了对地域性也是"天之下"重要的地祇的崇敬，且五岳又为上达的"天梯"。古代皇帝对"五岳"等的祭祀，比起"封禅"来讲更为常态。又因封禅活动不是在特定的"南郊"，而是必须亲临泰山等，所以把封禅活动本身放在地祇类章节内阐述。

四渎为中国古人所祭祀的江河类水神的代表。《尔雅·释水》："（长）江、（黄）河、淮（河）、济（水）为四渎。四渎者，发源注海者也。"东汉应劭所著《风俗通义·山泽》引《尚书大传》《礼三正记》解释说："渎者，通也，所以通中国垢浊，民陵居，殖五谷也。江者，贡也，珍物可贡献也。河者，播也，播为九流，出龙图也。淮者，均也，均其务也。济者，齐也，齐其度量也（济水早在唐朝时期就已经消失了）。"这种解释只说对了一部分，如"河出龙图"显然并不是远古现实。古人对四渎的信仰应该源于古老的自然崇拜观念。江河为人们提供生活与生产必不可少的水源，提供可食用的各种鱼、虾、鳖、蟹，蚌壳还是最原始的收割工具，但有时在江河中也会遇到威胁生命的各种“怪物”，江河涨势的肆虐或干涸的影响更不可轻视；江河发源于崇山峻岭，且水面的雾气以致雷雨闪电等（江河等上方的闪电可直插水面），又似使之与天地相连……能出云、为风雨、见怪物的自然会被看作是神，于是古人必不可免地要对其产生敬畏之情，立庙祀之。可能至晚从殷商开始，四渎神就作为江河水神的代表由古帝王来祭祀（参见第六章第一节所举殷商甲骨文）。在以农业为本的社会，这类祭祀本身也是表达了实施治理天下的具体措施和态度。

据《史记•封禅书》记载，秦并天下后，秦始皇令祠官常年依次祭祀山川类鬼神。自崤山以东建立的名山大川祠有：太室（嵩山）、恒山、泰山、会稽（山）、湘山、济（水）、淮（水）等祠；自华山及以西的有：华山、薄山（襄山）、岳山、岐山、吴山、鸿冢、渎山（岷山）、河（在临晋，今陕西大荔县）、沔水（在汉中）、湫泉（在朝那，今宁夏固原东南）、江水（在蜀，出自岷山）等；建在咸阳附近的河祠有：灞、浐、沣、涝、泾、渭、长水等。

《史记•封禅书》记载，秦始皇于定天下的第三年（公元前219年）曾到泰山封禅。首先是东巡郡县，拜谒峄山祠（位于现山东邹县），颂秦功业。之后“征从齐鲁之儒生博士七十人，至乎泰山下”。诸儒生建议说“古者封禅为蒲车”，即用蒲草包裹车轮，为的是“恶伤山之土石草木”，并且“埽地而祭，席用菹秸，言其易遵也”。秦始皇觉得此类言论颇为怪异且难实施，因此遣散了诸儒生。最终“而遂除车道，上自泰山阳至巅，立石颂秦始皇帝德，明其得封也。从阴道下，禅于梁父。其礼颇采太祝之祀雍上帝所用，而封藏皆秘之，世不得而记也。”

封禅本一国之重祀，也是人神沟通的具体活动，封禅者本应得到天地诸神的眷顾，但不巧的是“始皇之上泰山，中阪遇暴风雨”，不得不很狼狈地在大树下避雨。由于那些被召儒生、博士的建议没有被采纳，且连人也被草草地遣散了，便心生怨念，导致他们“闻始皇遇风雨，则讥之”。

汉武帝曾多次“因巡狩，礼其名山大川”，特别是更热衷于“封禅”。元封元年（公元前110年）三月，汉武帝亲率18万大军从长安出发东巡。先到嵩山（太室山）祭中岳，而后兴致勃勃地前往山东。

此时泰山花草未生，登山未免扫兴，再说此行还有出海寻仙之目的，在这一点上，武帝的兴趣绝不逊于秦始皇。于是汉武帝命人先立石于泰山顶，自己转而继续东巡来到海边，行礼祭祀齐国故地八神。武帝出行，常常由公孙卿持天子符节先行到达，在名山胜境迎候天子车驾。武帝到蓬莱后，公孙卿说夜间看到一个异常高大的人，身长数丈，走近后却看不到了，只留下一个很大的形状像是禽兽的足印。群臣还有的说见到一个老人牵着狗，老人说我想见一见臣公，说完就忽然不见了踪影。武帝亲自察看了大足印后尚不肯相信，等到又听群臣讲述牵狗老人的事，才深信这就是仙人了。因此特意在海边留宿以待仙人，准予方士乘坐驿传的车子以来往报信，陆续派出的求仙人已有千数以上。《史记•封禅书》还说武帝东巡至海边时，齐人纷纷上书谈论神怪和奇异方术，数以万计，然而没有一件能得到证实。于是调发了更多的船只，让那些谈论海中神山的数千人下海寻求蓬莱山的神人。

四月，泰山草木已生，武帝从海上归来。与秦始皇一样，武帝认为众儒生和方士所说的封禅之事各不相同，且都荒诞不经，难以施行，便自定封禅礼仪。武帝到了梁父山，以礼祭祀地主。乙卯日，命侍中和儒者穿着隆重的礼服，头戴皮弁，插笏垂绅，行射牛的礼仪。在泰山东面的山脚下封土行礼，礼仪程式与郊祭太一相同。所封土（祭坛）宽一丈二尺、高九尺。在下面埋玉牒书，内容隐秘无人知晓。行礼毕，武帝独自带了已故大司马骠骑将军、冠军侯霍去病之子、现任侍中奉车霍子侯登上泰山，在山顶同样行封土礼，且禁止将在山顶具体的祭祀活动外传。第二天，从山阴下山。丙辰日，在泰山脚下东北的肃然山上行禅祭礼，与祭后土仪式相同。此次武帝封祭、禅祭都亲行拜见礼。荐神用的草席是用江淮间的三脊茅编织而成，封土用杂土石，上面加盖五色土。将远方进贡来的奇兽、飞禽以及白山鸡等物纵还山林，比起雍畤的祭祀礼数颇有增加。兕牛、犀象之类不宜放还山林的，都带到泰山下祭祀后土。据说行封禅礼的地方，当夜仿佛有光出现，白天有白云从封土中升起。

封禅结束后，武帝坐于山下明堂，接受群臣轮番觐见道贺，恭祝天子圣寿无疆。之后武帝降下制书，诏告于御史说："朕以渺小之身继承至尊大位，终日战战兢兢深恐不能胜任。由于德行微薄，不明礼乐，所以重修祭祀太一的盛典时，仿佛有霞光出现，又隐然见到一些奇怪物事，恐怕是怪物出现，欲停止行礼而又怕得罪神祇，于是强自支撑，登上泰山行封祭礼，到梁父，而后在肃然山行禅祭礼。欲从此自新，与士大夫一起重新做起。特赐给百姓每百户牛一头、酒十石，年八十岁以上的孤寡老人赠赐布帛二匹。博县、奉高、蛇丘、历城四县免除徭役和今年租税。大赦天下，细则与乙卯日赦令相同。所经过处不得再有复作者。凡二年以前所犯过失，都不再治罪。"又下诏说："古时候天子每隔五年外出巡狩一次，到泰山行礼，诸侯都有朝见留宿的处所。今命诸侯各自在泰山下构筑邸舍房屋。"

与之前秦始皇遇雨的那次封禅不同，汉武帝在泰山封禅过程中没有遇到风雨，因而方士纷纷说蓬莱山诸神不久将能见到，武帝也欣然地以为会如此。于是重新东行到海边观望，希望能遇到蓬莱山诸神。只因奉车霍子侯突然得急病，一天就死了，武帝这才怏怏离去。回程沿海而上，北行到碣石，自辽西开始巡察，历经北部边塞来到九原县。五月，返回到甘泉宫。主管官员说既然在汾阴出现宝鼎那年的年号改为“元鼎”，今年始封禅，年号应改为“元封”。

之后，汉武帝又于元封五年（公元前106年）、太初元年（公元前104年）、太初三年、天汉三年（公元前98年）、太始四年（公元前93年）、征和四年（公元前89年）六次到泰山，有五次行封禅礼。

东汉建武三十二年（公元56年），光武帝刘秀也以“受命中兴”的理由，于二月东巡泰山封禅。之后，中国渐次进入三国、两晋、南北朝等近五百年的大混乱、大分裂时期，泰山也因此寂寞冷清了五百年。

在汉武帝之后，汉宣帝刘询正式颁诏命名今河南嵩山为中岳、山东泰山为东岳、安徽天柱山为南岳、陕西华山为西岳、河北恒山为北岳（位于曲阳县西北）。隋文帝杨坚统一中国后，则改今湖南衡山为南岳，其后历代相沿不变。明代又改山西浑源恒山为北岳，但因为路远难行，仍在河北曲阳行望祀遥祭之礼。一直到清顺治十七年，才移祀至山西浑源，最终使流传至今的五岳名山成为定制。

因五岳或遥远难行，或难于登临，因此祭祀的方式并不限于亲临现场，便有了所谓的“望祀”，既可于所在地近望，也可仅于都城的城郊远望。

需要祭祀的山川类神祇不仅有五岳和四渎，次一级的还有“五镇”“四海”等。至晚在西汉之前便有“四镇（山）”之说。“镇”就是镇守、镇住的意思，“四镇”即今山东临朐沂山为东镇、浙江绍兴会稽山为南镇、山西霍州市霍山为西镇、辽宁北镇市医巫闾山为北镇。西汉宣帝时又封山西霍州市霍山为中镇，增陕西宝鸡市吴山为西镇。至于“四海”，因情况复杂，在后面单独阐释。

关于山川类神祇祭祀的时间与形式，唐杜佑的《通典·卷四十六·吉礼五》总结共有四类：“一者谓迎气时，二者郊天时，三者大雩时，四者大蜡时，皆因以祭之。”即一是迎接立春、立夏、季夏、立秋、立冬之时；二是于南郊坛祭天之时；三是在雩坛祈雨之时；四是冬季腊月综合祭祀各类神祇之时。实际上杜佑总结的这些山川类神祇即祭祀，都属于吉礼发展到两汉之后的对其他主要神祇祭祀的陪祀，因为在历史中存在着很多单独的山川类神祇的祭祀活动，殷墟甲骨文就有相关的记载。《天问》中有“帝降夷羿，革孽夏民。胡射夫河伯，而妻彼洛嫔”之问，其中的河伯就是黄河神，洛嫔就是洛水神（洛水为黄河南岸位于河南西部的支流），古人对这类水神肯定有单独的祭祀活动。若对笔者的观点还有疑问，那么《史记·滑稽列传》中记载的“西门豹治邺”的事迹中，就提到了以为河伯娶妻为名对漳水之神的祭祀活动。

《通典·卷四十六·吉礼五》总结的山川祭坛的基本形式为：“周制，四坎坛祭四方，四方即谓山林、川谷、丘陵之神。祭山林丘陵于坛，川谷于坎，则每方各为坛为坎。”所谓的“坎”，就是坛的四周有注水的沟渠，如北郊坛。祭祀的方式为：“祭山林曰‘埋’，祭川泽曰‘沈’（即“沉”），各顺其性之含藏。”《尔雅》说：“祭山曰‘庋（guǐ）悬’，祭川曰‘浮沈’。”“埋”就是把祭品掩埋起来，“庋悬”就是把祭品悬挂于高处。掩埋，当是认为山林之神如地祇一样住在地下。悬挂于高处，当是认为山林之神或住在山上某处或干脆就是住在天上。“沈（沉）”就是把祭品沉入水中。这些祭祀方式特别是祭品的处理等，一定是来源于最原始的现场祭祀活动。

从东汉至南北朝时期对山川类神祇的祭祀,《通典·卷四十六·吉礼五》又总结说:“后汉（东汉）章帝（刘炟）元和二年，诏祀山川百神应礼者。魏文帝（曹丕）黄初二年，礼五岳四渎。……（南朝）宋孝武帝（刘骏）大明七年六月，有司奏奠祭霍山。……梁令郡国有五岳者，置宰祀三人，及有四渎若海应祀者，皆以孟春仲冬祀之。后（北）魏景穆帝（拓跋晃）立五岳四渎庙于桑干水之阴，春秋遣有司祭。其余山川诸神三百二十四所，每岁十月，遣祠官诣州镇遍祀。有水旱灾厉，则牧守各随其界内而祈谒。王畿内诸山川，有水旱则祷之。（北魏）太武帝（拓跋焘）南征，造恒山，祀以太牢。浮河、济，祀以少牢。过岱宗，祀以太牢。遂临江，登瓜步而还。后周大将出征，遣太祝以羊一，祭所过名山大川。”

在吉礼发展至两汉以后，山川祭祀活动本为朝廷定制，更不乏“临时抱佛脚”的功利之举，如“有水旱灾厉，则牧守各随其界内而祈谒。王畿内诸山川，有水旱则祷之。”在此之前的汉孝文帝十二年（公元前 168 年），因粮食歉收，文帝也曾下诏增修山川群祀。

隋制，天子行幸所过五岳四渎，则让“有司”代为致祭。另祀四镇，即东镇沂山、西镇吴山、南镇会稽山、北镇医巫闾山，另外还有冀州镇霍山，并就山立祠。祀四海，东海于会稽县界、南海于南海镇南，并近海立祠。

据《隋书·志·礼仪》记载，隋统一全国后，朝野也曾纷纷敦请文帝杨坚登封泰山，以告成功，帝下诏谦称“薄德”而不许。此后群臣在开皇十四年（公元 594 年）再次上表请封，文帝答称："此事体大，朕何德以堪之，但当东狩，因拜岱山耳！"下诏于第二年东巡泰山。开皇十五年（公元595年）正月，文帝幸齐州（今济南市），先祭泰山支脉玉符山，继之又在泰山设坛，文帝服衮冕、乘金辂、备法驾、柴燎祭天、亲祀青帝。祭毕未登岱顶便回銮长安。

大唐武德、贞观之制，五岳、四镇、四海、四渎，年别一祭，各以五郊迎气日祭祀。东岳岱山，祭于兖州；东镇沂山，祭于沂州；东海，祭于莱州；东渎大淮，祭于唐州；南岳衡山，祭于衡州；南镇会稽山，祭于越州；南海，祭于广州；南渎大江，祭于益州；中岳嵩山，祭于洛州；西岳华山，祭于华州；西镇吴山，祭于陇州；西海及西渎大河，祭于同州；北岳恒山，祭于定州；北镇医巫闾山，祭于营州；北海及北渎大济，祭于洛州。祀官以当界都督刺史充当。

唐朝继两汉之后又开始行真正的封禅之礼。据《旧唐书•志•礼仪》记载，唐太宗李世民贞观六年（公元632年），"平突厥，年谷屡登，群臣上言请封泰山"。但太宗说："议者以封禅为大典。如朕本心，但使天下太平，家给人足，虽阙（缺）封禅之礼，亦可比德尧、舜。若百姓不足，夷狄内侵，纵修封禅之仪，亦何异于桀、纣？昔秦始皇自谓德洽天心，自称皇帝，登封岱宗，奢侈自矜。汉文帝竟不登封，而躬行俭约，刑措不用。今皆称始皇为暴虐之主，汉文为有德之君。以此而言，无假封禅。礼云'至敬不坛'。扫地而祭，足表至诚，何必远登高山，封数尺之土也！"秘书监魏徵也说："隋末大乱，黎民遇陛下，始有生望。养之则至仁，劳之则未可。升中之礼，须备千乘万骑，供帐之费，动役数州。户口萧条，何以能给？"但因"中外章表不已"，太宗最后还是征询众臣应如何封禅。为此众臣经过多次的热烈讨论后，制定了复杂的封禅之礼，"太宗从其议，仍令附之于礼"。

贞观十五年，太宗终于决定到泰山封禅，并"复令公卿诸儒详定仪注"。不巧的是，车驾至洛阳宫时，天空突然出现彗星，太宗认为不祥，"乃下诏罢其事"。

高宗李治即位后，公卿数请封禅，武则天既立为皇后，又暗中赞许，于是高宗在乾封元年（公元666年）十二月携武则天于泰山封禅。为此共建祭坛两个："泰山之上，设登封之坛，上径五丈，高九尺，四出陛。坛上饰以青，四面依方色。一壝，随地之宜……又为降禅坛于社首山上，方坛八隅，一成（层）八陛，如方丘之制。坛上饰以黄，四面依方色。三壝，随地之宜。"

其中的"登封坛"为告天之用，因此为圆形，如"南郊圆丘"之制；"降禅坛"为祭地主之用，如"北郊方丘"之制，但为八边形。两坛立面在不同的方位上均"依方色"，因泰山为东岳，属青帝所辖，所以"登封坛"的坛面设为青色。

因“降禅坛”祭祀的地祇可以认为是“昆仑山地祇”，也就是“皇地祇”，所以坛面设为黄色。

封禅也不限于泰山，高宗于泰山封禅后又欲“遍封五岳”。永淳元年（公元682年）七月下诏，“将以其年十一月封禅于嵩岳。诏国子司业李行伟、考工员外郎贾大隐、太常博士韦叔夏、裴守贞、辅抱素等详定仪注。”但因高宗身体欠佳，终未成行。

天册万岁二年（公元696年）腊月甲申，武则天到中岳嵩山亲行封禅大礼。礼毕，便大赦，并改年号为“万岁登封”，改嵩阳县为登封县，改阳成县为告成县。武则天还以“封禅日为嵩岳神祇所祐”，遂尊原“神岳天中王”为“神岳天中皇帝”“灵妃”为“天中皇后”。并封嵩山原有祠庙之“夏后启（神）”为“齐圣皇帝”，封“启母（神）”为“玉京太后”，封“少室阿姨（神）”为“金阙夫人”，封周灵王的儿子“晋（神）”为“升仙太子”，别为立庙。在登封坛南有一棵槲（hú）树，武则天把它赐名为“金鸡树”，从此槲树便有“金鸡”别名。武则天还自制《升中述志碑》，树于坛之南偏东处。

唐玄宗继位前期励精图治，众臣多请封禅不予。开元十二年（公元724年），文武百僚、朝集使、皇亲及四方文学之士上书请修封禅之礼并献赋颂的奏请前后有千余篇。玄宗先是“谦冲（谦虚）不许”，因中书令张说又累日固请，玄宗这才决定来年去泰山封禅。于是诏中书令张说、右散骑常侍徐坚、太常少卿韦绦、秘书少监康子元、国子博士侯行果等，与礼官于集贤书院“刊撰仪注”。玄宗最初还“以灵山好静，不欲喧繁，与宰臣及侍讲学士对议，用山下封祀之仪。”但中书令张说不同意，并让徐坚和韦绦等人给玄宗讲了一番封禅复杂形式的意义。

开元十三年（公元725年）十一月丙戌日，玄宗至泰山，即日便在礼官学士、著名诗人贺知章的指点下于山下降禅坛行祀。第二天，玄宗率众登上泰山，于登封坛前祀昊天上帝。玄宗这次于泰山封禅，开始也并不顺利，好在有惊无险，最终还比较圆满。《旧唐书·志·礼仪》记述了这一段情景：“车驾至岳西来苏顿，有大风从东北来，自午至夕，裂幕折柱，众恐。张说倡言曰：‘此必是海神来迎也。’及至岳下，天地清晏。玄宗登山，日气和煦。至斋次日入后，劲风偃人，寒气切骨。玄宗因不食，次前露立，至夜半，仰天称：‘某身有过，请即降罚。若万人无福，亦请某为当罪。兵马辛苦，乞停风寒。’应时风止，山气温暖。时从山上布兵至于山坛，传呼辰刻及诏命来往，斯须而达。夜中燃火相属，山下望之，有如连星自地属天。其日平明，山上清迴，下望山下，休气四塞，登歌奏乐，有祥风自南而至，丝竹之声，飘若天外。及行事，日扬火光，庆云纷郁，遍满天际。群臣并集于社首山帷宫之次，以候銮驾，遥望紫烟憧憧上达，内外欢噪。玄宗自山上便赴社首斋次，辰巳间至，日色明朗，庆云不散。百辟及蕃夷争前迎贺。辛卯，享地祇于社首之泰折坛，睿宗大圣贞皇帝配祀。五色云见，日重轮……”

玄宗在位期间，还曾先后封华岳神为“金天王”、中岳神为“中天王”、南岳神为“司天王”、北岳神为“安天王”；封河渎为“灵源公”、济渎为“清源公”、江渎为“广源公”、淮渎为“长源公”；封会稽山为“永兴公”、岳山（位于现宝鸡市）为“成德公”、霍山为“应圣公”、医巫闾山为“广宁公”、太白山为“神应公”；封东海为“广德王”、南海为“广利王”、西海为“广润王”、北海为“广泽王”。国内岛镇山，除入诸岳外，并宜封公。另外，玄宗还曾想于西岳华山封禅，但因故而止。

《新唐书•志•礼》载：“岳镇、海渎祭于其庙，无庙则为之坛于坎，广一丈，四向为陛者，海渎之坛也。”说明部分祭祀场地已经有庙。而“海渎之坛”周围有注水的沟渠，如坐落在水池当中，形式与“北郊坛（丘）”类似。另外，五岳、四海、四渎神祇等也在“北郊坛”配祭。

第二节　道教染指与山川类礼制建筑的分化

道教正式产生于东汉顺帝年间，比东汉明帝永平年间佛教开始在中国传播的时间稍晚。在北方，“太平道”曾组织过著名的黄巾起义；在南方，张陵于蜀郡鹤鸣山（今四川大邑县境内）创立了天师道（俗称“五斗米道”），把儒家的敬天与百姓法祖总结汇集并加入其他诸子的思想。张鲁在汉中就是以天师道组织建立了政教合一的政权。

东晋初期，葛洪对以前的神仙思想做了总结，确立了神仙道教理论体系。东晋中叶以后，江南天师道盛行，出现了若干造作的道书，如《上清经》是杨羲、许谧所造，以后便发展为上清派；《灵宝经》是葛巢甫所造，以后发展为灵宝派。

南朝初期，陆修静融合天师道与神仙道教，将早期民间道教改革发展为新的官方道教，并完善了道教的斋醮仪范，分类整理了道教典籍。南朝中期的陶弘景，隐居茅山 45 年，广招徒众，弘传上清经法，使茅山成为上清派的核心基地，后世因此称之为“茅山宗”。陶弘景除弘传上清经法外，还建立了道教的神仙体系，发展了养生修炼理论，其著作主要有《真诰》《登真隐诀》《养生延命录》等。北魏太武帝时，寇谦之对天师道做了改革，改革的原则是以礼度为首，即以封建礼法制度为准则，凡符合的就保留和增加，不符合的就革除。经此改革后，天师道完全适合于统治者的需要，成为了统治者所用的官方道教。但是，北魏道教的发展终不如佛教，加之寇谦之之后又没有杰出的弘教者，新天师道便在魏末衰落了。北齐甚至不承认道教，北方道教只有北周关中地区兴起的楼观道在发展，并成了后世隋唐最兴盛的道派。

隋朝时期，政府实行道与佛兼容政策，虽以崇佛为主，但对道教也甚为重视。隋文帝把他的开国年号命名为“开皇”，这个称号便取自道经。文帝还建道观、度道士，以扶持道教发展。隋炀帝崇道更甚，在位时于长安为道教修建了 10 座道观。大业七年（公元 611 年），还亲自召见茅山宗宗师王远知，并以帝王之尊，“亲执弟子之礼”，敕命于都城（长安）建玉清坛以处之。

唐朝时期，道与佛的地位因不同皇帝的好恶此消彼长、各领风骚。在武则天主政时期，出现了一位著名的道士司马承祯。其自少笃学好道，无心仕宦之途。师从嵩山道士潘师正，得受上清经法及符箓、导引、服饵诸术。后来遍游天下名山，隐居在天台山玉霄峰，自号“天台白云子”，与陈子昂、宋之问、李白、孟浩然、王维、贺知章等为“仙宗十友”。武则天闻其名，召至京都，亲降手敕，赞美他道行高操。唐睿宗景云二年（公元 711 年）召入宫中，询问阴阳数术与理国之事，他回答阴阳数术为“异端”，理国应当以“无为”为本。唐玄宗开元九年（公元 721 年），又被迎入宫中，玄宗亲受法箓，成为道士皇帝。《通典·卷四十六·吉礼五》《旧唐书·司马承祯传》均记载，这一年司马承祯对唐玄宗言：“今五岳神祠，是山林之神也，非正真之神也。五岳皆有洞府（指神仙居住的地方），有上清真人降任其职，山川风雨阴阳气序，是所理焉。冠冕服章，佐从神仙，皆有名数。请别立斋祠之所。”对于司马承祯的言论，唐玄宗的第一反应是“奇其说”。

唐玄宗之所以会“奇其说”，乃因山川崇拜与祭祀本源于原始宗教，以后才发展为最高统治者垄断的祭祀内容。而道教本身是一种多神教，沿袭了中国古代把日月星辰、河海山岳以及祖先亡魂都奉为神祇的信仰习惯，也形成了一个包括天神、地祇和人鬼复杂的神祇体系，这个体系与当下吉礼中的祭祀体系同根同源，内容也是相重叠的。当道教欲染指五岳时，已经完成了旧有理论的整合与新的理论的创建，包括参照佛教创立有等级差别且统一的神系。司马承祯言所谓“正真之神”，也是把原来的属性并不清晰的各种神祇完全拟人化了，难怪玄宗要“奇其说”了。

开元十三年（公元 725 年），玄宗封泰山神为“天齐王”；开元十五年，按照司马承祯的意愿，玄宗令在五岳各建真君祠一所，“其形象制度，皆令承祯推安道经，创意为之。”此五岳真君祠与遗存至今的五岳庙是何种关系，现无确切考证；开元二十一年，玄宗亲注《道德真经》，又令士庶家藏《老子》一本，并把《老子》列入科举考试范围；开元二十五年，令道士、女冠隶属宗正寺（掌管皇族事务的官署），将道士以皇族看待；开元二十九年，诏两京（长安、洛阳）及诸州各置崇玄学，规定生徒学习《老子》《庄子》《列子》《文子》；天宝元年（公元 742 年），玄宗赠封庄子为“南华真人”、文子为“通玄真人”、列子为“冲虚真人”、更桑子为“洞虚真人”，其四子所著之书改名为“真经”；天宝八年，追赠玄元皇帝为“圣祖大道玄元皇帝”，后又升为“大圣祖高上大道金阙玄元天皇大帝”。

至此，唐玄宗开启了道教染指礼制文化与建筑体系的先河，道教理论与行动正式渗透到部分属于吉礼的祭祀内容之中，并使得这部分内容从此以显性和隐性宗教的不同形态，呈现出双轨式发展的历程（在天神体系还创制了“九宫贵神”）。

《宋史•志•礼》记载：“太祖平湖南，命给事中李昉祭南岳，继令有司制诸岳神衣、冠、剑、履，遣使易之。广南平，遣司农少卿李继芳祭南海，除去（南汉后主）刘张（chǎng）所封伪号及宫名，易以一品服。又诏：‘岳、渎并东海庙，各以本县令兼庙令，尉兼庙丞，专掌祀事。’又命李昉、卢多逊、王佑、扈蒙等分撰岳、渎祠及历代帝王碑，遣翰林待诏孙崇望等分诣诸庙书于石。六年，遣使奉衣、冠、剑、履，送西镇吴岳庙。

（宋太宗赵光义）太平兴国八年（公元 983 年），（黄）河决滑州（河南北部），遣枢密直学士张齐贤诣白马津，以一太牢沈（沉）祠加璧。自是，凡河决溢、修塞皆致祭。秘书监李至言：‘按五郊迎气之日，皆祭逐方岳镇、海渎。自兵乱后，有不在封域者，遂阙其祭。国家克复四方，间虽奉诏特祭，未着常祀。望遵旧礼，就迎气日各祭于所隶之州，长史以次为献官。’”

上述“令有司制诸岳神衣、冠、剑、履，遣使易之”，说明在此之前五岳“真君祠”内供奉的岳帝等已经完全拟人化了，即供奉的不是神牌而是神像。

继唐朝之后，宋朝也有泰山封禅活动。宋真宗赵恒景德元年（公元 1004 年）九月，辽契丹大举入侵，宰相寇准力主真宗亲征。在初战告捷后，契丹求盟。真宗厌战，与契丹定下了后来遭诟病的“澶渊之盟”。澶州（今河南濮阳、清丰一带）之战以后，宰相寇准的地位与声望与日俱增，这在吏治腐败的北宋朝廷中引起了波澜，《宋史•寇准传》记载：“（寇）准颇自矜澶渊之功，虽帝亦以此待准甚厚。

王钦若深嫉之。一日会朝，准先退，帝目送之，钦若因进曰：‘陛下敬寇准，为其有社稷功耶？’帝曰：‘然’。钦若曰：‘澶渊之役，陛下不以为耻，而谓准有社稷功，何也？’帝愕然曰：‘何故？’钦若曰：‘城下之盟，《春秋》耻之；澶渊之举，是城下之盟也。以万乘之贵而为城下之盟。其何耻如之！’帝愀然不悦。钦若曰：‘陛下闻博乎？博者输钱欲尽，乃罄所有出之，谓之孤注。陛下，寇准之孤注也，斯亦危矣。’”

王钦若说寇准让皇帝亲征就如把皇帝当作赌注，这不能不令真宗气恼。致使寇准失宠，被罢为刑部尚书，知陕州。真宗改用王旦为宰相。王钦若又提出了涤除澶州之耻的办法，《宋史•王旦传》载：“钦若度帝厌兵，即谬曰：‘陛下以兵取幽燕，乃可涤耻。’帝曰：‘河朔生灵始免兵革，朕安能为此？可思其次。’钦若曰：‘唯有封禅泰山，可以镇服四海，夸示外国。然自古封禅，当得天瑞希世绝伦之事，然后可尔。’既而又曰：‘天瑞安可必得？前代盖有以人力为之者，惟人主深信而崇之，以明示天下，则与天瑞无异也。’帝思久之，乃可。而心惮（王）旦，曰：‘王旦得无不可乎？’钦若曰：‘臣得以圣意喻之，宜无不可。’乘间为旦言，旦黾勉而从。”

王钦若提出的涤除澶州之耻的办法是以封禅活动镇服四海，没有祥瑞之象就让宰相王旦帮着造假。怎奈宋真宗也是打仗无能，却捣鬼有术，《宋史•纪事本末》记载，在一次朝会上，真宗对群臣曰：“去冬十一月庚寅，夜将半，朕方就寝，忽室中光耀，见神人星冠绛衣，告曰：‘来月宜于正殿建黄箓道场一月，当降天书《大中祥符》三篇。’朕竦然起对，已复无见。自十二月朔即斋戒于朝元殿，建道场以伫神贶。至是，适皇城司奏有黄帛曳左承天门南鸱尾上，令中使视之，帛长二丈许，缄物如书卷，缠以青缕，封处隐隐有字，盖神人所谓天降之书也。”

当然，大臣们的配合也非常默契，大中祥符元年（公元1008年），兖州父老吕良等1289人及诸道贡举之士846人请求封禅；宰相王旦率百官将校、州县官吏、藩夷、僧道24375人上表请求封禅。于是，真宗正式下诏，决定同年十月“有事于泰山”。《宋史•志•礼志》记载：“帝之巡祭也，往还四十七日，未尝遇雨雪，严冬之候，景气恬和，祥应纷委。前祀之夕，阴雾风劲，不可以烛，及行事，风顿止，天宇澄霁，烛焰凝然，封禅讫，紫气蒙坛，黄光如帛，绕天书匣。悉纵四方所献珍鸟异兽山下。法驾还奉高宫，日重轮，五色云见。鼓吹振作，观者塞路，欢呼动天地。改奉高宫曰会真宫。九天司命上卿加号保生天尊，青帝加号广生帝君，天齐王加号仁圣，各遣使祭告。诏王旦撰《封祀坛颂》，王钦若撰《社首坛颂》，陈尧叟撰《朝观坛颂》。圆台奉祀官并于山上刻石，封祀、九宫、社首坛奉祀官并于《社首颂》碑阴刻名，扈从升朝官及内殿崇班、军校领刺史以上与藩夷酋长并于《朝觐颂》碑阴刻名。”

宋真宗还到澶州，祭河渎庙，诏进号“显圣灵源公”；到汾阴，祭后土；命陈尧叟祭西海、曹利用祭汾河；至潼关，遣官祠西岳及河渎，亲谒华阴西岳庙；至河中（现永济县），亲谒河渎庙及西海望祭坛。先后加封五岳帝号：东岳“天齐仁圣帝”、南岳“司天昭圣帝”、西岳“金天顺圣帝”、北岳“安天元圣帝”、中岳“中天崇圣帝”。真宗还亲作《奉神述》，加封五岳帝后号：东岳“淑明”、南岳“景明”、西岳“肃明”、北岳“靖明”、中岳“正明”，并遣官祭告。又改唐州上源桐柏庙为“淮渎长源公”，加守护者，并为“帝”配“后”。至此，五岳四渎等自然神更加拟人化。

《金史·志·礼》载：“（金世宗完颜雍）大定四年（公元1164年），礼官言：‘岳镇海渎，当以五郊迎气日祭之。’诏依典礼以四立、土王日就本庙致祭，其在他界者遥祀。”

蒙古族人统一中国，对传承于汉族政权的祭祀内容大多是非常重视的，但因其传统是逐水草而居、居无定所，所以地祇的概念比较淡漠，如定都大都后，唯独不设独立的“北郊坛”行祀，对待五岳四渎等祭祀也有敷衍之嫌。《元史·志·祭祀》载：“岳镇海渎代祀，自中统二年（1261年，即忽必烈继位的次年，元朝还未建立）始。凡十有九处，分五道。后乃以东岳、东海、东镇、北镇为东道，中岳、淮渎、济渎、北海、南岳、南海、南镇为南道，北岳、西岳、后土、河渎、中镇、西海、西镇、江渎为西道。既而又以驿骑迂远，复为五道。……（元世祖忽必烈）至元二十八年（公元1291年）正月，帝谓中书省臣言曰：‘五岳四渎祠事，朕宜亲往，（但）道远不可。大臣如卿等又有国务，宜遣重臣代朕祠之，汉人选名儒及道士习祀事者。’”

元朝时期，中国境内道路等交通基础设施已非汉唐及远至西周可比，“马背上的民族”竟以“道远”为由，可见敷衍之实。并且此时五岳四渎之神与道教相关神祇已难扯清关系，所以让“道士习祀事者”敷衍代劳也未尝不可。

元朝统治者始终重视佛教和伊斯兰教，对道教向来是心存猜忌。伊斯兰教向中国传播主要有路上和海上丝绸之路两条途径，之一便是经新疆过河西走廊，因此伊斯兰教与蒙古族早有接触。又早在成吉思汗征西夏时，就曾与西藏的藏传佛教高僧有过接触。其后凉州王阔端将藏传佛教引入蒙古社会。忽必烈成为元朝开国皇帝后，尊萨迦派高僧八思巴为帝师，建立了蒙古统治者与藏传佛教首领之间的密切关系。其后宗喀巴创建格鲁派（黄教）后，漠南蒙古部首领俺答汗便与格鲁派以达赖、班禅为首的藏传佛教首领建立了“施主与祭司”的密切关系。宋室南迁后，在北方活动的道教，主要是正一、太一（后并入正一）、大道（蒙哥汗时期改名为太真）、全真等诸派及浑元教等。其中正一等为宋以前的旧教派。全真则由道士王喆于金朝中期即宋室南渡后，在北方所创的新教派。

全真教宣扬道、儒、释三家合一，兼而修之，故号“全真”。在蒙古族尚未统一中国时，全真道已及时投效蒙古统治集团，因而后来居上，获得了比太一、大道诸教以及佛教、儒学等远为优越的地位，以至能在三四十年内在北方长期维持“设教者独全真家”的局面。但蒙哥在位时期发生了两次佛道辩论，全真道士两次均遭到失败。其结果是蒙哥下令焚毁道藏“伪经”，不但使道教的地位降至佛教之下，也改变了全真教在北方道教诸派中一门独尊的状况。元朝建立以后，活动于南宋故土的旧道教符箓（lù）各派继续流行于江南各地；在北方传播的仍然是全真、真大等，而以全真道的势力最大。但道教势力在世祖忽必烈至元年间又经受了一次严重的打击，蒙哥时曾勒令道教归还被他们霸占的佛寺二百余所。据元朝释祥迈所撰《大元至元辨伪录·卷第五》载，至元十七年（公元 1280 年），“僧人复为征理”，讼全真教徒殴击僧徒，诬僧人纵火，声言焚米三千九百余石。这场官司仍以道教失败告终，全真道士被诛杀、劓刖、流窜者达十余人。佛教势力乘势要求朝廷追究曾经蒙哥禁断，但尚流行于世的道教“伪经”。元廷遂于次年命佛门诸僧、翰林院文臣偕正一天师张宗演、全真掌教祁志诚、大道掌教李德和等人会集长春宫，考证道藏诸经真伪。佛道辩论达数十日之久，结果除《道德经》外，其余道教经典悉被判为伪经。佛教敦促朝廷再次下令焚经，忽必烈说：“道家经文，传论踵谬非一日矣。若遽焚之，其徒未必心服。彼言水火不能焚溺，可姑以是端试之。俟其不验，焚之未晚也。”于是命令道教诸派各推一人佩符入火，“自试其术”。张宗演等人惊慌失措，承认“此皆诞妄之说。臣等入火，必为灰烬，实不敢试，但乞焚去道藏。”忽必烈于是下令，除《道德经》外，其余道教诸经一概焚毁，并禁止斋醮祭祷，遣使晓谕诸路遵行。这次打击也祸及南方道流。不过，《道德经》外，“其余文字及板本化图一切焚毁”的诏令，并未完全执行。由于正一道人张留孙通过太子真金向忽必烈恳请，道经中之“不当焚者”或“醮、祈、禁、祝”等仪注皆得保存。忽必烈末年，又撤销对斋醮祭祷的禁令，“凡金箓科范不涉释言者，在所听为。”当时由于桑哥等权臣阻遏，这道诏旨只在京师公布，“而外未白也”。成宗即位以后，又将它重新颁行天下。道教这才从焚经厄运中喘过一口气来。

自蒙哥时候起，全真、真大、太一等教门宗教领袖的掌教地位均由朝廷任命或加以承认。入元以后，更由此发展为一项特殊的制度："国朝之制，凡为其教之师者，必得在禁近，号其人曰'真人'，给以印单，得行文书，视官府。"各宗掌教的人选，由本宗上层推定后经皇帝批准赐印，有时也直接由皇帝委派本宗中深孚众望者担任。在南方，世代居住在龙虎山的第三十五代正一天师张可大，南宋季年已受敕提举三山（龙虎山、阁皂山、茅山）符箓。忽必烈攻鄂时，他曾对来访的蒙古秘使预言"后二十年当混一天下"。忽必烈灭南宋后，对张可大之子、三十六代天师张宗演倍加宠渥，命其主江南道教。此后，嗣位的历代正一天师也都经过元廷的认可，受真人之号，袭掌江南道教事。成宗时，三十八代天师张与材又受封为正一教主，主领三山符箓。江南道教符箓各派遂正式并于正一道门之下。正一天师就是正一掌教。唯元廷仍许其住在龙虎山，不像北方三派掌教"必得在禁近"。

元朝政府除了对各派掌教竭力加以控制外，还设置专门机构，对"教法"以外的事务，特别是涉及国家与道教之间关系的各种有关事务加以干预和管理。在中央，以道教隶集贤院；在地方，各教门，郡置道官一人，领其徒属，用五品印。宫观各置主掌。元代道官主要有道录、道正、道判、提点等。道官虽多由道士充任，但一般由政府任命。

总之，因蒙古族人对地祇类神祇的信仰比较淡漠，又因五岳四渎等被道教染指日重，且元朝有抑制道教发展的政策，以及民族传统等原因，导致元朝对五岳四渎祭祀的重视程度远非宋朝之前可比。

明朝推翻元朝，源于农民起义，因此明朝统治者非常清楚宗教势力在民间的力量，对佛、道两教都实行了抑制和利用兼并的政策，特别是时刻防范宗教组织嬗变为政治军事组织的各种可能。在对待五岳四渎祭祀方面，具体的做法就是溯本求源，使其与道教分离，并尽量简单化、抽象化。

《明史•志•吉礼》记载，洪武二年（公元1369年），礼官言："虞舜祭四岳，《王制》始有五岳之称。《周官》：'兆（垗）四望于四郊'，郑（玄）注以四望为五岳四镇四渎。《诗序》巡狩而礼四岳河海，则又有四海之祭。盖天子方望之事，无所不通。而岳镇海渎，在诸侯封内，则各祀之。秦罢封建，岳渎皆领于祠官。汉复建诸侯，则侯国各祀其封内山川，天子无与。武帝时，诸侯或分或废，五岳皆在天子之邦。宣帝时，始有使者持节祠岳渎之礼。由魏及隋，岳镇海渎，即其地立祠，有司致祭。唐、宋之制，有命本界刺史、县令之祀，有因郊祀而望祭之祀，又有遣使之祀。元遣使祀岳镇海渎，分东西南北中为五道。今宜以岳镇海渎及天下山川城隍诸地祇合为一坛，与天神埒（liè，矮墙，这里指礼制），春秋专祀。

遂定祭日以清明霜降。”

同年，从礼部尚书崔亮言，建“天下神祇坛”于南京圆丘壝外之东，及方丘壝外之西。又建“山川坛”于正阳门外“天地坛”西，合祀诸神。据《大明会典》记载，山川坛有正殿七间，东西配房各十五间。

洪武九年，“复定山川坛制，凡十三坛。正殿放太岁、风云雷雨、五岳、五镇、四海、四渎、钟山七坛。东西庑各放三坛，东，京畿山川、夏冬二季月将。西，春秋二季月将、京都城隍。”这则记录很特殊，祭坛是放于屋宇之内的。

永乐中，北京建“山川坛”，并“同南京制，惟正殿钟山之右，益以天寿山之神。”

嘉靖十一年（公元1532年），改“山川坛”名为“天神地祇坛”，在神农坛之南。“天神坛”在左，南向，有云师、雨师、风伯、雷师四坛。“地祇坛”在右，北向，有五岳、五镇、五陵山、四海、四渎五坛。从祀，京畿山川，西向；天下山川，东向。其实这些所谓“坛”与先农坛并不相同，形式上如同牌位。

清朝对五岳四渎的祭祀基本上延续了明朝的做法。《清史稿·志·吉礼》载，清初定制，凡祭三等，第三等的群祀有五十三项，其中包括“其北极佑圣真君、东岳、都城隍，万寿节祭之”。清朝顺治年间，曾以岳、镇、海、渎陪祀北郊方泽坛，以后又在南郊天坛西另建地祇坛，兼祀天下名山、大川（修葺并利用正阳门西南先农坛附近明朝遗留的天神和地祇坛等，详见第六章北京先农坛的介绍）。也“望祭”或派大臣到五岳等现场祭祀。另外据《清史稿·志·吉礼》记载，清朝皇帝也有亲祭泰山和其他山川的活动。

清圣祖康熙（玄烨）于康熙二十三年（公元1684年）十月，南巡至泰安州，登岱顶，次日诣东岳庙，祀泰山神。康熙二十八年（公元1689年）正月，再经泰安，重瞻东岳庙，“躬祭岱岳”。康熙四十二年（公元1703年）正月，康熙帝南巡黄河至泰安，登岱顶，还题“云峰”二字，后刻于大观峰之上。另曾遣使臣渡海考察泰山山脉所起，亲撰《泰山龙脉考》，论称泰山实发脉于长白山，借此暗喻清朝统领天下是天意所致。

清高宗乾隆（弘历）于乾隆十三年（公元1748年）二月开始，前后十次巡幸泰安，六次登临岱顶，共题泰山诗一百七十余首。

从人类迁徙的宏观历史来看，很早就接触过海洋，中华古文明的主脉虽然发源于内陆，但因文明的交叉扩散，总体来讲古人对海洋并不会太陌生，且黄河与长江流域下游入海处就是现今的渤海与黄海，在远古时期泛指东海，海洋在《山海经》中就已是重要的地理概念。另外，既然古人认为中国乃“天下”之中心，那么在“四方”概念形成之后，便会联想到“中心”之外的海一定有“四海”，所以《山海经》中自然就有海内和海外的东、西、南、北经了。顾颉刚认为，《海经》可分为两组，一组为《海外四经》与《海内四经》，一组为《大荒四经》与《海内经》。这两组的记载是大略相同的，它们共就一种图画作为说明书，可以说是一件东西的两种记载。也就是说，《大荒四经》和《海内经》，分别就是另一个版本的《海外四经》和《海内四经》。

与“四海”相关的其他文字如《（古文）尚书•益稷》：“予决九川，距（至）四海。”《孟子•告子下》：“禹之治水，水之道也，是故禹以四海为壑。”《淮南子•俶真训》：“神经於骊山、太行而不能难，入于四海、九江而不能濡。”晋葛洪的《抱朴子•明本》：“所谓抱萤烛於环堵之内者，不见天光之焜烂（同“灿烂”）；侣鲉虾于迹水之中者，不识四海之浩汗（同“浩瀚”）。”又由于四海是可以想象的天之下的边缘，所以“四海”一词又有普天之下的意思。

既然四海也属于天下，那么与五岳四渎一样，也应由神祇统治并受应到祭祀。至于四海的具体地望，因属于“天下”“中国”陆地之外，又因在“天下”这类“宇宙模型”形成时期，黄河与长江流域文明发展得最成熟，所以东海的地望比较明确，地理特征也与“天下”陆地之外为海的观念相符。孔子说“道不行，乘桴浮于海”，这个“海”当然就是东海。而其他三海的地望或经常处于变化之中，或仅仅是个概念。例如，《史记•秦始皇本纪》中有：“上会稽，祭大禹，望于南海，而立石刻颂秦德。”这里所说的“南海”，可能不是现福建、广东之南，台湾海峡之西南的南海，因为即便是在秦始皇死后，秦帝国一半的军队还在岭南地区征讨南越，秦始皇本人对实际的南海未必有真正的概念。所以《史记•秦始皇本纪》中的“南海”可能是指舜江（今曹娥江）下游河段，当时十分宽阔，民间俗称“前海”，与杭州湾俗称“后海”相对应，因前者在南，故称“南海”。再如“北海”，一般认为是指贝加尔湖，因为在西汉时期，苏武牧羊的贝加尔湖地区就被称为“北海”，但最早生活在湖边的居民是距今七千年前的肃慎族系先民，贝加尔湖一词来源于古肃慎语“贝海儿湖”，在汉朝也称为“柏海”，所以“北海”应该是译音，与概念中的“地中之北”的海洋没有关系。至于“西海”，现认为是青海湖的别称，可能也不是概念之中的“地中之西”的海。

在中国历史文献中，与四海祭祀相关最早的记载，当属《史记•封禅书》中提到的秦帝国雍城的四海祠，又因秦帝国都咸阳，所以雍城的大部分神祠应该是秦统一中国之前就有。之后对四海祭祀较详细的记载出自《隋书•志•礼仪》，其中明确地说："开皇十四年（公元594年）闰十月，诏东镇沂山、南镇会稽山、北镇医巫闾山、冀州镇霍山、并就山立祠；东海于会稽县界、南海于南海镇南（可能是），并近海立祠。及四渎、吴山，并取侧近巫一人，主知洒扫，并命多莳松柏。"

隋会稽县在今浙江绍兴市界内。南海镇的位置有两种可能：其一是指今湖北省荆州市管辖松滋市界内的南海镇，隋朝大业年间这里属南郡，镇内有湖名"小南海"，湖中以前曾有南海庙。其二详后。

《旧唐书・志・礼仪》记载："五岳、四镇、四海、四渎，年别一祭，各以五郊迎气日祭之。东岳岱山，祭于祇州（兖州）；东镇沂山，祭于沂州；东海，于莱州；东渎大淮，于唐州；南岳衡山，于衡州；南镇会稽，于越州；南海，于广州；南渎大江，于益州；中岳嵩山，于洛州；西岳华山，于华州；西镇吴山，于陇州；西海、西渎大河，于同州；北岳恒山，于定州；北镇医巫闾山，于营州；北海、北渎大济，于洛州。其牲皆用太牢，笾、豆各四。祀官以当界都督刺史充。"

从以上记载来看，单独祭祀东海与南海即立祠的地点，已经属于接近实际地望的重要城市。清同治年间《番禺县志》载，南海神庙位于扶胥镇（今庙头村），距广州城约80里，扶胥江东连狮子洋、下接虎门、背靠广州，是古代出入广州的海路交通重地，不知唐及前至隋的南海庙是否在此。

单独祭祀西海与北海的地点，前者在今渭南市，后者在今洛阳市，与"西海"和"北海"不着边际。即隋唐之际，祭祀西海、北海之地虽有变动，但不出河南及以西地区。隋唐以后祭祀四海的情况及原则变化不大，明朝北京西南紧邻先农坛的山川坛区域也建有室外的四海神位。

另，在五岳、四渎、五镇、四海中，东岳泰山既是最重要的"通天"之地，其附近区域（如梁父山）又为最高等级地祇的居所和驱鬼避害的象征，地位最尊（参见第七章对"昆仑山"的阐释），又由于从唐玄宗时期开始道教的染指，所以很多城市和乡镇在之后都建有东岳庙。除规模较大的北京东岳庙和泰安岱庙外，现山西襄垣县城西南6公里的城关镇西里村北南罗山东麓、山西晋城市泽州县周村镇周村村北、山西晋城市东北18公里的高都镇、山西蒲县城东2公里的柏山之巅、陕西西安市户县东南13公里的化羊峪口、陕西华阴市庙前村北华阴市党校院内、陕西大荔县东16公里处的朝邑镇大寨子村东、江西上饶信州区南郊琅琊山中、广东雷州朝天门外等地，都还遗有历史上修建的东岳庙。

北京东岳庙

北京东岳庙位于朝阳门外大街，坐北朝南。元延佑年间，张道陵的三十八世孙张留孙被元成宗铁穆耳封为玄教大宗师，便出资在当时的齐化门外购置了土地准备兴建东岳庙，但未及开工，张宗师即去世，其弟子吴全节继任为大宗师后继续推动建庙事宜，于元英宗硕德八剌至治二年（公元 1322 年）正式开工建设，第二年落成，被元朝廷赐名为“东岳仁圣宫”。当时主要建筑有大门、大殿、四子殿和东西两座廊庑等。元泰定帝也孙铁木儿泰定二年（公元 1325 年），鲁国大长公主（忽必烈的曾孙女）又捐建了寝宫，使规模进一步扩大。但是好景不长，在元末的战乱中，庙宇受到了较严重的毁坏。

明朝只承认龙虎山正一天师道（清微派分支），不承认玄教大宗师。明成祖朱棣迁都北京后，将南京朝天宫的清微派道士禹贵黉（hóng）委任为北京东岳庙住持，从此北京东岳庙的法派从玄教转为清微派，“东岳仁圣宫”也改名为“东岳庙”。明英宗朱祁镇正统十二年（公元 1447 年），在原址基础上全面重建了庙宇，此后的明嘉靖和隆庆年间也曾进行过一些整修。万历三年（公元 1575 年），明神宗朱翊钧根据太后的旨意，发下宫帑大规模扩建了东岳庙。

清康熙三十七年（公元 1698 年），庙中遭遇火灾，绝大部分建筑被烧毁，仅存左右道院幸免于难。第二年，康熙帝颁布敕命重建庙宇，之后用了三年左右的时间，基本按原样修复了东岳庙。乾隆二十六年（公元 1761 年），整座庙进行过重修。道光年间，庙住持马宜麟四处募化，增筑了东西两座跨院，修建百余间房屋，并创办义学，收容家境贫寒的子弟入学。

1900 年以后，随着时局的动荡，东岳庙也渐趋衰落，先后遭到义和团和军队的骚扰。1947 年，又有一批来自山西和东北的流亡学生住在庙里，他们以破除迷信为名进行了大规模洗劫，更加重了东岳庙的损坏程度（历史背景参见后记）。中华人民共和国成立后，东岳庙先是因为附近火药厂的爆炸而震碎了不少塑像，后来整座庙又被北京市安全局占用，从而宣告关闭。直到 1995 年，北京市政府才决定恢复东岳庙，庙中所驻机关全部腾退，并随后在此建立了北京民俗博物馆。2008 年北京市政府将东岳庙归还道教，至此，北京东岳庙重新恢复了宗教活动。

东岳庙的布局分东、中、西三纵院落，主体建筑集中在中路正院，布局整齐，采用中轴线对称的布局形式。中轴线上建筑自南至北依次为：琉璃牌楼、庙门（已拆除）、棂星门、瞻岱之门、岱宗宝殿、育德殿、后罩楼等。沿轴线的纵深方向，形成相对独立又相互连通的六进院落。中轴线两侧均匀、对称地分布着三茅君殿、炳灵公殿、阜财神殿、广嗣神殿以及七十六司、东西御牌楼等建筑（图 8-1）。

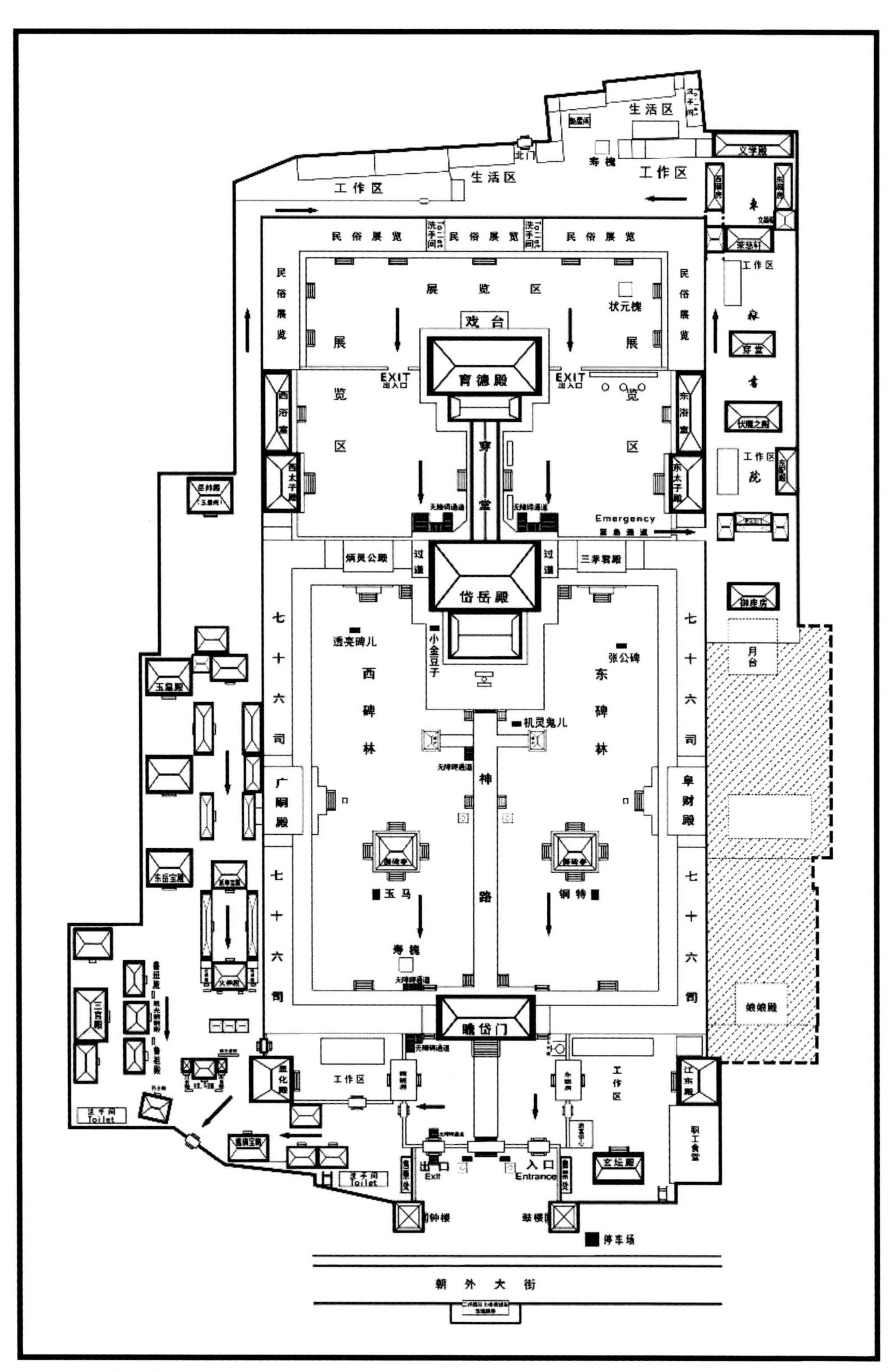

图 8-1　北京东岳庙平面图

中轴线最南端的琉璃牌楼建于明万历三十年（公元 1602 年），三间四柱七楼，黄琉璃瓦歇山顶，正脊两端有鸱吻和螭吻，正中饰火焰宝珠。在正间的南北两面各有一块石匾，宽 2.8 米、高 0.9 米，北面书“永延帝祚”，南面刻“秩祀岱宗”。牌楼与庙门隔朝阳门外大街相望，原本东西还各有一座木制牌楼，早已拆除。

原东岳庙的山门于 1988 年拓宽朝外大街时被拆除。山门内的东西两侧有钟楼、鼓楼，鼓楼立额上题“鼍（tuó）音”，钟楼立额上题“鲸音”。原棂星门现作为了正门。原来悬挂在山门的康熙帝御书“东岳庙”横匾也移到了这里。

北面的瞻岱门是一座五间庑殿顶的过厅式殿堂，又称“龙虎门”“瞻岱殿”。门中三间为穿堂，边上两间供哼哈二将和十太保，后殿挂东岳大帝的“宝训”。

穿过瞻岱门往北是一条御道直通岱宗宝殿，称为“福路”。福路的两侧有两座碑亭，黄琉璃瓦顶，内放康熙帝和乾隆帝御笔亲题的石碑，碑亭前放着一对新造的玉马和集驴面、骡身、马耳、牛蹄于一身的特殊的动物——“铜特”，相传是文昌帝君的坐骑。

福路和碑亭的东、西两侧各有一组回廊式建筑，共七十二间，代表东岳大帝掌管下的地狱幽冥七十二司。每间门楣上都挂有所敬神司的横匾，两侧柱上贴有楹联。以前每司供一神像，后来又增建了四司，因此共有七十六尊神像。现神像为 1995 年重建时“泥人张”的传人重塑的（图 8-2 ～图 8-10）。

图 8-2　北京东岳庙琉璃牌楼

图 8-3　北京东岳庙现外景

图 8-4　北京东岳庙鼓楼

图 8-5　北京东岳庙钟楼

图 8-6　北京东岳庙洞门牌楼

图 8-7　北京东岳庙瞻岱门

图 8-8　北京东岳庙玉马与碑亭

图 8-9　北京东岳庙铜特与碑亭

图 8-10　北京东岳庙铜特

东岳庙的主殿是岱岳殿，雄踞于 25 米长、19 米宽的月台之上，殿前摆放铜香炉和石五供，台前东、西有焚帛炉。岱岳殿前带抱厦（献殿）三间，绿剪边琉璃瓦歇山顶，后有穿堂通向育德殿（淑明坤德帝后宫）。岱岳殿面阔五间，单层单檐绿剪边琉璃瓦庑殿顶，殿身的梁、檩、枋、柱顶上绘有金龙和玺彩画。抱厦正面檐下悬挂华带匾“岱岳殿”，四周雕饰盘龙，包有金叶。正殿内原供奉东岳大帝及其侍臣像，现已不存。

古代帝王于泰山封禅时，“告天”的“天”为“昊天上帝”，也有时为“五帝”中主宰东方的“青帝”，“祭地”的“地”是地祇阴神，最早为西王母等。自唐玄宗时期，在道教系统中，泰山地主已经转为阳性的东岳大帝，被道教奉为幽冥世界的最高主宰，祖庭在泰山岱庙，北京等地东岳庙乃是其行宫（图 8-11、图 8-12）。

图 8-11　北京东岳庙岱岳殿

图 8-12　北京东岳庙岱岳殿与献殿东侧面

大殿两侧的耳房中设有三茅真君（汉朝修道“成仙”的茅盈、茅固、茅衷）祠、吴全节（元朝著名玄教道士）祠、张留孙祠、泰山府君（泰山之神，主管地府、治理鬼魂的神）祠以及嵩里丈人（也是冥间之神）祠等。左面的东配殿为阜财（财神）殿和东太子殿，右边的西配殿为广嗣（子孙娘娘）殿和太子殿，配殿前廊的斗拱上有替木，排列形制具有元代的风格。

从岱宗宝殿到北面的育德殿之间有一条长廊相接，为元代通行的“工”字形建筑布局做法。育德殿面阔五间，前出三间抱厦，主殿单层绿色琉璃瓦庑殿顶，抱厦歇山顶。殿内饰龙凤天花，与岱宗宝殿相呼应。育德殿原本为东岳大帝和淑明坤德帝后的“寝宫”，供奉着他们的神像，现改为三官九府像陈列厅。

最北是一座二层的后罩楼，包括玉皇阁、碧霞元君（东岳大帝的女儿）殿、斗姆（北斗众星之母）殿、大仙爷（狐仙）殿、关帝殿、灶君殿、文昌帝君（南斗星）殿、喜神（梨园祖师唐玄宗李隆基）殿、灵官（护法神）殿、真武殿等，现已改为北京民俗博物馆的展厅。在西边楼下还有三间御座房，是供皇帝来庙祭典或去东陵祭祖路过时休息使用的。

东院原以居住为主，建筑较为分散，院内回廊环绕，栽满了奇花异果，并精心布置了亭台、湖石等，形成一座小型园林。据说光绪帝和慈禧太后常常来此观赏休息。

西院由供奉各路神祇的小型院落组成，有东岳宝殿（祠堂）、玉皇殿、三皇殿、药王殿、显化殿、马王殿、妙峰山娘娘殿、鲁班殿、三官（天官、地官、水官）殿、瘟神殿、阎罗殿以及判官殿等。建筑的规模都不大，多是由民间人士出资修建而成的。

据称东岳庙曾供有三千尊神。1928 年北平社会局曾对东岳庙的神像进行过统计，那时尚有神像 1316 尊，既有天界至尊玉皇大帝、科举之神文昌帝君、伏魔大帝关圣帝君、荡魔天尊真武大帝、赐福赦罪解厄天地水三官大帝、众星之母斗姥元君等天界大神，又有保佑妇女儿童、赐子广嗣的碧霞元君、送子娘娘，保佑人们发财的文武财神，赐给人们姻缘的月老，除瘟去疾的五瘟神，行医治病的药王，保护粮仓的仓神以及灶王爷等民俗之神，还有建筑业祖师爷鲁班、骡马驴行的祖师爷马王爷、梨园界的祖师爷喜神等各种行业之神。

东岳庙的另一大特色是碑刻数量众多，为京城各庙之冠。历史上有资料记载的碑刻有 163 通。最早的碑刻是元天历二年（公元 1329 年）的“大元敕赐开府仪同三司上卿玄教大宗师张公碑”，最晚的是民国三十一年（1942 年）立于新鲁班殿前的鲁班会碑。在众多碑刻中，最著名的就是由元代著名书法家赵孟𫖯撰写的“大元敕赐开府仪同三司上卿玄教大宗师张公碑”（图 8-13）。

图 8-13　北京东岳庙碑林局部

山东泰安岱庙（东岳庙）

岱庙坐落于山东省泰安市区北，泰山的南麓。据说岱庙始建于汉朝，至唐时已殿阁辉煌，在宋真宗时期又大加扩建。可以肯定的是汉朝的岱庙应与道教无关，因为从唐玄宗时期开始道教才染指礼制类建筑（现为全真派圣地）。据宋徽宗时期的《宣和重修泰岳庙记碑》所载，时有“殿、寝、堂、阖门、亭、库、馆、楼、观、廊、庑八百一十有三楹”。从金朝至明嘉靖二十六年（公元 1547 年），岱庙经历过三次火灾，嘉靖三十二年耗银万两重修。清朝时期又大加修缮，现存主要建筑保存了明末清初的风格。岱庙建筑群采用宫城的形式，庙内各类建筑有 150 余间，与北京故宫、山东曲阜三孔、承德避暑山庄及外八庙，并称中国四大古建筑群（图 8-14）。

岱庙整体布局坐北朝南，最南端为双龙池，其后为逍遥坊，坊后为一名为“遥参亭”的独立的方形两进院落，前院主要建筑为元君殿和东西配殿，后院中立四角亭，为 1983 年重建。

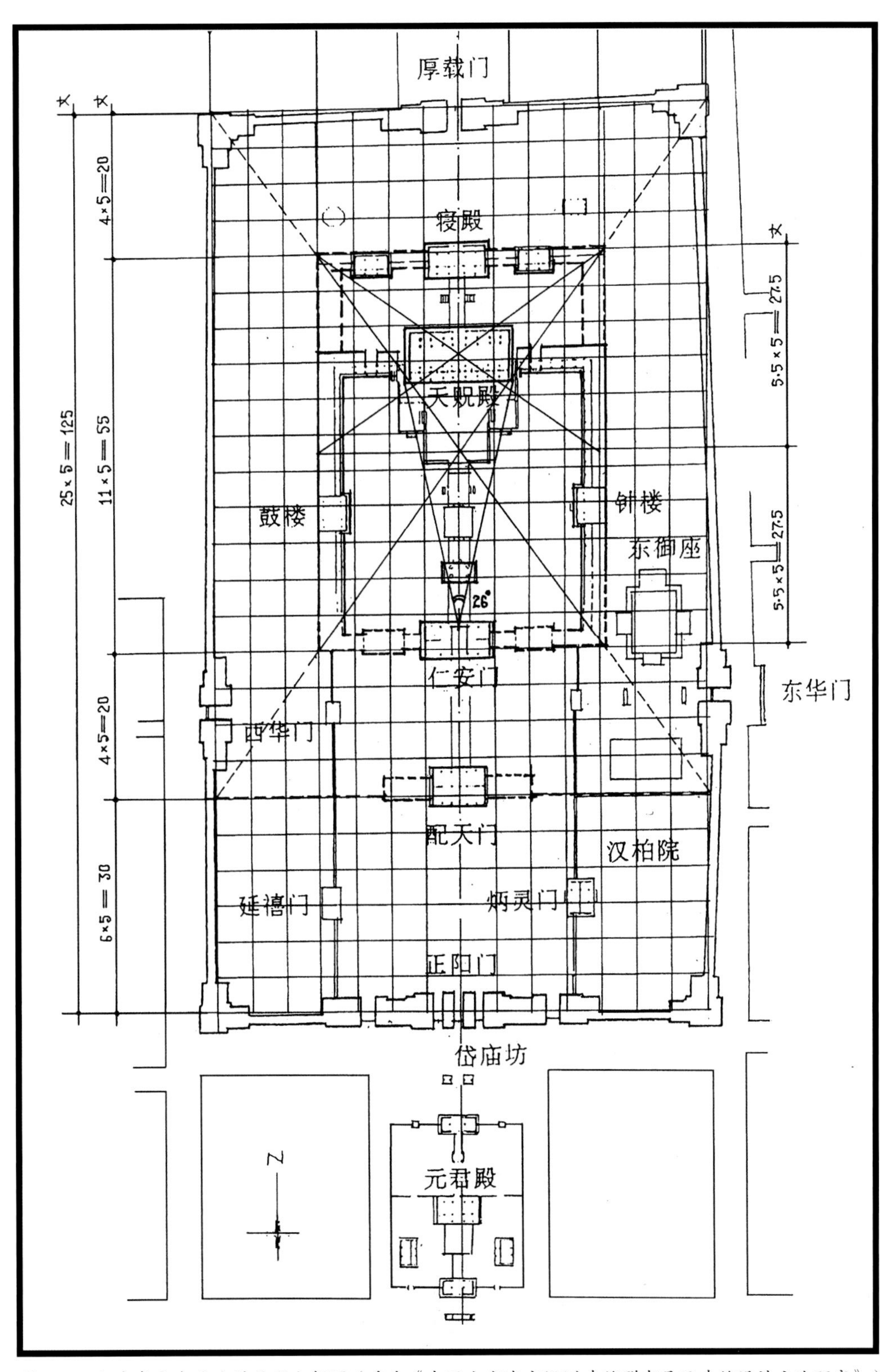

图 8-14　山东泰安东岳庙总平面分析图（采自《中国古代城市规划建筑群布局及建筑设计方法研究》）

“遥参亭”院落之后为“岱庙坊”（又名“玲珑坊”）。清康熙年间山东布政使施天裔重修岱庙时创建，并撰书楹联：“峻极于天，赞化体元生万物；帝出乎震，赫声濯灵镇东方。”再后便为主体建筑群岱庙城院（图 8-15 ～图 8-17）。

图 8-15　山东泰安岱庙遥参亭

图 8-16　山东泰安岱庙玲珑坊 1

图 8-17　山东泰安岱庙玲珑坊 2

岱庙城院南北长406米、东西宽237米，四周雉堞墙高筑。墙周辟八门，南向五门，中为“正阳门”，左为“东掖门”，再左名“仰高门”，右为“西掖门”，再右名“见大门”；东院墙偏南有“东华门”（又名“青阳”），西院墙偏南有“西华门”（又名“素景”），东西两门处在同一条东西轴线上；北墙正中为“厚载门”（又称“鲁瞻”）。各门之上均有楼，前门因有五楼又称“五凤楼”，后门称“望岳楼”。庙墙四角有角楼，按八卦各随其方而名：东北为艮，东南为巽，西北为乾，西南为坤。门楼、角楼均于民国年间毁坏，1985 年重建正阳门，1988 年至 1989 年重建四角楼（图 8-18 ～图 8-21）。

岱庙城院在总体上采用了以三条纵轴线（三纵院）为主、两条横轴线为辅、均衡对称、纵横双向扩展的建筑组群布局形式，主要建筑依次排列在南北方向的中轴线上，其他建筑对称于左、右两侧。中轴线上自南往北依次为正阳门、配天门、仁安门、土台（可能原为献殿）、天贶（kuàng，赐）殿、后寝宫、厚载门。此中轴线与前组建筑群“遥参亭”等的中轴线重合。

图 8-18　山东泰安岱庙正阳门

图 8-19　山东泰安岱庙厚载门

图 8-20　山东泰安岱庙角楼 1

图 8-21　山东泰安岱庙角楼 2

在中路院落两侧，东线有汉柏院、东御座、钟楼、东寝宫、东花园；西线有唐槐院、雨花道院、鼓楼、西寝宫、西花园。

岱庙现存建筑主要是明清以来的重建和增建物，整座建筑群雄伟壮观、气势磅礴，犹如一座帝王的宫阙。

正阳门内迎面是配天门，穿堂式，筑于石砌高台上。建筑五间面阔 25.35 米、进深 10.5 米、通高 11.1 米，七檩中柱式，黄琉璃瓦五脊歇山顶。柱下施覆盆式柱础，檐下施斗拱。门内原祀青龙、白虎、朱雀、玄武四灵神像，1928 年毁。两侧原有配殿：东为三灵侯殿，祀周代谏官唐宸、葛雍、周武；西为太尉殿，祀唐武宗李炎时中书郎杜悰。两配殿神像毁于 1928 年（图 8-22）。

图 8-22　山东泰安岱庙配天门

配天门北为仁安门，取意为“仁者至仁，国泰民安”。仁安面阔五间 25.25 米、进深 11.15 米、通高 11 米，七檩中柱式，黄琉璃瓦九脊歇山顶。上金枋上施一斗二升的斗拱，承托金垫板和上金檩。檐下柱头科斗拱双下昂七踩，斗拱后端托蚂蚱头后尾，三个菊花头拱搭在下金枋的斗上，尾部雕成菊花头。仁安门两侧原有东西神门，现改建为长廊。仁安门前左右有莲池对称。

仁安门北为土台和岱庙的主体建筑天贶殿，前者之上原或有献殿或功能如同献殿的建筑。后者同北京故宫太和殿、曲阜孔庙大成殿并称为中国三大宫殿式建筑。天贶殿最早为宋大中祥符四年（公元1011年）真宗加封泰山神为“天齐仁圣帝”时所建，元称“仁安殿”，明清称“峻极殿”，民国后恢复原名。天贶殿建在高出地面2.65m的石台基上，周围雕栏玉砌，亭阁环抱。正殿九间面阔43.67米、进深4间17.18米、通高22.3米，黄琉璃瓦重檐庑殿顶。檐下八根大红明柱，檐施彩绘。柱上有普柏枋和斗拱，外槽均单翘重昂三跳拱，内槽殿顶为四个复斗式藻井，余为方形平棋天花板。殿内原祀泰山神像，1928年毁，1944年重塑，1966年又毁，1984年再塑。现神像高4.4米，面容肃穆，气氛庄严，头顶冕旒，身着衮袍，手持圭板。神龛上悬清康熙皇帝题“配天作镇”匾，龛内上悬乾隆皇帝题“大德曰生”匾。像前陈列明、清铜五供各一套及铜鼎、铜釜、卤簿等。殿内东、西、北三面墙壁上绘巨幅泰山神启跸回銮图，图高3.3米，总长62米，东半部为出巡，西半部为回銮，整个画面计675人，加以祥兽坐骑、山石林木、宫殿桥涵，疏密相间、繁而不杂，是帝王出巡的缩影，同时也是中国道教的壁画杰作之一（图8-23～图8-25）。

图8-23　山东泰安岱庙天贶殿1

图 8-24　山东泰安岱庙天贶殿 2

图 8-25　山东泰安岱庙天贶殿内景

殿前院内，古柏蔽荫，碑碣林立。东有《宋封祀坛颂碑》《金重修东岳庙碑》、乾隆御制《重修岱庙碑记》，西有《大宋天贶殿碑铭》、明太祖御制《封东岳泰山之神碑》，中立《大观圣作之碑》、清康熙年间《重修岱庙记》等。殿前左右有乾隆御碑亭。殿前两侧原有环廊与前面任安门两侧的东西神门相接，共 108 间，绘七十二殿阎罗像，1949 年前塌毁，1982 年后重建。

天贶殿北为后寝三宫，系宋真宗为东岳大帝配封“淑明后”而建，后寝正宫五间面阔 23.1 米、进深 13.27 米、通高 11.7 米。东西寝宫各三间，分居后寝正宫两侧，均面阔 12.7 米、进深 9.45 米、通高 9.6 米。今为泰山文物展室。

后寝宫北为后花园，东南各有铜亭，西南隅有铁塔。铜亭为明万历四十三年（公元 1615 年）铸，重檐歇山式鎏金顶，仿木结构，工艺精巧，可组装式，门窗开启灵活，原在岱顶碧霞祠内，明末李自成大顺军攻占泰安城后移至灵应宫大殿前，抗日战争时门窗被日军盗走，1972 年移此。铁塔为明嘉靖年间香客捐资铸造，原高 13 级，立于泰城天书观，该塔每层立面有窗，内嵌佛像，塔身铸有捐资人姓名。抗日战争中被日本军飞机炸毁，仅存 3 级，1973 年移此（图 8-26）。

图 8-26　山东泰安岱庙铜亭

花园北是厚载门，上有望岳楼，也是岱庙的北门，为 1984 年重建的仿宋建筑。登楼可观泰山。

汉柏院位于岱庙东南角，以前称“炳灵宫”或“东宫”，现有炳灵门、汉柏亭、南茶亭等建筑。院北原有炳灵殿，内祀泰山三郎炳灵王（东岳大帝的第三子，道教神仙），殿毁于 1929 年。炳灵门为 1953 年重建，三间面阔 11.72 米、进深 8.58 米、通高 8.3 米。1959 年建汉柏碑亭。1961 年院中建八角石栏水池，可凭栏观赏汉柏翠影，因名“影翠池”。水池周围有古柏 5 株，传为汉武帝封禅时所植，被古人誉为“汉柏凌寒”，为泰安八景之一。树下有清康熙年间河道总督张鹏翮题《汉柏诗碣》。院南部原为北宋学者孙明复、石介讲学旧址，金大定初年曾在此创建祭祀孙明复、石介的鲁两先生祠。1965 年建茶室。

院内存碑碣 90 通，其中亭台及东墙内嵌 70 余通，著名的有张衡的《四思篇》、曹恒的《飞龙篇》、陆机的《泰山吟》、米芾的《第一山》、乾隆皇帝的《登岱诗》、汉画像石等（图 8-27、图 8-28）。

图 8-27　山东泰安岱庙影翠池

图 8-28　山东泰安岱庙汉柏

东华门内有个小建筑群名“东御座”，创建于元代，前面为三茅殿，后改为迎宾堂，清乾隆三十五年（公元 1770 年）改为“驻跸亭”，为清代皇帝驻跸之所，1955 年重修。此小建筑群由垂花门、仪门、正殿、东西厢房等组成。正殿五间阔 18.8 米、进深 10.10 米、高 6.9 米，建在长 19.06 米、宽 10.5 米、高 1.7 米的石台基上。殿两侧有东耳房一间、西耳房两间。

殿前松柏下，东有宋真宗御制《青帝广生帝君之赞碑》，西有驰名中外的《泰山秦刻石》残字碑，南廊内嵌郭沫若 1961 年登岱待碑 6 通（图 8-29）。

图 8-29　山东泰安岱庙东御座

唐槐院位于庙西南隅，院因唐槐而名。原树高大茂盛，民国年间枯死。1952 年在枯槐内植新槐，今已扶疏郁茂。树下有明万历年间甘一骥书“唐槐”大字碑，又有康熙年间张鹏翮题《唐槐诗》碑。

唐槐北为延禧殿旧址，原祀延禧真人。宋元时在殿北建诚明堂、馆宾堂、御香亭、庖厨、浴室、环廊等，明清时又在其废址建环咏亭、藏经堂、鲁班殿等。环咏亭器壁嵌历代名碑，其中有韩琦、范仲淹、蔡襄、欧阳修、石曼卿等大家。1984 年在此建文物库房。

另外，岱庙的钟楼和鼓楼不像一般建筑群布局那样放置在南端，而是放置在中段位置（图 8-30）。

图 8-30　山东泰安岱庙钟楼

河北曲阳北岳庙

曲阳北岳庙坐落于河北曲阳县城西南，原名“北岳安天元圣帝庙”（俗称“窦王殿”）。始建于南北朝北魏宣武帝景明、正始年间（公元 500 年—512 年），唐贞观年间重修，宋初北岳庙为契丹所焚，宋太宗淳化二年（公元 991 年）又重修。此后该庙又于宋、元、明、清各代进行过多次维修与扩建。

历史上曾有隋炀帝于大业四年（公元608年）亲临曲阳祭祀北岳。明洪武十年（公元1377年），徐达受朱元璋委派到北岳庙致祭，明代又以今山西浑源的玄武山为北岳，但秩祀仍在曲阳。至清初顺治十七年（公元 1660 年）始改祭北岳于浑源。

北岳庙建筑群坐北朝南，南北长 540 余米、东西宽 320 余米，建筑面积 380 万平方米。建筑布局采用以中轴线为主、两厢对称的形式。在南北中轴线上，自南而北依次为朝岳门牌坊、朝岳门、御香亭、凌霄门、三山门、飞石殿遗址、德宁之殿（图 8-31）。

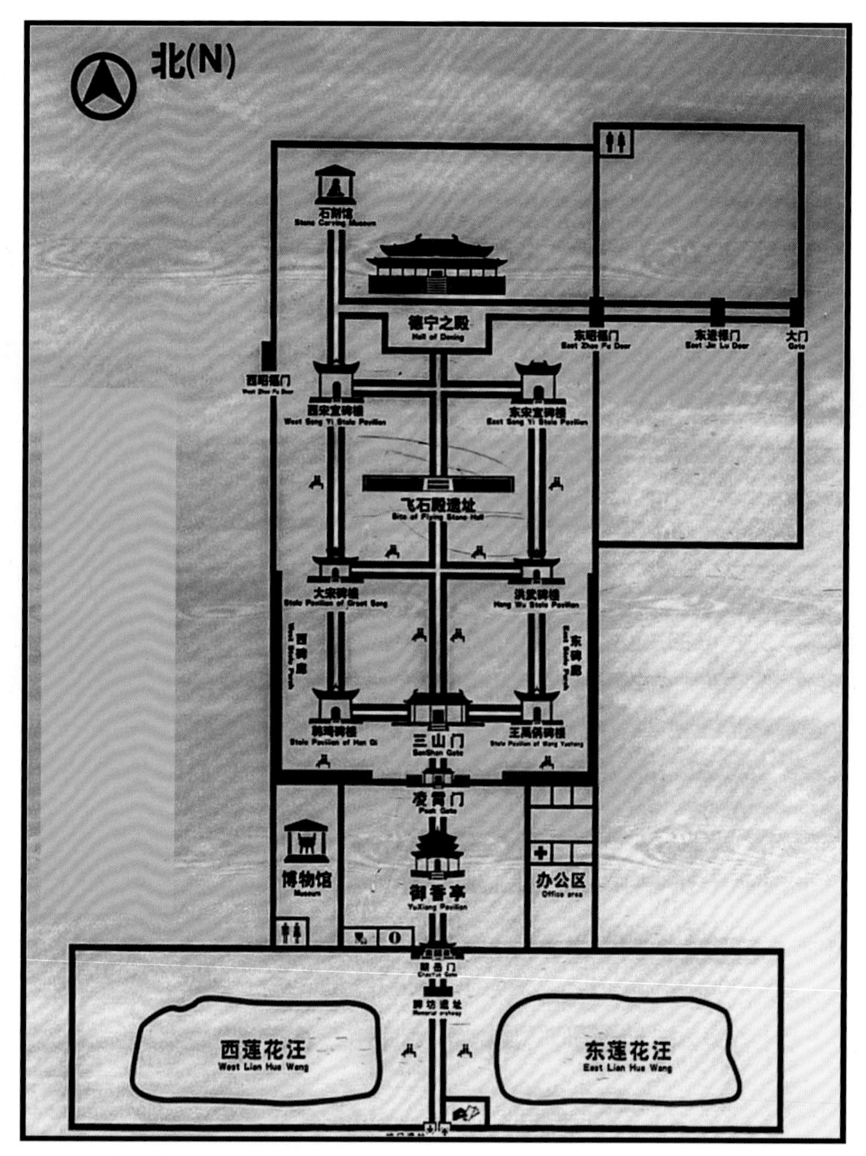

图 8-31　河北曲阳北岳庙全景导视图

朝岳门较小，只有三开间，中间为门。御香亭俗称“更衣亭”，是皇帝举行祭祀大典之前更衣的地方。平面为八角形，两层重檐琉璃瓦攒尖顶，内外檐柱、金柱各八根，四面设券门，台明高 1.5 米，系明代建筑，中华人民共和国成立后重修。亭中间原来有一座用石头做的香炉，在“文革”时期遭到严重破坏。凌霄门为内院门，其北正对着一独立的三山门，再北为飞石殿，相传为纪念陨石降于曲阳而建，清宣统元年（公元 1909 年）烧毁，现仅存殿基（图 8-32 ～图 8-39）。

图 8-32　河北曲阳北岳庙朝岳门（孙闯拍摄）

图 8-33　河北曲阳北岳庙牌坊遗址（孙闯拍摄）

图 8-34　河北曲阳北岳庙御香亭（孙闯拍摄）

图 8-35　河北曲阳北岳庙御香亭屋檐

图 8-36　河北曲阳北岳庙御香亭内部（孙闯拍摄）

图 8-37　河北曲阳北岳庙德霄门（孙闯拍摄）

图 8-38　河北曲阳北岳庙三山门（孙闯拍摄）

图 8-39　河北曲阳北岳庙飞石殿遗址北（孙闯拍摄）

德宁之殿是北岳庙的主体建筑，为元至正七年（公元 1347 年）重建。殿下有较大的石砌的台明，面宽九间、进深六间，四面出廊，通高 25 米，建筑面积达 2000 多平方米。琉璃瓦剪边单层重檐庑殿顶，保存着元代的建筑特征，被确定为我国目前遗存的最大的元代砖木结构建筑（图 8-40 ～图 8-43）。

图 8-40　河北曲阳北岳庙德宁之殿 1

图 8-41　河北曲阳北岳庙德宁之殿 2

图 8-42　河北曲阳北岳庙德宁之殿 3（孙闯拍摄）

图 8-43　河北曲阳北岳庙德宁殿西南角（孙闯拍摄）

殿内东、西、北三面墙上绘有精美的壁画：东西两壁为巨幅“天宫图”，东壁为《云行雨施》，西壁为《万国咸宁》，各高 6.5 米、长 17.7 米。壁画画面完整，布局疏密得当，绘画技艺精湛，是宋、元艺人仿唐代画家吴道子的画风所绘。其中人物最高者达 3.3 米，线条流畅自如，着笔工整，色彩浓淡适度。两壁画人物共 73 个，形态各异，无一雷同。北墙壁画为《北岳恒山神出巡图》，高 6.5 米、长约 27 米。这样高大的巨幅壁画，在全国也不多见。

北岳庙碑碣林立，现有保存完好的 200 多通碑、碣及经幢。这些碑刻自南北朝至民国时期，跨越 1500 多年。碑刻内容大多是历代祭祀北岳之神的祭文、重修北岳庙记、文人墨客的诗词赋等，真、草、隶、篆和行书等字体均有。碑刻中最早的是北魏和平三年（公元 462 年）刻制。唐天宝七年（公元 748 年）立的《大唐北岳恒山封安天王之碑》，记述了唐玄宗封北岳为“安天王”之事。北宋皇祐二年（公元 1050 年）立的《大宋重修北岳庙之碑》，是宋仁宗、英宗、神宗三朝重臣韩琦撰文并书写的。明洪武三年（公元 1370 年）立的《大明诏旨》碑，为明太祖朱元璋封“五岳”“四渎”等诸神的诏书。清光绪十九年（公元 1893 年）立的《顾亭林先生北岳辨》碑，为顾炎武经过多年考察写成，他主张北岳恒山应在曲阳，不应改为山西省浑源县（图 8-44、图 8-45）。

图 8-44　河北曲阳北岳庙大宋碑楼（孙闯拍摄）

图 8-45　河北曲阳北岳庙洪武碑楼（孙闯拍摄）

陕西华阴西岳庙

西岳庙位于陕西省华山以北五公里的华阴县岳镇，始建于汉桓帝时期，为祭祀西岳大帝之所，唐朝以后又发展为道教主流全真派圣地。西岳庙建筑群采用宫城形式，坐北朝南，庙门正对华山，整个建筑群呈现前低后高之态势，沿着中轴线延伸并左右对称，前后分为六组院落空间。在由南至北的中轴线上依次排列着灏（hào）灵门、五凤楼、棂星门、金城门、灏灵殿、寝宫、御书楼、万寿阁。

灏灵门为西岳庙最南端的大门，俗称“连三门”，建于明朝，初为砖砌单层单檐歇山顶无梁殿建筑，不起层楼，现已毁。灏灵门东西两侧还有角门，直对五凤楼两侧的东西掖门。

在灏灵门内，也就是相当于瓮城部分为第一组院落空间，亦为五凤楼前广场空间，其他建筑还有木牌楼、琉璃照壁等。

五凤楼即中央一座三拱券门楼和两侧各一座单拱券门楼，这实际上是西岳庙城院的正门。前有一砖座琉璃照壁，东西墙角还各有一组角楼（图 8-46、图 8-47）。

图 8-46　陕西华阴西岳庙五凤楼

图 8-47　陕西华阴西岳庙角楼

五凤楼之北为第二进院落空间。当年这里主要为矗立碑石的地方，各代名碑林立左右，真、草、隶、篆琳琅满目，曾被誉为陕西的小碑林。如今仅剩下唐玄宗的《御制华山铭》残字碑，当年黄巢起义军自潼关进兵长安，经华阴焚西岳庙，碑随之毁坏。

院落北端为棂星门，实为东西并列的三座单开间穿堂门，中间高、两侧低，均为檐下带斗拱的黄琉璃瓦歇山顶。在三座穿堂门之间和两侧穿堂门之两翼，还有共四栋门朝北的单开间小建筑（图 8-48、图 8-49）。

图 8-48　陕西华阴西岳庙棂星门

图 8-49　陕西华阴西岳庙棂星门近景

从棂星门到金城门之间为第三组空间院落，内有明代“天威咫尺”石牌楼。此石牌楼建于明万历年间，四柱三开间五楼，是庙里石牌楼中最大、保存最完好的一座。此牌楼上下共分为三层，层层收进，最上为雄狮托宝瓶，屋脊雕以旋花蔓草，四周垂脊为圆雕的行龙，在每个顶的檐角均雕有仙人团座。牌楼正面最上层檐下，双龙环抱，上书“敕建”二字。正中上下两面嵌有“尊严峻极”“天威咫尺”石匾各一方。龙门枋正面有“八仙庆寿”图，背面为“帝后宫廷行乐图”。正、背面均有二人手捧托盘，盘中各励冠，取加官进禄之意。牌楼立柱的前后面刻有楹联两副，一面是对岳神职权范围的规定，一面为对岳神慈恩广德的赞扬。除此之外，牌楼上还雕有“二龙戏珠”“狮子滚绣球”“双凤朝阳”“鹤戏图”“鲤鱼跃龙门”等图案，且运用圆雕、浮雕、线雕、透雕等各种技法（图 8-50）。

图 8-50　陕西华阴西岳庙“天威咫尺”石牌楼

金城门为西岳庙现存的第二大建筑物，面宽五间、进深三间，带斗拱单檐琉璃瓦歇山顶，高11.76米。整个建筑古朴宏丽。金城门北有金水桥，为明代所筑（图8-51、图8-52）。

图 8-51　陕西华县西岳庙金城门

图 8-52　陕西华县西岳庙金城门檐下斗拱

金城门北为第四组院落空间。正北灏灵殿，坐落在用石条砌成的“凸”字形月台上。月台正面有五道石阶踏步，中间最宽，路中央有青石精刻的“二龙戏珠”图，为御路。灏灵殿面宽七间（加廊步九间），进深五间（加步廊七间），通高 16.81 米，琉璃瓦单檐歇山顶，檐下斗拱密布。殿内安置有西岳之神祭牌及香案，并悬有清同治皇帝御笔“瑞凝仙掌”、光绪皇帝御笔“金天昭瑞”和慈禧太后御笔“仙掌凌云”匾额（图 8-53）。

图 8-53　陕西华阴西岳庙灏灵殿

灏灵殿北为第五组院落空间，北端为御书房，建于乾隆四十二年（公元 1777 年），面宽五间、进深三间，四周有回廊，重檐琉璃瓦歇山顶阁楼式，内置乾隆御书“岳莲灵澍”横卧碑。

御书房北为第六个院落空间，主要建筑有万寿阁和游岳坊等。万寿阁建在高大的台阶上，是该庙的制高点，为明神宗万历年间所建。阁分三层，缘梯登楼顶可遥望黄河，故又称“望河楼”。阁左右两侧原各有藏经楼一幢，现为复建。游岳坊在万寿阁后，面宽三间、进深三间、歇山琉璃瓦顶，系乾隆四十年华阴县令陆维垣所建，原有明太祖朱元璋“梦游西岳文碑”一通，现已失（图 8-54 ～图 8-56）。

图 8-54　陕西华阴西岳庙万寿阁

图 8-55　陕西华阴西岳庙万寿阁侧面

图 8-56　陕西华阴西岳庙万寿阁背面

除以上主要建筑外，西岳庙还有“放生池”“汉石人”“古碑楼”“碑亭”及颇有文物价值的古柏、碑石等（图 8-57）。

图 8-57　陕西华阴西岳庙碑亭

西岳庙内碑刻极多，现存后周《华岳庙碑》、明重刻《唐玄宗御制华山碑铭》，还有明万历年间所刻《华山卧图》，图首附王维、李白、杜甫、陈抟等唐宋名人对华山的题诗和华山图。还有乾隆御书“岳莲灵澍”石额等。

湖南衡阳南岳庙

南岳庙俗称“南岳大庙”“新圣帝殿”，坐落于湖南省衡阳市南岳区（原南岳镇）北端群山之中，始建于唐朝，宋大中祥符五年（公元 1012 年）拓建，现状为清光绪八年（公元 1882 年）重修后的结果。

该建筑群坐北朝南，前临寿涧水（古为护龙池），后枕层赤帝峰，集礼制建筑、佛教寺院、道教宫观三位一体，也是我国南方最大的宫城式古建筑群。南岳庙原占地面积约 9.85 万平方米，现有面积约 7.68 万平方米，前后纵深 375 米，整体布局分三路纵院，以中轴线对称方式布置。中轴线上主体建筑共九座，四进院落空间。中轴线两翼东有八观、西有八寺，所形成的佛、道共存于礼制建筑的格局，是南岳庙有别于其他四座岳庙的重要特色。

在中轴线上从南至北依次为棂星门、奎星阁、正南门、御碑亭、嘉应门、御书楼、土台（可能原为献殿）、圣帝殿、寝宫、北后门，层次分明、疏密有致。四重院落，大小不一，但碑、亭、水池之属，总是两相对称，石径通连，掩映错落，点缀在繁花浓荫之中，成为寺庙建筑与园林要素内容高度结合的建筑艺术群体（图 8-58）。

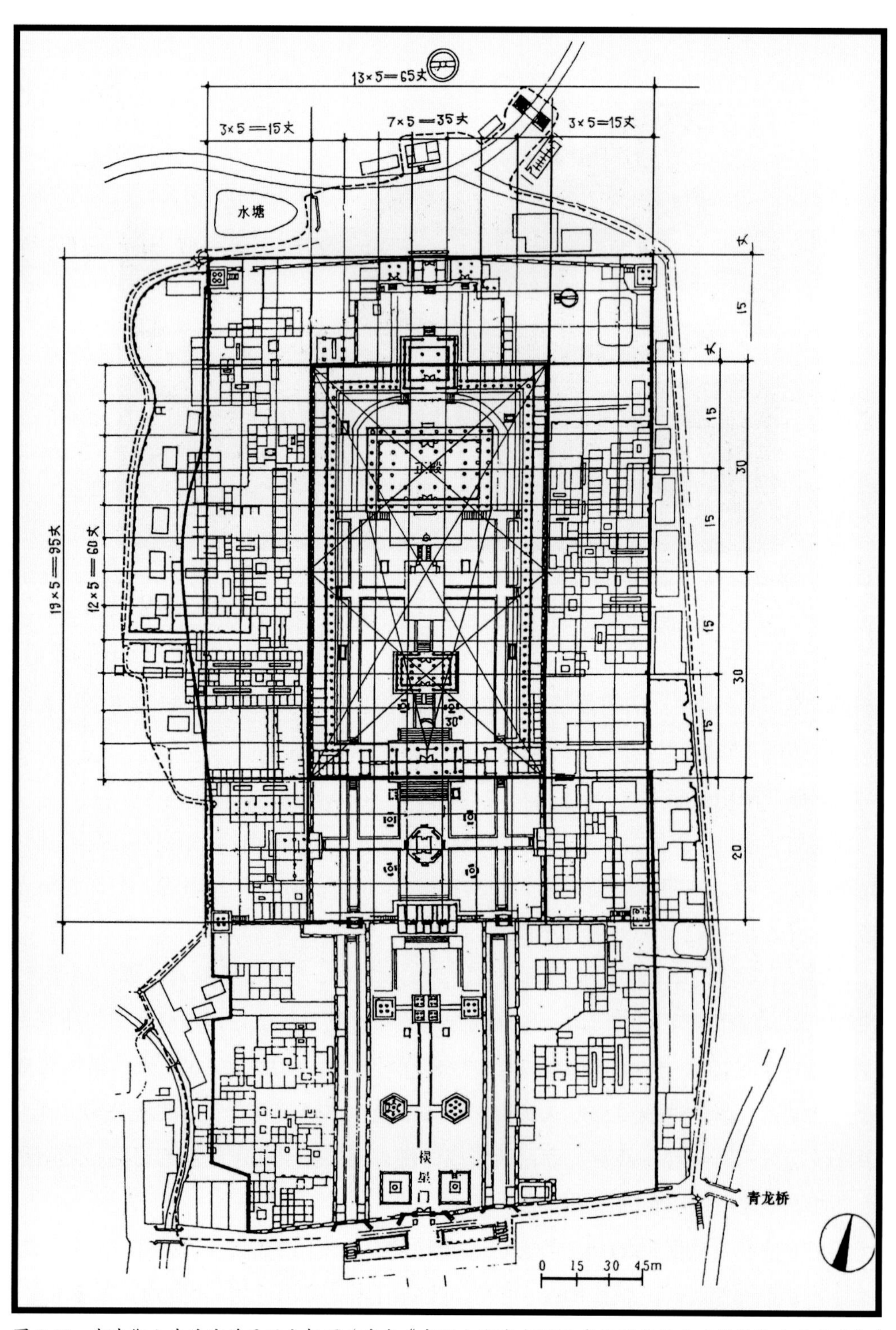

图 8-58　湖南衡山南岳庙总平面分析图（采自《中国古代城市规划建筑群布局及建筑设计方法研究》）

棂星门为南岳庙第一进大门，始建于宋仁宗天圣六年（公元1028年），1932年改建成带两翼的四柱三楼式花岗石牌坊，正面牌坊上主“岳庙”二字。其下白色大理石横额一方曰“棂星门”。坊额两侧镌有浮龙彩凤及传说典故，坊顶较为奇特，全为石制，方中有圆，最上层倒悬一石印，它象征南岳圣帝的玉玺，寓意南岳庙至高至上的地位。牌坊前门西侧蹲有两座高大古朴的石狮，口含石珠，姿态慈善祥和。背面坊额上刻着“天下南岳”四个大字，笔势遒劲刚健，为仿宋徽宗赵佶手书。

棂星门两侧有东便门和西便门，是进入东八观和西八寺的两道侧门。东便门横额上书有“东来紫气”，西便门横额上书有“西霭慈云”（图8-59）。

图8-59　湖南衡山南岳庙棂星门

棂星门北为奎星阁，亦为带单拱门的墩台上架构的一座外观为单层重檐黄琉璃瓦歇山顶的“娱神”的戏台，后台有板梯可登临三楼阁顶，阁内原有一尊右手执笔、左手捧斗、形态森然的奎星塑像。阁东西分别有钟亭、鼓亭。钟亭内原有铜钟一口，为元泰定元年（公元1324年）潭州人易仲富捐铸，计重九千斤。上铸钟铭“阴阳炭、天地炉。元橐签，神范模。铸成大器镇仙都，悬吊法音沏霄衢，绵亿万年福寰区。”相传其钟为镇洪之用，发声若雷，远传数十里（图8-60、图8-61）。

图 8-60　湖南衡山南岳庙魁星阁 1

图 8-61　湖南衡山南岳庙魁星阁 2

奎星阁北为正南门，再北院落正中有八角重檐琉璃瓦攒尖顶的御碑亭，康熙四十六年（公元 1707 年）为立置康熙帝所撰《重修南岳庙》碑而建。亭身四周为红墙，四方各开一拱门，亭内置御碑。御碑及碑座于“文革”中曾被砸毁，20 世纪 80 年代修复。亭四周松、柏、丹桂、古樟、香楠郁郁葱葱，使庭院显得十分幽深（图 8-62、图 8-63）。

图 8-62　湖南衡山南岳庙正南门

图 8-63　湖南衡山南岳庙御碑亭

御碑亭北为嘉应门、御书楼及土台，再北为圣帝殿。

圣帝殿建在一座高 2 米、面积 2300 平方米的花岗石台基上，前设月台。月台石阶中间平铺着白色大理石浮雕龙，两旁各 17 级石阶。月台及台基四周还有康熙四十四年（公元 1705 年）构造的仿宋钩栏，在 126 根栏杆柱头上端雕有麒麟、狮、象。144 块白色大理石栏板都是双面浮雕，288 幅浮雕刻珍禽怪兽、花鸟虫鱼、田园风光等各种不同造型的图像。其内容大都取材于《山海经》上的神话或历代传说典故。

圣帝殿面阔七间（加廊步九间），进深五间（加步廊七间），通高 31.1 米，黄琉璃瓦单层重檐歇山顶，是整个南岳庙的最高建筑物。脊饰各种珍禽异兽，正中高耸一个高 4.55 米、重约千斤的七节青铜葫芦，金光熠熠，高耸入云。两端对称地各置一支长约 1 米的青铜剑。它既起避雷针作用，又使整个正殿增添肃穆之感。全殿由 72 根花岗石圆柱顶立其间，寓意南岳 72 峰之数。正门前两根大柱系整块花岗石凿制而成，柱高 6 米、直径 1 米，其余 70 根均由两截连接组成。殿内正中石雕须弥座神龛上饰有四金龙、二金凤，龙飞凤舞，形态生动。龛两旁镶嵌有郑板桥梅兰竹菊版刻画。龛内供奉南岳圣帝巨大泥塑金身神像，高 6.3 米，金身冠冕，垂绅正笏，神态威仪，耀眼夺目。殿前左右竖立金吾二将巨像，手执斧钺，相对峙立门首两侧。

这三尊塑神像都是1983年湖南省人民政府拨专款重新塑造的。1992年又在正殿左右塑造了民间称为“六部尚书”的站立神像。南岳圣帝神龛背面画有《老龙教子》巨幅壁画，幅面高7.4米、宽6.3米。

殿后大门门框上有花岗石雕刻“五龙捧日”浮雕。殿后墙前有“丹凤朝阳”泥塑。殿四周上部几十块檐板则是丹漆彩绘的游龙，画面相似，而细节各具特点，无一雷同。加上殿脊上、四檐翘角下的陶龙、泥龙、石板上雕龙、雀替上的彩绘龙，共同渲染了“八百蛟龙护南岳”的传说，突出了南岳的地方特点（图8-64）。

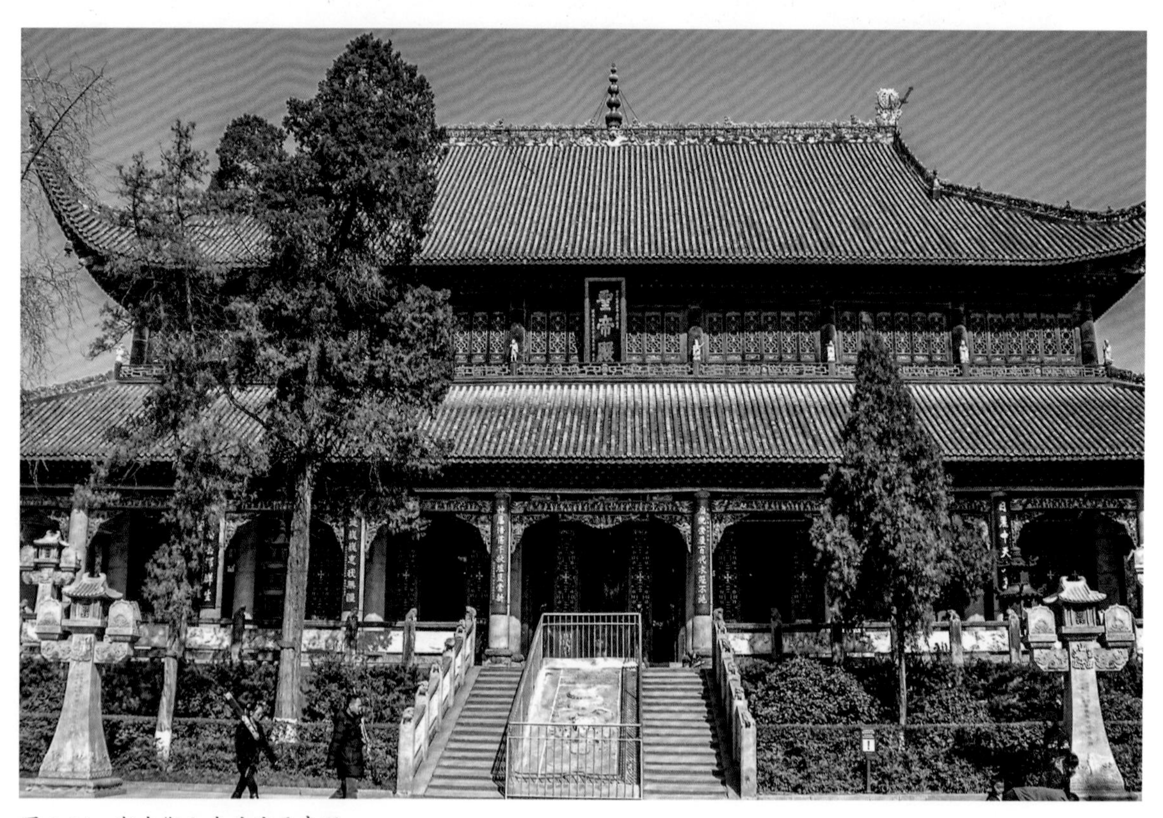

图8-64　湖南衡山南岳庙圣帝殿

南岳庙经过无数次修葺、扩建，在建筑风格上扬北方宫殿之雄，存南方园林建筑之秀，布局严谨，如帝王之居。

另外，在安徽省霍山县境内的霍山中、河南省登封市南22公里大金店镇大金店村等地也有南岳庙建筑遗存。

河南登封中岳庙

登封中岳庙位于河南省登封市嵩山东麓的太室山黄盖峰下，依山势而建。据说该庙始建于秦，原为太室祠，为祭祀太室山山神的场所。西汉元封元年（公元前110年），汉武帝游嵩山时下令祠官增其旧制，东汉安帝元初五年（公元118年）增建“太室阙”，南北朝期间曾两迁庙址于嵩山玉案岭、黄盖峰。约在北魏时改为今名，后庙址复有变迁。唐玄宗时复归原址并有扩建，中岳庙开始被道教染指，现属全真道宫观。宋乾德二年（公元964年）增建行廊一百余间，大中祥符六年（公元1013年）增修崇圣殿及牌楼等八百余间，雕梁画栋，金碧辉煌，为极盛时期；该庙在明朝崇祯十七年（公元1644年）毁于大火。现存建筑为清乾隆二十五年（公元1760年）重修后的结果。

中岳庙为宫城式建筑群，总体分东西三路纵院，南北中轴线对称布置。由南向北逐级升高，庙院南北长650米、东西宽166米。中轴线自中华门起，经遥参亭、天中阁、配天作镇坊、崇圣门、化三门、峻极门、嵩高峻极坊、拜谒台、峻极殿、寝殿至御书楼，长达1.3华里。庙的东路和西路还分别建有太尉官、火神宫、祖师宫、小楼宫、神州官和龙王殿等单独的小院落，现存明清建筑近四百间，面积十万余平方米（图8-65）。

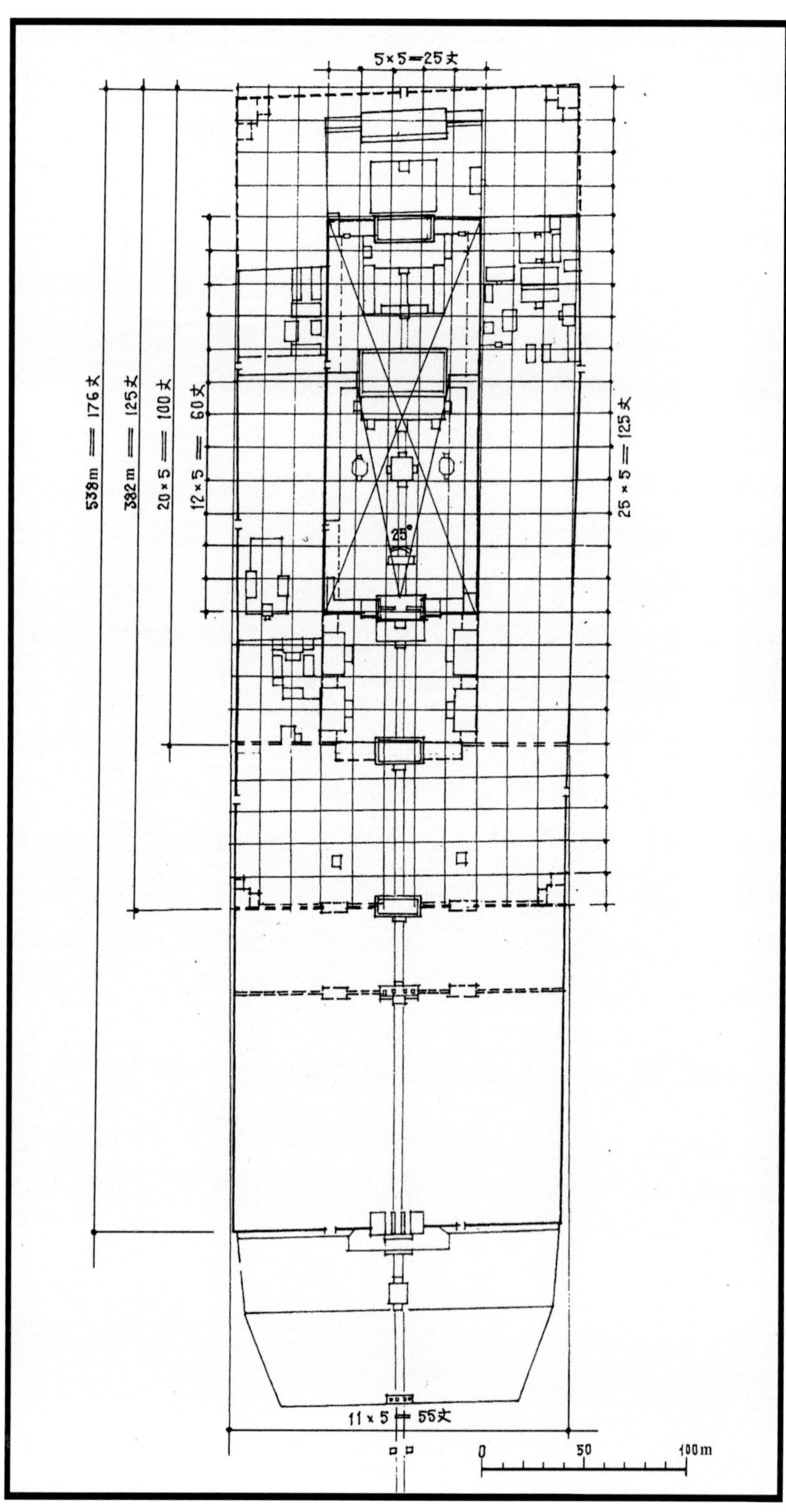

图 8-65 河南登封中岳庙总平面分析图（采自《中国古代城市规划建筑群布局及建筑设计方法研究》）

中华门是中岳庙的前门，原名“名山第一坊”，为木建牌楼，1942 年改建为砖瓦结构的庑殿式牌坊，更名为“中华门”。门额内外分别写有“依嵩”“带颍”“嵩峻”“天中”八字，简要地说明了中岳庙所处的地理位置（图 8-66）。中华门外还有两座四角亭分立于神道左右。亭内为东汉安帝元初五年（公元 118 年）雕刻的石人翁仲。翁仲原为匈奴人祭祀的天神，大约在秦汉时代就被引入关内，当作宫殿的装饰物。初为铜制，号曰“金人”“铜人”“金狄”“长狄”“遐狄”，后来专指陵墓前面及神道两侧的文武官员和瑞兽造型的石像。

图 8-66　河南登封中岳庙中华门（孙闯拍摄）

中华门北有一座八角重檐的遥参亭，是古代过往行旅拜谒岳神的地方。檐坊和雀替上面透雕戏曲故事，形象优美，精巧异常（图 8-67）。

图 8-67　河南登封中岳庙遥参亭

遥参亭北为天中阁，下面为带有三拱门洞的墩台，门上面是面阔五间的绿色琉璃瓦单层重檐歇山顶建筑，墩台四周筑有女儿墙。天中阁在明清之际是中岳庙的正门，原名“黄中楼”，明嘉靖年间改为今名（图 8-68、图 8-69）。

图 8-68　河南登封中岳庙遥参亭、天中阁（孙闯拍摄）

图 8-69　河南登封中岳庙天中阁（孙闯拍摄）

沿天中阁背面甬道拾级而上，迎面便是木结构的配天作镇枋，四柱三间黄琉璃瓦庑殿式屋顶，正楼额书“配天作镇”，左右配楼分别书“宇庙”“俱瞻”。它原名为“宇庙坊”，因为中岳神的本质为地祇，“配天”的意思就是以地配天（图 8-70）。

图 8-70　河南登封中岳庙配天作镇牌坊

再北为崇圣门，因中岳神曾被封为“中岳天中崇圣大帝”而得此名。崇圣门东有神库，创建于北宋。在神库周围有四个高大的铁人，铸造于北宋英宗治平元年（公元 1064 年），高 3 米许，握拳振臂，怒目挺胸，形象威严，栩栩如生，是我国现存形体最大、保存最好的“守库铁人”。在崇圣门前甬道东西两侧，有宋代石碑三通、金代石碑一通，因为四通碑的撰文者都是当时的状元，故称“四状元碑”。碑的内容都是叙述中岳庙的历史沿革及修建情况（图 8-71 ~图 8-73）。

图 8-71　河南登封中岳庙古神库（孙闯拍摄）

图 8-72　河南登封中岳庙铁人 1（孙闯拍摄）

图 8-73　河南登封中岳庙铁人 2（孙闯拍摄）

崇圣门北为化三门，取名于道教的“一气化三清”。化三门后西侧有无字碑亭。亭内立有清代石碑一通，碑上只有线刻花边，没有文字，故称“无字碑”，意为中岳神之德大得难以用文字形容，故立空石，以示纪念。

化三门之北是峻极门，面阔五间、进深六架，绿色琉璃瓦单层单檐歇山顶。殿内的梁架、斗拱上沥粉金线旋子彩画。门内两侧各有一尊高一丈四尺的将军像，执斧秉钺，气势威武，故此门又名“将军门”，是中岳大殿中心院的山门。此门建于金世宗大定年间，明崇祯年间毁于大火，清乾隆时重修。左右两侧为东、西两掖门（图 8-74、图 8-75）。

图 8-74　河南登封中岳庙峻极门 1

图 8-75　河南登封中岳庙峻极门 2（孙闯拍摄）

峻极门南甬道两旁为四岳殿，东侧从南往北为南岳殿、东岳殿，西侧从南往北为西岳殿、北岳殿。因中岳庙为地祇之宫，五行土为尊，所以以中岳为五岳之首，配之以四岳殿，表示“五岳共存、五行俱全”的观念。

峻极门南面东侧有一座四角亭，内有“中岳嵩高灵庙碑”，刻于北魏文成帝太安二年（公元 456 年），是嵩山地区最古老的一通石碑，碑高为 2.82 米，由整石雕成。碑文传为北魏时期嵩山新天师道领袖寇谦之所书，是研究魏书和中岳庙宗教历史的极其珍贵的实物资料。峻极门外台阶下东侧，还有一座“五岳真形图碑”，刻立于明万历三十二年（公元 1604 年），碑上按照“华山如立、泰山如坐、北岳如行、南岳如飞、中岳如卧”等不同特点刻制五岳的形象，还有五岳坐落的方位和关于五岳的传说等内容。

嵩高峻极坊屹立于峻极门北，又名“迎神门”，四柱三架，黄琉璃瓦庑殿顶，上下两层，正楼和次楼分别施九彩和七彩斗拱，为清代木结构建筑特色。额书“嵩高峻极”（图 8-76）。

图 8-76　河南登封中岳庙嵩高峻极坊（孙闯拍摄）

嵩高峻极坊北面原有隆神殿（献殿），现为拜谒台。再北为中岳大殿即峻极殿。

峻极殿前有 3 米高的月台，周围有石雕栏杆，月台正面有三道石阶。中间的石阶又分三路，中间是镶有石雕的垂带式“御路”，浮雕上截为“独龙盘踞”，中间为“双龙戏珠”，下边为“群鹤闹莲”等纹饰。大殿面阔九间、进深五间，面积约 1000 多平方米，黄色琉璃瓦单层重檐庑殿顶，素有“台阁连天、甍瓦映日”之称。室内梁枋天花皆用和玺彩画。殿内正中供奉“崇圣大帝中天王”即中岳大帝塑像，两侧配祀以使臣和侍者及镇殿将军方弼、方相，陈列有清代乾隆皇帝所赐铜铸香案、香炉、蜡盒与明代铁钟、大鼓等珍品（图 8-77、图 8-78）。

图 8-77　河南登封中岳庙峻极殿 1

图 8-78　河南登封中岳庙峻极殿 2（孙闯拍摄）

月台下面为拜谒台，其左右为两座秀丽的八角重檐御碑亭。东为“御捍亭”，内立乾隆十五年（公元 1750 年）的御碑；西为“御帛亭”，内立乾隆四十八年（公元 1783 年）的御碑。

峻极殿之北为一座单独的院落，主要建筑为寝殿，面阔七间、进深三间，斗拱飞翘，黄琉璃瓦单层单檐歇山顶。为明宪宗成化十六年（公元 1480 年）重建，清高宗乾隆元年（公元 1736 年）重修。殿内神龛里有“天中王”和“天灵妃”的塑像，两端有两个大型紫檀木透花雕刻的“龙榻”，东榻上睡像为檀木雕刻，西榻上睡像为彩色泥塑。

出寝殿拾级而上便可到御书楼，是中岳庙最北的一座建筑，原名“黄箓殿”，是储存道经之地。原建于明万历年间，后清乾隆皇帝游中岳时，曾在此殿题碑书铭，故又称“御书楼”。现为民国时所建的两层楼房（图 8-79）。

图 8-79　河南登封中岳庙御书楼（孙闯拍摄）

辽宁北镇市北镇庙

北镇庙位于中国辽宁省北镇市城西 2 公里的医巫闾山山脚，是全国五大镇山中保存最完整的镇山庙。始建于隋开皇十四年（公元 594 年），初称“医巫闾山神祠”，金大定四年（公元 1164 年）重修后改称“广宁神祠”，元大德二年（公元 1298 年）加封医巫闾山为“贞德广宁王”，将神祠扩建后改称“广宁王神祠”，元末被毁。明洪武三年（公元 1370 年）在原址重建，改称“北镇庙”。现在的北镇庙基本上是明永乐十九年（公元 1421 年）和弘治八年（公元 1495 年）重修扩建后的格局和明清两朝的风格。

北镇庙坐北朝南，依山脚高台而建，南北长 240 米、东西宽 109 米。在其中轴线上由南至北依次为石牌坊、山门、神马殿、御香殿、正殿、更衣殿（清朝增建）、内香殿、寝殿。神马殿两翼有钟鼓楼，殿北甬道两侧原有四座碑亭（图 8-80、图 8-81）。

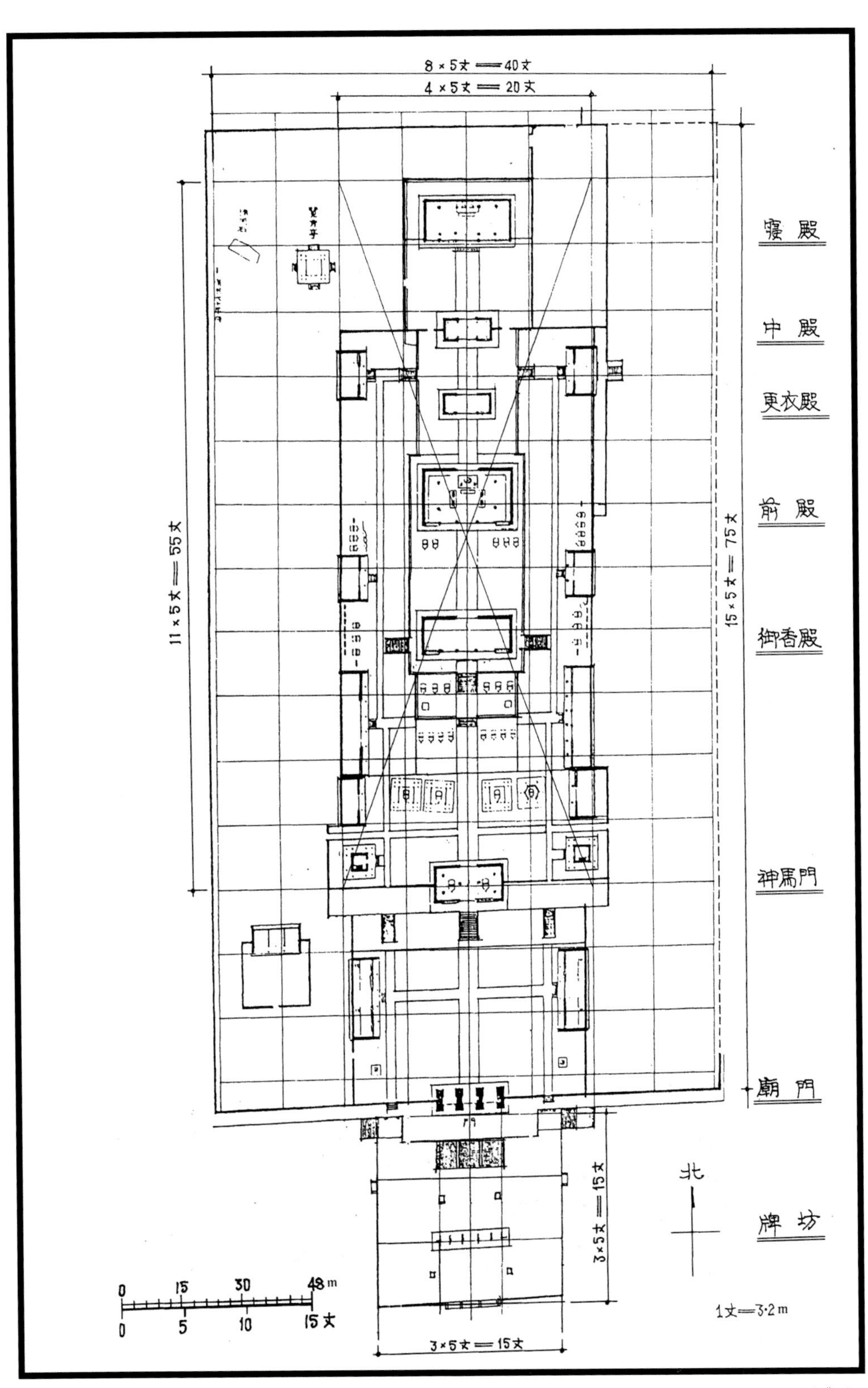

图 8-80　辽宁北镇市北镇庙平面分析（采自《中国古代城市规划建筑群布局及建筑设计方法研究》）图

图 8-81　辽宁北镇市北镇庙石牌坊与山门

神马殿位于山门后 25 米处的第二层月台之上，面阔五间，是古代向马神祈祷马政事业槽头兴旺之所；御香殿位于神马殿北 24.5 米的第三层月台上，面阔五间，用于储藏朝廷祭典所用香火和供品、陈放朝廷诏书等；正殿是举行祭祀大典的场所，也是庙内最大的建筑，面阔五间 23.4 米，进深五间，绿琉璃瓦单层单檐歇山顶。殿内有一尊“北镇山神”的泥塑，墙壁上绘有汉代至明代各朝著名的文臣武将画像 32 人。殿的正中还悬挂着清乾隆帝所书“乾始神区”铜制御匾；更衣殿面阔三间，是祭祀者入大殿朝拜前更换衣服的地方；内香殿面阔三间，是存放地方官员祭品和香火的地方；最后的寝殿是山神的内宅，面阔五间，规模仅次于大殿。清康熙帝敬献的御匾“郁葱佳气”悬挂于殿眉的正中。另外，庙内保存有元明清碑刻 56 通。庙东有乾隆年间所建的“广宁行宫”遗址（图 8-82 ～图 8-87）。

图 8-82　辽宁北镇市北镇庙神马殿（王振海摄）

图 8-83　辽宁北镇市北镇庙碑亭遗址与御香殿

图 8-84　辽宁北镇市北镇庙御香殿

图 8-85　辽宁北镇市北镇庙正殿

图 8-86　辽宁北镇市北镇庙御香殿西侧面

图 8-87　辽宁北镇市北镇庙寝殿

河南济源市济渎庙、北海祠

济渎庙和北海祠二庙合一，位于河南省济源市西北 2 公里济水东源头地的庙街村，是目前唯一保存相对完整、规模宏大的渎海类礼制建筑，同时也是河南省现存最大的一处古建筑群落。

济渎庙始建于隋开皇二年（公元 582 年），用于祭祀“北渎大济之神”。唐贞元十二年（公元 796 年）在济渎庙后增建北海祠。北宋开宝六年（公元 973 年）曾重修渎、海祠庙。宋徽宗宣和七年（公元 1125 年），济渎神被封为“清源忠护王”，北海神被封为“北广泽王”。至金哀宗完颜守绪正大五年（公元 1228 年）又对济渎、海祠庙加以修缮。至明英宗朱祁镇天顺四年（公元 1460 年）两庙宇扩建到占地

33 万余平方米。清朝时期对渎、海祠庙亦有修缮，至清末民国间基本毁坏，前面的济渎庙主体建筑仅存正殿基址、寝殿和殿前之渊德门（图 8-88）。

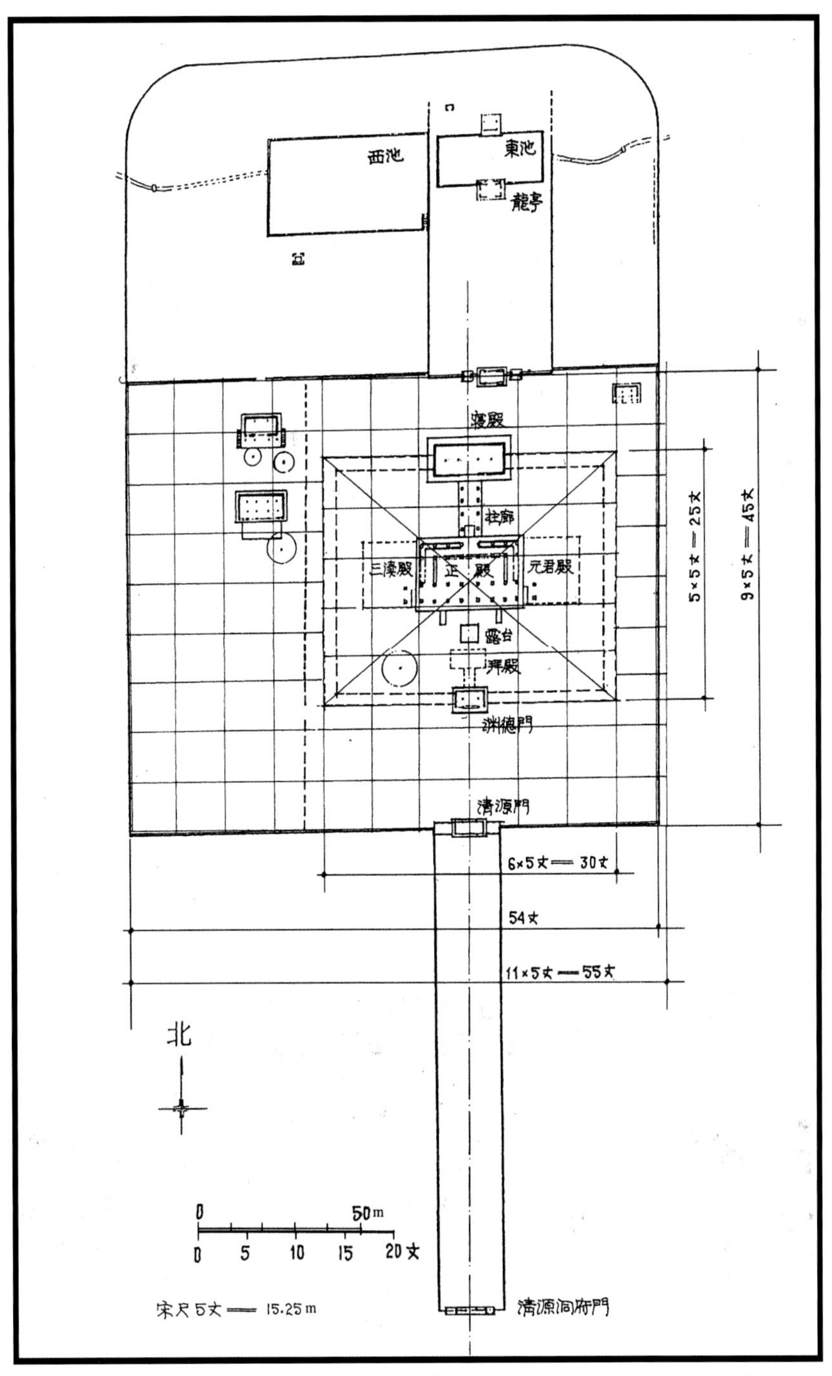

图 8-88　河南济源济渎庙平面分析图（采自《中国古代城市规划建筑群布局及建筑设计方法研究》）

济渎庙坐北朝南，总平面原为一前窄后宽的“凸”字形平面，后面又为两重围墙的院落。最南端的正门为清源洞府门，明朝时期本为面阔三间、左右挟屋各两间的门屋，后改中门为三间四柱挑山造木牌楼，斗拱采用双翘双昂九踩重拱形式，并以墙体代替戗木和夹杆石，结构独特（图 8-89）。

图 8-89　河南济源济渎庙清源洞府门

清源洞府门之后为 140 余米的甬道，两边有院墙。甬道北面正对着济渎庙外层院墙的正门清源门，此门也是面阔三间左右挟屋各两间的门屋（图 8-90）。

图 8-90　河南济源济渎庙清源门

清源门之北正对着内院正门即渊德门，此门面阔三间，为明朝重建，其左右内院院墙内侧有走廊，院墙及走廊可一直绕到寝殿两侧（图 8-91）。

图 8-91　河南济源济渎庙渊德门

渊德门之北依次为内院的面阔三间的拜殿、露台、正殿、穿廊、寝殿。拜殿和露台已全毁，正殿仅存基址，原面阔七间、进深三间，前出东西两阶，左右有挟屋各三间。从两阶之制和石雕柱础判断，正殿应该是宋开宝六年重修的遗迹。

正殿之北穿廊前后三开间亦仅存基址，穿廊向北连接也是北宋修建的寝殿（正殿、穿廊、寝殿应为三位一体的“工”字形建筑）。现寝殿面阔五间、进深四椽，黄琉璃瓦单层单檐歇山顶，屋坡平缓。梁架四椽桴通搭前后檐，其上以细高的蜀柱承平梁，平梁两端没用托脚，而是各用一根札牵稳定蜀柱，平梁上叉手、蜀柱、捧节令栱承脊榑。柱头使用了很厚的普拍方。除柱头铺作（斗拱）外，每间一朵补间铺作，同为五铺作单栱双抄。梁头伸出为第二跳华栱，柱头铺作、普拍方相交出头。寝殿亦是河南省现存最古老的木结构建筑（图 8-92、图 8-93）。

图 8-92　河南济源济渎庙寝殿

图 8-93　河南济源济渎庙寝殿局部

寝殿北为外层院北墙，稍偏东辟一门名“临渊门”，元朝建筑遗构，可由此进入北海神祠院，因此前后两祠庙中轴线是左右错开的。临渊门之北有龙亭、济渎池、灵源阁等。龙亭又名“水殿”，是一座保留有宋、元构件和浓厚地方特色的明朝重修的绿琉璃瓦剪边歇山顶建筑，面阔三间。灵源阁为更小的亭类建筑，其石钩栏为中国保存唯一最为完整的宋代石栏杆。济渎池和珍珠泉可通济水，所以被称为济水的东源头（图 8-94、图 8-95）。

图 8-94　河南济源济渎庙济渎池与龙亭 1

图 8-95　河南济源济渎庙济渎池与龙亭 2

此外，济渎庙外院之西有天庆宫院，之东有御香院，前者内有清初重修的玉皇殿，面阔五间、进深三间，单层单檐黄琉璃瓦歇山顶，保留了较多明朝以前建筑的特征（图 8-96）。天庆宫院西围墙与御香院东围墙均一直向北延展，与北海神祠的北面外墙的东西延展墙相连，使得济渎庙、北海神祠、天庆宫院、御香院等形成了一个更大范围的建筑群落，因此容纳了很多园林要素内容。整个建筑群围墙四隅不设望楼，且西北和东北隅做成弧形。两庙中还保留了唐至清朝的碑碣 40 余通。

图 8-96　河南济源济渎庙玉皇殿

第九章　人鬼与杂神体系礼制建筑的演变历程（一）：腊祭杂神与城隍的礼制建筑体系

第一节　腊八与腊祭

《礼记·郊特牲》说："天子大蜡八，伊耆氏（神农或帝尧）始为蜡。蜡也者，索也。岁十二月，合聚万物而索飨之也。蜡之祭也，主先啬而祭司啬也。祭百种，以报啬也。飨农，及邮表畷、禽兽，仁之至，义之尽也。古之君子，使之必报之。迎猫，为其食田鼠也，迎虎，为其食田豕也，迎而祭之也。祭坊（防）与水庸，事也。曰：土反其宅，水归其壑，昆虫毋作，草木归其泽。皮弁素服而祭，素服，以送终也。葛带榛杖，丧杀也。蜡之祭，仁之至，义之尽也。黄衣黄冠而祭，息田夫也。野夫黄冠，黄冠，草服也。"

"伊耆氏"即神农或帝尧，也是西周掌管祭祀官员的官名。《周礼·秋官·伊耆氏》："掌国之大祭祀，共其杖咸，军旅授有爵者杖，共王之齿杖。""蜡八"即腊月（阴历十二月，"蜡"与"腊"相通）祭祀的最主要的八种神："先啬"即神农；"司啬"即后稷；"农"即掌田之官；"邮""表""畷"即依附于农田的茅棚、田畔、水井；"坊"即堤防；"水庸"即水沟（水渠）；还有猫、虎。并说："八蜡以祭四方。四方年不顺成，八蜡不通，以谨民财也。顺成之方，其蜡乃通，以移民也。既蜡而收，民息已。故既蜡，君子不兴功。"

分析以上内容可见，在腊祭诸神中，除后世有单独祭祀的神农和后稷外，其余均为杂神。另从"二十五史"中吉礼类内容的记载来看，隋、唐、宋三朝比较重视腊祭，蜡祭的神祇也越来越多，且不限于上述八种，计有天神、地祇、人鬼、动物和昆虫神等，可以把蜡祭理解为一个特定时间段的祭祀内容，并不太拘泥于具体的祭祀内容。但由最早的蜡祭衍生出的最重要的神祇是城隍神，主要具有人鬼的属性，故把蜡祭内容放在本章阐述。

另外，《礼记·月令》中所说腊祭的时间和内容与《礼记·郊特牲》中的又稍有不同，"孟冬之月（10月）……腊先祖五祀，劳农以休息之。"郑玄注："五祀，门、户、中溜（房屋的中央）、灶、行也。"汉王充《论衡·祭意》："五祀报门、户、井、灶、室中溜之功。门、户，人所出入，井、灶，人所欲食，中溜，人所托处，五者功钧，故俱祀之。"或许是《礼记·郊特牲》表明的腊祭偏重或来源于乡村田野祭祀，而

《礼记·月令》中表明的腊祭偏重或来源于聚落、城市居住地祭祀。

《隋书·志·礼仪》载："昔伊耆氏始为蜡。蜡者，索也。古之君子，使人必报之。故周法，以岁十二月，合聚万物而索飨之。仁之至，义之尽也。其祭法，四方各自祭之。若不成之方，则阙（缺）而不祭。后周亦存其典，常以十一月，祭神农氏、伊耆氏（多认为是帝尧）、后稷氏、田畯（jùn，掌田之官神）、鳞、羽、臝（短毛的动物）、毛（长毛的动物）、介（带壳的水族动物）、水、墉、坊（防）、邮、表、畷、兽（指虎等大型猫科动物）、猫之神于五郊。五方上帝、地祇、五星、列宿、苍龙、朱雀、白兽、玄武、五人帝、五官之神、岳镇海渎、山林川泽、丘陵坟衍（水边和低下平坦的土地）原隰（xí，原隰即平原和低下的地方），各分其方，合祭之。日月，五方皆祭之。上帝、地祇、神农、伊耆、人帝于坛上（此未把"神农"和"伊耆"视为人鬼，因"人帝"实为人鬼），南郊则以神农，既蜡，无其祀。三辰七宿则为小坛于其侧，岳镇海渎、山林川泽、丘陵坟衍原隰，则各为坎，余则于平地。

皇帝初献上帝、地祇、神农、伊耆及人帝，冢宰亚献，宗伯终献。上大夫献三辰、五官、后稷、田畯、岳镇海渎，中大夫献七宿、山林川泽已下。自天帝、人帝、田畯、羽毛之类，牲币玉帛皆从燎；地祇、邮、表、畷之类，皆从埋。祭毕，皇帝如南郊便殿致斋，明日乃蜡祭于南郊，如东郊仪。祭讫，又如黄郊便殿致斋，明日乃祭。祭讫，又如西郊便殿，明日乃祭。祭讫，又如北郊便殿，明日蜡祭讫，还宫。

隋初因周制，定令亦以孟冬下亥蜡百神，腊宗庙，祭社稷。其方不熟，则阙其方之蜡焉。"

《旧唐书·志·礼仪》中记载，贞观十一年（公元637年）定蜡腊之礼，腊祭的内容与隋朝相近：

"季冬寅日（十二月第三天），蜡祭百神于南郊。大明、夜明，用犊二，笾、豆各四，簠、簋、㽅、俎各一。神农氏及伊耆氏，各用少牢一，笾、豆各四，簠、簋、㽅、俎各一。后稷及五方、十二次、五官、五方田畯、五岳、四镇、四海、四渎以下，方别各用少牢一，当方不熟者则阙之。其日祭井泉于川泽之下，用羊一。

卯日（第四天）祭社稷于社宫，辰日腊享于太庙，用牲皆准时祭。井泉用羊二。二十八宿，五方之山林、川泽，五方之丘陵、坟衍、原隰，五方之鳞、羽、臝、毛、介，五方之水墉、坊、邮表畷，五方之猫、於菟（虎）及龙、麟、朱鸟、白虎、玄武，方别各用少牢一，各座笾、豆、簠、簋、俎各一。蜡祭凡一百八十七座。当方年谷不登，则阙其祀。蜡祭之日，祭五方井泉于山泽之下，用羊一，笾、豆各二，簠、簋及俎各一。蜡之明日，又祭社稷于社宫，如春秋二仲之礼。”

《宋史·志·吉礼》中记载腊祭的内容又有了发展：

“大蜡之礼，自魏以来始定议。王者各随其行，社以其盛，腊以其终。……天圣三年，同知礼院陈诂言：‘蜡祭一百九十二位，祝文内载一百八十二位，唯五方田畯、五方邮表畷一十位不载祝文。又《郊祀录》《正辞录》《司天监神位图》皆以虎为于菟，乃避唐讳，请仍为虎。五方祝文，众族之下增入田畯、邮表畷云。’

元丰，详定所言：‘……历代蜡祭，独在南郊为一坛，惟周、隋四郊之兆，乃合礼意。又《礼记·月令》以蜡与息民为二祭，故隋、唐息民祭在蜡之后日。请蜡祭，四郊各为一坛，以祀其方之神，有不顺成之方则不修报。其息民祭仍在蜡祭之后。’

《政和新仪》：腊前一日蜡百神。四方蜡坛广四丈，高八尺，四出陛，两壝，每壝二十五步。东方设大明位，西方设夜明位，以神农氏、后稷氏配，配位以北为上。南北坛设神农位，以后稷配，五星、二十八宿、十二辰、五官、五岳、五镇、四海、四渎及五方山林、川泽、丘陵、坟衍、原隰、井泉、田畯、仓龙、朱鸟、麒麟、白虎、玄武、五水庸、五坊、五虎、五鳞、五羽、五介、五毛、五邮表畷、五赢、五猫、五昆虫从祀，各依其方设位。中方镇星、后土、田畯设于南方蜡坛酉（西）阶之西，中方岳镇以下设于南方蜡坛午（南）阶之西。伊耆设于北方蜡坛卯（东）阶之南，其位次于辰星。

绍兴十九年，有司检会《五礼新仪》，腊前一日蜡东方、西方为大祀，蜡南方、北方为中祀，并用牲牢。干道四年，太常少卿王瀹又请于四郊各为一坛，以祀其方之神，东西以日月为主，各以神农、后稷配；南北皆以神农为主，以后稷配。自五帝、星辰、岳镇、海渎以至猫虎、昆虫，各随其方，分为从祀。其后南蜡仍于圆坛望祭殿，北蜡于余杭门外精进寺行礼。”

按照“蜡者，索也”的解释，以及最初祭祀的内容和时间来看，腊祭的本意就是祭祀人们在一年中曾经向其索取过的神衹，例如，茅棚、田畔、水井、堤防、水沟（水渠），都是农业生产必不可少的“设施”，而祸害庄稼的动物主要有老鼠和野猪，抑制它们的有猫和虎。因此在年底就要祭祀从茅棚至猫、虎等之类的神衹，这一习俗应该是来自于“万物有灵”的观念。而从隋朝发展至宋朝，腊祭的神衹不但越来越繁杂，还为腊祭特意修建了“腊坛”。但在以后的元、明、清三朝的祭祀内容中，不再提腊祭。现以明朝制定的祭祀内容为例。

《明史·志·吉礼·分献陪祀》载：

“大祀十有三：正月上辛祈谷、孟夏大雩、季秋大享、冬至圜丘皆祭昊天上帝，夏至方丘祭皇地祇，春分朝日于东郊，秋分夕月于西郊，四孟季冬享太庙，仲春仲秋上戊祭太社太稷。

中祀二十有五：仲春仲秋上戊之明日，祭帝社帝稷，仲秋祭太岁、风云雷雨（注1）、四季月将及岳镇、海渎、山川、城隍，霜降日祭旗纛（dào，军旗）于教场，仲秋祭城南旗纛庙，仲春祭先农，仲秋祭天神地祇于山川坛，仲春仲秋祭历代帝王庙，春秋仲月上丁祭先师孔子。

小祀八：孟春祭司户，孟夏祭司灶，季夏祭中霤，孟秋祭司门，孟冬祭司井，仲春祭司马之神，清明、十月朔祭泰厉（无后的帝王之鬼）。

又于每月朔望祭火（注2）雷之神。至京师十庙、南京十五庙，各以岁时遣官致祭。其非常祀而间行之者，若新天子耕耤而享先农，视学而行释奠之类。嘉靖时，皇后享先蚕，祀高禖，皆因时特举者也。

其王国所祀，则太庙、社稷、风云雷雨、封内山川、城隍、旗纛、五祀、厉坛。府州县所祀，则社稷、风云雷雨、山川、厉坛、先师庙及所在帝王陵庙，各卫亦祭先师。至于庶人，亦得祭里社、谷神及祖父母、父母并祀灶，载在祀典。虽时稍有更易，其大要莫能逾也。”

由以上内容统计，季冬的祭祀内容只有祭祀祖先、昊天上帝、司井、泰厉、火神、雷神。另外，在仲秋祭祀的“城隍”应属于由早期的腊八神中的“水庸”发展而来的祭祀内容（详后）。

可能与宋朝及之前的腊祭有关，古代民间还有供奉“五大仙”的习俗。五大仙即狐仙（狐狸）、黄仙（黄鼠狼）、白仙（刺猬）、柳仙（蛇）、灰仙（老鼠），不是因为曾经索取，而是因为无可奈何。供奉的方法有两种：一种是在家中的佛堂、祖先堂旁边供“全神像”，共包括九位神祇，即增福财神和福、禄、寿三星及五大仙，分三排顺序排列。五大仙的形象都是人像，慈眉善目，除白仙被附会为白老太太的女人形象外，其余4位都是男像，穿官服、戴暖帽，颜色为灰蓝或石青等；另一种供奉方法是在院中角落盖一座微型祠庙“仙家楼”，供奉五仙家牌位。现北京恭王府后花园假山上有一微型砖砌两层建筑，名曰“山神庙”，供奉的神祇就是“五大仙”（图9-1、图9-2）。

图 9-1 北京恭王府花园假山上的山神庙

图 9-2 北京恭王府花园假山上的山神庙说明

注 1：“风”“雨”为风神、雨神即风师、雨师。《周礼•大宗伯》：“以槱燎祀司中、司命、风师、雨师。”东汉郑玄的《周礼注》：“风师箕（宿）也，雨师毕（宿）也。”唐贾公彦的《周礼义疏》：“《春秋纬》云：‘月离于箕风扬沙，故知风师箕也。’《诗（经•小雅•渐渐之石）》云：‘月离于毕，俾滂沱矣，是雨师毕也。’”“云”为云神即云中君，还有其他观点，如黄帝的化身（注 2）。“雷”为雷神，唐张守节的《史记正义》：“轩辕十七星，在七星北，黄龙之体，主雷雨之神。”还有其他观点。

注 2：“火”即火神，具体为何，历来观点不同，如《左传•昭公十九年》：“昔者黄帝氏以云纪，故为云师而云名；炎帝氏以火纪，故为火师而火名。”即以大火星（心宿二）或炎帝为火神。如《国语•楚语下》说颛顼帝手下有“重”为南正以司天，有“黎”为火正以司地。《史记•楚世家》说帝喾手下有重黎和其弟吴会先后为火正。重黎即祝融，为火神。还有其他观点。

第二节 城隍与城隍庙的演化

城隍可能由水庸演化而来。水庸是指田间的水沟（水渠），这一再普通不过的自然或人工的田间水利设施，古人也认为具有神性，来源于“万物有灵”的思想。“隍”指无水的城壕，也是聚落最早的防御设施，狭义的“城”指夯土筑的高墙。城隍，即由城墙、城楼、城门以及城壕等发展成为了古代城市标准的防御设施。古人认为隍和城等或自身皆有神性，或可得到神祇护佑。这类神祇经发展、演化，便成为了城市的保护神。同时，从水庸至城隍，也反映了古人生产与生活聚落的发展脉络。

对城隍神的信仰应该早于秦汉时期，历史文献记载较早的城隍庙为东汉至三国时期。《三国志·吴书十·徐盛传》中记载了城隍庙的一种演变历程：

琅琊莒人徐盛因避战乱客居吴门，以勇武气盛闻名于当时，孙权统领吴国的时候，召他为别部司马，授领兵丁五百人据守芜湖的荆山脚下，以抗拒长江上游江夏太守黄祖的侵扰。黄祖的儿子黄射曾率数千人沿江而下攻打徐盛，徐盛刚好带着不满二百士兵出巡与之遭遇。徐盛先从旁突袭黄射的部队，杀伤对方千余人，然后返回居地，和防守荆山的官兵约好待追兵赶到时开门一齐夹击黄射的追兵。因打败了黄射，使他从此不敢再来侵扰，孙权升徐盛为校尉、芜湖令。随后徐盛又因征讨临城南阿的山贼有功，徙为中郎将，督校兵。

东汉献帝建安二十二年（公元 217 年），曹操出兵濡须口（今安徽无为东南），徐盛跟随孙权一同迎击。当时魏军曾经大举进攻横江，徐盛率领诸将前往迎战，不料突然遭遇大风，吴军的艨艟战船被吹到敌军岸边，诸将心中恐惧，不敢出战，只有徐盛单独率领士兵上岸砍杀敌人，敌军只得退走。孙权对他大加赞赏，迁升建武将军，封都亭侯，领庐江太守，赐临城县为奉邑。吴黄武元年（公元 222 年），刘备率军来到西陵（今湖北夷陵），徐盛攻取了刘备的多处营寨，立下战功。同年秋季，曹休出兵洞口（今属湖南），徐盛与吕范、全琮渡江拒敌，遭遇大风，吴军伤亡惨重，徐盛聚集残兵，与曹休隔江对峙。曹休命令将士乘船攻击徐盛，徐盛以少御多，魏军无法取胜，双方只得各自退兵。之后徐盛被加封为安东将军，封芜湖侯。吴黄武三年，魏文帝曹丕率领大军南征，八月，曹丕亲御龙舟，循蔡水、颍水，入淮河至寿春（今安徽寿县），企图渡过长江。徐盛献计，以木为干，外罩以苇，作疑城假楼，自石头（今江苏南京）至江乘（今江苏句容北），连绵数百里，江中准备浮船。九月，曹丕大军到达广陵（今江苏扬州），兵列于大江之岸。放龙舟直至大江，曹丕端坐舟中，遥望江南，却不见一人，是日天晚，宿于江中。当夜月黑，军士皆执灯火，明耀天地，恰如白昼。遥望江南，并不见半点儿火光。及至天晓，大雾迷漫，对面不见。须臾风起，雾散云收，望见江南一带皆是连城：城楼上枪刀耀日，遍城尽插旌旗号带。顷刻数人来报："南徐沿江一带，直至石头城，一连数百里，城郭舟车，连绵不绝，一夜成就。"曹丕大惊，引军退却。徐盛见魏军退却，遂领兵追杀，并预先派人在淮河中一带芦苇中灌置鱼油，见魏军兵到尽皆点火；火势顺风而下，风势甚急，火焰漫空，堵截住了曹丕的龙舟。曹丕大惊，急下小船傍岸时，龙舟上早已着火。曹丕慌忙上马，亏张辽和徐晃舍命同保着魏主而败走。吴军夺得马匹、车仗、船只、器械，不计其数。魏兵大败而回。吴将徐盛全获大功，吴王重加赏赐。“破曹丕徐盛用火攻”，还被写进了《三国演义》。

吴黄龙元年（公元229年），孙权正式称帝，建国并迁都建邺（今南京）。徐盛病逝，其官爵由儿子徐楷继承。为了加强都城近郊的拱卫，孙权命令徐楷起建芜湖卫城，修筑高城墙，疏浚护城壕，至赤乌二年（公元239年）完成。芜湖城告竣日恰逢徐盛病卒十周年，孙权为了表彰徐家父子的功劳，特准徐楷建“徐侯文向忠烈祠”，享受家国春秋两祭，后徐楷战死，孙权悯徐家无后，为旌表其一门忠烈，更以徐宅为庙，塑徐盛夫妇和徐楷像供奉为祠神，封谥为“邢真护国佑圣征西将军”，后人称为“将军庙”或“佑圣祠”，吴地民众俗称为“芜湖城隍庙”。

此时期芜湖的“将军庙”与其他地供奉的“忠烈（勇）祠”等可能并没有什么不同，如春谷有周公瑾（周瑜）庙、南京有蒋子文（蒋歆）庙等，只是芜湖的“将军庙”因为一些灵异和神奇的传说而逐渐发展为“城隍庙”，可能因此一度被其他城市称道而模仿。

《北齐书·慕容俨传》记载，在郢城（今河南省信阳县南）亦建有城隍祠。北齐文宣帝天保六年（公元555年），慕容俨镇守郢城，被南朝梁军包围，梁军用荻做成的障碍物（荻洪）置于水中以阻塞航道、截断水路供应，形势危急。“城中先有神祠一所，俗号城隍神，公私每有祈祷。于是顺士卒之心，乃相率祈请，冀获冥祐。须臾，冲风欻起，惊涛涌激，漂断荻洪。”

到隋朝时期，已有了用动物祭祀城隍神的风俗，但当时的城隍神大多还是一个抽象的神，并没有具体的姓名。

唐朝奉祀城隍神已较盛行，以致“水旱疾疫必祷焉”。《太平广记·卷三百三·宣州司户》引《纪闻》称唐朝“吴俗畏鬼，每州县必有城隍神”。唐朝地方守宰多有撰祭城隍文，祭祀城隍神者。玄宗开元五年（公元717年），大臣张说首撰《祭城隍文》，其后，张九龄、许远、韩愈、杜牧、李商隐等继之。李阳冰、段全纬、吕述等撰有“城隍庙记”，杜甫、羊士谔有“赛城隍诗”。

五代十国时期，城隍神已有封号。据《册府元龟·卷三十四·帝王部崇祭祀三》载，后唐末帝清泰元年（公元934年），诏杭州护国庙，改封崇德王，城隍神改封顺义保宁王，湖州城隍神封阜俗安成王，越州城隍神封兴德保闉王。后汉隐帝乾祐三年（公元950年），海贼攻蒙州，州人祷于神，城得不陷，故封蒙州城隍神为灵感王。

概之在中国古代社会，普通百姓都希望为官者能为民做主，体恤民众的疾苦，他们对那些为百姓做过好事的官员非常敬重，在这些官员死后，便把他们作为城隍神供奉。因此城隍神比较特殊，在有确切记载的历史文献中，他们既不同于以往的天地之神，也不是先贤祠庙中普通的“人鬼”，但需要他们要阴间行使与阳间有利害关系的某些权力。

唐杜佑的《通典·卷一百七十七·襄阳郡》引鲍至的《南雍州记》云：“城内见有萧相国庙，相传谓为城隍神。”

北宋《太平广记·卷三百三·宣州司户》载，宣州司户死，引见城隍神，府君曰：“吾即晋宣城内史桓彝也，为是神管郡耳。”这段文字所说之事虽然属于神话，但说明城市供奉城隍神的现象已经很普遍了。

南宋《宾退录·卷八》云：城隍“神之姓名具者，镇江、庆元、宁国、太平、襄阳、兴元、复州、南安诸郡，华亭、芜湖两邑，皆谓纪信（刘邦手下的将军，由于身形及相貌恰似刘邦，在荥阳城危时假装刘邦向西楚诈降，被俘。项羽见纪信忠心，有意招降，但纪信拒绝，最终被项羽用火刑处决）；隆兴、赣、袁、江、吉、建昌、临江、南康，皆谓灌婴（汉朝开国功臣，官至太尉、丞相）；福州、江阴，以为周苛（刘邦被封为汉王后任御史大夫，后被项羽烹杀）；真州、六合，以为英布（因受秦律被黥，又称黥布。初属项梁，后为项羽帐下五大将之一，封九江王，后叛楚归汉，汉朝建立后封淮南王，与韩信、彭越并称汉初三大名将，后起兵反汉被杀）；和州为范增（项羽主要谋士，因中刘邦反间计被削权力，愤而离羽病死于途中）；襄阳之谷城为萧何；兴国军为姚弋仲（后秦开国君主姚苌之父）；绍兴府为庞玉（唐朝名将，李世民即位后，令其掌东宫兵。去世之后，太宗为之废朝，赠幽州都督、工部尚书）……；鄂州为焦明……；台州屈坦（三国时孙吴尚书仆射屈晃之子，但是看轻仕途，与母隐居山中）……；筠州应智顼（唐靖州、袁州刺史）……”

北宋苏轼的《潮州韩文公庙碑》中记载了潮州百姓祭祀唐韩愈的事迹，虽然没有证据表明“潮州韩文公庙”在那个时期等同于潮州的城隍庙，但这个事迹有助于我们进一步理解某些城隍神的产生过程。现把部分内容译为白话文如下：

“一个普通人却成为千百代的榜样，一句话却成为天下人效法的准则。这是因为他们的品格可以与天地化育万物相提并论，也关系到国家气运的盛衰。他们的降生是有来历的，他们的逝世也是有所作为的。所以，申伯（周厉王的妻舅）、吕侯（周穆王时司寇）由高山之神降生，傅说（商武丁时期宰相）死后成为天上的列星，从古到今的传说，是不可否认的。孟子说：‘我善于修养我盛大正直的气。’这种气，寄托在平常事物中，又充满于天地之间。突然遇上它，那么，王公贵族就会失去他们的尊贵，晋国、楚国就会失去它们的富有，张良、陈平就会失去他们的智慧，孟贲（战国时期秦国武士）、夏育（东汉末年武将）就会失去他们的勇力，张仪、苏秦就会失去他们的辩才。是什么东西使它这样的呢？那一定有一种不依附形体而成立、不依靠外力而行动、不等待出生就存在、不随着死亡就消逝的东西了（原文："其必有不依形而立，不恃力而行，不待生而存，不随死而亡者矣。"）。所以在天上就成为星宿，在地下就化为河川山岳，在阴间就成为鬼神，在阳世便又成为人。这个道理十分平常，不值得奇怪。

自从东汉以来，儒道沦丧，文风败坏，佛、道等邪说一齐出现。经历了唐代贞观、开元的兴盛时期，依靠房玄龄、杜如晦、姚崇、宋璟等名臣辅佐，还不能挽救。只有韩文公从普通人里崛起，在谈笑风生中领导古文运动，天下人纷纷倾倒追随他，使思想和文风又回到正路上来，到现在已经有三百年左右了。他的文章使八代以来的衰败文风得到振兴，他对儒道的宣扬，使天下人在沉溺中得到拯救，他的忠诚曾触犯了皇帝的恼怒，他的勇气能折服三军的主帅：这难道不是与天地化育万物相并列，关系到国家盛衰，浩大刚正而独立存在的正气吗？

我曾谈论过天道和人事的区别：认为人没有什么事不能做出来，只是天不容许人作伪。人的智谋可以欺骗王公，却不能欺骗小猪和鱼；人的力量可以取得天下，却不能取得普通百姓的民心。所以韩公的专心诚意，能够驱散衡山的阴云，却不能够挽回宪宗佞佛的执迷不悟；能够驯服鳄鱼的凶暴，却不能够制止皇甫镈、李逢吉的诽谤；能够在潮州老百姓中取得信任，百代都享受庙堂祭祀，却不能使自身在朝廷上有一天的平安。原来，韩公能够遵从的，是天道；他不能屈从的，是人事。

从前，潮州人不知道学习儒道，韩公指定进士赵德做他们的老师。从此潮州的读书人都专心于学问的研究和品行的修养，并影响到普通百姓。直到现在，潮州被称为容易治理的地方。……潮州人敬奉韩公，吃喝的时候必定要祭祀他，水灾旱荒、疾病瘟疫，凡是有求助于神祇的事，必定到祠庙里去祈祷（原文："潮人之事公也，饮食必祭，水旱疾疫，凡有求必祷焉。"）。……

有人说：'韩公远离京城约万里，而贬官到潮州，不到一年便回去了，他死后有知的话，是不会深切怀念潮州的，这是明摆着的。'我说：'不是这样的，韩公的神祇在人间，好比水在地上，没有什么地方不存在。而且潮州人信仰得特别深厚，思念得十分恳切，每当祭祀时，香雾缭绕，不由涌起悲伤凄怆的感觉，就像见到了他，好比挖一口井得到了水，就说水只在这个地方，难道有这个道理的吗？'"

《潮州韩文公庙碑》中的关键句有二：其一为"潮人之事公也，饮食必祭，水旱疾疫，凡有求必祷焉。"这一句话反映了当时的潮州人确实是把去世后的韩愈当作了神，并相信他可以护佑潮州百姓。其二为"其必有不依形而立，不恃力而行，不待生而存，不随死而亡者矣。”这一句话可以理解为苏轼对先贤去世后可以成为神的形而上式的解释。

在元朝正式建国之前，元世祖忽必烈在至元四年便开始兴建大都城，至元七年建成，其中立城隍神庙，设像而祠之，封“祐圣王”。元虞集《大都城隍庙碑》曰：“自内廷至于百官庶人，水旱疾疫之祷，莫不宗礼之。”元文宗天历二年（公元1329年），加封大都城隍神为“护国保宁王”，夫人为“护国保宁王妃”。元大都的这个城隍神不是由先贤转化而来的，且可能城隍夫人之封赐始见于此，从此城隍庙里就有了寝殿，专门供奉城隍神与城隍夫人。元余阙《安庆城隍显忠灵祐王碑》记曰：“今自天子都邑，下逮郡县，至于山夷海峤、荒墟左里之内，无不有祠。”另于至元五年（公元1268年）在上都建城隍庙。

在明朝的国家吉礼中，明确地把城隍神定为“中祀”内容，与“岳镇”“海渎”“山川”等二十五项祭祀内容并列。

《明史·志·吉礼》对城隍神后期演变的历史沿革记述得较为清晰：

“洪武二年（公元1369年），礼官言：‘城隍之祀，莫详其始。先儒谓既有社，不应复有城隍。故唐李阳冰（唐国子监丞、集贤院学士）《缙云城隍记》谓‘祀殿（典）无之，惟吴越有之。’然成都城隍祠，李德裕（唐宰相）所建，张说（唐宰相）有祭城隍之文，杜牧有祭黄州城隍文，则不独吴越为然。又芜湖城隍庙建于吴赤乌二年（公元239年），高齐慕容俨、梁武陵王祀城隍，皆书于史，又不独唐而已。宋以来其祠遍天下，或赐庙额，或颁封爵，至或迁就傅会（附会），各指一人以为神之姓名。按张九龄《祭洪州城隍文》曰：‘城隍是保，氓庶（百姓）是依。’则前代崇祀之意有在也。今宜附祭于岳渎诸神之坛。’乃命加以封爵。京都为承天（承天命）鉴国司民升福明灵王，开封、临濠、太平、和州、滁州皆封为王。其余府为鉴察司民城隍威灵公，秩正二品。州为鉴察司民城隍灵佑侯，秩三品。县为鉴察司民城隍显佑伯，秩四品。衮章冕旒俱有差。命词臣撰制文以颁之。

三年，诏去封号，止称其府州县城隍之神。又令各庙屏去他神。定庙制，高广视官署厅堂。造木为主，毁塑像舁（yú，抬）置水中，取其泥涂壁，绘以云山。六年，制中都城隍神主成，遣官赍香币奉安。京师城隍既附飨山川坛，又于二十一年改建庙。寻以从祀大礼殿，罢山川坛春祭。永乐中，建庙都城之西，曰‘大威灵祠’。嘉靖九年，罢山川坛从祀，岁以仲秋祭旗纛日，并祭都城隍之神。凡圣诞节（皇帝的生日）及五月十一太阳神诞，皆遣太常寺堂上官行礼。国有大灾则告庙。在王国者王亲祭之，在各府州县者守令主之。”

朱元璋敕封城隍的用意，据明余继登的《典故纪闻·卷三》载："太祖谓宋濂曰：'朕立城隍神，使人知畏，人有所畏，则不敢妄为。'"所以明朝府州县新官到任，必先宿斋城隍庙，以与神誓。并称城隍神于冥中司民命，且有监视纠察官吏之任。因为最初祀城隍为城池、地方的保护神，之后，人们又奉城隍为主管阴司冥籍之神。清末俞樾的《茶香室丛钞·卷十六》："《太平广记》引《报应录》云：'唐洪州司马王简易，常暴得疾，梦见一鬼使，自称丁郢，手执符牒云，奉城隍神命来追，王简易即随使者行，见城隍神。神命左右将簿书来检，毕，谓简易曰：犹合得五年活，且放去。'是唐时城隍之神，已主冥籍，如今世所传矣。"

明末清初，孙承泽撰写的《春明梦余录·卷十五》中也有对城隍神的说明："城隍之名见于《易（经）》。若庙祀，则莫究其始。唐李阳冰谓城隍神祀典无之，惟吴越有尔。宋赵与时辨其非以为成都城隍祠太和中李德裕建，李白作韦鄂州碑，有城隍祠。又杜牧刺黄州，韩愈刺潮州，曲信陵刺舒州，皆有城隍之祭则不独吴越然矣。而芜湖城隍祠建于吴赤乌二年，则又不独唐而已。《（礼）记》曰：天子大蜡八伊耆氏，始为蜡。注曰：伊耆氏，尧也。盖蜡祭八神，水庸居七，水则隍也，庸则城也。此正城隍之祭之始。《春秋传》郑灾祈于四墉，宋灾用马于四墉，皆其证也。庸字不同，古通用耳。由是观之，城隍之祭盖始于尧矣。"

依据宋朝人撰写的《春秋传》，孙承泽的解释又把城隍神的产生时间至晚推到了春秋时期。

清朝把城隍神定为第三等的"群祀"内容（共有53项）。《清史稿·志·吉礼》记载："都城隍庙有二，旧沈阳城隍庙，自元讫明，祀典勿替。清初建都后，升为都城隍庙，有司以时致祭。其在燕京者，建庙宣武门内。顺治八年仲秋，遣太常卿致祭，岁以为常。用太牢，礼献如祀先医。万寿节遣祭，加果品。雍正中，改遣大臣，嗣复命亲王行礼。禁城城隍庙建城西北隅。皇城城隍庙建西安门内，曰永佑宫，万寿节或季秋，遣内府大臣承祭，用少牢。"

需要进一步说明的是，上述城隍神与具体历史人物的结合，与道教的发展有关。与山川类祭祀一样，道教至晚在隋唐时期即开始染指吉礼内容，同样视城隍神为保护地方、主管当地水旱疾疫及阴司冥籍的神祇，并在城隍神拟人化的过程中起了关键作用。唐朝杜光庭删定的《道门科范大全集》之"祈求雨雪斋仪"中，启请神祇之一即为"城隍社令"。南宋吕元素《道门定制·卷二》"诸司文牒"中，有"城隍牒"，为关照城隍神将所管亡魂押送坛场，听候超度。明朝所出的《太上老君说城隍感应消灾集福妙经》，将城隍的神职加以概括，也称其职责为代天理物、剪恶除凶、护国安邦、普降甘泽、判定生死、赐人福寿，与前引《明史·志·吉礼》的观点一致。又称其属下有十八判官，分掌人之生死疾疫、福寿报应等事。因此大多城隍庙也逐渐成为了道观，各地城隍庙多由道士住持。道书《诸神圣诞日玉匣记等集》以五月十一日为都城隍圣诞日，该日城隍庙即举行祭祀，也与前引《明史·志·吉礼》中的观点一致。

至清末，全国各地的城市中均建有城隍庙，但目前国内能完整地保留下来的有限（详见后记），保留稍完整或又经近年修复的主要有北京居庸关都城隍庙、陕西三原和韩城城隍庙、西安都城隍庙、上海城隍庙、山西平遥城隍庙、山西长治市潞安府城隍庙、山西长治县天下都城隍、河南安阳城隍庙、河南郑州城隍庙、安徽蒙城县城隍庙、广东揭阳城隍庙、台湾台南城隍庙、台湾澎湖城隍庙、台湾新竹都城隍庙等（图 9-3 ～图 9-12）。

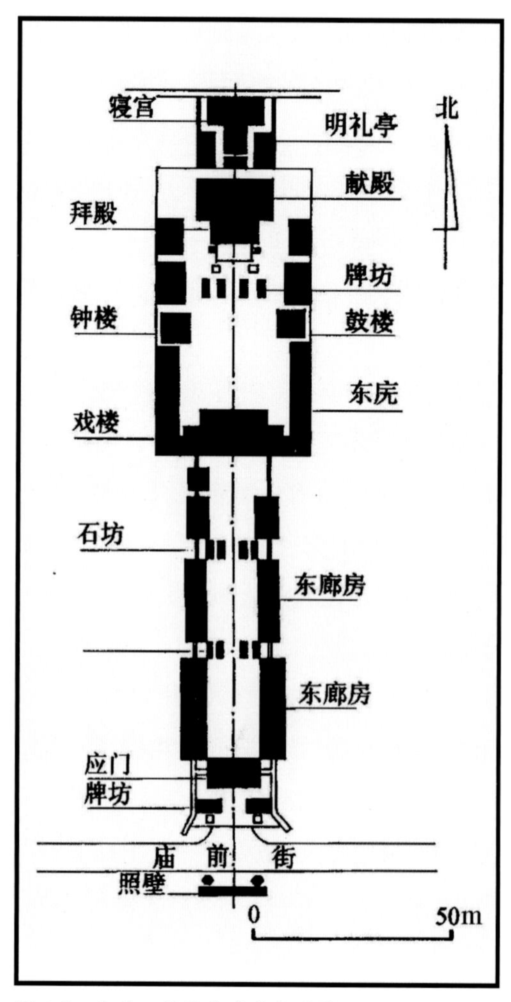

图 9-3　陕西三原县城隍庙平面图

图 9-4　陕西三原县城隍庙鼓楼与牌楼 1

图 9-5　陕西三原县城隍庙鼓楼与牌楼 2

图 9-6　陕西三原县城隍庙内景

图 9-7　陕西韩城城隍庙牌楼与照壁

图 9-8　陕西韩城县城隍庙牌楼与照壁

图 9-9　陕西韩城城隍庙大门西侧琉璃砖雕

图 9-10　陕西韩城城隍庙大门东侧琉璃砖雕

图 9-11 陕西韩城城隍庙戏楼

图 9-12 陕西韩城城隍庙正殿与前廊

北京都城隍庙

北京都城隍庙位于西城区成方街 33 号，坐北朝南，始建于元朝至元四年（公元 1238 年），名“佑圣王灵应庙”。元朝天历二年（公元 1329 年）加封大都城隍神为护国保宁王。明永乐年间（公元 1403 年—1424 年）重修，改名“大威灵祠”。

中轴线上主要建筑有：庙门、顺德门、阐威门、大威灵祠、寝祠。其他建筑有钟楼、鼓楼、两庑以及宰牲所、井亭、燎炉、碑亭等。以后又多次重修、重建。光绪初年（公元 1875 年），都城隍庙毁于大火，殿堂皆成废墟，所谓各直省城隍像残毁无余，甚至石碑亦皆断裂。光绪末，仅修复三间正殿，以便春秋祭享。

现仅存寝祠五间，建筑面积约 420 平方米。庙内有明英宗碑及清世宗、高宗碑。有康熙帝和雍正帝的题联。都城隍庙市曾是北京市著名庙会之一。

西安都城隍庙

西安都城隍庙原址在东门内九曜街，明洪武二十年（公元 1387 年）由朱元璋亲自敕建，并由朱元璋次子秦王朱樉亲自负责监修，是在唐辽王府的基础上扩建而成。被朱元璋敕封为都城隍庙，目的是统辖西北诸省大小城隍。明宣德八年（公元 1433 年）移建西大街中段现址。

城隍庙坐北朝南，整个建筑群布局整齐、左右对称、规模宏大、碧瓦丹檀、雕梁画栋。中轴线上由南向北依次是文昌阁、钟楼楼（两翼）、二山门、戏楼、牌坊、大殿、二殿、牌楼、寝殿。两侧是道众居住修真的东西道院，共有 33 宫（图 9-13 ～图 9-18）。

图 9-13　西安都城隍庙新文昌阁

图 9-14　西安都城隍庙新戏楼

图 9-15　西安都城隍庙新山门

图 9-16　西安都城隍庙新大牌楼 1

图 9-17　西安都城隍庙新大牌楼 2

图 9-18　西安都城隍庙新大牌楼 3

清雍正元年，一场火灾烧毁了都城隍庙大部分建筑，时任川陕总督的年羹尧将军下令拆除了明秦王府，用秦王府的木料重修了都城隍庙，重修之后“规模宏大，殿宇辉煌，碧瓦丹檀，雕刻精美，地基之广，甲于关中。”

清光绪十三年（公元 1887 年），庙前商民不慎失火，烧毁了山门及东西两庑商铺，损失惨重，时任陕西巡抚叶伯英亲自倡导，募资重修。

1942 年日本侵略军轰炸西安城，在城隍庙里投掷了两枚炸弹，炸毁了藏经阁，许多明代珍贵文物字画、典籍、经书、鼓乐古谱等大量文物毁于一旦，大殿东北角及后檐部分惨遭炸毁。残檐断柱，弹孔痕迹至今依稀可见。

后来城隍庙庙门前的大牌坊被西安古建队拆除，劈为柴火。大殿内的紫铜铸造的城隍神像被推倒熔炼，典籍、经书、乐谱纷纷被烧，庙内道众乐师流落民间，宗教活动被迫中止。从此人去庙空，许多大梁木柱被白蚁吃空、地基下沉、墙体裂缝、残檐败瓦，庙貌颓败。

历尽劫难后的西安都城隍庙，历史建筑仅存有清雍正元年（公元 1723 年）重修的大殿一座。

20 世纪 80 年代以后，西安市政府投入巨资修复了西大街牌坊及两庑商铺。庙内道众备受鼓舞，省吃俭用，多方化缘，已修复了文昌阁、二山门、戏楼、东西配殿及两庑厢房等建筑（图 9-19 ~图 9-22）。

图 9-19　西安都城隍庙新大殿

图 9-20　西安都城隍庙新大殿室内

图 9-21　西安都城隍庙火神殿

图 9-22　西安都城隍庙圣母殿

2003 年 3 月西安市政府出资，将庙内商贩迁出，将庙产归还道教协会。随着西大街改造工程，对城隍庙进行了全面系统规划，恢复了这座都城隍庙往日的雄姿。

2005 年 10 月启动的城隍庙庙前广场改造工程已经完工，修复了巍峨壮观的都城隍庙大牌楼和山门，使其与钟鼓楼遥相呼应。

上海城隍庙

上海城隍庙坐落于上海市黄浦区方浜中路，始建于明朝永乐年间（公元 1403 年—1424 年），当时规模尚小，至清朝道光年间（公元 1821 年—1850 年），经明清两代屡次扩建，面积也随之不断扩大，极盛时期，占地近 50 亩（1 亩 =666.67 平方米）。清道光以后，因社会动荡，上海政局不稳，上海城隍庙规模不断缩小。

上海城隍庙建筑属南方大式建筑，大殿建于明永乐年间，当时的上海知县张守约将供奉金山神主霍光的金山行祠改建为上海城隍庙大殿。正门上悬“城隍庙”匾额，并配以对联“做个好人心正身安魂梦稳，行些善事天知地鉴鬼神钦”。大殿内供奉的金山神主霍光为汉代博陆侯大将军，左首为文判官，右首为武判官，次为日巡与夜查，日巡、夜查以下为八皂隶。1924 年为火所焚，1926 年开始重建，现存的大殿即是重建后的，为全部钢筋混凝土仿古结构。

城隍庙在“文革”时期遭受了重大的破坏，神像被毁，庙宇被挪为他用。1994 年，随着宗教信仰自由政策的逐步落实，上海城隍庙的宗教类活动得到恢复，重新成为由正一派道士管理的道教宫观。今天的上海城隍庙，包括霍光殿、甲子殿、财神殿、慈航殿、城隍殿、娘娘殿六个殿堂，总面积 1 千余平方米。

山西平遥城隍庙

平遥城隍庙位于平遥城内城隍庙街中段，坐北朝南，始建年代不详，咸丰九年（公元 1859 年）庙会期间不慎失火，除寝宫外，庙区的殿宇、廊庑以及财神庙等都烧成了灰烬。清同治三年（公元 1864 年）县令王佩钰自捐俸银并召集乡绅、富商设局募化，重修庙宇。现存城隍庙多为清朝遗构。

平遥城隍庙规模宏大、布局规整，总占地面积 7302 平方米。它实际上已经完全是一座形制齐全、内涵丰厚的道观，除正殿和寝殿外，主要由六曹府、土地祠、灶君庙、财神庙四大部分组成（图 9-23）。

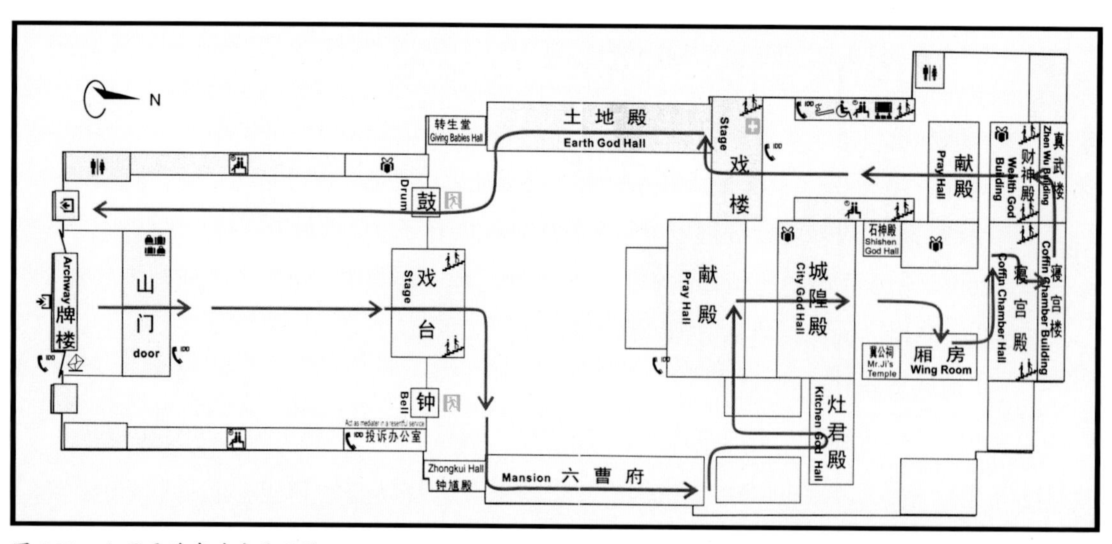

图 9-23　山西平遥城隍庙平面图

临街山门之南，是一座高大的木结构牌楼，四柱三门十一踩斗拱规制的歇山顶建筑。正面牌匾额书“城隍庙”，背面书“威灵百里”，柱上题“善游此地心不惭，恶过吾门胆自寒”。柱下配有青石狮和拴马柱。山门廊下正墙书“善恶报应”四个硕大楷书，增加了森严肃穆的气氛。山门两侧有相对而立的神马两匹，廊下东西两墙绘有守门神“神荼”“郁垒”的巨大画像。

两层的山门的背面是戏楼，两者合二为一，重檐歇山顶，戏台在二层背面，带回廊。戏楼两翼是钟楼和鼓楼，与戏楼左右的空隙处自然形成两个平时使用的便门，这样戏楼一层的穿门实际上就成为一道“仪门”。山门与戏楼之间东西两侧有回廊，就形成了中轴线上第一进院落（图 9-24 ～图 9-27）。

图 9-24　山西平遥城隍庙街景

图 9-25　山西平遥城隍庙山门近景

图 9-26　山西平遥城隍庙山门背面戏楼 1

图 9-27　山西平遥城隍庙山门背面戏楼 2

戏楼北面正对着前带抱厦的城隍献殿，西面一排厢房主要为土地殿，最南端为转生堂（供奉转生婆婆，也就是送子娘娘）。东面一排厢房主要为六曹府，最南端为钟馗殿。这样由四面建筑就围合成了中轴线上的第二进院落。戏楼位于二层的戏台正对着献殿，演戏名为“娱神”，实际上，中国传统室外戏台都是坐南朝北，目的是避免阳光照射到演员身上、脸上，形成强烈的明暗反差，影响视觉效果，更重要的是避免阳光直刺演员的眼睛，直接影响表演。另外，庙内设戏台实为招揽更多的信众（图 9-28 ～图 9-30）。

图 9-28　山西平遥城隍庙献殿

图 9-29　山西平遥城隍庙之土地殿

图 9-30　山西平遥城隍庙之财神庙院侧门门楼

献殿之后不远处为城隍主殿，再后为寝宫殿和紧挨着的高出一层的寝宫楼，即两者为上楼下窑式结构。城隍主殿与寝宫殿之间有一段距离，东西有厢房。西厢房南端为石神殿，东厢房南端为冀公祠。这样由四面建筑又围成了中轴线上的第三进小院落。

据传以前知县上任前一天，须从平遥六城门之上东门（俗称喜门）进入城内，然后去文庙拜祭孔夫子，晚上在城隍内宅的东厢房安歇。后者目的与象征的意义是首先向城隍担保自己为官清廉、公正执法；其次祈求神祇保佑任职期间国泰民安、五谷丰登；再次是借神的威信治理百姓。西厢房是陪同道士所住。

寝宫殿和寝宫楼西侧紧邻同为上楼下窑式结构的财神殿和真武楼，前者南面又有一小型献殿，紧挨着中轴线第三进院落的西厢房。再南又为另一坐南朝北的戏楼，紧挨着城隍主殿的献殿西侧。戏楼与财神殿的献殿之间的东西各有五开间的“看楼”，这样在城隍主殿的西侧就形成了一个西北小跨院。财神殿之献殿南面的戏楼建筑考究，前加歇山顶抱厦，施五踩米字形斗拱，斗拱边缘雕有龙、凤，百象头形，屋顶中心所采用八卦式藻井。左右两侧看楼是供达官贵人、富商豪绅看戏的观众位。且西看楼宽、东看楼窄，因为看戏都讲究看出场戏，演员从东上场，因此西看楼比东看楼观众可能更多。实际上西北小跨院就相当于一个贵宾区（图 9-31、图 9-32）。

图 9-31　山西平遥城隍庙之财神庙前院看楼与小献殿

图 9-32　山西平遥城隍庙之财神庙前院看楼与南面戏楼

城隍主殿东侧紧邻的是同为坐北朝南的灶君殿，其前面的东西亦有厢房，其后也有附属建筑和东北小跨院（图 9-33、图 9-34）。

图 9-33　山西平遥城隍庙之灶君庙前院

图 9-34　山西平遥城隍庙之灶君庙院门楼

第十章　人鬼与杂神体系礼制建筑的演变历程（二）：杂社与土地的礼制建筑体系及泰山石敢当

第一节　从杂社到土地与土地庙的演化

《礼记•祭法》云："王为群姓立社，曰'大社'。王自为立社，曰'王社'。诸侯为百姓立社，曰'国社'。诸侯自为立社，曰'侯社'。大夫以下成群立社，曰'置社'。"郑玄注："百家以上则共立一社。"《汉书•五行志》中注曰："旧制，二十五家为一社。"这种"百家以上"或"二十五家"所立之社的性质，就如《左传》中记载的鲁国"清丘之社"，齐国"自济以西，糕、媚、杏以南，书社五百"，莒（jǔ）国以西"千社"等。这类民间之社与王侯之体现政权性质的"大社""国社""侯社"不同，所祭之神在汉代时称"社公"或"土地"。

如第六章中所阐述，社神最初为阴性地祇，并与早期的生殖崇拜有关（这类内容目前在韩国、日本保留得比较多）。至晚从汉朝时期开始，民间又出现了具有人格特征，甚至是拟人化的土地神——"社公""土地"，并且已经转换成为阳性的地祇即土地神。随着汉朝国家政治制度从分封制到郡县制的逐步完善，民间更将这类神祇视为与最下层官吏相当的一级神祇。

大概从东晋开始，民间又多供奉一些生前做善事者或被认为廉正的官吏等作为土地神。东晋初年著名史学家干宝所撰《搜神记•卷五》说："蒋子文者，广陵人也。……汉末为秣陵尉。逐贼至钟山下，贼击伤额，因解绶缚之，有顷遂死。及吴先主（孙权）之初，其故吏见子文于道。……（子文）谓曰：'我当为此土地神，以福尔下民。尔可宣告百姓，为我立祠。不尔，将有大咎。'是岁夏，大疫，百姓窃相恐动，……议者以为鬼有所归，乃不为厉，宜有以抚之，于是（孙权）使使者封子文为中都侯，……为立庙堂。"这段神话反映了土地神在人格化过程中，先后有了各自的姓氏和名讳。此类内容又以道家典籍记载得最早，说明土地神与城隍神的拟人化过程相似，多与道教的发展和染指有关。如，约成书于南北朝时期的《道要灵祇神鬼品经•社神品》曰："《老子天地鬼神目录》云：京师社神，天之正臣，左阴右阳，姓黄名崇，本扬州九江历阳人也。秩万石（指俸禄），主天下名山大神，社皆臣从之；河南社神，天帝三光也，左青右白，姓戴名高，本冀州渤海人也，秩万石，主阴阳相运。……《三皇经》云：豫州社神，姓范名礼；雍州社神，姓修名理；梁州社神，姓黄名宗；荆州社神，姓张名豫；扬州社神，姓邹名混；徐州社神，姓韩名季；青州社神，姓殷名育；兖州社神，姓费名明；冀州社神，姓冯名迁；稷（神）姓戴名高。右九州岛，上应天九星之根，九宫阶在领九州岛，……可使之赏善罚恶，救济苍生也。”又有《太上正一盟威箓·卷三》所记九州岛社神名大同小异。

很显然，上述关于土地神的理论与理念等，与以往国家祭祀体系所供奉的社神已经完全不同。

在南宋洪迈所撰《夷坚志》中，与土地神相关的神话尤多，其《夷坚支志·乙卷九》称南朝沈约因将父亲的墓地捐给湖州乌镇普静寺，寺僧们遂祀沈约为该寺土地神；《夷坚支志·甲卷八》记陈彦忠死后作简寂观土地神；《夷坚支志·戊卷四》记王仲寅死后作辰州土地神；《夷坚支志·癸卷四》记杨文昌死后作画眉山土地神等。《古今图书集成·神异典》亦多记人死为土地神之事。

宋朝以后，无论城乡、山岳、学校、寺观、住宅皆有土地庙，凡有人烟之处皆有香火供奉，对土地神的信仰并不亚于城隍神。且因其分布广，与人民最接近，颇有几分亲切感，人们希望它保佑五谷丰登、家宅平安、添丁进口、六畜兴旺。总之，凡是在世间很难得到满足的愿望，都希望从它那里得到。

明清以降，民间也多以历代名人作各方土地神。清俞樾所撰《茶香室丛钞·卷十五》云：“国朝景星杓《山斋客谈》云：‘吾杭仁和北乡有瓜山土地祠，俗戏惧内者曰：‘瓜山土神，夫人作主。’吾友卢书苍经其祠，视碑，始知为（东）汉祢衡也。祢正平为杭之土地，已不可解，乃更有惧内之说，则更奇矣。”《茶香室续钞·卷十九》引明郎瑛的《七修类稿》云：“苏郡西天王堂土地，绝肖我太祖高皇帝。闻当时至其地而化，主杨氏异焉，遂令塑工像之。后闻人言，像太祖，即以黄绢帐之于外，不容人看。”清赵翼所撰《陔余丛考·卷三十五》云：“今翰林院及吏部所祀土地神，相传为唐之韩昌黎（韩愈），不知其所始。……又《宋史·徐应镳传》：临安太学本岳飞故第，故飞为太学土地神。今翰林、吏部之祀昌黎，盖亦仿此。”

南宋洪迈的《夷坚志·补卷十五·榷货务土地》载临安土地之夫人甚美。说明至晚在南宋时期，土地神已配祀夫人，所以后世所见土地庙一般都供一男一女两个神像，男的多为白发老叟，称“土地公公”，女的为其夫人，称“土地婆婆”。有的地区又称“田公”“田婆”。清朝陈梦雷所编《古今图书集成·神异典·卷四十八》记一则趣事云：“中丞东桥顾公璘，（明朝）正德间知台州府，有土地祠设夫人像。公曰：‘土地岂有夫人！’命撤去之。郡人告曰：‘府前庙神缺夫人，请移土地夫人配之。’公令卜于神，许，遂移夫人像入庙。时为语曰：‘土地夫人嫁庙神，庙神欢喜土地嗔。’既期年，郡人曰：‘夫人入配一年，当有子。’复卜于神，神许，遂设太子像。”

古代民间以二月二日为土地神生日，清顾铁卿所撰《清嘉录·卷二》中记录了江苏地区乡民庆贺土地神生日的场面：“官府谒祭，吏胥奉香火者，各牲乐以献。村农亦家户壶浆，以祝神厘。”这一习俗的历史应该很久远了，因为农历二月二是“龙抬头”的日期，也是农耕节，预示着从这一天开始就可以耕地了。既然是关系到农业种植的节日，当然要祭祀土地神了。另外，民间的这类认知与习俗显然也是“参考”了在国家祭祀体系中社神的“身份”之一，即共工之子句龙，因为在此期间，心宿会在傍晚出现在东方地平线上，预示着天气会明显变暖。

土地庙与古人生活的关系、较大规模土地庙的基本形制等，可以从刻制于清朝时期山西晋城市泽州县周村镇的《重修土地祠碑文》中略见一斑（现庙已不存）：

“盖闻天地五材，民并用之，缺一不可，而土，其尤焉者也。故天有五星，填星（土星）居一；地有五行，土行于中。本地五之所生为天，十之所成而作其重，称于《（尚书·）洪范》。祀事专职于周官，此土地神之所由重，而土地祠之所以遍天下也。凤台之西五十里有周村者，为通邑巨镇。比户殷繁，以千数计。其西北隅，旧有土地祠。庙宇层叠，望之蔚然。兼以地势崛起，北则临乎化阳，南则迎夫积翠；东望兮，文笔之峰秀列；西瞻兮，孝侯（春秋时期晋国的国君）之坪遥会。而东西城外更有巨桥，其水声淙淙环抱，望西南以入沁（沁水县）。是举左右，高山大川灵威咸聚于斯庙，而因以庇荫于无穷也。余广文泽郡，因送学宪于析城（山）界，便道周村，偶至兹庙。时正修饰，问及浩费，并未捐之里巷，惟数年收集社用，以成此广大规模。复询及斯庙之设及其创建于何代，殆弗可深考，惟康熙年间重修。后以迄于今，虽保护之灵，仍俨然其不爽，而庙宇摧残，已不堪复睹矣。夫神之凭依在庙，犹人之所依在神也。神失所凭，则人于胡依？且物以久而必敝，事有故而必新，而事物又必有待而后成，此故理势之常也。其先宰社者，有信玉司公、秀民司公、德全范公、柱山李公、纯仁司公、子悦郭公、华侣范公、逢源司公、冲和范公、诚初李公，或以寿终，或以疾亡，惟曲汇张公尚存，并后嗣诸公续替承修饬，以相继于有成。

于正殿而崇高之，东西上为看楼，下为憩所，南改为演戏台，并大庙各殿补葺，不胜枚举。又置地亩，以为住持洁扫之资，是莫非隆福于奕世，而垂俗于不□者也。无以涂茨完密，丹雘（huò，颜料名）矞皇（橘黄），云节藻棁（zhuō，梁上短柱），龙角朱光，艴（xì，大红色）如宛虹，赫若奔螭（chī，没有角的龙）。高甍（méng，屋脊）峣屼（yáo wù，高而险），而黕（dǎn，黑色）霨飞宇承霓。以厞（fěi，宫室屋角隐蔽之处）离诡兮，星起嵚崟（qīn yín，形容山高）兮……”

在传承久远的国家祭祀体系中，土地神（社神）或为“后土”或为共工之子句龙等。从碑文第一段内容来看，撰写者显然是把传承久远的属于国家祭祀体系的社神，与特别是道教发展并染指之后“遍天下”的、非国家祭祀体系中的土地神混为一谈了。前引《清嘉录》中的“官府谒祭，吏胥奉香火者，各牲乐以献”也只是官民共庆节日的场面，非地方政府必须的祭祀活动。

民间大量的土地庙的规模一般都较小，甚至是仅有一间微型房屋。但从以上碑文判断，这座土地庙的规模着实很恢宏，神殿不止一座，并且有戏楼、看楼等。这座带戏楼、看楼的土地庙的基本格局，与国内很多地区的城隍庙、会馆和其他祠庙（遗留至今的实例已经很少）等都非常相似。

第二节　泰山石敢当

笔者在第九章和上一节中阐释与介绍的城隍神与土地神都具有地域保护神的性质，显然，城隍庙只能是位于城市之中，而土地庙则必然是多位于乡野，但在很多城市中也有土地庙。另外，在北方大型民居中，还有很多用砖或石材雕刻的浮雕式的小型神龛镶嵌于墙面，这类神龛实属于微型的土地庙，人们供奉这类土地神的目的是为住宅“镇邪伏煞”，类似于门神。显然，在城市之中建土地庙，目的是多一层“保险”（图 10-1 ～图 10-3）。

图 10-1　山西民居中的土地庙 1

图 10-2　山西民居中的土地庙 2

图 10-3　山西民居中的土地庙 3

在很多大型民居中，或于四角处立有高三尺多的青石，上书“泰山石敢当”五字，或直接镶嵌于对着路口的影壁墙上，也有立于街衢巷口、桥道要冲、城门渡口等处，目的也都是用于“镇邪伏煞”。

在国家祭祀体系中没有“石敢当”，其由来的传说非常庞杂，有文记为人名，有文记为仙石。早在西汉元帝时期，黄门令史游撰写了一部蒙童教材《急就篇》，该文开头表明其具体内容和体例“罗列诸物名姓字，分别部居不杂厕”。前面三个字为一组的内容有“乌承禄，令狐横。朱交便，孔何伤。师猛虎，石敢当。所不侵，龙未央。伊婴齐，翟回庆。毕稚季，费通光”等共 132 组。显然每三个字中第一个字是人物的“姓”，后两个字是“名”的范例，在西汉以前的历史上未必真有这些人。“石敢当”就是姓“石”，名“敢当”。“敢当”就是敢于担当。再如，“所不侵”是以“所”字作为“姓”，在今天看来可能很少见，但历史上确实有以“所”字为姓者。东汉许慎的《说文解字》：“伐木声也，从斤户声。《诗（经）》曰：‘伐木所所’。”南宋郑樵的《通志•氏族略》：所者伐木声，本虞衡主伐木之官，问声以为氏。按：虞衡，官名，周礼天官大宰；虞衡，掌山泽之官，主山泽之民。”在西汉时期以“所”字为姓者，如汉武帝时，有谏议大夫名“所忠"。总之，若不是巧合，"石敢当"在西汉时期还只是一个假想的、举例的人物名字。

以往研究者常把"石敢当"最初的产生解释为继承"灵石辟邪"等远古信仰。在这类解释中，显然是把"石"解释为"物"即石头，而非"姓"。但同样在《急就篇》中，承接三字一组文字后面的字句为"名姓讫，请言物"，紧接着后面的具体内容有"玉玦环佩靡从容，射魃辟邪除群凶"。显然，在《急就篇》的"诸物"中，有"辟邪除群凶"功能的，为"玉玦""环佩"，而非"石敢当"。也就是说至晚在西汉时期，可能还没有"辟邪除群凶"的"石敢当"，而现实中"石敢当"产生的时间必然会晚于西汉时期，也就基本可以排除与"灵石辟邪"等远古信仰的关联。

唐朝以后，《急就篇》的作用被《千字文》《百家姓》《三字经》等替代，但《急就篇》并没有失传，在明朝还有刻本，如"松江本"。而在莆田曾出土过唐大历年间之石铭，上刻有"石敢当"，说明至晚在唐朝时期，已经有借"石敢当"三字作为"辟邪除群凶"之物的名称。

明初温州人姜准撰写《岐海琐谈》，专门记载宋、元和明初温州地区的地方掌故，内容丰富，有五百余条，其中有很多内容与地方的鬼神信俗有关。如，最重要的地方神中就有忠靖王，也称东岳爷、温元帅，是一位由温州人转化而成的神祇。在元朝人宋濂的《忠靖王碑记》记述中，忠靖王姓温，名琼，字永清，温州平阳人，生于周长安二年（公元 702 年）五月。温琼从小聪慧，成年博学。至二十六岁举进士不第，乃拊几叹曰："吾生不能致君泽民，死当为泰山神以除天下恶厉耳！"于是化为神祇，为民除害。笔者在第四章和第七章中都阐释与介绍过与"昆仑山"（泰山）相关的地祇神系，其中镇山驱鬼之神为"虎神"。在《忠靖王碑记》中记述的这则传说中，"泰山神"有除恶鬼的能力和责任，表明这一观念至晚在唐朝时期已经非常普及了，这与道教的普及不无关系。

在《岐海琐谈》中，也有具体记述"石敢当"的内容："人家正门及居四畔，适当巷陌、桥梁冲射，立一石刻将军，半身埋之，或树石刻'泰山石敢当'字，为之压禳。"

又，在民间典型的"泰山石敢当"雕刻中，四周雕刻云头图案者，为虎头形象。而"石敢当"的"隐形"形象与"昆仑山"镇山驱鬼之神的形象相通。可认为"泰山石敢当"的产生，实际上是源自"昆仑山"（泰山）神系的内容，或其本身象征为缩小版的"昆仑山"（泰山）。石敢当与"城隍神"和"土地神"相比，有部分功能接近之处。在民间，也有由具体的人化身为"石敢当"的传说，因此也就出现了人的形象的"石敢当"。然此石敢当与那些田间地头和民居中微型的土地神一样，并非真正的"人鬼"（图 10-4）。

图 10-4 泰山石敢当

北京都土地庙

北京都土地庙初建于金朝，在宣武门外下斜街路西，庙的规模不大，只有坐北朝南的三间正殿和几间配殿以及一些附属用房，山门向东。下斜街原称土地庙斜街，《光绪顺天府志》载："都土地庙在土地庙斜街，旧为老君堂，明万历四十三年（公元 1615 年）重修，有明神宗御制碑。每旬之三有庙市，游人杂沓，与护国、隆福两寺并称胜。"《钦定日下旧闻考 • 卷五十九 • 外城西城一》也说该土地庙在明朝以前旧称"老君堂"，可见此"庙"实为道教掌控，供奉的神祇以玉皇大帝、太上老君等为主，而土地神的地位应该属其次。明神宗《老君堂都土地庙碑畧》："朕为圣母御世时圣目弗安，钦传重修宣武门外斜街古迹老君堂都土地庙。未尝开工，圣性归天。朕感圣母慈恩，代完前愿。……保皇图之永固，佑帝道之遐昌。君臣共享升平，黎庶咸臻吉庆。风调雨顺，天下太平。巍巍神功，默默护佑。……"品此碑文，说明神宗重修老君堂都土地庙，实为满足母后生前的遗愿，同时也说明这类庙主并非重要的国家祭祀内容。

1958 年修建宣武医院，基本上占用的是都土地庙西边的空地，现在土地庙的建筑早已不在了，已全部拆除，改为绿地公园。

第十一章　人鬼与杂神体系礼制建筑的演变历程（三）：天子、先贤与宗族的礼制建筑体系

第一节　“天子七庙”与毁庙制度

从远古到商周统治者祭祀的主要对象，大致分为天神、地祇、人鬼三大系统，另有杂神。商周两代，三大系统的重要性略有变化，上帝、日月星辰、山川百物和人鬼，商人皆祭祀，相关的典礼名目繁杂，祭品种类众多，还有以人为牲（多为战俘）的习惯。时移西周，祭祀之风本质渐易，周人祭祀的对象，虽然也是上帝、日月星辰、山川诸物和人鬼等，然而他们的鬼神观念开始与殷商有别，可能更重视对祖先的祭祀。在《诗经·周颂》三十一篇天子举行郊庙祭祀之舞曲中，告于祖先的诗篇占比接近于百分之六十，可见祖先地位在周代的崇高。另外，《周礼·大宗伯》所记的十二吉礼中，与祭祖相关的宗庙之祭有六。

综观《周颂》，所祭之祖有文、武、成、康、大王、后稷等，参与祭典活动之人，除了天子以外还有诸侯，外族也担任助祭工作。祭祀的祝词以描述先王功德盛美、子孙宜信守师法之形式居多。另外，《周颂》有部分篇章如《臣工》《噫嘻》《丰年》《载芟》《良耜》等可归属为农事诗，尤其是最后两首，叙述农事过程十分详细，但均不悖祭祀宗旨。例如《臣工》：“于皇来牟，将受厥明，明昭上帝，迄用康年。”《丰年》《载芟》：“为酒为醴（lǐ，甜酒），烝畀（bì，给）祖妣，以洽百礼。”这些农事诗中的内容含有报祭、祈谷、籍田为祭祀，既上告于上帝，亦上告于祖先，希冀来年亦能丰收。

《礼记·祭法》说：“天下有王，分地建国，置都立邑，设庙、祧（tiāo）、坛、墠（shàn）而祭之，乃为亲疏多少之数。是故王立七庙，一坛一墠，曰‘考庙’，曰‘王考庙’，曰‘皇考庙’，曰‘显考庙’，曰‘祖考庙’，皆月祭之。远（祖）庙为祧，有二祧，享尝乃止。去祧为坛，去坛为墠，坛、墠有祷焉，祭之；无祷，乃止。去墠曰‘鬼’；诸侯立五庙，一坛一墠，曰‘考庙’，曰‘王考庙’，曰‘皇考庙’，皆月祭之。显考庙，祖考庙，享尝乃止。去祖为坛，去坛为墠，坛、墠有祷焉，祭之；无祷，乃止。去墠为鬼；大夫立三庙二坛，曰‘考庙’，曰‘王考庙’，曰‘皇考庙’，享尝乃止。显考、祖考无庙，有祷焉，为坛祭之。去坛为鬼；适士二庙一坛，曰‘考庙’，曰‘王考庙’，享尝乃止。显考无庙，有祷焉，为坛祭之。去坛为鬼；官师（低级官吏）

一庙，曰‘考庙’，王考无庙而祭之，去王考为鬼；庶士、庶人无庙，死曰‘鬼’。”

上文所说的各个名目的庙中祭祀的内容为：

“考庙”——父庙（上一代），“王考庙”——祖父庙（上两代），“皇考庙”——曾祖父庙（上三代），“显考庙”——高祖庙（上四代），“祖考庙”——始祖庙（上五代），“祧庙”——远祖庙。又，周代宗庙特别强调祭祀对立国有突出贡献的文王与武王，合起来就是“天子七庙”。墠为经过整治的郊野平地（“除地”），也用于祭祀，如果连在平地的祭祀都不能享用，也就是“去墠曰鬼”了。

在中国古代社会的现实中，帝王随着世袭罔替时间的推远，特别是还会出现旁支继承及本支再度继承的情况，那么宗庙就会越积越多，财政支出会不堪重负，于是与“七庙”制度伴随的便是毁庙制度。所谓“毁庙”，不是拆庙，而是把当下帝王上五辈之前的各庙的庙主迁于远祖庙中，原庙不再修缮、行祭等，使其自生自灭。

另外，《礼记•祭法》载：“王为群姓立七祀，曰‘司命’、曰‘中溜’、曰‘国门’、曰‘国行’、曰‘泰厉’、曰‘户’、曰‘灶’。王自为立七祀；诸侯为国立五祀，曰‘司命’、曰‘中溜’、曰‘国门’、曰‘国行’、曰‘公厉’。诸侯自为立五祀；大夫立三祀，曰‘族厉’、曰‘门’、曰‘行’；适士立二祀，曰‘门’、曰‘行’；庶士、庶人立一祀，或立户，或立灶。”

“司命”是掌管人的生命的神。屈原的《大司命》：“广开兮天门，纷吾乘兮玄云；令飘风兮先驱，使涷雨兮洒尘。”说明大司命本身就是天神，也就是月亮女神。又有少司命，主管出生、护佑幼子，也是天神，即水星神。“中溜”是宅神或土神，中溜的本意是穴居（如新石器时代）屋顶中央用于排烟的窗，这里泛指室的中央。“泰厉”是无祀君王之鬼（因没有子孙）。“公厉”是无祀诸侯之鬼。“族厉”是无祀大夫之鬼。“行”是出行之神。“户”是户神。“灶”是灶神。

这类内容虽然不属于正宗的宗庙祭祀之列，但祭祀及供奉的地点一般也不离宗庙。

《礼记•祭法》又载：“王下祭殇五，适子、适孙、适曾孙、适玄孙、适来孙。诸侯下祭三，大夫下祭二。适士及庶人，祭子而止。”这里的“殇”是指未成年就夭折的后代。

从上面内容的统计来看，周天子祭祀祖先的场所实际上有九个，诸侯七个，大夫五个，适士三个，官师一个。凡最后两个都是无法常年供奉的坛和墠。又，“殇”的祭祀场所不详。

从考古发现来看，很多新石器时代文化遗址中的“大房子”可能就有宗庙的功能，更具体的使用情况不得而知。即使如牛河梁遗址中的“女神庙”，我们也无法判定此“女神”是祖先神还是自然神，或许两者在那个时期本身就没有分别。陕西省岐山县凤雏村出土的一组疑似宗庙的建筑遗址，为我们展现了西周早期很具体的宗庙建筑的形象。时间稍晚的实物遗址是诸侯秦国国都故地、雍城凤翔马家庄出土的秦国宗庙遗址。前者是一座有两进院落的四合院，后者是呈“品”字形排列的三座独立的建筑（图 11-1 ～图 11-3）。

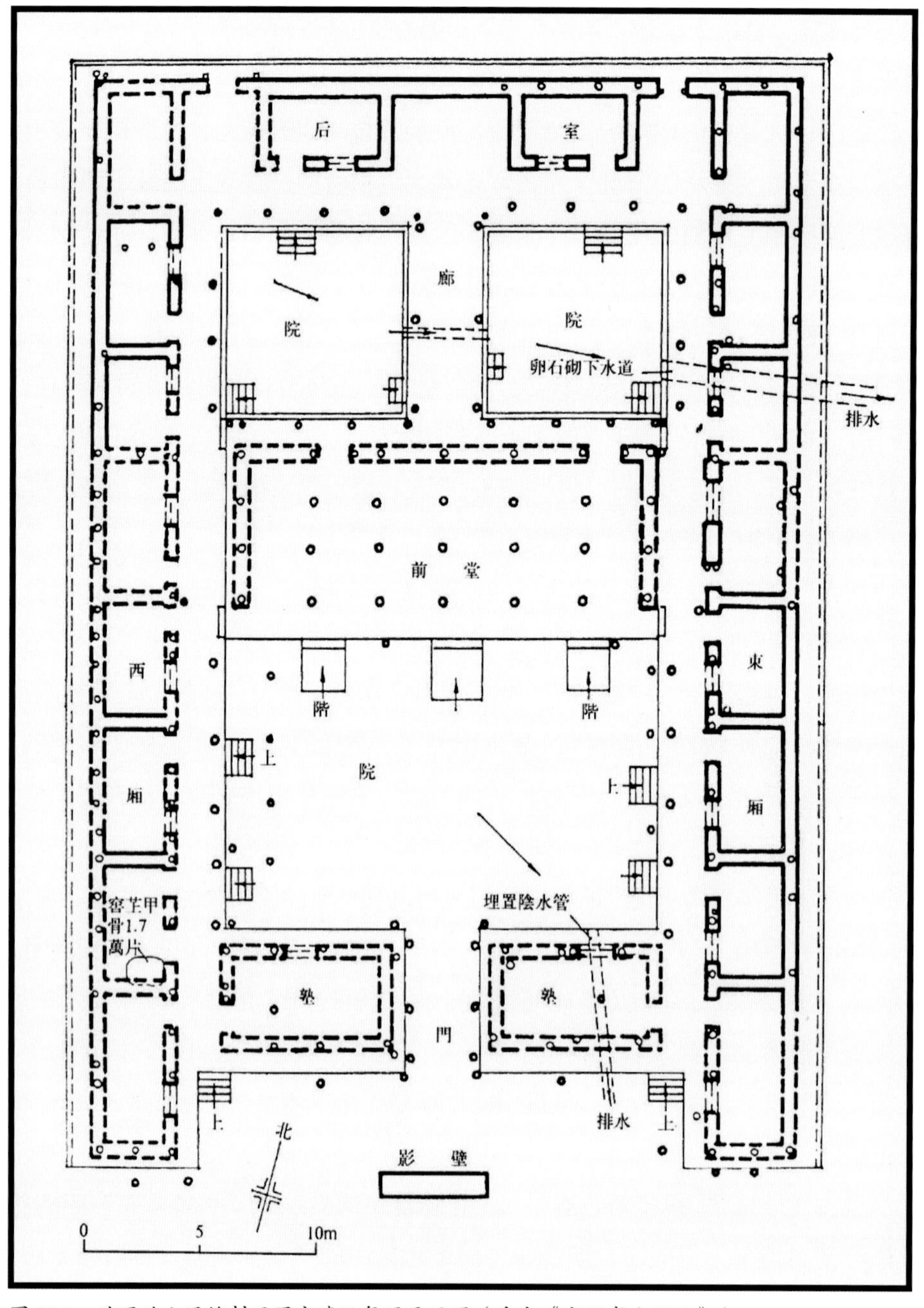

图 11-1　陕西岐山凤雏村西周宗遗址复原平面图（采自《宫殿考古通论》）

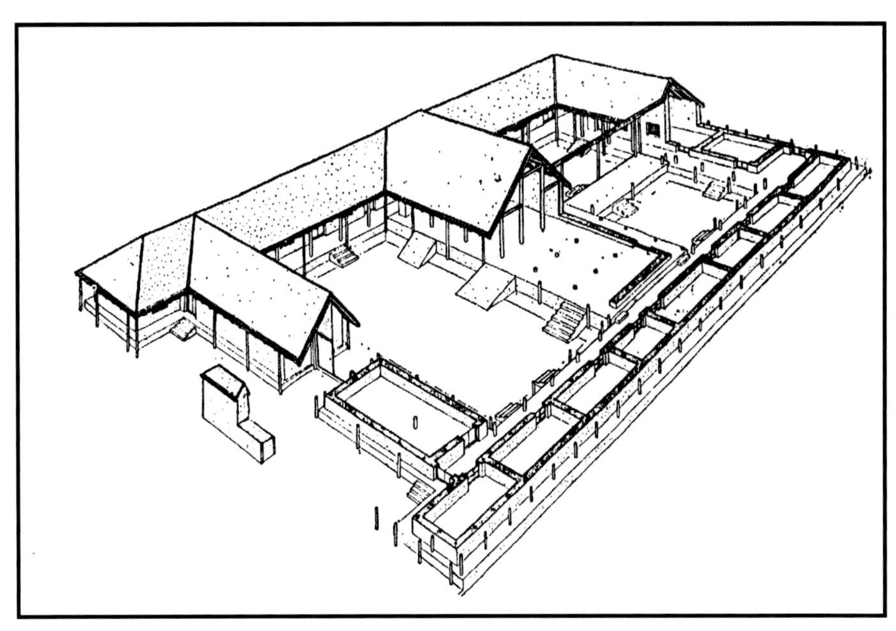

图 11-2　陕西岐山凤雏村西周宗遗址复原透视图（采自《宫殿考古通论》）

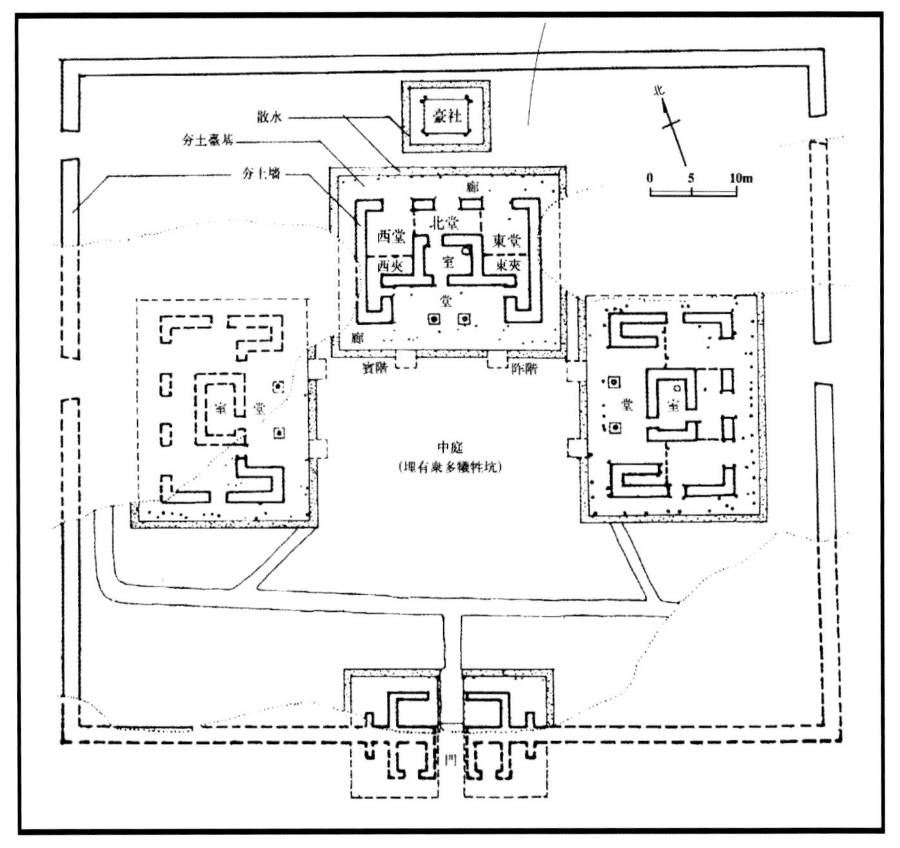

图 11-3　陕西凤翔马家庄秦国宗庙遗址平面图（采自《宫殿考古通论》）

如果说先秦时期社会组织的基本细胞还是宗族，国家是贵族国家，那么大体上秦汉及以后社会组织的基本细胞就是家，国家是皇族国家。因此贵族国家以族庙型的宗庙作为国家的标志之一，皇族国家则以家庙型的宗庙作为国家的标志之一。

秦国是中国古代社会转型中纵跨贵族国家和皇族国家的国度，从西周孝王时非子受封为诸侯，逐渐从血缘国家发展演变为统治空前广阔领土的地缘国家。在这一转折过程中，虽然“秦”这一国号未变，国家性质却发生了巨大变化。秦国的社会转型以商鞅变法为转机，而宗庙制度的彻底转型却延迟发生在秦统一中国以后。《史记•秦始皇本纪》载，秦始皇死后，秦二世下诏增设秦始皇庙，要群臣商议如何安置。群臣说：“古者，天子七庙，诸侯五，大夫三，虽万世，世不轶（迭）毁。今始皇为极庙，四海之内皆献贡职，增牺牲，礼咸备，毋以加。先王庙或在西雍，或在咸阳。天子仪当独奉酌祠始皇庙。自襄公已下轶（迭）毁。所置凡七庙，群臣以礼进祠，以尊始皇庙为帝者祖庙。”在朝臣们看来，秦帝国与原来的国家已经有了本质的不同。因而，作为国家象征的宗庙自然也就不同，不应该继续沿用过去的宗庙制度。按照他们的意见，应该把始皇庙作为秦帝国的始祖庙——“极庙”，由帝国疆域内的全体臣民“皆献贡职”，由此而体现皇权一统天下之意。始皇庙作为国庙，以后应该由“天子”亲自祭祀，而“先王之庙”依照所谓“古礼”仅保留七庙，由礼官负责祠祀。秦人为什么把祖庙分成两个体系，而把始皇庙立为“极庙”？从百官的只言片语中我们可以清楚地看出，唯有始皇庙与秦帝国紧密相关，是秦始皇建立了统一的帝国，所以始皇庙是帝国的象征，祭品要由全国贡纳。其实，群臣的这种观点或许并非“突然”产生的，如果《周礼•冬官（考工记）•匠人营国》（详见下一节）所叙述的真的是周代的制度，那么其中的“左祖右社”，就已经把帝王宗庙的建设提高到国家都城建设与制度建设的高度。这里的“祖”即宗庙，虽然仅限于建在国都，但所象征的却是“国事”，这也属于对中国古代社会“家天下”最好的诠释，也就是“家国天下”。

秦王朝的大臣们声称“古者，天子七庙，诸侯五”，但秦国祖庙的现实却是先王庙或在西雍，或在咸阳，事实上在秦诸侯国时期并不普遍存在所谓“五庙”制度或“毁庙”制度，否则就不会现在来搞“襄公已下轶（迭）毁”了。这表现出理想中的古制与自古延存下来的实际情况有着很大的差别。

秦命短祚，二世而亡，作为中国第一个大帝国的秦王朝未能彻底解决皇庙制度问题，使得随后而立的汉帝国同样面临着建庙立制的基本任务。

汉高祖刘邦建立汉朝以后，随即在帝国建立祖庙。据《汉书•韦贤传》记载，高祖曾下令诸侯王国都立太上皇——刘邦之父的宗庙，使刘家子弟皆得祭祖。因为在西汉之初，政治制度是分封制与郡县制并行。可以想象的是，刘邦当时在首都长安应该也建立了太上皇庙。刘邦的这一做法似乎成了惯例，《汉书•惠帝纪》记载，惠帝时期在长安立了刘邦的高庙之后，“令郡、诸侯王（国）立高庙”。与此同时，“尊高庙为太祖庙”，确立了皇庙制度。

《汉书•景帝纪》记载，汉景帝时，又增立了太宗庙。景帝即位初，认为他的父亲孝文帝治天下，除肉刑，赐长老，收恤孤独，以遂群生，是亘古少有的文德帝王，在先皇庙群中应占有突出的地位，特别是在祭祀的时候应增加《昭德》之舞。大臣们经过讨论，最后由丞相申屠嘉上疏道：“世功莫大于高皇帝（刘邦），德莫盛于孝文皇帝（刘恒）。高皇帝庙宜为帝者太祖之庙，孝文皇帝庙宜为帝者太宗之庙。天子宜世世献祖、宗之庙。郡国诸侯宜各为孝文皇帝立太宗之庙（此时各地已经有了太祖之庙）。诸侯王、列侯使者侍祠天子所献祖、宗之庙。”

汉宣帝也是一位好事之君，《汉书•宣帝纪》记载，他即位的第二年（公元前72年）仿效景帝尊文帝的故事，要尊他的曾祖孝武帝庙为世宗庙。他提出的理由是汉武帝北征匈奴，南平氐羌、两越，东定朝鲜，百夷率服，封泰山，立明堂，符瑞并应，功盖千古。他要求群臣议武帝庙的地位。群臣承旨，皆言当立世宗庙。唯有耿介的夏侯胜提出异议。《汉书•夏侯胜传》载，他斥责武帝“多杀士众，竭民财力，奢泰亡度，天下虚耗”，这样的皇帝怎能成为世世所宗！当然，夏侯胜无法改变皇帝的意志，反而招来“毁先帝，不道”的罪名。《汉书•宣帝纪》载，同年六月庚午，“尊孝武庙为世宗庙，奏《盛德》《文始》《五行》之舞，天子世世献。武帝巡狩所幸之郡国皆立庙。”

汉元帝是西汉第八位皇帝，依照《礼记•王制》的模式，汉代的立庙之数将要提到议事日程上来。此时长安城共八座皇庙：一座高祖刘邦的太上皇庙、七位皇帝庙。在郡国的皇庙已经累积到一百六十余座。削藩政策的实施，也使得当时的人们必然要重新考虑皇庙置于郡国是否妥当。元帝好儒，儒者好古。第一个提出庙制问题的是贡禹，据《汉书•韦贤传》，贡禹奏言：“古者，天子七庙。今孝惠、孝景庙皆亲尽，宜毁。及郡国庙不应古礼，宜正定。”

元帝非常赞赏贡禹的意见，但未及实施而贡禹卒。《汉书•韦贤传》记载，到了永光四年（公元前40年），元帝下诏：“往者，天下初定，远方未宾，因尝所亲以立宗庙。……令疏远卑贱共承尊祀，殆非皇天祖宗之意，朕甚惧焉。”诏下，群儒蜂起响应，称："立庙京师之居，躬亲承事，四海之内各以其职来助祭，尊亲之大义，五帝三王所共，不易之道也。……《春秋》之义，父不祭于支庶之宅，君不祭于臣仆之家，王不祭于下土诸侯。臣等愚以为宗庙在郡国宜无修，臣请勿复修。"据《汉书•元帝纪》记载，这年冬十月乙丑，"罢祖宗庙在郡国者"，第一次中止郡国立皇庙。大约过了一个月，元帝又下诏毁亲尽之祖庙："盖闻明王制礼，立亲庙四，祖宗之庙万世不毁。"所谓"亲尽之祖庙"，就是当今皇帝的超过了七代的直系祖庙。

又据《汉书•韦贤传》记载，在廷议过程中，大臣们分成四派：一种意见认为，太祖（刘邦）庙万世不毁，再保留宣帝、悼皇考（宣帝生父刘进）、昭帝、武帝四庙，应毁掉太上皇、惠帝、文帝、景帝四庙；第二种意见认为，文帝之庙不宜毁；第三种意见认为，武帝之庙不宜毁；第四种意见认为，悼皇考庙不在昭穆序列，宜毁。大臣们久议难决，拖延了近一年，元帝下诏议决，丞相韦玄成等人奏："今高皇帝为太祖，孝文皇帝为太宗，孝景皇帝为昭，孝武皇帝为穆，孝昭皇帝与孝宣皇帝俱为昭，皇考庙亲未尽。太上、孝惠庙皆亲尽，宜毁。"这次宗庙制度的确立，史称"永光改制"。自此，西汉第一次实施了七庙制度和毁庙制度。

永光改制一年多，元帝久病不愈，且梦见先祖谴责他罢郡国庙。皇弟楚孝王也同梦。此后，元帝连病数年，以致他认为这是祖先对他的惩罚，惶恐之下恢复了旧制。第一次宗庙制度改革仅行数年便夭折了。

汉成帝即位后，宰相匡衡奏请恢复七庙制度，得到皇帝批准。然而，成帝亦因无继嗣之故，不久再次恢复旧制。哀帝即位后，自然又碰到庙制难题。以丞相孔光、大司空何武为代表的一派认为，应继续执行永光改制的规定，孝武皇帝亲尽，庙宜毁。以太仆王舜、中垒校尉刘歆为代表的另一派认为，武帝功盖前人，不宜毁庙。不仅如此，《汉书•韦贤传》载，刘歆还声称"圣人于其祖，出于情矣，礼无所不顺，故无毁庙。"从根本上否定毁庙之制。

汉平帝元始年间，大司马王莽上书，认为悼皇考庙本不当立，孝文太后南陵、孝昭太后云陵园应罢为县。后遂施行。总之，自元帝以后至西汉末，围绕庙制改革一波三折，群儒相争，依违两难。造成此种现状的原因，班彪认为是"礼文缺微，古今异制，各为一家，未易可偏定也。"

据《汉书•王莽传》记载，王莽立新朝后在长安城南为自己家族建了"九庙"。与"七庙"相比多出 2 个，是因为王莽把黄帝和舜帝视为其远祖，名"太初祖"和"始祖"。"王莽九庙"已经在 20 世纪 50 年代末被挖掘，但在同一个区域内却出现了 12 组建筑遗址，呈四、三、四、一，中轴对称排列。其中呈“四、三、四”排列的 11 组建筑，中央为四角凸出的方形夯土台（同明堂辟雍），边长约 55 米。四面有围墙，边长约 270 米，中央辟门，围墙四角内有曲尺形平面配房。最南面的第 12 组建筑夯土台的边长比前面的长出约 1 倍。在这组建筑群的东西尚有辟雍和明堂两组建筑。

“十二庙”比“九庙”实际上又多出 3 个，原考古挖掘者黄展岳先生认为，多出的 3 个庙的庙主，可能是王莽自认为的另外三个远祖：帝喾、田和（齐国国君）、田健（齐国亡国之君）。顾颉刚先生认为多出的 3 个，可能是王莽为自己和后世有功德的子孙所预留的。这两种观点仅仅是推测（图 11-4）。

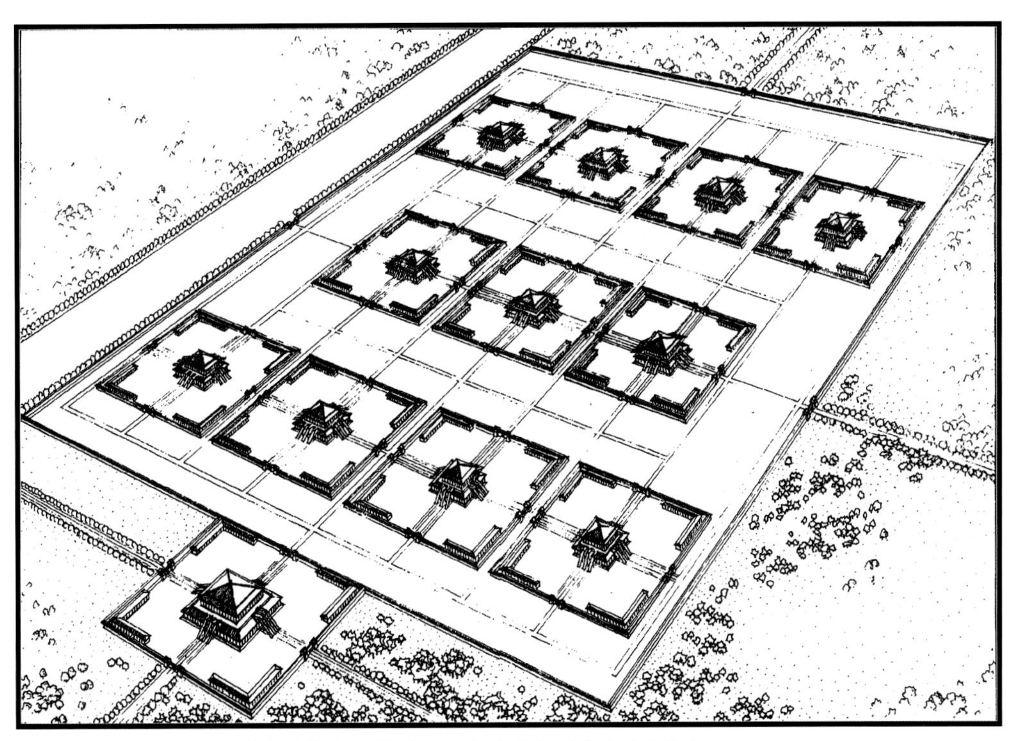

图 11-4　西汉长安“王莽九庙”复原鸟瞰图（采自《宫殿考古通论》）

东汉刘秀政权继兴于王莽新朝之后，这个政权具有特殊的两面性：一方面刘秀“平乱除暴”建天下，具有新兴国家的色彩；另一方面刘秀出自景帝，是汉高祖的后代，可以说是刘氏汉家天下的延续。为了名正言顺地统治天下，刘秀建国的第二年（公元 26 年）就立高庙于洛阳，奉高帝刘邦为太祖、文帝刘恒为太宗、武帝刘彻为世宗，依时祭祀，其余诸帝也奉祀如故。与此同时，刘秀又立其父、祖之庙。到建武十九年（公元43年），战事逐渐平息，祖庙问题又提到日程上来。《后汉书·张纯传》记载，五官中郎将张纯、太仆朱浮上奏："陛下兴于匹庶，荡涤天下，诛锄暴乱……虽实同创革，而名为中兴。宜奉先帝，恭承祭祀者也。"但《后汉书·祭祀志》载大司徒等人提议："宜奉所代，立平帝、哀帝、成帝、元帝庙，代今亲庙。"

光武帝刘秀参照群臣意见，最后裁定在洛阳太庙合祭高祖、文帝、武帝、宣帝、元帝，在长安太庙合祭高祖、成帝、哀帝、平帝，光武帝的生父南顿君等四祖迁入陵园，由所在郡县负责祭祀。建武二十六年又决定依制将惠、景、昭三帝庙主移入太庙行"殷祭"。光武帝死后，建世祖庙。东汉的第二位皇帝明帝临终遗诏，他死后不另立庙，《后汉书·郊祀志》载，"藏主于世祖庙"，并要"后帝承尊，皆藏主于世祖庙"。

到了汉灵帝时，《后汉书·祭祀志》载："京都四时所祭高庙五主，世祖庙七主，少帝三陵，追尊后三陵，凡牲用十八太牢。"

从以上可以看出，东汉实际上推行的是人们称之为"袷"的合祭制度，除设高祖、世祖两皇祖庙外，别不立庙。因此，东汉时并无立庙、毁庙之争。历史上真正的"天子七庙"制度就此完结。

第二节　理论上的"天子七庙"时期

天子宗庙的政治意义在于宣示天子的统治地位既为"上遂之愿"的眷顾，亦为承传于祖先的衣钵，但从统治"技巧"的根本讲，"膺受天命"这一点在郊祀、封禅和明堂等祭祀活动中更突出，所以宗庙的功能更多地体现在皇家内部，体现在皇家内部由谁来主祭，从而由谁来秉持国家政权上。

大秦帝国以始皇庙为"极庙"的理论并未来得及完全实施，西汉初期的皇庙制度虽然继承了这一理论，但在汉元帝时便终止了，东汉及以后的宗庙比周制记载的"天子七庙"更集中与简化。魏晋继承了东汉的合祭制度，虽然还言"七庙"，但实际做法是由每庙一主变为一庙多室、每室一主的形制。魏有四室，晋为七室，东晋增至十室至十四室，亲尽则祧迁。又在庙内两厢别立夹室储放已祧神主。至唐朝，为一庙九室，最多时增为十一室（图11-5）。

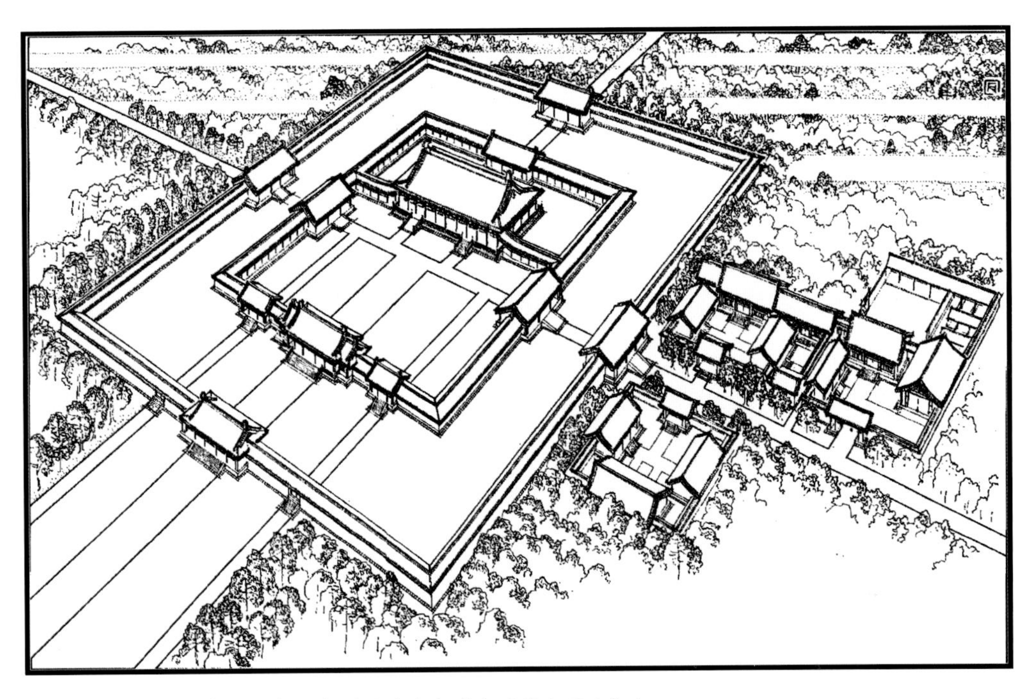

图 11-5　东魏邺城高欢庙复原鸟瞰图（采自《宫殿考古通论》）

《旧唐书·志·礼仪》还讲到了："修七祀于太庙西门内之道南：司命、户以春，灶以夏，门、厉以秋，行以冬，中溜则于季夏迎气日祀之。"就是天子的"七祀"之地离太庙不远。

《宋史·志·礼》详细讲解了宗庙的变化："兵部尚书张昭等奏：'谨案尧、舜、禹皆立五庙，盖二昭二穆与其始祖也（不知依据何）。有商建国，改立六庙，盖昭穆之外，祀契与汤也。周立七庙，盖亲庙之外，祀太祖与文王、武王也。汉初立庙，悉不如礼。魏、晋始复七庙之制，江左相承不改。然七庙之室，隋文但立高、曾、祖、祢四庙而已。唐因立亲庙，梁氏而下，不易其法……，太平兴国二年，有司言：'唐制，长安太庙，凡九庙，同殿异室。其制：二十一间皆四柱，东西夹室各一，前后面各三阶，东西各二侧阶。本朝太庙四室，室三间。今太祖升祔（fù），共成五室，请依长安之制，东西留夹室外，余十间分为五室，室二间。'从之。"

以后元、明、清亦沿袭一庙九室并另立祧庙之制。明清立祧庙于正庙殿后。

至于太庙的位置，《周礼·冬官（考工记）·匠人营国》说："左祖右社，面朝后市。""左祖右社"是对皇宫而立言，"左祖"指的是皇宫的左边（东边）为太庙，"右社"指的是皇宫的右边（西边）为社稷坛。

《周礼》为儒家经典之一。其书晚出，西汉时河间献王刘德始得之，因列于诸经之中。由于是晚出，遂引起真伪的争辩。大多认为作于周初，只是后来不免有所羼入。《周礼》分叙《天官》《地官》《春官》《夏官》《秋官》《冬官》六篇，这些“官”为后世政府六部的前身，即吏部天官大冢宰、户部地官大司徒、礼部春官大宗伯、兵部夏官大司马、刑部秋官大司寇、工部冬官大司空。其中《冬官》早已缺失，汉儒取性质与之相似的《考工记》补其缺。

《考工记》中备载百工所作所为，都城的建设为一代大典，也在撰述之中。其中的《匠人营国》就是为此而作，所说的国就是都城。《考工记·匠人营国》说：“匠人营国，方九里，旁三门。国中九经九纬，经涂九轨，左祖右社，面朝后市，市朝一夫。夏后氏世室，堂修二七，广四修一，五室，三四步，四三尺，九阶，四旁两夹，窗，白盛，门堂三之二，室三之一。殷人重屋，堂修七寻，堂崇三尺，四阿重屋。周人明堂，度九尺之筵，东西九筵，南北七筵，堂崇一筵……”

《周礼·春官·典命》说：“上公九命为伯，其国家、宫室、车旗、衣服、礼仪皆以九为节；侯伯七命……；子男五命……”。郑玄注说：“公之城盖方九里，侯伯之城盖方七里，子男之城盖方五里。”鉴于周朝有着严格的等级制度，解读这一段话可以看出，王城的边长应该还大于“九里”。《周礼·春官·典命》贾公彦疏说天子的都城据说为方十二里。

《考工记·匠人营国》提到的数字或与数字有关的称谓，应该作换算。“方九里”，就是四面见方，每面9里的意思。《春秋谷梁传·宣公十五年》说周代1里为300步，《论语》马融注引《司马德》说1步为6尺，那么1里应为1800尺。世传周代铜尺7种，长度22.5厘米至23.1厘米不等；骨尺1种，长21.92厘米；缕牙尺长23厘米。据战国中期的青铜器“商鞅方升”测算，晚周1尺当为23.1厘米。据《隋书·律历志》的记载推算，亦当为23.1厘米。如果以1尺为23.1厘米计算，则9里之长应为3742.2米。匠人所营之国四面见方，则周长应约为15000米，即15公里。

周人迁都频繁。传说周远祖名“公刘”，其祖先为弃，而弃是帝喾之子。公刘始迁于豳（bīn，在今陕西省旬邑县西南），古公亶父又迁于周原（陕西省宝鸡市的岐山与扶风），文王迁丰，武王迁镐，后来平王复迁于洛邑。《诗·大雅·公刘》就是为歌颂远祖公刘迁都而写作的诗篇。公刘为了选择都城的所在地，于山川、原野、土壤、流泉各方面都做了细致的观察和衡量，因而这篇诗确实成了少有的大块文章。不过诗中并未具体涉及都城的建置。古公亶父迁于周原，也是早周的一宗大事，诗人也为之撰写诗《绵》为之歌颂。古公亶父为了能够在周原立家室，使得“百堵皆兴”，还建置皋门和应门。据说皋门是王的郭门，应门是王的正门。而且还立了冢土，即社。

但是这座都城究竟有多大，却未见稍一涉及。

考古发现显示，从周初到战国时期的各种城池中，城市遗址与《考工记·匠人营国》所描述的几乎没有相符的。极少部分相符的内容只有如下几例：

建于西周初期鲁国的曲阜城和建于战国时期魏国的安邑城，宫殿区都在城内的中部，仅这一点和《考工记·匠人营国》的规定是相符合的。

建于春秋晚期或春秋战国之交的楚国的郢都（纪南城），其西城墙的北边的城门有三个门道，中间的门道比两侧的宽一些。这和《考工记·匠人营国》所说的“经涂九轨”是基本相同的，因为“经涂九轨”的三个门道的宽窄都是一样的。

曲阜与临淄城的周长与洛邑相当。齐国是姜子牙的封地，鲁国是周公的封地，齐鲁两国论功论亲，皆居诸侯之国的上乘，其都城的广狭虽间有差异，却都合乎《周礼》的规定，未尝稍有逾越。可是齐临淄城和鲁曲阜城的周长竟都和周王城相仿，这不可能是齐鲁两国的僭越，而更可能是周平王仓卒迁徙，未能扩大成周王城。

根据以上情况，可以说《考工记·匠人营国》大概率地并非早在西周初年就已规定的立国制度，甚至周室东迁之后，也还没有这样的具体规定，充其量也只是一种理想的规划形式。只是在封建社会的中后期，这种理想的规划布局方式才被付诸实践，并被体现得淋漓尽致。明清时期的紫禁城与“左祖右社”的位置关系，才是这种理想的规划思想与方式最完美的实例。

北京太庙

北京太庙位于紫禁城东侧，是明清两朝皇帝祭祀祖先的家庙即宗庙，主要建筑始建于明永乐十八年（公元 1420 年），嘉靖二十三年（公元 1544 年）改建。此后于清朝顺治八年、乾隆四年屡次修葺与扩建。太庙在明朝时归内府神宫、清朝时归太常寺管理。明清两朝每逢新皇帝登基，或有亲政、大婚、上尊号、徽号、万寿、册立、凯旋、献俘，奉安梓官，每年四孟及岁暮等，均需告祭太庙。太庙建筑群平面呈长方形，南北长 475 米、东西宽 294 米，共有三重围墙，由前、中、后三大殿构成三层封闭式庭院。原最外层正门设于天安门后面内御路东侧，称“太庙街门”，是皇帝祭祀太庙时所走之门。该门与天安门内御路西侧社稷坛正门相对称。现太庙在对外开放后，正门改设为长安街上劳动人民文化宫的正门。

太庙中轴线的南端为五彩琉璃门，嵌于太庙中垣庙墙南面正中，始建于明代。形制为三间七楼牌坊式，正楼三间，下为拱门三道。黄琉璃瓦顶，檐下黄绿琉璃斗拱额枋。朱红墙下为汉白玉须弥座。正门两侧各有方门一道。琉璃门之北为神厨与神库（图 11-6 ～图 11-9）。

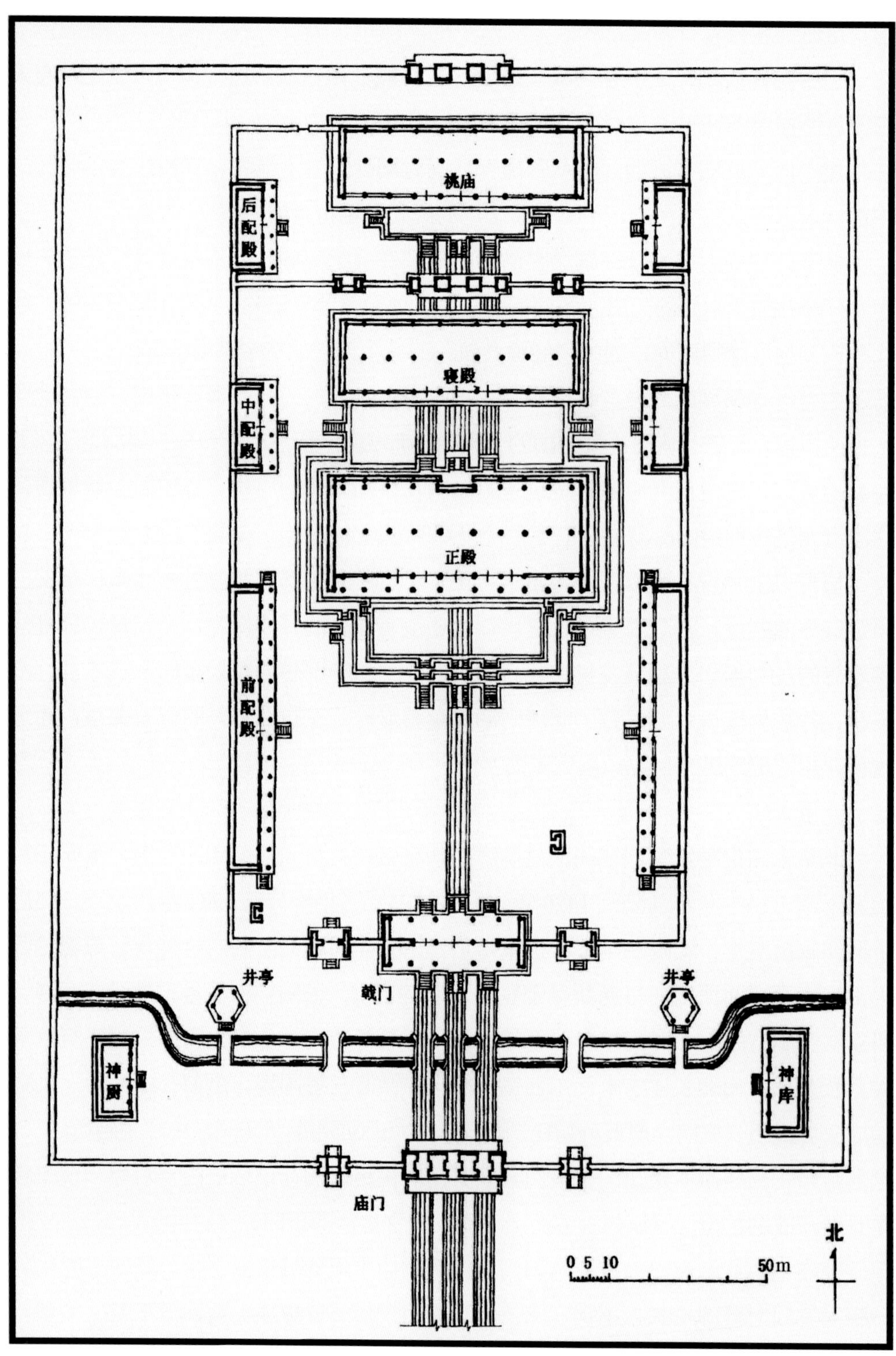

图 11-6　北京太庙平面图

图 11-7　北京太庙五彩琉璃门

图 11-8　北京太庙透过五彩琉璃门北望戟门

图 11-9　北京太庙五彩琉璃门背面

再北为玉带河与戟门桥，始建于明代，乾隆年间引故宫御河水于此，并对原桥进行改建，形如玉带，故又称“玉带桥”。桥宽 8 米，为七座单孔石桥，两侧有汉白玉护栏，龙凤望柱交替排列。中间一座为皇帝走的御路桥，两边为王公桥，次为品官桥，边桥两座供常人行走。桥北面东、西各有一座六角井亭。

戟门桥的正北为戟门，建于明朝，五开间，黄琉璃瓦单檐庑殿顶，屋顶起翘平缓，檐下斗拱用材硕大，汉白玉绕栏须弥座。当中三间均为前后三出陛，中阶九级，左右则各七级。该建筑是太庙始建后唯一没有经过改动的重要建筑，是明初官式建筑的重要代表。门外原有木制小金殿一座，为皇帝临祭前更衣工蘯盥盟洗之处。按最高等级的仪门礼制，门内外原有朱漆戟架 8 座，共插银镦红杆金龙戟 120 支，1900 年被入侵北京的八国联军全部掠走。戟门两侧各有一旁门。北稍东与西南方各有一座黄砖燎炉，专为焚烧祝帛而设（图 11-10）。

图 11-10　北京太庙戟门

戟门北面正对为享殿，又名“前殿”，是明清两代皇帝举行祭祖大典的场所，亦是整个太庙的主体建筑。始建于明永乐十八年（公元 1420 年），后虽经明清两代多次修缮，但基本保持明代形制。黄琉璃瓦重檐庑殿顶，面阔十一间 68.2 米、进深六间30.2米，坐落在三层汉白玉须弥座上，殿高32.46米。殿内梁栋饰金，地设金砖，68根大柱及主要梁架为金丝楠木，是我国现存规模最大的金丝楠木宫殿。殿内陈设金漆雕龙雕凤帝后神座及香案供品等。祭前先将祖先牌位从寝殿、祧庙移至此殿神座安放，然后举行隆重的仪式。

享殿两侧各有配殿十五间，东配殿始建于明朝，黄琉璃瓦单檐歇山顶，殿前出廊，廊柱上端卷收并向内倾斜，屋檐起翘平缓，是典型的明代官式建筑。殿内供奉配享皇族有功亲王的牌位。清代供奉13人，如代善、多尔衮、多铎、允祥、奕䜣等。每间设一龛，内置木制红漆金字满汉文牌位。西配殿也始建于明代，殿内供奉配享功臣牌位。

享殿之北为寝殿，始建于明朝，黄琉璃瓦单檐庑殿顶。面阔九间62.31米，进深四间20.54米，殿内正中室供太祖，其余各祖分供于各夹室。各夹室内陈设神椅、香案、床榻、褥枕等物，牌位立于褥上，象征祖宗起居安寝（图11-11 ~ 图11-13）。

图11-11　北京太庙享殿

图 11-12　北京太庙享殿及月台

图 11-13　北京太庙享殿与寝殿之间

再北为祧殿门，五开间。其北即为祧殿，始建于明弘治四年（公元 1491 年），黄琉璃瓦单檐庑殿顶，面阔九间 61.99 米、进深四间 20.33 米。殿内陈设如寝殿，供立国前被追封的帝后神牌。此殿自成院落，四周围以红墙。

太庙西北还有一门，始建于明代，清代改建。据说清代雍正皇帝为确保安全，到太庙祭祖不走太庙街门，而从此门进入，形成内、外两门，并且建筑高墙，以防刺客。乾隆皇帝六十岁以后，为减少劳累，改由此门乘辇而入，故又称“花甲门”。原门及墙已不存在。现门黄琉璃瓦单檐庑殿顶，为近代改建。

第三节 先贤与宗族祠庙的演化

一、华夏共祖、远祖、功臣等庙主与祠庙

礼制文化是中国传统文化最核心的内容，与吉礼相关的祭祀活动本意的重点即是宣教、暗示，这就需要大众的广泛参与，在潜移默化中接受“暗示力”的影响，只是在类型和规模上受到严格的等级限制，这种限制本身也属于“暗示力”极其重要的内容。在上一节中阐述与介绍的“王（天子）七庙、诸侯五庙、大夫三庙、适士两庙、官师一庙”等，就属于礼制文化中祭祀之礼的等级性差异，而民间集资建立供奉与祭祀先贤等的祠庙等一般不受限制，并有可能受到官府的资助，甚至有些官府也出资兴建并参与祭祀活动等。

在《国语•鲁语上》中记载了春秋时期鲁国士师、掌管法典刑狱的展禽（柳下惠）的一段议论，说明什么样的神祇与先贤等才应该受到祭祀：“海鸟曰‘爰居’，止于鲁东门之外二日，臧文仲（春秋时期鲁国司寇）使国人祭之。展禽曰：‘越哉，臧孙之为政也！（译为白话文就是“臧孙施政，失了分寸啊！”）夫祀，国之大节也。而节，政之所成也。故慎制祀以为国典。今无故而加典，非政之宜也。夫圣王之制祀也，法施于民则祀之，以死勤事则祀之，以劳定国则祀之，能御大灾则祀之，能捍大肆患则祀之。非是族也，不在祀典。昔烈山氏之有天下也，其子曰‘柱’，能殖百谷百蔬；夏之兴也，周弃继之，故祀以为稷。共工氏之伯九有也，其子曰‘后土’，能平九土，故祀以为社。黄帝能成命百物，以明民共财，颛顼能修之。帝喾能序三辰（日、月、星）以固民，尧能单均刑法以仪民，舜勤民事而野死，鲧障洪水而殛死，禹能以德修鲧之功，契（xiè，商的祖先，传说是舜的臣）为司徒而民辑，冥（商人的远祖，王亥的父亲）勤其官而水死，汤以宽治民而除其邪，稷（周始祖）勤百谷而山死，文王以文昭，武王去民之秽。故有虞氏禘黄帝而祖颛顼，郊尧而宗舜；夏后氏禘黄帝而祖颛顼，郊鲧而宗禹；商人禘舜而祖契，郊冥而宗汤；周人禘喾而郊稷，祖文王而宗武王；幕，能帅（继承）颛顼者也，有虞氏报焉；杼，能帅禹者也，夏后氏报焉；上甲微，能帅契者也，商人报焉；高圉、大王，能帅稷者也，周人报焉。凡禘（祭祀远祖的祭礼）、郊、宗、祖、报（报答恩德的祭礼），此五者国之典祀也。

加之以社稷山川之神，皆有功烈于民者也。及前哲令德之人，所以为盲质也；及天之三辰，民所以瞻仰也；及地之五行，所以生殖也；禁九州岛名山川泽，所以出财用也。非是不在祀典。’”

展禽的这段议论，表明了应该被后人祭祀的先贤等以及其他神祇的标准。礼制文化产生的时间上限早于新石器时代，历史记载较详细的内容始于周代。虽然周文王和周武王不是后世朝代的祖先，但因周礼在中国古代社会有着崇高的地位，所以即使在后世朝代，也有祭祀他们的活动。由此还可推至更远的“先王”，伏羲、炎帝、黄帝、颛顼、帝喾、尧、舜、禹等都是这类人物的重要代表，只是这类“先王”多与“神”始终保持着若即若离的关系，也就有着半人半神的属性。在帝王家，他们受祭于坛或庙，并以其他神祇和先祖陪祀。例如《明史•志•吉礼•三皇》载：

“明初仍元制，以三月三日、九月九日通祀三皇。洪武元年（公元 1368 年），令以太牢祀。二年，命以句芒（春神、木神）、祝融（火神）、风后（风神，也是传说中黄帝的大臣）、力牧（传说中黄帝的大臣）左右配，俞跗、桐君、僦贷季、少师、雷公、鬼臾区、伯高、岐伯、少俞、高阳十大名医从祀（均为传说中黄帝时代甚至更早的名医，又多为黄帝之臣）。仪同释奠。四年，帝以天下郡邑通祀三皇为渎。礼臣议：‘唐玄宗尝立三皇五帝庙于京师。至元成宗时，乃立三皇庙于府州县。春秋通祀，而以医药主之，甚非礼也。’帝曰：‘三皇继天立极，开万世教化之原，汩（gǔ，埋没）于药师可乎？’命天下郡县毋得亵祀。

（明武宗朱厚照）正德十一年（公元1516年），立伏羲氏庙于秦州。秦州，古成纪地（位于今甘肃省天水市境内），从巡按御史冯时雄奏也。嘉靖间，建三皇庙于太医院（位于今北京东交民巷一带）北，名‘景惠殿’。中奉三皇及四配。其从祀，东庑则僦贷季、岐伯、伯高、鬼臾区、俞跗、少俞、少师、桐君、雷公、马师皇、伊尹、扁鹊、淳于意、张机十四人，西庑则华佗、王叔和、皇甫谧、葛洪、巢元方、孙思邈、韦慈藏、王冰、钱乙、硃肱、李杲、利完素、张元素、硃彦修十四人。岁仲春、秋上甲日，礼部堂上官行礼，太医院堂上官二员分献，用少牢。复建圣济殿于（大）内（现故宫东华门内文渊阁位置），祀先医，以太医官主之。二十一年，帝以规制湫隘（狭窄），命拓其庙。”

上文中说唐玄宗开始立三皇五帝庙（这一结论并不确切），到了明朝，三皇又有了新的身份——“医祖”。皇家把三皇放在太医院的先贤庙内祭祀，是因为在“文献的历史”的“创造”中，三皇特别是黄帝，也是医药的发明者（参见第四章第一节中的相关内容）。除此之外，三皇也受祀于明朝建于北京的历代帝王庙中。

孔子是儒家思想划时代的发展者、总结者、宣扬者，也是儒家的精神领袖；萧何辅佐刘邦立国，名列功臣第一，西汉建立后，又担任丞相至死；诸葛亮辅佐过两代蜀主，鞠躬尽瘁，死而后已；萧何与诸葛亮不仅忠义而且贤良，是古代贤相的代表；姜尚（姜子牙）辅佐周灭商，关羽和岳飞都是历史上武艺超群的武将，他们在行为上符合忠与义的儒家道德规范。因孔子、萧何、诸葛亮、姜尚、关羽、岳飞等都是非皇家血统的圣人楷模，故在他们身后的不同朝代，会设有文圣庙以祭奠孔子，萧何祠以纪念萧何，武侯祠以祭奠诸葛亮，武圣庙以祭奠姜尚（唐宋）、关羽（明清）、岳飞（清之前）等。甚至在汉及以前时期，蚩尤曾被尊为战神而受到祭祀，例如，《史记·高祖本纪》记载，在刘邦决定领头起事反秦之初，便“祠黄帝，祭蚩尤于沛庭”。

孔子的仕途可以说是多舛，虽然在鲁国早年做过大司寇、代相，后来被“暗逐”出鲁国，年老回国后也从未真正受到国君的礼遇，但仅在他去世一年后，孔府故居便被鲁国国君提格为庙了。后世先贤祠庙中以文圣庙地位最高，特别是在政府官学中，大多必会建有文圣庙，并以供奉孔子的殿堂为主殿（大成殿）。另外，在文圣孔子以下，还有孟子（亚圣）、曾子、颜回庙等（图 11-14 ～图 11-18）。

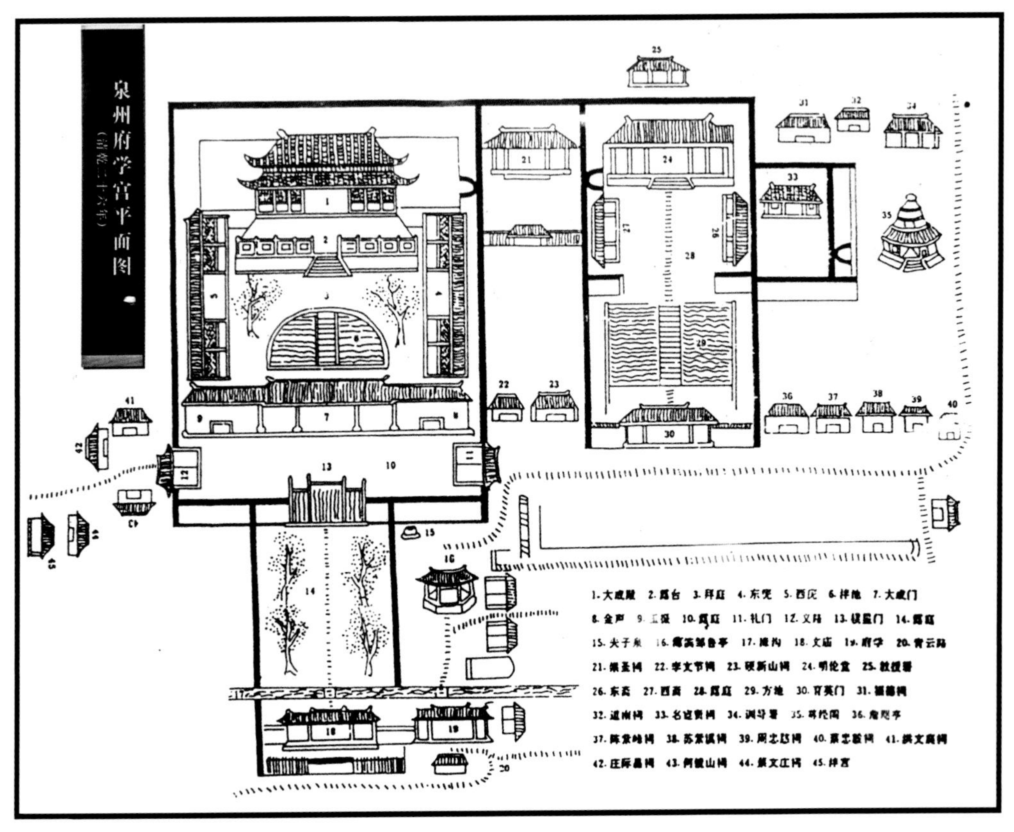

图 11-14　泉州府学宫平面图

图 11-15　泉州府学西庑与泮池

图 11-16　泉州府学大成殿

图 11-17　泉州府学大成殿内景

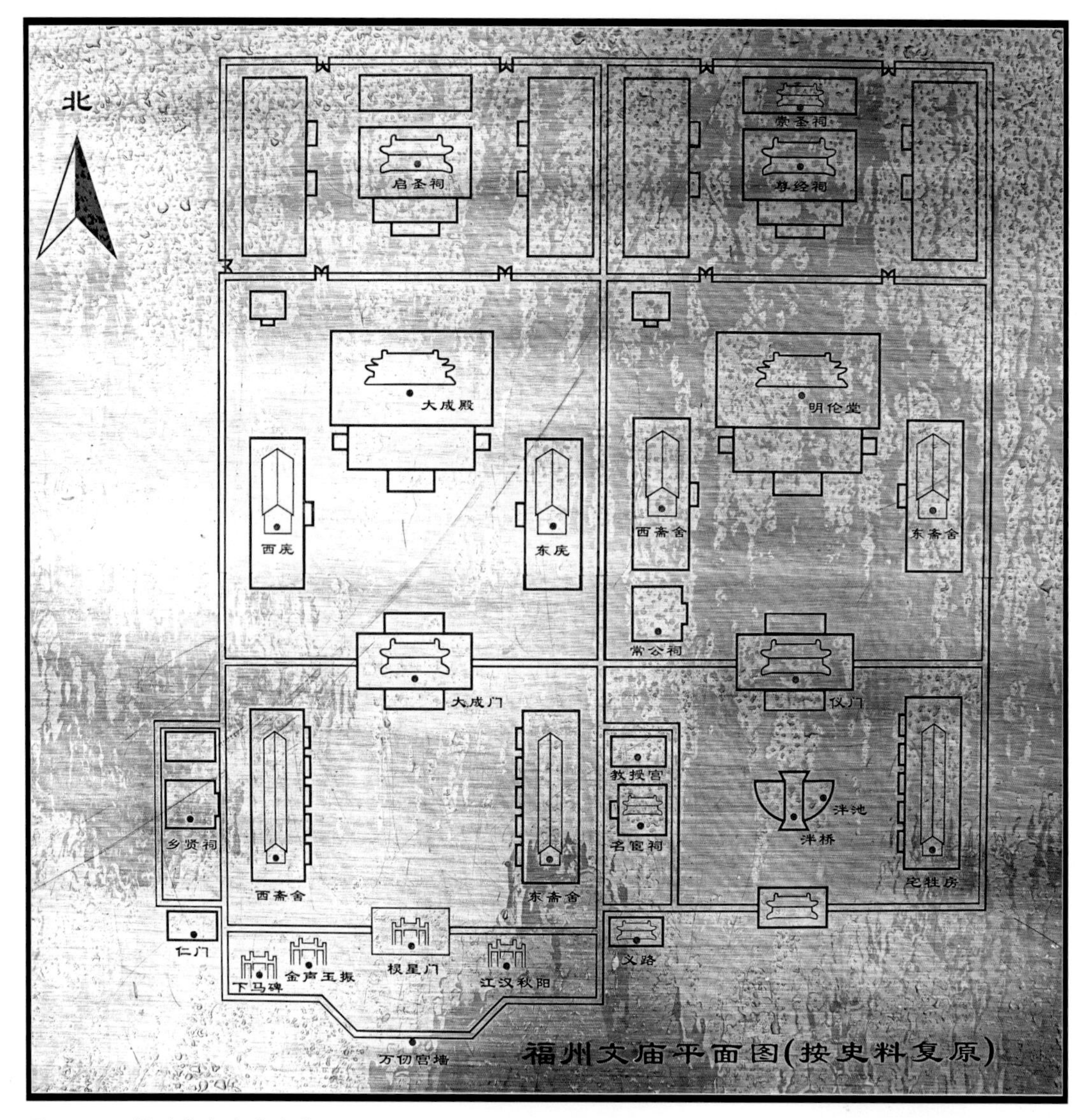

图 11-18　福州市文庙平面图

西汉（汉武帝及以后时期）是中国历史中第二个以皇权为核心的中央集权国家。在刘邦的起义大军初入咸阳时，是萧何急如星火地赶往秦丞相御史府，让人将秦朝有关国家户籍、地形、法令等图书档案一一进行清查，分门别类登记造册收藏起来。《史记·萧相国世家》说：“汉王所以具知天下隘塞，户口多少，强弱之处，民所疾苦者，以何具得秦图书也。”这也与秦始皇的“焚书坑儒”、当时刘邦的“欲止宫休舍”、其他“诸将皆争走金帛财物之府分之”，以及后来项羽“屠烧咸阳秦宫室，所过无不残破”等行为形成了鲜明的对比。在西汉政权的建立初期，萧何以秦法为参照，制定了《九章律》，并主张“无为而治”。在之前楚汉相争的中后期和之后刘邦剿灭异姓王陈豨、黥等的战争中，又都是萧何坐镇关中，依靠他办事精明，施政有方，颁布利民法令，恢复农业生产，建立了稳固的后方，为前线的刘邦不断地输送军士和粮草……在萧何去世后曹参任丞相时期，还沿用萧何制定的治国方略，“萧规曹随”。司马迁评价说：“萧相国何于秦时为刀笔吏，录录（即碌碌）未有奇节。及汉兴，依日月之末光，何谨守管籥（yuè，钥匙），因民之疾法，顺流与之更始。淮阴、黥布等皆以诛灭，而何之勋烂焉。位冠髃（yú，肩骨）臣，声施后世，与闳夭、散宜生（均为西周开国功臣）等争烈矣。”正是由于萧何在汉朝的建立过程中功高志伟，不仅在关中地区多地建有萧何祠，在以后朝代的衙署中，多建有“衙神庙”，把萧何作为“衙神”供奉。

诸葛亮既为一代贤相又为蜀汉后期的实际掌权者，在他去世后，“黎庶追思”，纷纷要求立庙祭祀。公元 263 年，蜀汉朝廷在陕西勉县定军山下的武侯墓旁，修建了第一座祭祀诸葛亮的祠庙。此后陕西、山东、湖北、湖南、河南、四川、云南、贵州、浙江、甘肃等地也相继修祠建庙，加以缅怀。其中四川省历史上曾修有 30 座、贵州省曾修有 18 座。目前作为文物保护单位保存下来的，除了成都武侯祠外，全国还有 11 座，这些建祠的地方都与诸葛亮的历史足迹有关。例如：湖北襄樊市襄阳城西 13 公里处的古隆中，据说是诸葛亮年轻时的隐居之地；湖北蒲圻县南屏山，传说是诸葛亮借东风的地方；河南南阳市西郊的卧龙岗，相传是诸葛亮早年躬耕之地；四川奉节县白帝城，是刘备临终托孤之地；甘肃礼县的祁山，曾是诸葛亮领兵伐魏的营地和战场；陕西岐山县的五丈原，是诸葛亮病逝的地方；云南保山市，相传诸葛南征、追击孟获到此；山东临沂市沂南县，是诸葛亮的故里。另外，浙江兰溪市的诸葛镇，有三千多诸葛姓氏子孙聚居于此，明朝时期即建有大公堂和武侯祠，至今保存完好。

贤相庙除萧何、诸葛亮外，还有张良等祠庙。另外，在地方公署的监狱内一般还会有“狱神庙”，供奉的是皋陶，即是与尧、舜、禹齐名的“上古四圣”之一，传说曾经被舜任命为掌管刑法的“理官”（图 11-19）。

图 11-19　汉中留坝县张良庙正殿

在中国历史上具有武圣地位的先贤，除蚩尤、姜尚、关羽、岳飞外，还曾有春秋时期的孙武、战国时期的吴起和传说中的钟馗等。如唐肃宗曾追封姜尚为武成王，宋真宗又追封姜尚为昭烈武成王，但在汴梁城内也有吴起庙。清朝之前，武圣岳飞在民间的地位很高，岳王庙也是遍布全国。但因他的主要事迹是抗击金女真族的入侵，因此在清朝建立以后，统治者曾全力压制岳飞在民间的影响力，作为消除反清意识的重要举措之一。如，有关岳飞的《说岳全传》等小说被全面禁毁，同时开始全力拔高关羽的形象，以关羽全面替代岳飞。除城市中有较大的武圣关羽庙外，一般在城门关隘之内都会有一座较小的武圣关羽庙，以期武圣护佑。另外，武圣关羽以下还有张飞、赵云等庙。

历朝历代一般也有为祭祀当代功臣而修建的忠烈祠、功臣庙等，如《明史·志·吉礼·功臣庙》：

“太祖既以功臣配享太庙，又命别立庙于鸡笼山。论次功臣二十有一人，死者塑像，生者虚其位。正殿：中山武宁王徐达、开平忠武王常遇春、岐阳武靖王李文忠、宁河武顺王邓愈、东瓯襄武王汤和、黔宁昭靖王沐英。羊二，豕二。西序：越国武庄公胡大海、梁国公赵德胜、巢国武壮公华高、虢国忠烈公俞通海、江国襄烈公吴良、安国忠烈公曹良臣、黔国威毅公吴复、燕山忠愍侯孙兴祖。东序：郢国公冯国用、西海武壮公耿再成、济国公丁德兴、蔡国忠毅公张德胜、海国襄毅公吴桢、蕲国武义公康茂才、东海郡公茅成。羊二，豕二。两庑各设牌一，总书‘故指挥千百户卫所镇抚之灵’。羊十，豕十。以四孟岁暮，遣驸马都尉祭。

初，胡大海等殁，命肖像于卞壶、蒋子文之庙。及功臣庙成，移祀焉。永乐三年，以中山王勋德第一，又命正旦、清明、中元、孟冬、冬至遣太常寺官祭于大功坊之家庙，牲用少牢。”

以上先贤祠庙代表了先贤祠庙最基本的类型。庙主的生前事迹堪为人间的楷模，具体体现了仁、义、礼、智、信、忠、孝、悌、节、恕、勇、让等，所以在这里“宣讲”的内容也是礼制文化中最为正面的内容。

另外，笔者在第九章中阐述与介绍过，历史上也有很多先贤庙最终转化成为城隍庙的情况。更为有趣的是，有些其他功能的建筑会与先贤庙相结合，衍生出复杂的意义与功能。如，原本为祭祀武圣关羽而设置的关帝庙的主要形式与内容，也被很多建造于清朝盛年的商业性的会馆所吸纳，这些会馆本为方便商贾在异地中转、聚会、议事等而设置，但行商者以“义”字当先的理念和关羽以“忠义”为表率的礼教内容相吻合。同时，行商者在外远离故土，又必须防范匪盗、团结互助行事，在心理与形式上也要祈求武圣关羽在阴间的护佑，这就是后者在形式与内容上模仿前者的原因。正是由于两者的相似性，在有些地方也便直呼这类会馆为关帝庙了（图 11-20 ~图 11-25）。

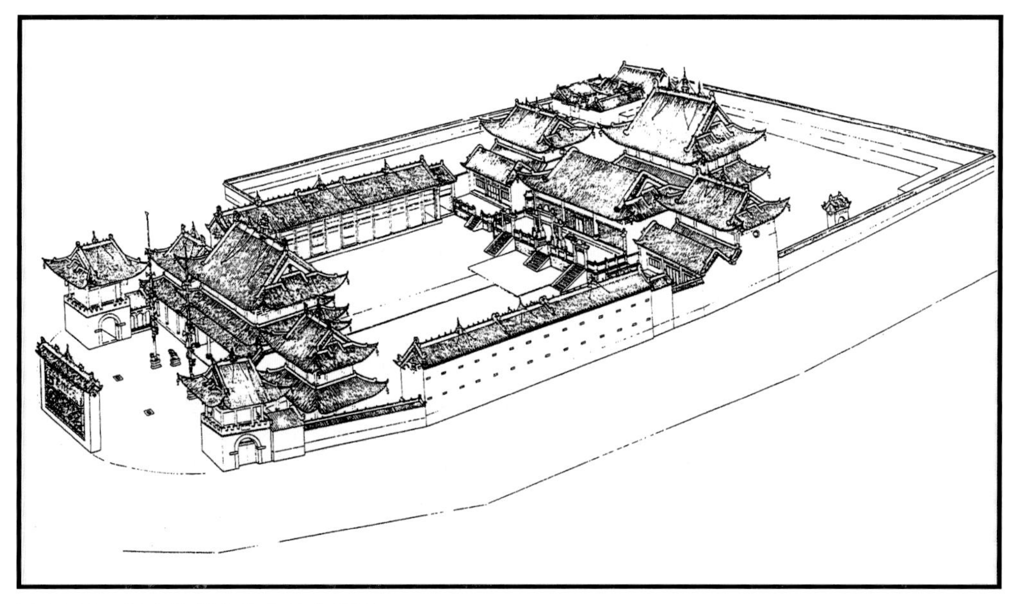

图 11-20　河南社旗山陕会馆鸟瞰图

图 11-21　河南社旗山陕会馆拜殿

图 11-22　河南周口山陕会馆大门

图 11-23　河南周口山陕会馆前院石牌坊与铁旗杆

图 11-24　河南周口山陕会馆戏台

图 11-25　河南周口山陕会馆拜殿与春秋楼

再有，民间还会为在勤政及在某一方面的成就突出者建祠立庙，他们也常常被崇拜者冠以“圣”“宗”“仙”“祖”等。如北宋书画家米芾，在宋徽宗年间任书画学博士、礼部员外郎、知无为军等，因曾“拜石”并著有《砚史》，就被民间奉为玩石赏砚的鼻祖，在安徽无为县无城镇和湖北襄阳市襄樊区都建有米公祠（图 11-26、图 11-27）。

图 11-26　襄樊米公祠大门

图 11-27　襄樊米公祠石牌楼

国内现存比较完整的先贤祠庙有：北京历代帝王庙（附带文臣武将）、黄陵县轩辕庙、宝鸡市神农祠和炎帝祠、天水市伏羲庙、临汾市尧庙、绍兴市舜王庙和禹王庙、渭南市白水县仓颉庙、宜昌市嫘祖庙、洛阳和曲阜市周公庙、北京和曲阜市孔庙、运城市解州镇关帝庙、杭州和淮安市淮阴区岳王庙、太原市晋祠、绍兴市王右军祠、安顺市文庙、邹县孟庙、秭归县屈原祠、九江市陶靖节祠、江油市太白祠、马鞍山市青莲祠、成都市武侯祠与杜甫草堂、潮州市韩文公祠、柳州市柳侯祠、眉山市三苏祠、崇州陆游祠、贵阳市阳明祠、卫辉市比干庙、都江堰市二王庙、留坝县张良庙、南阳市和勉县武侯祠、周口市关帝庙、云阳县张飞庙、海口市五公祠、合肥市包公祠、代县杨业祠、北京市文天祥祠和袁崇焕祠、扬州市史公祠、绍兴市上虞区曹娥庙、曲阜市颜庙、济南市稼轩祠、阳泉市盂县烈女祠、山海关孟姜女庙、临沂市郯城县郯子庙、太原市窦大夫祠、韩城市司马迁祠、淄博市桓台县王渔洋祠、淄博市颜文姜祠、代县杨忠武祠、北京市耶律楚材祠、南阳市医圣祠、文水县则天庙、文成县和苍南县刘伯温庙等。

二、其他神祇演化的先贤等庙主与祠庙

在中国礼制文化的祭祀体系中，受祭祀的神祇主要有天神、地祇、人鬼三大类，另有一些自然神和杂神等。在这一体系中，受祭对象的身份本应是清晰无误的，但因祭祀活动本身均带有强烈的意识性，因此受祭对象的身份属性也必是带有强烈的主观色彩。表现在“人鬼”体系中，首先是传说中的“共祖”或“远祖”如伏羲、黄帝、炎帝等人神难分，因为这类内容原本就来源于原始宗教，既有统治阶级有目的地不断创造的，也有大众自发地不断创造的。以两汉时期作为一个时间节点，以往历史中的祭祀内容，多在两汉时期予以总结过。之后随着社会的发展，又不断创造了很多并非历史人物的“先贤”，特别是道教等发展以后对祭祀活动的染指，即便道教本身属于“显性宗教”（详见后面阐释）。

在中国古代社会的沿海地区，大众的生产和生活多与航海和捕鱼等相关，因此他们把妈祖视为最重要的神祇。在海上航行前要先祭祀妈祖，祈求保佑行船安全，为此在船舶上要供奉妈祖神位，在陆地上要建妈祖庙。相传妈祖是福建莆田县人，生于后周显德六年（公元 959 年），本姓林，名默，人们称之为“默娘”。传说她自出生至满月不啼不哭，从小习水性、识潮音、认星象，长大后能“窥井得符”“化木附舟”，一次一次地救助海难。她曾经高举火把，不惜把自家的屋舍点燃，给迷失的商船导航。北宋雍熙四年（公元 987 年）九月初九，她在湄洲湾口救助遇险的船只时不幸遇难，年仅 28 岁。她死后，魂系海天，每当风急浪高、樯桅将摧折之际，便会化成红衣女子，伫立云端，指引商旅舟楫航行。

传说妈祖生活于后周至宋初可能并非出于偶然，在中国境内与宋朝先后并列的其他主要政权有大辽、西夏、吐蕃、金、大理，以及后来居上的元等。而在这一时期，两宋对外贸易的陆上丝绸之路完全断绝，相应地，海上丝绸之路的重要性更加突出，如广州、泉州、宁波等都是海上丝绸之路的起点城市。因此，适时创造一位能为航海行船保驾护航的神祇，哪怕仅仅是寻求心理的安慰，成为了历史的选择。自北宋徽宗宣和五年（公元1123年）直至清朝，共有14位皇帝先后对妈祖敕封了36次。相关的祭祀活动以泉州为例，宋朝地方长官和市舶司官员每年春秋两季都要举行“祈风”“祭海”仪式，鼓励发展海路对外贸易。元朝政府也非常重视海路对外贸易，对泉州妈祖敕封有“制封泉州神女护国明著灵惠协正善庆显济天妃”“加泉州海神曰护国庇民明著天妃”。直至清康熙年间，敕封泉州妈祖为“护国庇民妙灵昭应宏仁普济天后”。

另在明清两朝，随着移民与行商，妈祖信仰也从中国大陆沿海地区走向台湾等岛屿及海外国家。这些商人也会在经商地沿途修建会馆，在会馆内供奉妈祖神，类似于在内陆会馆供奉关公。从大陆沿海地区捧妈祖神像、香火或神符到上述地区祭祀称为“分身”“分香”，合称为“分灵”。妈祖信仰向台湾等岛屿和海外国家的传播，还分为三个不同的体系，除泉州妈祖外，还有（莆田）湄州妈祖和（厦门）同安妈祖。

总之，在我国沿海地区，从宋朝之后民间多有信奉妈祖的习俗。例如，虽然北方的天津与妈祖的发源地福建相距甚远，但因天津属于南北海运连接陆地漕运的中转地，因此从元朝开始便兴建妈祖庙（天后宫、天妃宫等）前后约有十六座。而在我国台湾地区，因离福建较近和曾大规模移民的影响，前后建有八百多座妈祖庙（天后宫、天妃宫等），其中元朝时期澎湖岛修建的“娘妈宫”为我国台湾地区第一座妈祖庙（今为澎湖县马公镇的提标馆）。

在我国南方沿海地区，大众不但有妈祖信仰，还有对其他与“水”相关的神祇的信仰，其目的也包括寄希望于这类神祇能够帮助消除水患等。例如，在珠江三角洲一带以及海外某些地区，民间还有对“北帝”（玄武或真武帝）的信仰。当然，此种信仰并不限于上述地区，只是在上述地区从开始便不断地往后延续着。清屈大均所撰《广东新语•卷十六•器语》载：“佛山有真武庙，岁三月上巳，举镇数十万人，竞为醮会。”

笔者在第四章和第五章中阐释与介绍过太阳神与天之“五帝”（神格的五帝）的产生与演化。现表“北帝”神的创造既与此类内容有关，更与道教的发展与染指有关。简单地总结第四章和第五章中的相关内容如下：

与中国历史上（或许是仅某一地区）较早发明和使用的“十月太阳历”（掺杂了恒星历和物候历的一些内容）相伴的是五个太阳神的产生，这类内容在其产生之初或之后，便与阴阳五行观念相结合，最终形成了天（神界）之“五帝”。天之“五帝”依照木、火、土、金、水的顺序，在颜色上与青、赤、黄、白、黑对应，在象形上与青龙、朱雀、黄龙、白虎、玄武对应，重要的是在空间上与东、南、中、西、北相对应，在时间（季节）也是黄道（太阳轨道）上与春分、夏至、季夏（没有天文学意义）、秋分、冬至相对应，因此又被称为“五方帝”。甚至是“神格”的天之“五帝”，还与“人格”的华夏“共祖”“远祖”的“五帝”相对应。在用“天人感应”“天人合一”理论解释历史朝代的交替现象时，天之“五帝”又被称为“感生帝”。另外，在“黄道带系统”的天之“五帝”之后（或同时），又出现了“北极天区系统”的天之“五帝”（至晚在汉朝还形成了紫薇垣和太微垣不同区域的五帝）。当然，在天之神界，是只有至上神“昊天上帝”（在某些时间北极神为标志和代表），还是同时有天之“五帝”或“六帝”（包括唯一的“太阳神”）等问题，在东汉至三国时期，就有郑玄与王肃的“隔空激辩”。之后在祭祀理论体系中还有“天”与“帝”之辩，也就是历史上祭祀的“天”是否就是天之“帝”的问题。当然，在《史记》和《汉书》的记载中，只说“黑帝”也就是“北帝”的创建与汉高祖刘邦有很大的关系，从逻辑上来讲，应该说这些史书所记载的内容只是历史的一个片段。

至于现表之“北帝”的产生，又与以下内容相关：

《周礼•地官•师氏/媒氏》载：“令男三十而娶，女二十而嫁。凡娶判妻入子者，皆书之。仲春之月，令会男女，于是时也，奔者不禁。若无故而不用令者，罚之。”

《周礼•春官•司巫/神仕》载：“春招弭（注1）以除疾病。……女巫掌岁时祓（fú）除、衅浴。”

《礼记•月令》载：“仲春之月，……是月也，……择元日，命民社。……是月也，玄鸟至。至之日（指春分之日），以大牢祠于高禖。天子亲往，后妃帅九嫔御。乃礼天子所御，带以弓韣，授以弓矢，于高禖之前。”

《后汉书•礼仪志上》载：“仲春之月，以大牢祠于高禖立高禖祠于城南，祀以特牲。……是月上巳，官民皆絜（“絜”通“洁”）于东流水上，曰‘洗濯祓除去宿垢疢为大絜’。”

仲春是农历二月，春分在当月。高禖是主管婚姻的神，“以大牢祠于高禖”“立高禖祠于城南”与“命民社”“令会男女”“奔者不禁”等都有着内在的联系。而在“上巳”

即本月第一个“巳日”，“女巫掌岁时祓除、衅浴”，就是女巫主持相关的祭祀仪式。“官民皆絜于东流水上”“洗濯祓除去宿垢疢”，就是在祭祀仪式后众人在水中洗澡、嬉戏等。这类活动无疑源于远古先民在春季举办的“狂欢节”，与生殖崇拜活动有关。也正是《墨子·明鬼下》载：“燕之有祖，当齐之社稷，宋之有桑林，楚之有云梦也，此男女之所属而观也（‘观’通‘欢’）。”

在唐朝贾公彦所撰《周礼注疏·卷二十六》中，疏“女巫掌岁时祓除、衅浴”时说：“岁时祓除，如今三月上巳如水上之类。”说明至晚从东汉以后，“上巳节”已经从农历二月初演变为农历三月初（更适合户外活动）。但总之这类活动都发生在冬尽春来、天气转暖、生物勃发之时（如动物的发情期开始）。

现表之“北帝”具体产生的时间，可参考北宋李昭玘撰写的《乐静集》，其《卷六·济州真武殿记》中说：“（宋真宗赵恒）天禧二年（公元1018年），有龟蛇见于都城东南隅，即真武之负足神也。居民不日建堂其上，以表其异……诏遣中使，度地置观，名曰‘祥源’，加真武号，曰‘灵应真君’。凡神降之日，公侯贵人、宫闱戚里、朝士大夫、闾巷庶人，屏居斋戒，奔走衢路，摩肩击毂，争门而入，岁以为常。”

宋朝增补的唐末五代道经《太上说玄天大圣真武本传神咒妙经》和宋初成书的《元始天尊说北方真武妙经》都记载玄武帝出生于“开皇元年甲辰三月初三日午时”。这些文献内容表明，道家创造玄武帝的时间早于宋初。

南宋吴自牧的《梦粱录·卷二》载：“三月三日上巳之辰，曲水流觞故事，起于晋时。唐朝赐宴曲江，倾都禊饮踏青，亦是此意。右军王羲之《兰亭序》云：‘暮春之初，修禊事。’杜甫《丽人行》云‘三月三日天气新，长安水边多丽人’，形容此景，至今令人爱慕。兼之此日正遇北极佑圣真君圣诞之日，佑圣观侍奉香火，其观系属御前去处，内侍提举观中事务，当日降赐御香，修崇醮录，午时朝贺，排列威仪，奏天乐于墀下，羽流整肃，谨朝谒于陛前，吟咏洞章陈礼。士庶烧香，纷集殿庭。诸宫道宇，俱设醮事，上祈国泰，下保民安。诸军寨及殿司衙奉侍香火者，皆安排社会，结缚台阁，迎列于道，观睹者纷纷。贵家士庶，亦设醮祈恩。贫者酌水献花。杭城事圣之虔，他郡所无也。”

“北极佑圣真君”即“玄武大帝”，在传统的天之“五帝”祭祀体系中，“北帝”即“黑帝”，在阴阳五行理论中主“水”。《佑圣咒》称“北帝”是“太阴化生，水位之精。虚危上应，龟蛇合形。周行六合，威慑万灵。”因上巳节的活动又与“水”有关，因此道教就把“北帝”诞生日说成是农历三月三日。但这创制依附在阴阳五行理论上也有很大的漏洞，因为与春季对应的应该是“青帝”，而与“北帝”对应的季节应该是冬季。另外，笔者在第八章中介绍过，宋真宗赵恒是一位喜好主动制造“祥瑞”的皇帝，玄武大帝“出现”于天禧二年，不知是否属于巧合。《明史•志第二十六•（吉）礼四•诸神祠》中说宋真宗曾把“玄武”改为“真武”（详见后面所引）。

在道教理论中，早期的一等神为“太上老君”，随后发展为“元始天王”（东晋葛洪创）或“元始天尊”（梁陶弘景创），又发展为“三清”（太清——道德天尊即太上老君，玉清——元始天尊，上清——灵宝天尊）。道教发展后染指传统的吉礼内容所创造的“北帝”，属于二等神或一等神的化身（《太上说玄天大圣真武本传神咒妙经》说是太上老君第八十二次变化之身）。

珠江三角洲一带的北帝庙可以佛山北帝庙为代表，除“北帝”外，由道教创建的二等神还有“文昌帝”等。

《史记•天官书》曰：“斗魁戴匡六星曰‘文昌官’：一曰‘上将’，二曰‘次将’，三曰‘贵相’，四曰‘司命’，五曰‘司中’，六曰‘司禄’。”唐代司马贞的《史记索隐》说：“《（春秋）文耀钩》曰：‘文昌官为天府。’《孝经援神契》云：‘文者精所聚，昌者扬天纪。’辅拂并居，以成天象，故曰‘文昌’。”

“斗魁戴匡六星曰‘文昌官”，历史上曾经有很多对天文并不熟悉的人错误地理解这句话，认为“斗魁”本身有如筐排列的六颗星曰“文昌官”。“斗魁”本身并无明显肉眼可目视如“筐”分布的六颗星，而“戴”是“覆”的意思，“匡”同“筐”“框”。因此这句话的意思是：斗魁顶上覆盖的如筐（或框）的六颗星曰“文昌官”。以后的史书《天文志》中表述得就比较清晰。

《晋书•天文志》曰：“文昌六星，在北斗魁前，天之六府也，主集计天道。一曰‘上将’，大将军建威武。二曰‘次将’，尚书正左右。三曰‘贵相’，太常理文绪。四曰‘司禄’‘司中’，司隶赏功进。五曰‘司命’‘司怪’，太史主灭咎。六曰‘司寇’，大理佐理宝。所谓一者，起北斗魁前近内阶者也。明润，大小齐，天瑞臻。”（图 11-28）

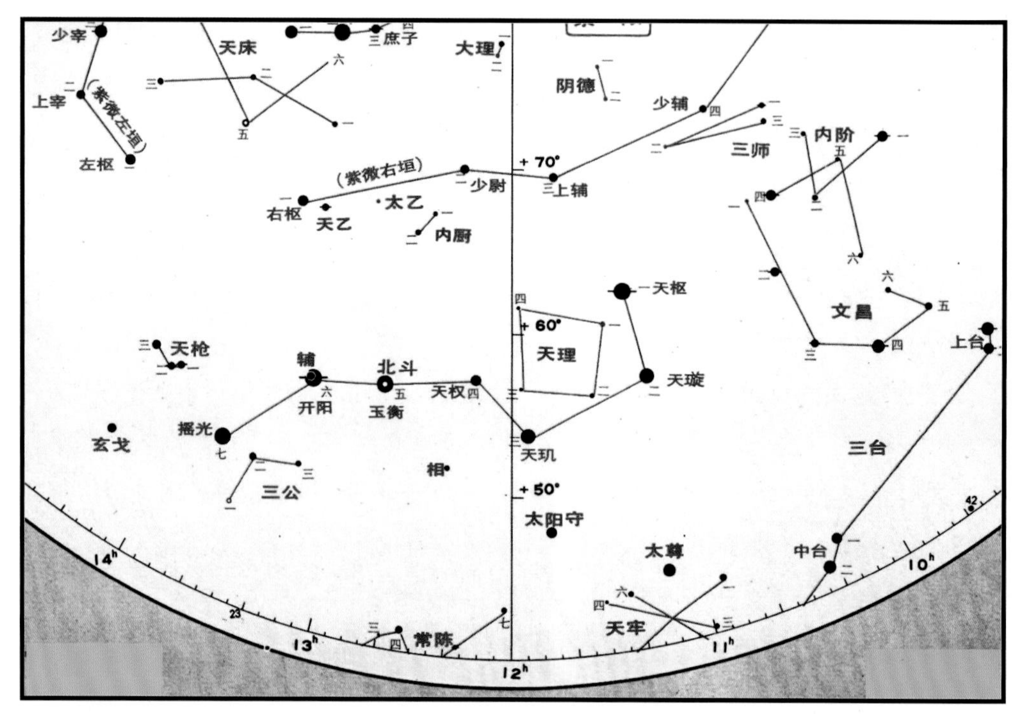

图 11-28　北斗与文昌（采自《全天星图》伊世同绘）

从史书的这些内容来看，古人认为，位于北斗七星斗魁四星之前面的六颗星为“文昌（官）”，整体代表的是天神界的“中央政府”（“天之六府”）。汉代纬书《孝经援神契》曾说“文”就是“文者精所聚”，在后来的道教学说中，就把“文昌（官）”转化为掌管文人功名利禄之神。另外，在司马迁时代的人看来，北极点（以北极星为代表）为最重要的天神的表象，因北斗七星位于靠近北极地区运行，所以为“帝车”。同样因为北斗七星位于靠近北极地区运行，具有明显的季节标志作用，所以可以“齐七正”。所谓“七政”，即太阳、月亮和五大行星，或春、夏、秋、冬、天文、地理、人道。或许因北斗七星的斗魁距离文昌（官）很近，道教又创造了斗魁中的天权星为“文曲星”，如在《太上玄灵北斗本命延生真经》中称天权星：“中天北斗解厄延生，玄冥文曲本命星君。”其功能与“文昌（官）”相同。道教的这些创造都明显地属于望文附会。

据《晋书·载记第十三·苻坚上》等史书记载，东晋宁康元年（公元 373 年），前秦皇帝苻坚派徐成、杨安等带兵进犯东晋所属梁、益二州，克梓潼、成都。随后苻坚以杨安为益州牧，镇守成都。宁康二年（公元 374 年）五月，蜀人张育、杨光与巴獠酋帅张重、尹万等举兵反抗前秦。东晋也派竺瑶、桓石虔领兵 3 万进攻垫江（今合川）。秦将姚苌兵败，退屯五城（今四川中江），竺瑶和桓石虔驻军巴东（今重庆奉节东）。张育自称“蜀王”，又表请归顺东晋，并与杨安、张重、尹万等率兵 5 万进军成都。七月，张育与尹万争权，双方内讧、举兵相持。苻坚乘机派邓羌、杨安带兵围剿。张育和杨光部战败退屯绵竹。八月，邓羌在涪城（今四川绵阳东）西击败东晋兵。九月，杨安在成都南又击败张重和尹万部，张重战死，其部众 23000 人阵亡。邓羌也追至绵竹复击张育和杨光部，张育和杨光皆战死。

传说梓潼人因感张育忠勇英烈，于七曲山亚子祠北侧建张育庙。东晋时期常璩所撰《华阳国志·蜀志》载：梓潼七曲山有“善板祠，一曰‘恶子祠’，民岁上雷抒十枚，岁尽不复见，云雷取去。”“恶子”即“亚子”，“雷抒”即“雷杵”。后人又将张育的姓氏“张”冠于“亚子”名前，就产生以“张亚子”冠名的“梓潼神”。大概在宋朝时期，道教把“梓潼神”与“文昌（官）”合并，掌管文人的功名利禄等，并定每年农历二月三日为“梓潼神”的生日。元仁宗延佑三年（公元 1316 年），元帝加封梓潼神为“辅元开化文昌司禄宏仁帝君”，即“文昌帝君”。四川省绵阳市梓潼县七曲山大庙，为最早供奉文昌帝君的庙宇，后来全国各地也建有很多文昌帝君庙。

以上所述“北帝”（玄武大帝）与“文昌帝君”，皆为道教染指祭祀体系内容的典型代表。对这些明显经过“显性宗教”染指过的神祇祭祀的态度等，明朝时期就有人提出异议，如《明史·志第二十六·（吉）礼四·诸神祠》载：

“洪武元年（公元 1368 年），命中书省（为明初至洪武十三年间的行政中枢，负责统领六部）下郡县，访求应祀神祇。名山大川、圣帝明王、忠臣烈士，凡有功于国家及惠爱在民者，著于祀典，令有司岁时致祭。二年，又诏天下神祇，常有功德于民，事迹昭著者，虽不致祭，禁人毁撤祠宇。三年，定诸神封号，凡后世溢美之称皆革去。天下神祠不应祀典者，即淫祠也，有司毋得致祭。

（明孝宗朱佑樘）弘治元年（公元 1488 年），礼科张九功言：‘祀典正则人心正。今朝廷常祭之外，又有释迦牟尼文佛、三清三境九天应元雷声普化天尊、金玉阙真君元君、神父神母，诸宫观中又有水官星君、诸天诸帝之祭，非所以法天下。’”

为此，明孝宗令礼部加以讨论。礼部尚书周洪谟等言：

“释迦牟尼文佛生西方中天竺国。宗其教者，以本性为法身，德业为报身，并真身为三，其实一人耳。道家以老子为师。朱熹有曰：‘玉清元始天尊既非老子法身，上清太上道君又非老子报身，设有二像，又非与老子为一。而老子又自为上清太上老君，盖仿释氏而又失之者也。’自今凡遇万寿等节，不令修建吉祥斋醮，或遇丧礼，不令修建荐扬斋醮。其大兴隆寺、朝天宫俱停遣官祭告。

北极中天星主紫微大帝者，北极五星在紫微垣中，正统初，建紫微殿，设像祭告。夫幽禜（yōu yǒng，祭星之坛）祭星，古礼也。今乃像之如人，称之为‘帝’，稽之祀典，诚无所据。

雷声普化天尊者，道家以为总司五雷，又以六月二十四日为天尊现示之日，故岁以是日遣官诣显灵宫致祭。夫风、云、雷、雨，南郊合祀，而山川坛复有秋报，则此祭亦当罢免。

祖师三天扶教辅玄大法师真君者，《传记》云：‘汉张道陵，善以符治病。唐天宝，宋熙宁、大观间，累号正一靖应真君，子孙亦有封号。’国朝仍袭正一嗣教真人之封。然宋邵伯温云：‘张鲁祖陵、父衡，以符法相授受，自号师君。’今岁以正月十五日为陵生日，遣官诣显灵宫祭告，亦非祀典。

大小青龙神者，《（传）记》云：‘有僧名卢，寓西山。有二童子来侍。时久旱，童子入潭化二青龙，遂得雨。后赐卢号曰感应禅师，建寺设像，别设龙祠于潭上。’宣德中，建大圆通寺，加二龙封号，春秋祭之。迩者连旱，祈祷无应，不足崇奉明矣（注 2）。

梓潼帝君者，《（传）记》云：‘神姓张，名亚子，居蜀七曲山。仕晋战没，人为立庙。唐、宋屡封至英显王。道家谓帝命梓潼掌文昌府事及人间禄籍，故元加号为‘帝君’，而天下学校亦有祠祀者。’景泰中，因京师旧庙辟而新之，岁以二月三日生辰，遣祭。夫梓潼显灵于蜀，庙食其地为宜。文昌六星与之无涉，宜敕罢免。其祠在天下学校者，俱令拆毁。

北极佑圣真君者，乃玄武七宿，后人以为真君，作龟蛇于其下。宋真宗避讳，改为真武。靖康初，加号佑圣助顺灵应真君。《图志》云：‘真武为净乐王太子，修炼武当山，功成飞升。奉上帝命镇北方。被发跣足，建皁纛（zào dào）玄旗（黑色军旗）。’此道家附会之说。国朝御制碑谓，太祖平定天下，阴佑为多，当建庙南京崇祀。及太宗靖难，以神有显相功，又于京城艮隅（东北方）并武当山重建庙宇。两京岁时朔望各遣官致祭，而武当山又专官督祀事。宪宗尝范金为像。今请止遵洪武间例，每年三月三日、九月九日用素羞，遣太常官致祭，余皆停免。

崇恩真君、隆恩真君者，道家以崇恩姓萨名坚，西蜀人，宋徽宗时尝从王侍宸、林灵素辈学法有验。隆恩，则玉枢火府天将王灵官也，又尝从萨传符法。永乐中，以道士周思得能传灵官法，乃于禁城之西建天将庙及祖师殿。宣德中，改大德观，封二真君。成化初改显灵宫。每年换袍服，所费不赀。近今祈祷无应，亦当罢免。

金阙上帝、玉阙上帝者，《（图）志》云：‘闽县灵济宫祀五代时徐温子知证、知谔（徐知证、徐知谔从宋朝始为福建民间信仰的道教真人）。’国朝御制碑谓太宗（明成祖朱棣）尝弗豫，祷神辄应，因大新闽地庙宇，春秋致祭。又立庙京师，加封金阙真君、玉阙真君。正统、成化中，累加号为上帝。朔望令节俱遣官祀，及时荐新，四时换袍服。夫神世系事迹，本非甚异，其僭号宜革正，妄费亦宜节省。神父圣帝、神母元君及金玉阙元君者，即二徐父母及其配也。宋封其父齐王为忠武真人，母田氏为仁寿仙妃，配皆为仙妃。永乐至成化间，屡加封今号，亦宜削号罢祀。

东岳泰山之神者，泰山五岳首，庙在泰安州山下。又每岁南郊及山川坛俱有合祭之礼。今朝阳门外有元东岳旧庙，国朝因而不废。夫既专祭封内，且合祭郊坛，则此庙之祭，实为烦渎。

京师都城隍之神者，旧在顺天府西南，以五月十一日为神诞辰，故是日及节令皆遣官祀。夫城隍之神，非人鬼也，安有诞辰？况南郊秋祀俱已合祭，则诞辰及节令之祀非宜。凡此俱当罢免。”

最终的结果是：“议上，乃命修建斋醮，遣官祭告，并东岳、真武、城隍庙、灵济宫祭祀，俱仍旧。二徐真君（金阙上帝、玉阙上帝）及其父母妻革去帝号，仍旧封，冠袍等物换回焚毁，余如所议行之。”

《明史》中的这段记载说明了几个问题：

其一，明朝初年政府的祭祀内容原本延续了元朝祭祀的内容并有所增减，至明孝宗时，在大臣的建议下，祭祀体系中又开始有针对性地剥离或以道教和佛教为代表的“显性宗教”内容，或经它们染指的某些内容，最后确定小部分如常“遣官告祀”，大部分罢祭。

其二，梓潼神张亚子之事迹，实为《晋书》所载张育之事迹。而道教在“张亚子”的进一步神化过程中起到了关键作用，即与天上神界的文昌（官）相附会，并增加了新的功能。

其三，礼部尚书周洪谟等认为，道教所主张的梓潼神/文昌帝负责执掌天神界的“中央政府”（文昌官）和文人的功名利禄等，纯属无稽之谈。其他大多亦如此。

中国礼制文化中的吉礼产生于新石器时代之前，其中的很多内容便属于那个时期的宗教，如对各类天神的崇拜等。因此可以笼统地说，吉礼中的主要内容多来源于“原始宗教”。不仅如此，又有很多重要内容，至晚在清朝之前还始终是在被创造着或变动着的，如笔者在第五章中阐释与介绍的祭天的南郊坛等在明朝时期的演变。吉礼中的主要内容虽然多来源于“原始宗教”，但与以道教和佛教为代表的“显性宗教”相比，具有很多不同的特征，因此吉礼可以称为“隐性宗教”。而道教等大约发展至隋唐之际，特别是从唐玄宗时期开始，便更加主动地染指吉礼中的内容，导致了后世吉礼中的很多内容也具有介于“显性”与“隐性”宗教间的模糊性特征、双重性特征，部分内容也就分为了两种不同的祭祀体系。相关的建筑体系，既包括将在本章后面介绍的佛山北帝庙、七曲山文昌帝庙等，也包括之前在第五章、第九章和第十章中介绍过的五岳中的五帝庙、北京东岳庙、城隍庙和土地庙等。这个观点并不是笔者臆想的，如前引《明史》中的内容，表明弘治年间礼部周洪谟和张九功等官员对此类问题都有着清醒的认识。但在清朝中后期，皇帝及大臣对文昌帝君的认识又有反复，《清史稿•志五十九•（吉）礼三》载：“文昌帝君明成化间（明宪宗朱见深年号），因元祠重建。在京师地安门外，久圮（pǐ，毁坏。因从明孝宗朱佑樘时停祀）。嘉庆五年（公元 1800 年），潼江寇平，初寇窥（kuī）梓潼，望见祠山旗帜，却退。至是御书‘化成耆定’额，用彰异绩。发中帑（tǎng，钱库）重新祠宇，明年夏告成，仁宗躬谒九拜，诏称：‘帝君主持文运，崇圣辟邪，海内尊奉，与关圣同，允宜列入祀典。’”

大学士硃珪撰碑记言：“文昌星载《（史记•）天官书》，所谓‘斗魁六星，戴匡曰‘文昌官’是也（应为斗魁之前六星，显然硃珪对此一知半解）。’《尚书》‘禋六宗’，孔疏引郑玄云：‘皆天神，司中、司命，文昌第五、第四星也。’《周礼•大宗伯》：‘以燎祀司中、司命。’郑注谓文昌星。然则文昌之祀，始有虞，著周礼，汉、晋且配郊祀。《（春秋纬•）元命苞》云：‘上将建威武，次将正左右，贵相理文绪，司禄赏功进士。’是爵禄、科举职司久矣（隋朝才开始有科举）。又言帝君周初为张仲（周人，辅佐周宣王使周朝中兴的卿士），孝友（事父母孝顺、对兄弟友爱）显化（神祇显现化身）。隋、唐为王通（南朝梁、陈的大臣，熟通儒家明经）。征李商隐《张亚子庙诗》，读孙樵《祭梓潼神君文》，《化书》：唐开元命为‘左丞’。《通考》：僖宗封为‘济顺王’。宋真宗改号‘英显’，哲宗加封‘辅元开化文昌司禄帝君’，元加号‘宏仁’，盖可考见云。”

上有好者，下必甚焉！有了嘉庆皇帝的倡导，大学士硃珪便具体地加以论证和总结，最终“礼官遂定议”。

“岁春祭以二月初三诞日，秋祭，仲秋诹（zōu）吉（选择吉日）将事，遣大臣往。前殿供正神，后殿则祀其先世，祀典如关帝。咸丰六年（公元 1856 年），跻（身）中祀（之前属于第三等的“群祀”），礼臣请崇殿阶，拓规制，遣王承祭，后殿以太常长官亲诣，二跪六拜，乐六奏，文舞八佾，允行。直省文昌庙有司以时飨祀，无祠庙者，设位公所祭之。毕，彻位随祝帛送燎。”

不论硃珪论证和总结的远古时期对“文昌”祭祀的目的与历史是否准确，但在他的逻辑中忽略了一点：此“文昌”已非彼“文昌”。如明朝礼部尚书周洪谟等人诘问：“非人鬼也，安有诞辰？”

注 1：东汉郑玄曾作《周礼注》，唐朝贾公彦在《周礼注》的基础上再作《周礼注疏》，成为了在郑玄之后解释《周礼》的里程碑式著作。其卷二十六中说：“招，招福也。”“郑玄谓‘弭’读为‘敉’，字之误也。敉，安也，安凶祸也。”

注 2：中国古代的很多地区都建有不同规格的龙王庙，很多城市的龙王庙还远不止一座。如在元大都时期，郭守敬引北京昌平白浮泉水进京，元朝中叶，皇帝敕赐在白浮泉附近山顶建都龙王祠。该庙坐北朝南，由照壁、山门、钟鼓楼、正殿、配殿等建筑组成，正殿屋顶用黄琉璃瓦。正殿门口有楹联，上联：“九江八河天水总汇”，下联：“五湖四海饮水思源”，殿额匾：“都龙王祠”。明清时期，“祈天祷雨”，香火鼎盛。《光绪昌平州志•祠庙记》载：“都龙王庙，在龙王山巅，明洪武八年重修，光绪四年祈雨有灵，奏请御赐祥徵时若匾额，重修殿宇。”

三、宗族祠堂等

在中国古代社会，庶民虽然没有按家庭单独修建宗庙的权利，但可以修建宗族集体共享祭祖的祠堂，也可以在家里设立祭祀牌位。因一般在礼制文化的“宣讲”中，祖先正面的“功德”会被有意无意地放大，“敬天法祖”也就使得很多“祖先”具有了某种程度的“先贤”性质，而“祖先”与“先贤”的最大不同，仅表现为与祭祀者有无血统关系。

宗族祠堂或为单独的建筑或建于大型住宅之内，其功能除崇宗祀祖外，也是宗族聚会的场所，如商议事务，建立乡约，办理族人的婚、丧、寿、喜，以及兼办宗族学堂等，再有也是宗族娱乐的场所，因此很多祠堂内还会建有戏台。有些宗族祠堂尽管规模不大，但也会仿照大庙的形式，建有“献殿”等，如福建上杭县才溪乡张氏家庙等（图 11-29 ～图 11-34）。

图 11-29　福建上杭才溪乡张氏家庙牌楼式大门

图 11-30　福建上杭才溪乡张氏家庙“献殿”

图 11-31　福建上杭才溪乡张氏家庙从寝堂看“献殿”

图 11-32　福建上杭才溪乡张氏家庙与寝堂相连的环廊

图 11-33　福建上杭才溪乡张氏家庙牌楼式大门木雕

图 11-34　福建上杭才溪乡张月塘公家庙

很多历史悠久的村镇，因居民在固定地域繁衍的历史较长，祠堂也必然会较多，如黄山市徽州区呈坎村。据说罗氏祖先从唐朝时期便开始在此居住，至明初时期，罗氏文昌、秋隐二人的后人便分别建有前罗总祠、后罗总祠，宗族的各个分支也纷纷建立支祠，仅后罗系支祠就曾达到二十多个。现遗存的贞靖罗东舒先生祠，始建于明万历三十九年（公元1611年），坐西朝东面河，有照壁、棂星门、左右碑亭、仪门、两庑、拜台、亭堂、后寝等主要建筑，前后共四进院落。北侧还有厨房杂院，南侧有并置的女祠。后寝宝纶阁用于珍藏历代皇帝赐予呈坎罗氏的诰命、诏书等（图11-35～图11-38）。

图11-35　贞靖罗东舒先生祠影壁与棂星门

图11-36　贞靖罗东舒先生祠宝纶阁1

图 11-37　贞靖罗东舒先生祠宝纶阁 2

图 11-38　贞靖罗东舒先生祠宝纶阁屋架及彩画

民间宗族祠堂保存较完好的有：山西晋城皇城村陈氏宗祠、浙江诸暨市边氏祠堂、安徽绩溪县龙川村胡氏宗祠、福建漳州南靖塔下村德远堂张氏宗祠、济南市长清孝堂山石祠、山东嘉祥县纸纺镇武宅村武氏祠、广州市陈家祠堂等。其中以广州市陈氏宗祠规模较大，在功能方面也具有很好的代表性。

另外，在人鬼系统中还有一种厉鬼，也就是无后人（祭祀）的孤魂野鬼，他们在古代社会的祭祀体系中也能得到适当的祭祀，如《明史卷五十•志第二十六•（吉）礼四》载：“泰厉坛祭无祀鬼神。《春秋传》曰：‘鬼有所归，乃不为厉。’此其义也。《（礼记•）祭法》：

王祭泰厉，诸侯祭公厉，大夫祭族厉。《（仪礼·）士丧礼》：‘疾病祷于厉’，郑（玄）注谓‘汉时民间皆秋祠厉’，则此祀达于上下矣，然后世皆不举行。洪武三年定制，京都祭泰厉，设坛玄武湖中，岁以清明及十月朔日（初一，看不到月亮的那一天）遣官致祭。前期七日，檄（告知）京都城隍。祭日，设京省城隍神位于坛上，无祀鬼神等位于坛下之东西，羊三，豕三，饭米三石。王国祭国厉，府州祭郡厉，县祭邑厉，皆设坛城北，一年二祭如京师。里社则祭乡厉。后定郡邑厉、乡厉，皆以清明日、七月十五日、十月朔日。”

此段话的逻辑是：无后人祭祀的鬼就是没有归属的孤魂野鬼，若定期在厉坛祭祀他们，就不会变成害人的厉鬼。人得病可能是因为厉鬼缠身，所以在得病的时候自然也要祭祀那些孤魂野鬼，求其脱身。因为城隍神负责在阴间护佑城池、管理孤魂野鬼等，所以在祭祀孤魂野鬼的前七日要通知城隍神。在祭祀的当天，还要把城隍神请到坛上，看管坛下受祭的孤魂野鬼。

北京历代帝王庙

北京历代帝王庙位于西城区阜成门内大街131号，坐北朝南，始建于明朝嘉靖九年（公元1530年），占地1.8万平方米，是我国现存唯一集中祭祀三皇五帝、历代帝王和文臣武将的明清皇家庙宇，其政治地位与北京太庙和孔庙相齐，合称为明清北京三大皇家庙宇。

“三皇五帝”因被视为中华民族共同的祖先，为历代帝王所景仰，而先朝那些对国家有突出贡献特别是“有德”的帝王，则也是后代帝王借鉴和效法的榜样，所以都要受到当朝国家的祭祀。最初，朱元璋确定祭祀的帝王有18位，清朝顺治皇帝定都北京后定为25位。清康、雍、乾三代皇帝对历代帝王庙更为重视，康熙帝曾经留下谕旨，除了因无道被杀和亡国之君外，所有曾经在位的历代皇帝，庙中均应为其立牌位。乾隆皇帝更是提出了“中华统绪，绝不断线”的观点，把庙中原来没有涉及的朝代，也选出皇帝入祀。乾隆帝几经调整，最后将祭祀的帝王确定为188位。从明嘉靖十一年到清末的380年间，历代帝王庙共举行过662次祭祀大典，明嘉靖帝，清顺治帝、雍正帝、乾隆帝、嘉庆帝等都曾亲自主持过祭祀大典。民国时期，历代帝王庙为学校所占用。1931年，幼稚师范学校在此开办，1940年改为香山慈幼院女子中学，次年改名为市立第三女子中学。1949年后，帝王庙仍一直为女三中使用，1972年撤销女校建制，改为北京市一五九中学。2000年以来，市、区两级政府投资为北京一五九中建设新校舍。学校迁出后，又全面修缮了历代帝王庙，并对社会开放。

历代帝王庙在中轴线上从南往北依次为巨大的影壁、庙门、景德门、景德崇圣殿、祭器库。

景德崇圣殿是主体建筑，处于建筑群的中心位置。该殿为黄琉璃重檐庑殿顶，面阔九间，进深五间，高 21 米，标榜“九五之尊”的帝王礼制。大殿中共分七龛，居正中一龛供奉的是伏羲、黄帝、炎帝“三皇”的牌位。左右分列的六龛中，供奉了少昊、颛顼、帝喾、尧、舜“五帝”，以及夏商两周、强汉盛唐、五代十国、金、宋、元、明等历朝历代的 185 位帝王牌位（图 11-39 ～图 11-45）。

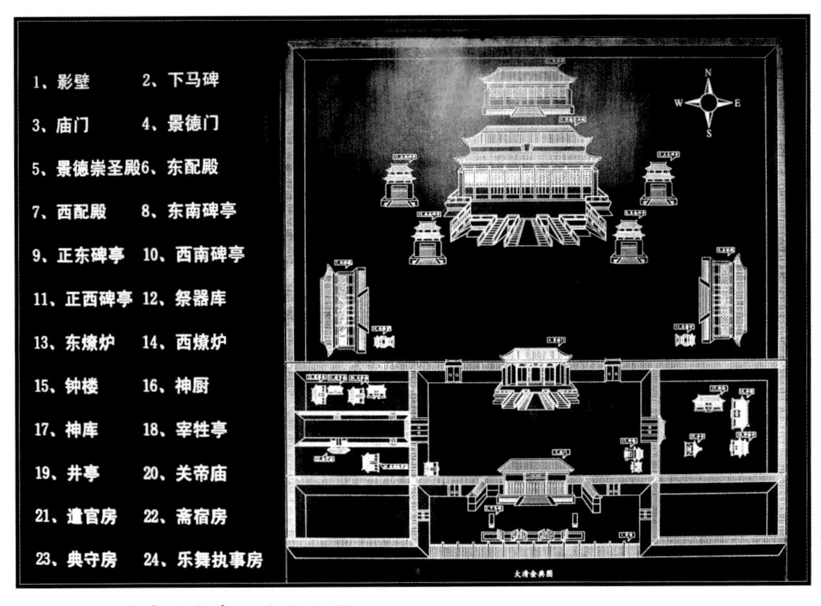

图 11-39　北京历代帝王庙平面图

图 11-40　北京历代帝王庙庙门

图 11-41　北京历代帝王庙景德门

图 11-42　北京历代帝王庙景德崇圣殿 1

图 11-43　北京历代帝王庙景德崇圣殿 2

图 11-44　北京历代帝王庙景德崇圣殿侧面

图 11-45　北京历代帝王庙景德崇圣殿内景

在景德门与庙门之间的院落内有神库、神厨、宰牲亭、井亭、钟楼、斋所；正殿两侧有四座御碑亭和东、西配殿各七间。景德崇圣殿东西两侧配殿内供奉着伯夷、姜尚、萧何、诸葛亮、房玄龄、范仲淹、岳飞、文天祥等 79 位历代贤相名将的牌位。其中，武圣关羽单独建庙，成为奇特的庙中庙（图 11-46 ～图 11-54）。

图 11-46　北京历代帝王庙西配殿

图 11-47　北京历代帝王庙神厨与宰牲亭

图 11-48　北京历代帝王庙宰牲亭

图 11-49　北京历代帝王庙神库

图 11-50　北京历代帝王庙祭器库

图 11-51　北京历代帝王庙东燎炉

图 11-52　北京历代帝王庙西燎炉

图 11-53　北京历代帝王庙碑亭

图 11-54　北京历代帝王庙内关帝庙

历代帝王庙中景德崇圣殿、景德门、东西配殿的主要构件都是明朝遗物，而壁画、琉璃瓦等多属清朝乾隆时期。故宫、天坛、孔庙等建筑虽然都是始建于明朝，但留存的明朝构件不多，像历代帝王庙这样保留了大量明代原构件的极为少见。

北京孔庙

北京孔庙位于东城区国子监街内，坐北朝南，占地2.2万平方米，是中国元、明、清三朝国家级祭祀孔子的场所。始建于元大德六年（公元1302年），大德十年建成。明永乐九年（公元1411年）重建。宣德、嘉靖、万历年间分别修缮大殿，添建崇圣祠。清顺治、雍正、乾隆时又重修，光绪三十二年（公元1906年）升祭祀孔子为大祀，将正殿扩建。孔庙虽然经过历代重修，但其结构与构件基本上仍然保留着元朝风格。

孔庙的大门称“先师门”，又称“棂星门”，面阔三间，进深七檩，黄琉璃瓦单檐歇山顶，为元朝时期的建筑风格。

先师门北为孔庙的第一进院落，之北为大成门，始建于元朝，清朝时期重修。整座建筑坐落在高大的砖石台基上，面阔五间，进深九檩，黄琉璃瓦单檐歇山顶。中间的御路石上高浮雕海水龙纹图样，五龙戏珠，栩栩如生。大成门前廊两侧摆放着10枚石鼓，每枚石鼓的鼓面上都篆刻一首上古游猎诗。这是清乾隆时仿公元前8世纪周宣王时代的石鼓遗物刻制。第一进院落是皇帝祭孔前筹备各项事宜的场所，两侧有神库、致斋所，用于祭孔礼器的存放和供品的备制。其东侧还有宰牲亭、井亭、神厨。

大成门北为第二进院落，也是孔庙的中心院落。北端的大成殿是这里的主体建筑，也是整座孔庙的中心建筑，始建于元大德六年（公元1302年），后毁于战火，明永乐九年（公元1411年）重建。清光绪三十二年（公元1906年）将殿由七间扩建为九间，黄琉璃瓦单层重檐庑殿顶。殿内金砖铺地，顶施团龙井口天花。殿中供奉孔子“大成至圣文宣王”木牌位，神位两边设有配享的“四配十二哲”牌位。神位前置祭案，上设尊、爵、卣、笾、豆等祭器均为清乾隆时的御制真品。大殿内外高悬清康熙至宣统9位皇帝的御匾，均是皇帝亲书的对孔子的四字赞语。另外，在大成殿南面两侧有十一座碑亭，东六、西五，在前院还有三座碑亭，东一、西二，共十四座（图11-55～图11-64）。

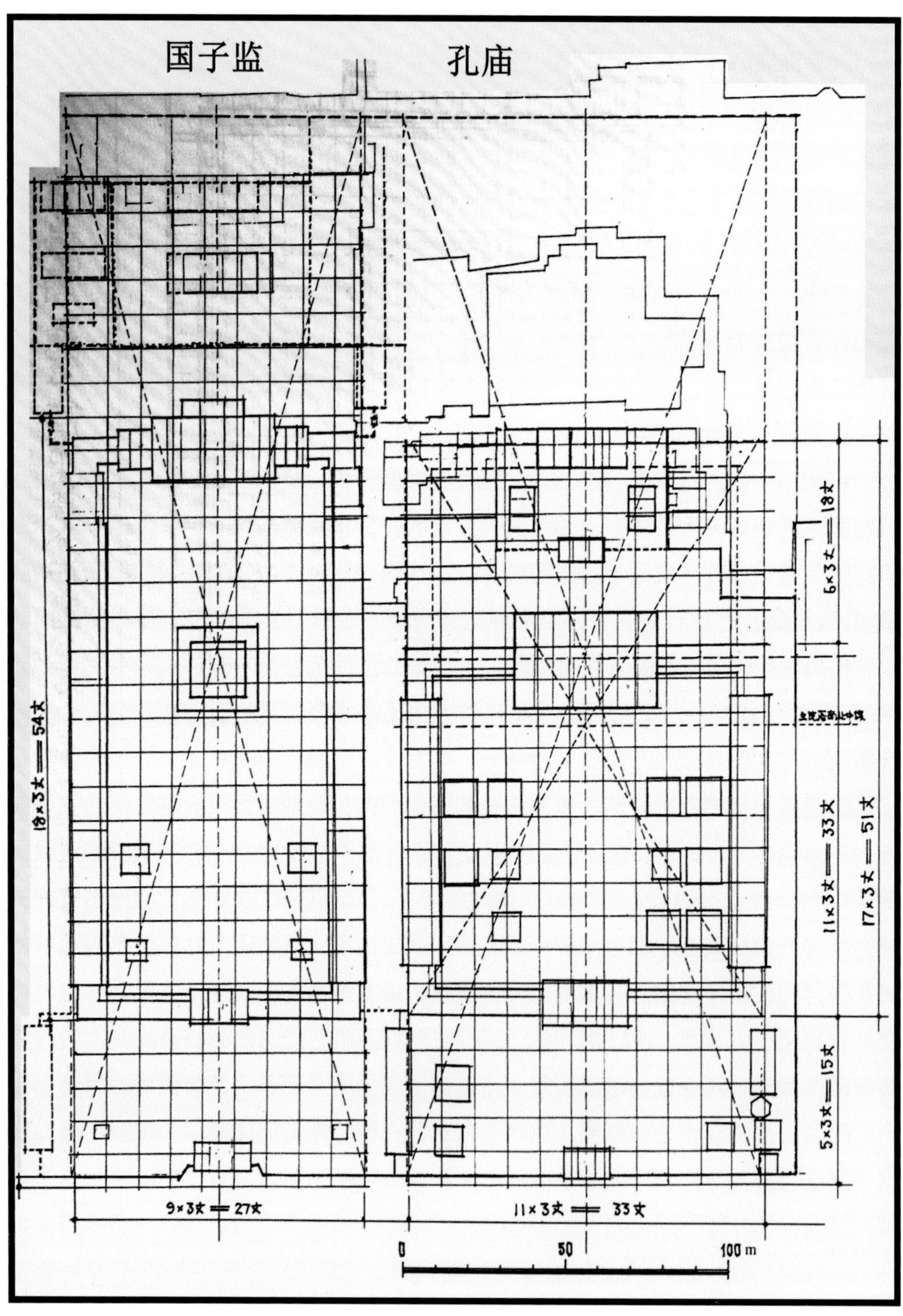

图 11-55　北京孔庙与国子监平面图(采自《中国古代城市规划建筑群布局及建筑设计方法研究》)

图 11-56　北京孔庙先师门 1

图 11-57　北京孔庙先师门 2

图 11-58　北京孔庙大成门

图 11-59　北京孔庙大成殿内院

图 11-60　北京孔庙大成殿

图 11-61　北京孔庙大成殿侧面

图 11-62　北京孔庙碑亭 1

图 11-63　北京孔庙碑亭 2

图 11-64　北京孔庙碑亭 3

第三进院落由崇圣门、崇圣殿和东、西配殿围合成，与前二进院落分割明显而又过渡自然。崇圣殿又称“五代祠”，建于明嘉靖九年（公元 1530 年），清乾隆二年（公元 1737 年）重修，并将灰瓦顶改为绿琉璃瓦顶。面阔五间，进深七檩，单层单檐绿琉璃瓦歇山顶。殿前建有宽大的月台，月台三面建有垂带踏步各十级。殿内供奉孔子五代先人的牌位及配享的颜回、孔伋、曾参、孟轲四位先哲之父的牌位。东西配殿坐落在砖石台基上，各面阔三间，进深五檩，单檐悬山顶，内奉程颐、程颢、张载、周敦颐、朱熹、蔡沈 6 位先儒、理学大家。

另外，在孔庙的第一进院落御路两侧分四部分树立着 198 通高大的进士题名碑，其中元朝 3 通、明朝 77 通、清朝 118 通。这些进士题名碑上刻着元、明、清三朝各科进士的姓名、籍贯、名次，共计 51624 人。在众多的进士当中有我们熟知的如张居正、于谦、徐光启、严嵩、纪昀、刘墉及近代名人刘春霖、沈钧儒等。

在孔庙与国子监之间的夹道内，还有一处由 189 通高大石碑组成的碑林。石碑上篆刻着儒家经典：《周易》《尚书》《诗经》《周礼》《仪礼》《礼记》《春秋左传》《春秋公羊传》《春秋谷梁传》《论语》《孝经》《孟子》《尔雅》（图 11-65、图 11-66）。

图 11-65　北京孔庙前院进士题名碑

图 11-66　北京孔庙与国子监之间的碑林

中心院落御道的西侧有口古井，由青石板组成的花瓣形井台，石质井圈。由于坐落在德胜门、安定门内一带水线上，当年井水常溢到井口，水质清纯甘冽。乾隆赐名“砚水湖”。

稷山县稷王庙

稷山县稷王庙原称“后稷祠”，是专祀谷神后稷的庙宇，位于山西省稷山县县城中心的西大街，坐北朝南。始建于元至正五年（公元 1345 年），于道光十年（公元 1830 年）失火焚尽，至道光二十三年（公元 1843 年）由稷山县知事李景椿倡导募捐重建。现稷王庙有二进院落，南北长 112 米、东西宽 99 米，占地面积 10080 平方米。中轴线上从南至北依次为山门、献殿、后稷楼（正殿）、泮池、姜嫄殿等。献殿两侧配有钟、鼓楼，姜嫄殿前侧配有八卦亭。

献殿面阔三间，琉璃瓦单檐悬山顶，东西两面山墙嵌有巨幅石雕。后稷楼面阔三间，宽 20 米，进深三间，长 19 米，琉璃瓦双层（外观）重檐歇山顶，高 30 米。檐下三踩单翘斗拱，四周回廊，殿前有四根浮雕蟠龙石柱，有石雕花柱 20 根，以 52 块雕有图案的石板构成屏形栏杆。献殿前两翼钟、鼓楼，长、宽各 4 米，均为楼阁式重檐十字脊歇山顶，繁昂复斗、飞檐翘角、雕梁画栋、琉璃彩瓦。姜嫄殿面阔三间，筒板瓦覆单檐悬山顶。庙内现存清代碑碣 8 通（图 11-67 ~ 图 11-78）。

图 11-67　稷山县稷王庙大门

图 11-68　稷山县稷王庙献殿及钟鼓楼

图 11-69　稷山县稷王庙鼓楼、献殿与正殿西侧面

图 11-70　稷山县稷王庙钟楼

图 11-71　稷山县稷王庙钟楼局部

图 11-72　稷山县稷王庙鼓楼

图 11-73　稷山县稷王庙鼓楼局部

图 11-74　稷山县稷王庙八卦亭

图 11-75　稷山县稷王庙姜嫄殿

图 11-76　稷山县稷王庙姜嫄殿门头

图 11-77　稷山县稷王庙姜嫄殿门头局部结构

图 11-78　稷山县稷王庙姜嫄殿室内塑像

另外，在邻近的万荣县太赵村也有一座始建于金的稷王庙。正殿面阔五间，进深六椽，建筑面积 252 平方米，琉璃瓦单檐庑殿顶，殿内中柱一列，直通平梁以下，大梁分前后两段，穿插相构，无通长梁栿，当地称之为“无量殿”。

解州关帝庙

解州关帝庙位于山西省运城市西南 15 公里的解州镇，是全国现存规模最大的关帝庙。创建于隋开皇九年（公元 589 年），宋朝大中祥符七年（公元 1014 年）重建，嗣后屡建屡毁，现存建筑为清康熙四十一年（公元 1702 年）大火之后，历时十载而重建的。庙以东西向街道为界，分南、北两大部分，总占地面积 6.66 万余平方米。

街南称“结义园”，由结义园坊、君子亭、三义阁、莲花池、假山等组成。残存高 2 米的结义碑 1 通，白描阴刻人物，桃花吐艳，竹枝扶疏，构思奇巧，刻技颇高，系清乾隆二十八年（公元 1763 年）言如泗主持刻建的。

街北是正庙，坐北朝南，仿宫殿式布局，占地面积 1.857 万平方米，建筑群分中、东、西三路院落。中院南北中轴线上又分前院和后宫两部分。中路南端为一个独立的小院，最南端为照壁，往南中轴线上的建筑依次为端门、午门、御书楼、崇宁殿、后宫门、气肃千秋坊、春秋楼。

端门（又称“山门”），东西有随墙的义勇门、忠武门。端门的三个门洞上方分别书有“扶汉人物”“精忠贯日”“大义参天”。端门北为一东西向狭窄院落空间，东西两端有钟、鼓楼，再外是石牌坊，东为万代瞻仰坊，西为威震华夏坊。狭长院落空间北面是三座高大的单檐歇山顶庙门，东为文经门，西为武纬门，中间是专供帝王进出的歇山顶雉门，背后连带顶的戏台，整座建筑屋顶为勾连搭形式（图 11-79 ～图 11-85）。

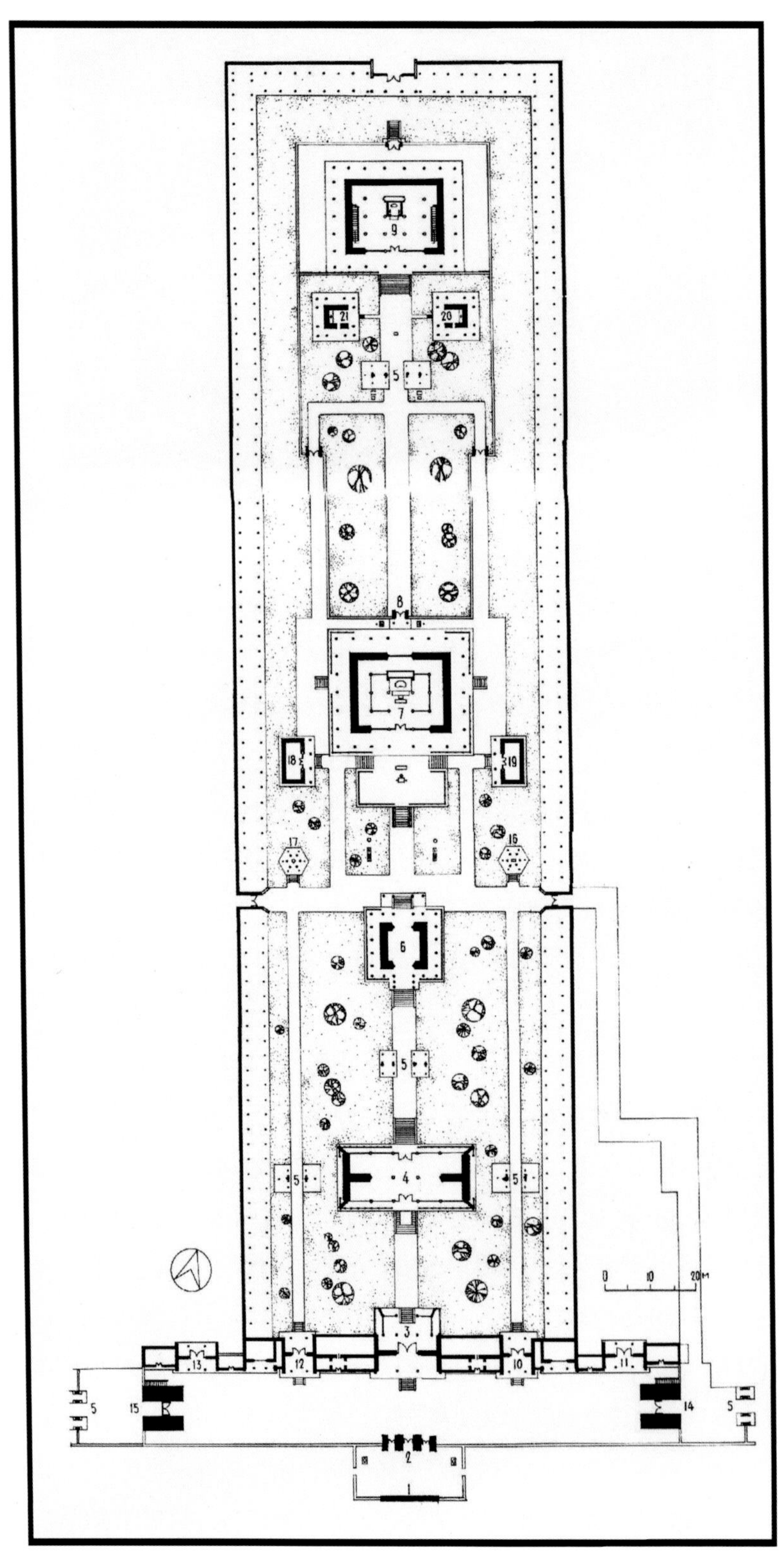

图 11-79 解州镇关帝庙中轴线平面图

图 11-80　解州关帝庙结义园坊

图 11-81　解州关帝庙琉璃影壁

图 11-82　解州关帝庙山门

图 11-83　解州关帝庙钟楼西立面

图 11-84　解州关帝庙万代瞻仰坊背面

图 11-85 解州关帝庙雉门

再北为午门，面阔五间，单檐庑殿顶，周围有石栏杆，栏板正反两面浮雕各类图案、人物 144 幅。厅内南有周仓、廖化画像，轩昂威武。北面、左右两侧彩绘着关羽戎马一生的主要经历，起于桃园三结义，止于水淹七军。

穿过午门往北经山海钟灵坊便是御书楼，再北是关帝庙主体建筑崇宁殿，因北宋崇宁三年（公元 1104 年）徽宗赵佶封关羽为“崇宁真君”而得名。大殿面阔七间，进深六间，绿琉璃瓦重檐歇山顶，檐下施双昂五踩斗拱，额枋雕刻富丽。殿周回廊置雕龙石柱 26 根，蟠龙姿态各异。下施栏杆石柱 52 根。砌栏板 50 块，刻浮雕 200 方。大殿明间悬横匾“神勇”二字，是乾隆帝手书，檐下有“万世人极”匾，为咸丰皇帝所写。下列青龙偃月刀三把，门口还有铜香案一座、铁鹤一双，以示威严。殿内木雕神龛玲珑精巧，内塑帝王装关羽坐像，勇猛刚毅，神态端庄肃穆。龛外雕梁画栋，仪仗倚列，木雕云龙金柱，自下盘绕至顶，狰狞怒目，两首相交，以示关羽的英雄气概。龛上有康熙手书“义炳乾坤”横匾一方。殿前有月台，钩栏曲折。殿前左右配以石华表一对、焚表塔两座、铁旗杆一双（图 11-86 ～图 11-91）。

图 11-86　解州关帝庙午门

图 11-87　解州关帝庙午门檐下石栏板

图 11-88　解州关帝庙御书楼

图 11-89　解州关帝庙崇宁殿

图 11-90　解州关帝庙崇宁殿檐柱

图 11-91　解州关帝庙崇宁殿月台石栏板

穿崇宁殿而出，入后宫南门，就进入寝宫院。过花圃有气肃千秋坊，是中轴线上最高大的木牌坊。东侧有印楼，里边放着“汉寿亭侯”玉印模型，西侧是刀楼，里面列青龙偃月刀模型。双楼对峙，均为方形三层十字歇山顶。院里植有翠竹一片，又有《汉夫子风雨竹》碑刻，以竹隐诗，诗曰：“莫嫌孤叶淡，经久不凋零。多谢东君意，丹青独留名。”

最北为关帝庙扛鼎之作的春秋楼，又名“麟经阁”，掩映在参天古树和名花异卉之间，巍然屹立，大气磅礴。创建于明万历年间，现存建筑为清同治九年（公元1870年）重修的。面阔七间，进深六间，二层三檐绿琉璃瓦歇山顶，高33米。上下两层皆施回廊，四周钩栏相依，可供凭栏远眺。檐下木雕龙凤、流云、花卉、人物、走兽等图案。楼内东、西两侧各有楼梯36级。在第一层有木制隔扇108面。上层回廊的26根廊柱矗立在下层垂莲柱上，垂柱悬空，内设搭牵挑承，给人以悬空之感。进入二层楼，有神龛暖阁，正中有关羽侧身夜观《春秋》像，阁子板壁上正楷刻写着全部《春秋》（图11-92～图11-94）。

图11-92　解州关帝庙气肃千秋坊

图 11-93　解州关帝庙刀楼

图 11-94　解州关帝庙春秋楼

东院有崇圣祠、三清殿、祝公祠、葆元宫、飨圣宫和东花园；西院有长寿宫、永寿宫、余庆宫、歆圣宫、道正司、汇善司和西花园。

山西晋祠

晋祠位于山西省太原市西南郊25公里处的悬瓮山麓、晋水源头。据《史纪•晋世家》的记载，周武王之子周成王姬诵封同母弟叔虞于唐，称“唐叔虞”。因境内有晋水，他的儿子燮改国号为晋。后人为了奉祀唐叔虞，在晋水源头立祠，称“唐叔虞祠”，也称“晋祠”。晋祠的创建年代难以考证，北魏郦道元的《水经注•卷六•晋水》称：“昔智伯之遏晋水以灌晋阳，其川上溯，后人踵其遗迹，蓄以为沼，沼西际山枕水，有唐叔虞祠。水侧有凉堂，结飞梁于水上（这也是有关“鱼沼飞梁”最早的记录），左右杂树交荫，希见曦景，至有淫朋密友，羁游宦子，莫不寻梁契集，用相娱慰，于晋川之中，最为胜处。”在漫长的历史岁月中，晋祠曾经过多次修建和扩建，面貌不断改观。南北朝时，文宣帝高洋推翻东魏，建立了北齐，将晋阳定为别都，于天保年间（公元550年—559年）扩建晋祠，“大起楼观，穿筑池塘”。隋开皇年间（公元589年—600年），在祠区西南方增建舍利塔。唐贞观二十年（公元646年），太宗李世民到晋祠，撰写碑文《晋祠之铭并序》，并又一次进行扩建。北宋太宗赵光义于太平兴国年间（公元976年—984年）在晋祠大兴土木，修缮竣工时还刻碑记事。北宋仁宗赵祯于天圣年间（公元1023年—1032年）追封唐叔虞为汾东王，并为唐叔虞之母邑姜修建了规模宏大的圣母殿。

自从北宋天圣年间修建了圣母殿后，祠区建筑布局大为改观。此后，铸造铁人，增建献殿、钟楼、鼓楼及水镜台等，这样，以圣母殿为主体的中轴线建筑物次第告成，原来居于正位的唐叔虞祠就坐落在旁边，现处于次要的位置了。

祠区内中轴线上的建筑，由东向西依次是水镜台、会仙桥、金人台、对越坊、钟鼓二楼、献殿、鱼沼飞梁、圣母殿。这组建筑和它北面的唐叔虞祠、昊天神祠和文昌宫，及南面的水母楼、难老泉亭及舍利生生塔等，组成了一个综合建筑群。

中轴线最前端为水镜台，始建于明朝，是当时演戏的舞台。前部为单檐卷棚顶，后部为重檐歇山顶。除前面的较为宽敞的舞台外，其余三面均有走廊，建筑式样别致。慈禧太后曾照原样在颐和园修建了一座（图11-95～图11-99）。

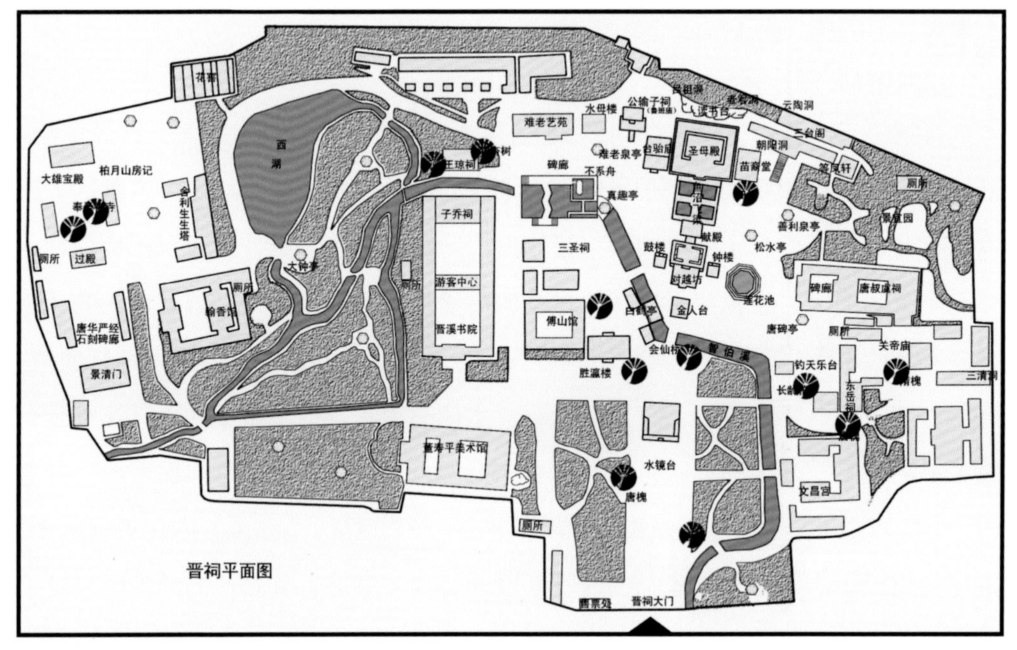

图 11-95 山西太原晋祠平面图

图 11-96 山西太原晋祠大门

图 11-97　山西太原晋祠水镜台 1

图 11-98　山西太原晋祠水镜台 2

图 11-99　山西太原晋祠水镜台 3

从水镜台向西，有一条晋水的干渠，名“智伯渠”，又名“海清北河”。相传春秋末期，晋国世卿智伯为了攻取赵襄子的采地，引汾、晋二水灌晋阳而开凿此渠。后人在旧渠的基础上加以修浚，成为灌溉田地的水渠。

通过智伯渠上的合仙桥，便是金人台。金人台呈正方形，四角各立铁人一尊，每尊高两米有余，其中西南隅的一尊铸造于北宋绍圣四年（公元 1097 年）。金人台后面为呈“品”字排列布局的对越坊、钟楼、鼓楼（图 11-100 ～图 11-103）。

图 11-100　山西太原晋祠智伯渠

图 11-101　山西太原晋祠铁人

图 11-102 山西太原晋祠对越坊与钟楼、鼓楼

图 11-103 山西太原晋祠对越坊

穿过对越坊及钟楼、鼓楼往西即为献殿。此殿原为陈设祭品的场所，始建于金大定八年（公元 1168 年），面宽三间，深两间，梁架很有特色，只在四椽栿上放一层平梁，既简单省料又轻巧坚固。殿的四周除中间及前后开门之外，均筑坚厚的槛墙，上安直栅栏，使整个大殿形似凉亭，显得格外利落轩敞。献殿于 1955 年用原料按原式样进行了翻修。

献殿以西，是连接圣母殿的鱼沼飞梁。鱼沼为一方形水池，是晋水的第二泉源。池中立 34 根小八角形石柱，柱顶架斗拱和梁木承托着十字形桥面。东西桥面长 19.6 米、宽 5 米，高出地面 1.3 米，东西端分别与献殿和圣母殿相连接。南北桥面长 19.5 米、宽 3.3 米，两端下斜与地面相平。整个造型犹如展翅欲飞的大鸟，故称“飞梁”。飞梁始建年代和旧址都不详，根据前引《水经注》记载，北魏时已有飞梁之设。现存此飞梁，可能是北宋时与圣母殿同时建造的。1955 年曾按原样翻修。建筑结构有宋代特点，小八角石柱，复盆式莲瓣尚有北魏遗风。这种形制奇特、造型优美的十字形桥式，虽在古籍中早有记载，但现存实物仅此一例。

飞梁南北桥面之东，两端各卧伏一只宋雕石狮，造型生动。桥东月台上有铁狮一对，神态勇猛，铸于北宋政和八年（公元 1118 年），是我国较早的铁铸狮子（图 11-104 ~图 11-110）。

图 11-104　山西太原晋祠献殿与钟楼

图 11-105　山西太原晋祠献殿

图 11-106　山西太原晋祠献殿室内屋架

图 11-107　山西太原晋祠鱼沼飞梁 1

图 11-108　山西太原晋祠鱼沼飞梁 2

图 11-109　山西太原晋祠鱼沼飞梁 3

图 11-110　山西太原晋祠远眺圣母殿与鼓楼

在中轴线末端，是宏伟壮丽的圣母殿。其背靠悬瓮山，前临鱼沼，晋水的其他二泉——“难老”和“善利”分列左右。此殿创建于北宋天圣年间（公元 1023 年—1032 年），北宋崇宁元年（公元 1102 年）重修，是现在晋祠内最为古老的建筑。殿高约 19 米，单层重檐绿琉璃瓦歇山顶，面宽七间，进深六间，平面布置几乎成方形。殿身四周围廊，前廊进深两间，廊下宽敞。在我国遗留至今的古代建筑中，殿周围廊，此为最早的实例。殿周柱子略向内倾，四根角柱升高，使殿前檐曲线弧度很大。圣母殿还采用“减柱法”营造，殿内外共减十六根柱子，以廊柱和檐柱承托殿顶屋架，因此，殿前廊和殿内十分宽敞。殿内无柱，不但增加了高大神龛中圣母的威严，而且为设置塑像提供了很好的条件。在整体上，殿、飞梁、鱼沼和泉亭，又相互陪衬，浑然一体。

圣母殿内共四十三尊泥塑彩绘人像，除龛内二小像系后补外，其余多北宋原塑。主像圣母，即唐叔虞和周成王的母亲、周武王的妻子、姜子牙的女儿——邑姜，其塑像设在大殿正中的神龛内。其余四十二尊侍从像对称地分列于龛外两侧。其中宦官像五尊、着男服的女官像四尊、侍女像共三十三尊。圣母邑姜屈膝盘坐在饰凤头的木靠椅上，凤冠蟒袍，霞帔璎珞，面目端庄。四十二尊侍从像，手中各有所奉，例如侍奉文印翰墨、洒扫梳妆、奉饮食、侍起居以至奏乐歌舞等。这些塑像适型生动、姿态自然，尤其是侍女像更是精品。这些侍女像的肢体身材比较适度，服饰美观大方，衣纹明快流畅。她们的年龄或长或少，身段或丰满或苗条，面庞或圆润或清秀，神态或幽怨或天真，一个个性格鲜明、表情自然，加之高度与真人相仿，更显得栩栩如生。在雕塑技巧上，相当准确地掌握了人体的比例和解剖关系，手法纯熟，有高度的艺术表现力（图 11-111 ～图 11-115）。

图 11-111　山西太原晋祠圣母殿

图 11-112　山西太原晋祠鱼沼飞梁与圣母殿

图 11-113　山西太原晋祠圣母殿翼角

图 11-114　山西太原晋祠圣母殿廊下力士像

图 11-115　山西太原晋祠难老泉泉眼

在圣母殿南面，有一座北齐天保年间（公元 550 年—559 年）创建的难老泉亭，八角攒尖顶。晋水的主要源头难老泉泉水从亭下石洞中滚滚流出，常年不息，昼夜不舍，故北齐时期取《诗经•鲁颂》中“永锡难老”的锦句为名，称“难老泉”。

唐朝诗人李白描写此泉为："晋祠流水如碧玉……微波龙鳞莎草绿。"北宋诗人范仲淹描写此泉为："千家溉禾稻，满目江乡田。""皆如晋祠下，生民无旱年。"

水母楼位于难老泉亭西面，又称水晶宫，建于明嘉靖四十二年（公元 1563 年），全楼分上、下两层。楼下石洞三窟，中间一窟设一尊铜铸水母像，端坐于瓮形座位之上。楼上坐西向东设一神龛供奉水母。神龛两侧有八尊侍女塑像，体态优美，衣纹飘逸，造型别致，也是难得的艺术佳品（图 11-116、图 11-117）。

图 11-116　山西太原晋祠难老泉亭与水母楼

图 11-117　山西太原晋祠难老泉亭室内屋架

晋祠有名的唐碑矗立在贞观宝翰亭中。此碑的碑文是唐太宗李世民于贞观二十年（公元 646 年）亲自撰写的，名为《晋祠之铭并序》。全碑共 1203 字，旨在通过歌颂宗周政治和唐叔虞建国的政策，以达到宣扬唐王朝的文治武功、巩固自己政权的目的。此“唐碑”也是我国现存最早的一通行书碑。

祠区北侧有唐叔虞祠，最早记载见于前引《水经注》的记载。北宋太平兴国修晋祠碑记中描绘它“前临曲沼”“后拥危峰”，旧祠位置似与现在不在同一个地点。现存建筑分前后两院，颇为宽敞。前院四周有走廊，后院东西各有配殿三间。正北是唐叔虞殿，面阔宽五间，进深四间，中间神龛内设唐叔虞塑像。神龛两侧有从别处移来的十二尊塑像，多为女性，高度与真人相近。她们手持笛、琵琶、三弦、钹等不同乐器，似乎是一个较完整的乐队。远些塑像约为明朝作品，是研究我国器乐发展和音乐史不可多得的资料。

图 11-118　山西太原晋祠舍利生生塔

舍利生生塔位于祠区南端，建于隋开皇年间，宋代重修，清乾隆十六年（公元 1751 年）重建。塔高 38 米，七层八角，琉璃瓦顶（图 11-118、图 11-119）。

图 11-119　山西太原晋祠舍利生生塔远景

曲阜孔庙

曲阜孔庙位于曲阜市中心鼓楼西侧 300 米处，是祭祀我国古代著名思想家和教育家孔子的祠庙。始创于鲁哀公十七年（公元前 478 年，孔子去世后第二年），以其故居为庙，岁时奉祀。自西汉以来，历代帝王不断给孔子加封谥号，孔庙的建筑规模也越来越大。清雍正时期曾大修、扩建，形成现在的规模，占地面积约 9.5 万平方米，共有坐北朝南的九进院落，分左、中、右三路，纵长 630 米、横宽 140 米，有殿堂、坛、阁各种建筑 100 余座、460 余间。有门坊 54 座、御碑亭 3 座。整座建筑群四周围以红墙，四角配以角楼，气势恢宏、布局规整，为全国最大的孔庙。

中路从金聲玉振坊起，由南向北依次为棂星门、太和元气坊、圣时门、过壁水桥、中门、奎文阁、十三碑亭、大成门、杏坛、大成殿、寝殿、圣迹殿。由大成门之东为东路，主要建筑依次为圣承门、诗礼堂、鲁壁、孔宅故井、崇圣祠、家庙；由大成门之西为西路，主要建筑依次为启圣门、金丝堂、启圣殿、启圣寝殿（图 11-120、图 11-121）。

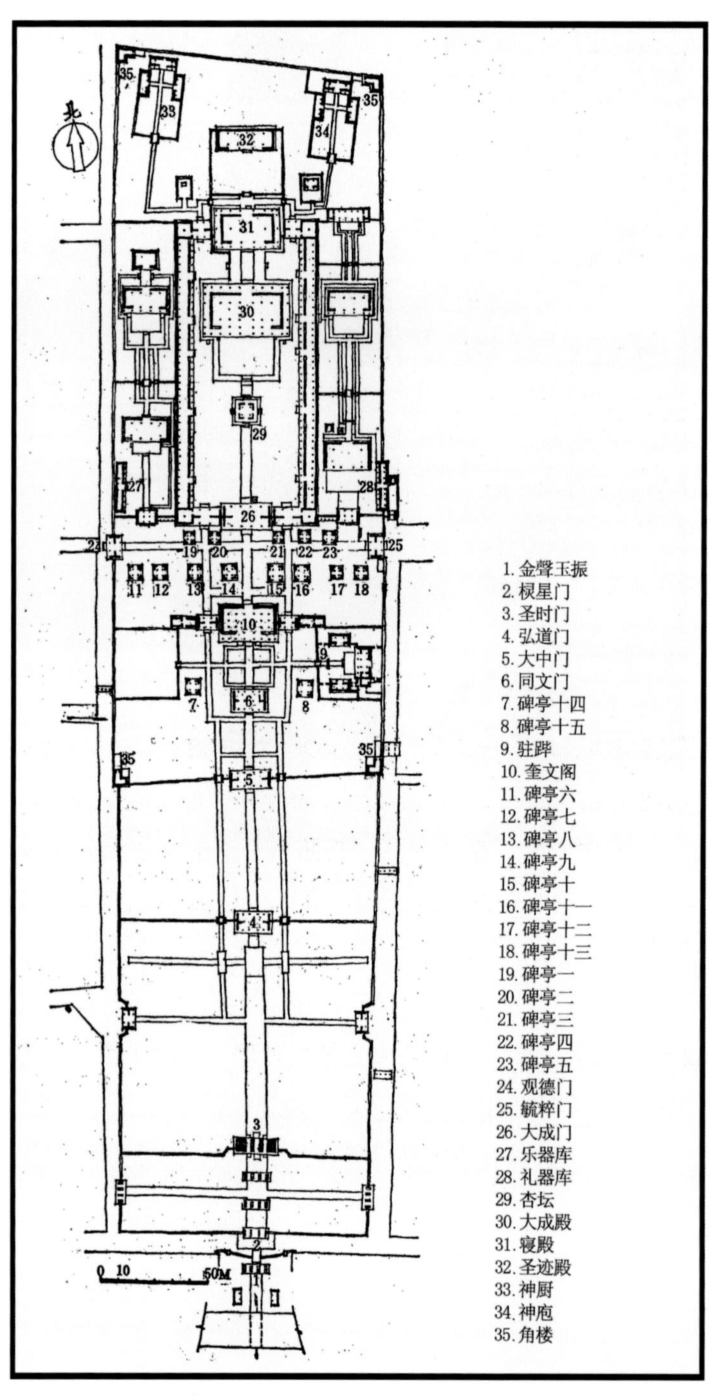

图 11-120　山东曲阜孔庙平面图（采自《中国古代城市规划建筑群布局及建筑设计方法研究》）

图 11-121　山东曲阜孔庙金聲玉振坊

奎文阁是孔庙主体建筑之一，原来是收藏御赐书籍的地方，以藏书丰富、建筑独特而驰名。始建于北宋天禧二年（公元 1018 年），名“藏书楼”，金明昌二年（公元 1191 年）重修时改名“奎文阁”，明弘治十三年（公元 1500 年）又重修。“奎”是二十八宿之一，属西方白虎，有 16 颗星，因“屈曲相钩，似文字之画”，所以古人把奎星附会为文官之首。古代帝王把孔子比作天上的奎星，遂在孔庙建奎文阁。完全是木质结构，为中国古代木楼建筑的孤例。高 23.35 米，东西面阔 30.10 米，南北进深 17.62 米，三层飞檐，四重斗拱，结构合理，坚固异常，经受了几百年的风风雨雨的侵蚀和多次地震的摇撼。据记载，清康熙年间的一次大地震，曲阜“人间房屋倾者九存者一”，而奎文阁安然无恙。1985 年始对其进行了落架大修，完全保持了原有的风貌。奎文阁内原有藏书均移入孔府档案馆保存。现展出的是孔子圣迹图陈列（图 11-122 ～图 11-125）。

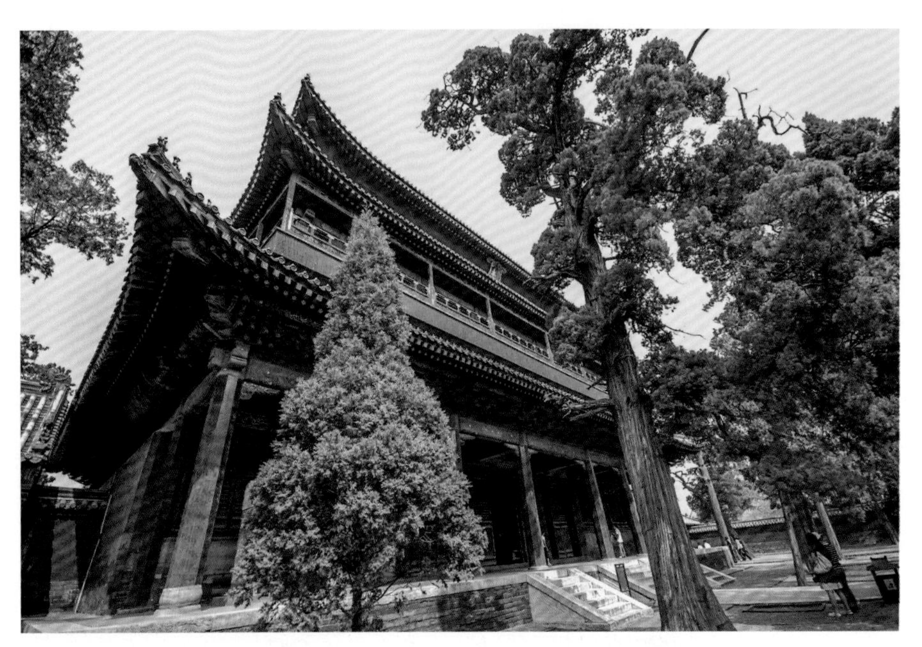

图 11-122　山东曲阜孔庙奎文阁

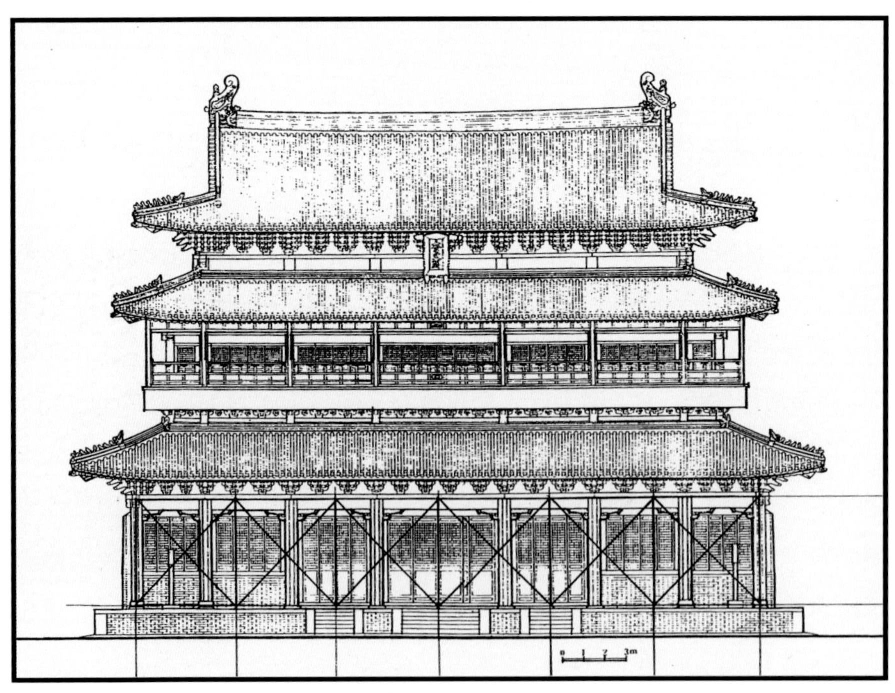

图 11-123　山东曲阜孔庙奎文阁立面（采自《中国古代城市规划建筑群布局及建筑设计方法研究》）

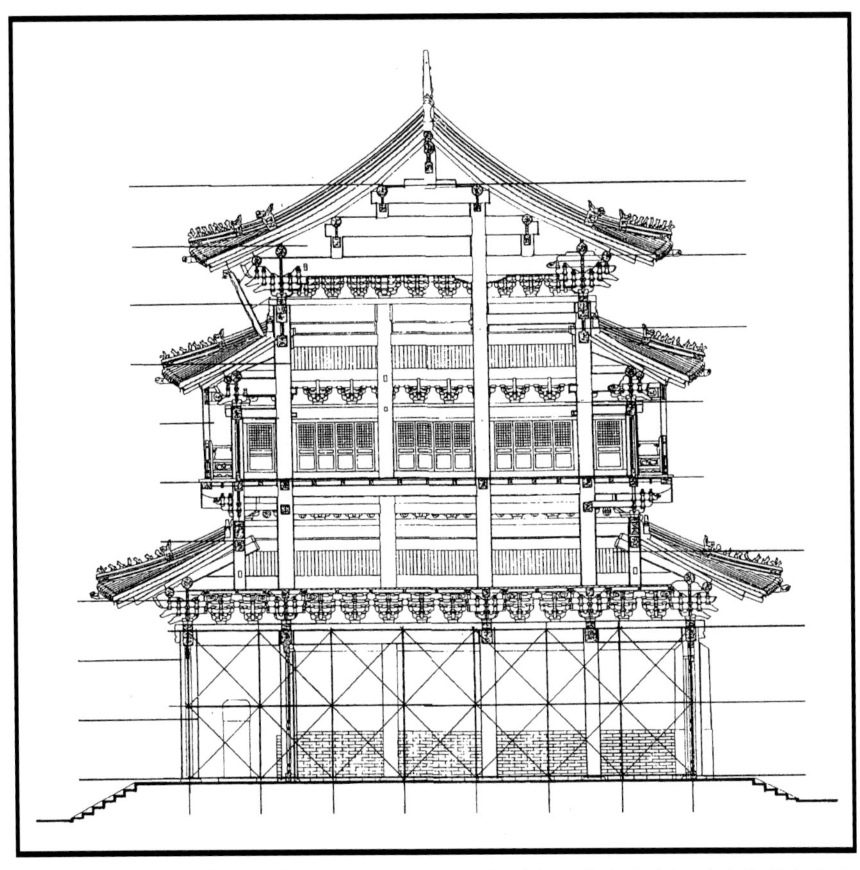

图 11-124　山东曲阜孔庙奎文阁纵剖面图（采自《中国古代城市规划建筑群布局及建筑设计方法研究》）

图 11-125　山东曲阜孔庙奎文阁、十三碑亭与大成门鸟瞰

十三碑亭位于奎文阁和大成门之间的院落里。13通石碑外形相同而碑文内容不同，南面8座、北面5座，俗称御碑亭，是历代帝王为修建孔庙、祭祀孔子所立的石碑而建。计有唐、宋、金、元、明、清六代巨碑50余通。

杏坛为一亭式建筑，位于大成门之后殿前甬道正中，黄琉璃瓦重檐十字脊歇山顶。亭内细雕藻井，彩绘金色盘龙，其中有清乾隆帝“杏坛赞”御碑。亭前的石香炉，高约1米，形制古朴，为金代遗物。传说孔子当年坐于杏坛之上，教弟子读书，弦歌鼓琴，即所谓“杏坛说教”。坛旁有一株古桧，被称为“先师手植桧”（图11-126、图11-127）。

图11-126　山东曲阜孔庙十三碑亭

图11-127　山东曲阜孔庙杏坛

大成殿是孔庙的正殿，也是孔庙的核心，唐代时称为文宣王殿，共有五间。北宋天禧五年（公元1021年）大修时，移今址并扩为七间。北宋崇宁三年（公元1104年），徽宗取《孟子》中“孔子之谓集大成”语意，下诏更名为“大成殿”。现大成殿为清雍正二年（公元1724年）重建，坐落在2.1米高的石殿基上，面阔九间54米，进深五间34米，高32米，黄琉璃瓦重檐歇山顶，斗拱交错，雕梁画栋，周环回廊，巍峨壮丽。擎檐有石柱28根，高5.98米，直径0.81米。其前廊10根石柱上各精雕两条戏珠的飞龙，工艺绝妙。两山及后檐的十八根石柱浅雕云龙纹，每柱有七十二团龙。殿内金柱皆楠木，都彩绘团龙错金。双重飞檐下正中竖匾上刻清雍正帝御书“大成殿”三个贴金大字。殿内八斗藻井饰以金龙和玺彩图，高悬的“万世师表”等十方巨匾和三副楹联都是清乾隆帝手书。殿内正中供有孔子塑像，左右有颜子、曾子、子思和孟子塑像，称“四配”。两侧又有塑像12尊，为闵损、冉耕、冉雍、宰予、端木赐、冉求、仲由、言偃、卜商、颛孙师、有若和朱熹，名“十二哲”。大成殿既是庙内最高的建筑，也是全国四大殿堂（故宫太和殿、北京太庙享殿、十三陵长陵棱恩殿）之一（图11-128～图11-133）。

图11-128　山东曲阜孔庙大成殿1

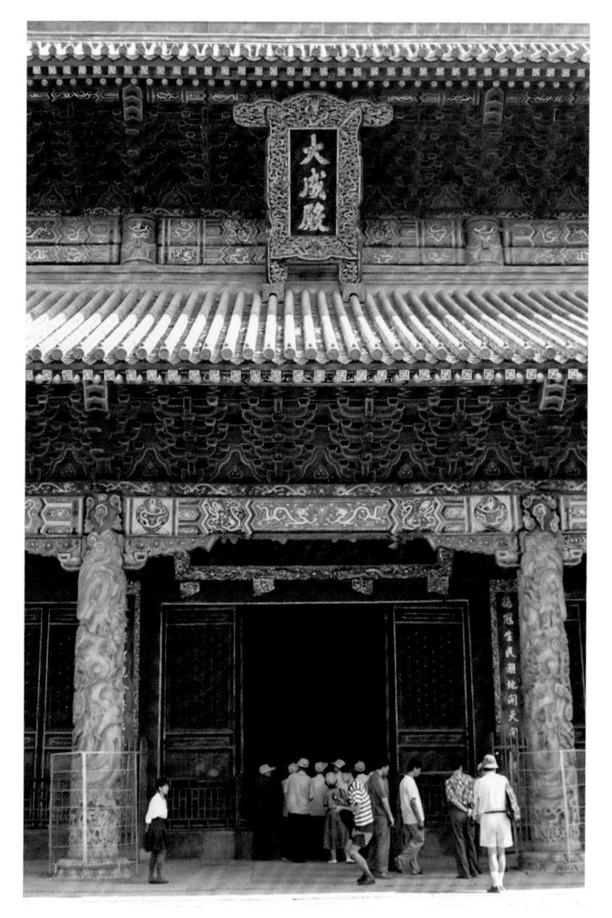

图 11-129　山东曲阜孔庙大成殿 2

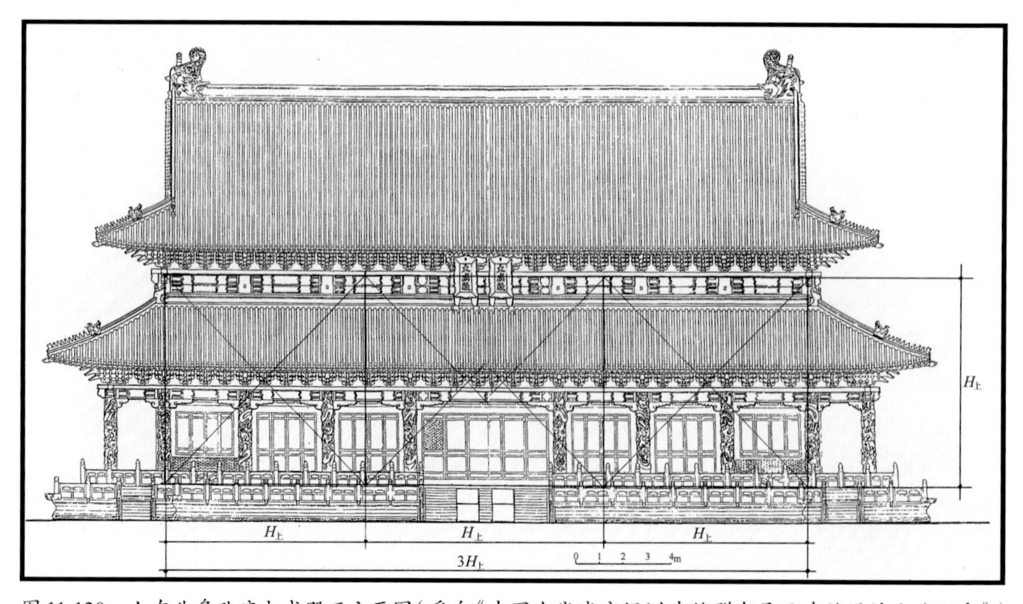

图 11-130　山东曲阜孔庙大成殿正立面图（采自《中国古代城市规划建筑群布局及建筑设计方法研究》）

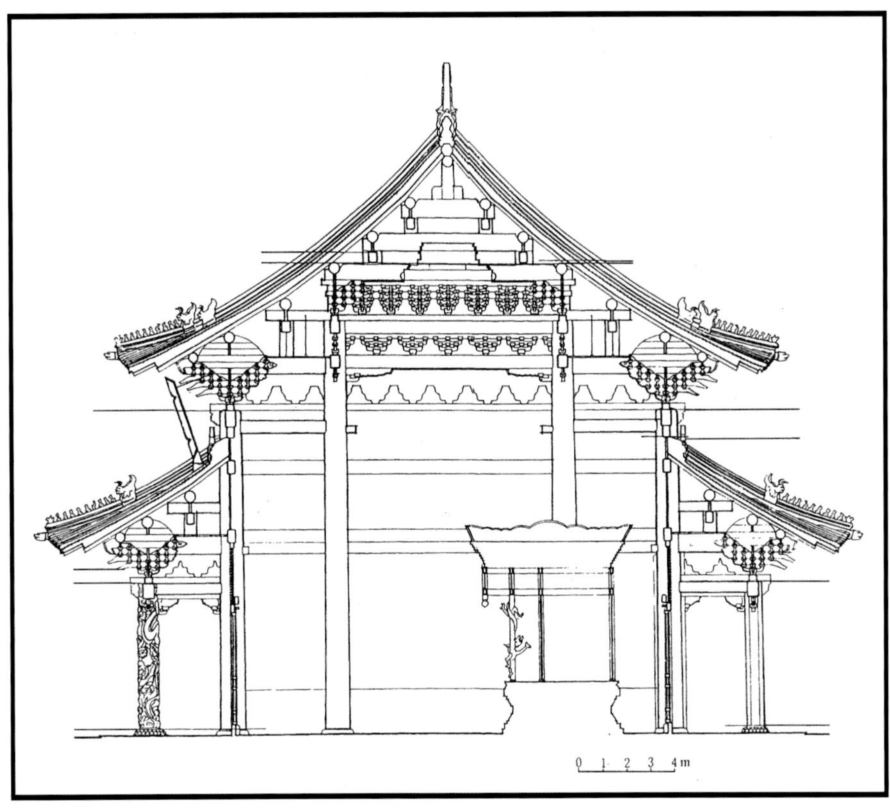

图 11-131　山东曲阜孔庙大成殿纵剖面图（采自《中国古代城市规划建筑群布局及建筑设计方法研究》）

图 11-132　山东曲阜孔庙大成殿前月台石栏板

图 11-133 山东曲阜孔庙大成殿廊柱

大成殿之后的寝殿面阔七间，进深四间，回廊 22 根擎檐石柱浅刻凤凰牡丹。殿内枋檩游龙和藻井团凤彩画均由金箔贴成，一如皇后宫室制度。殿内供奉孔子夫人亓（qí）官氏牌位。

寝殿之后为圣迹殿，是以保存记载孔子一生事迹的 120 幅石刻连环画圣迹图而得名的大殿。此殿系明万历二十年（公元 1592 年）巡按御史何出光主持修建的。孔庙原有反映孔子事迹的木刻图画，他建议改为石刻，由杨芝作画、章刻石，嵌在殿内壁上。圣迹独成一院，是孔庙最后的第九进庭院。

孔庙东路的诗礼堂，是当年康熙帝南巡专程赴曲阜谒孔时，特意在此聆听孔子后裔孔尚任弘扬孔子学说的场所。

孔子故宅在诗礼堂之后，这里是孔庙中最古老的地方，也是当年孔子居住之处。旁有古井一口，据传系孔子的饮水井，井台四周有雕花石栏。

成都武侯祠

成都武侯祠位于成都市南门武侯祠大街，是纪念三国时期蜀汉丞相诸葛亮的祠堂，因诸葛亮生前被封为“武乡侯”而得名。国内最早的武侯祠在陕西省汉中市勉县，建于蜀景耀六年（公元263年），成都武侯祠比其晚约50年。成都武侯祠原只是与祭祀刘备的汉昭烈庙相邻，明朝初年重建时，将其并入其中，形成现存武侯祠君臣合庙的格局。现存主体建筑是康熙十一年（公元1672年）重建的。

武侯祠坐北朝南，中轴线上的建筑从南至北为祠堂正门、穿堂门（二门）及其后两翼的文臣廊、武将廊、刘备殿（汉昭烈庙）及东西配殿、穿堂门及其后的东西廊、诸葛亮殿（武侯祠）、从提督街迁建到武侯祠内的三义庙等。汉昭烈陵在上述建筑群的东面。

勉县武侯祠

陕西汉中市勉县武侯祠位于勉县城西3公里处的108国道边，始建于蜀景耀六年（公元263年），是全国众多武侯祠当中建造最早且唯一由皇帝（蜀后主刘禅）下诏修建的祠庙。一千七百多年来，勉县武侯祠历经沧桑，几经坍塌，历朝历代均有修葺，目前保留下来的建筑大多保持着明清时代风格。

现武侯祠建筑群坐南朝北，占地约53400平方米，共有传统建筑30余座。中轴线上有七进院落，左右还有非对称的跨院，包括小型园林等。中轴线上自南往北有山门、乐楼（左右有东、西垂花门）、牌楼（左右有东、西辕门）、琴楼（左右有钟楼、鼓楼）、戟门、拜殿（左右跨院内有东、西配殿）、大殿、崇圣祠（寝宫）、观江楼等。

武侯祠内文物丰富，匾联层层，碑石林立，古树名木甚多。现有汉以来各时代碑刻91通、匾联62方、其他馆藏文物65件、古树名木35株。在这众多的文物当中，唐贞元十一年（公元795年）由沈迥撰文、元锡书并刻立的《蜀丞相诸葛忠武侯新庙碑铭并序》碑（简称《唐碑》），清嘉庆八年皇帝颙琰御书的《忠贯云霄》，晋代石琴、古柏及旱莲最为珍贵。

另外，勉县虽然属于陕西省，但因位于秦岭以南，且武侯祠建筑群背临汉江，古柏参天、枝柯茂密、暗香浮动，整体环境非常优美（图11-134～图11-150）。

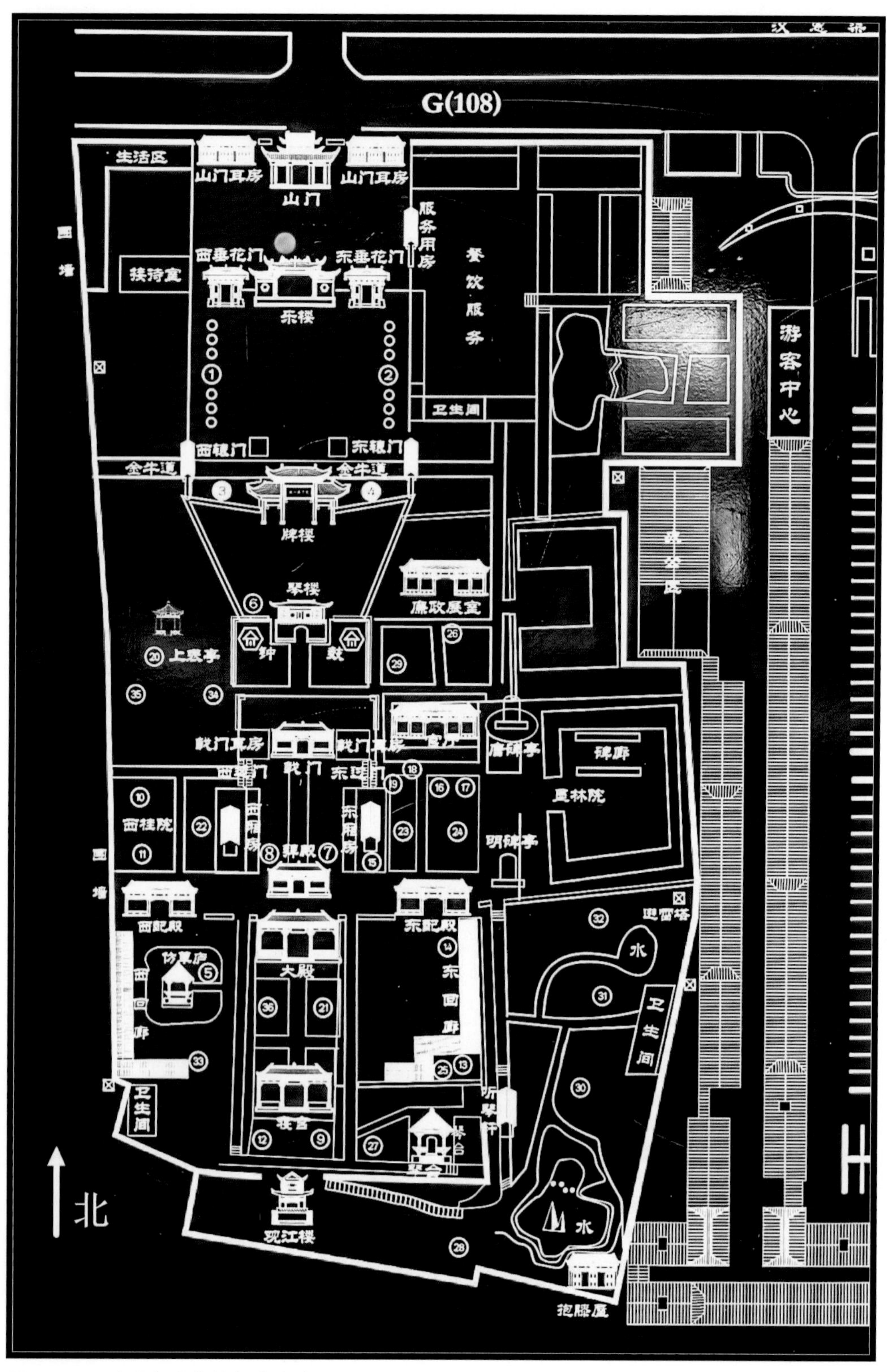

图 11-134　陕西勉县武侯祠平面图

图 11-135　陕西勉县武侯祠山门

图 11-136　陕西勉县武侯祠乐楼

图 11-137　陕西勉县武侯祠牌楼

图 11-138　陕西勉县武侯祠琴楼

图 11-139　陕西勉县武侯祠琴楼二楼室内

图 11-140　陕西勉县武侯祠从琴楼看鼓楼

图 11-141　陕西勉县武侯祠戟门

图 11-142　陕西勉县武侯祠通侧院门辕门

图 11-143　陕西勉县武侯祠拜殿 1

图 11-144　陕西勉县武侯祠拜殿 2

图 11-145　陕西勉县武侯祠大殿室内 1

图 11-146　陕西勉县武侯祠大殿室内 2

图 11-147　陕西勉县武侯祠拜殿与大殿之间

图 11-148　陕西勉县武侯祠大殿背面

图 11-149　陕西勉县武侯祠观江楼

图 11-150　陕西勉县武侯祠从观江楼看汉江

云阳张飞庙

张飞庙原位于重庆市云阳县老县城长江南岸的飞凤山麓，相传最初建于三国时期，实物资料最早见于宋，元、明、清均有修葺和扩建。因三峡工程，国家投入资金 4000 万元，把这一古建筑群整体搬迁到长江上游距老庙 32 千米处。新的张飞庙充分利用了三峡库区地形的高差变化，依山取势，坐岩临江，形成“品”字结构。主要建筑有正殿、旁殿、结义楼、望云轩、助风阁、杜鹃亭和得月亭等 7 座，前 5 个建筑为纪念张飞而建，后两个建筑为纪念唐代诗人杜甫在此客居两年而建。另外，在四川阆中等地也建有张飞庙（图 11-151 ～图 11-165）。

图 11-151　云阳张飞庙外景 1

图 11-152　云阳张飞庙外景 2

图 11-153　云阳张飞庙外景 3

图 11-154　云阳张飞庙结义楼 1

图 11-155　云阳张飞庙结义楼 2

图 11-156　云阳张飞庙结义楼屋面

图 11-157　云阳张飞庙杜鹃亭 1

图 11-158　云阳张飞庙杜鹃亭 2

图 11-159　云阳张飞庙助风阁

图 11-160　云阳张飞庙内景 1

图 11-161　云阳张飞庙内景 2

图 11-162　云阳张飞庙内景 3

图 11-163　云阳张飞庙正殿室内

图 11-164　云阳张飞庙正殿室内混合屋架

图 11-165　云阳张飞庙屋面翼角

泉州市妈祖庙

泉州市妈祖庙名“天妃宫”“天后宫”，位于泉州市南门天后路，始建于南宋庆元二年（公元 1196 年）。中轴线上从南至北主要建筑有山门 / 戏台、天后正殿、寝殿、梳妆楼，两翼有东西阙（钟鼓楼）、东西廊、东西厢房等。该建筑群虽经过多次重建，仍保留一些宋代构件和明清木结构等。

原山门 / 戏台因筑公路被拆毁，1990 年重建，其中山门为移清代晋江县学棂星门代替，面阔五开间牌楼式，中间三开间面阔 23.23 米，进深 3.93 米。戏台连接于山门后檐，坐南朝北，屋内设藻井。天后正殿重修于清道光年间，面阔五开间 24.6 米，进深 25.6 米，绿剪边黄琉璃瓦单层重檐歇山顶，前檐下还有一层琉璃瓦披檐。建筑结构比较特别，大木构架由短木柱接于花岗岩石柱上，由斗拱承托九架梁。寝殿面阔七间 35.1 米，进深 19.8 米，绿剪边黄琉璃瓦单层重檐悬山顶，两侧有前凸的阙。寝殿大木屋架为明代遗构，粗大古朴。屋架也是由短木柱接于花岗岩石柱上，殿前檐柱保存一对青石雕的元代印度教寺石柱，为明代翻修时放置。最北梳妆楼为新建，旧时为木构双层牌楼式建筑，面阔七开间，进深三间（图 11-166 ~图 11-172）。

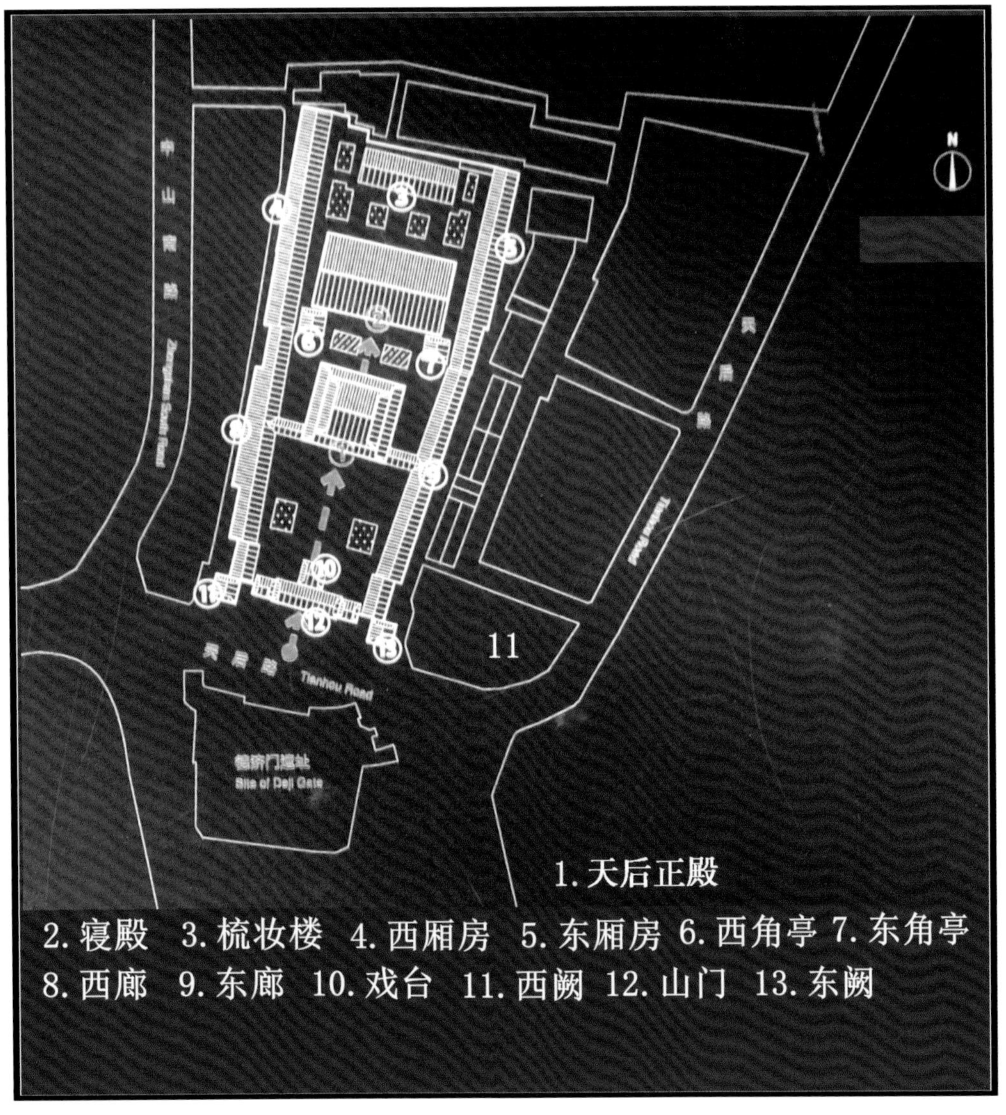

图 11-166　泉州天后宫平面图

图 11-167　泉州德济门遗址与天后宫

图 11-168　泉州天后宫大门与阙楼

图 11-169　泉州天后宫正殿

图 11-170　泉州天后宫正殿前廊

图 11-171　泉州天后宫正殿背面

图 11-172　泉州天后宫寝殿与角亭

佛山北帝庙

佛山北帝庙现名“佛山祖庙”，位于佛山市禅城区，始建于北宋元丰年间（公元 1078 年—1085 年），当时名“祖堂”，也就是号称第一座北帝庙，具有“祖庭”的性质。从明至清曾多次重修、大修。该庙坐北朝南，现中轴线上的主要建筑有万福台、灵应牌坊、锦香池、三门（灵应祠）、前殿、正殿、庆真楼等。锦香池往北两侧长廊尽端分别有两座小建筑和端肃门（东）、崇敬门（西）。前殿与三门（灵应祠）和一组长廊紧紧连在一起（图 11-173）。

万福台始建于清顺治十五年（公元 1658 年），是华南地区最古老和保存最好的古戏台。面宽三间 12.73 米，进深 11.78 米，歇山式卷棚顶。用装饰大量贴金木雕的隔板、隔扇分为前台和后台。台高 2.07 米，台面至檐前高度为 6.25 米，台前有宽阔的石铺场地，东西两侧原为两层长廊，供民众观戏之用。从万福台到两侧的长廊，再到灵应牌坊，形成一个立体环绕空间。

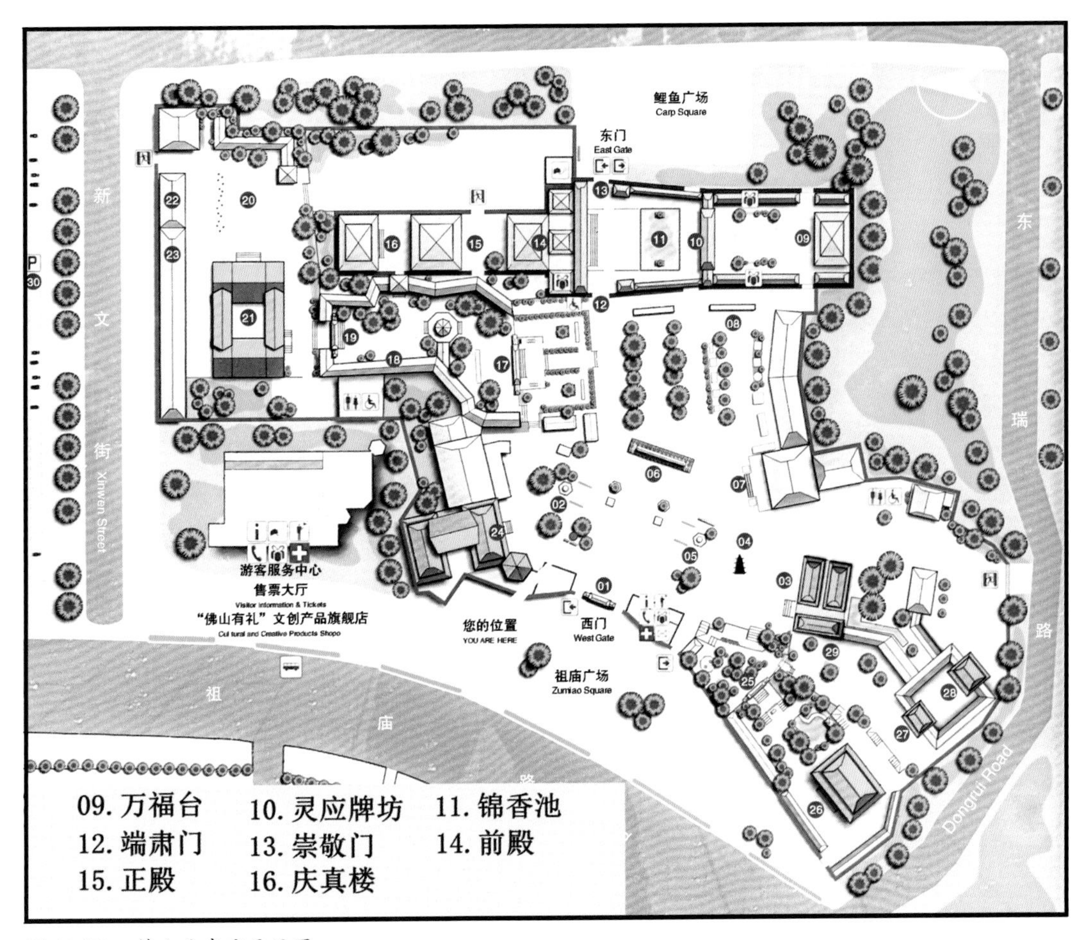

图 11-173　佛山北帝庙平面图

灵应牌坊始建于明景泰二年(公元1451年)，因明景泰帝将该庙赐封为“灵应祠”而得名。绿琉璃瓦覆顶，檐柱间大量施用斗拱，飞檐叠翠、飘逸凌云。

锦香池始凿于明正德八年(公元1513年)，初为土池，清雍正年间改建为石壁池。池中有象征北帝的石雕龟蛇玄武像。

三门原为三开间，现两侧加建了房间，硬山顶。三门廊下匾额书“灵应祠”。

前殿建于明宣德四年（公元1429年），面阔、进深均三间，歇山顶。檐下为如意斗拱，层层相叠，雄伟壮观（图 11-174 ～图 11-185）。

图 11-174　佛山北帝庙外景 1

图 11-175　佛山北帝庙外景 2

图 11-176　佛山北帝庙万福台

图 11-177　佛山北帝庙灵应牌坊

图 11-178　佛山北帝庙灵应祠与锦香池

图 11-179　佛山北帝庙锦香池

图 11-180　佛山北帝庙灵应祠

图 11-181　佛山北帝庙灵应祠室内 1

图 11-182　佛山北帝庙灵应祠室内 2

图 11-183　佛山北帝庙灵应祠室内 3

图 11-184　佛山北帝庙灵应祠室内 4

图 11-185　佛山北帝庙前殿室内

正殿（紫霄宫）建于宋代，面宽、进深均三间，歇山顶。殿前左右两侧有廊与前殿相连，中间形成天井。正殿屋架斗拱等，是我国现存少有的依宋《营造法式》营造的实例。殿内置有明正统年制作的形象威严的真武大帝铜造像，也是国内现存最大的明代铜铸北帝像。

庆真楼始建于清嘉庆元年（公元 1796 年），为供奉北帝父母的神殿，于清光绪时期修缮过一次。民国时期，庆真楼成为当地驻军之所，旧日的建筑格局从此荡然无存。20 世纪 70 年代，在重修庆真楼时，将二层楼面的砖木结构改为了钢筋混凝土结构（图 11-186 ~图 11-196）。

图 11-186　佛山北帝庙前殿与正殿之间空间 1

图 11-187　佛山北帝庙前殿与正殿之间空间 2

图 11-188　佛山北帝庙正殿斗拱

图 11-189　佛山北帝庙正殿室内 1

图 11-190　佛山北帝庙正殿室内 2

图 11-191　佛山北帝庙正殿室内 3

图 11-192　佛山北帝庙正殿内北帝铜像

图 11-193　佛山北帝庙庆真楼

图 11-194　佛山北帝庙庆真楼室内

图 11-195　佛山北帝庙庆真楼内北帝父母像

图 11-196　佛山北帝庙建筑群西门

梓潼七曲山大庙

建于四川绵阳市梓潼县七曲山，为“文昌帝君庙”和“关帝庙”的总称，始建于晋，唐、宋、元、明、清、民国时期均有修建，其中南宋绍兴十年（公元 1140 年），高宗赵构曾敕令按照皇宫规格修建。现建筑群依山而建，由 23 座从元至民国不同时期的建筑所组成。这里的“文昌帝君庙”是“文昌帝”的祖庭，以百尺楼、正殿、桂香殿为中轴线，由于受地形的限制，其余建筑只能向左右延伸，故不十分对称。正殿前左右有钟鼓楼，正殿左侧有圣启宫、瘟祖殿、白特殿 / 风洞楼（大悲楼）、家庆堂等，山顶有天尊殿。在“文昌帝君庙”另一侧紧邻“关帝庙”，始建于明朝，清乾隆和咸丰年间有过两次大修。主要建筑有皋门、拜殿、关圣殿，后者又名“财神殿”，殿中供奉着武圣帝君关羽坐像，高 5 米。

百尺楼为大庙山门，共三层，高百尺。此楼为清雍正十年（公元 1732 年）重建，又名“忠孝楼”“星主楼”“魁星楼”，楼内供奉着一座“魁星点斗、独占鳌头”的魁星塑像。

正殿位于建筑群的中心部位，始建于明朝，是供奉文昌帝君的主殿。

桂香殿亦为明代所建，殿内同样供奉着文昌帝君坐像，为宋代铁铸实心造像。

天尊殿位于山顶，殿中供奉道教元始天尊、灵宝天尊、道德天尊神像。

白特殿 / 风洞楼为依山而建的上下两层建筑，建于明初。下面的白特殿内供奉着文昌帝君的坐骑“鸣邪真神”，因石壁上有个深两米的天然石洞，传说是张亚子居住过的地方，所以楼上建筑称为“风洞楼”。明末张献忠占据四川，在亲率大军与李自成部将马科率领的入川部队大战前，路过梓潼七曲山时曾告祭文昌帝君。张献忠得胜后自封皇帝，国号“大西”，改元“大顺”，并与张亚子联宗，封张亚子为始祖高皇帝，命人重建文昌帝君庙，于山上建太庙。清顺治三年（公元 1646 年），张献忠与清军大战时被肃亲王豪格的部将雅布兰射杀，百姓感其德，于风洞楼内塑张献忠的绿袍金身像。清乾隆七年（公元 1742 年），锦州知州安洪德奉命到四川督办清除川北道“啯噜匪类”（黑社会组织，据说是哥老会的前身），在梓潼清查期间入文昌帝君庙，发现庙中有张献忠像，惊呼“大不类神，乃献忠贼像”，即行捣毁。1946 年，海灯法师于风洞楼内塑释迦牟尼和千手观音像，因此风洞楼又名“大悲楼”。

家庆堂是为文昌帝君张亚子家人准备的聚会之所（图 11-197 ～图 11-206）。

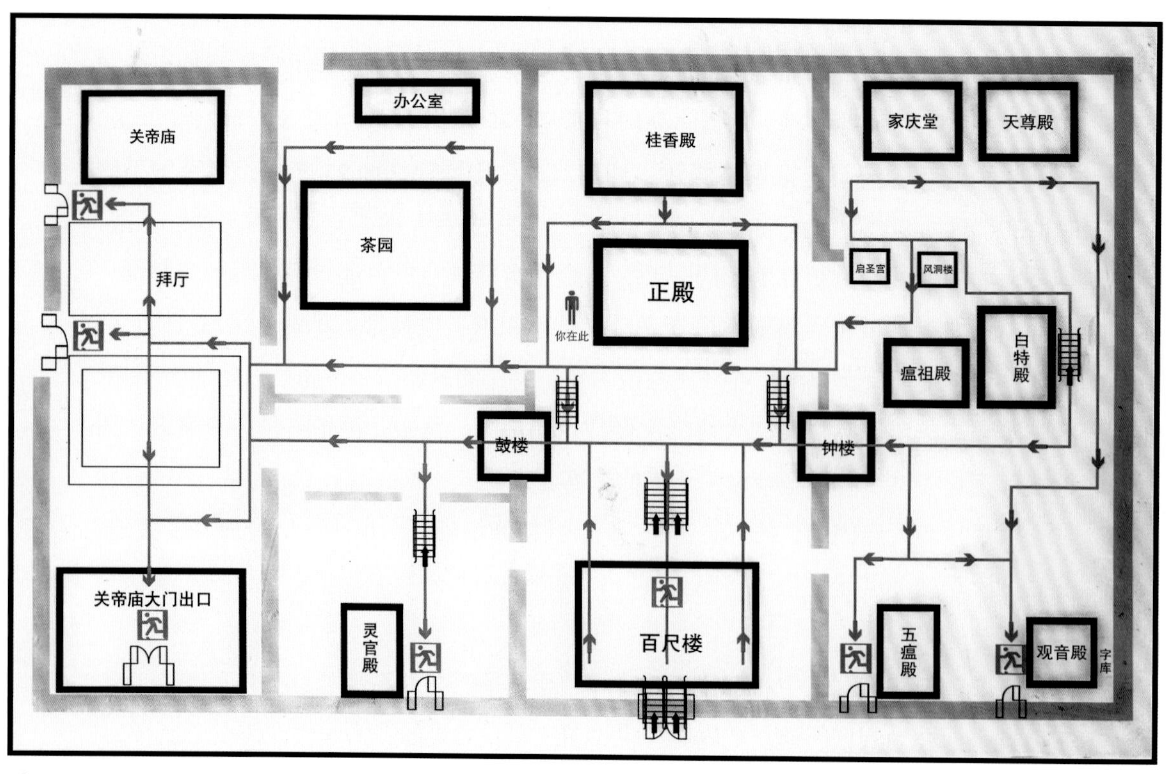

图 11-197　七曲山大庙平面示意图（一侧）

图 11-198　七曲山大庙两侧的过路天桥

图 11-199　七曲山大庙鸟瞰

图 11-200　七曲山大庙百尺楼

图 11-201　七曲山大庙百尺楼背面

图 11-202　七曲山大庙白特殿（风洞楼、大悲楼）

图 11-203　七曲山大庙白特殿（风洞楼、大悲楼）室内 1

图 11-204　七曲山大庙白特殿（风洞楼、大悲楼）室内 2

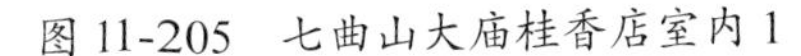

图 11-205　七曲山大庙桂香店室内 1

图 11-206　七曲山大庙桂香殿室内 2

上述建筑前为公路，对面山上有六角攒尖顶的应梦仙台，为现存的明朝建筑。室内有石应梦床，传说唐玄宗避安史之乱时曾住宿于此。另有一座歇山顶的盘陀殿，为

图 11-207　七曲山大庙应梦仙台

现存的元朝建筑。室内有盘陀石，传说张亚子受元始天尊点化，在盘陀石上诵读《太上无极总真文昌大洞经》而得道成仙（图 11-207 ~ 图 11-209）。

图 11-208　七曲山大庙盘陀殿 1　图 11-209　七曲山大庙盘陀殿 2

广州陈氏宗祠

陈氏宗祠位于广州市中山七路，坐北朝南，始建于清光绪十四年（公元 1888 年），六年后落成。它是由清末广东省七十二县的陈姓联合建造的，除基本的祭祀功能外，主要目的也是为本族各地读书人来广州参加科举考试时提供住处，因此又被称为“陈氏书院”。陈氏宗祠是聘请当时岭南最好的建筑大师黎巨川设计，并由他的瑞昌店承包营造。

陈氏宗祠建筑群南北和东西长度均为 80 米，总体采用“三进三路九堂两厢杪”

布局，严谨对称，以六院八廊互相穿插，空间宽敞、主次分明。在建筑的处理上是以中轴线上的建筑为主，两边以低矮偏间、廊庑围合，衬托出主殿堂的雄伟气概，形成纵横规整而又突出主体的整体空间形态。建筑群外围封闭、内部开放，是典型的广东民间宗祠式建筑。陈氏宗祠总建筑面积大约 8000 平方米，因院落间既有围墙相隔，又有走廊相隔，所以整体空间感觉是高大庄重的厅堂与宽敞通透的院落虚实相间，未如一般大型祠堂因追求肃穆而有沉闷之感。

聚贤堂为陈氏宗祠的中心建筑，是族人举行春秋祭祀和聚会议事之处，不仅建筑气宇轩昂，庭院也宽敞明亮，与左右院落仅以走廊相隔。聚贤堂面阔五间 27 米，进深五间 16.70 米，前后出廊，带斗拱，梁架雕刻精美。后金柱正中三间装有 12 扇双面镂雕屏门，两侧装设花罩。屋顶上的陶塑屋脊长 27 米，是清代广东石湾陶塑商号文如璧的作品。堂前有月台，石雕栏杆及望柱均以岭南佳果为装饰，镶嵌铁铸通花栏板，色调对比鲜明，装饰华美，突出了聚贤堂的中心地位。

聚贤堂东、西各有侧厅，位于东、西路中轴线上，供书院使用。东、西侧厅均面宽三间 14.05 米，进深五间 16.70 米，前出卷棚式廊，带斗拱。后金柱正间装设 4 扇双面镂雕隔扇，次间和厅前后设通花隔扇。

聚贤堂背后第二进院落之北也是较大的厅堂，面宽五间 27 米，进深五间 16.40 米，前出卷棚式廊。中间三间是安设陈氏祖先牌位及族人祭祀之所，功能相当于寝堂，厅后老檐柱之间装有宽 5 米、高 7 米多的木镂雕龛罩（图 11-210 ～图 11-225）。

图 11-210　广州陈氏宗祠南立面与正门

图 11-211　广州陈氏宗祠南立面局部

图 11-212　广州陈氏宗祠正门背面

图 11-213　广州陈氏宗祠正门室内 1

图 11-214　广州陈氏宗祠正门室内 2

图 11-215　广州陈氏宗祠正门室内 3

图 11-216　广州陈氏宗祠第一进院落东路与中路间走廊 1

图 11-217　广州陈氏宗祠第一进院落东路与中路间走廊 2

图 11-218　广州陈氏祠堂聚贤堂

图 11-219　广州陈氏宗祠聚贤堂室内 1

图 11-220　广州陈氏宗祠聚贤堂室内 2

图 11-221　广州陈氏宗祠聚贤堂背面走廊

图 11-222　广州陈氏宗祠寝堂

图 11-223　广州陈氏宗祠寝堂室内 1

作为传统的岭南建筑，陈氏宗祠最突出的特点是建筑装饰丰富多样，计有木雕、石雕、砖雕、灰塑、陶塑、铁铸、绘画、楹联等装饰手段和内容，集建筑装饰品类之大成。陈氏宗祠中的木雕内容非常丰富，正门梁架上便有“王母祝寿”“践士会盟”等题材的木雕。最精彩的是取材于《三国演义》中曹操大宴铜雀台一组，描绘曹操坐在铜雀台上观看校场各员大将比武的场景，突出刻画了徐晃与许褚在比武后争夺

图 11-224　广州陈氏宗祠寝堂室内 2

图 11-225　广州陈氏宗祠聚贤堂月台栏板

锦袍的情景。此外建筑内部和走廊的梁架、雀替以及长达 540 余米的檐板上雕刻的各种人物、动物、瓜果、花纹等，无不凝聚了广东木雕的精华。石雕作品主要用在廊柱、檐廊栏杆、柱础、月梁、券门、墙裙及台阶垂带等处，内容、图案和风格等具有浓郁的地方特色。聚贤堂前的月台石雕栏杆，是石雕装饰工艺的典型代表，它融合了圆雕、高浮雕、减地浅浮雕、镂雕和阴刻等多种技法，以各种花鸟、果品为题材，用连续缠枝图案的表现形式进行雕饰，又把双面通花铁栏板嵌入栏杆中，使呈灰白淡雅的石栏杆在色调深沉的铁铸栏板映托下，对比鲜明、主题突出，极富装饰效果。大门前的一对石狮（原基座已失），运用圆润简练的线条，雕琢成形体活泼、神态祥和、笑脸相迎的瑞兽形象，堪称广东地区石狮造型的代表。砖雕主要用在墙檐、门楣、墀头和檐墙上，也有作为花窗的装饰。在南面落倒座房后檐墙上，共有 6 幅大型水磨青砖砖雕，每幅长达 4 米，左边是“松鹊图”“梁山聚义图”“梧桐柳杏凤凰图”，右边是“百鸟图”“刘庆伏狼驹图”“五伦全图”，为现存广东地区规模最大的砖雕作品之一。灰塑主要于厅堂屋脊基座、山墙垂脊、厢房和连廊屋脊等处，题材主要是人物、花鸟、亭台楼阁、山水美景等，均具有浓郁的岭南特色。陶塑主要用在厅堂、厢房等建筑的正脊上，共 11 条，五彩缤纷、琳琅满目，均在佛山，烧制于光绪年间。其中聚贤堂的陶塑屋脊总长 27 米、高 2.9 米，连灰塑基座总高达 4.26 米。全脊共塑 224 个人物，题材包括“八仙贺寿”“加官进爵”“虬髯客”

与“李靖”等，整条脊饰似一个巨大的舞台。遗憾的是该屋脊于1976年被台风刮倒，现在的为1981年重塑。其他脊饰的题材主要是龙凤、花鸟、瑞兽、山水以及历史故事和人物群像等。前述聚贤堂前后石栏杆中嵌有的铁栏板即佛山铁画，采用铸造和锻造工艺。其正面6幅为“麒麟玉书凤凰图”，台阶两边是“双龙戏珠”“三阳开泰”“年年有余”等，均工艺精湛，构图精美。东西厢房绘有多幅壁画，主要题材有“滕王阁图”“夜宴桃李”，人物有王勃、李白等。楹联内容主要表达对祖先功绩的颂扬和缅怀，光大先祖文风弘业的理想和愿望。

广州陈氏宗祠为国内在古代社会时期营造的民间宗祠中，规模最大且保存得最完整者之一。

礼制建筑体系空间内容与形态艺术总结与后记

在本专著撰写的过程中，笔者似乎经历了一场大跨度的历史“穿越”，而在此“穿越”中，既“经历”了真实的历史过程，也“经历”了历史过程本身造就的虚幻。这些“虚幻”既包含或模糊或清晰的历史人物不断创造的诸神，也包含依附于诸神的或模糊或清晰的历史过程。可能即便是创造者本身，大多在当初也并不清楚他们是创造了神还是创造了人，这也就增加了历史过程本身包含的虚幻。为此要特别感谢其他领域学者之前不断的探索，剥离了某些历史的虚幻。但这些虚幻不仅曾经一直是困扰着古人，其中的一部分还会一直困扰着今人，影响我们对某些历史和文化等问题做出准确的判断。但有一点是可以肯定的，即在中国始终以农业为本的古代社会，如果抛开政治因素的影响，整体上稳健缓慢的生活节奏、循环往复的生活内容、停滞不前的世界认知等，成为了大众与神共舞最基本的社会环境。特别是整体上稳健缓慢的生活节奏，为大众与神共舞提供了相对充裕的时间和精力。《礼记·月令》中所记载的具体内容，正是这样的社会现实的反映，最终也体现了“国之大事，在祀与戎”。

中国古代社会的礼制建筑是因祭祀的神祇而设，但又绝非仅在功能上可满足奉神与开展祭祀活动的简单的空间场所，在礼制建筑体系的产生与发展过程中，特别是那些高等级的礼制建筑体系，既必须符合相应神祇的属性，又必须能充分展示伴随着祭祀活动本身虔诚的仪式感所引发并宣示的神圣感与神秘感等，也就因此而产生了礼制建筑体系本身的文化艺术特征。

中国传统礼制建筑体系在文化艺术特征方面，与相应神祇的属性和祭祀活动的神圣感与神秘感等相契合的观念和手法等，主要是从三个方面展开的：

其一，与高度抽象的“宇宙常数”以及与之相关的各种文化观念相契合。笔者在第二章中定义的“宇宙常数”，就是古代“数术”的重要内容，所代表的就是由神祇主宰的“天人合一”的宇宙的神圣与神秘等的规律。这些规律是在“天学”（区别于现代意义的天文学）的探索与神祇的创制过程中逐步“发现”的，因此在礼制文化的吉礼中是要着重遵循的。例如，在古帝王与皇家祭祀祖先的宗庙中，有“天子七庙”的规定。“七”就是最重要的“宇宙常数”，因为在古人的观念中，与人类生存最相关的太阳（太阳神）的运行轨迹为“七衡”（盖天说的“七衡六间”），作为最重要的天神的“大辰”之一的北斗有“七星”等，相应地在“天人合一”的天地间要行“七政”（春、秋、冬、夏、天文、地理、人道）。而古帝王和皇帝是以“天子”的身份“代天而治”，因此他们祭祀祖先的辈数与庙号数就要与“七”相对应，以体现“天子”的特殊性，即“天子”与“天”（上帝）的关联性。再如，历史上祭祀至上神的南郊坛或圜丘坛的层数最终定为“天数”三，尺寸数字也为三的倍数，三与四、八、十二等祭坛的陛数同为“宇宙常数”。祭祀总地神的北郊坛的层数最终定为“地数”二，尺寸数字多为地数二的倍数，并且因地祇为阴性神，所以北郊坛还要沉于坎池之中。又如，《大戴礼·明堂》载：“明堂者，古有之也。凡九室：一室而有四户、八牖，三十六户、七十二牖。以茅盖屋，上圆下方。……赤缀户也，白缀牖也。二九四七五三六一八。堂高三尺，东西九筵，南北七筵，上圆下方。九室十二堂，室四户，户二牖。”这些数字以及如明清北京天坛祈年殿和圜丘坛等各类建筑部位或构件等所对应的数字等，皆为“宇宙常数”或其倍数（详见正文章节中的相关内容）。

2021年12月16日的《中国科学报》刊登的一篇名为《清华简新研究内藏“猛料”》的文章中称，最新解读的“清华简”中有一篇名为《五纪》的文章，出自126支简（原应有130支简），约有4450字，篇幅与《道德经》相当。该文讲述了“后帝”通过修“五纪”（日、月、星、辰、岁）整治秩序的故事，其中有三十位神祇司掌“五德”（金、木、水、火、土）。在《五纪》中还有一组关于“宇宙模型”的概念，内容有“天”“地”“四荒”“四冘（yín）”“四柱”“四维”等。其中“四冘”指四个（行进）方向，“四柱”指支撑着天的四根柱子，“四维”指天球及其方位。另外，“天”“地”“四荒”又称为“六合”，就是六面体的宇宙空间。其他文献记载有“八柱”“八维”等学说，如东方朔的《七谏·自悲》：“引八维以自道兮，含沆瀣以长生。”屈原的《天问》：“八柱何当，东南何亏？”“清华简”中这些内容的解读，无疑又丰富了我们对古代数术所代表的“宇宙常数”含义的认识。

在中国传统文化中，上述“宇宙常数”也只有在一些重要的礼制建筑中才被集中地转化为具体的空间内容与空间形象。

其二，为此创造了与神祇属性和祭祀活动等相契合的或最复杂或最具象征性的单体建筑的形式与形象。例如，中国历史文献中最早出现的礼制建筑可能当属周文王的灵台，这一建筑体系空间区域既属于园林又属于礼制建筑，而灵台就是抽象地模仿通神的“山岳”“天梯”，其功能就如同“昆仑山”。再如，中国传统建筑有形象、种类相对单一而适应性广泛的基本特点，如歇山顶建筑既可用于皇宫，又可用于礼制、宗教、陵墓、衙署（高等级）、皇家园林等建筑体系中。而从“二十五史”中的《封禅书》《郊祀志》《祭祀》《本纪》《礼仪》《吉礼》等的记载来看，历代皇帝与大臣对礼制建筑的形式等多有讨论甚至是反复争论，最终确定的祭坛、明堂、辟雍，以及遗留至今的天坛祈年殿等，却成为了非广泛适应的单体建筑。这些单体建筑，当属中国古代社会创造的或最复杂或最具象征性的单体建筑的形式与形象。

另外，造型复杂、独特并具象征性的单体建筑，还有如清皇家园林圆明园中的方壶胜境、蓬岛瑶台、海岳开襟等，也属于泛宗教建筑。

其三，为此创造了与神祇属性和祭祀活动等相契合的庄严性、神圣性、神秘性与丰富性等相结合的建筑群体组合形象。在《史记•封禅书》中记载的最早的礼制建筑体系，有秦雍城地区“百有余庙。西亦有数十祠”和专门祭祀上帝的“畤”等，但没有对这些礼制建筑体系具体的描述。在“二十五史”中，朝代越往后，对礼制建筑体系的单体建筑形式和群体组合形式的描述越具体。如果说在礼制建筑体系中，某些重要的单体建筑形象是以象征性等为重要特征，那么某些重要的建筑群体组合形象，是以空间序列的庄严性、神圣性、神秘性与丰富性等相结合为重要特征。如果以明清时期北京紫禁城的中轴线与天坛的中轴线相比较，两者的空间序列皆具庄严性、神圣性，但在神秘性、丰富性等方面，显然天坛的更胜一筹，其中包括不同的单体建筑的形象、体量、色彩，各个单体建筑之间的关系和天际线的起伏，各个单体建筑与空间场地形式的呼应，最重要的圜丘坛、祈年殿、祈年坛及内外垣墙围合的空间与天空的呼应关系，以及中轴线与两翼可视的空间的对比关系等。其复杂多变的空间要素内容与空间处理手法所产生的空间的视觉效果，也成为了中国传统建筑体系中轴线处理手法和艺术成就最典型最独特的范例。

另外，各种类型与等级的礼制建筑体系的空间内容与空间形象更是丰富多样，并与其他类型的建筑体系的空间内容与空间形象互有借鉴。例如，五岳山中的岳庙多采用宫城的形式等。

在中国古代社会，与吉礼相关的国家和地方政府级别的礼制建筑的建设，是伴随着大清王朝的结束而戛然停止。但当初遗留下来的各种级别和类型的礼制建筑，包括民间建造的，早已遍布于全国各地。如在各地传统地方志的记载中，这类建筑均属于最重要的建筑之一（图 HJ-1 ～图 HJ-5）。但从清末延续至今，国内能较完

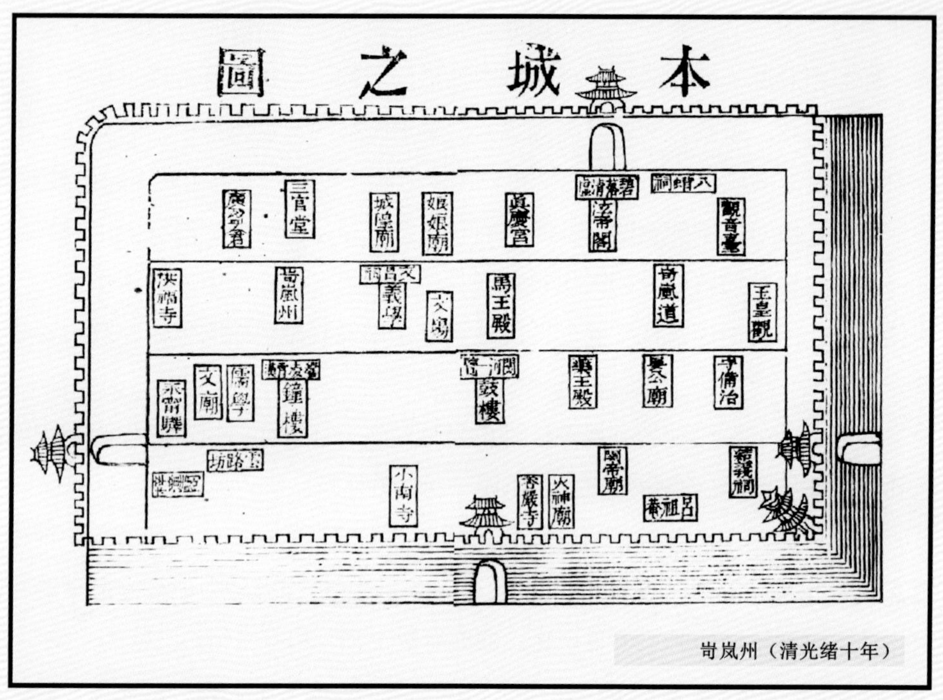

图 HJ1　岢岚州志图

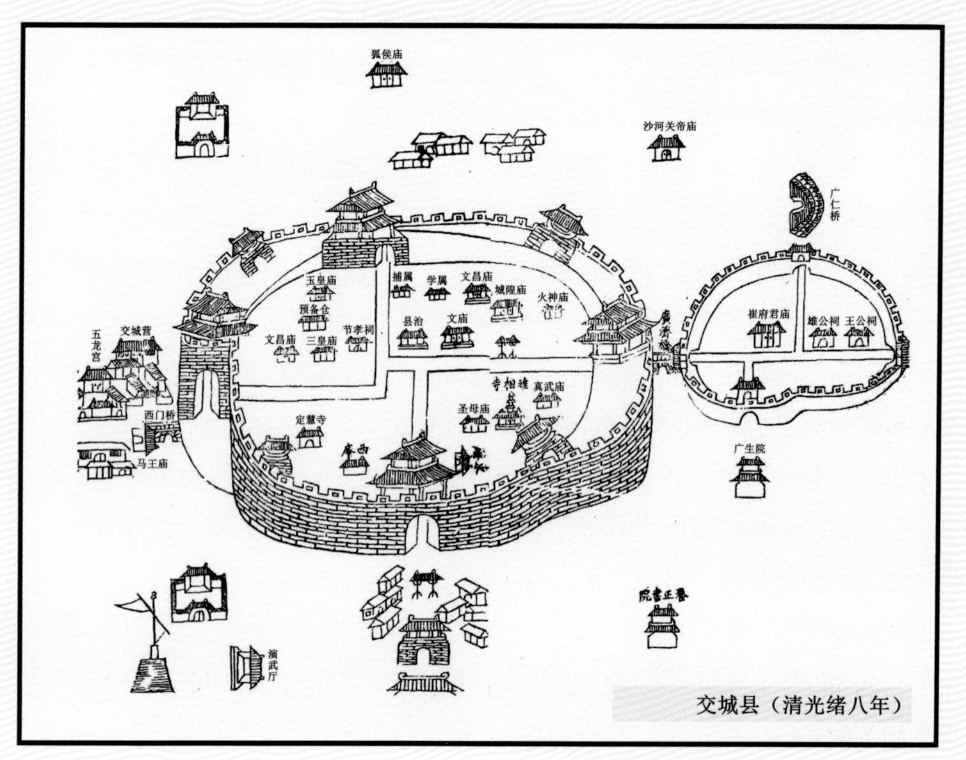

图 HJ2　交城县志图

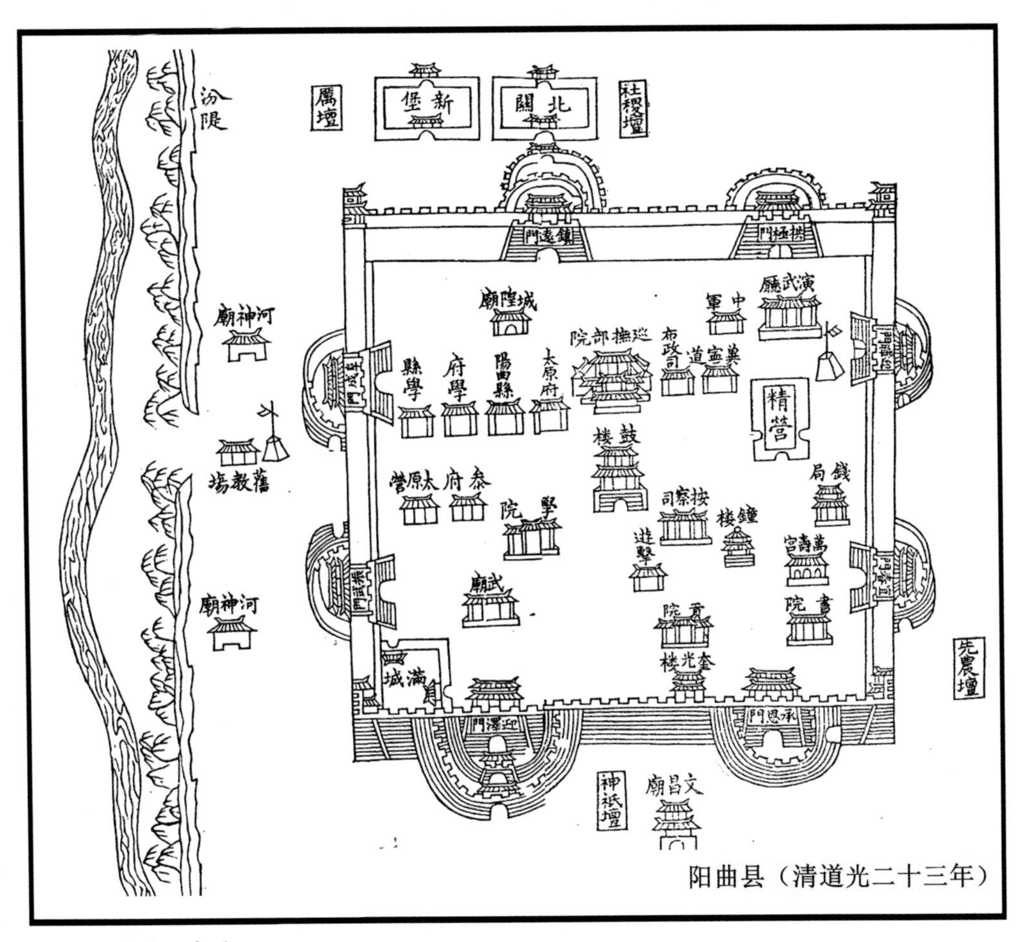

图 HJ3　阳曲县志图

整地保留下来的礼制建筑已经是非常有限了。造成这种结局最根本的原因，是当时的国人对这类传统文化的自我否定，即伴随着清王朝的衰落和结束，社会文化精英阶层，特别是后来的“新文化运动”的领袖等，对中国传统文化内容几乎采取了全盘否定的态度，首当其冲的就是传统的泛宗教文化（隐性的与显性的），这种否定绝不仅仅是理论上的，而是伴随着具体而广泛的社会运动。例如，冯玉祥在 1927 年 5 月底率部进驻洛阳后，为兴办新式学校而领导了轰轰烈烈的“打神运动”，把洛阳城内的府城隍庙、县城隍庙、铜三官庙、祖师庙、大王庙等十几座庙宇内的神像全部砸毁了。

1928 年至 1936 年间，国民政府内政部颁发了 9 个与“显性”和“隐性”宗教活动相关的管理条例，影响最深的是 1928 年 10 月颁发的《神祠存废标准》，其中表明：“查迷信为进化之障碍，神权乃愚民之政策。我国民族自有书契以来，四千

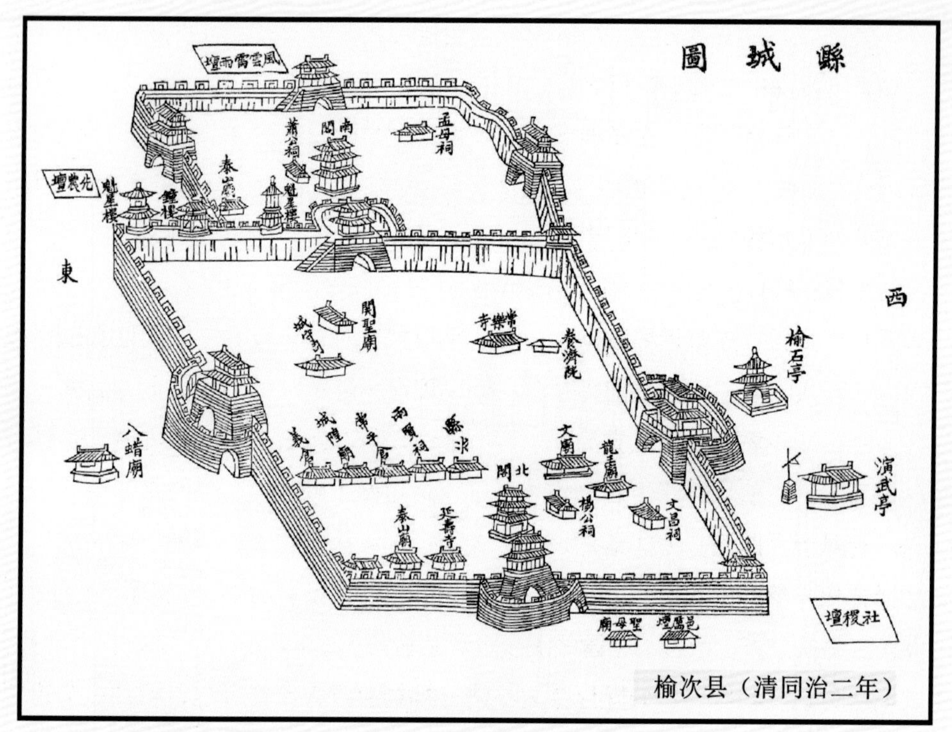

榆次县（清同治二年）

图 HJ4　榆次县志图

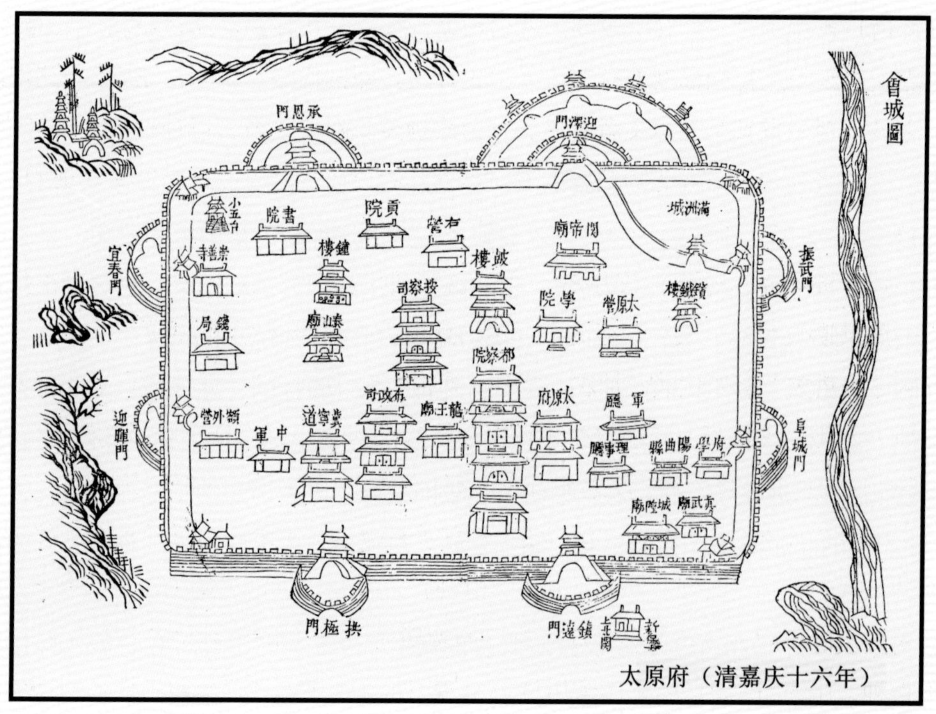

太原府（清嘉庆十六年）

图 HJ5　太原府志图

余年，开化之早，为世界之先。乃以教育未能普及之，故人民文野程度相差悬殊，以致迷信之毒，深中人心。神权之说，相沿未改。无论山野乡曲之间，仍有牛鬼蛇神之俗，即城市都会所在，亦多淫邪不经之祀（不当的祭祀为‘淫祀’）。际此文化日新、科学昌明之世，此等陋俗若不亟予改革，不唯足以锢蔽民智，实足腾笑列邦。且吾国鬼神之说本极浅薄，稍明事理，即可勘透，所以流传至今牢不可破者，一由于枭雄之辈假神权以资号召，一由于无聊文人托符异以贡谄媚。史册具载，可以覆按。先总理以旷代英哲，周览世界政俗，于讲述民权主义时述民权进化之经过。以民权以前为君权时代，君权时代以前为神权时代。现在不唯神权早成历史上之名词，即君权亦为世界所不容。我国以党治国，努力革命，所有足为民族民权发展之障碍者均应一举廓清，不使稍留余烬。以故国内之军阀官僚土豪劣绅，务必次第铲除，务绝根株。若对于盘踞人心为害最烈之淫邪神祠，不谋扫除之方，口倡反对君权，而心实严惮神权，欲谋民权之发展，真所谓南辕而北辙。本部有鉴于此，对于神祠问题力谋彻底解决之方，因参考中国经史及各种宗教典籍，详加研究，将神祠之起源、淫祠之盛行，以及我国先贤破除迷信之事迹，神祠应行存废之标准，祀神礼节应行改良之必要等项，分别考订，列举事实理由，以释群疑。计应行保存神祠之标准有二：一曰先哲类。凡有功民族国家社会，发明学术，利溥人群，及忠烈孝义，足为人类矜（怜惜）式者属之。一曰宗教类。凡以神道设教，宗旨纯正，受一般民众之信仰者属之。应废除之神祠标准亦有二：一曰古神类。即古代科学未明，在历史是相沿崇奉之神，至今觉其毫无意义者属之。一曰淫祠类。附会宗教，借神敛钱，或依草附木，或沿袭齐东野语（比喻荒唐而没有根据）者皆属之。每类之中均举例证明，以资遵守。”

上述《神祠存废标准》说明中的部分内容，似如笔者在第十一章中所引明朝礼部尚书周洪谟等对明朝某些祭祀内容抨击的延伸。在《神祠存废标准》中，申明可保存的“先哲类”有如伏羲、神农、黄帝、嫘祖、仓颉、后稷、大禹、孔子、孟子、公输般、岳飞、关羽等；“宗教类”有如佛教的释迦牟尼、道教的太上老君等。应行废除的“古神类”有日月星辰之神、山川土地之神、风雨雷火之神等，如东岳大帝、龙王、土地、八蜡、灶神等；“淫祠类”有如张仙（送子男神）、送子娘娘、财神、二郎神、齐天大圣、瘟神、痘神、玄坛（财神）、狐仙、迁庙、宋江等。

对应废除的“古神类”和“淫祠类”的解释为：“五岳四渎，古者天子祭山川社稷之神，山岚五岳为尊，川以四渎为大。秦汉以后，帝王封泰山，禅梁父，大都祝其安谧，无为民害。今者地理之学，日有进步，旧日五岳等山，在中国各山中，比之葱岭、天山、阿尔泰山、昆仑山等，已觉渺乎其小。至于四渎则济夺于（黄）河，淮夺于运（河），四渎之中，已缺其二，即江河之能否安澜，全赖人工之疏浚防堵，于神祠何涉。故五岳四渎，均在废止之列。”“世俗以黄飞虎为东岳大帝，塑以金身，饰以王者衣冠，其下设阎罗判官等像，盖由于宋真宗祥符九年，有事泰山，相传岳神显异，诏天下郡县，悉建东岳行宫，人始得以庙而作敬神之所，后人复根据封神传而附会之云尔。”“又近世城隍东岳等庙中，多有阎罗殿，俗传为司地狱之神，塑刀山剑树、牛头马面等鬼怪，以威吓愚民。考阎罗之名，虽见诸佛经，然并无事迹可考，亦一律废止。”“世俗僧寺中往往有送子娘娘，殿中塑三女神，谓小儿之生产，皆该神所司，妇女祈子者络绎不绝，或云本诸封神传之云宵琼宵等娘娘，此实淫祠之尤，亟应严禁。”

从以上内容来看，此《神祠存废标准》是把“显性”和“隐性”宗教类内容混杂在一起统一制定的。在其颁布之后，主要由国民党各地方党部负责率众拆毁相关的建筑，但很快便引发了地方势力的强烈反对并在多地引发了暴乱。为此不得不又于 1929 年 1 月 21 日颁发命令，“禁止民间擅自拆毁神祠，处分寺庙。”并于 1 月 25 日修改了原来的政策，颁布了《寺庙管理条例》。从该条例内容来看，虽然做出了一定的让步，但对宗教等势力并没有放弃原来的激进政策。1 月 31 日，内政部又通电全国各省市，要求接获电文三个月内不得拆毁神祠，待相关法律条文公布后依法执行。但从 1928 年 10 月至 1929 年 1 月底的三个多月的时间内，各地大部分礼制建筑等已经遭到了不同程度的破坏。例如，当时的上海市对龙王、城隍、文昌、财神、火神等神祠予以了保留，而其他神祠一律由军警予以拆毁，如沪西、蒲松、法华、漕泾等区的 400 余所“五圣庙”（供奉张元伯、刘元达、赵公明、史文业、钟仕贵等五位凶神）全部被拆毁。即便是在 1929 年 1 月底以后，这类破坏其实也并没有完全停止过，例如 1929 年至 1930 年之间，时任山东省府主席孙良诚部的官兵对岱庙的大肆破坏，其中遥参亭、配天门和两配殿内的神像被捣毁，城上四角楼和炳灵宫大殿被拆毁，告祭碑全部被推倒，等等。岱庙内的道士也被遣散了。

“文化大革命”中，很多古迹受到冲击，包括已经被定为全国重点文物保护单位的礼制建筑，如山东曲阜的孔府、孔庙、孔林等。又如北京的社稷坛，“五色土”全部改为黄土并在其上种植了棉花。在地方县市特别是广大的乡镇地区，原本遗留有大量的宗祠类建筑，但因祭祖等宗族活动也被认为属于“封建迷信”活动，同样遭到了禁止，相关建筑自然也遭到了大规模的破坏。虽然也有不少幸免的，但因这类建筑属于“公产”，当宗族祭祖等活动不复存在时，这类建筑一般既无人占有也就无人修缮，最终多自生自灭了。

还有很多在今天看似完整的礼制建筑，其历史格局等也都遭受过很大的破坏。如北京社稷坛的大门原本在建筑群的北面，因国民政府在1914年将其改为“中央公园”，便在南面辟一门（今南门），后又在西辟一门（今西门）。1915年，将原在礼部的“习礼亭”迁建于园内。1917年，从圆明园遗址移来始建于清乾隆年间的“兰亭八柱”和“兰亭碑”。因1925年孙中山逝世后曾停灵于祭坛北面的拜殿，所以在1928年将拜殿改名为“中山堂”（中央公园也改名为“中山公园”），先后又增建了一些建筑：东有松柏交翠亭、投壶亭、来今雨轩，西有迎晖亭、春明馆、绘影楼、唐花坞、水榭、四宜轩，北有格言亭等。1942年，在内外坛墙之间的东侧偏南处建中山音乐堂，还将戟门改为电影院。1957年至1999年，又对中山音乐堂多次进行改建和扩建。

今天凡能较完整地保留下来的礼制建筑，除少量的标志性建筑外，如北京天坛等，大多是因曾被作为他用而得以幸免。如在20世纪30年代土地革命时期，毛泽东曾三次到福建上杭县才溪乡进行社会调查，完成了在当时著名的《才溪乡调查》，其中的张氏祠堂因留下过领袖的足迹，成为了革命的见证才幸免破坏而得以保留，并成为了革命类文物建筑。

中国传统礼制建筑，建造时往往由于或政治或信仰的力量而不惜工本，在同级别的建筑中都是出类拔萃的，所以它们几乎都是中国传统建筑中的精华，也是当时相关传统文化的重要载体和见证。但仅因文化和信仰的否定而被株连破坏，着实野蛮幼稚、遗恨千古。

在“文化大革命”之后，中国大陆地区又逐渐兴起了某些“祭祀”活动，近二十年来，又几乎把所有这类祭祀活动重新定义为“民俗”活动，且确定为各级“非物质文化遗产代表性项目”。如，黄帝（陵）祭典、炎帝陵祭典、成吉思汗祭典、妈祖祭典、太昊伏羲祭典、女娲祭典、大禹祭典、舜帝祭典、祭孔大典、东镇沂山祭仪、梅里神山祭祀、女子太阳山祭祀、迎城隍、黄大仙信俗等，都确定为“国家级非物质文化遗产代表性项目”。甚至还为某些活动重新兴建了相关“礼制建筑”等，且将这类活动冠以“中华民族精神家园建设”。至此，笔者恍然间似乎又经历了新一轮的虚幻的历史“穿越”，因为上述很多内容，在真实的历史中本身也并不属于“民俗”。在中国古代社会的祭祀体系中，祭祀活动从来就是具有等级性也就是垄断性的，具体内容仅以《清史稿·志五十七·（吉）礼一》记载为例：

“大祀十有三：正月上辛祈谷，孟夏常雩，冬至圜丘，皆祭昊天上帝；夏至方泽祭皇地祇；四孟享太庙，岁暮祫祭（xiájì，合祭）；春、秋二仲，上戊，祭社稷；上丁祭先师。”“先师”也就是孔子。

“中祀十有二：春分朝日，秋分夕月，孟春、岁除前一日祭太岁、月将，春仲祭先农，季祭先蚕，春、秋仲月祭历代帝王、关圣、文昌。”

“群祀五十有三：季夏祭火神，秋仲祭都城隍，季祭炮神。春冬仲月祭先医，春、秋仲月祭黑龙、白龙二潭暨各龙神，玉泉山、昆明湖河神庙、惠济祠，暨贤良、昭忠、双忠、奖忠、褒忠、显忠、表忠、旌勇、睿忠亲王、定南武壮王、二恪僖、弘毅文襄勤襄诸公等祠。其北极佑圣真君、东岳、都城隍，万寿节祭之。亦有因时特举者，视学释奠先师，献功释奠太学，御经筵祗告传心殿。其岳、镇、海、渎，帝王陵庙，先师阙里，元圣周公庙，巡幸所莅，或亲祭，或否。遇大庆典，遣官致祭而已。各省所祀，如社稷，先农，风雷，境内山川，城隍，厉坛，帝王陵寝，先师，关帝，文昌，名宦、贤良等祠，名臣、忠节专祠，以及为民御灾捍患者，悉颁于有司，春秋岁荐。……”

至于“大祀”“中祀”“群祀”三等祭祀中的主体，“天子祭天地、宗庙、社稷。有故，遣官告祭。中祀，或亲祭、或遣官。群祀，则皆遣官。”

不知前述某些“国家级非物质文化遗产代表性项目”的“民俗”属性何来?

2021 年 12 月 30 日

参考文献

[1] 杨鸿勋 . 宫殿考古通论［M］. 北京：紫禁城出版社，2001.

[2] 傅熹年 . 中国古代城市规划建筑群布局及建筑设计方法研究［M］. 北京：中国建筑工业出版社，2001.

[3] 陈美东 . 中国科学技术史：天文学卷［M］. 北京：科学出版社，2003.

[4] 陈久金，张明昌 . 中国天文大发现［M］. 北京：山东画报出版社，2008.

[5] 陆思贤，李迪 . 天文考古通论［M］. 北京：紫禁城出版社，2006.

[6] 冯时 . 中国天文考古学［M］. 北京：中国社会科学出版社，2010.

[7] 吴瑞 . 中国思想的起源［M］. 济南：山东教育出版社，2002.

[8] 何新 . 诸神的起源［M］. 北京：时事出版社，2002.

[9] 韩建业 . 早期中国：中国文化圈的形成和发展［M］. 上海：上海古籍出版社，2015.

[10] 赵玉春 . 坛庙建筑［M］. 北京：中国文联出版公司，2009.

[11] 詹姆斯•乔治•弗雷泽. 金枝: 巫术与宗教之研究[M]. 徐育新，王培基，张泽石，译 . 北京：大众文艺出版社，2009.

[12] 江晓原 . 天学真原［M］. 沈阳：辽宁教育出版社，1991.

[13] 顾颉刚 . 古史辨［M］. 海口：海南出版社，2003.

[14] 易中天 . 易中天中华史：奠基者［M］. 杭州：浙江文艺出版社，2013.